中国新材料
产业发展年度报告
（2018）

国家新材料产业发展专家咨询委员会　编著

北　京

冶金工业出版社

2019

图书在版编目(CIP)数据

中国新材料产业发展年度报告. 2018/国家新材料产业发展专家咨询委员会编著. —北京:冶金工业出版社,2019. 12

ISBN 978-7-5024-8354-8

Ⅰ.①中…　Ⅱ.①国…　Ⅲ.①工程材料—研究报告—中国—2018　Ⅳ.①TB3

中国版本图书馆 CIP 数据核字(2019)第 275712 号

出　版　人　陈玉千
地　　　址　北京市东城区嵩祝院北巷 39 号　邮编　100009　电话　(010)64027926
网　　　址　www.cnmip.com.cn　电子信箱　yjcbs@cnmip.com.cn
策　　　划　任静波
责任编辑　夏小雪　李培禄　美术编辑　彭子赫
版式设计　孙跃红　责任校对　郑　娟　责任印制　李玉山
ISBN 978-7-5024-8354-8
冶金工业出版社出版发行;各地新华书店经销;三河市双峰印刷装订有限公司印刷
2019 年 12 月第 1 版,2019 年 12 月第 1 次印刷
787mm×1092mm　1/16;30.25 印张;732 千字;467 页
168.00 元
冶金工业出版社　投稿电话　(010)64027932　投稿信箱　tougao@cnmip.com.cn
冶金工业出版社营销中心　电话　(010)64044283　传真　(010)64027893
冶金工业出版社天猫旗舰店　yjgycbs.tmall.com
　　　　　(本书如有印装质量问题,本社营销中心负责退换)

航空铝合金

熊柏青　李志辉　李锡武　闫宏伟　陈少华　张　坤

稀土新材料

周少雄　朱明刚　刘荣辉　沈美庆　张乐乐　郭英建

石墨烯

李义春　康飞宇　刘兆平　吴鸣鸣　胡振鹏

政策研究

谢　曼　邹伟龙　王　慧　葛军亮　廉海强　王　镇

序

2018 年国家新材料产业发展专家咨询委员会（以下简称专家咨询委）在国家新材料产业发展领导小组（以下简称领导小组）的总体部署下，围绕年度重点工作任务，与工业和信息化部、科技部、财政部等有关部门密切配合，开展了卓有成效的工作。

这一年，专家咨询委及时应对新形势、新变化，为新材料产业政策提供智力支持。开展了"补短板工程"专题调研和"新旧动能转换"调研，系统地梳理"严重依赖进口和受制于人的关键材料"，针对"提升关键领域自主创新能力"开展调查研究。开展碳纤维及其复合材料、高温合金、石墨烯、航空航天铝材、稀土永磁材料、高强高模聚酰亚胺纤维、第三代半导体等七个重点领域的专项调研，相关调研报告提交到国务院及有关部门。

这一年，专家咨询委完成 2018 年度重点产品目录、重点企业目录、重点集聚区目录的编制，组织开展重点新材料首批次保险补偿项目审核工作和"重点新材料首批次应用示范指导目录"（以下简称指导目录）修订及有关机制优化设计工作。通过这些工作的有效开展，切实提升了我国新材料应用水平，增强了新材料保障能力。

这一年，专家咨询委对接地方新材料产业发展，开展调研、指导工作。专家咨询委组织专家团赴银川等市考察调研，指导并评审《山东省新材料产业发展规划（2018—2022）》，按照《山东省新旧动能转换重大工程实施规划》统一部署，推荐相关专家委员参与并成立山东省新材料产业智库，助力山东省新旧动能转换重大工程协调推进体系建设。

《中国新材料产业发展年度报告（2018）》（以下简称《报告》）是专家咨询委年度重要任务之一，旨在为有关政府部门、全国从事新材料相关单位的广大科技工作者和产业界认识提供一份具有参考价值的新材料产业资料。为力求内容详实、数据准确，具有前瞻性和指导性，在撰写《报告》过程中动员了大批包括专家咨询委在内的院士、专家。在此，对各位编写专家的支持和付出表示衷心感谢。

专家咨询委各项工作的开展都得到了各位委员的鼎力支持，得到了各部门、各级领导及业界专家的大力支持和协助。在此，向专家咨询委全体委员，向在工作中给予指导和帮助的各级部门、领导及材料学界的专家学者表示衷心感谢！

展望未来，新材料技术正加速发展、加快融合，材料基因组计划、智能仿生超材料、石墨烯、增材制造等新技术蓬勃兴起，新材料创新步伐持续加快，"互联网+"、氢能经济、人工智能等新模式快速发展，新材料与信息、能源、生物等高技术领域不断融合、创新迭代，催生新经济增长点。专家咨询委将不忘初心、牢记使命，群策群力，充分发挥智力支撑和决策咨询作用，继续对新材料领域前瞻性、战略性、长远性问题提出有价值的咨询建议，为新材料产业发展进步做出应有贡献。同时，也期望《报告》的出版发行能够为我国新材料产业发展贡献力量，期望关心和从事新材料产业发展的政府部门、专家学者及其他人士，更多地参与这项工作，为我国新材料产业发展献计献策，共同推动我国新材料产业发展迈向新的高峰！

国家新材料产业发展专家咨询委员会主任

中国工程院院士

前　言

2018 年我国新材料产业发展取得了显著成果。一是产业规模持续高速发展，2018 年新材料产业产值突破 3.6 万亿元，比 2017 年增长 14.4%。二是创新链布局日趋合理，国家制造业创新中心、国家新材料生产应用示范平台、国家新材料测试评价平台、国家新材料产业资源共享平台不断布局，创新成果不断涌现。三是产业发展环境日益完善，《新材料首批次应用保险补偿机制试点工作》《新材料知识产权行动指南》《新材料标准领航行动计划（2018—2020）》《战略性新兴产业分类（2018）》（新材料统计分类指导目录）等政策陆续出台，部分省市也推出了促进当地新材料产业发展的规划和激励政策。为进一步加快新材料产业发展，聚焦产业发展重点，在国家新材料产业发展领导小组指导下，由国家新材料产业发展专家咨询委员会总体策划，组织相关院士、专家，历时半年多时间完成《中国新材料产业发展年度报告（2018）》（以下简称《报告》）。

《报告》分为两篇，第 1 篇主要围绕碳纤维及其复合材料、高强高模聚酰亚胺、第三代半导体、高温合金、航空铝合金、稀土新材料、石墨烯等七个重点领域，研究相关材料发展政策、产业现状、技术水平、需求及应用、发展前景等，提出产业发展目标，梳理主要生产企业及集聚区。第 2 篇主要围绕国内外新材料产业政策深入研究，分别从美国、欧盟、俄罗斯、日本、韩国等国家在新材料不同领域的政策，提出相关政策建议，并汇编了近年来国家发布的主要新材料产业相关文件。这些内容对政府部门、行业组织、企业、金融机构等具有重要的参考价值。

新材料量大面广，形成一个相对完善、面面俱到的完整报告难度很大，再加上时间仓促，难免有不当之处，希望读者批评指正。我们热切希望各方面读者多提宝贵意见，也热烈欢迎关注我国新材料产业发展的学者、专家和企业家们积极参与讨论。

本书编委会

2019 年 11 月

目　录

第 1 篇　重点领域研究报告

第2篇 国内外新材料产业政策

第1篇
重点领域研究报告
ZHONGDIAN LINGYU YANJIU BAOGAO

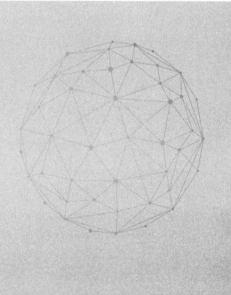

1 碳纤维及其复合材料

1.1 产业政策分析

1.1.1 国外政策

纵观全球发展态势，美、日、欧等发达国家和地区，以及俄罗斯、巴西、印度、南非等新兴经济体陆续推行一系列支撑新材料产业发展的政策和措施，相关政策文件大都涵盖碳纤维及其复合材料。作为碳纤维的主要生产国家（日本、美国、韩国、欧洲部分国家），在碳纤维技术发展初期就纷纷进行战略布局，大力推动碳纤维材料研发。

1.1.1.1 日本

日本东丽、东邦和三菱丽阳3家企业的碳纤维产量占全球70%～80%的市场份额。尽管如此，日本依然非常重视保持在该领域的优势，尤其是高性能PAN基碳纤维以及能源和环境友好相关技术的研发，并给予人力、经费上的大力支持，在包括"能源基本计划""经济成长战略大纲"和"京都议定书"等多项基本政策中，均将此作为应当推进的战略项目。日本经济产业省基于国家能源和环境基本政策，提出了"节省能源技术研究开发方案"。在上述政策的支持下，日本碳纤维行业得以更加有效地集中各方资源，推动解决碳纤维产业共性问题。如日本由东丽公司于2017年发布《中远期碳纤维计划》，拟加大技术和资产投资，提升支柱业务领域和地区的竞争力，同时降低运营总成本等。

"革新性新结构材料等技术开发"（2013—2022）是在日本"未来开拓研究计划"下实施的一个项目，以大幅实现运输工具的轻量化（汽车减重一半）为主要目标，进行必要的革新性结构材料技术和不同材料的结合技术的开发，并最终实现实际应用。日本新能源产业技术综合开发机构（NEDO）于2014年接手该研究开发项目后，制定了几个子项目，其中碳纤维研究项目"革新碳纤维基础研究开发"的总体目标是：开发新型碳纤维前驱体化合物，阐明碳化结构形成机理；开发并标准化碳纤维的评估方法。该项目由东京大学主导，NEDO、东丽、帝人、东邦特耐克丝、三菱丽阳联合参与，已在2016年1月取得了重大进展，是日本继1959年发明"近藤方式"后，在PAN基碳纤维领域的又一重大突破。

1.1.1.2 美国

美国国防部高级研究计划局（DARPA）在2006年启动先进结构纤维项目，目的是召集全国优势科研力量，开发以碳纤维为主的下一代结构纤维。在此项目支持下，美国佐治亚理工学院在2015年突破了原丝制备技术，使其弹性模量提升了30%，研制的碳纤维具备高强、高模、高延伸的特点，标志着美国具备了第三代碳纤维的研制能力。

2014年，美国能源部（DOE）宣布为"针对非食用生物质糖类转化为丙烯腈的多步骤催化过程""研究和优化多通路生产生物质衍生的丙烯腈"两个项目提供1130万美元资助，以推进用农业残留物、木本生物质等可再生非食物基原料生产具有成本竞争力的可再生高性能碳纤维材料相关研究，并计划在 2020 年以前，将木本生物质可再生碳纤维的生产成本降至 5 美元/磅以下。

2017 年 3 月，美国能源部再次宣布提供 374 万美元资助由美国西部研究所（WRI）领导的"低成本碳纤维组件研发项目"，主要以煤和生物质等资源为原料，开发低成本的碳纤维部件。2017 年 7 月，美国能源部宣布资助 1940 万美元用于支持先进高能效车辆技术研发，其中 670 万美元用于资助利用计算材料工程制备低成本碳纤维，主要包括开发集成计算机技术的多尺度评价方法，用于评估新碳纤维前驱体的积极性，并利用先进分子动力学辅助的密度泛函理论、机器学习等工具来开发先进计算机工具，以提高低成本碳纤维原料的遴选效率。

1.1.1.3 欧洲

欧洲碳纤维产业在 20 世纪 70~80 年代紧随日本和美国发展起来，但因为技术以及资本等原因，许多单一生产碳纤维的企业没有坚持到 2000 年后的碳纤维需求高增长期就消失了，德国 SGL 公司是欧洲唯一一家在世界碳纤维市场上占据主要份额的公司。

2011 年 11 月，欧盟启动 EUCARBON 项目，致力于提升欧洲在航天用碳纤维和预浸渍材料方面的制造能力。项目历时 4 年，总投入 320 万欧元，并于 2017 年 5 月成功建立欧洲第一条面向卫星等航天领域用特种碳纤维生产线，从而使欧洲有望摆脱对该产品的进口依赖，确保材料供应安全。

欧盟第七框架计划以 608 万欧元支持"利用具有成本效益和可调控性能的新型前驱体制备功能化碳纤维"（FIBRALSPEC）项目（2014~2017）。该项目为期 4 年，由希腊雅典国立技术大学主导，意大利、英国、乌克兰等多国公司联合参与，致力于创新和改进连续性制备聚丙烯腈基碳纤维的流程，实现连续 PAN 基碳纤维实验性生产。该项目已经成功完成了从可再生有机聚合物资源中生产碳纤维以及强化复合技术的开发应用（如超级电容器、快速应急避难所，以及纳米纤维的原型机械电动旋涂机及生产线研制等）。

越来越多的工业领域（例如：汽车、风能发电、造艇业）需要轻量高性能复合材料，这对碳纤维产业来说是巨大的潜在市场。欧盟投资 596.8 万欧元启动 CARBOPREC 项目（2014~2017），其战略性目标是从广泛存在于欧洲的可再生材料中开发低成本前驱体，通过碳纳米管增强生产高性能碳纤维。

欧盟的 CleanSky Ⅱ 研究计划资助了一项"复合材料轮胎研发"项目（2017），由德国弗劳恩霍夫生产和系统可靠性研究所（LBF）负责，计划开发用于空客 A320 的碳纤维增强复合材料飞机前轮部件，目标是较传统金属材料减重 40%。

1.1.1.4 韩国

韩国的碳纤维研发与产业化起步较晚，研发始于 2006 年，2013 年开始正式进入实用化阶段，扭转了韩国碳纤维全部依赖进口的局面。以韩国本土的晓星集团和泰光事业为代表的行业先锋积极进行碳纤维领域行业布局，势头发展强劲。此外，日本东丽在韩国建立的碳纤维生产基地也对韩国本土的碳纤维市场起到了促进作用。

韩国政府选择将晓星集团打造成碳纤维的创新产业聚集地。近期，韩国晓星集团宣布将在未来 10 年内投资 1 万亿韩元（约 8.28 亿美元）在其全州工厂新建九条碳纤维生产线，使其产能从目前的 2000t 增至 24000t，旨在形成碳纤维材料产业集群，促进全北地区创意经济生态系统的发展，最终目标形成碳纤维材料→零部件→成品生产链，建立可与美国硅谷比肩的碳纤维孵化集群，挖掘新市场，创造新的附加值。

1.1.2 国内政策

碳纤维主要核心技术工艺、产能等主要被日本、美国以及欧洲少数发达国家和地区垄断。由于其高技术含量、高利润回报，西方国家长期对我国实行严格的技术封锁。基于国家战略需求以及国际技术封锁的紧迫形势，我国已将其列为重点支持的新兴产业的核心技术之一。长期以来，国家高度重视碳纤维材料产业的发展，制定了一系列重大政策（见表1-1）。2015年5月，国务院正式发布《中国制造2025》，把新材料作为重点领域之一进行大力推动和发展，其中高性能结构材料、先进复合材料是新材料领域的发展重点。2015年10月，工信部正式公布了《中国制造2025重点领域技术路线图》，将"高性能纤维及其复合材料"作为关键战略材料，2020年的目标为"国产碳纤维复合材料满足大飞机等重要装备的技术要求"。2016年11月，国务院印发《"十三五"国家战略性新兴产业发展规划》，明确指出加强新材料产业上下游协作配套，在碳纤维复合材料等领域开展协同应用试点示范，搭建协同应用平台。2017年1月，工信部、发改委、科技部、财政部联合制定《新材料产业发展指南》，明确了新材料产业发展的三大主要目标：保障能力大幅提升、创新能力不断提高、产业体系初步完善，提出到2020年，"在碳纤维复合材料、高品质特殊钢、先进轻合金材料等领域实现70种以上重点新材料产业化及应用，建成与我国新材料产业发展水平相匹配的工艺装备保障体系"。

表1-1　近年国家碳纤维及其复合材料产业相关发展规划

时间	发布单位	政策文件
2018年3月	九部委	新材料标准领航行动计划（2018—2020）
2017年12月	发改委	增强制造业核心竞争力三年行动计划（2018—2020）
2017年4月	科技部	"十三五"材料领域科技创新专项规划
2017年1月	工信部、发改委、科技部、财政部	新材料产业发展指南
2016年12月	国务院办公厅	关于成立国家新材料产业发展领导小组的通知
2016年12月	国务院	"十三五"国家战略性新兴产业发展规划
2015年9月	国家制造强国建设战略咨询委员会	中国制造2025重点领域技术路线图
2015年5月	国务院	中国制造2025

2018年3月，质检总局联合工业和信息化部、发展和改革委、科技部、国防科工局、中国科学院、中国工程院、国家认监委、国家标准委等部门印发了《新材料标准领航行动计划（2018—2020）》（以下简称《行动计划》）。《行动计划》提出十项主要行动，以指导各行业、各地方、各技术委员会、各相关社会团体和企业，开展新材料标准领航计划，用标准引领新材料产品和服务质量提升。

各省市根据国家战略要求方向，结合地区特色，制定了省级地区新材料发展规划（见表1-2）。

表 1-2　近年省级碳纤维及其复合材料产业相关发展规划

地区发展规划	相关发展内容
江苏省"十三五"战略性新兴产业发展规划	重点发展 T800、T1000 和 M55J 等级别高性能碳纤维及其复合材料、碳化硅纤维及其复合材料、超高分子量聚乙烯纤维及其复合材料、高性能芳纶纤维及其复合材料等，突破高性能纤维/树脂复合材料的高效低成本成型技术、高效自动化成型技术、低温固化及新型固化成型技术等关键技术
山东省"十三五"科技创新规划	研究高强中模碳纤维低成本制造技术、高强高模碳纤维制备技术、碳纤维增强复合材料制备技术
山西省加快推进新材料产业发展实施方案	推动 T800 级碳纤维等高端纤维工程化应用和产业化，积极开展聚丙烯腈原丝—碳纤维—预浸料或预制件—复合材料零件—最终应用的全产业链技术攻关，加快聚丙烯腈基碳纤维向规模化、高水平碳化、高端制品发展；推动高端纤维下游应用，开发高性能纤维及其复合材料等下游产品应用，打造从基础原料、复合材料到制品构件的碳纤维完整产业链；大力开发航空航天、新能源汽车、高速列车、风力发电、压力容器、建筑补强和高压输电等领域的应用产品
甘肃省关于加快新材料产业发展的实施方案	依托兰州蓝星纤维、白银郝氏碳纤维、平凉康博斯特等企业，提高碳纤维原丝低成本工程化运营水平，扩大高强型碳纤维原丝生产能力；以郝氏碳纤维公司、蓝星碳纤维公司、康博丝特碳纤维公司为依托，突破高性能碳纤维工程化核心技术和通用碳纤维低成本应用技术，扩大高强型碳纤维原丝生产能力，加快碳纤维下游复合材料制品研发，推动碳纤维复合材料制品在高铁、船舶、汽车和工业真空炉等高端装备制造领域的普及应用，形成碳纤维基础材料和复合材料制品相对健全的产业链条
吉林省战略性新兴产业"十三五"发展规划	重点突破碳纤维原丝制备、工业化生产、碳化、复合材料成型等关键技术，提高碳纤维生产能力及应用水平，加快建设吉林"中国碳谷"
四川省"十三五"产业技术创新规划指南	碳纤维复合材料关键技术，聚丙烯腈基碳纤维的原丝产业化生产技术，专用纺丝油剂和碳纤维上浆剂

1.2　技术发展现状及趋势

1.2.1　国外技术发展现状及趋势

在纤维技术推动和军事需求牵引双重作用下，复合材料技术持续大步提升。20 世纪 40 年代，玻璃纤维工业化，玻璃纤维增强复合材料成功开发并成功应用，形成了以玻璃纤维增强塑料为主体的传统复合材料。

20 世纪 70 年代，硼纤维、T300 级碳纤维、芳纶纤维实现工业化，以 T300 碳纤维复合材料为主要标志的第一代先进复合材料应运而生。这一代复合材料成功应用于导弹武器系统弹头、发动机和飞机方向舵、尾翼蒙皮等结构件，初步显示出传统材料难以实现的优异性能，有效提高了武器的战技性能。至 20 世纪 80 年代，碳纤维复合材料快速发展，开始由次承力构件应用向主承力构件应用跨跃。导弹弹头、发动机和上面级结构大量应用碳纤维复合材料，飞机结构复合材料用量达到约 10%。

20 世纪 90 年代，通过树脂改型和 T800 级高强中模碳纤维应用，研制成功以 T800 和 IM7 碳纤维为主要标志的第二代先进复合材料，性能大幅度提升，同时工艺技术大幅度进步，成本明显降低。导弹弹头、发动机和主结构全面应用碳纤维复合材料，战斗机结构用量达到约 20%，大型商用飞机结构用量达到 10%。进入 21 世纪以后，高性能复合材料大量替代铝合金，战斗机复合材料用量达到 35%，商用飞机复合材料用量达到约 50%，先进碳纤维复合材料产业初具规模。

当前，国外碳纤维大规模工业化技术成熟，产品已形成系列化产业，工业级低成本技术和针对应用需求的特种化或高性能化技术成为热点。

1.2.1.1 国际碳纤维产业实现规模化和应用扩大化，市场渐趋成熟，垄断与控制进一步加剧

碳纤维产业规模不断扩大，产业发展地区差距明显。2018 年全球碳纤维产能达到 15.5 万吨/年，美国、日本和欧洲等发达国家和地区在市场和技术方面均处于领先地位。

在技术进步和市场培育双重作用下，全球碳纤维及其复合材料产业与市场规模不断扩大，持续拉动市场需求。在大飞机领域应用碳纤维复合材料之后，以输电与风电为主的能源领域和以汽车与轨道运输为主的交通领域为碳纤维产业发展注入了新的活力，成为拉动碳纤维产业发展的主要引擎，推动碳纤维产业发展跨入到以工业应用为主的新阶段。2018 年的全球碳纤维市场需求已超过 9 万吨（如图 1-1 所示）。从碳纤维复合材料的全球市场需求来看（如图 1-2 所示），风电叶片（约 23%）、航空航天（约 23%）、体育休闲（约 15%）产业是碳纤维需求的支柱产业。尤其波音、空客商用客机的大规模成熟应用碳纤维复合材料，以及国际风电巨头（VESTAS）的大规模投资，这些领域碳纤维复合材料的用量均将达到 2 万多吨。2018 年，全球碳纤维的销售金额为 25.71 亿美元。

图 1-1 全球碳纤维需求（千吨）

（数据来源：林刚，广州赛奥，2018 全球碳纤维复合材料市场报告）

2014 年以前，日本的东丽、东邦和三菱，美国的赫氏、氰特和卓尔泰克，以及德国的西格里等七家碳纤维企业垄断了全球 80% 以上的产量和 90% 以上的市场。2014 年以后，日本东丽收购了美国卓尔泰克，行业集中度进一步提升，打破了业界的小丝束高性能和大丝束低成本两大市场原有平衡，使东丽累计拥有小丝束高性能碳纤维 2.7 万吨/年和大丝束低成本工业级碳纤维 1.5 万吨/年生产能力，总产能占比超过 30%，形成了一家独大的垄断局面。国际主要厂家近两年持续扩大产能。美国 HEXCEL 正在法国建设新的碳纤维生产工厂；日本东丽为了应对风电市场的巨大需求，将扩大其旗下卓尔泰克公司在墨西哥

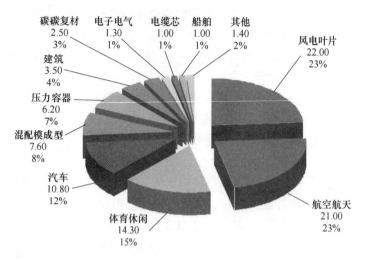

图 1-2　全球各领域碳纤维需求分布（千吨）及占比

（数据来源：林刚，广州赛奥，2018 全球碳纤维复合材料市场报告）

工厂的产能，同时在匈牙利增加投资扩大产能，两家工厂都是生产大丝束碳纤维，预计完工后大丝束碳纤维生产能力将超过 20000t。具体而言，2018 年东丽墨西哥工厂产能扩建到 10000t，ZOLTEK 匈牙利产能新增 5000t；HEXCEL 2018 年在法国新建碳纤维工厂开始运营，预计产能 3000t，同时在美国三地扩产，预计 2020 年总产能达 15000t；日本东邦帝人在美国的碳纤维工厂也已动工，同时韩国、印度、俄罗斯也在不断建设碳纤维生产线。

　　1.2.1.2　产品系列化、高性能化、低成本化加速

　　国际碳纤维产品已实现系列化和标准化，以强度和模量规格来划分，国际碳纤维产品已形成高强型、高强中模型、高模型和高强高模型 4 大系列，如图 1-3、表 1-3 和表 1-4 中

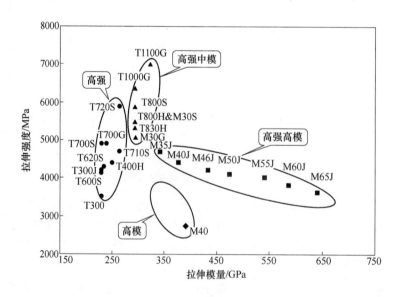

图 1-3　日本东丽碳纤维型号及分类

所示的东丽及赫氏碳纤维产品。20世纪80年代初为满足新型波音飞机开发的要求，聚丙烯腈基碳纤维向超高强、大断裂伸长率方向发展，最佳产品为日本东丽T1000；80年代中期为适应航空航天结构件高强、高模同时并重的需求，日本东丽在高模碳纤维M40和M50的基础上又开发了高强高模型"MJ"系列产品。MJ系列碳纤维的问世，使碳纤维在性能方面又上升了一个新的台阶，同时也在一定程度上扩展了碳纤维的应用范围。根据纤维丝束大小，碳纤维又可以分为小丝束和大丝束两类，由于小丝束碳纤维在质量和性能的稳定性上优于大丝束纤维，因此在航空航天等国防军工行业以及事关生命安全和高寿命要求的领域多以使用1K、3K、6K及12K的小丝束PAN碳纤维为主。

表1-3 日本东丽碳纤维牌号及对应参数

牌号	规格	拉伸强度/MPa	拉伸模量/GPa	断裂伸长率/%	线密度/g·km⁻¹	密度/g·cm⁻³
T300	1K	3530	230	1.5	66	1.76
	3K	3530	230	1.5	198	1.76
	6K	3530	230	1.5	396	1.76
	12K	3530	230	1.5	800	1.76
T300B	1K	3530	230	1.5	66	1.76
	3K	3530	230	1.5	198	1.76
	6K	3530	230	1.5	396	1.76
	12K	3530	230	1.5	800	1.76
T400HB	3K	4410	250	1.8	198	1.8
	6K	4410	250	1.8	396	1.8
T700SC	12K	4900	230	2.1	800	1.8
	24K	4900	230	2.1	1650	1.8
T800SC	24K	5880	294	2	1030	1.8
T800HB	6K	5490	294	1.9	223	1.81
	12K	5490	294	1.9	445	1.81
T830HB	6K	5340	294	1.8	223	1.81
T1000GB	6K	6370	294	2.2	485	1.8
T1100GC	12K	7000	324	2.0	505	1.79
	24K	7000	324	2.0	1010	1.79
M35JB	6K	4510	343	1.3	225	1.75
	12K	4700	343	1.4	450	1.75
M40JB	6K	4400	377	1.2	225	1.75
	12K	4400	377	1.2	450	1.75
M46JB	6K	4200	436	1	223	1.84
	12K	4020	436	0.9	445	1.84
M50JB	6K	4120	475	0.9	216	1.88
M55J	6K	4020	540	0.8	218	1.91
M55JB	6K	4020	540	0.8	218	1.91

续表 1-3

牌号	规格	拉伸强度/MPa	拉伸模量/GPa	断裂伸长率/%	线密度/g·km⁻¹	密度/g·cm⁻³
M60JB	3K	3820	588	0.7	103	1.93
	6K	3820	588	0.7	206	1.93
M65JB	3K	3630	640	0.6	—	—
	6K	3630	640	0.6	—	—
M30SC	18K	5490	294	1.9	760	1.73

表 1-4 美国赫氏碳纤维牌号及对应参数

牌号	规格	拉伸强度/MPa	拉伸模量/GPa	断裂伸长率/%	线密度/g·km⁻¹	密度/g·cm⁻³
AS4	3K	4619	231	1.8	210	1.79
	6K	4413	231	1.7	427	1.79
	12K	4413	231	1.7	858	1.79
AS4C	3K	4654	231	1.8	200	1.78
	6K	4447	231	1.7	400	1.78
	12K	4482	231	1.8	800	1.78
AS4D	12K	4826	241	1.8	765	1.79
AS7	12K	4895	248	1.7	800	1.79
IM2A	12K	5309	276	1.7	446	1.78
IM2C	12K	5723	296	1.8	446	1.78
IM6	12K	5723	279	1.9	446	1.76
IM7	6K	5516	276	1.9	223	1.78
	12K	5654	276	1.9	446	1.78
IM8	12K	6067	310	1.8	446	1.78
IM9	12K	6136	303	1.9	335	1.80
IM10	12K	6964	310	2.0	324	1.79
HM63	12K	4688	441	1.0	418	1.83

目前，市场化应用的中高端产品主要有 T800、T1000 等高强中模型和 M40J、M55J 等高强高模型。从用量来说，T800 级碳纤维在中高端产品市场中占绝对主导地位。在整个碳纤维市场中，高强中模型碳纤维约占 20% 的市场份额，高模量碳纤维约占 2% 的市场份额，主要用于航空航天领域。在碳纤维型号品种方面，以日本和美国为代表的先进技术集团已形成了比较成熟的规格体系，且不同公司之间的产品性能指标具备较好的对应性。其中，为了满足卫星等特种航空航天飞行器对高刚度和高热导的需求，日本东丽公司开发的 M40、M46J、M55J 和 M60J 系列高模高强碳纤维其模量和强度性能不断得到提高，模量由 M40 的 390GPa 提高到 M60J 的 580GPa，强度由 M40 的 2700MPa 提高到 M60J 的 3820MPa；美国 Cytec 公司生产的 K1100 型纤维的热导率可达 1100W/(m·K)，为金属铜热导率的 2.8 倍，是金属铝热导率的 9 倍多；日本三菱化学公司生产的 K13D 型纤维的热

导率到达 800W/(m·K)，为金属铜热导率的 2.0 倍，是金属铝热导率的 6 倍多。两种纤维的拉伸模量均达到 930GPa，远大于 PAN 基碳纤维的拉伸模量。

自 2013 年开始，为了提高竞争力以及满足更高性能复合材料对碳纤维的要求，国外各公司相继推出更高强度的碳纤维，美国赫氏的 IM10、东丽的 T1100、三菱的 MR70、东邦的 XMS32，都是强度在 7GPa 左右、模量 320GPa 左右的超高强度碳纤维。同时，针对应用细分市场，不断开发差别化产品以降低成本提高竞争力，如东丽的 T720、T830 等型号以及 2017 年推出的 Z600 型号等。

2010 年 4 月，美国赫氏率先在 JEC 巴黎复合材料展推出拉伸强度达 6.9GPa 的超高强中模碳纤维 IM10，打破世界聚丙烯腈基碳纤维高性能化的沉寂，引发新一轮竞争。IM10 不仅能提供更高的抗拉强度，同时还能保持其他所有性能更为均衡，从而使设计者在强度和刚度的平衡中获得较高的安全边际。与 IM7 相比，IM10 碳纤维及其复合材料的抗拉强度提高 20% 以上，开孔拉伸强度提高 38% 左右。IM10 碳纤维及其复合材料性能的显著提升更有利于结构减重设计，以满足下一代航空航天飞行器主结构、高端体育用品和顶级性能汽车等领域的需求。目前，美国赫氏的 IM10 碳纤维已成功应用于大型客机等领域，并又推出了高强高模系列 HM63 碳纤维。

随后，日本东丽公司于 2014 年年初宣布推出 T1100 碳纤维，重新夺回碳纤维领域的领先地位，而后日本三菱与东邦公司也相继推出了 T1100 级别的超高强中模型碳纤维。利用最新的原丝和氧化碳化技术，在纳米尺度上实现了纤维微观结构的精确控制，成功解决了同时提高拉伸强度和拉伸模量的技术难题。通过纳米尺度上微结构及石墨取向调控的进一步优化，东丽公司 2018 年 11 月宣布在 M40J 碳纤维基础上，开发出了强度、模量、断裂伸长率分别为 5.7GPa、377GPa、1.5% 的新型高强高模碳纤维，命名为 M40X 碳纤维，纤维拉伸强度提升 30%，而模量保持高模量水平不变，有望实现复合材料的高强高模高韧和拉压平衡的综合性能，为下一代高强高模碳纤维应用奠定了基础。

近年来，针对市场对低成本碳纤维的需求，各大公司相继加大了大丝束碳纤维的研制和生产，基于腈纶技术的纺织级原丝制备技术、新型聚合体的开发以及新型的预氧化碳化工艺都相继推出。高效低成本生产工艺技术不断成熟，立足于纺织级原丝的低成本碳纤维生产技术成为工业级碳纤维的主流技术。高效低成本生产装备技术不断突破升级，装备与工艺间高效协同，生产效率大幅提升，成本持续降低，标志性指标大幅提升：聚合釜容量达到 60m³，纺丝速度达到 300m/min，单线产能达到 1800~2700t。通过大幅降低原丝成本和提高氧化碳化效率，使碳纤维成本逼近 10 美元/kg，已累计建成了超过 30000 吨/年的产能。

1.2.1.3　创新活力十足，新技术、新概念、新产品不断涌现

最近几年，碳纤维领域研发成果不断涌现，大部分突破性成果来自美国和日本。最新前沿技术不仅聚焦于碳纤维生产制备技术，也投射于汽车材料轻量化、3D 打印、发电材料等更广泛领域的应用。另外，碳纤维材料的回收循环利用、木质素基碳纤维制备等成果均有亮眼表现。其代表性成果介绍如下：

（1）美国佐治亚理工学院突破第三代碳纤维技术。2015 年 7 月，在 DARPA 资助下，佐治亚理工学院创新 PAN 基碳纤维凝胶纺丝技术，模量实现大幅提升，超过了目前在军机中广泛采用的赫氏 IM7 碳纤维，纤维试样拉伸强度为 5.5~5.8GPa，拉伸模量达到

350GPa 以上，具备高强高模高延伸的特点，标志着美国继日本之后，成为世界上第二个掌握第三代碳纤维技术的国家。

（2）日本研发出碳纤维量产新工艺。2016 年，日本新能源产业技术综合开发机构（NEDO）与东京大学、日本产业技术综合研究所、东丽公司等成功研发出生产效率提高至现行生产工艺 10 倍的碳纤维制造方法。据资料报道，该工艺无须进行防止纤维熔化的准备工序，直接进行碳化处理，简化了生产环节。

（3）美国研发出碳纤维回收新技术。2016 年 6 月，美国佐治亚理工学院将碳纤维浸泡在含有酒精的特种溶剂中，以分解溶解其中的环氧基树脂，分离后的纤维和环氧树脂都能被重新利用，成功实现了碳纤维的回收。

2017 年 7 月，华盛顿州立大学研发出一种碳纤维回收技术，用弱酸作为催化剂，使用液态乙醇在相对低温下对热固性材料进行分解，分解之后的碳纤维和树脂被分别保存，并可投入再生产。

（4）美国 LLNL 实验室开发 3D 打印碳纤维墨水技术。2017 年 3 月，美国劳伦斯利弗莫尔国家实验室（LLNL）开发出第一个 3D 打印的高性能、航空级碳纤维复合材料。他们使用了一种直接墨水输写（DIW）的 3D 打印方法来制造复杂的三维结构，使加工速度大幅提高，适合用于汽车、航空航天、国防工业，以及摩托车竞赛和冲浪方面。

（5）美、韩、中合作研发出发电碳纤维。2017 年 8 月，美国得克萨斯大学达拉斯校区、韩国汉阳大学、中国南开大学等机构合作研发出一种发电碳纤维纱线材料。这种纱线先在盐水等电解质溶液中浸泡，使电解质中的离子附着到碳纳米管表面，当纱线被拧紧或拉伸时，即可将机械能转化为电能。该材料可在任何有可靠动能的地方使用，适合为物联网传感器提供电能。

（6）中、美分别取得木质素基碳纤维研究新进展。2017 年 3 月，中科院宁波材料技术与工程研究所特种纤维团队采用酯化和自由基共聚两步法改性技术制备了一种具有良好可纺性和热稳定性的木质素-丙烯腈共聚物。采用该共聚物和湿法纺丝工艺制得高质量的连续原丝，经热稳定化和碳化处理后，得到结构致密的碳纤维。

2017 年 8 月，美国华盛顿大学 Birgitte Ahring 研究团队将木质素与聚丙烯腈以不同比例混合，再利用熔融纺丝技术将混合的聚合物转化成了碳纤维。研究发现，加入 20%～30% 的木质素不会影响碳纤维的强度，有望用于生产成本更低的碳纤维材料汽车或飞机零部件。

2017 年年底，美国国家可再生能源实验室（NREL）发布利用植物废弃部分（如玉米秸秆和小麦秸秆）制造丙烯腈的研究成果。他们先将植物材料分解成糖再转化成酸，并与廉价的催化剂结合生产出目标产品。

（7）日本研发首个碳纤维增强热塑性复合材料汽车底盘。2017 年 10 月，日本新能源产业技术综合研发机构与名古屋大学国立复合材料研究中心成功研发出世界首个碳纤维增强热塑性复合材料汽车底盘。他们采用全自动长纤维增强热塑性复合材料直接在线成型工艺，将连续碳纤维与热塑性树脂颗粒进行混炼，制造纤维增强复合材料，再通过加热熔融连接，成功生产出热塑性 CFRP 汽车底盘。

1.2.2 国内技术发展现状

1.2.2.1 产业技术发展情况

A 发展历程

我国碳纤维的有计划发展起步于 1975 年 7511 会议。"十五"期间"863"计划实施了"高性能碳纤维研制与开发"专项，开启了新一轮碳纤维研制序幕。"十一五"期间军品配套计划实施了 T300 碳纤维国产化重大专项，基本解决了军用 T300 碳纤维的有无问题。"十二五"期间相关部委局安排了军用碳纤维系列化、产业化以及军民复合材料应用等研究和建设项目，企业、地方和民间机构立项、投资踊跃，推动国产碳纤维及其复合材料进入一个新的发展阶段。"十三五"伊始，围绕"重点新材料研发及应用"国家重大专项论证和"中国制造 2025"，积极推进国产碳纤维及其复合材料产业各项工作。

我国 PAN 碳纤维技术研发始于 20 世纪 60 年代，受工艺基础薄弱、装备技术落后等因素影响，生产的碳纤维质量低下、性能稳定性差，国产化技术长期徘徊在低水平状态。20 世纪 90 年代后期，在国家科技攻关计划支持下，国内开展了有机溶剂（DMSO）体系制备高强碳纤维原丝技术研究，实现了 DMSO 溶剂路线制备具有圆形截面高强碳纤维原丝技术的突破。21 世纪初，科技部在"863"计划内设立专项开展高强碳纤维（T700 级）的工程化技术研究，原国防科工委重点支持军用级 T300 级碳纤维工程化制备与应用验证研究，工信部、发改委等部委也先后立项支持该品种碳纤维的工程化、产业化技术研究，逐渐建立起国产高强碳纤维的产学研用研发生产与应用体系，形成了以 DMSO 一步法湿法纺丝工艺为主体、其他溶剂（NaSCN、DMAc）体系一步法或二步法湿法纺丝工艺并存的高强碳纤维原丝制备国产化技术体系，突破了过去 30 多年来国产碳纤维性能不稳定、离散度偏高、钩接强力低等顽疾。初步建立起以重大工程领域应用为牵引，高校和科研院所为研发主体，多种经济元素为产业化基地的国产高性能碳纤维研发、生产和应用体系。

为提升国产碳纤维的技术水平，"十五"期间"863"计划支持开展了干湿法纺丝工艺和湿法纺丝工艺制备高强（T700 级）碳纤维原丝技术研发。基于湿纺纺丝工艺的技术方案通过有效消除原丝的径向结构不均匀现象，实现了国产新一代高强碳纤维制备技术的突破，碳纤维拉伸强度达到 4.9GPa 以上，碳纤维表面具有的规整沟槽结构，将有利于复合材料理想界面结构的形成。至 2015 年年底，T700 级碳纤维百吨级工程化产品陆续应用。基于干湿法纺丝工艺的低成本制备新一代高强碳纤维原丝技术近期也取得重大进展，已有 3 家企业正在开展千吨级产业化示范工作，部分产品在工业民用市场得到应用。

"十一五"期间在科技部"863"计划项目支持下，我国在湿法 T700 级高强碳纤维制备技术均质纺丝凝固工艺基础上，开展纤维尺寸对结构形成与演变规律研究，消除 PAN 原丝预氧化过程的皮芯现象，实现了国产高强中模碳纤维制备关键技术的突破。"十二五"期间在试验制备技术突破的基础上，国内多家企业开展 T800 级碳纤维百吨级工程化研制。而 T1100 级碳纤维的制备关键技术也正在加紧攻关。与此同时，国内基本实现了高模量碳纤维制备技术的国产化，纤维产品性能与日本 M40 碳纤维相当，具备吨级小批产能力，产品已通过工程应用验证。高模高强碳纤维制备技术研究经过几年的攻关，也已探索出具有自主特色的研究方向，基本型 M40J、M50J、M55J 级碳纤维制备关键技术取得突破，主体性能与东丽公司产品相当。更高等级的高模、高模高强碳纤维制备尚处于技术研发阶段。另外，国内正在开展吨级规模连续高导热碳纤维制备关键技术研究，已经获得了实验室纤维样品。

B　发展现状

近年来在多项国家项目支持下，初步建立起以重大工程领域应用为牵引，高校和科研院所为研发主体，多种经济元素为产业化基地的国产高性能碳纤维研发、生产和应用体系。

（1）突破了系列碳纤维制备与应用关键技术，基本满足了重点国防领域的迫切需求。国内的 T300 级碳纤维系列性能基本可以达到国际水平，军工领域应用渐趋成熟，民用市场仍有待开拓；T700 级高性能碳纤维突破了干喷湿纺工艺，产业化生产及应用亟待加快；湿法纺丝 T700 级碳纤维及其复合材料产品已应用于航空航天领域；T800 级碳纤维突破了工程化技术，正处于验证阶段。在实验室条件下，T1100 级高性能碳纤维已经突破关键制备技术，但距离稳定化制备还有很长的路要走。高强高模碳纤维方面，M40 级碳纤维已应用于航天领域，M40J 级碳纤维也已进入应用验证阶段，M55J 碳纤维基本突破了十吨级制备关键技术。平台建设方面，为支撑碳纤维的国产化发展，相关部委建设了 1 个国家碳纤维工程技术研究中心、2 个碳纤维制备国家工程实验室、2 个碳纤维复合材料国家工程实验室，若干省部级重点实验室或工程中心，丰富了碳纤维国产化的研发平台，组建起 2 个碳纤维及其复合材料战略联盟，国产碳纤维合作研发、集约攻关的机制与平台格局初步形成。

（2）碳纤维工程化及产业化取得了积极进展，积累了一定的工业化经验。基本掌握了百吨到千吨级湿法纺丝碳纤维生产线建设及部分关键装备设计制造技术，干喷湿纺碳纤维生产线以及工业级碳纤维生产线建设初见成效。2018 年全国理论产能约 2.68 万吨（中简科技和山西钢科产能按 12K 当量计算），实际产量约 9000t，销量/产能比为 33.6%，高于 2017 年的 28.5%，远低于国外的 65.3%，整体产业的销售/产能比较低。8 家千吨级企业的理论产能已经占到全国的 86.9%（如图 1-4 所示），产业集中加速。

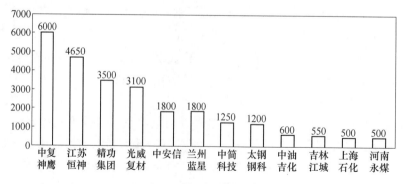

图 1-4　2018 年中国碳纤维理论产能（t）

（数据来源：林刚，广州赛奥，2018 全球碳纤维复合材料市场报告）

企业方面，山东光威复材公司继 2017 年成功上市后，民品业务成为新的业务支撑和利润增长点，中复神鹰宣布拟投资 50 亿元、在西宁建设 20000t 碳纤维的重大扩建工程。太钢集团正在建设 1800t 军民两用碳纤维生产线。浙江精功集团碳纤维与吉林化纤进行碳化与原丝分工协作，2018 年新扩建一条 1500t 碳化线，2019 年中将开车运行。江苏恒神获得陕煤集团 25 亿元的战略投资，极大改变了财务现状，支撑"全产业链"理想继续推进。中国工业级碳纤维原丝两大重要基地：吉林化纤集团（吉林碳谷）在 2018 年实现原丝销售超过 8000t，同比增长 60% 多，实现了多个国家的批量出口，预计 2019 年有望实现12000~13000t 原丝销售，增长迅猛；中石化上海公司在 2018 年启动了 3000t 原丝及 1500t碳纤维的扩建，2019 年又将启动 24000t 原丝的大丝束碳纤维项目。在全球碳纤维产业中，雄厚的腈纶基础是我国碳纤维产业形成国际竞争优势的优质资源。

（3）碳纤维复合材料在体育休闲和工程建设等重点领域的应用已初具规模，风电和汽车等新兴领域应用逐渐起步。2018 年国内碳纤维复合材料行业总量为 47692t，初具规模，且发展迅速，前景良好。体育休闲复合材料用量首次达到 20000t；风电行业碳纤维用量增长迅猛，达到 12308t，预计两年内风电行业将超过体育器材，成为最大应用市场（如图 1-5 所示）。

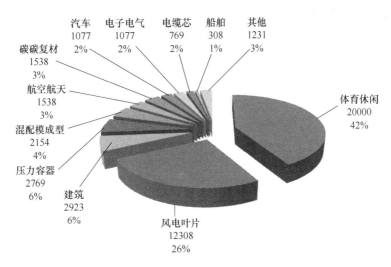

图 1-5 2018 年我国各重要领域的碳纤维复合材料用量（t）
（数据来源：林刚，广州赛奥，2018 全球碳纤维复合材料市场报告）

（4）组建成立了"全国碳纤维标准化技术委员会"。2017 年 12 月 18 日，国标委办公室正式发布《国家标准委办公室关于筹建全国碳纤维标准化技术委员会的批复》，同意由江苏质监局负责筹建 SAC/TC572。2018 年 9 月 15 日，全国碳纤维标准化技术委员会成立大会暨一届一次工作会议在南京召开，SAC/TC572 委员会正式成立。会上审议修订了SAC/TC572 章程、秘书处工作细则、标准体系等管理文件，初步确定了第一届委员会的工作计划，并对一届一次工作会议上讨论的拟申请立项标准项目的标准文本进行了完善。第一届 SAC/TC572 委员由来自全国 11 所高校（含中科院所）、10 家碳纤维生产企业、13家碳纤维复合材料研制及应用科研院所、15 家碳纤维复合材料研制生产企业、2 个标准化机构、2 个行业协会、2 个产品检测及质量监督机构和一家化工企业管理公司的 57 名专业技术人员和管理人员组成。委员组成覆盖碳纤维及其复合材料研究、生产、经营、应用、检测、监督及管理等全产业链，具有广泛代表性。

整体上看，我国碳纤维及其复合材料产业正处于由"研究试制型"向"规模产业型"发展转变的战略机遇期和关键窗口期。

C　成果与优势

（1）碳纤维的系列化稳步推进，取得可喜进展。国产军用 T300 级碳纤维已实现了在航空航天领域的工程应用，基本实现自主保障，正在推广应用；国产 T700 级碳纤维已经进入应用验证，部分产品已经实现在装备研制上初步应用；2018 年，中科院山西煤化所/山西钢科碳材料有限公司联合体和威海拓展纤维有限公司突破了国产 T800 级碳纤维百吨级工程化制备技术，实现了国产 T800 级碳纤维工程化稳定生产，国产 T800 级碳纤维产品通过了航空航天型号的地面考核，初步完成了其在航空航天领域的应用验证。

民用方面，T300 级碳纤维及其复合材料制品主要用在体育休闲、建筑补强等领域。中复神鹰生产的干湿法 T700 级碳纤维及其复合材料已经在民用市场开始应用。

（2）碳纤维生产技术出现新的发展动向，向技术转型升级迈出了可喜的一步。2016 年 8 月，中安信公司基于干喷湿纺原丝技术的碳纤维生产线正式投入调试运行，单线干喷湿纺原丝的名义产能达到 5000t，技术水平与国外先进水平相当，标志着国内干喷湿纺原丝工业化生产技术与装备取得突破。2017 年，中安信千吨级 T700S 碳纤维投产，生产的 T700S 碳纤维产品性能基本达到了国际同类产品水平，目前该产品已基本完成了某型号应用验证，具备了批量应用的条件。

吉林化纤和上海金山石化基于大腈纶产业的基础，开发了大丝束低成本工业级碳纤维原丝生产技术，吉林化纤建设的大丝束原丝生产线，在 1.15m 辊宽上运行 40 束 12K 原丝，总规模达到 15000t 级，经初步碳化评价碳纤维性能正常。各种规格的原丝产品已向国内多家碳纤维生产企业销售，部分品种开始向俄罗斯出口。上海金山石化和浙江精功/吉林化纤联合体两家单位还率先开展了大丝束工业级碳纤维的研制攻关，目前基本突破了制备关键技术，相关大丝束工业级碳纤维样品的力学性能与 PANEX35 基本接近。

发展干喷湿纺技术和大丝束原丝技术是突破工业级碳纤维的必由之路，我国企业已迈出了可喜的一步。

（3）高强高模高韧等前沿新概念新技术涌现，碳纤维的自主创新发展开始萌芽。细径化虽然可大幅提高碳纤维复合材料的拉伸性能，但其压缩性能却停滞不前，导致压拉失配，已严重制约新一代碳纤维复合材料的高性能化和航空航天工程应用。一段时期以来，国内外关于新型复合材料的概念不断涌现，包括利用碳纳米管纤维、石墨烯纤维、多尺度增强纤维等新型增强材料或增强方式，但目前总体上仍处于概念探索和技术孕育阶段，尚未形成共识。国内航天领域从应用目标着手，率先提出了高强高模高韧碳纤维复合材料发展新方向，第三代复合材料用碳纤维的特征指标为拉伸强度 ≥5.5GPa、拉伸模量 ≥360GPa，断裂伸长率 ≥1.5%；第三代先进复合材料的特征指标为准各向同性模量 ≥70GPa、压拉比 ≥0.8，能够全面替代铝合金。相关科研单位已经在基于高模量技术路线，开展了初步探索研究工作，在协同提高复合材料压拉平衡和模量方面取得了较好进展。

D　产业聚集情况

树脂基复合材料的产业集聚区在京津冀、长三角、珠三角、环渤海地区已现雏形。当前，集树脂基碳纤维复合材料设计、制造、应用能力为一体的单位仍以军工或相关领域的科研单位、国有企业为主，如京津冀地区的航天 703 所、306 所、529 厂、中航复材公司、核三院等；长三角地区的中国商飞公司、航天八院等；环渤海地区的兵器 53 所、沈飞公司等。此外，还不乏在京津冀及长三角地区形成的一批民用航空产业园或民用航空产业集群。

在风电、汽车领域方面，京津冀区域聚集了北汽集团、天津一汽、康得复材等汽车及零部件制造商，以及金风科技、中材科技、天津时代新材等风电企业。长三角地区聚集了上海大众、航天晨光集团、蔚来汽车等汽车制造商，以及中材叶片、中复连众、宏发纵横等风电企业。

体育器材方面主要集中在长三角、珠三角及环渤海地区，如长三角地区的中复神鹰、上伟公司等，珠三角地区体育休闲产业聚集了一大批体育器材生产企业，如厦门新凯、龙亿科技、东莞永湖、中山广盛运动器材、深圳市喜德盛、东莞永琦复合材料、东莞源泰运动器材等。环渤海地区如光威集团、环球渔具、鲁滨逊等为代表的一大批制品企业。

总体上看，我国碳纤维及其复合材料产业与技术在历经 40 余年发展取得了长足进步。碳纤维量大面广的应用主要以增强树脂基复合材料为主，技术已渐趋成熟，应用部位由次承力构件扩大到主承力构件；产业也正由推广开拓期向快速扩张和快速成长期迈进，碳纤维应用领域已由航空、航天、兵器等国防领域扩展到了风电、轨道交通、汽车等众多民用领域。在国家科技和产业化示范计划支持下，历经十余年的协同攻关，我国碳纤维制备与应用技术取得了重大突破，探索出国产化碳纤维原丝制备正确的技术方向，从"无"到"有"，初步建立起国产高性能纤维制备技术研发、工程实践和产业建设的较完整体系，产品质量不断提高，航空航天小丝束、工业用小丝束与工业用大丝束三大商业发展模式已基本清晰，产学研用格局初步形成，碳纤维技术发展速度明显加快，基本解决了国产高性能碳纤维制备与应用的瓶颈问题，有效缓解了国防建设重大工程对国产碳纤维的迫切需求。

1.2.2.2 短板分析及产业链安全性评估

在国家计划的持续支持和以国防为重要应用领域的需求牵引下，我国高性能碳纤维及复合材料取得了实质性进展。但总体而言，产业化建设进展相对缓慢，部分领域严重滞后于世界材料强国的发展速度。虽然国内碳纤维初具规模，但仍处于产业化初期，虽产能不断提高，但产量及市场占有量较低，产品质量稳定性相对较差，应用领域有待进一步拓展；结构设计与验证分析方法和高可靠检测评价技术缺失、高品质自动化制造技术不足、高端装备不能自主、高端产品缺乏、产品成本高、创新能力薄弱等问题依然突出。复合材料的综合性能仍然较低，高端碳纤维距离批产和应用还有相当距离，氰酸脂复合材料稳定性有待改进，聚酰亚胺树脂使用温度低于国外同类产品。关键材料仍以"需求牵引型"的跟踪研究为主，未形成整体创新体系。

随着中美贸易摩擦持续发酵，我国高端碳纤维及其复合材料与技术、装备和工艺等领域受制于人的问题凸显。当前复杂的国际形势对碳纤维及其复合材料技术发展提出了新的需求：一方面，聚焦重点产业"卡脖子"问题，创新碳纤维及其复合材料研发模式，围绕依赖进口的产品及装备补短板，全面提升产业链安全，摆脱受制于人的局面；另一方面，面向战略性应用全面提升高端品种应用比例，聚焦碳纤维及其复合材料后续发展的重大科技问题，加强能力建设，强化创新体系建设，形成技术产业体系。

A　产品自给率不高，自主创新和保障能力不足

我国军用高性能碳纤维及其复合材料与国外先进水平存在代差。国外航空航天军工领域已经大规模应用以 T800 级碳纤维为主要增强体的第二代先进复合材料，而我国总体上仍处在第一代先进复合材料扩大应用阶段，产品主要集中在 T300 和 T700 级，且质次价高和不好用的问题突出，落后一代以上。与此同时，模量 550GPa 级及以上高强高模碳纤维及其复合材料尚未建立有效的自主保障能力。

另外，民品市场对外依赖较大，2018 年我国碳纤维及其制品用量约为 3.2 万吨，国内碳纤维产量 9000 余吨，其余全部依赖进口，日本仍是最大的进口来源国，占进口总量的 1/3 以上，中国台湾进口量约占进口量的 1/5，美国进口量约占进口总量的 1/10，其后依次为韩国、土耳其、匈牙利等。主要原因：一方面，由于国产碳纤维产业化规模化生产成本高，质量稳定性差，推广应用存在较大困难；另一方面，与下游应用配套树脂体系及碳纤维制品制造技术存在短板，进一步制约国产高性能碳纤维的应用。

此外，在关键原材料供应方面，聚酰亚胺蜂窝材料存在禁运风险，高性能可设计碳纤维蜂窝研发和制造能力远落后于美国；尚未开发出针对双马树脂增韧的热塑性聚酰亚胺树脂，高性能热塑性塑料，薄膜和模塑料国内与国外差距较大，现有产品性能不足，不得不通过特殊渠道解决。这些关键原材料发展滞后，成为制约复合材料发展的瓶颈。

总体上看，国产碳纤维及复合材料发展目前仍以跟踪仿制模式为主，自主创新能力不足，难以适应武器装备比肩和引领发展的需求。

B　部分重要流程与核心装备尚未完全突破，依赖于进口

研发与生产脱节，材料、工艺与装备多学科交叉融合研究不足，流程和装备问题未受到重视，导致企业生产被迫陷入"依靠市场换技术"和"成套引进→加工生产→再成套引进→再加工生产"的怪圈，"天价的技术及装备"和"低端产品低价竞争"导致国内企业沦为国际产业链的底层打工仔，几乎无利润甚至经营困难，同时也面临着设备禁运、生产瘫痪的产业风险。

国内碳纤维生产装备与国外差距显著，缺乏装备自主设计制造能力，高精度计量泵、产业化氧化炉、产业化大口宽碳化炉、超高温石墨化炉等严重依赖国外进口，国内生产高质量碳纤维所必需的碳化炉和高温石墨化炉主要来自美国的哈泊公司和欧洲的艾森曼公司（石墨主要由西格里公司提供），装备短板问题突出。主要原因有：

（1）缺乏优秀的设计/模拟人员，产业化经验相对匮乏，国外技术封锁，导致国内自主设计装备方面，长期停留在百吨级水平。

（2）国内核心工业领域的三维结构设计软件，力学场、温度场、流场模拟软件，普遍依赖进口。

（3）国内基础工业领域（如机械加工领域）与国外如德国、日本，仍然存在明显代差，直接导致碳纤维设备或核心部件的制造规模/工艺/制造精度、装配规模/精度、维护水平较日本、德国等国有明显代差。

（4）国内装备制造用原材料质量与装备强国如德国差距明显，如：国内高温碳化炉的石墨发热体材料、石墨电极材料，低温碳化炉的炉胆材料等与国外在质量上差距明显。

（5）近年来我国碳纤维产业迅速发展的大潮中，企业以引进设备为主导，与国外厂

家近乎是无保留的工艺沟通，为国外设备设计制造企业（非纤维生产企业的制造商）创造了全方位的工艺装备一体化研制生产、迭代提升的条件，而延误了国产化装备的推进和提升。

复合材料热工装备与发达国家相比，存在一定差距，制约了高性能复合材料的制备。主要表现在：

（1）热工装备关键共性技术方面落后于发达国家，在炉膛构造、炉用节能材料、温度场/气体流动场的分布模拟、气氛控制、精密传感器等方面还存在较大差距，导致产品的一致性、可靠性和耐久性方面与国外有较大差距；运行质量不稳定，无故障运行时间低于国外同类产品。

（2）基于计算机模拟的热加工精密智能控制技术落后于发达国家。在工艺控制方面，主要依赖人工经验设定程序，根据经验估算处理结果，不以产品的工艺要求为控制目标，导致产品的质量波动大，热加工准确性、可靠性、重现性低。

（3）目前，国外高档热工装备制造企业广泛采用计算机辅助生产、计算机模拟、模块化快速设计、产品设计数据库 PDM 系统和企业经营管理 ERP 全过程管理体系等现代设计研发和管理措施，产品开发周期短、成功率高、生产成本低和售后服务响应快等特点。而国内设备制造企业尚未形成系统的设计开发体系，辅助设计软件缺乏，相关设备配套标准化零部件体系尚未建立，更未建立起较完整的产品数据库。

（4）在热工新技术产业化应用方面，国内普遍存在科研与生产脱节，科研成果工程化转化和产业化推广速度慢的现象，而国外工程化研发以企业为主体，高校、科研院所与企业紧密配合，已形成产学研合作共赢的良性发展态势。

C 大规模高效低成本的碳纤维产业化技术仍未完全突破，碳纤维产品"质次价高、不好用"，企业利润率不高

碳纤维产业是一个工艺与装备高度耦合的超长流程精细产业。目前，一方面国内尚未吃透大规模成套生产工艺技术，碳纤维产品毛丝多、批次不稳定、次品率高，导致"不好用和成本畸高"，设计产能迟迟无法兑现，产业发展严重依赖"输血扶持"。另一方面国内碳纤维工业化生产成套装备的设计能力缺乏，关键装置与配套单机零部件也不过关，主要依靠简单放大军用碳纤维小批量生产线或简单参照未经验证的生产线方案，生产线建设投入大（单位产能投入是国外 2 倍以上），建设与调试周期长，运行故障率高，而且产品规格一直以 12K 及以下小丝束为主，高质量大丝束低成本大规模碳纤维工业化生产技术及其高效自动化成型复合材料技术尚不掌握。

复合材料自动化制造、低成本制造水平落后，先进复合材料大尺寸、大厚度等工程量级复合材料质量一致性控制水平有待提升。目前复合材料工艺技术呈现以手工制造为主的劳动密集型特征，导致产品生产周期较长，成本较高，质量一致性、稳定性较差。自动化程度较低，智能化尚未起步，与部件制造的高效化、低成本化需求间的矛盾突出。

从技术和装备的硬实力来看，我国碳纤维工业化生产技术与装备至少落后国外两代，在世界竞争格局中处于极为不利的地位。

D 高性能复合材料工程应用水平有待进一步提高

结构/防热复合材料是先进航天飞行器的关键材料技术，美欧等西方发达国家发展历史较长。航天飞机、X-43A、X-38、HTV-2、IXV、X-37B 等先进飞行器均对结构防热材料

进行了大量的计算模拟、性能改进、试验考核等全环节工作，积累了丰富的部件研制和型号应用经验。相比之下，我国结构/防热复合材料在武器装备上的应用仍处于初步阶段，工程应用水平有待提高。结构隐身领域缺乏工程化应用经验，部分研究工作仍维持在实验室研究以及试验件验证水平，技术成熟度不高。对于地面装备，材料选用基本局限于装甲钢、装甲铝等金属材料，复合材料使用量明显少于国外装备。

E　碳纤维及其复合材料产业链仍有待培育建设，产业体系尚未形成

完整的碳纤维及其复合材料产业链包括：原丝与碳纤维生产、原材料与配套材料生产和保障、纤维装备设计制造与服务、纤维检测服务与保障；中间材料（织物、预浸料等）生产、复合材料结构件设计成型加工装配、辅助材料生产与保障、复合材料装备设计制造与服务、成型与加工工装设计与制造、复合材料检测评价服务与保障等。

目前，我国碳纤维及其复合材料产业链不完整，关键装备、重要原材料和配套材料以及检测评价环节薄弱。

首先是配套材料的持续发展能力不足。当一种材料的"有无问题"解决后，对"生产制造工艺的控制水平持续提升""质量体系的持续完善""成本的精细化管控"等重视不足，导致国产产品与进口产品相比，在质量的稳定性、综合性能的一致性、采购价格等方面严重缺乏竞争力。且存在基础性能数据和应用技术数据不全、综合考核验证不充分，存在行业和部门壁垒而难以共享，导致当一种材料具备了工业化生产能力后，得不到多行业多部门设计师的广泛选用和快递推广，造成材料的推广应用及技术覆盖性不强。

其次是复合材料表征分析能力和手段仍需完善。国内对复合材料分析计算方法和基础实验条件不够重视，缺乏实验矩阵规划和试验标准，在工程应用中能够发挥核心作用的自主开发软件基本空白，造成重复性试验量大、试验周期长，能够给出有用失效信息的破坏性试验局限于体系的一小部分，或者很少的失效模式，不能提供失效相似性或失效结果的信息，必然付出成本、时间和效率的代价。与世界先进水平相比，我们的复合材料同样面临试验验证不到位、问题暴露不充分的问题，给武器装备发展带来了不小困难，不少问题带到了部队。以航空发动机为例，总体上过程缺失较多，如零部件制备技术及检测技术研究、材料/半成品全面性能试验研究、材料/半成品设计使用技术研究与验证、材料/半成品设计使用性能测定、失效分析与寿命预测技术研究、典型零件试制/批产稳定性研究与验证等研究过程存在不同程度的缺失，材料应用技术不完备，影响发动机科研、生产过程的寿命和可靠性。我国在材料技术研究、装备选材设计、性能测试、生产制造、试验考核验证和部队使用维护等环节还缺少有效的沟通渠道，存在较严重的脱节现象。而应用评估研究作为先进材料实验室性能测试、试验验证和环境适应性评价等方面的重要补充，可为检验其技术是否满足武器装备要求提供依据，在解决材料研究与装备使用脱节的问题上具有积极作用。

大多数应用行业缺乏复合材料设计—评价—验证能力，"不会用、用不好"问题突出。与传统金属材料相比，复合材料的最大优势是可设计性，可根据服役环境和结构特点进行优化设计。当前，我国仅航空航天领域具有较为完整的复合材料设计—评价—验证能力，兵器、舰船、汽车、风电、轨道交通、基础设施建设、体育器材等行业则严重滞后，普遍存在"不会用、用不好"的问题，导致国产碳纤维及其复合材料大规模应用出口不畅。

F　低水平重复建设问题突出、行业集中度不高，市场竞争力不强，缺乏大规模应用出口

在军用高性能碳纤维禁运、国家高度关注以及投资冲动等多重因素刺激下，涉足碳纤

维研制生产的单位数量多，水平参差不齐，且多数企业单位都集中在 T300 级，多、杂、散、乱问题突出。低水平无序扩张越演越烈，不仅造成大量国家和社会资源占用与浪费，也有可能使产业陷入投入"输血"和"扶持"依赖陷阱，难以形成具有竞争力和可持续健康发展的产业。与欧美等国家依靠集结大型或巨型生产企业来占据产业和市场绝对主体地位不同的是，我国碳纤维产业的"小、杂、散"问题突出，难以匹敌同行业国际巨头，市场竞争力不强。应用和市场是关键战略材料实现价值转化的必经环节，为其发展提供不可或缺的牵引力。军用碳纤维及其复合材料总体规模仍然比较小，碳纤维的使用总量不足 400t，难以驱动全产业链的发展与完善。同时，民用碳纤维复合材料产业主要集中于体育休闲器材带料加工和建筑补强，碳纤维主要依赖进口，以风电、汽车和电子行业应用为代表的工业碳纤维复合材料规模应用局面尚未形成，民用市场对碳纤维及其复合材料产业链的培育与建设没有形成有效的拉动力。2018 年，我国从事碳纤维生产的企业达到 20 余家，产能约 2.68 万吨，但实际产量仅约 9000t，除了成本和质量问题外，最重要的原因就是国内高性能纤维企业对高性能纤维应用服务能力的培养不重视，只注重产品的推销，而忽视了应用服务。国内仅航空航天领域具备高性能纤维复合材料的设计应用能力，而其他高性能纤维应用企业、复合材料企业，更多习惯于跟踪国外的应用技术与应用领域，以"成型加工"方式开展高性能纤维复合材料的制备，工业领域缺乏对高性能纤维复合材料设计—制造—应用的集成能力，导致国产高性能纤维没有大规模应用出口，有产能没产量，产能迟迟难以释放。

　　G　人才规模与分布问题没有得到明显改观

　　经过 40 多年艰苦努力，国产碳纤维及复合材料研制取得长足进步，培养了一批专业技术人才。但由于国产碳纤维及其复合材料行业整体规模和技术水平均大大落后于世界先进国家，碳纤维及其复合材料领域人才队伍规模有限，且掌握关键技术的人才严重匮乏。一方面，碳纤维研制生产领域缺乏科技领军人才和骨干工程技术人才；另一方面，人才分布不均，大量复合材料设计和工艺技术人才主要集中在国防军工领域，而方兴未艾的工业应用领域设计与工艺技术人员严重匮乏，直接影响了碳纤维复合材料在工业领域的推广应用，难以支撑我国碳纤维及其复合材料行业的整体发展。

　　总体来看，我国碳纤维及其复合材料研制与应用水平和国际主流水平还有相当大的差距，特别是一些军用高端关键材料和高端装备仍严重依赖进口，在禁运风险日益增加的情况下，正成为潜在的制约瓶颈，也是最容易被"卡脖子"之处。急需利用现有时间差，提前布局，加大研发和工程化推进力度，突破关键技术，形成全产业链的自主可控保障能力，同时全方位推动碳纤维及其复合材料产业健康发展。

1.2.3　国内外技术水平对比分析

　　虽然我国碳纤维及其复合材料产业发展取得长足进步，实现了从"无"到"有"的突破，但从"有"到"强"道阻且长。如表 1-5 所示，无论是碳纤维生产关键参数、碳纤维产品品种与性能水平还是复合材料应用水平，对比国际先进水平仍存在明显差距。总体上看，军用高性能碳纤维及其复合材料技术整体落后一代以上，碳纤维及复合材料产业化技术落后两代以上。

表 1-5　国内外碳纤维技术与应用水平对比情况

一、国内外碳纤维生产水平对比		
对比项	国外生产线（如东丽）	国内生产线
实际运行 单线产能/t	≥2000	≤1000
工位数量/个	≥400	50~400
原丝纺速/m·min⁻¹　干湿法	≥400	50~350
原丝纺速/m·min⁻¹　湿法	150~200	≤120
实际稳定运行 碳化速度/m·min⁻¹	≥15	≤10
单线能耗	低	高
工艺设备	整线一体化系统设计	单元装备组装
质量稳定性	高	低
二、国内外碳纤维产品水平对比		
系列化程度	高强系列（T300/T700/T1000/T800/IM7）、高模系列（M40J/M55J/M60J/M70J）、超高强高模（T1100G/IM10）、大丝束工业级（Panex35）	高强系列（T300/T700）、高模系列（M40/M40J）
应用工艺性	毛丝少，应用工艺性好	毛丝多，不好用
性价比	高	成本居高不下
三、国内外复合材料应用水平对比		
航空航天领域	以 T800 和 IM7 为代表的第二代先进复合材料，自动铺丝和自动铺带等自动化、智能化工艺应用比例超过 60%	仍以 T300 和 T700 为主的第一代先进复合材料，自动铺丝和自动铺带等刚刚起步，应用比例低于 20%
风电领域	碳纤维拉挤成型工艺大规模成熟应用，碳纤维用量超过 15000t	碳纤维应用仍处于技术探索期，以织物液体成型工艺为主
汽车领域	高压 RTM 和快速热压工艺技术稳定成熟，成型效率达到 10min/件，正在大力开发 3~5min/件的高效成型工艺技术，碳纤维用量约 9000t	仍以短纤维增强热塑性碳纤维内饰和装饰功能应用为主，碳纤维用量约 300t

　　总的来说，从象征自主保证能力和市场占有率的劳动生产率、高端产品比例、产品利润率等指标，以及象征持续发展能力的研发投入强度、发明专利全球占比等定量数据对标来看，国内碳纤维及其复合材料发展与强国之间还存在几方面明显的差距（见表1-6）。

　　具体来看，在劳动生产率方面，相较于美国和日本发达国家，我国生产单位产值所使用的劳动人数普遍较多；同样亿元产值，国内平均用工人数是美日等强国的 2~3 倍，劳动者的生产创新能力不足，劳动生产率较低，这也间接反映了相关产业智能装备水平、生产自动化程度较低的问题。

表 1-6　国内外碳纤维及其复合材料产业水平对比情况

一级指标	二级指标	美国	日本	中国
质量效益	劳动生产率	20~40 人	20~40 人	80~100 人
	销售利润率	10%~20%	10%~20%	军品利润较高，部分企业民品开始盈利（微利）
	世界知名企业或品牌占比	HEXCEL、CYTEC	东丽、三菱、东邦，其中三菱为世界 500 强企业	—
结构优化	标志性产业的产业集中度	高度集中，只有 HEXCEL、CYTEC 两家企业，产能占全球产能的 10%	高度集中，东丽、三菱、东邦三家占据世界 45% 以上的产能	—
	中高端产品占比	高强中模 20% 左右	高强中模 20% 左右，高强高模 2% 左右	T800 与 M40J 级等高性能产品处于应用验证阶段
可持续发展	研发投入强度	—	—	国内企业普遍处于持续投入阶段
	发明专利全球占比（含复合材料应用）	10%~15%	20%~30%	40%~50%

世界知名企业或品牌占比在一定程度上能反映相关产业的集中度、品牌效应、市场认可度、话语权等。我国碳纤维及其复合材料主要市场为国内市场，在国际上的知名企业很少，甚至没有。知名企业偏少同时也反映出产业集中度普遍较低，限制了国内企业的全球市场竞争力。相比强国，国内企业材料产品的销售利润率普遍较低、高端产品占有率也较低，产品市场主要集中在低端产品加工上，产品附加值低。而日本、美国等强国，其核心技术与专利方面有很大的自主权，高端产品毛利润达到了 20%~50%，市场竞争力不言而喻。碳纤维企业中，日本东丽、东邦、三菱，美国的 HEXCEL 和 CYTEC 均为世界最有竞争力和影响力的企业，其中，三菱化学是世界 500 强企业，但碳纤维业务只是其很小的一部分。这几家企业的碳纤维利润只占其营销利润很小的一部分，主要盈利在下游产品，包括织物、预浸料和复合材料等。国际上，碳纤维企业的碳纤维销售利润率在 10%~20%，根据牌号不同略有差别，小批量高端产品利润较高，如高强高模产品利润率达到 20% 以上。目前，国内碳纤维企业仅有光威复材与中简科技依靠军品高价订单盈利，其他企业基本处于微利和亏损状态。

从近年的发展趋势来看，我国在碳纤维及其复合材料研发投入逐年上升，专利申请量整体处于上升态势，甚至专利申请量已超越美日等国，但专利质量、核心专利与美、日等发达国家还存在明显差距。目前，我国相关材料领域正处于高速增长期向高质量发展期的关键转折阶段，未来的持续发展需要生产率提升和智慧驱动，急需掌握核心专利与技术，实现原始创新，驱动基础研究、应用研究和前沿研究。

世界各国不断加强对碳纤维的研发投入，一方面，不断开发新牌号新技术，另一方面不断扩大通用型号产品产能。目前国内各碳纤维企业也在持续投入，光威复材的研发支出占营业收入超过 15%，其他企业虽未盈利或微利，但也在不断增加研发投入。一方面研发高端牌号产品，如光威 M55J 级碳纤维突破 10t 级规模化制备；另一方面扩大产能，吉林化纤、中复神鹰、中简科技、山西钢科等企业都在投资建设新的生产线。

在知识产权方面，截至2018年，碳纤维研发、制备、生产、应用相关的世界范围内的专利102410项，其中中国专利50808项，我国专利数量多，但以应用为主，碳纤维制备方法方面的专利能真正产业化利用的少，碳纤维制备技术方面的有效专利主要集中在日本和美国企业，而日本又处于绝对领先地位，日本企业不但在本国申请专利，在其他国家也申请了大量的专利。

总体而言，与国际水平相比，我国碳纤维产业化单线规模小、产品质量稳定性差、合格率低、运行成本高，产业化水平亟待提高，市场竞争力尚需培育。当前国产碳纤维产业化规模单线产能以500~1000t级为主，与国际平均单线产能1800t的水平存在较大差距；产品规格集中在12K及以下。未来需加强对碳纤维及其复合材料生产关键装备的自主开发支持力度，提高国产装备的单线能力、加工精度、系统可靠性和控制水平，提高碳纤维制备与应用的国产化水平。

我国碳纤维各应用领域对高性能碳纤维的需求非常迫切，强化国产装备替代、拓宽工业应用领域和降低全产业链成本将是今后国产碳纤维及其复合材料产业发展的主流方向。

1.3 市场需求及下游应用情况

1.3.1 国际市场需求及下游应用情况

当前国际碳纤维产业及下游应用市场均呈现出需求繁荣和碳纤维巨头公司扩产投资的热情。一方面，国际碳纤维应用市场继续以10%左右的增速不断扩大，应用领域进一步拓展；另一方面，全球各大碳纤维制造商产量不断增长，并在碳纤维技术研究上朝超高性能和低成本两大方向发展，在先进复合材料技术发展上向高性能化、低成本化和多功能化方向发展，以追求巩固其绝对市场领导地位。2018年全球碳纤维需求为9.26万吨，主要领域来自于航空航天、风电叶片、汽车、体育休闲和压力容器等。

碳纤维市场需求旺盛，国际主要厂家这两年均在扩大产能。碳纤维"价降量放"，从"贵族材料"到"平民化"的产业转化过程越来越明显，低成本碳纤维技术的创新与推广应用，将会极大地激活工业领域新的需求。全球碳纤维产业正迈入发展的快车道，将以10%~15%的速度高速增长。

在应用领域需求量方面，2018年全球应用市场在2017年的基础上平稳增长，其中航空航天（包含军工）领域，2018年比2017年增加9.4%，主要来自于波音787及空客350产能的变化，空客350对全年碳纤维需求量增长的贡献最大。依赖于风电巨头VESTAS强势驱动，风电市场的碳纤维需求强劲。汽车领域，2017年统计为9800t，2018年的数据为10800t，增长10.2%。据宝马公司年报，宝马BMWi3在2018年的销量为34829辆，同比增长10.6%，带有"Carbon Core"的宝马7系销售25718辆，环比上升5%。而新能源汽车，尤其纯电动车，轻量化是必然趋势。

树脂基碳纤维复合材料是碳纤维应用的主要形式。2018年的全球碳纤维复合材料市场需求量达到14.25万吨，树脂基碳纤维复合材料的需求占据了全球碳纤维复合材料总量的约70%。从全球应用市场需求来看，风电叶片（约24%）、航空航天（约23%）、体育休闲（约22%）产业是树脂基复合材料需求的支柱产业。尤其波音、空客商用客机的大规模成熟应用树脂基碳纤维复合材料，以及国际风电巨头的大规模投资，这些领域树脂基碳纤维复合材料的用量均超过 3 万吨。

美国拥有波音及军用航空航天，成为这些领域最大的复合材料市场，而欧洲有空客、汽车、风电产业，碳纤维总体用量大于美国。日本在碳纤维技术及产能领域优势明显，然而在复合材料及应用方面，日本相比于欧美劣势明显。因此，日资碳纤维巨头都加大了在欧美的生产布局，并购中间制品与复合材料国际专业公司。中国大陆、中国台湾与韩国的应用主要是体育器材。

（1）航空航天应用市场。商用飞机对碳纤维需求驱动是巨大的，2018 年，根据波音及空客的官网信息，波音 B787 交付 145 架，比 2017 年增加 6%，而空客 A350XWB 交付了 100 架，比 2017 年增加 30%。因此，商用飞机碳纤维的用量增加主要来自空客。

（2）体育休闲应用市场。碳纤维体育器材，全球绝大部分制造在大中华地区，欧美日本品牌商主要是品牌运营，参与技术研发的投入不多，我国企业的利润空间有限，技术创新能力也有限，目前的主流工艺大量依靠人工，缺乏自动化，因此制造成本也较高，这些因素共同导致了产品价格高昂，不能普及到寻常百姓家。

（3）风电叶片应用市场。国际上采用碳纤维制造风电叶片的主要企业是：VESTAS、GEMESA-SIEMENS、Nordex、Senvion、GE 集团（并购了 LM）。重要的碳纤维叶片制造商还有 TPI（主要为 VESTAS 与 Senvion 提供叶片）和巴西的 Tecsis（主要为 GE 提供叶片）。2017 年，TPI 宣布利用 SENVION 的 RodPack（拉挤棒）技术为其生产叶片。我国主要的叶片制造商有洛阳双瑞、中材科技、重通叶片、明阳风电、中复连众、时代新材等，均在积极推进碳纤维应用。洛阳双瑞应用于 5MW 海上风电机组的 83.6m 风电叶片下线，这款叶片采用的是碳纤维织物灌注工艺的梁帽，是目前中国制造的最长叶片。

（4）汽车应用市场。以东丽为首的日系碳纤维厂家，在积极推动汽车复合材料的应用。尤其在收购了 ZOLTEK 的低成本大丝束碳纤维后，相继收购了不少汽车复合材料相关的国际公司，但成本问题仍是目前碳纤维及其复合材料在汽车领域广泛应用的最大障碍。

（5）建筑应用市场。建筑领域是碳纤维复合材料可以发挥重大作用的领域，相对比较成熟的应用主要是对老危建筑的补强，该市场目前主要采用碳布手糊、现场黏接的工艺，与建筑物的黏接性是工程质量的关键。利用碳纤维复合材料抗震防震，是欧美及日本等国的研究重点，国外经验证明，利用碳纤维复合材料加固后的房屋具有良好的抗震防震效果。我国的建筑质量与西方有一定差距，尤其是震区的危房加固，相关的国家政策与加固研发还有大量的工作可为。除了普通建筑的补强，桥梁、隧道、各类工业管道的补强，碳纤维复合材料均有很大的应用潜力。桥梁拉索的复合材料化，是日本研发的重点。

（6）电子电气应用市场。电子电气市场对碳纤维的主要消费是 3C 领域，其中轻薄型笔记本，如联想 X1 显示器外壳、惠普 SPECTRE 的底板，均由碳纤维复合材料制成。轻薄型笔记本每年有 5000 万~6000 万台的销量，目前主要采用的材料是铝合金和镁铝合金，碳纤维复合材料只占据较小的市场份额，有 600 万~700 万片。该领域一直有热塑性复合材料与热固性复合材料之争，联想采用了热固预浸料织物，而惠普采用了热塑预浸织物。流行的工艺均为：预浸料层合与模压支撑主板材，然后进入注塑机，注塑上其他的精细部分（比如螺钉孔等），喷涂，形成零件。上述领域，主要利用碳纤维的结构性能；而利用碳纤维的功能性方面，主要利用碳纤维的电磁屏蔽与去静电功能，大量的办公电子、电器元件采用碳纤维增强塑料；由于碳纤维特殊的刚性，碳纤维复合材料也越来越广泛应用在扩声器的振膜材料上。

1.3.2　国内市场需求及下游应用情况

相比于国际市场的稳步增长，中国碳纤维产业总体供不应求，初步呈现出"战略新兴产业"的勃勃生机。2018 年中国碳纤维的总需求为 31000t（如图 1-6 所示），相比 2017 年的 23487t，同比增长了 32%。其中，进口量为 22000t（占总需求的 71%，比 2017 年增长了 36.8%），国产纤维供应量为 9000t（占总需求的 29%），近五年碳纤维需求同比上年增长比例及国产纤维供应比例分别为 2014 年（−2.2%，13.5%），2015 年（14.3%，14.8%），2016 年（15.7%，18.4%），2017 年（20.1%，31.5%），2018 年（32.0%，29.0%）。中国碳纤维需求发展态势良好，市场对国产碳纤维的认可度逐步提升，进口替代稳步推进。从碳纤维复合材料的市场领域需求来看，体育器材依然是中国碳纤维最重要的市场，占比达到 44%，风电行业占 23%，用量达到 7000t，占世界需求量的 1/3，相比世界而言，航空航天领域碳纤维应用还大有潜力可挖。2018 年，中国碳纤维及中间材料的市场规模已经达到 5.68 亿美元。

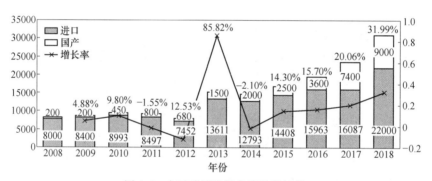

图 1-6　中国碳纤维需求量及增长率

碳纤维增强树脂基复合材料是高性能碳纤维应用成熟度最高、应用范围最广的形式，已初步形成军工牵引，工业领域支撑的规模化产业。碳纤维增强树脂基复合材料产业体系在部分领域发展已较为成熟，如航空领域，树脂基复合材料已经历了从次承力结构到主承力结构过渡并大规模应用的阶段。在商用飞机上，树脂基复合材料由整流蒙皮、方向舵、扰流板的应用已推广到在机身、翼肋、中央翼盒上大规模应用，大型飞机上复合材料用量最多能达到 50% 以上。随着 C919 首飞成功，国产大飞机订单接踵而至，围绕国产大飞机的树脂基复合材料产业也将赢来更广阔的发展契机。军用飞机、直升机上也有大量应用，最先进的战斗机中复合材料用量达到 35% 以上，直升机用量甚至能超过 90%。在航天领域，树脂基复合材料可用来制备航天装备的级间段、发动机壳体、发射筒等，也可用于制备烧蚀防热等功能性复合材料。在卫星上，各种遥感件支架、电池基板、天线面板等也都选用树脂基碳纤维复合材料来制备。

随着低成本树脂基碳纤维复合材料在风电和汽车领域的应用技术逐步取得关键性突破，将与航空航天应用构成三足鼎立之势，成为推动树脂基碳纤维复合材料行业发展新动力。风电领域，大型制造碳纤维风电叶片的跨国公司包括 VESTAS、GEMESA–SIEMENS

等已实现碳纤维增强树脂基复合材料在风电叶片中的应用，碳纤维应用已逐步放量。而我国主要的叶片制造商对于碳纤维增强树脂基复合材料在风机叶片梁中的应用还处于验证阶段。国内树脂基碳纤维复合材料在国内汽车领域的应用技术正在逐渐突破，康得复材生产设施已建成与开机。体育休闲领域是国内树脂基复合材料应用主力，包括自主生产的碳纤维消耗以及来料加工的模式，都对树脂基复合材料产业提供了极大支撑。电子电器（尤其是消费电子）是中国的优势产业，产业的创新能力强且活跃，电子电器行业已经在逐步扩大对碳纤维的应用，随着复合材料技术的进步，这个领域有望成为中国重要的增长引擎。

1.4 前景展望与发展目标

1.4.1 发展前景展望

我国碳纤维及其复合材料行业已初具产业化规模，随着航空航天、风电、轨道交通、汽车工业、高压容器等产业对高性能纤维及其复合材料需求的进一步增长，我国高性能纤维及其复合材料的应用领域及其产能将继续扩大，碳纤维高性能化、质量稳定化、生产低成本化和复合材料应用技术的研发与实施将是今后国产碳纤维及其复合材料技术发展的主流方向。

1.4.1.1 高性能化碳纤维技术

高新航天飞行器研制、新一代战机研发、已有型号的改进改型等对高性能、多功能、结构功能一体化高性能碳纤维复合材料的需求极其迫切，高性能碳纤维已成为国家若干重大安全工程任务的瓶颈。高端碳纤维属于战略敏感材料，先进装备对外依赖性大，自主创新能力不强，因此，亟待在巩固国内已有技术基础上，依托优势力量，开发更高性能碳纤维及其复合材料体系，实现高端型号的完全国产化，以满足国家重大工程需求，强化对国防及国民经济发展的保障能力。加强碳纤维新品种的制备技术研究，形成国产高强、高强中模、高模和高模高强型碳纤维制备技术与产品品种整体格局，满足市场需求。研发重点将围绕高强高模高延伸碳纤维和更高性能的高模高强碳纤维等技术攻关，不断完善国产碳纤维技术与产品体系，满足国家重大工程应用需要。碳纤维的持续高性能化正成为主要发展战略。

1.4.1.2 低成本化碳纤维技术

高效低成本技术逐渐成为关注焦点。发达国家的碳纤维制造已实现标准化、系列化，国际发展趋势是碳纤维的低成本化。基于成本最优化的碳纤维差别化制备技术越来越受到重视，扩大单线产能是低成本化主要发展战略，大丝束制备技术是关注热点，同时不断丰富以市场应用为导向的碳纤维的亚型种类。针对低成本、高稳定、建设可持续发展的产业链的发展目标，开展碳纤维大丝束化制备技术研究，利用腈纶工业基础，发展50K以上低成本纺织级原丝及工业级碳纤维；开展干湿法纺丝技术，实现高速高效碳纤维制备。干喷湿纺这一工艺路线无论从成本还是性能方面较湿纺都具有极大的优势，因此，应该根据市场需求优化产品结构，在保障航空航天用碳纤维的前提下，提高T700S和T800S的产品占比，以满足未来行业发展需求和提高产品收益。树脂基复合材料的应用对低成本化提出了更高要求，而对于成型工艺更为复杂的碳基和陶瓷基复合材料，其高昂的成本也严重限制其产业发展。碳基和陶瓷基复合材料自身产业规模较小，小批量产品的生产和管理规模也是成本居高不下的因素之一。着力发展低成本的复合材料成型技术，真正实现高性能纤维复合材料在工业领域"用得起"，是工程技术发展的重要方向。

因此，发展新的碳纤维制备工艺，根据目标产品，研发合理适用的纺丝工艺，开展低成本化的干湿法纺丝成型技术研究，提高纺丝工艺效率；围绕纤维预氧化过程这个控制碳纤维制备效率的核心环节，研发新型高效预氧化工艺，以减少纤维的预氧化时间。通过提升工艺效率和降低能耗，实质性降低碳纤维制备成本。与此同时，立足于纺织级原丝的低成本碳纤维生产技术将对主流生产技术形成冲击，在碳纤维工业应用中异军突起。

1.4.1.3　稳定化碳纤维技术

质量稳定化是碳纤维产业生存发展的关键要素，聚合物大分子结构、纺丝溶液体系凝胶结构与含量、纤维结构多元化特征都将影响碳纤维质量稳定性。应推广间歇溶液聚合工艺，有效消除聚合物溶液体系凝胶现象，保证纺丝溶液均匀稳定。进一步优化丙烯腈共聚组成结构，降低共聚单体用量，提高 PAN 大分子结构均匀一致性。拓宽原丝预氧化碳化工艺窗口，提高产品结构性能稳定一致性，从工艺与装备水平的协调发展中获得质量稳定的碳纤维产品。智能化、节能减排及循环利用流程与装备是发展重点。

1.4.1.4　复合材料应用技术

战略新兴行业的爆发式扩大应用已成为重要推动力。近年来，随着低成本工业级碳纤维、10min 以内快速固化树脂、罐外固化预浸料、高压液体成型、快速热压成型和快速真空灌注等系列低成本关键技术的逐步突破，将推动碳纤维在风电和汽车领域应用呈现爆发式增长，碳纤维在这些领域的应用还处于大规模爆发初期，而国内风电企业的碳纤维复合材料风机叶片的应用尚在论证阶段，汽车用碳纤维复合材料还在试水阶段，与国际上初具规模的应用尚存在较大差距。可以预见，在这两大领域，碳纤维复合材料产业的发展潜力是巨大的，正成为全行业高度关注的焦点。

以应用需求作牵引，开展高性能碳纤维复合材料相关的产品设计、树脂体系配方、预浸料制备技术、复合材料成型工艺研究，积极拓展国产高性能碳纤维复合材料在军民领域的应用，推动国产碳纤维及其复合材料产业持续健康发展。

未来先进复合材料的发展趋势是：

（1）碳纤维实现规模化、系列化、高性能化、低成本化，并逐步实现以军带民，军民两用的发展模式。

（2）前驱体及树脂基体按体系发展和按代发展的科学发展模式，支撑航空航天等行业的跨越发展。

（3）复合材料预制体形成机械化、自动化、数字化的设计和生产能力，实现大尺寸、复杂形状预制体织物的研制和低成本化。

（4）复合材料向宽温域、高可靠、长寿命、结构功能（承载/防热/隔热/烧蚀/吸波/透波）一体化方向发展。

（5）复合材料朝着更高性能发展，如进一步提升树脂基、碳基、陶瓷基复合材料相应的使用温度范围；复合材料向尺寸大型化、性能稳定可靠、形状异形复杂、更高使用温度等方向发展。

（6）复合材料工艺装备向超大型、超高温方向发展，满足大尺寸、大批量、耐高温复合材料构件制备需求；开发自动化、信息化、智能化工艺装备，实现加热区内温度场、气流场的精密调控，满足异型构件、高质构件制备需求。

（7）通过智能化模拟技术支撑，发展复合材料快速制造技术，实现复合材料低成本制造，拓展应用领域。

（8）采用"材料基因组工程"方法缩短研发时间和降低研发成本是未来先进复合材料研发的趋势。

1.4.2 发展目标

1.4.2.1 总体目标

建立以企业为核心的创新体系，根据高性能纤维制备的技术特点，合理布局区域发展和产业链发展模式，实现工艺技术多元化、品种系列化、产能规模化，增强企业的竞争力和抗风险能力。提升国产化装备的设计制造和二次改造升级能力，提升高性能碳纤维产业化技术成熟度和产品的市场竞争力，基本实现高性能碳纤维在国防和国民经济重大领域的自主保障。

着力解决国产碳纤维性能与质量稳定性差、应用成本高等关键共性技术问题，突破国产碳纤维的高性能低成本稳定化批量制备技术和极端环境服役性能，解决材料研发工程化中材料研制与应用研究脱节的瓶颈问题，形成具有"设计—制造—评价—考核验证"完整核心竞争力的产业集群和研发平台，大幅提升市场应用规模和水平。

1.4.2.2 阶段目标

A　2022 年

（1）国产碳纤维制备及应用技术与世界先进水平的差距明显缩小。T300 级碳纤维的产业化水平迈上新台阶，T700 级和 T800 级碳纤维复合材料达到国际先进水平，国防用高强型碳纤维实现全面自主保障。T700 级碳纤维和大丝束工业级碳纤维增强复合材料在超大型风机叶片、汽车、海洋建筑工程、压力容器、工业装备等重大装备/工程上实现应用，国产碳纤维制备及应用技术与世界先进水平的差距明显缩小。

（2）初步构建一定规模的国产碳纤维产业。基本突破大丝束工业级国产碳纤维工程化制备关键技术，着力培育 3~5 家碳纤维重点生产企业，初步构建以高强和高强中模碳纤维品种为主体、具有一定规模的国产碳纤维产业，并实现在风电、轨道交通等重点领域推广应用。

B　2025 年

（1）国产碳纤维制备及应用技术达到世界同步发展水平。攻克湿法、干湿法和工业级大丝束碳纤维大规模高效制备工艺与成套装备技术，实现模量 550GPa 级国产高强高模碳纤维示范应用，国防用高强中模和高强高模碳纤维实现自主保障。完成国产碳纤维复合材料在高速列车、新能源汽车、风电、基础设施建设及健康产业等领域应用示范，支撑国家大飞机、载人航天等重大工程及交通、新能源等战略性新兴产业的发展，实现国产碳纤维复合材料产业化及推广应用。

（2）国产碳纤维产业初步具备国际竞争力。突破国产碳纤维的低成本制备技术，实现碳纤维制备技术从跟踪创新到原始创新，建立起具有中国特色的碳纤维制备与应用技术体系，科学合理的区域发展和产业链结构，碳纤维制备技术与产品有序竞争。完成国产碳纤维品种系列化、工艺多元化、产能规模化，培育 3~5 家碳纤维龙头企业，高强、高强中模、高模和高模高强碳纤维主要产品满足应用需求。国产化装备的设计制造和二次改造升级能力显著提升，国产碳纤维技术、产品性能与生产成本和国际先进水平相当，具备产业竞争力。2025 年碳纤维产量达 5 万吨/年，创造新增产值 500 亿元/年，带动相关行业产值 5000 亿元/年，年节约标煤 2700 万吨、二氧化碳减排 7000 万吨。

C　2035 年

全面提升高性能纤维产业化技术成熟度和产品的市场竞争力，实现高性能纤维在国防和国民经济重大领域的全面自主保障。通过建立系统完整的高性能纤维研发到应用全链条的"用产学研"深度融合的创新体系，形成高性能纤维及其复合材料的持续创新能力与公共服务平台。在国家重大工程和武器装备建设方面形成可持续自主保障能力，培养一批具有国际影响力的领军人才和创新团队，使我国高性能纤维迈入世界强国行列。碳纤维产量 15 万吨/年，复合材料用量达到 25 万吨/年，创造新增产值 1500 亿元/年，带动相关行业产值 1.5 万亿元/年，年节约标煤 5700 万吨、二氧化碳减排 1.5 亿吨。

1.5　问题与建议

1.5.1　主要问题

经过多年的努力，我国碳纤维及其复合材料产业与技术，在历经 40 余年发展取得了长足进步，但产业整体发展水平仍处于初级阶段，与发达国家相比还有 15~20 年的差距，仍面临一系列问题，主要体现在：

（1）军用碳纤维系列化技术尚未完全突破，产品系列单一，高端产品技术及产业化仍为空白。同时受纤维保障和复合材料成本等因素的制约，军用复合材料扩大应用步履艰难，军机应用比例偏低，船舶与兵器应用尚处于起步阶段。

国外高性能碳纤维的研究和生产基本集中在日本和美国，其中日本东丽公司代表了世界碳纤维研究和生产的最高水平，已形成高强、高强中模系列和高模、高模高强系列的多品种多规格产品体系。而国产碳纤维在品种、规格和型号方面还没有形成系列化，高端产品缺乏。目前，我国真正实现规模化和连续化生产的只有 T300 级碳纤维；湿法 T700 级工程化技术获得突破并获得国产应用，干湿法纺丝工艺制备 T700 级高强碳纤维原丝技术取得重要进展，但碳纤维产品尚未得到高端装备的应用评价验证；国产湿法路线 T800 级高强中模碳纤维已经取得关键技术突破，并实施了百吨级工程化研究，距离产业化技术突破仍存在相当差距；基本型高模（M40）碳纤维具备吨级制备技术、百公斤级生产能力；M40J、M55J 级高强高模碳纤维制备关键技术取得突破，主体性能与东丽公司产品相当，更高等级的高模、高模高强碳纤维制备尚处于技术研发阶段。高模高强碳纤维技术品种的产业化仍为空白。

同时由于国内尚未真正掌握高性能碳纤维产业化规模低成本制造技术，军用碳纤维可持续保障能力不足。目前，在国家高度重视国产碳纤维在国防领域的应用情况下，国防工业部门通过高价购买的"输血"方式保障现有军用碳纤维生产线正常运转，碳纤维生产企业不具备自我良性循环发展的能力。随着纤维用量的逐年增加，一旦国内外局势发生变化，军用碳纤维生产企业将面临生存的重大问题，届时武器装备用碳纤维又将面临无料可用的局面。

（2）涉足碳纤维研制生产的单位数量多，水平参差不齐，质量与规模矛盾突出。简单扩大军用碳纤维小批量制备技术形成了难以统一的名义与实际产能，无序发展越演越烈，对碳纤维产业的健康发展和武器装备复合材料应用造成严重冲击。

近年来，在高性能碳纤维禁运、国防需求迫切、国家高度关注以及市场需求等多重因素刺激下，我国出现了持续的碳纤维研制热潮，成立了很多规模小、经济实力不足的碳纤维研发和生产企业，形成了"村村点火、屋屋冒烟"的不合理局面。但总体而言，规模小、技术水平参差不齐，真正有基础有实力的不多，且多数企业单位都集中在 T300 级，多、杂、散、乱问题突出。这必然造成低水平的重复建设，无法形成我国高性能碳纤维的核心竞争力和可持续发展能力。而具备更高性能碳纤维研制生产能力的企业单位并不多。

科研实力较强的单位，碳纤维性能达到国外同类产品水平，但规模偏小，成本居高不下；有一定生产规模的企业，碳纤维产品性能稳定性、可靠性，特别是应用工艺性与国际同类产品水平差距较大，不能满足国防领域对高性能碳纤维的需求。

（3）碳纤维工业应用的技术和市场培育迟缓，应用技术滞后，制约国内碳纤维产能和产品质量提高，风电、汽车等行业大规模应用出口尚未打开，国产碳纤维及其复合材料产业发展缺乏必要的需求拉动。

世界碳纤维用量排名靠前的领域分别是风电（约 24%）、宇航与国防（约 22%）、体育休闲（约 15%）和汽车（约 12%），有报道指出，至 2020 年汽车应用将与风电并驾齐驱，带动碳纤维及其复合材料产业快速增长。而我国的碳纤维应用领域的发展水平与发达国家并不同步，国内碳纤维的主体应用领域仍是体育休闲用品，应用比例超过 40%，而在工业领域应用比例不高，除风电领域的对外加工模式，其他工业领域的应用比例仅占 20%，与发达国家 15% 和 63% 的比例相比，差距显著。受国产碳纤维复合材料设计成型水平、树脂等配套材料自主供给等因素影响，国产碳纤维复合材料在高端制品上的应用和工业领域的拓展受到制约，影响国产碳纤维产能发挥和质量的进一步提高。

（4）碳纤维及其复合材料领域人才队伍规模有限，且分布不合理，碳纤维产业一线及民用复合材料领域人才匮乏，难以支撑碳纤维及其复合材料行业的整体发展。

碳纤维及其复合材料被生产国和军事大国视为战略资源，相关关键技术严格保密。我国经过 40 多年艰苦努力，国产碳纤维研制取得长足进步，培养了一批碳纤维技术人才。但由于国产碳纤维整体水平落后于世界先进国家，碳纤维产业关键技术人才严重匮乏。同时，碳纤维复合材料由于价高一般用于高性能武器装备，在国防军工领域具有大量经验丰富的设计工艺人员，而在方兴未艾的民用复合材料领域，设计工艺技术人员严重匮乏，直接影响了碳纤维复合材料在民用领域的推广应用。为了支撑我国碳纤维及其复合材料健康有序发展，必须加强培养相关技术人才队伍。

1.5.2　政策措施建议

为实现"材料强国"的目标，培育壮大完整产业链，需重点加强高效低成本高性能纤维研发，在应用领域建立具有高性能纤维及复合材料设计应用的技术平台与能力体系，培育具有竞争力、先进完整的产业体系，以人才为依托，支撑我国高性能纤维及其复合材料技术产业持续健康发展。

（1）加强高端碳纤维及其复合材料系列化和自主创新。我国第二代碳纤维技术尚未全面突破，如不及时跟进第三代碳纤维的技术开发，会拉大我国与国外下一代航空武器装备性能之间的差距。我国应及早进行前瞻性布局，将我国的相关顶尖科研机构汇聚起来，集中攻克关键技术，聚焦第三代高性能碳纤维制备技术研发（即适用于航空航天的高强度、高模量、高延伸碳纤维技术），以及碳纤维复合材料技术的研发，包括匹配高性能树脂体系研发，面向汽车、建筑修补等工业领域的轻量化、低成本大丝束碳纤维制备研究，碳纤维复合材料的增材制造技术、回收技术和快速成型技术等。

军用高性能碳纤维发展立足于满足国家重大安全需求，重点发展高性能低成本碳纤维系列化技术及其复合材料应用技术，实现国防装备完全自主保障；与此同时还应以复合材料使用性能和装备应用为牵引，下决心自主研制，发展大直径、拉压性能平衡的自主牌号碳纤维，并以此为基础研制和发展高强高模高韧和拉压平衡的第三代先进复合材料。民用碳纤维发展则应抓住国际汽车和风电用工业级碳纤维仍处爆发初期的有利时机，重点发展大丝束、高质量和低成本工业级碳纤维，加快推进碳纤维复合材料在风电和汽车领域的应用，解决碳纤维应用出口问题。

（2）重点培育技术与装备硬实力，建立先进完整、具有国际竞争力的高性能纤维及其复合材料产业体系。以国家重大工程等相关计划为契机，建立先进完整的产业技术体系，使整体竞争力进入世界先进行列。在国家重大工程等相关计划的支持下，真正解决碳纤维大规模工业化生产成套装备问题，与生产线相协调的成套工艺问题，以及复合材料规模化制备与应用成套技术问题，建立先进完整的具有市场竞争力的产业技术体系，实现我国碳纤维不仅名义产能超过 20000t，实际产量、性能水平和价格竞争力均进入世界前三强。推动碳纤维行业整合，完善产业链，建立具有竞争力、先进完整的产业体系。深入研究从技术到产业发展的客观规律，开展碳纤维及其复合材料产业组织模式创新示范，推动我国碳纤维行业整合，引导建设若干家具有核心竞争力的骨干碳纤维生产和应用企业，带动能源、建筑工程、交通运输等民用产业发展，形成高性能碳纤维研发、生产和应用的完备产业链，使碳纤维产品在性能和经济指标上具有国际竞争力，形成寓军于民、军民融合的发展新格局。重点突破高性能纤维大规模工业化生产成套工艺与装备技术、军用高性能低成本纤维成套技术、工业及装备复合材料应用成套装备与技术，着力提升我国高性能纤维及复合材料领域硬实力。在国防领域之外，尤其汽车、风电、压力容器等颇具潜力的工业领域，建立先进完整的集高性能纤维复合材料设计—制造—应用为一体的产业技术体系，加强能源、交通运输、建筑工程等重点民用产业发展，形成高性能纤维研发、生产和应用的完备产业链，提升工业领域应用复合材料的技术水平，"会用、用好"高性能纤维复合材料，逐步推动我国高性能纤维及其复合材料硬实力大幅提升。

（3）坚持体制机制创新，推动建立组织实施和考核评价新模式。目前我国开展碳纤维研究的机构比较多，但是力量分散，缺乏有效协同攻关的统一组织机制和强有力的资助支持。从先进国家的发展经验来看，重大项目组织与布局对本技术领域的发展起着极大的推动作用。遴选国内优势科研单位、生产企业和应用部门，组建成立"碳纤维及复合材料国家创新中心"公共开放平台，推动与建立"公共开放平台抓总，专业平台分工协作有序竞争"的组织实施新模式。集中我国优势研发力量，针对我国碳纤维具有突破性的研发技术启动重大项目攻关，强化协同技术创新，不断推进我国碳纤维研究技术水平，争夺国际碳纤维及复合材料研发制高点。公共开放平台全面抓总负责，并负责具体承担"碳纤维与复合材料创新研究、碳纤维制备及复合材料应用共性关键技术研究、工艺装备设计研制、小批量高端碳纤维研制保障"等任务；各专业平台负责承担"碳纤维产业化示范，国产碳纤维复合材料在风电、压力容器、汽车、轨道交通、工业装备、基础设施建设和健康产业等重点领域的应用关键技术研究和应用示范"等任务，承担方的确定采用分工协作和适度竞争原则，择优选择。

（4）统筹谋划项目、基地与人才，加强本土化复合型人才培养，尊重知识产权及标准建设，支撑我国高性能纤维及其复合材料技术产业持续健康。碳纤维及其复合材料是世界材料强国竞相发展的战略关键材料，技术难度大、产业链流程长、技术与装备高度耦合，决定这个行业的科技领军人才和工程骨干人才必须同时具备战略布局、基础研究、高技术攻关、装备研发和技术集成创新于一身的综合能力。通过人才引进方式来解决这类高端人才问题，无异于痴人说梦，必须立足国内，加强高性能纤维及其复合材料学科建设与人才培养，依托相关高校完善学科设置，加强机械、纺织、高分子、材料和工业与装备设计等专业融合，扩大人才培养规模并加强跨专业复合型人才培养。

另外，从我国碳纤维研究发展史来看，技术核心专家的流动往往成为影响一个研究机构研发水平的关键因素。在生产工艺、复合材料和主要产品上能够保持核心专家和研发团队的固定，对于不断实现技术升级十分重要。应当继续加强本领域的专业化高技术人才培养和使用，完善对技术研发型人才的评价和待遇政策，通过项目实施、基地建设与人才培养的统筹谋划，打造一条以本土培养为主的新路径和新机制。

当前，我国从事碳纤维及其复合材料研制生产的人才规模小，行业和区域分布相对集中，在项目支持和人才评价方面必须坚决破除"四唯"标准，应主要考虑候选人在技术攻关和产业化实践方面的综合能力，以及其在解决国家重大需求和满足国民经济产业方面的贡献。依托重点企业研究中心和平台建立高性能碳纤维试验线，切实加强和提升高性能碳纤维生产企业的工艺技术水平；对于尚处规模化产业初期的行业，要重视检测标准、工艺标准及产品质量标准规范的建立；尊重知识产权，建立合理有序的人才流动机制，为我国高性能碳纤维及其复合材料技术产业持续健康发展提供自主创新源动力。

为促进我国碳纤维及其复合材料战略性新兴产业的快速发展，根据国家安全战略需求和新材料产业经济发展要求，遵循"创新推动、应用引领、自主保障"的发展思路，按照"材料系列化发展、创新发展、全产业链发展、统筹安排、开放融合"的原则，实现前沿创新、进口替代、自主保障和高端产业引领。协调发展不同碳纤维及其复合材料制备工艺技术，不断提升复合材料产业化技术成熟度，建立和完善国产高性能复合材料研发与工程化研究的自主技术体系和产品系列，提高行业的整体竞争力，全面实现碳纤维及其复合材料的自主保障，为实现先进复合材料制备与应用从跟踪式自主创新研发到原始创新的跨越奠定基础，为"材料强国"战略提供有力支撑。

附件1：产业集聚区发展情况

目前，我国碳纤维及其复合材料产业的上游原材料与配套材料、碳纤维研制及生产、复合材料研制与应用等产业链布局较为分散，尚未形成规模产业和明显的产业聚集区。从目前的技术基础和发展水平看，国内的京津冀、长三角、珠三角、环渤海和东北碳谷、华中六大地区初步形成了一定的产业基础和产业生态，并呈现出较好的发展势头。

1. 京津冀地区

京津冀地区位于中国"心脏"地带，是中国北方经济规模最大、最具活力的地区。该产业区域包括了北京市、天津市、河北省及山西省，是我国碳纤维及其复合材料产业领域综合科技实力最强、先进制造最具优势、产业链最健全的区域。

科研能力方面：拥有北京化工大学、北京航空航天大学、中科院山西煤化所、中科院化学所以及"国家碳纤维工程技术研究中心""碳纤维制备国家工程实验室""结构性碳纤维复合材料国家工程实验室""功能性碳纤维复合材料国家工程实验室""先进结构复合材料技术重点实验室"和"先进功能复合材料技术重点实验室"等一大批高水平碳纤维及其复合材料科研平台，在碳纤维及其复合材料基础科研、关键技术攻关、树脂开发、评价表征和复合材料设计制备与应用验证等方面具有国内领先的科研实力，涌现出一批碳纤维制备和应用领域的学术带头人和工程技术领军人才，形成了从事碳纤维基础研究和新技术开发的高素质技术人才队伍，具备了国产碳纤维自主创新研制的技术储备和人才基础。

碳纤维生产制造方面：DMSO 溶液法制备聚丙烯腈原丝技术已成为我国高性能碳纤维工业的主流原丝生产工艺。山西钢科碳材料公司在太原建立 T800 级高端碳纤维千吨级基地，项目一期工程于 2015 年实现碳纤维百吨供货能力，二期工程 2018 年也开始投产。位于河北廊坊的中安信公司投资建设的 5100 吨/年高性能碳纤维企业坐落在河北省廊坊市，一期项目已成功实现干喷湿法 T700 级、T800 级和高强高模型等碳纤维的批量生产，碳纤维产能达到 1700t。山西钢科和中安信公司均具备了系列碳纤维工程化研制和产业化技术方案验证的能力。

织物预浸料等中间材料和树脂方面：天津工业大学碳纤维编织和预制体加工等具有较强的军工配套科研生产能力，中航复材和航天一院 703 所等主要为航空航天领域提供 T300、T700、T800 级碳纤维预浸料和部分制件的生产供应，预浸料市场占有率 80% 以上。中科院化学所、北京化工大学和天津晶东等高校和企业具备了较强的高性能树脂科研生产能力。

军工应用方面：津京冀地区涌现出包括中航复材、北京航空材料研究院、航天一院 703 所、航天三院 306 所、航天五院 529 厂和核三院等以军工企业为主体的高水平碳纤维复合材料设计与应用研究平台，有力支撑了国产碳纤维复合材料在国防军工等重点领域的设计与应用，是配套航空航天领域应用碳纤维产品最齐全、研制生产和检测能力最强的区域，在碳纤维复合材料科技创新能力方面居全国领先地位。2016 年，仅津京两市碳纤维需求量占全国总需求的 19.7%，其中在航空航天领域应用碳纤维的需求量占据中国行业市场的 60% 以上，占有率据全国之首。

交通与新能源领域方面：区域聚集了北汽集团、长城汽车、长安汽车（长安福特）、福田汽车、天津一汽、康得复材等汽车及零部件制造商，金风科技、中材科技、国电联合动力、三一电气、天津时代新材等风电企业。在国家新能源政策持续支持下，未来以汽车和风电为代表的新能源领域应用市场巨大。

工程建筑方面：中冶建筑研究总院、清华大学等工程建筑用碳纤维复合材料设计与应用研究平台，有力支撑了国产碳纤维复合材料在海洋工程和重大基础设施等重大工程建筑领域的设计与应用。

民用航空方面：中国商飞北研中心、中国波音技术创新中心、天津波音复合材料有限公司，有利于国产碳纤维在民用航空领域的应用推广。位于北京的中国民航发动机适航审定中心参与制定发动机、螺旋桨和辅助动力装置等适航标准及其相关文件，可有力推动国产碳纤维复合材料在中国民用航空飞行器中的应用。

体育器材方面：中国体育总局体育科研所引领和推动中国体育用器材制造中应用国产碳纤维复合材料，指导制定碳纤维复合材料体育器材相关标准，可支撑推广国产碳纤维复合材料体育器材上的规模应用。

总体来看，京津冀区域已形成碳纤维基础科研、生产制造、织物及预浸料加工、树脂研发、复合材料设计制造、评价应用等全产业链整体配套科研生产能力，在碳纤维复合材料科技创新能力和高端制造等方面居全国领先地位。

2. 长三角地区

长三角区域位于中国东部沿海地区，是我国综合实力较强的经济中心和重要的先进制造业基地。该产业区域包括了上海市、江苏省和浙江省。

科研能力方面：东华大学、中科院宁波材料所、复旦大学、浙江大学、同济大学、上海交通大学、中科院上海有机所等高校和科研院所的高水平碳纤维科研平台，在碳纤维及其复合材料基础科研、关键技术攻关、树脂及上浆剂开发等方面具有很强的科研实力，形成了从事碳纤维基础研究和新技术开发的高素质技术人才队伍，具备了国产碳纤维自主创新研制的技术储备和人才基础。

碳纤维生产制造方面：拥有江苏恒神、中复神鹰、中简科技、金山石化、中科院山西煤化所扬州碳纤维工程技术中心等碳纤维生产企业，拥有多条千吨级碳纤维生产线。产品涵盖 T300、T700、T800 和 M40J 级多种规格系列，国产碳纤维名义产能超万吨，占全国比例超过 50%，近几年实际产量国内领先，已经应用于航空航天、工程建筑和体育器材等多个领域。基于腈纶工业化技术的大丝束原丝技术在该地区具有一定优势。

织物预浸料等中间材料和树脂方面：南玻院、江苏天鸟等企业的碳纤维编织和预制体加工等具有很强的军工配套科研生产能力，江苏恒神公司等企业具有一定的织物预浸料加工和系列树脂配套能力，同时该区域汇集无锡树脂厂等一大批基础树脂生产厂家。该地区的织物、树脂和预浸料基础加工能力国内领先。

军工应用方面：拥有航天八院等碳纤维复合材料设计与应用研究平台，有力支撑了国产碳纤维复合材料在国防军工等重点领域的设计与应用。

交通与新能源方面：区域聚集了一批在汽车制造业、风电叶片、复合电缆等新能源领域极具发展潜力的骨干企业，如上海大众、航天晨光集团、金城集团、蔚来汽车、上汽仪征、中材叶片、中复连众、中复碳芯、宏发纵横、精功科技等。

民用航空方面：拥有中国商飞等碳纤维复合材料设计与应用研究平台，有力支撑了国产碳纤维复合材料在民用航空等重点领域的设计与应用。该区域已经形成一批航空产业园或航空产业集群，成为行业集聚发展的重要载体。如上海碳纤维复合材料园区、南京江宁的空港产业园、江苏省航空动力高技术特色产业基地、昆山航空产业园、镇江新区的航空材料科技产业园、滨海新区的航空装备制造产业园、江苏蓝天航空航天产业园等。

体育器材方面：长三角地区碳纤维在体育用品领域的应用发展极为快速，聚集一批体育器材生产企业，如中复神鹰、上伟公司等，碳纤维产品广泛应用于自行车、滑板等体育器材。

总体来看，近年来长三角地区对碳纤维产业的投入非常大，已经建成的产能比较集中；树脂、织物及预浸料等基础材加工能力强；中国商飞发挥了较好的产业聚集作用；体育休闲产业具备了较好基础，但存在同质化和重复投入等问题。

3. 珠三角地区

珠三角区域位于中国南方沿海地区，是中国南方经济规模最大、最具活力的地区。该产业区域包括广东省和福建省，是我国碳纤维及其复合材料在民用领域加工及应用最强的区域。

珠三角地区没有专门的碳纤维生产企业，以碳纤维复合材料加工应用为主。2018 年该区域碳纤维需求用量约 9800t，约占全国的 1/3。碳纤维应用企业以台资企业为主，制品主要应用于体育器材。

体育休闲方面：珠三角地区体育休闲产业具有较好基础，聚集了一大批体育器材生产企业，如厦门新凯、龙亿科技、东莞永湖、中山广盛运动器材、深圳市喜德盛、东莞永琦复合材料、东莞源泰运动器材、饶平县士荣运动器材、东莞泰合复合材料公司等。

未来珠三角地区复合材料潜在应用企业有深圳比亚迪和广汽集团、广东明阳风电、中航通飞、大疆无人机、金发科技、深圳光启等企业。

总体来看，珠三角地区在体育休闲和无人机方面具有比较好的基础，在通用航空和汽车方面具有很好的发展潜力。但产业链较单一，碳纤维生产基本处于空白，应用企业规模较小。

4. 环渤海地区

环渤海地区位于中国渤海湾沿岸地带，包括山东省和辽宁省，是我国碳纤维及其复合材料产业领域综合科技实力较强、产业链较为健全的区域之一。

科研能力方面：拥有山东大学和威海拓展碳纤维制备及工程化国家工程实验室等高水平碳纤维科研团队和平台，在碳纤维基础科研、关键技术攻关和评价表征等方面具有较强的科研实力，形成了一批从事碳纤维基础研究和新技术开发的高素质技术人才队伍，基本具备了国产碳纤维自主创新研制的技术储备和人才基础。

碳纤维生产制造方面：建有威海拓展等国产碳纤维生产企业，形成 T300/T700/T800 级多规格系列碳纤维产品，具备了系列碳纤维工程化研制和产业化技术方案验证的能力。同时有专门从事碳纤维装备生产的光威精密机械、宏程机电等企业。

织物预浸料等中间材料方面：聚集了一批从事碳纤维编织、预浸料加工生产的光威复材、汇兴纤维制品、合纵科技、中威北化、浩然特塑、宝威新材料等企业。

军工应用方面：拥有兵器 53 所和沈飞等军工碳纤维复合材料设计与应用研究平台，有力支撑了国产碳纤维复合材料在兵器和航空领域的设计与应用。

轨道交通方面：拥有青岛四方车辆厂等企业，可支撑未来国产碳纤维复合材料在轨道交通领域的设计与应用。

体育器材方面：聚集一批体育休闲用品生产企业，如光威集团、环球渔具、光威户外装备、鲁滨逊、豪仕达等代表的一大批制品企业。

总体来看，环渤海地区已形成碳纤维基础科研、生产制造、织物及预浸料加工、复合材料设计制造、评价应用等产业链整体配套科研生产能力，其体育休闲产业发达，但复合材料应用产业主要集中于低端体育器材，技术难度大、综合价值高的高端应用产品不足。

5. 东北碳谷

东北碳谷位于中国东北的吉林省和黑龙江省，是我国的重化工基地，是中国碳纤维工业的发源地，是中国直升机研制生产的重要基地，是我国腈纶工业的主要基地之一，是汽车工业和轨道交通工业重要基地之一。

科研能力方面：东北碳谷拥有中科院长春应化所、哈尔滨工业大学和国家碳纤维工程技术研究中心（中石油吉化）等高水平碳纤维科研平台，基本具备了国产碳纤维自主创新研制的技术储备和人才基础。

碳纤维生产制造方面：建有吉林化纤和大庆化纤等腈纶厂和吉林石化、中钢江城、吉研高科、吉林碳谷、吉林神舟等国产碳纤维工程化生产企业，已形成碳纤维产业的规模化、集群化发展态势。东北碳谷是我国最重要的丙烯腈原料基地，在化学工业和腈纶工业上具有先天优势，集聚了吉林石化、大庆石化等大型重化工企业，基于腈纶工业化技术的大丝束原丝技术在该地区具有明显优势。

军工应用方面：拥有哈飞、哈玻院等军用碳纤维复合材料应用研究平台，有力支撑了国产碳纤维复合材料在航空航天领域的应用。

交通与能源领域方面：聚集了中国一汽、长春轨道交通、中石油等大型企业，在推进碳纤维在汽车、轨道交通、油田开采等领域的开发应用具有较大潜力。

总体来看，东北碳谷已形成碳纤维原材料、生产制造复合材料设计制造与应用的产业链，有望成为我国最大的低成本大丝束原丝产地，但下游应用产业基础薄弱、规模有限。

6. 华中地区

华中地区位于中国中部地区，产业区域包括河南省、湖北省、湖南省和江西省，是我国碳纤维复合材料产业领域综合科技实力较强、设计制造和应用具有一定特色的区域。

科研能力方面：华中地区拥有中南大学、国防科技大学、武汉理工大学、海军工程大学和郑州大学等一批高校在碳纤维复合材料的科研平台，基本具备了国产碳纤维复合材料研制与应用的技术储备和人才基础。

碳纤维生产制造方面：建成了河南永煤碳纤维公司，实现了百吨级 T300 和 T700 级碳纤维稳定批产，产品在航天军工领域开始应用。

军工应用方面：聚集了航天、船舶、直升机和两栖飞机等领域的重点企业，如航天066 基地、武汉船舶、江西直升机所、洪都航空和航宇救生装备等，其中船舶 701 所和719 所是我国舰船领域的总体设计所，在推动国产碳纤维复合材料在船舶领域应用具有很大潜力。

交通运输方面：聚集了中车株机公司、中车株洲所、中车株洲电机、株洲车辆厂等重点制造企业，在轨道交通方面具有很强的应用潜力。博云新材等航空刹车盘生产企业在碳/碳航空刹车副国内市场占有率领先。

风电方面：拥有时代新材、洛阳双瑞、三一重能、湘电风能、中科宇能等一批风电企业，具备叶片完全自主设计能力和碳纤维复合材料研究基础，能够为我国南方大规模低风速风电开发提供保障，并有效推动全国复合材料风电叶片技术进步和产业发展。

总体来看，华中地区在复合材料制造和应用方面具有一定特色，但上游原材料产业基础薄弱、规模有限。

附件 2：重点企业介绍

1. 航天材料及工艺研究所

航天材料及工艺研究所成立于 1957 年，主要从事航天新材料、新工艺的研究与应用，是集航天材料应用研究、产品试制和型号产品批生产一体化的科研生产单位，是航天材料工艺技术的研究中心，是国防工业的骨干科研院所。

航天材料及工艺研究所建有先进功能复合材料技术国家级重点实验室、国防科技工业树脂基复合材料结构制造先进技术研究应用中心、碳纤维复合材料国家工程实验室，拥有航天检测与失效分析中心、航天复合材料构件加工工艺技术中心、航天无损检测工艺技术中心、航天特种焊接工艺技术中心、航天表面工程工艺技术中心（涂镀分部）。伴随我国航天工业五十年的发展，航天材料及工艺研究所逐步形成了以复合材料及工艺技术为龙头，非金属材料及工艺技术、表面工程技术、特种成型与连接工艺技术、检测分析技术为重要组成部分的航天材料工艺技术体系，涉及 6 个重点专业、31 个保军研究方向，建立了与航天型号研制生产相配套，以复合材料构件和非金属为主的制造体系。

航天材料及工艺研究所在碳纤维复合材料的研究与制造技术方面处于国内领先水平，拥有一流的预先研究、技术开发、工程应用的复合材料专业人才队伍，直接从事碳纤维复合材料预先研究、研制人员 400 多人。航天材料及工艺研究所在国产碳纤维自主保障综合研究技术、铺缠一体化技术、结构隐身复合材料技术、低损伤加工技术、高性能树脂基/碳基/陶瓷基复合材料技术、复合材料 RTM 成型技术、复合材料无损检测技术等方面均处于国内领先地位，技术开发能力强，在泡沫/蜂窝夹层结构成型技术、大部件整体共固化成型技术、复合材料机加工技术、复合材料装配技术方面有成熟、配套的工艺技术及工艺装备，有丰富的武器型号产品应用经验，积累了一批成熟、可用于生产的科研成果，部分重要技术领域拥有独立的自主知识产权，对军工复合材料制造行业的发展做出了突出贡献。

2. 中航复合材料有限责任公司

中航复合材料有限责任公司隶属中国航空工业集团公司基础技术研究院，是由中航工业所属北京航空材料研究院、北京航空制造工程研究所复合材料专业经战略重组组成，2010 年 6 月成立，由中航工业基础院、北京市政府、北京航空材料研究院、北京航空制造工程研究所共同出资，注册资金 4.5 亿元，公司位于北京市顺义航空产业园区，占地 279 亩，拥有一流的研发、生产和办公条件。目前，公司设有九个职能部门和技术发展部、新产品开发事业部、树脂及预浸料事业部、蜂窝及芯材事业部和复合材料零部件事业部 5 个事业部，并依托建有先进复合材料国家级重点实验室和结构性碳纤维国家工程实验室，拥有正式员工 400 余人。公司继承了我国航空先进复合材料坚实的技术基础和辉煌成就，在先进复合材料树脂和预浸料、蜂窝芯材、先进复合材料制造技术、金属基和陶瓷基复合材料应用技术、材料性能表征和构件检测技术及相关产品方面均处于领先地位。同时，公司还肩负着先进复合材料未来技术发展和应用的重任，承担着从"型号牵引"到"牵引型号"的战略转变和赶超世界复合材料先进水平的光荣使命。

3. 中国科学院山西煤炭化学研究所

中国科学院山西煤炭化学研究所以满足国家能源战略安全、社会经济可持续发展以及国防安全的战略性重大科技需求为使命，围绕煤炭清洁高效利用和新型炭材料制备与应用开展定向基础研究、关键核心技术和重大系统集成创新。山西煤化所拥有煤转化国家重点实验室、煤炭间接液化国家工程实验室、碳纤维制备技术国家工程实验室以及山西煤化工技术国际研发中心4个国家级研发单元，中科院（山西省）炭材料重点实验室、粉煤气化工程研究中心、山西省碳纤维及复合材料工程技术研究中心、山西省生物炼制工程技术研究中心等4个院省级研发单元。山西煤化所主办的《新型炭材料》学术期刊被《中文核心期刊要目总览》、美国科学引文索引扩大版数据库（SCI-E）、美国工程信息公司数据库（EI COMPENDEX）等收录。山西煤化所作为我国最早从事碳纤维研究的单位之一，近年来开发了T300、T700、T800、T1000和M55J碳纤维制备技术，突破了大容量聚合反应器、脱单反应器、多工位工业化蒸汽牵伸机、干燥致密化装置、循环风氧化炉、宽口径高温炭化炉等关键设备设计制造技术，形成了具有独立自主知识产权的系统的碳纤维技术，产品保障了国家的重大需求。

2008年，为了推进宇航级T300碳纤维的国产化进程，山西煤化所在江苏省、扬州市的支持下，建立了中科院山西煤化所扬州碳纤维工程技术中心，突破了宇航级T300碳纤维工程化技术，实现了批量生产，为国家重点型号的研制生产提供了强有力的保障，为使我国成为第三个具有宇航级碳纤维技术的国家做出了重要贡献，为更高性能的碳纤维研发创造了条件。多位党和国家领导人先后视察扬州碳纤维技术中心，给予高度评价。

4. 北京化工大学

北京化工大学是教育部直属国家重点大学、211工程和985工程优势学科创新平台重点建设院校，拥有国家碳纤维工程技术研究中心、有机无机复合材料国家重点实验室、化工资源有效利用国家重点实验室等多个国家级平台。依托材料科学与工程国家重点学科，拥有先进的专业实验平台与分析测试设备，完全满足高性能碳纤维、树脂基体和复合材料研制、表征测试的实验条件。学校还建设有高模量碳纤维、碳纤维配套树脂体系、树脂基复合材料中试化研究生产平台，建立起完善的检验检测标准，能满足相关领域的应用需求。北京化工大学国家碳纤维工程技术研究中心（以下简称"中心"）专业从事高性能聚丙烯腈碳纤维、沥青基碳纤维和树脂基复合材料的技术研发与工程化研究，自主发明了基于二甲亚砜溶剂体系的碳纤维国产化技术，奠定了我国有序发展高性能碳纤维的技术基础；在国家科技计划支持下，不断创新，突破高强、高强中模、高模和高模高强碳纤维制备关键技术，服务企业开展产业化共性技术研究，是我国高性能碳纤维领域的核心研发力量。"中心"服务国家重大需求，开展树脂基体、树脂基复合材料、先进碳材料等方向的技术研究和应用示范，已成为国内聚合物基复合材料、碳材料专业科学研究、人才培养和社会服务的重要平台。

5. 中国科学院化学研究所

中国科学院化学研究所（以下简称"化学所"）成立于1956年，是以基础研究为主，有重点地开展国家急需的、有重大战略目标的高新技术创新研究，并与高新技术应用和转化工作相协调发展的多学科、综合性研究所，是具有一定国际影响、我国最重要的化学研究机构之一。化学所现有 12 个研究部门和 1 个分析测试中心，研究部门包括：高分子化学与物理、分子反应动力学和分子动态与稳态结构等 3 个国家重点实验室，有机固体、光化学、胶体、界面与化学热力学、分子纳米结构与纳米技术、工程塑料、分子识别与功能、活体分析化学以及绿色印刷等 8 个院重点实验室和 1 个所级重点实验室高技术材料实验室。

高分子材料是化学所最重要的研究领域之一，与所内其他领域相比，历史最长，研究人员最多。自建所以来，在王葆仁、钱人元、黄志镗、徐端夫等院士的带领下，一大批高分子化学和物理研究人员在高分子材料的基础研究和应用基础研究方面做出了卓越的工作，成为我国高分子学科发展的重要基地之一。化学所高分子材料研究为我国"两弹一星"工程、载人航天工程等国家重大需求提供了多种关键性的有机高分子材料，是我国高分子材料领域重要配套单位。化学所经过多年持续发展，形成了以耐高温、耐烧蚀聚合物材料为特色的科研方向和产品，服务于航空航天高性能结构复合材料、功能复合材料技术、黏接密封材料技术发展和有关装备的研制和批产，形成有几十个牌号的定型产品，年供货量总计超过 30 余吨。主要研究领域包括耐高温结构复合材料树脂基体、耐烧蚀防热复合材料树脂基体、耐高温黏接密封材料、空间耐辐照高分子材料和耐高温陶瓷前驱体等5 个方向。

6. 山西钢科碳材料有限公司

山西钢科碳材料有限公司（以下简称"山西钢科"）是在中科院山西煤化所技术支持下设立的集高端碳纤维及其复合材料生产、研发、贸易为一体的新材料企业。山西钢科成立于 2012 年 9 月，注册资金 2 亿元，占地 500 亩，地处太原市阳曲县转型发展产业园区，是太钢集团的全资子公司，也是国家高新技术企业。山西钢科拥有山西省碳纤维及复合材料工程技术研究中心和山西省高性能碳纤维及其复合材料制造业创新中心两大省级技术研发创新平台，已建成一条百吨级国产 T800H 碳纤维生产线和一条年产 500t 高性能碳纤维（宇航级）生产线，以低成本为特征的高端碳纤维三期工程年产 1800t 高性能碳纤维项目正在紧锣密鼓推进中。

山西钢科是国产宇航级碳纤维领军企业。2016 年 1 月，在国家国产 T800H 碳纤维研制单位比选中，山西钢科研制的 TG800 碳纤维系列产品以其出色的产品性能和优异的质量稳定性力拔头筹，成为国家航空航天高性能碳纤维研制单位。2017 年 3 月，山西钢科成功开发出宇航级 1K 碳纤维，为国家航天某重大专项持续批量稳定供货，满足了国家急迫需求。2017 年 6 月 22 日，中共中央总书记、国家主席、中央军委主席习近平，专程视察了山西钢科 T800 级碳纤维生产线，充分肯定山西钢科发展高端碳纤维取得的成绩。山西钢科将牢记总书记嘱托，创建国内领先、世界一流的碳纤维产业基地。

7. 威海光威复合材料股份有限公司

威海光威复合材料股份有限公司（以下简称"光威复材"）成立于 1992 年，隶属于威海光威集团，是致力于高性能碳纤维、复合材料及装备研发和生产的高新技术企业。公司打破国外封锁，突破碳纤维核心技术，是国内第一家实现碳纤维工程化的企业，已形成了从原丝开始的碳纤维、织物、树脂、高性能预浸材料、复合材料制品的完整产业链布局，是目前国内碳纤维行业生产品种最全、生产技术最先进、产业链最完整的龙头企业之一。碳纤维系列产品应用到航空航天等高端领域，是国内航空航天领域的主要供应商。

2017 年上市，是国内碳纤维行业第一家 A 股上市公司。

光威复材已突破掌握碳纤维原丝湿法纺丝工艺、干湿法纺丝工艺等核心技术，产品包括高强、高模、高强中模和高模高强等全系列，生产的品种主要有 GQ3522、GQ4522、QZ5526、QM4035、QM4040、QM4045、QM4050 等系列化碳纤维及织物、碳纤维预浸料、碳纤维复合材料制品等产品，并具备碳纤维及碳纤维复合材料生产设备制造及生产线建设能力。公司主持制定了《聚丙烯腈基碳纤维》和《碳纤维预浸料》两项国家标准，先后申请专利 338 项，授权专利 182 项。拥有碳纤维制备及工程化国家工程实验室、国家企业技术中心、山东省碳纤维技术创新中心等多个国家和省级研发平台。承担了包括科技部"863"计划项目、国家发改委产业化示范工程项目在内的 80 余项高科技研发项目。

8. 河南永煤碳纤维有限公司

河南永煤碳纤维有限公司成立于 2009 年 12 月，注册资金 2 亿元，占地 420 亩，是河南能源化工集团有限公司、中国科学院山西煤炭化学研究所共建的高性能碳纤维新材料公司，地处河南省级产业集聚区商丘经济技术产业集聚区。公司 2013 年通过军工各项认证，军工"三证"齐备，具备武器装备科研生产配套资格。公司主要产品有 T300 级 3K 碳纤维及 T700 级 6K 碳纤维。MT300 湿法碳纤维年产 125t（以 3K 丝束计）；MT700 湿法碳纤维年产 100t（以 12K 丝束计）。公司是航天型号非金属材料物资重点供应商，具备航天领域用 T300 级、T700 级碳纤维稳定生产和批量供货能力，产品已在航天重点型号上正式使用。

9. 中复神鹰碳纤维有限责任公司

中复神鹰碳纤维有限责任公司（以下简称"中复神鹰"）成立于 2006 年，注册资本 6.15 亿元，目前累计投资超过 20 亿元，隶属于国务院国资委管理的世界 500 强企业——中国建材集团有限公司。经过十余年的发展，中复神鹰已成长为国内碳纤维行业的领导企业，系统掌握了 T700 级、T800 级碳纤维千吨规模生产技术以及 T1000 级的中试技术，在国内率先实现了干喷湿纺的关键技术突破和核心装备自主化，率先建成了千吨级干喷湿纺碳纤维产业化生产线。中复神鹰目前累计向市场供应碳纤维超万吨，碳纤维市场的国产占有率连年保持在 50% 以上。产品广泛应用于航空航天、碳芯电缆、体育休闲、压力容器、风电叶片等领域，极大地促进了国内碳纤维复合材料产业的发展。

10. 江苏恒神股份有限公司

江苏恒神股份有限公司创建于 2007 年 8 月，占地 107 万平方米，地处江苏丹阳航空产业园，是一家集碳纤维及其复合材料设计、研发、生产、销售、技术应用服务为一体的国家高新技术企业，是国内唯一一家拥有从原丝、碳纤维、上浆剂、织物、树脂、预浸料到复合材料制件的全产业链企业。公司总投资 50 亿元，注册资本 33 亿元，先后在英国和澳大利亚成立了国际技术中心，通过吸收消化国际先进技术及设备，形成了具有自主知识产权的碳纤维及其复合材料制造技术。公司现有碳纤维产能 5000t、树脂产能 1200t 以及复合材料制品 5000t，产品已广泛用于航空航天、轨道交通、海洋装备、新能源等领域。

11. 吉林化纤集团

吉林化纤四大纤维的碳纤维板块——吉林碳谷碳纤维股份有限公司始建于 2008 年，依托吉林化纤 38 万吨腈纶技术、成本、营销资源要素，其无机三元水相悬浮连续聚合、

DMAC 为溶剂湿法两步法生产工艺为国内首创，具有自主知识产权，奠定了碳纤维"大丝束、高品质、通用化"发展战略定位。原丝产品覆盖 1K ~ 50K 系列，大丝束"25K"独创产品质量稳定在 T400 级以上，通过中国纺织工业联合会组织的专家鉴定；在产业链协同创新中与吉林精功、光威复材等达成战略同盟，碳纤维产品应用于风电叶片碳樑，成为国产碳纤维工业用领域的新增长点。吉林化纤集团与浙江精功集团强强联合的吉林精功碳纤维有限公司于 2017 年 12 月投产运营国内第一条大丝束碳化专用生产线，碳纤维单线产能达到 2000t，结合浙江精功碳纤维公司，已形成了 3 条、计 6000t 的大丝束碳纤维年生产能力。旗下成立的碳谷复材有限公司和吉林化纤全资的吉林国兴复合材料有限公司将以复合技术应用技术强效传导终端市场，加速推进碳纤维制品在风电、汽车轻量化、压力容器、轨道列车、体育休闲等工业领域的应用。

吉林碳谷充分发挥原丝龙头效应，与浙江精功碳纤维、吉林精功碳纤维等企业协同，建立起产业链一体化平台，以一棵"产业树"引领吉林碳纤维新兴"产业圈"。原丝单线产能由最初设计 1500t 提产到 5000t，柔性生产实现小丝束、大丝束硕果满枝。2018 年企业原丝销量是 2014 年的 7.8 倍，2019 年将扩大到 12 倍，名副其实成为国内唯一碳纤维原丝市场化供应商。

12. 南京玻璃纤维研究设计院

南京玻璃纤维研究设计院隶属于中国建材集团，是国防核心配套和多小能力建设单位，寓军于民、奋发图强，开发了具有自主知识产权的碳纤维预制体成套技术与装备，为保障我国重点工程与重大装备关键材料的研制做出了突出贡献。拥有特种纤维及复合材料国家重点实验室等科研平台，牵头成立全国碳纤维标准化技术委员会，制定了 18 项碳纤维国家标准、制修订 5 项国际标准。

南京玻纤院围绕多个关键型号的战略需求，陆续开展了 T300 碳纤维的国产化验证工作，连续攻克了国产碳纤维小型化高补偿储纱及单纱张力控制、连续自动化制造、预制体质量评价及表征等关键技术。设计了"正交三向、2.5 维、三维多向"三类结构，研制了"端头帽、端前体、结构件、天线罩"四大关键件，形成了"三维机织、三维编织、细编穿刺、针刺、缝合"五种工艺，构建了我国碳纤维预制体研制与批产的自主保障体系。针对极端服役环境的碳/碳、碳/高韧性环氧等复合材料构件研制需求，建立满足未来极端服役环境下航空、航天复合材料用碳纤维预制体设计准则，研究预制体结构缺陷对导热承载影响的判断方法，攻关具有国际领先水平的"低损伤—结构多样化—预制体控形"为特征的预制体耦合设计与自动化制造技术。

13. 江苏天鸟高新技术股份有限公司

江苏天鸟高新技术股份有限公司（以下简称"天鸟公司"）成立于 1997 年，江苏省高新技术企业，国际航空器材承制方 A 类供应商。2003 年通过 GB/T ISO9001 质量体系认证，2013 年获得 AS9100C 国际航空航天质量体系认证。建有江苏省企业院士工作站、江苏省高性能碳纤维织造工程中心。长期致力于碳纤维、芳纶纤维、石英纤维等特种纤维的应用研究及开发，专业生产高性能纤维立体预制体，飞机碳刹车预制体，各型高性能纤维织物，纤维预浸料，是国内最大的碳/碳、碳/碳化硅复合材料用预制体的研制生产基地。

1998 年，天鸟公司在国内外率先研制成功的全碳纤维准三维预制体制备技术，是碳纤维应用领域的一项技术创新，填补国内空白，解决了我国高性能飞机碳刹车预制体从无到有，开辟了我国重大航空部件国产化的新局面，核心技术已获国家发明专利，申请并获授权的 PCT—CN2014—000248 国际专利，覆盖美国和欧盟国家。2014 年，天鸟公司飞机碳刹车预制体产品获得进入美国航空市场的海关免检编码。作为该项技术和产品的原创企业，也是国内唯一产业化生产飞机碳刹车预制体的企业，已成为国产 C919、ARJ21 飞机碳刹车预制体的唯一供应商。2000 年，在天鸟公司创导与引领下开始碳纤维热场预制体及其复合材料的研制，使碳纤维热场复合材料已成为蓬勃发展的高技术节能产业。近年来，天鸟公司研究创新了碳纤维三维、多维立体软编技术、2.5D 编织技术、2D 碳布三维细编技术、预制体近净尺寸仿形精密制造技术、异型变结构/功能一体化预制体成型技术等系列高性能纤维预制体制造技术，形成的低成本高性能预制体集成产品群，在航空航天、节能减排、新能源、轨道交通等领域已赢得广泛市场。

14. 常州市宏发纵横新材料科技股份有限公司

常州市宏发纵横新材料科技股份有限公司成立于 2003 年。经过多年发展企业建立了涵盖"复材设计、复材生产、智能装备、检测测试"为一体的产业链体系，拥有 35 年复合材料装备制造经验及 20 年复合材料制造经验，专注于为风电、汽车、轨道交通等行业提供低成本、工业化的碳纤维复合材料系统应用解决方案。在复合材料自动化装备制造领域，先后开发了国内第一台 GE201 整经机、GE202 自动化高速整经机、高速多轴向经编机、高速碳纤维多轴向经编机等填补行业空白的装备机械。在轻量化复合材料制造领域，先后研发并量产了灯箱广告布、土工格栅、体育用品、玻纤经编材料、碳纤经编材料等产品，其中经编材料已广泛应用于风电叶片、汽车制造、航空航天、轨道交通等领域。

在多年发展历程中，累计承担国家"863"及省级以上科研、技改项目 12 项，先后被评为国家知识产权示范企业、国家火炬高新技术企业、国家单项冠军企业，建有国家碳纤维经编材料动员中心、江苏省高性能纤维复合材料重点实验室、省级"两站三中心"。获中国驰名商标 1 项、国家专利优秀奖 2 项、江苏省科技进步二等奖 4 项、制订国家标准 4 件，目前拥有授权专利 578 件，其中发明专利 118 件。从 2016 年起，连续三年入选江苏省创新型百强企业。

15. 航天长征睿特科技有限公司

航天长征睿特科技有限公司成立于 2011 年 1 月，由中国运载火箭技术研究院和航天材料及工艺研究所共同出资组建，成为中国航天科技集团旗下以新材料为主业的高科技企业，是航天材料及工艺研究所的科技产业化平台。并先后通过了 GJB 9001 质量体系、GB/T 28001—2001 职业健康安全管理体系、GB/T 24001—2004 环境管理体系认证及 AS9100 质量体系认证、武器装备科研生产单位三级保密资格、军工生产许可等相关资质，通过了国家级高新技术企业认定。

公司总部位于天津经济技术开发区，在天津、河北、四川等地建立了生产基地。其下设有六个事业部与三个分公司。其中事业部包括：缝编材料事业部、金属材料事业部、非金属材料事业部、结构复合材料事业部、表面工程事业部、检测分析中心；分公司包括：张家口分公司、张家口非金属材料分公司、德昌分公司。公司主要产品包括：碳/碳复合材料及特种石墨制品、缝编织物及预浸料、纤维复合材料及制品、密封和阻尼减振制品、粉末冶金制品、特种涂料等，产品主要应用于航空航天、新能源、节能环保、交通运输等领域。其中，缝编材料事业部的主营业务为从事风力发电机叶片用玻纤织物及碳纤维、芳纶纤维等高性能织物的设计、研发、生产与销售；主要产品包括多种规格的玻璃纤维、碳纤维及芳纶纤维的单轴向、双轴向、多轴向缝编织物；产品主要用于兆瓦级风机叶片、高速船艇及各类复合材料制品。公司拥有国际上最先进的多轴向缝编机、双轴向缝编机、剑杆织机等编织设备以及裁切设备、各种测试仪器，产品在多家国际和国内一流的风机叶片制造企业得到了大量应用，受到了客户的一致肯定和好评。结构复合材料事业部平台技术力量雄厚，具有丰富的复合材料结构设计、仿真计算、成型制造、加工与集成制造经验。拥有先进一流的制造及检测设备，拥有齐全的树脂基复合材料相关分析、检测、测试及评价仪器检测设备；拥有种类齐全的树脂基复合材料研制与生产设备等。

16. 新疆金风科技股份有限公司

新疆金风科技股份公司成立于 1998 年，是中国成立最早、自主研发能力最强的风电设备研发及制造企业之一，致力于推动全球能源转型，发展未来能源。凭借科技创新与智能化、产业投资及金融服务、国际开拓等三大能力平台为人类奉献碧水蓝天，给未来留下更多资源。公司专注于风电系统解决方案、可再生能源、新业务投资孵化，已在深交所（002202）、港交所（02208）两地上市。公司主营业务为大型风力发电机组的开发研制、生产及销售，中试型风力发电场的建设及运营，是国内最大的风力发电机组整机制造商，主要产品有 GW2S 全系列智能风机，GW2.5S 低温/高温/高海拔系列智能风机，GW3S 陆地、海上系列智能风机，GW6S 海上系列智能风机，GW8S 海上系列智能风机。成立至今实现全球风电装机容量超过 50GW，31000 台风电机组（直驱机组超过 27000 台）在全球 6 大洲、近 24 个国家稳定运行。公司在全球范围拥有 7 大研发中心，与 7 所全球院校合作，拥有强大的自主研发能力，承担国家重点科研项目近 30 项，掌握专利技术超过 3900 项，获得超过 33 种机型的设计与形式认证。

17. 中材科技风电叶片股份有限公司

中材叶片公司创立于 2007 年 6 月，承继了北京玻璃钢研究设计院、南京玻璃纤维研究设计院等国家级科研院所五十多年特种纤维增强复合材料及其成型工艺技术的研究、开发成果，专业从事复合材料大型风力发电叶片的研究、设计、开发、制造与服务。中材叶片通过自主研发、联合开发和委托设计，形成了从 1~7MW，6 大系列 50 余个产品型号。公司创立 9 年来，已为全球 12 个国家提供陆上、海上复合材料风电叶片 16000 多套，装机规模 27.9GW，占全球同期累计装机总量的 7.0%。2015 年开始跃居全球风电叶片市场占有率第一。公司已逐步成为全球风电叶片知名品牌，形成了复合材料大型风电叶片从研发、制造到服务的成套核心技术和自主知识产权，可为行业提供风电叶片系统解决方案及产品全生命周期的管理和服务。

18. 洛阳双瑞风电叶片有限公司

洛阳双瑞风电叶片有限公司成立于 2008 年，是中船重工第七二五研究所（双瑞科技集团）下属的控股公司。公司主要从事风力发电叶片、机舱罩、特种非金属制品的研制、生产、销售和服务。洛阳为公司本部，是公司的研发、管理和制造中心，并分别在新疆哈密、山东德州、河北张家口、大连庄河设立生产基地，具有年产风电叶片 1800 套的产能，已累计实现装机运行近 3000 套，已实现广泛销售至东亚、南亚、北美及欧洲。公司以七二五所对复合材料近六十年的研究成果和经验积累为依托，在叶片的材料、工艺、制造、质量控制等技术方面国内领先，拥有省级叶片工程技术研究中心，具有较强的技术研发团队和实力。共申请国家发明专利 34 项，授权 11 项。2.0MW 叶片产品获得"国家重点新产品""河南省名牌产品"等称号。公司现已拥有 15 种规格型号的 2MW 系列风电叶片产品，均通过了 GL 或 DEWI-OCC 认证，研发完成了包括 2MW-SR116-2110、2MW-SR116-2300、2MW-SR121-2110、2MW-SR121-2300 等一批具有完全自主知识产权的叶片新产品，引领国内 2.0MW 产品市场，正在研发国内最长的 5.0MW 海上风电叶片。

19. 中车青岛四方机车车辆股份有限公司

中车青岛四方机车车辆股份有限公司（以下简称"中车四方股份公司"）是中国中车股份有限公司的核心企业，中国高速列车产业化基地，城市轨道交通车辆制造商和国家轨道交通装备产品重要出口基地。中车四方股份公司具有轨道交通装备自主开发、规模制造、优质服务的完整体系。公司是国家高新技术企业，拥有国家高速动车组总成工程技术研究中心、高速列车系统集成国家工程实验室、国家级技术中心和博士后科研工作站四个国家级研发试验机构，并在德国、英国和泰国建立海外研发中心。行业一流的仿真分析平台、试验验证平台，门类齐全的高水平研发团队，产学研用开放式技术创新体系，形成了公司强大的技术创新能力。占地 177 万平方米，装备精良、工艺先进、专业化、规模化的制造基地，形成了高速动车组、城际动车组、地铁车辆、现代有轨电车、单轨车辆、高档铁路客车、内燃动车组 7 大产品平台，制造水平位居世界前列。

中车四方股份公司在高速动车组、城际及市域动车组的研发制造上处于行业内的领先地位。中国首列时速 200 公里高速动车组、首列时速 300 公里高速动车组、首列时速 380 公里高速动车组、首列"复兴号"动车组和首列城际动车组均诞生于此。目前，公司已形成了不同速度等级、适应不同运营需求的高速动车组和城际动车组系列化产品。公司自主研制的 CRH380A 型高速动车组创造了 486.1 公里/小时的世界铁路运营试验最高速。研制的"复兴号"动车组（CR400AF）实现时速 350 公里运营，使我国成为世界上高铁商业运营速度最高的国家。公司拥有全谱系的城市轨道交通车辆产品，可为用户提供定制化解决方案。

20. 中航通用飞机有限责任公司

中航通用飞机有限责任公司是中国航空工业集团有限公司旗下按照国务院批复组建的大型国有企业集团，由航空工业、广东粤财投资公司、广东恒健投资公司和珠海格力航空投资公司投资设立。航空工业通飞控股中航重机、中航三鑫、中航电测三家国内 A 股上市公司，是国内最大的以通用飞机研发制造、运营服务为主业的多元化公司，注册资本金 118.57 亿元，总资产 576.9 亿元。主营业务涉及通用航空器研制、通航运营与服务、航空综合体、非通航工业制造四大领域，已在国内建设以珠海总部为中心，覆盖广东、湖北、贵州、河北等地区的产业基地，100%控股美国西锐飞机工业公司。目前，航空工业通飞已形成全面覆盖商务飞机、私人飞机、多用途飞机、特殊用途飞机和浮空器等通用航空产品系列发展格局；已搭建全面涵盖通航作业、飞行培训、短途运输、航空俱乐部、机场管理、航空文化、航空油料、客户服务等业务为支柱的通航运营业务总体发展平台。

以 AG600、AG300、重载飞艇等重点型号为依托，集中突破一批长期制约我国通用航空产业发展的共性关键技术，在低成本复合材料、大型水陆两栖飞机高抗浪技术、先进通用飞机智能驾驶技术、大型浮空器控制系统及质量置换等专用技术领域形成创新突破。深耕国际通航市场，强化国产通航产品的核心竞争能力，重点突破轻型运动飞机、4~7 座私人飞机、5~8t 级涡桨飞机、载重 60t 级大型飞艇等国际市场，深化市场营销、客户服务等通用航空制造业保障体系建设，确保"十三五"末国际市场分享量达到 15%~20%。

21. 深圳市大疆创新科技有限公司

深圳市大疆创新科技有限公司（DJ-Innovations，简称 DJI），2006 年创立，是全球领先的无人飞行器控制系统及无人机解决方案的研发和生产商，客户遍布全球 100 多个国家。通过持续的创新，大疆致力于为无人机工业、行业用户以及专业航拍应用提供性能最强、体验最佳的革命性智能飞控产品和解决方案。作为全球较为顶尖的无人机飞行平台和影像系统自主研发和制造商，DJI 大疆创新始终以领先的技术和尖端的产品为发展核心。从最早的商用飞行控制系统起步，逐步地研发推出了 ACE 系列直升机飞控系统、多旋翼飞控系统、筋斗云系列专业级飞行平台 S1000、S900、多旋翼一体机 Phantom、Ronin 三轴手持云台系统等产品。不仅填补了国内外多项技术空白，并成为全球同行业中领军企业，DJI 以"飞行影像系统"为核心发展方向，通过多层次的空中照相机方案，带给人类全新的飞行感官体验，使得飞行在普罗大众中皆能随心所欲。

22. 中国泰山体育产业集团

中国泰山体育产业集团位于山东省西北部，成立于 1978 年 6 月，现已发展成为以母公司泰山体育产业集团有限公司为首的大型国家级企业集团，是山东省百强企业、山东省诚信守法企业。目前集团拥有职工 2000 余人，占地面积 126000 平方米，注册资本 1.8 亿元，实有资本 3.26 亿元，"泰山"牌无形资产达 9.8 亿元。泰山集团通过了 ISO 9001 国际质量体系认证、ISO 14001 国际环境管理体系认证和 ISO 18000 国际职业健康安全认证，"泰山"牌被国家体育总局列为体育器材"名牌产品"、被评为"山东省著名商标"。

泰山集团是中国境内一家集研发、生产、销售、服务于一体的大型体育产业集团，是中国田径协会、中国体操协会、中国技巧协会、中国摔跤协会、中国拳击协会、中国柔道协会、中国举重协会、中国跆拳道协会、中国武术协会的定点生产企业。主导产品为：人工草坪、体操器材及系列专用保护垫、田径器材及系列专用保护垫、重竞技类器材、武术器材、健身路径器材、校用体育器材、运动球类及各种辅助训练器材。目前，已有多项产品通过国际认证。在二十多年的发展历程中，泰山集团作为高端器材生产供应商，为国家运动队和全国二十多个省、自治区、直辖市的专业运动队提供优质体育器材及完善的售后服务。"泰山"牌体育器材已经占有中国竞技体育器材 90% 以上的市场份额。

23. 广州赛奥碳纤维技术有限公司

广州赛奥碳纤维技术有限公司隶属于赛奥产业集团，与赛奥控股（香港）有限公司（主要从事高性能纤维及其复合材料代理与投资业务）及赛奥机械（广州）有限公司（从事塑编机械的生产）是姊妹公司。公司拥有三大产业：碳纤维技术及装备，先进复合材料创新枢纽，碳纤维行业战略及咨询。

通过 20 年的坚守，赛奥已经具备正向设计与制造全套氧碳化装备（除了焚烧炉）的能力，同时具备氧碳化的工艺经验及生产管理，熟悉全球多家公司的原丝的特性，具备交钥匙工程的能力。赛奥正在构建重大工艺及装备的创新能力。赛奥"先进复合材料创新枢纽"（以下简称 ACIH）：集成国内外先进技术资源，利用自身建设的技术平台实施工程化转化，为业界提供工业化、商业化的先进复合材料解决方案与投资项目。目前，该枢纽已经开发出 APP-先进预浸料，ACF-短切碳纤维，ATP-丝束预浸带，ACTM-短切丝束预浸带模压，ATPM-热塑预浸带生产线等项目。碳纤维行业战略及咨询：公司每年发布的《全球碳纤维复合材料市场报告》，已经成为政府、科研院校及企业引用率最高的行业报告。

2 高强高模聚酰亚胺

2.1 产业政策分析

2.1.1 国外政策

聚酰亚胺（PI）是高分子材料中的佼佼者，其发展始于 20 世纪 50 年代，20 世纪 60 年代就有聚酰亚胺薄膜实现大规模生产和应用，之后，聚酰亚胺模塑料、清漆、工程塑料等陆续得到发展和规模化制备。聚酰亚胺材料是航空航天、电子等领域的重点材料，也是战略物资，从制备技术到产品性能及规模等，国外都走在了前头，特别是应用方面量大面广的薄膜材料，其制备技术也是国外对我国实行封锁。针对聚酰亚胺纤维的技术开发，国外也起步较早，到 20 世纪 80 年代末就有奥地利的兰精公司将其实现产业化，逐步增加至千吨的产能，由于力学性能较低，主要用于高温窑炉、阻燃防护等民用领域。众所周知，聚酰亚胺纤维的基础结构具有高的刚性，应该可以制备出高强高模纤维产品，所以，在美国、日本、俄罗斯等国家的研究机构，都相继开展了高强高模聚酰亚胺纤维的研究工作，并且俄罗斯声称制备出高强高模产品，但没有具体的技术、规模和应用方向等方面的报道。从聚酰亚胺纤维的发展历程看，国外的研究机构和单位都获得过相应的支持，但支持方式和支持力度不详。

2.1.2 国内政策

我国在聚酰亚胺材料研究方面，整体起步比较晚，20 世纪只有少数研究单位有零星的研究，进入 21 世纪以来，随着聚酰亚胺薄膜在电子行业应用规模的扩大，企业也如雨后春笋般涌现出来，到目前为止，已有几十家聚酰亚胺薄膜制备企业，但制备技术和产品性能与国外存在很大差距。在聚酰亚胺纤维的研究方面，我国虽然起步较晚，但在 20 世纪 70 年代也在国家支持下，制备出聚酰亚胺纤维，强度不高（小于 1GPa），主要用于核工业的线缆护套，后来因规模小，生产了一段时间就停下来了，也没有相应的资料保留。进入 21 世纪，特别是在国内几家研究单位突破了聚酰亚胺纤维制备的小试技术之后，国家先后出台了"国家产业振兴和技术改造专项""国家战略性新兴产业中央预算内投资""国家'863'计划"等重大项目支持，并在规模化制备方面，国家工信部和发改委都出台了相应的一些政策支持，使各家技术快速进入产业化阶段，并实现了规模放大。不论是替代国外耐热型聚酰亚胺纤维，还是高强高模聚酰亚胺纤维，我国的技术水平、产品性能及规模都处于国际领先水平。

2.2 聚酰亚胺技术发展现状及趋势

2.2.1 聚酰亚胺材料的整体情况

为了更好地了解聚酰亚胺纤维的研究和产业发展，本节将聚酰亚胺薄膜等相关的信息一起做一些梳理和总结。

聚酰亚胺是指主链上含有五元酰亚胺环的一类聚合物，根据分子结构单元的不同，一般可分为脂肪型聚酰亚胺和芳香型聚酰亚胺，其中以实现商业化的芳香型聚酰亚胺结构的聚合物最为重要，而脂肪型聚酰亚胺由于其实用性较差，因此罕有研究和商业化产品。芳香族聚酰亚胺主要分为以下几类：均苯型、联苯型、单醚酐型、酮酐型、聚醚酰亚胺型、聚酰胺酰亚胺型等。

脂肪族和芳香族聚酰亚胺的基本结构片段如图 2-1 所示。

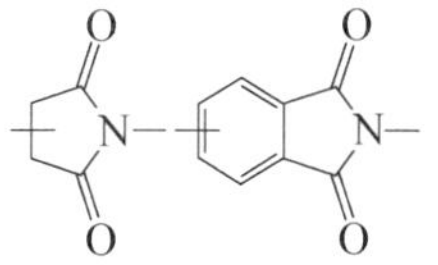

从结构看，聚酰亚胺是综合性能最佳的有机高分子材料之一，有以下几个方面的优点：突出的耐热性能（热分解起始温度在 500℃ 以上）、优异的耐低温性能（-196℃ 的液氮中不脆裂，并仍能保持一定的机械强度）、良好的力学性能（薄膜拉伸强度可以达到几百兆帕、拉伸模量为 3~4GPa）、尺寸稳定性（线膨胀系数一般在 $2 \times 10^{-5} \sim 3 \times 10^{-5}/℃$，个别产品甚至可以达到

脂肪族聚酰亚胺　芳香族聚酰亚胺

图 2-1　脂肪族和芳香族聚酰亚胺的基本结构片段

$10^{-7}/℃$）、介电和绝缘性能（介电常数在 3.5 左右、介电强度在 100~300kV/mm、体积电阻为 $1 \times 10^{17} \Omega \cdot cm$）、耐辐射性能（$1 \times 10^8$ Gy 快电子辐照后，强度保持率达到 90%）、化学稳定性以及阻燃性。

1955 年，美国杜邦公司的科学家 Edwards 与 Robison 申请了世界上第一项有关聚酰亚胺材料应用方面的专利，从此开启了聚酰亚胺材料合成与应用的新篇章。据统计，已经实现商品化的聚酰亚胺已经超过二十多个大类，全世界著名的生产商包括美国的陶氏杜邦、欧洲的赢创工业、索尔维、日本的杜邦-东丽、三菱化学、钟渊等，此外，在俄罗斯、中国、印度、韩国、马来西亚及我国的台湾地区也都有不同数量的生产厂家。表 2-1 显示部分商品化的芳香族聚酰亚胺结构。

表 2-1　部分商品化的芳香族聚酰亚胺

商品名	研发机构	结　构　式
Kapton	杜邦公司 （1961）	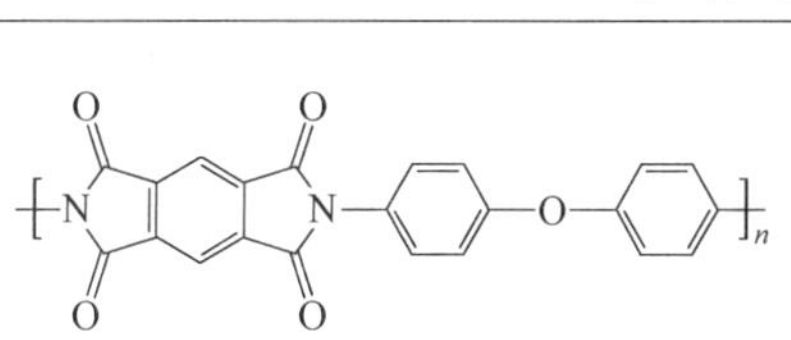
Kerimid 601	罗纳-普朗克公司 （1969）	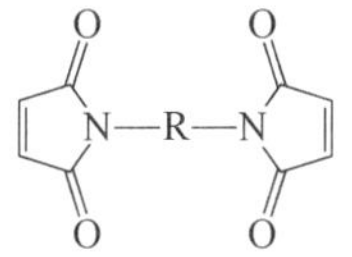

续表2-1

商品名	研发机构	结　构　式
Torlon	美国石油公司 (1976)	
Ultem	通用电气公司 (1976)	
Upilex	宇部兴产公司 (1978)	Upilex-R Upilex-S
Regulus	三井东压化学公司 (1994)	

　　聚酰亚胺的单体来源十分广泛，因此可以通过不同的合成途径得到种类繁多且功能各异的聚酰亚胺材料。聚酰亚胺主要的合成方法可以分为两大类：由芳香族二胺和芳香族四羧酸、二酐或四羧酸二烷酯为原料通过缩聚反应得到的缩聚型聚酰亚胺和双马酰亚胺经加聚反应（或缩加聚）得到的加聚型聚酰亚胺。其中，人们最熟悉的也是应用范围最广的是缩聚型聚酰亚胺，一般所称的聚酰亚胺材料都是指这种缩聚型聚酰亚胺，主要用来制造聚酰亚胺薄膜和涂料。而加聚型聚酰亚胺则属于耐高温热固型树脂——热固性聚酰亚胺。

　　由于聚酰亚胺独有的特性和优异的综合性能，不论是作为结构材料或是功能性材料，其巨大的应用空间早已被人们所认识，目前聚酰亚胺的主要应用有以下几个方面：

　　（1）薄膜是聚酰亚胺最早的商品之一，用于电机的槽绝缘及电缆包绕材料等，透明聚酰亚胺薄膜则可以作为柔性太阳能电池基板。

　　（2）聚酰亚胺纤维的强度达到碳纤维T300水平，弹性模量仅次于碳纤维，是先进复合材料的增强剂，也可以作为高温介质及放射性物质的过滤材料和防弹、防火织物。

　　（3）聚酰亚胺树脂基复合材料具有耐热氧化稳定性、高温下突出的力学性能、耐辐射性能以及很好的化学物理稳定性，被广泛用于航天、航空器及火箭部件。

　　（4）聚酰亚胺涂料，可作为中小型电机和电器设备用的漆包线漆、电机绕组浸渍漆以及高压大型电机槽部端部的防电晕漆。

　　（5）聚酰亚胺制成的泡沫塑料在航空航天领域主要应用于隔热、隔音、透波和结构材料。

（6）热固性与热塑性聚酰亚胺高性能工程塑料，具有高强度、高模量、尺寸稳定、轻质、耐磨、自润滑和密封性等诸多优点。

（7）在微电子行业中聚酰亚胺主要作为集成电路装配的辅助材料、集成电路中元器件的钝化层及层间绝缘材料、黏合材料、柔性印刷电路板的基材、集成电路的封装材料等。

（8）高温结构胶黏剂，在高温领域胶接金属（钛、铜和铝等）、非金属（硅片、玻璃和金刚砂等）及聚合物等。

（9）聚酰亚胺气体分离膜，主要用于 H_2/N_2、O_2/N_2、H_2/CH_4、CO_2/N_2、CO_2/CH_4 等体系的气体分离。

（10）聚酰亚胺可以制备光刻胶，分为负性胶和正性胶，分辨率可达亚微米级。

（11）聚酰亚胺用作无源或有源光波导材料，含氟的聚酰亚胺在通讯波长范围内为透明，并保持了足够的耐热稳定性。

除了上述的应用领域之外，在液晶显示用的取向排列剂、燃料电池中的质子交换膜、锂电池隔膜、生物相容材料等方面也能看到聚酰亚胺的身影。

2.2.2 聚酰亚胺薄膜产业发展

2.2.2.1 国外技术发展现状及趋势

在全部产品种类中，聚酰亚胺薄膜是发展最早，也是产业化规模最大的部分。世界范围内，聚酰亚胺薄膜的生产企业主要有美国杜邦、日本宇部、钟渊化学、韩国 SKC 和中国台湾达迈等公司为主要代表。聚酰亚胺薄膜最大的市场是绝缘材料领域，如低端电工绝缘或高铁、风电等大功率电机、变压器绝缘等，对于普通 HN 型和耐电晕型 PI 薄膜需求量极大。其次为柔性电路板（FPC）、柔性覆铜板（FCCL）领域，FPC、FCCL 作为手机、笔记本电脑、数码产品等小型化设备的重要元件，一直保持着较为良好的增长势头。随着电子产品对轻量化要求日益迫切，以及可折叠显示屏广受追捧的发展趋势，聚酰亚胺薄膜还将迎来非常巨大的应用空间。根据权威机构 IHS 的估计，到 2022 年，柔性显示屏幕的市场规模将由 2016 年的 37 亿美元增至 155 亿美元，增长率将超过 300%，并且到 2020 年，柔性屏幕的营收将占到显示屏市场总营收的 13%。另据美国调查咨询公司 MarketsandMarkets 数据显示，2017 年全球 PI 薄膜的市场规模为 15.2 亿美元，预计 2022 年将达到 24.5 亿美元，2017 年至 2022 年复合年增长率为 10.0%。各企业产能及相关信息见表 2-2。

表 2-2　世界主要 PI 薄膜生产企业　　　　　　　　　　（吨/年）

企业名称	生产能力	装置所在地	工艺技术
美国杜邦	2500	俄亥俄州、得克萨斯州（美国）	化学法
东丽杜邦	2500	爱知县东海市（日本）	化学法
钟渊	3000	志贺县（日本）、得克萨斯州（美国）、关丹（马来西亚）	化学法
宇部	2000	山口县、大阪酒井（日本）	化学法
SKC	2500	水原、忠北镇川、龟尾（韩国）	化学法
达迈	1000	苗栗县（中国台湾）	化学法

目前，聚酰亚胺薄膜的国际领导品牌主要有美国杜邦公司的 Kapton 系列，日本钟渊化学的 Apical 系列，日本宇部的 Upilex 系列，韩国 SKCKOLON 以及中国台湾达迈等。各公司产品的应用领域在不同程度上有所覆盖，其中以杜邦公司的产品种类最为全面，约有近 20 个细分产品牌号，见表 2-3。

表 2-3　杜邦公司 Kapton 系列薄膜牌号、性能特点和应用领域

型号	主 要 性 能	应 用 领 域
MT+	热导率 0.8W/(m·K)，介电强度>190kV/mm	锂电池，加热电路
MT	热导率 0.46W/(m·K)，介电强度>150kV/mm	散热器，加热电路
RS	面电阻 100Ω/sq	膜状加热器
B	亚光黑，低反射	LED 电路，精密激光加工
CR	耐电晕（20kV/mm，50Hz>100000h）	电气绝缘，大型电气系统
FCR	特氟龙涂层，介电强度 173kV/mm	大型电机，牵引电机，发电机
HN	强度 231MPa，模量 2.5GPa，伸长率 72%	胶带，绝缘
FN	涂有特氟龙涂层	绝缘，热封袋
FWN	耐磨，特氟龙涂层，介电强度>180kV/mm	漆包线，风力发电机，牵引电机
FWR	介电强度>210kV/mm，介电常数 2.7，耐水解	基板材料
GS	高碳含量	制备碳膜，石墨膜
CRC	耐电晕，介电强度 276kV/mm，电阻率 10^{16}Ω·cm	交流电机，变压器
FCRC	特氟龙涂层	电机绝缘，航空航天，特种电线
PRN	耐高温，350℃热封强度 366gms/cm	电机绝缘
PST	介电强度>120kV/mm	压敏胶带
FPC	CTE：20ppm，强度 234MPa，收缩率 0.03%	PCB 电路板，丝网印刷

2.2.2.2　国内技术发展现状

我国是世界上最早开展聚酰亚胺薄膜材料研究的国家之一。20 世纪 60~70 年代，上海合成树脂研究所、中科院长春应化所、第一机械工业部电器科学研究院（现桂林电器科学研究院）等单位开始了聚酰亚胺薄膜的研究工作，形成了浸渍法和流延法制备均苯型聚酰亚胺薄膜的工艺路线和双轴定向聚酰亚胺薄膜的专用设备。目前，国内中科院化学所、北京化工大学、中山大学等也开展了聚酰亚胺薄膜研究，聚酰亚胺薄膜厂家增至 50 余家，其中深圳瑞华泰、桂林电科院、山东万达、无锡高拓、宁波今山、江阴天华等 10 余家企业采用双向拉伸热亚胺化法制备聚酰亚胺薄膜；另有株洲时代新材、丹邦科技采用化学法制备聚酰亚胺薄膜。近年来，我国聚酰亚胺薄膜市场呈现高速增长趋势，年平均增长率为 10%~15%，高于世界平均增长率。2017 年，包括规划产线，我国聚酰亚胺薄膜总产能为 4000~6000t，产量为 3000~4000t，进口量约为 4000t。然而，国产聚酰亚胺薄膜多以低端绝缘薄膜为主，在强度、模量、热尺寸稳定性、耐电晕等关键性能指标方面与国外

产品仍存在较大差距，产品价格也远低于国外产品。

国内主要 PI 薄膜生产企业见表 2-4。

表 2-4 国内主要 PI 薄膜生产企业 （吨/年）

企业名称	生产能力	装置所在地	工艺技术
深圳瑞华泰	1000	深圳	热法
桂林电科院	400	桂林	热法
山东万达	400	东营	热法
宁波今山	400	宁波	热法
无锡高拓	400	宜兴	热法
溧阳华晶	200	溧阳	热法
江阴天华	400	江阴	热法
时代新材	600	株洲	化学法
丹邦科技	300	深圳	化学法

目前，国产聚酰亚胺薄膜主要用于传统电工绝缘和 LED 等领域，年消耗量为 3000～4000t，国内产能基本满足需求。而在高端聚酰亚胺薄膜市场，以 FPC 和 FCCL 薄膜为例，2017 年全球电子级 PI 薄膜需求量为 8000～9000t，其中国内需求量约 4000t，几乎完全依赖进口。FPC 占 PCB 的比例逐渐提升，行业增速稳定，且我国 FPC 增速高于全球增速，目前大陆地区 FPC 产量已超过全球产量的 40%，是全球最大的 FPC 市场之一，对于高端聚酰亚胺薄膜的需求量极大。

随着高铁技术、城市交通、风力发电等技术的高速发展，对于大功率牵引电机、发电机的绝缘材料需求量迅速提升，而该类材料由于需要优异的耐电晕性能而长期依赖进口 CR、FCR 等聚酰亚胺薄膜。传统 HN 型聚酰亚胺薄膜的耐电晕性能为 200h，CR 型可达 100000h，接近 11 年半的有效周期，是传统 HN 型的 500 倍。目前国内较好的产品可达到 10000h，仍与国外产品相差 10 倍左右。该类型薄膜国内需求量估计在 500～1000 吨/年。

还有碳膜前驱体型（GS）薄膜。由于碳膜具有规整的碳层结构而具有密度小、化学性能稳定、导热导电性能好、耐磨损等性能特点，作为散热材料用于手机、电脑、LED 等各类电子产品或元器件。随着电子产品逐渐向小型化、功能化方向发展，器件或芯片内部空间越来越小，散热问题凸显，高效率的散热材料成为市场追求的热点。采用聚酰亚胺薄膜制备的石墨膜具有优异的性能特点，市场空间潜力巨大。

经估算，到 2020 年国内聚酰亚胺薄膜需求量将达到 8000～10000 吨/年，其中高端聚酰亚胺薄膜需求量将达到 5000～6000 吨/年，目前进口高端聚酰亚胺薄膜的价格在 500～4000 元/kg 之间，以平均 1000 元/kg 估算，市场空间保守估计将达 60 亿级。

聚酰亚胺薄膜的制备技术路线主要分为化学亚胺化法和热亚胺化法两种。二者的主要区别在于亚胺化成环反应机理，前者依靠化学亚胺化试剂的催化作用完成闭环反应，可在相对较低的反应温度下进行；后者则依靠高温提供能量克服反应能垒，实现闭环，通常需要在 300～400℃以上完成反应。目前，美国杜邦、日本钟渊等国外厂家多采用化学亚胺化法；而国内厂家则多采用热亚胺化法，仅有时代新材和丹邦科技选择了化学亚胺化法。从当前的国内外技术路线和产品性能观察，容易得出化学法较热亚胺化法易获得高性能聚酰亚胺薄膜的观点。然而，聚酰亚胺薄膜的产品质量和性能指标不仅受到工艺路线的影响，还取决于装备水平、原材料纯度、工艺参数控制等多方面因素，所以尚不能轻易判断两种方法的优劣。

聚酰亚胺薄膜既被称之为"黄金薄膜"，又被认为是制约我国高技术产业发展的三大瓶颈性关键高分子材料之一，由此可见其重要性和亟待发展的迫切性。从国内外市场情况可知，目前国内虽然有 50 余家聚酰亚胺薄膜生产企业，总产量也达到了 4000t 以上的水平，但国产聚酰亚胺薄膜同质化竞争严重，各方面性能指标与进口产品仍有不小的差距，反映出国产聚酰亚胺薄膜制备技术较国外杜邦等厂家的落后与不足。针对这一现状，建议加强高性能聚酰亚胺薄膜的研发力度，根据应用需求特点，开发多品种聚酰亚胺薄膜，如黑色薄膜、透明薄膜、碳化前驱体薄膜等；同时加强聚酰亚胺薄膜生产装备的升级研究，提高各工艺环节的控制精度和薄膜的质量均匀性。此外，还需加强产学研合作，充分结合高校和科研院所的理论优势和企业的工艺技术优势，探索新的合作模式，消除技术壁垒，实现从化学结构设计、合成反应到装备工艺的全过程研发攻关，不断提高国产聚酰亚胺薄膜的技术水平。

2.2.3　聚酰亚胺纤维产业发展

作为一种高性能有机纤维，聚酰亚胺纤维具有高强高模、热稳定性、耐低温性、耐辐照、耐水解、低吸水率、低介电、阻燃及耐化学试剂稳定性等，在高温过滤、航空航天等诸多领域具有广泛的应用前景。随着聚酰亚胺种类的增多和应用范围的扩展，以及合成技术、纺丝工艺和纺丝设备的发展与进步，各个应用领域对高性能聚酰亚胺纤维需求的日益增多，聚酰亚胺纤维的制备和生产越来越受到重视。

聚酰亚胺纤维的制备方法有两种：一种以聚酰胺酸溶液为纺丝液，进行纺丝后经酰亚胺化高温牵伸得到成品纤维；另一种以聚酰亚胺溶液或树脂为纺丝液，由其溶液或树脂熔融纺丝热牵伸后得到成品纤维。聚酰亚胺纤维的制备可分为湿法和干法工艺。湿法工艺是指纺丝原液从喷丝孔喷出直接进凝固溶液形成初生纤维，其中凝固、热处理等纺丝工艺控制为关键因素。湿法工艺设备和流程简单，广泛应用于工业化生产。干法纺丝与湿法纺丝不同，纺丝原液从喷丝板喷出进入有热空气的纺丝甬道，热空气使溶剂快速挥发，形成初生纤维。干法工艺制备聚酰亚胺纤维纺丝速度快，但所用设备复杂且昂贵。干湿法工艺将湿法与干法纺丝工艺的优点结合在一起，高浓度纺丝原液首先经过一段 3～30mm 空间拉伸（空间中的气体为空气或其他气体），再进入凝固浴，形成原丝。干湿法纺丝在拉伸区很短的时间内完成大幅度拉伸，拉伸作用可以大幅度提高聚酰亚胺纤维的取向度，使其分子链伸展，结晶度升高，从而提高其力学性能，但干湿法纺丝技术主要应用于溶致液晶相态的前驱体，对纺丝原液黏度要求较高。

聚酰亚胺纤维的发展大致分为四个阶段：初期大多采用聚酰胺酸溶液进行干法或湿法纺丝，当时纤维的制备只是在实验室条件下的研究，通过两步法，先将聚酰胺酸溶液纺成纤维，经过酰亚胺化制备聚酰亚胺纤维。在当时的工艺条件下，纤维的性能还很差；之后美国和日本改进纺丝工艺，他们认为利用聚酰胺酸纤维酰亚胺化得到聚酰亚胺纤维的过程中，脱水会产生孔洞等缺陷结构，从而影响纤维性能，因而采用聚酰亚胺溶液直接进行纺丝得到聚酰亚胺纤维，这为采用一步法制备高强高模的聚酰亚胺纤维奠定了基础；到了 20 世纪 90 年代，聚酰亚胺纤维的合成方法和纺丝工艺得到了进一步的改进，学者们尝试在体系中加入其他结构单元或第三单体，采用共聚的方法来提高纤维的性能；进入 21 世纪，我国北京化工大学、长春应化所、东华大学、四川大学等单位开展了聚酰亚胺纤维的研究，并与相应的企业合作，在工程化和产业化有了较大发展。其中，长春应化所与长春高琦聚酰亚胺材料有限公司合作，东华大学与江苏奥神集团合作，北京化工大学与江苏先诺新材料科技有限公司合作，形成各自的产品性能特点和一定产能。经过研究、产业化和市场开发，目前，聚酰亚胺纤维形成耐热和高强高模两大类产品。其中，耐热型聚酰亚胺纤维是指拉伸强度大于 0.5GPa、长期使用温度大于 260℃的纤维（参照 P84）；高强高模聚酰亚胺纤维是指拉伸强度大于 3.0GPa、拉伸模量大于 100GPa（参照芳纶纤维）的纤维。根据相关文献，国内外研究单位均有实验室制备出高强高模聚酰亚胺纤维的研究报道，但市场化产品和应用是空白，直到 2015 年江苏先诺首次推出高强高模型聚酰亚胺纤维产品，使聚酰亚胺纤维的发展进入一个新的阶段。

2.2.3.1 国外技术发展现状及趋势

聚酰亚胺纤维的研制始于 20 世纪 60 年代，最早由美国、日本和苏联的科技工作者进行了探索，至今已有五十多年的历史。第一个聚酰亚胺纤维的专利是由美国杜邦公司 Irwin 于 1968 年发表，实验采用均苯四甲酸二酐（PMDA），4,4′-二氨基二苯醚（ODA）和 4,4′-二氨基二苯硫醚（TDA）在 N,N-二甲基乙酰胺（DMAc）中进行共聚，经干法成纤后在一定温度和张力下转化为聚酰亚胺纤维。PMDA/ODA 体系聚酰胺酸也可以湿纺，并在吡啶溶液中成纤，经 600℃高温牵伸得到聚酰亚胺纤维。纤维的拉伸强度为 0.4～0.6，模量为 6～10GPa，断裂伸长率为 9%～25%，具有良好的热稳定性，在干空气中 300℃不收缩。但是由于早期原料种类少以及设备和工艺上的缺陷，所制备出的聚酰亚胺纤维力学性能远未达到其应有的水平，之后即停滞不前。

1971 年，法国 Rhone-Poulenc 公司推出的一款耐高温聚酰胺-酰亚胺纤维，Kermel 纤维，其特点是不熔、不燃、受热不收缩、不形成微粒，同时具有较强的力学性能和耐化学腐蚀性能。Kermel 纤维结构和纺丝工艺尚未正式公布，1984 年以前只供应法国军队和警察部队使用后逐渐向全球防护服市场供应。主要用于军服、沙漠战斗服及防护手套等，如英国、法国军服，阿尔及利亚特种部队服装，它与阻燃黏胶纤维混纺，用于军服、消防服及其他石化等特种工种的工作服；与羊毛混纺用于军用内衣，瑞士和荷兰的消防服；与 Kevlar 混纺（64/36）用于英国、法国套头消防夹克和意大利的消防服。Kermel 纤维占据欧洲消防服中 60%。1992 年 Rhone-Poulenc 和 Amoco 织物与纤维公司共同出资成立 Kermel 公司，1997 年纤维产量从 300t 提高至 750t，主要有 Kermel 纤维和 Kermel Tech 纤维两大类产品，纤维性能见表 2-5。Kermel Tech 纤维适用于高温过滤材料，2008 年 Kermel 纤维生产了 275t，大部分用于热气体过滤。Kermel 分子中二氨基组分是基于半个二苯甲烷上的，链段不对称，结晶能力不高，使得 Kermel 纤维可以溶于 DMF 溶剂，加入间苯二甲酸可提高对碱性染料的亲和性。

表 2-5　**Kermel 纤维与 Kermel Tech 纤维的性能**

性　　能	Kermel 纤维	Kermel Tech 纤维
强度/GPa	0.35~0.84	0.36~0.5
初始模量/GPa	7~13.4	28.6~42.9
断裂伸长率/%	8~20	30~50
分解温度/℃	380	>450
玻璃化转变温度/℃	315	340
极限氧指数	32	32

　　苏联在 20 世纪 70 年代也开展了聚酰亚胺纤维的研究，但仅为小规模制备，且产品主要供应军工需求，没有推向市场，所以纤维实际所达到的性能无从考证。到了 20 世纪 80 年代，杜邦宣布放弃用聚酰胺酸纺丝路线，原因是以聚酰胺酸形态纺丝，在纺丝过程中要脱水、脱除溶剂及牵伸，性能一直不高。尤其在 Kevlar 纤维商品化之后，聚酰亚胺纤维的研究跌入低潮。

　　20 世纪 80 年代中期，日本根据杜邦的经验，开展了以聚酰亚胺为纺丝液的工作，得到了性能超过 Kevlar 49 的聚酰亚胺纤维。但是所用的溶剂毒性太大，难以实现规模化生产。同时采用聚酰亚胺溶液纺丝对聚酰亚胺结构要求较高，基于聚合物结构选择和所用溶剂毒性的限制，此技术未能得到进一步的发展。直到 20 世纪 80 年代末，奥地利兰精（Lenzing）公司实现了一种耐热聚酰亚胺纤维的工业化，商品名为 P84，当时生产能力为 300~400 吨/年，以 3,3′,4,4′-二苯酮四羧酸二酐（BTDA）、二异氰酸二苯甲烷酯（MDI）和二异氰酸甲苯酯（TDI）为单体在 N-甲基-2-吡咯烷酮（NMP）溶剂中共聚聚酰亚胺溶液，以乙二醇为凝固浴湿法纺丝得到聚酰亚胺纤维，这种纤维的长期使用温度为 260℃，因为其拉伸强度较低（0.5GPa），主要用于高温过滤和阻燃防护服等对力学性能要求较低的领域，所以称其为耐热聚酰亚胺纤维。该公司 1996 年由英国 Ispec 公司接手，1998 年转入英国的 Laporte 旗下，2001 年又被 Degussa 所收购，现公司名称为 Evonik。P84 在 2005 年的产量为 800t，2010 年产量为 1200t，目前产能已经扩到 2000t。表 2-6 显示了 P84 纤维的性能。

表 2-6　**P84 纤维的性能**

强度/GPa	0.5~0.54
初始模量/GPa	4.29~5.71
断裂伸长率/%	33~38
分解温度/℃	450
玻璃化转变温度/℃	315
极限氧指数	36~38

　　关于高强高模聚酰亚胺纤维的技术发展，20 世纪 90 年代，美国 Akron 大学程正迪教授等人采用一步法工艺成功地制得了一系列具有高强高模特性的聚酰亚胺纤维。所研究的体系包括联苯二酐/2,2′-二甲基-4,4′-联苯二胺（BPDA/DMB）、联苯二酐/2,2′-三氟甲基-4,4′-联苯二胺（BPDA/PFMB）、二苯醚四酸二酐/2,2′-二甲基-4,4′-联苯二胺（ODPA/

DMB）、均苯四酸二酐/2,2′-三氟甲基-4,4′-联苯二胺（PMDA/PFMB）、（联苯二酐/2,2′-三氟甲基-4,4′-联苯二胺)/(均苯四酸二酐-2,2′-三氟甲基-4,4′-联苯二胺)（BPDA/PFMB)/（PMDA-PFMB）和（联苯二酐/3,3′-二甲基-4,4′-联苯二胺)/(联苯二酐-对苯二胺)（BP-DA/OTOL)/(BPDA/PDA）等均聚型和共聚型聚酰亚胺纤维。其中，BPDA/PFMB 体系聚酰亚胺纤维的强度和模量分别达到 3.2GPa 和 130GPa；BPDA/DMB 体系聚酰亚胺纤维的强度和模量达到了 3.3GPa 和 130GPa。但是，由于所采用的一步法工艺对单体具有很高的选择性，且采用的溶剂具有高毒性，难以进行扩大化生产，使得该制备方法仍停留在实验室阶段。

日本神田拓马曾采用两步法和湿法纺丝工艺制得了均苯四酸二酐/4,4′-二氨基二苯醚（PMDA/ODA）体系的聚酰亚胺纤维，其强度仅为 0.36~0.40GPa，模量为 6.6~7.2GPa，伸长率为 8.3%~9.7%。随后采用 2,2′-二氯-4,4′-联苯胺（DiClBz）、2-氯-4,4′-联苯胺（ClBz）、一氯对苯二胺（ClPPD）和 4,4′-联苯胺（BzD）替代 ODA 进行无规共聚，使聚酰亚胺纤维的力学性能得到了很大的提高，强度和模量分别达到了 3.11GPa 和 168GPa，伸长率为 2.0%。日本帝人公司的专利显示他们曾以 NMP 为溶剂，通过干湿法工艺制得聚酰胺酸纤维后，再依次通过化学酰亚胺化和高温热处理，制得了强度和模量分别达到 2.2GPa 和 145GPa 的聚酰亚胺纤维。近来有报道称，日本 IST 公司正在开展聚酰亚胺纤维的研究，实验室制备的纤维拉伸强度达到 3.0GPa。

近年来，俄罗斯的科学家报道了一种带有嘧啶单元的共聚型聚酰亚胺纤维，其实验室产品的强度和模量分别达到了 5.8GPa 和 285GPa，是目前已知的聚酰亚胺纤维中乃至所有的高性能有机纤维中力学性能最高的品种，但未实现工程化和产业化，没有产品问世。位于莫斯科近郊的利尔索特公司以聚酰胺酸溶液湿法纺丝工艺生产聚酰亚胺纤维长丝，主要应用于军用飞机电缆屏蔽护套，起减重作用，但并无商品化品牌和代号。表 2-7 显示利尔索特公司聚酰亚胺纤维的性能。但是由于俄罗斯仅将聚酰亚胺纤维用于航空航天和国防军工方面，因此对国外实行严格封锁，也没有产业化信息和相关的技术报道。

表 2-7　俄罗斯利尔索特公司聚酰亚胺纤维的性能

性　能	普　通	高强高模	高强超高模
强度/GPa	0.71~1.14	2.14~2.29	2.29~2.43
初始模量/GPa	15~25	100~120	170~230
断裂伸长率/%	6~10	2.5~3.5	1.7~2.0
密度/g·cm^{-3}	1.43~1.45	1.54	1.48
热导率/W·(m·℃)$^{-1}$	0.077	0.067	0.060
极限氧指数	50~65	70~75	50~55

到目前为止，国外商品化的聚酰亚胺纤维只有两种，即由奥地利 Lenzing 公司生产的 P84 纤维和法国 Phone-Poulenc 公司生产的 Kermel 纤维。但是这两种聚酰亚胺纤维的力学性能均较低，拉伸强度只有 0.53GPa，不具备高强高模的特性，只能被用作耐热和耐辐照产品，不能列入高强高模纤维的范畴，而且产能也十分有限。

2.2.3.2　国内技术发展现状

（1）产业技术发展情况。我国也于 20 世纪 60 年代开展了聚酰亚胺纤维的研究工作，华东化工学院和上海合成纤维研究所使用由 PMDA 和二苯醚二胺的聚酰胺酸溶液纺制聚酰亚胺纤维，但是由于市场原因未能将研究工作继续下来。近年来，北京化工大学、中科院长春应化所、东华大学、四川大学等高校和研究院重新开展了聚酰亚胺纤维的研究工作，并与相应的企业合作，形成各自的产品性能特点和一定产能。不论耐热还是高强高模，国内研究和生产单位尽管在研究和产业化方面起步较晚，但聚酰亚胺纤维的技术和规模化发展迅速，产品性能和总体规模都是国内占据了主导地位。

在耐高温型聚酰亚胺纤维方面，国内主要生产厂家为长春高琦聚酰亚胺材料有限公司和江苏奥神新材料股份有限公司。长春高琦聚酰亚胺材料有限公司技术来源于中国科学院长春应用化学研究所，他们的研究工作始于 2002 年，先后开展了聚酰亚胺一步法和聚酰胺酸两步法纺丝技术研究，随后两步法纺丝技术实现产业化，到 2011 年生产产能达 1000 吨/年。江苏奥神新材料股份有限公司的技术来源于东华大学，采用干法纺丝成型方法，使纺丝溶液在高温甬道中快速成型，建成干法纺聚酰亚胺纤维生产线，2013 年"年产 1000t 高性能耐热型聚酰亚胺纤维"生产线投产，此后，又将产能扩大到 2000 吨/年。因化学结构和工艺技术差别，国内长春高崎和江苏奥神产品耐热性均高于国外产品 50℃左右，同时还有成本优势，在很大程度上实现了对国外产品 P84 的替代，两家单位分别获得"国家战略性新兴产业中央预算内投资""国家产业振兴和技术改造专项""国家 863 计划"等重大项目支持，快速实现了规模放大。

而在高强高模聚酰亚胺纤维方面，多家科研机构都进行了不同程度的研究，但目前只有北京化工大学开发出了具有自主知识产权的高性能聚酰亚胺纤维一体化连续制备技术，率先建成了吨级规模的聚酰亚胺纤维试验线，成功制备出了具有高强高模特性的聚酰亚胺纤维，相关专利技术获得国内和国际专利授权。近几年来，与江苏先诺新材料科技有限公司合作，在小试技术的基础上，建成了国内外首条年产 30t 规模高强高模聚酰亚胺纤维一体化连续制备生产线及配套工艺，开发出了系列纤维产品，产品强度可达 3.6GPa 以上，模量大于 150GPa，无论技术工艺和产品性能均处于世界领先水平，填补了国内外市场空白。2017 年 12 月，江苏先诺又建成了年产百吨级生产装置，生产出拉伸强度达到 4.0GPa 的聚酰亚胺纤维，并在近三年开展了高强高模聚酰亚胺纤维的应用研究，引领和开拓了市场，为进一步规模放大奠定了基础。

（2）短板分析及产业链安全性评估。我国在高强高模聚酰亚胺纤维的制备技术方面属于领跑，属于长板，没有短板问题，但没有可参考的技术以及现成的装备以及成熟的市场，给技术水平的提高和市场推广增加难度。在这种情况下，如何使长板更长，是后续发展的重点。

关于产业链安全性问题，由于高强高模聚酰亚胺纤维的原材料均为国产，纺丝装备和工艺参数自主开发，通过自主设计、加工和组装过程完成，大部分部件可在国内加工、购买，只有少部分非关键部件需要外购，但都是纺丝通用部件，不会形成"卡脖子"工程。由于没有现成的市场，高强高模聚酰亚胺纤维的研制和生产单位，根据这种纤维的性能特点，在创造市场、引领应用，目前还是以国内市场开发为主，并经过用户严格的应用考核才能进入正式采购和应用，一旦验证合格可用，市场的稳定性会比较好，只是市场推广需要一定时间。

2.2.3.3 国内外技术水平对比分析

据资料显示，目前高强高模聚酰亚胺纤维只有我国江苏先诺新材料科技有限公司与俄罗斯某机构能够进行商业化生产，与其他几种高性能纤维的性能见表 2-8。与俄罗斯高强高模聚酰亚胺纤维相比，江苏先诺的 S35 系列产品就有更高的拉伸强度和模量。高强高模聚酰亚胺纤维兼具耐热聚酰亚胺纤维的耐热阻燃性，又具有优异的力学、耐紫外和辐照、低吸水、绝缘、低介电等性能。与现有的高性能有机纤维相比，能够弥补超高分子量聚乙烯纤维的耐热性、抗蠕变性、与树脂基体界面黏结性低等缺点，能够弥补芳纶纤维不耐紫外和辐照、吸水率高、耐热不足等缺点，能够弥补 PBO 纤维的耐紫外和界面黏结性不足等缺点。

表 2-8 高强高模酰亚胺纤维与其他高性能纤维的性能

产品牌号	拉伸强度/GPa	拉伸模量/GPa	断裂伸长率/%	长期使用温度/℃	回潮率/%	紫外辐照 144h 强度保持率/%
UHMWPE	3.5	110	3.5	100	0	81
PBO	5.8	180	3.5	300	2.0	66
Kevlar49	3.0	112	2.4	177	4.5	86
S35（先诺）	3.5	120	3.3	300	1.2	90
俄罗斯高强高模纤维	2.5	90	2.1	—	—	—

高强高模聚酰亚胺纤维国外一直想做，研究多年，但一直没能有产品问世。我国虽然起步较晚，但在研究、工程化和产业化、应用推广等方面均取得了重大突破，形成了如下成果与优势。

江苏先诺依托北京化工大学小试技术，通过产学研密切合作，于 2013 年建成国内外首条年产 30t 规模的高强高模聚酰亚胺纤维中试线，经过三年攻关，突破了工程化技术，制备出高强高模聚酰亚胺纤维，通过专家鉴定，技术达到国际领先水平，实现了领跑，设备全球首套，产品填补市场空白，从工艺到结构组成完全具有自主知识产权。这款高性能产品得到航空航天、核工业、防护领域等多家用户评价和认可，但由于产能太小，市场上又没有相同产品，用户建议适当扩大产能，以满足用户需求。为此，于 2017 年 12 月建成百吨级高强高模聚酰亚胺纤维生产线，进入产业化阶段，通过在百吨线上进一步进行结构设计和工艺优化，不仅实现了高强高模，而且实现了产品的系列化（见表 2-9），最高等级产品 S40M，其拉伸强度达到 4.0GPa，拉伸模量达到 140GPa。

2018 年 8 月，国家新材料产业发展领导小组专家咨询委员会专家在调研过程中，对江苏先诺两条（30 吨/年和 100 吨/年）生产线和库存产品进行现场随机抽样，并进行封存，送交北京航空航天大学高性能碳纤维检测评价中心进行测试，三个产品的牌号和测试性能见表 2-10。

表 2-9　江苏先诺 PI 纤维产品牌号、性能和应用领域

产品牌号	拉伸强度/GPa	拉伸模量/GPa	断裂伸长率/%	热分解温度/℃	主要应用领域
S25M	2.4~2.9	140~160	1.5~2.5	≥610	高端耐热防护，航空航天，武器装备，核工业，汽车和轨道交通，微电子，防弹，体育用品等
S30	2.9~3.4	100~110	2.5~4.5	≥550	
S30M	2.9~3.4	130~150	2.0~4.0	≥550	
S35	3.4~3.9	110~130	2.5~4.5	≥550	
S35M	3.4~3.9	130~150	2.0~4.0	≥550	
S40	3.9~4.4	110~130	2.5~4.5	≥550	
S40M	3.9~4.4	130~150	2.0~4.0	≥550	

表 2-10　专家现场抽取先诺 PI 纤维产品牌号和性能

产品牌号	拉伸强度/GPa	拉伸模量/GPa	断裂伸长率/%
S35-200D	3.92	122	3.35
S25M-1700D	2.92	154	2.18
S10T-4000D	0.75	11.0	11.45

注：测试标准 GJB 348—1987。

2.3　高性能聚酰亚胺纤维市场需求及下游应用情况

随着高强高模聚酰亚胺纤维的出现，行业达成共识：聚酰亚胺纤维分为两大类，一类是耐热型，另一类是高强高模型。

耐热型聚酰亚胺纤维的长期使用温度在 260℃（国内产品在 300℃），极限氧指数 38，具有耐高温、难燃自熄、低导热等特点。由于国外产品已经诞生 30 年，其在水泥、钢铁、垃圾焚烧等高温窑炉过滤行业和阻燃防护服等行业得到用户认可，形成一定的应用规模的市场容量，并随着全球对粉尘和 PM2.5 的严格控制，袋式除尘作为最为有效的除尘方式，高温窑炉除尘袋用量越来越大，同时，该纤维在阻燃防护服、保暖服装等领域的开拓，对耐热聚酰亚胺纤维的需求不断增加，我国的用量增速最快，6 年前，国产耐热聚酰亚胺纤维规模化生产之前，进口 P84 的量为每年 300t 左右，国产聚酰亚胺纤维出来之后，一方面我国环保政策的加强，另一方面生产单位的推广和价格优势，用量逐年增加，我国现在的年用量已经超过 1000t。根据我国水泥、钢铁、阻燃防护等应用领域预测，到 2025 年，国内用量超过 6000t，全球用量超过 10000t。由于市场需求牵引，近几年产能逐渐增加，兰精公司的产能由 1200t 增加至 2000t，国内厂家也在增加产能，几家企业总产能达到 2000~3000t。

高强高模聚酰亚胺纤维兼具耐热聚酰亚胺纤维的耐热阻燃性，又具有优异的力学、耐紫外和辐照、低吸水、绝缘、低介电等性能。这种新型高性能有机纤维，与现有力学性能相当的高性能有机纤维相比，能够弥补超高分子量聚乙烯纤维的耐热性、抗蠕变性、与树脂基体界面黏结性低等缺点，能够弥补芳纶纤维不耐紫外和辐照、吸水率高、耐热不足等缺点，能够弥补 PBO 纤维的耐紫外和界面黏结性不足等缺点。由此可见，高强高模聚酰亚胺纤维是高性能有机纤维家族很好的补充，能够与现有纤维形成互补。根据其性能特

点，寻找其应用领域，发现其可以在航空航天、武器装备、核工业、防弹防护等军工领域，以及汽车和轨道交通、微电子、高端耐热、体育用品等民用领域得到广泛应用。高强高模聚酰亚胺纤维应用领域广泛，综合性能优异，前期主要是江苏先诺在进行市场开发和推广，经过 2~3 年的应用研究和市场推广，在多个领域得到了用户的认可，并形成了一定的销售，预计到 2025 年，预期市场用量可到 1000t 规模，产生 10 亿以上的产值。其社会效益更加显著，一方面，实现一代材料一代武器装备，为国防提供新材料，为民用领域提供更好的选择；另一方面，通过下游产业链的延伸，提升下游产品性能，并且总产值可达百亿。

2.3.1 国际市场需求及下游应用情况

高强高模聚酰亚胺纤维作为高性能纤维的主要品种之一，能够弥补其他高性能纤维（如芳纶纤维、PBO 纤维、碳纤维、玻璃纤维、石英纤维等）不足，在多个领域发挥独特的作用。

据报道，俄罗斯利用高强高模聚酰亚胺纤维耐紫外、耐磨、绝缘、耐高低温、低介电及电性能稳定等特点，已将其应用于航空航天中所使用的轻质电缆屏蔽护套、耐高温特种编织电缆等，用于先进战机和运输机的制造，每台战机可实现减重 500kg 和 1500kg，大大提高了其战斗力能力。此外，由于高强高模聚酰亚胺纤维同时兼具低介电性能（低于石英玻璃纤维），也被俄罗斯用于雷达天线罩、特殊天线包封等先进装备，与现有的石英玻璃纤维相比，显著改善了装备性能并实现了有效减重，但由于技术敏感，俄罗斯对外一直实行消息封锁，并限制这种聚酰亚胺纤维及相关产品出口。

2.3.2 国内市场需求及下游应用情况

针对新型高强高模聚酰亚胺纤维，先期市场空白，需要开发和引领市场，为此，自 2015 年开始，江苏先诺高强高模聚酰亚胺纤维一经推出，就致力于和用户一起进行应用开发。

利用其高强高模、耐紫外辐照、低介电、低吸水、耐高低温、与树脂间界面黏结性好等性能特点，开展了其在航空航天、防弹防护等多领域的应用推广。其在飞行器和舰船雷达罩、飞机垂尾、包容机匣、飞艇蒙皮、光缆和线缆、防弹板、体育器材等方面表现出优异性能，显现出广阔应用前景。经过三年多的努力，用户应用评价结果表明，该材料的使用，可以显著提升航天器、武器等装备水平。几个典型应用领域的应用情况简单介绍如下。

2.3.2.1 用于制备高强高韧复合材料

利用高强高模聚酰亚胺纤维的优异力学性能、与树脂之间良好的界面黏结性、低的吸水率，可以用来作为复合材料的增强体，或者与碳纤维混合使用，能够弥补碳纤维复合材料的韧性不足，从而制备高强、高模、高韧复合材料。例如，利用高强高模聚酰亚胺纤维与碳纤维混合使用，制备飞机包容机匣，可以提高包容机匣的综合性能，延长其使用寿命，对于航空发动机的升级换代具有重要意义。而芳纶纤维存在耐热不足和吸水率高等问题，而影响其在该方面的使用。高强高模聚酰亚胺纤维与芳纶纤维相比见表 2-11。

目前，江苏先诺已与中航复合材料有限责任公司一起开展应用评价，并取得了一定进展。中国航发北京航空材料研究院采用先诺公司 S35-1500D 聚酰亚胺纤维（拉伸强度 ≥

3.5GPa、拉伸模量≥120GPa），试验结果表明，高强高模聚酰亚胺纤维增强树脂基复合材料具有以下优点：与金属结构相比，具有更加优异的包容性能，减重效率明显提升；除解决了芳纶纤维耐温等级较低的问题，同时实现了包容机匣减重效率和综合性能的提升。可见，聚酰亚胺纤维增强树脂基复合材料是高推重比航空发动机风扇机匣的最佳方案，完全能够满足军用高推重比航空发动机风扇机匣对材料性能的要求（高强、高韧、长期使用温度大于 240℃）。目前，正在共同开展后续的工作。同时，军用包容机匣的材料设计、结构设计、包容性能设计及考核验证等技术都可以作为民用大涵道比航空涡扇发动机风扇包容机匣的技术基础，能有力地牵引国内民用航空发动机的技术发展。

表 2-11　高强高模 PI 纤维（S35）与芳纶纤维（Kevlar49）性能对比

产品牌号	拉伸强度 /GPa	拉伸模量 /GPa	断裂伸长率 /%	5%热分解温度 /℃	回潮率 /%	300℃，8h 强度保持率/%
Kevlar49	3.0	112	2.4	534	4.5~6.0	60
S35	3.5	120	3.3	586	0.6~1.2	100

2.3.2.2　用于制备轻质结构透波复合材料

高强高模聚酰亚胺纤维还具有低介电的特点，其介电常数在 3.5 左右，其数值与石英玻纤相当，但具有更为优异的力学性能和更低的密度（见表 2-12），从而制备轻质高强透波复合材料，用于制备舰船、飞机的雷达天线罩等，在实现有效减重的同时还可以显著提高雷达罩的综合性能，具有重要意义。

表 2-12　高强高模 PI 纤维（S35）与石英纤维性能对比

产品牌号	拉伸强度/GPa	拉伸模量/GPa	介电常数	密度/g·cm^{-3}
石英纤维	3.5	70	3.7	2.2
S35	3.5	120	3.5	1.44

2.3.2.3　囊体蒙皮材料

高强高模聚酰亚胺纤维优异的综合性能和耐紫外辐照等特点，可解决现有纤维的一些不足，应用在飞艇和无人机的蒙皮材料（见表 2-13），对于提升装备综合性能和使用寿命具有重要意义。目前有些用户对纤维和织物进行了评价，综合性能优于进口聚芳酯纤维，为开展后续蒙皮材料制备和空间考核实验奠定了基础。

表 2-13　高强高模 PI 纤维（S35）与聚芳酯纤维（Vectran）性能对比

产品牌号	拉伸强度 /GPa	拉伸模量 /GPa	断裂伸长率 /%	300℃，8h 强度保持率/%	紫外辐照，144h 强度保持率/%
Vectran	3.5	120	3.1	47	66
S35	3.8	120	3.5	100	90

2.3.2.4　空间用光缆和绳索

目前，空间光缆和绳索主要使用芳纶和聚芳酯纤维，通过力学性能、耐热及耐候性等性能比较，高强高模聚酰亚胺纤维有很大的优势，而且，我国主要依赖使用进口纤维。江苏先诺公司高强高模聚酰亚胺纤维的推出，为我国航空航天光缆和绳索用高性能纤维提供更好的选择，不仅可以解决进口替代问题，还可以提升光缆和绳索的性能。

总之，高强高模聚酰亚胺纤维应用广泛，除了上述应用研究，还有很多领域的应用研究正在进行中，如在空间卫星、无人机、防弹、压力容器、电器绝缘等领域，将来市场容量比较大，对提升我国装备水平具有重要的意义。

2.4　前景展望与发展目标

2.4.1　发展前景展望

根据高性能聚酰亚胺纤维的性能特点，耐热型聚酰亚胺纤维市场分析比较充分，在耐高温过滤和阻燃防护服等领域的市场需求大概年用量8000t，目前国内外产能已经达到5000多吨，但都没有完全释放，特别是国内的产能和产量相差比较大。

高强高模聚酰亚胺纤维是一种新型高性能有机纤维，江苏先诺在2015年年末生产出产品后，进行了3~4年的应用推广和培育，其应用主要在以下方面：在结构材料方面，利用其高强高模高韧的特点，能够弥补碳纤维韧性的不足，加之与树脂良好的界面相容性，用于制备高强高韧复合材料；利用其低介电、低吸水等特点，在一些领域替代石英玻璃纤维，制备轻质高强高模透波复合材料，实现结构功能一体化；利用其高强、耐辐照等特性，用于空间绳索、光缆保护、核工业线缆等领域；利用其高强耐高温等特点，用于铝材、玻璃等高温制造行业。由此可见，高强高模聚酰亚胺纤维是一种军民两用的新型材料。预计在2022年，会有近百吨的市场销售，到2025年，其市场需求可达近千吨的需求，再经过16年的发展和市场开拓，到2035年，高强高模聚酰亚胺纤维作为一款特种纤维，预计需求量达到2000t左右。

2.4.2　发展目标

2.4.2.1　总体目标

后续发展的总体目标：在市场开拓的基础上，逐步扩大规模；通过化学结构设计、工艺优化和设备控制水平提升，进一步提高纤维的性能、降低成本；根据市场需求，开发制备更高耐热、低介电等专用高强高模聚酰亚胺纤维；根据纤维的性能特点，深入开展高强高模聚酰亚胺纤维的应用研究，建立纤维评价与应用平台，拓宽应用市场。

2.4.2.2　阶段目标

（1）2022年。在规模方面，开展千吨规模建设，在技术方面，使高强高模聚酰亚胺纤维产品性能进一步提升，其拉伸强度和模量分别达到4.0GPa和130GPa以上，并实现稳定制备，在成本方面，实现20%的下降；在应用方面，实现多个军工和民用领域突破。

（2）2025年。对于耐热型聚酰亚胺纤维，研究大规模高效制备技术，通过效能提高和结构优化，降低生产制造成本，实现进口产品更多替代和应用领域进一步开拓，使现有的产能得到释放，市场年用量达到2000t。

对于高强高模聚酰亚胺纤维，通过结构和工艺优化，实现纤维性能进一步提升，纤维力学性能实现进一步突破，使拉伸强度达到4.5GPa，拉伸模量达到140GPa。

开展高强高模聚酰亚胺纤维的应用基础研究，解决其应用过程中的基础科学和技术问题；通过市场推广，实现多个重点军事领域应用推广，拓宽民用领域，开拓国际市场。

完成千吨高强高模聚酰亚胺纤维的建设任务。

（3）2035 年。利用现有的技术和产品领先优势，继续加强基础研究，保持技术在国际的制高点。根据市场需求扩大规模，并在满足国内市场需求的基础上，全球市场占有率达到 70% 以上。在航空航天、武器装备等军事领域发挥其独特作用。

2.5　问题与建议

高强高模聚酰亚胺纤维的制备技术、规模和应用推广情况，我国已经实现了全面领跑，并得到国内外同行的认可，在国防军工和民用领域备受关注，产品有广阔发展前景，但也存在很多问题。

2.5.1　主要问题

（1）应用推广需要大量人力物力投入。由于之前市场没有该产品，缺乏典型应用案例，从认识、认知、认可到认购需要时间，并需要用户也要投入大量精力解决从纤维到器件的过程中科学和技术问题，尤其是航空航天等高端应用，在评价、认证方面需要做大量细致的工作，这给生产单位和用户均带来很大负担，从而阻碍了其市场推进速度。

（2）纤维的定制化产品多，成本高。高强高模聚酰亚胺纤维应用领域广泛，用户对产品规格、性能、表面等要求不一，多数军工应用是定制化产品，给纤维的研制和生产带来困难，同时目前多数产品处于考核验证，没有放量应用，造成成本增加。

（3）纤维的稳定性和合格率有待提高。根据目前市场状况，处于小批量多品种，时常切换产品，给产品的稳定性、合格率、生产效率都带来一些问题。

（4）市场问题和规模放大。高强高模聚酰亚胺纤维作为市场上的新产品，还没有被市场完全认识，也没有完全认清市场，需要加大推广力度；江苏先诺经营困难，处在亏损状态。耐热型聚酰亚胺生产企业产品可以替代国外 P84 产品，且具有更强的竞争力，但目前因受单体原料价格高及生产规模和应用市场尚未完全打开的影响，长春高琦和江苏奥神企业常年亏损，企业经营困难。但作为一种高性能纤维，市场空间比较大，一旦市场放量，目前规模就不能满足市场需求。

（5）市场回报周期长。由于技术领先，产品填补市场空白，需要引领市场和开发应用，也就是经历的是技术、产品、市场三重创新，这就需要一个较长的时间，给创新企业带来了沉重负担和经济压力。

2.5.2　政策措施建议

鉴于高强高模聚酰亚胺纤维战略地位，以及目前的研究、生产和应用状态，提出以下政策支持建议：

（1）加大应用开发力度，加快应用推进速度。在军工应用方面，飞机透波雷达罩、垂尾和包容机匣等应用研究都已取得突破性进展，高强高模聚酰亚胺纤维成为目前的最佳选择，但在从材到器的研制过程中，不仅需要解决技术问题，还要投入大量的研制和器件考核验证经费，希望通过国家装备发展部或者国防科工局等部门，设立专项支持，突破其应用技术瓶颈，建立应用示范，从而提高武器装备水平；以应用为牵引，根据用户需求，开展纤维的专用化和产品定制化制备，实现国产替代和自主保障。

（2）加大支持力度，推动千吨规模建设。根据前期应用开发，高强高模聚酰亚胺纤维表现出优异的性能，并在透波雷达罩、光缆、包容机匣、航天器蒙皮等应用领域表现出不可替代性，同时在轨道交通、特种防护服、微电子等民用领域与其他高性能纤维相比优势明显，表现出广阔的应用前景。目前百吨规模尚小，需要加大支持力度，通过国家正在推行的科创板、国家新材料产业投资补贴及产业基金投入等方式，支持建设产业化示范基地。

（3）加强纤维表征和应用评价平台建设。高强高模聚酰亚胺纤维是一种新型高性能纤维，在纤维性能表征的数据尚不充分，国内也没有相应的表征平台，同时，纤维已表现出优异的性能，但其应用数据也尚属空白，这些应用数据需要通过在应用研究平台上获得，并通过应用研究平台解决应用中的科学和技术问题，为推广应用奠定基础。为此，建议通过国家支持，高校与纤维生产企业联合，建设纤维表征和应用评价平台。

（4）建立产业联盟，促进聚酰亚胺材料和聚酰亚胺纤维上下游产业的整体发展。建议国家行业协会应主动承担起行业发展的引导作用，鼓励企业差异化发展，适应多领域的应用需求，并进行有序竞争，定期发布经济景气指数。建立聚酰亚胺材料和聚酰亚胺纤维上下游产业联盟，有效避免企业之间无序竞争，做好行业布局。

附件1：产业集聚区发展情况

聚酰亚胺纤维以及薄膜等其他聚酰亚胺材料产业发展涉及上游原材料和下游应用，其产业链相关品种和领域见附表2-1。

附表2-1　聚酰亚胺产业链

原材料	产品	应用领域
二元酐、二元胺、芳香族四羧酸、四羧酸二烷酯	薄膜、涂料、塑料、复合材料、胶黏剂、工程塑料、纤维、分离膜、液晶取向剂、光刻胶等	航空航天、电气绝缘、液晶显示、汽车医疗、原子能、卫星、核潜艇、微电子、精密机械包装等

高强高模聚酰亚胺纤维产业链包括二元酐和二元胺原材料、纤维生产和下游应用。产业集聚区发展情况如下。

1. 合成用单体原料产业发展情况

国内有多家单体生产单位，品种比较齐全，这些单体生产单位不仅能够满足国内用户需求，还有大量出口，所以，高性能聚酰亚胺纤维的原材料可以立足国内。

1.1　常用二酐（BPDA/PMDA）和二胺（ODA/PDA）单体产业发展

（1）河北海力香料股份有限公司，位于河北省石家庄经济技术开发区，成立于2003年，注册资金4020万元，占地面积30000平方米，2018年销售额3亿元（含两家子公司）。公司是河北省科技厅认定的科技型中小企业、高新技术企业和"科技小巨人"，是河北省唯一一家一类非药品类易制毒化学品生产企业，通过了安全标准化二级认证、ISO 9001、ISO 14001、OHSAS 18001认证，以及食品的FSSC 22000、KOSHER、HALAL认证，子公司石家庄海力药业具有GMP证书。

海力公司是由科技人员领办创建的民营股份制企业，公司现有员工 300 人，具有高级技术职称的有 10 人，大中专以上学历人数占公司总人数的 50%。公司拥有 2 个生产基地，6 个生产车间，1 个中试车间及 1 个 GMP 认证车间。

公司产品有三个板块，包括原料药、香原料和电子化学品。电子化学品，主要产品 BPDA，250 吨/年，占全球 25% 的市场，客户包括日本钟渊、韩国 SKC、美国杜邦等国内外知名企业，主要应用领域为 PI、纤维、模塑粉、涂料等。ODPA 100 吨/年，占全球 50% 的市场。ODA 1800 吨/年，占全球 20% 的市场份额。其公司电子化学品涵盖了国内外高、中、低端绝大部分客户。

（2）山东和利时石化科技开发有限公司成立于 2001 年，是一家以石油精细化工生产为主的高科技民营企业。公司位于东营市胜坨镇工业园区，注册资金 5000 万元，占地面积 200 多亩，产品远销天津、河北、河南、江苏、青岛等各省、市地区。公司依托胜利油田丰富的轻烃资源，采用精细化工生产技术对其进行精细炼制，从而分馏、生产出符合市场需求的合格烷烃等一系列化工产品。2002 年公司投资 1600 万元新建一套生产装置，可生产戊烷、己烷、庚烷等多种产品，年加工量增加到 4 万吨。公司连续五年被税务部门评为"垦利县纳税大户"，并多次受县委、县政府奖励。公司坚持以质量求生存、科技促发展，并以诚信第一、用户至上为宗旨，愿与广大客户共同发展。和利时专注于化工品、化学助剂等的科学研究、新品开发。尤其在 2010 年根据市场发展，公司开始生产均苯四甲酸二酐（PMDA），结晶型 PMDA 产能为 1500 吨/年。公司已通过 ISO 体系认证，获得 SGS ROHS & Halogen 证书，并完成了欧盟 REACH 预注册。产品广泛用于聚酰亚胺薄膜、树脂、纤维和绝缘材料中，在国内外赢得了良好的口碑和信誉，并远销日本、韩国、中国台湾、美国等国家和地区。

（3）南京龙沙有限公司成立于 2007 年 2 月，是瑞士龙沙集团全资在南京设立的外资企业。公司占地面积 90504 平方米，建有配方产品工厂与功能成分工厂。配方产品工厂主要生产特殊成分配方产品，包括：工业材料保护产品、船舶防污涂料成分、杀菌剂及水处理产品等。功能成分工厂则生产均苯四甲酸二酐（PMDA），该产品被广泛应用于电子、新型高分子材料、高性能涂料、航空航天及新能源等领域。

（4）安诺化学隶属于浙江龙盛集团中间体事业部。中间体事业部（涵盖商务中心）上海安诺芳胺化学品有限公司、安诺芳胺（香港）有限公司，位于上海浦东新区；（生产基地）浙江安诺芳胺化学品有限公司、浙江鸿盛化工有限公司，位于浙江绍兴国家级杭州上虞经济技术开发区。2018 年安诺化学销售收入实现 36 亿元。

安诺化学目前拥有 20000t 对苯二胺生产装置，采用清洁环保的液相加氢工艺。下游涉及染料、高分子材料、电子等诸多领域。安诺化学对苯二胺纯度达到 99.9%，尤其被广泛应用到对位芳纶行业。国外美国杜邦，日本东丽、帝人，韩国科龙、晓星；国内泰和新材、中蓝晨光、中芳特纤等，除部分配套对苯二胺单体，其他对方芳纶行业 80% 以上对苯二胺都由其在供应，并取得了良好的口碑。安诺化学引进并完成了杜邦安全管理体系、DCS 控制室，SIS 危险工艺控制，EHS 标杆企业。

（5）山东冠森高分子材料科技股份有限公司，位于东营市河口蓝色经济开发区，于 2014 年 3 月 12 日注册成立，注册资本为 5000 万元，公司拥有合成路线发明专利 1 项，关键工序及主要设备使用新型专利 8 项，主要产品有重结晶 4,4'-二氨基二苯醚及升华法

4,4′-二氨基二苯醚（ODA）。公司现有产能为 5000 吨/年，于 2015 年完工并投入生产；2017 年国内产品市场占有率为 65%，是中国 ODA 产品的最大生产厂家。技术创新，是冠森赖以生存发展的基础。公司把科技创新作为先导战略、核心战略来抓，加大投入，创新驱动，科研水平、成果质量、转化能力等都走在了"聚酰亚胺聚合物单体"行业前列。多年来，公司培育建设了一支自有专业技术人才队伍，创建了自己的技术研发实验室；与中国科学院建立了长期合作关系，与哈尔滨工业大学成立了联合实验室，为抢占行业技术制高点奠定了坚实基础。

（6）南通汇顺化工有限公司，成立于 2005 年，注册资本为 6500 万元，占地面积26691 平方米。公司是集科技、研发、生产、销售及技术服务为一体的现代化高精纯化学品的高新技术企业。公司位于江苏如东沿海经济开发区化工园区内，地处经济发达的长江三角洲腹地。公司的主要产品为 4,4′-二氨基二苯醚（英文简称 ODA），生产设备精良，产品品质卓越，性能稳定，工艺技术国际领先。

1.2　特殊单体（如 BIA/TFMB/6FDA）产业发展

（1）常州市阳光药业有限公司坐落于中国江苏省常州市奔牛镇。阳光药业创建于1990 年，在常州奔牛生物医药产业园拥有常州原料药及中间体生产基地和常州医药制剂生产基地；在江苏省沿海工业园区拥有江苏尚莱特医药化工材料有限公司。阳光药业是一家集研发、生产和销售为一体的高新技术企业，江苏省 AAA 级信用企业，江苏省重合同守信用企业，常州市文明单位，常州市环境友好单位。现已通过 ISO 9001：2008 质量管理体系认证、ISO 14001：2004 环境管理体系认证，OHSAS：18001 职业健康安全管理体系正在运行。公司获得了中国药品生产许可证，拥有医药中间体、原料药及制剂生产产业链。研发和质检中心拥有从欧美、日本进口的各类先进分析检测仪器，如：LC-MS、GC-MS、GC、HPLC、UPLC、FT-IR、UV/VIS、AA、全自动水分测定仪和电位滴定仪，为公司新产品开发以及公司产品质量保驾护航。

公司现有员工 500 余人，其中包括外籍专家及留学归国人员。研发中心拥有一支由海外归国博士，教授级高级工程师组成的研发团队，现已申请中国发明专利 83 件；在催化加氢、还原烷基化、手性制备、高压反应及深冷反应等技术领域处于国内领先地位。开发了多种聚酰亚胺用的高端精细化学品，包括 6FDA、TFMB 等，产品纯度高，满足市场需求，填补了国内空白并实现进口替代。

公司 80% 的产品常年出口到美国、欧洲、东南亚等国际市场，与美国杜邦、日本东丽、韩国三星等生产聚酰亚胺产品的世界知名公司建立了良好的合作关系，为国内的深圳瑞华泰薄膜科技股份有限公司以及江苏先诺新材料科技有限公司稳定供应单体。公司生产的医药产品已通过欧洲 EDQM 认证、美国 FDA 认证、中国新版 GMP 认证，并获得出口欧盟药品证明书、欧洲 GMP 证书。

（2）山东东岳集团创建于 1987 年，2007 年在中国香港主板上市。31 年时间，公司沿着科技、环保、国际化的发展方向，成长为氟硅材料高新技术企业。公司坚持科技创新，在新环保、新材料、新能源等领域掌控了大量自主知识产权，在新型环保制冷剂、氟硅高新材料、离子膜等方面打破了多项国外技术垄断，实现了国产化替代。设计的聚酰亚胺单体可以概括为两类：一类是基于国外已有，国内尚需开发的，主要是打破垄断，实现国外产品替代。另一类是特殊结构的，具有新功能的新单体，这类单体国内外都未实现产业化。单体合成方面，其研究团队已成功开发二酐单体 2 种，二胺单体四类 9 种，仍有多种单体处于开发中，包括多种国外已有、国内未见的单体。已开发的单体正在推向市场，已经具备公斤级供货能力，利用现有中试平台的设备装置，具备了进一步放大的能力。

1）实现国外替代的单体。这些单体在国外已经证实具有优异的性能，但是国内尚不具备产业化生产技术，或者说国内产能尚无法满足聚酰亚胺发展的需求。这些产品如 6FDA，TFMB 等。在氟化工领域，建立的相对完整的产业链，以及多年积累的氟化工从业经验，对于以 6FDA 为例的含氟单体的开发奠定了无与伦比的优势，无论是其中间体还是最起始的原料，都能提供充足保障。

2）特殊结构单体。这类单体往往结构新颖，研究较少，国内外都未进行产业化生产，开发的必要性把握性不大。针对应用前景的不确定性，借助分子模拟的方法，加以预测。针对单体可能应用领域的不同，辅以分子模拟技术，通过模拟以单体制备的聚合物的专项性能的优劣，从而判断单体是否具有制备的价值。如利用分子模拟技术预测了以三芳基型二胺单体制备的聚酰亚胺具有优异的气体分离性能。

单体评价方面：建立了以树脂性能评价单体应用性能的体系。同时在评价纤维用单体方面也做了一定的工作。为后期高强高模聚酰亚胺纤维用单体的评价分析，奠定了良好基础。拟形成了一条利用分子模拟技术辅助设计单体结构，通过合成技术制备单体，通过聚合物及产品制备分析评价单体价值的研发之路。

2. 聚酰亚胺纤维下游应用情况

在耐热聚酰亚胺纤维方面，由于现有国外产品在市场的应用，国内产品开发成功后，推广应用进程相对较快，用量得到迅速增长。同时，国内企业还根据纤维的特点，开发了其在高温辊筒、高温过滤、民用防护服装领域的应用。

近年来，环境问题受到广泛关注，随着国家排放标准的日趋严格和雾霾问题的严重，减少有害气体二氧化碳、二噁英、粉尘等固体颗粒物的排放，治理大气污染，对冶金、钢铁、发电、化工、水泥等行业高温烟气除尘过滤要求越来越高，这给耐高温和耐腐蚀的合成纤维滤材提供了应用市场，作为特殊过滤环境使用温度最高的滤材聚酰亚胺纤维得到迅速发展。根据聚酰亚胺纤维优良的化学稳定性、耐热氧化性、低吸湿性等，在高温烟气过滤材料中竞争优势明显。聚酰亚胺纤维可通过改变纺丝工艺参数获得不规则三叶形截面结构，提高表面积系数，增大捕集尘粒能力，提高过滤效率；特殊的截面形态阻止粉尘渗透到滤料内部，可降低运行阻力。长春高琦耐高温聚酰亚胺纤维经过短纤化、混合开松、梳理、铺网和针刺加工形成过滤毡。经检测和长期的应用实践得知：聚酰亚胺纤维滤毡的长期使用温度为 280℃，瞬间使用温度可达 360℃。在高温环境下，能够保持优异的尺寸稳定性及强度保持率。工矿条件下可有效抵抗烟尘中的化学腐蚀。聚酰亚胺纤维作为高温滤料现已成功应用于国内首条万吨级水泥生产线的窑尾除尘系统，运行状况良好，生料磨运行时阻力低于 500Pa，生料磨停止运行时低于 850Pa，粉尘排放浓度为 16mg/（N·m³），随主机运转率达到 100%。

随着科技的高速发展，一些高尖端领域如航空航天、原子能工业、高速列车等行为对耐高温绝缘纸提出更高的要求，芳纶纸已无法满足使用需求。20 世纪 90 年代发达国家将更多的目光投向比芳纶纤维有更高力学性能、耐热性能、介电性能和耐水解性能等的聚酰亚胺纤维，进行纸基材料开发。Isao Tomiola 等人利用聚酰胺酸纤维抄造出纤维原纸，原纸再经热酰亚胺化处理得到聚酰亚胺纤维纸、聚酰亚胺复合纸及复合纸板等材料，具有良好的耐热性能。

耐高温聚酰亚胺纤维可应用于防护领域。其极限氧指数大于38%，不融离火自熄，热防护性能优异，用于制作隔热防护服。聚酰亚胺纤维隔热防护服不仅皮肤适应性好，穿着舒适，而且具有较高尺寸稳定性、安全性和耐磨损性，永久阻燃。将聚酰亚胺纤维织成无纺布，是制作赛车防护服、飞行服和装甲部队防护服等防火阻燃服装最为理想的材料。由于聚酰亚胺纤维良好的可纺性，与毛、麻、棉、化纤混纺后制成高档防护面料，具有优异的耐环境影响性能、质轻、耐辐射、耐化学试剂、比强度大、隔热等特点。将聚酰亚胺纤维制成短纤维絮片，克罗值高达1.41，热导率低至4.58W/(m²·K)，保温率达70.5%，低温保暖性能高于涤纶絮片，可媲美于羊绒絮片，用于制作防寒服、防寒手套和毡片等保暖领域。

此外，耐高温型聚酰亚胺纤维制品还可以用作超高温工作区域（如铝型材挤压出口、玻璃钢化炉出口等）高温型材运输，带式压烫黏合衬布的机械配套，汽车零件的防锈黏结剂涂履运输，还有酸、碱及其腐蚀物品的运输，化工涂料、原料、其他颗粒塑料制品的烘干传送等。

3. 高强高模聚酰亚胺纤维下游用户情况

针对新型高强高模聚酰亚胺纤维，先期市场空白，需要开发和引领市场，为此，江苏先诺与北京化工大学和用户一起，利用其高强高模、耐紫外辐照、低介电、低吸水、与树脂间界面黏结性等性能特点，开展了其在航空航天、防弹防护等多领域的应用推广。主要开展了高强、轻质、低介电复合材料研究，这种复合材料，可用于飞行器和舰船雷达罩，替代现有石英玻璃纤维增强，实现透波和减重双重功效；可用于飞机垂尾、包容机匣、防弹板、体育器材等对强度和韧性要求较高的部件，实现高强高韧；可用于微电子领域，实现高强、低介电和信号高速传输等。利用其高强、耐紫外和辐照等特点，还开展了其用于空间绳索、线缆护套、核工业绕组线等方面的研究。利用其高强度、耐高温、低导热、难燃自熄等特性，开展了其在高端防护服和防护器材、轨道交通安全绳索等方面的应用研究。经过近三年的应用研究和市场推广，得到了用户的支持和认可，有些产品已经在装备上实现应用。但作为一种新型纤维，其推广应用还有很多工作要做，其新的应用领域也在不断开发。

附件2：聚酰亚胺纤维重点企业介绍

1. 江苏先诺新材料科技有限公司

江苏先诺新材料科技有限公司成立于2013年4月，是国家级高新技术企业，专注于高性能聚酰亚胺纤维研发、生产和销售。技术来自于北京化工大学。依托北京化工大学的小试技术，主攻高强高模聚酰亚胺纤维的工程化和产业化，2013年，自主设计建造了国内外首条年产30t高强高模聚酰亚胺纤维工程化成套装备，并生产出拉伸强度和模量分别达到3.5GPa和150GPa的纤维，2016年通过科技成果鉴定，专家一致认为，技术达到国际领先水平，产品填补了高强高模聚酰亚胺纤维国内外市场空白。2017年12月，又建成了年产百吨级生产装置，生产出拉伸强度达到4.0GPa的高强高模聚酰亚胺纤维，拥有完全自主知识产权。近几年，主攻高强高模聚酰亚胺纤维制备技术，通过分子设计和结构调控，实现了产品系列化。率先开展高强高模聚酰亚胺纤维的应用研究和市场开发，引领和开拓了市场，为进一步规模放大奠定了基础。

作为全球高强高模聚酰亚胺纤维领跑者，拥有一支高水平的聚酰亚胺纤维专业研究团队，具有丰富的产学研实践经验和出众的科技成果转化能力，建有全球首套30t级和百吨级高强高模聚酰亚胺纤维生产线以及质量管控平台和后加工装备。

围绕其核心技术，申请发明专利近30项，近20项获得授权，其中有3项美国专利。近几年，先后参与承担"十三五"国家重点研发计划、重点配套项目等。2017年，被科技日报、中国化工报、新材料在线、日本化学工业日报等多家媒体重点报道，此外公司还被新材料在线评为2017年上半年深刻影响全球材料行业格局20大新闻事件，荣获了2017年第23届上海国际复合材料博览会创新奖，并获得了第二届军民两用技术创新大赛铜奖等多项荣誉。

2017年，获批起草高强高模聚酰亚胺纤维长丝国家标准，根据进度要求，已经在2018年6月底提交标准草稿，该标准涵盖拉伸强度从2.5~4.0GPa、模量从100~160GPa的高强高模聚酰亚胺纤维系列长丝。现已通过评审。

先诺公司的产品牌号和性能指标见附表2-2。

附表2-2　先诺公司的产品牌号和性能指标

系列产品及型号	断裂强度 /GPa	初始模量 /GPa	伸长率 /%	极限氧指数	5%热失重温度 /℃
S25M	2.5~2.9	140~160	1.5~2.5	≥47	≥610
S30	2.9~3.4	100~120	2.5~4.5	≥40	≥550
S30M	2.9~3.4	140~160	2.0~4.0	≥40	≥550
S35	3.4~3.9	110~130	2.5~4.5	≥40	≥550
S35M	3.4~3.9	130~150	2.0~4.0	≥40	≥550
S40	3.9~4.4	110~130	2.5~4.5	≥40	≥550
S40M	3.9~4.4	130~150	2.0~4.0	≥40	≥550

2. 江苏奥神新材料股份有限公司

江苏奥神新材料股份有限公司，成立于2011年，国有控股股份制企业，2015年挂牌新三版，是一家专业从事聚酰亚胺纤维及后道制品研发、生产的国家级高新技术企业。公司拥有国家授权专利50多项，发明21项，其中一项发明专利获国家优秀专利奖。公司通过ISO 9001/14001/18001管理体系认证，是国家武装警察部队，中国航天认证供应商。公司先后承担"国家战略性新兴产业中央预算内投资""国家产业振兴和技术改造专项""国家'863'计划""江苏省重大科技成果转化"等重大项目，产品获国家重点新产品等诸多奖项，2016年获国家科技进步奖。

采用干法纺丝生产聚酰亚胺纤维，具有2000t聚酰亚胺纤维年生产能力，主要产品为耐热型聚酰亚胺产品包括短纤、短切纤维、长丝、原液着色纤维等多个品种。据说建有高强高模聚酰亚胺纤维100t生产线，但由于推广受阻，产品量低，产线处于停产状态。

3. 高琦聚酰亚胺材料有限公司

高琦聚酰亚胺材料有限公司，成立于2008年，总投5.4亿元，技术源于中科院长春应化所，以先进高分子材料技术为特色和核心优势，专注于聚酰亚胺材料的研发、生产和销售。作为国内首家、全球第二家规模化聚酰亚胺纤维生产企业，最早实现了我国聚酰亚胺短纤维和连续纤维的规模化，短纤维技术及产品先后获评中国纺织工业联合会（原纺织部）科技进步一等奖、环保部科技进步一等奖、中国建筑联合会科技进步二等奖等。目前，纤维生产技术成熟、品质稳定，产品已批量稳定销往欧洲、北美、日韩、印度等国家，同时在国内替代进口为国家节约大量外汇。主要产品包括耐高温型聚酰亚胺纤维、聚酰亚胺纸基材料、透明聚酰亚胺材料等。

高琦公司承担"国家'863'项目"围绕高强高模聚酰亚胺纤维制备展开了产业化攻关工作，建成年产 10t 级高性能纤维生产线，但由于推广受阻，产品和产线目前处于停滞状态。

3 第三代半导体材料

3.1 产业政策分析

3.1.1 国外政策

3.1.1.1 中美关系复杂，自主发展迫切

2018 年，为阻止未来中国在关键战略技术领域取得领先地位，美国对中国频频出手，根据 301 调查，对中国输美商品加征关税、限制美国关键技术和产品出口，并限制中国企业在关键技术领域对美投资，企图阻止"中国制造 2025"等战略的实施。

（1）针对重点领域，对中国进口产品加征关税。美国 3 次公布累计 2500 亿美元加征关税清单。2018 年 3~12 月，中美贸易摩擦不断升级。美国根据 301 调查，公布了累计 2500 亿美元的加征关税清单，清单涵盖了半导体产品在内的众多"中国制造 2025"惠及的高技术领域。

经过近一年的贸易对抗，中美贸易摩擦短期内或迎来转机。2018 年 12 月，中美达成共识，双方决定暂缓加征关税。美国同意在 2019 年 1 月 1 日暂缓对 2000 亿美元中国商品的关税从 10% 提升至 25%。中国同意从美国进口大量（数额待定）农产品、能源、工业及其他产品，农产品的进口立即进行。双方一致同意立即就关税之外的一系列问题包括强制技术转让、非关税贸易障碍、农业服务业等进行磋商，并在 90 天内达成一致，如不能达成一致，关税将由 10% 提升至 25%。2018 年中美互加关税统计见表 3-1。美国对我国加征关税重点产品类别规模分布见表 3-2。

表 3-1　2018 年中美互加关税统计

时间	美国加征关税动作	时间	中国加征关税回应措施
6 月 15 日	美国发布加征关税的商品清单，将对从中国进口的约 500 亿美元商品加征 25% 的关税，其中对 818 个类别约 340 亿美元商品自 7 月 6 日起实施加征关税	6 月 16 日	中国决定对原产于美国约 500 亿美元进口商品加征 25% 的关税，其中 545 项约 340 亿美元商品自 7 月 6 日起实施加征关税，对其余商品加征关税的实施时间另行公布
8 月 8 日	美国公布了对 279 个类别价值约 160 亿美元的中国产品加征 25% 关税的清单，从 8 月 23 日起正式实施，清单中多为半导体及相关产品	8 月 9 日	中国决定对原产于美国的 333 项约 160 亿美元进口商品加征 25% 的关税，各类机动车及车类用品占了整个清单的一半以上
9 月 17 日	美国对华 2000 亿美元输美产品加征 10% 关税的措施最终落定，该措施将于 9 月 24 日起实施，而至 2019 年 1 月 1 日，相关产品税率将上调至 25%	9 月 18 日	中国决定对原产于美国的 5207 个税目共约 600 亿美元商品，加征 10% 或 5% 的关税，自 9 月 24 日起实施；并强调如果美方执意进一步提高加征关税税率，中国将给予相应回应

资料来源：CASA 整理。

表 3-2 美国对我国加征关税重点产品类别规模分布

HS 二级分类下加征关税规模分布（占比靠前的主要项目，亿美元）

HS 二级分类	占比	HS 三级分类	占比	可关注的四级分类	占比
84 章 核反应堆、锅炉、机械器具及零件	23.1%	8473 计算机、知动数据处理设备等机器的零附件	6.3%	8473.30.11 印刷电路组件	4.70%
		8471 自动数据处理设备、磁性光学阅读机、数据记录媒体机器	3.8%	—	—
85 章 电机、电气、音像设备及其零件附件	27.1%	8517 电话通信设备	9.8%	—	—
		8504 变压器、静止式变流器及电感器	2.3%	—	—
94 章 家具、寝具等，灯具，活动房	12.0%	9401 坐具及其零件	4.0%	—	—
		9403 家具及零件	4.3%	—	—
		9405 灯具照明装置等	2.9%	—	—

资料来源：United States Census Bureau，平安证券研究所。

通信、电子、机械设备、汽车、家具等是征税焦点。美方公布的 2500 亿美元商品最主要分布于：电话通信设备（9.8%）、计算机自动数据处理等设备零部件（6.3%）、车辆及零部件（5.7%）、家具（4.3%）、坐具及零件（4.0%）、自动数据处理设备、数据记录机器等（3.8%）、塑料及制品（3.5%）、钢铁制品（3.5%）、皮革制品等（3.0%）。可以看出，通信、电子、机械设备、汽车、家具等产品是最为突出的征税领域，也是美国方面的关注焦点，其指向性非常明显，主要针对中国产业振兴政策，如"国务院关于加快发展战略性新兴产业的决定""关于发布'十三五'国家战略性新兴产业发展规划的通知""中国制造 2025""集成电路产业'十二五'发展规划"等国家重点扶持的战略性新兴产业领域。

（2）限制中国获得关键技术和产品。为防止中国获得关键技术和产品，美国一方面限制关键技术和产品对中国出口，另一方面，限制中国企业在关键技术领域对美投资。

限制关键技术和产品出口。2018 年以来，美国多次以国家安全和外交利益为由限制向中国等国家输出高端技术和产品，而且呈越演越烈之势。美国通过多种方式限制对华出口高科技产品。其一，通过制定出口管制实体清单，定点限制出口对象（企业）。2018年，中电科 13 所、中科电 55 所、中兴通讯、福建晋华及 44 家其他实体企业（包括 8 家大型中国国有企业和其下属 36 家附属企业）被列入出口管制清单，禁止美国公司向上述企业销售零部件、软件及科技产品。中兴通讯在缴纳罚款和保证金后，出口禁令已经解除。其二，通过立法，全面限制某些关键技术和产品出口。2018 年 8 月特朗普总统签署了《出口管制改革法案》，拟限制关键技术和相关产品的出口。随后，11 月美国商务部工业与安全局提出了一份针对关键技术和相关产品的出口管制框架方案，列出了 14 个考虑进行管制的领域，包括生物技术、人工智能（AI）、数据分析、量子计算、机器人、脑机接口等在内的前沿技术。2018 年美国限制关键技术和产品出口列表见表 3-3。

表 3-3　2018 年美国限制关键技术和产品出口列表

序号	时间	事　项	内　　容
1	2018 年 4 月	禁止美国公司向中兴通讯销售核心零部件、软件及科技产品	美国政府在未来 7 年内禁止中兴通讯向美国企业购买敏感产品；2018 年 7 月，在中兴通讯缴纳 10 亿美元罚款和 4 亿美元保证金后，禁令解除
2	2018 年 8 月	44 家中国企业被美国列入出口管制清单	44 家中国企业（8 个央企及其 36 个附属机构），包括：中国航天科工股份有限公司第二院以及下属研究所、中国电子科技集团公司第 13 研究所以及关联和下属单位、中国电子科技集团公司第 14 研究所以及关联和下属单位、中国电子科技集团公司第 38 研究所以及关联和下属单位、中国电子科技集团公司第 55 研究所以及关联和下属单位、中国技术进出口集团有限公司、中国华腾工业有限公司、河北远东通信
3	2018 年 8 月	特朗普总统签署《出口管制改革法案》	要求识别并建立对"新兴和基础技术"的出口、再出口或国内转让适当的监管措施
4	2018 年 10 月	福建晋华被美国列入出口管制实体清单	禁止晋华向美国公司采购零部件、软件及科技产品
5	2018 年 11 月	美国商务部提议技术出口管制方案	11 月 19 日，美国商务部工业与安全局提出了一份针对关键技术和相关产品的出口管制框架方案，并面向公众进行为期一个月的意见征询；该文件列出了 14 个考虑进行管制的领域，包括生物技术、人工智能（AI）、定位导航和定时（PNT）技术、微处理器技术、先进的计算技术、数据分析技术、量子信息和传感技术、物流技术、增材制造、机器人、脑机接口、高超音速空气动力学、先进材料和先进的监控技术

资料来源：CASA 整理。

　　限制中国企业在关键技术领域对美投资。中国在关键技术领域面临对美投资环境不断恶化。2018 年 3 月，在美国宣布对中国输美产品加征关税的同时，限制中国企业对美投资。美国《301 调查报告》重点关注了七个领域的中国对美投资和并购活动，包括汽车、航空、电子、能源、健康和生物技术、工业机械（包括机器人）以及信息和通信技术（ICT）等七个领域。2000~2017 年，这七大领域占中国对美投资的比重为 34.8%。这些领域的对美投资，将受到美国外国投资委员会（CFIUS）的严厉审查。

　　3.1.1.2　政产学研联合，研发投入持续增加

　　美欧等发达经济体持续加大在 SiC、GaN 等第三代半导体领域的研发投入。据 CASA 不完全统计，2018 年，美国、欧盟等国家和组织启动了超过 15 个研发项目。其中，美国的研发支持力度最大。2018 年美国能源部（DOE）、国防先期研究计划局（DARPA）、国家航空航天局（NASA）和电力美国（Power America）等机构纷纷制定第三代半导体相关的研究项目，支持总资金超过 4 亿美元，涉及光电子、射频和电力电子等方向，以期保持美国在第三代半导体领域全球领先的地位。此外，欧盟先后启动了"硅基高效毫米波欧洲系统集成平台（SERENA）"项目和"5G GaN2"项目，以抢占 5G 发展先机。

　　2018 年各国/组织第三代半导体领域研发项目见表 3-4。

表 3-4 2018 年各国/组织第三代半导体领域研发项目

地区/组织	主体 （资金支持方）	项目	金额	简　介
美国	美国能源部 （DOE）	固态照明（SSL）技术早期研究	1500 万美元	该项目旨在加速高质量发光二极管（LED）和有机发光二极管（OLED）产品的开发，以降低美国家庭和企业的照明能源成本，并提高美国的全球竞争力
美国	美国能源部 （DOE）	极速 EV 充电器（XFC）的固态变压器（SST）	700 万美元	该项目为期三年，总经费700万美元，其中 DOE 提供50%的资金，项目将结合新的 SiC MOSFET 器件
美国	美国国防先期研究计划局（DARPA）	联合大学微电子计划（JUMP）	2亿美元	DARPA 与美国30余所高校合作创建6个研究中心，为2025年及更远时间的微系统发展开展探索性研究；合作期为5年；6个中心的研究方向分别为深入认知计算、智能存储和内存处理、分布式计算和网络、射频到太赫兹传感器和通信系统、先进的算法架构以及先进器件、封装和材料
美国	美国国防先期研究计划局（DARPA）	电子设计自动化（EDA）项目	1亿美元	DARPA 将在未来四年内投入1亿美元开展"电子设备智能设计"（IDEA）和"高端开源硬件"（POSH）两个研究项目，以创建一个类似硅编译器的通用硬件编译器，旨在显著降低设计芯片的障碍；两个项目涉及15家公司和200多名研究人员
美国	美国国家航空航天局	"热工作温度技术"（HOTTech）项目	75 万美元	美国国家航空航天局（NASA）"热工作温度技术"（HOTTech）项目授予美国亚利桑那州立大学电子和计算机工程专家 Yuji Zhao 一份为期三年、价值75万美元的合同，将开发首个基于氮化镓（GaN）的可工作于高温环境的微处理器，对未来空间探索任务带来变革
美国	电力美国 （Power America）	项目一：先进可靠的 WBG 功率模块的设计和制造	—	美国通用电气（GE）航空系统公司和美国能源部国家可再生能源实验室（NREL）将共同设计和生产由碳化硅（SiC）和氮化镓（GaN）制成的先进宽禁带功率模块
美国	电力美国 （Power America）	项目二：用于直接48V 至低于 1V PoL DC-DC 模块的双电感混合转换器	—	科罗拉多大学博尔德分校的一个团队将设计并实施一种基于 GaN 的新型转换器，其密度是目前市场上转换器密度的10倍，功率损耗最多可降低3倍
美国	电力美国 （Power America）	项目三：用于中压级固态电路断路的 WBG 器件	—	北卡罗来纳大学夏洛特分校（UNCC）的一个团队将测试中压（3.3kV）SiC 固态断路器的功能原型
美国	电力美国 （Power America）	项目四：600V GaN 双栅极双向开关	—	英飞凌公司将开发基于其 CoolGaN 高电子迁移率晶体管（HEMT）技术的低成本 600V 双向 70mohm 开关，充分利用 GaN HEMT 的独特双向特性

地区/组织	主体 （资金支持方）	项目	金额	简　介
美国	电力美国 （Power America）	项目五：研究生宽禁带半导体电力电子器件实验室	—	北卡罗来纳州立大学（NCSU）的一个团队将建立一个完全专注于宽禁带电力电子器件的设计、制造和表征的研究生实验室课程，并向 Power America 成员传播课程以加速新工程师的教育
		项目六：加入 WBG 半导体开关和电路的电力电子教学实验室		北卡罗来纳大学夏洛特分校（UNCC）的研究人员将开发具有即插即用功能的模块化、多功能、教育性高频功率电子板
美国	美国陆军研究实验室（ARL）	"超高压碳化硅器件制造"（MUSiC）项目	207.8 万美元	项目由美国纽约州立大学理工学院（SUNY Poly）纳米工程副教授 Woongje Sung 博士主持，该研究旨在建立一种领先的工艺，用于创建具有诸如从太阳能、电动汽车到电网等一系列军事和商业用途的功率电子芯片
欧盟	欧盟	"硅基高效毫米波欧洲系统集成平台"项目（SERENA）	—	SERENA 项目于 2018 年 1 月份启动，为期 36 个月；SERENA 项目旨在为毫米波多天线阵列开发波束形成系统平台，并实现超越主流 CMOS 集成的混合模拟/数字信号处理架构的功能性能
欧盟	欧盟	"5G GaN2"项目	超过 2000 万欧元	来自 8 个国家的 17 个研究和工业界的合作伙伴参与该项目；项目于 2018 年 6 月份启动，为期 36 个月；该项目的目标是实现 28GHz、38GHz 和 80GHz 的演示样品，作为开发基于 GaN 的功能强大且节能的 5G 蜂窝网络的关键技术
英国	英国政府	化合物半导体应用创新中心	5100 万英镑	创新中心将加速化合物半导体的应用，并将化合物半导体应用带入生活；该笔经费将用于支持创新中心建设化合物半导体实验室，测试设施和设计工作室，以及提升其建模和仿真工具等能力

资料来源：CASA 整理。

3.1.2　国内政策

3.1.2.1　科技计划实施，阶段成果喜人

2016 年至今，国家科技部先后支持第三代半导体和半导体照明相关研发项目 32 项，其中，2018 年启动 7 项，包括"新能源汽车""战略性先进电子材料"以及"智能电网技术与装备"三个重点专项，且上述专项都结合了具体应用需求，对第三代半导体材料、器件研发和应用给予全面支持。

2018 年度国家重点研发计划重点专项见表 3-5。

表 3-5 2018 年度国家重点研发计划重点专项

序号	项目名称	牵头单位
2018 国家重点研发计划"新能源汽车"重点专项（第三代半导体相关项目）		
1	基于碳化硅技术的车用电机驱动系统技术开发	上海电驱动股份有限公司
2	基于新型电力电子器件的高性能充电系统关键技术	许继电源有限公司
2018 国家重点研发计划"战略性先进电子材料"重点专项（第三代半导体相关项目）		
1	超宽禁带半导体材料与器件研究	西安电子科技大学
2	氮化物半导体新结构材料和新功能器件研究	北京大学
3	第三代半导体新型照明材料与器件研究	中国科学院半导体研究所
4	三基色激光二极管（LD）材料与器件生产示范线	杭州增益光电技术有限公司
2018 国家重点研发计划"智能电网技术与装备"重点专项（第三代半导体相关项目）		
1	碳化硅大功率电力电子器件及应用基础理论	全球能源互联网研究院有限公司

资料来源：CASA 整理。

3.1.2.2 各级政策频出，精准支持强化

2018 年以来，从中央到地方政府对集成电路、第三代半导体均给予了高度重视，纷纷出台相关产业发展扶持政策。从政策的出台部门和发布时间密度可以看出，国家正在大力发展半导体产业，且集成电路是各级政策的支持重点。

（1）中央部委全方位支持集成电路产业发展。2018 年，国务院、工信部、发改委、财政部、税务总局、证监会等国家部委先后从产业发展、科研管理、税收政策、知识产权转移、资产证券化、对台合作等多方面出台政策，全方位支持集成电路及相关产业发展。

2018 年国家部委关于集成电路产业的扶持政策汇总见表 3-6。

表 3-6 2018 年国家部委关于集成电路产业的扶持政策汇总

政策名称	发布时间	部门	主要内容
关于深化"互联网+先进制造业"发展工业互联网的指导意见	2018 年 1 月 2 日	国务院	落实相关税收优惠政策，推动固定资产加速折旧、企业研发费用加计扣除、软件和集成电路产业企业所得税优惠、小微企业税收优惠等政策落实，鼓励相关企业加快工业互联网发展和应用
关于集成电路生产企业有关企业所得税政策问题的通知	2018 年 3 月 28 日	财政部、税务总局、发改委、工信部	该文件涉及的优惠政策有： （1）两免三减半。适用范围：2018 年 1 月 1 日后投资新设的集成电路线宽小于 130nm，且经营期在 10 年以上的集成电路生产企业或项目；政策：第一年至第二年免征企业所得税，第三年至第五年按照 25% 的法定税率减半征收企业所得税，并享受至期满为止。 （2）五免五减半。适用范围：2018 年 1 月 1 日后投资新设的集成电路线宽小于 65nm 或投资额超过 150 亿元，且经营期在 15 年以上的集成电路生产企业或项目；政策：第一年至第五年免征企业所得税，第六年至第十年按照 25% 的法定税率减半征收企业所得税，并享受至期满为止

续表 3-6

政策名称	发布时间	部门	主　要　内　容
《知识产权对外转让有关工作办法（试行）》	2018 年 3 月 29 日	国务院	技术出口、外国投资者并购境内企业等活动中涉及本办法规定的专利权、集成电路布图设计专有权、计算机软件著作权、植物新品种权等知识产权对外转让的，需要按照本办法进行审查
开展创新企业境内发行股票或存托凭证试点若干意见	2018 年 3 月 30 日	证监会	试点企业应当是符合国家战略、掌握核心技术、市场认可度高、属于互联网、大数据、云计算、人工智能、软件和集成电路、高端装备制造、生物医药等高新技术产业和战略性新兴产业，且达到相当规模的创新企业
《2018 年工业通信业标准化工作要点》	2018 年 4 月 2 日	工信部	深入推进军民通用标准试点工作，加强集成电路军民通用标准的推广应用，开展军民通用标准研制模式和工作机制总结
关于落实《政府工作报告》重点工作部门分工的意见	2018 年 4 月 12 日	国务院	推动集成电路、第五代移动通信、飞机发动机、新能源汽车、新材料等产业发展，实施重大短板装备专项工程，推进智能制造，发展工业互联网平台等
《进一步深化中国（福建）自由贸易试验区改革方案》	2018 年 5 月 24 日	国务院	深化集成电路、光学仪器、精密机械等先进制造业和冷链物流、文化创意、健康养老、中医药等现代服务业对台合作
《智能传感器产业三年行动指南（2017—2019 年）》	2018 年 6 月 25 日	工信部	总目标提出：涵盖智能传感器模拟与数字/数字与模拟转换（AD/DA）、专用集成电路（ASIC）、软件算法等的软硬件集成能力大幅攀升；在智能传感器创新中心的主要任务中提出，研发高深宽比干法体硅加工技术，晶圆级键合技术，集成电路与传感器的系统级封装技术、系统级芯片（SoC）技术，通信传输技术等共性技术
关于优化科研管理提升科研绩效若干措施的通知	2018 年 7 月 24 日	国务院	对试验设备依赖程度低和实验材料耗费少的基础研究、软件开发、集成电路设计等智力密集型项目，提高间接经费比例，500 万元以下的部分为不超过 30%，500 万~1000 万元的部分为不超过 25%，1000 万元以上的部分为不超过 20%
《扩大和升级信息消费三年行动计划（2018—2020 年）》	2018 年 7 月 27 日	工信部、发改委	加大资金支持力度，支持信息消费前沿技术研发，拓展各类新型产品和融合应用；各地工业和信息化、发展改革主管部门要进一步落实鼓励软件和集成电路产业发展的若干政策，加大现有支持中小微企业税收政策落实力度

资料来源：CASA 整理。

（2）地方政府积极出台半导体产业扶持政策。据不完全统计，2018 年，包括北京、上海、深圳等超过 13 个地方政府出台了支持半导体，特别是集成电路产业发展的产业政策，以培育经济增长新动能，抢占半导体产业新一轮发展先机。

2018 年各地半导体产业支持政策汇总见表 3-7。

表 3-7 2018 年各地半导体产业支持政策汇总

地区	政 策 名 称
安徽	《安徽省半导体产业发展规划（2018—2021 年）》
上海	《上海市软件和集成电路企业设计人员、核心团队专项奖励办法》
重庆	《重庆市加快集成电路产业发展若干政策》
厦门	《厦门市加快发展集成电路产业实施细则》
厦门	《海沧区扶持集成电路产业发展办法》
成都	《进一步支持集成电路产业项目加快发展若干政策措施 》
成都	《支持集成电路设计业加快发展的若干政策》
杭州	《进一步鼓励集成电路产业加快发展专项政策》
合肥	《合肥市加快推进软件产业和集成电路产业发展的若干政策》
合肥	《合肥高新区促进集成电路产业发展政策》
长沙	《长沙经济技术开发区促进集成电路产业发展实施办法》
珠海	《珠海市促进新一代信息技术产业发展的若干政策》
无锡	《关于进一步支持集成电路产业发展的政策意见》
芜湖	《芜湖市加快微电子产业发展政策规定（试行）》
深圳	《深圳市坪山区人民政府关于促进集成电路第三代半导体产业发展若干措施（征求意见稿）》
北京	《顺义区促进高精尖产业发展实施意见》

资料来源：CASA 整理。

其中，2018 年 8 月，深圳坪山区发布《深圳市坪山区人民政府关于促进集成电路第三代半导体产业发展若干措施（征求意见稿)》（以下简称《措施》），该《措施》从产业资金、发展空间、企业落地、人才队伍、核心技术攻关、产业链构建等方面对第三代半导体产业进行全方位支持。

为深入实施《北京市加快科技创新发展新一代信息技术等十个高精尖产业的指导意见》，2018 年 11 月，北京顺义区出台了《顺义区促进高精尖产业发展实施意见》，该《实施意见》涵盖 5 大方面 18 项支持政策，全力吸引高端人才入区，加速科技成果转化，实现包括第三代半导体在内的高精尖产业快速健康发展。另据消息称，中关村国家自主创新示范区管委会与北京市顺义区政府正在联合制定促进第三代等先进半导体产业发展的相关政策，上述文件若出台，将对第三代半导体产业在北京顺义实现快速集聚发展提供有力条件保障。

此外，2018 年 12 月，江苏张家港市召开《张家港市化合物半导体产业发展规划》发布会，该规划结合国内外化合物半导体产业发展现状和趋势，明确了张家港未来 5 年化合物半导体产业发展战略定位、发展目标、发展原则、空间承载和重点任务，并提出了张家港在半导体照明、化合物功率半导体、集成光电等方向的发展重点和差异化实施路径，并从组织保障、资金支持、人才支撑、创新生态等方面提出了保障措施。

3.2 技术发展现状及趋势

3.2.1 国外技术发展现状及趋势

3.2.1.1 材料尺寸扩大，缺陷持续降低
SiC 同质外延和 Si 基 GaN 异质外延片方面，作为应用最广泛的两种第三代半导体材

料，目前商业化的最大尺寸为 6 英寸，为进一步降低器件成本，业界已经研发出 8 英寸产品。其中，8 英寸 Si 基 GaN 外延片的研发尤为活跃，2017 年以来，业内企业成功研发出 8 英寸 Si 基 GaN 外延片，并在 8 英寸晶圆上成功开发出 GaN 电力电子器件。

2018 年 8 英寸 Si 基 GaN 外延片及器件研发进展见表 3-8。

表 3-8　2018 年 8 英寸 Si 基 GaN 外延片及器件研发进展

序号	时间	内　　　容
1	2018 年 4 月	无晶圆厂公司 Qromis 与比利时微电子中心 IMEC 宣布，Qromis 在 IMEC 的 Si 晶圆先导工艺线上，基于 200mm 线膨胀系数（CTE）匹配衬底开发出高性能增强型 p-GaN 电力电子器件。衬底由 Qromis 公司提供，其 200mm QST 衬底是公司专利产品。IMEC 率先开发了 8 英寸（200mm）晶圆的硅基 GaN 技术，以及用于 100V、200V 和 650V 工作电压的增强型高电子迁移率器件（HEMT）和肖特基二极管电力电子器件，为实现更高量产规模铺平道路
2	2018 年 9 月	意法半导体和 CEA Tech 下属的研究所 Leti 宣布合作研制 Si 基 GaN 功率开关器件制造技术。本合作项目的重点是开发和检测在 200mm 晶片上制造的先进的硅基氮化镓功率二极管和晶体管架构。意法半导体和 Leti 利用 IRT 纳电子研究所的框架计划，在 Leti 的 200mm 研发线上开发工艺技术，预计在 2019 年完成工程样品的验证，然后转到意法半导体的 200mm 晶圆试产线。意法半导体还将建立一条高品质生产线，包括 GaN／Si 异质外延工序，计划 2020 年前在意法半导体位于法国图尔前工序晶圆厂进行首次生产
3	2018 年 9 月	EpiGaN 宣称可以提供 8 英寸 GaN-on-Si 和 6 英寸 GaN-on-SiC 外延片

资料来源：CASA 整理。

金刚石衬底方面，同质外延单晶金刚石衬底的尺寸实现 2 英寸，位错密度小于 $10^3/cm^2$；Si 基异质外延金刚石衬底的主流尺寸为 3 英寸，但位错密度较高，在 $10^7/cm^2$ 左右。

Ga_2O_3 衬底方面，国际上商用的衬底直径以 10~50mm 为主。目前，日本 Tamura 公司已经实现 2 英寸 β-Ga_2O_3 衬底的产业化，且已经研发出 6 英寸衬底。

3.2.1.2　器件性能提升，新品不断推出

（1）SiC 电力电子器件。商业化的 SiC 肖特基二极管❶目前最高耐压为 3300V，最高工作温度（100~190℃）下的电流在 60A 以下。SiC 肖特基二极管的耐压达到 3300V，但主要产品耐压范围还集中在 650V 和 1200V 左右，1700V 和 3300V（GeneSiC，3300V／0.3A）产品较少。最高工作温度（100~190℃）下 SiC 二极管的电流在 60A（UnitedSiC，650V／60A）以下。

国际主要企业最新推出的 SiC 肖特基二极管产品电压集中在 650V、1200V，以 MPS、JBS 结构为主。MPS 与 JBS 器件结构类似，但工作原理不同。JBS 二极管有源区中的 p-n 结结构是用来防止反向阻断时其肖特基势垒的降低，以获得减小其漏电流的作用；而 MPS 二极管中的 p-i-n 结结构则是为获得高击穿电压而设置。

2018 年国际企业最新推出的 SiC 二极管产品见表 3-9。

---

❶　本报告商业化产品数据均来自 Mouser 或 Oigi-key 电商网站在售产品。

表 3-9　2018 年国际企业最新推出的 SiC 二极管产品

序号	时间	厂商	产品	参数	特　点
1	2018 年 1 月	Littelfuse	SiC MPS	1200V/8A、15A、20A	GEN2 系列 MPS 器件结构可确保提升抗浪涌能力并降低泄漏电流,采用主流的 TO-220-2L 封装和采用 TO-252-2L 封装
2	2018 年 2 月	安森美	SiC SBD	650V/6-50A	采用表面贴装和穿孔封装,提供零反向恢复、低正向压、不受温度影响的电流稳定性、高浪涌容量和正温度系数
3	2018 年 4 月	Microsemi	SiC SBD	1200V	该公司的 SiC SBD 在低反向电流下具有折中的浪涌电流、正向电压、热阻和热容额定值
4	2018 年 6 月	Littelfuse	SiC MPS	1200V/10-40A	GEN2 系列 MPS 器件结构可确保提升抗浪涌能力并降低泄漏电流
5	2018 年 8 月	Cree	SiC MPS	1200V/20A	Wolfspeed E-系列是该公司首个实现商业化量产且通过 AEC-Q101 认证和符合生产件批准程序(PPAP)要求的二极管产品,满足高湿度环境和汽车认证要求

资料来源:CASA 整理。

商业化的 SiC MOSFET 目前最高耐压为 1700V,最高工作温度(100~160℃)下电流在 65A 以下。目前,国际上商业化的 SiC MOSFET 耐压在 1700V 以下,主要有 650V、900V、1200V 和 1700V 四个电压层次;最高工作温度(100~160℃)下 SiC MOSFET 的最大电流为 65A(罗姆,650V/65A@100℃),阈值电压 V_{gs}(th)最高达到 5.6V。业内生产 SiC JFET 的企业较少,Mouser 上只有 UnitedSiC 在销售 SiC JFET 产品,耐压在 650V、1200V,最高工作温度下的最大电流为 62A(650V/62A @100℃)。

2018 年国际企业最新推出的 SiC 晶体管产品见表 3-10。

表 3-10　2018 年国际企业最新推出的 SiC 晶体管产品

序号	时间	厂商	产品	参数	特　点
1	2018 年 3 月	UnitedSiC	SiC Cascade FETs	650V/31~85A,27mΩ	UJ3C 系列产品,将 SiC JFETs 器件与定制设计的经 ESD 保护的低压 Si MOSFET 级联并封装在一起;通过标准的 TO-220、TO-247 和 D2PAK-3L 封装,使用标准的 Si-MOSFET 栅极驱动电路驱动,无须重新设计驱动电路,同时提供低导通电阻和低栅极电荷以降低系统损耗
2	2018 年 3 月	Littelfuse	SiC MOSFET	1200V/18A/120mΩ,1200V/14A/160mΩ	具有超低导通电阻
3	2018 年 4 月	Microsemi	SiC MOSFET	1200V	新一代的 SiC MOSFET 产品系列具有高雪崩特性,在工业、汽车和民用航空领域的电源应用方面具有很好的耐用性
4	2018 年 5 月	UnitedSiC	SiC Cascade FETs	1200V,40A 和 80mΩ	UJ3C 系列产品

序号	时间	厂商	产品	参数	特　　点
5	2018 年 6 月	Cree	SiC MOSFET	1200V	第三代的 C3M™ 1200V SiC MOSFET，适用于电动汽车功率变换系统
6	2018 年 8 月	Cree	SiC MOSFET	900V	新型 E-系列 SiC MOSFET 是目前业界唯一通过汽车 AEC-Q101 认证、符合 PPAP 要求、能够耐受高湿度环境的 MOSFET；它采用 Wolfspeed 第三代坚固的平面技术，累计现场实际工作时间超过 100 亿小时
7	2018 年 9 月	Littelfuse	SiC MOSFET	1700V，1Ω	Littelfuse 首款 1700V SiC MOSFET，支持电动和混合动力汽车、数据中心和辅助电源等高频、高效电源控制应用

资料来源：CASA 整理。

（2）GaN 电力电子器件。商业化的 Si 基 GaN HEMT 最高电压为 650V，室温下（25℃）最大电流为 120A，创下新高。Si 基 GaN HEMT 的耐压在 650V 以下，其中，GaN Systems 的产品耐压为 650V 和 100V，而 EPC 的产品耐压集中在 200V 以下。室温下 Si 基 GaN HEMT 的最大电流为 120A@650V，由 GaN Systems 生产。

GaN 电力电子器件朝着集成化方向发展，解决方案不断完善。目前，市场上 GaN 电力电子器件解决方案分为三种：1）分立式，开关器件+外部驱动器；2）多片集成，将开关器件和驱动器封装在一起；3）单片集成，将栅极驱动集成到开关器件，可以消除高频工作时的互连电感，提升效率，并节省空间。GaN 电力电子器件适用于中低功率（目前功率大约在 kW 级以下水平），分立式方案是目前最成熟的一种解决方案，但集成度的提高是未来的发展趋势。2018 年以英飞凌、Exagan 和 EPC 为代表的企业分别推出了分立式、多片集成和单片集成 GaN 电力电子器件解决方案。

2018 年国际企业最新推出 GaN 电力电子器件产品见表 3-11。

表 3-11　2018 年国际企业最新推出 GaN 电力电子器件产品

序号	时间	厂商	产品	参数	特　　点
1	2018 年 2 月	GaN systems	GaN E-HEMT	650V/120A	业内最高电流等级，将功率转换系统的功率密度从 20kW 提高到 500kW
2	2018 年 3 月	GaN systems	GaN E-HEMT	100V/120A/5mΩ	业内最高电流等级
3	2018 年 3 月	EPC	GaN 解决方案	150V/70mΩ/7MHz	单片集成 IC，可以消除高频工作时的互连电感，提升效率，并节省空间
4	2018 年 3 月	德州仪器	GaN 驱动器	50 MHz	宣称是业内最小、最快的 GaN 驱动器，可在提供 50 MHz 的开关频率的同时提高效率，晶圆级芯片封装尺寸仅为 0.8mm×1.2mm

序号	时间	厂商	产品	参数	特　　点
5	2018 年 5 月	EPC	GaN HEMT	80V/脉冲电流 75A/16mΩ 80V/脉冲电流 18A/73mΩ	EPC 首次获得汽车 AEC-Q101 认证的 GaN 电力电子器件产品，这 2 款产品的体积远小于传统的 Si MOSFET，且开关速度是 Si MOSFET 的 10~100 倍
6	2018 年 6 月	Transphorm	GaN FET	650V/35A、 50mΩ	Transphorm 第三代（Gen Ⅲ）产品，采用标准 TO-247 封装。将 Gen Ⅱ 的栅极门坎电压（噪声抗扰性）从 2.1V 提高到 4V，无需使用负压栅极驱动。栅极可靠性额定值为 ±20V，比第二代增加 11%
7	2018 年 6 月	英飞凌	GaN HEMT	400V、600V	CoolGaN 系列，将于 2018 年底量产
8	2018 年 6 月	Exagan	GaN 解决方案	30~65mΩ	Exagan 在 PCIM Europe 展示了 GaN/Si G-FET™ 晶体管和 G-DRIVE™ 智能快速开关解决方案，将晶体管与驱动封装在一起
9	2018 年 9 月	EPC	GaN HEMT	100V/脉冲电流 37A/25mΩ	尺寸比等效硅器件小 30 倍，500kHz 下效率达 97%
10	2018 年 11 月	英飞凌	GaN 解决方案	CoolGaN 600V E-HEMT+驱动 IC	GaN 解决方案

资料来源：CASA 整理。

　　多家企业发布图腾柱（Totem）功率因数校正（PFC）参考设计，最大程度发挥 GaN 电力电子器件优势。基于图腾柱拓扑，GaN 可以实现更高的性能、更高的功率密度、更小的尺寸和更低的整体系统成本。2018 年 3 月，Transphorm 发布了一个完整的 3.3kW 连续导通模式（CCM）无桥图腾柱功率因数校正（PFC）参考设计，用于高压 GaN 电源系统。德州仪器也推出了一种紧凑的满载设计功率为 1.6kW、开关频率为 1MHz 图腾柱 PFC 转换器参考设计，用于服务器、电信和工业电源，使用自产的 600V GaN 器件。

　　（3）GaN 射频器件。商业化的 RF GaN HEMT 工作频率达到 25GHz，最大功率实现 1800W。据 Mouser 官网数据，RF GaN HEMT 最高工作频率达到 25GHz（由 Qorvo 生产）；输出功率最高达到 1800W（1.0~1.1GHz，由 Qorvo 生产），集中在 500W 以下。

　　基于 SiC 基 GaN 的军用 L 波段射频晶体管的输出功率实现新高。2018 年 3 月，Qorvo 推出业内最高功率的 GaN-on-SiC 射频晶体管，在 65V 工作电压下输出功率达到 1.8kW，工作频率在 1.0~1.1GHz；2018 年 6 月，在收购英飞凌的 LDMOS 和 GaN 射频业务后，Cree 也推出 L 波段 1.2kW GaN HEMT，这些器件均可用于 L 波段航空电子设备和敌我识别（IFF）应用领域。

　　2018 年国际企业最新推出 GaN 射频晶体管产品见表 3-12。

表 3-12　2018 年国际企业最新推出 GaN 射频晶体管产品

序号	时间	厂商	产品	参数	特　　点
1	2018 年 6 月	Cree	GaN HEMT	L 波段、 1200W	可用于 L 波段航空电子设备和敌我识别（IFF）应用领域

序号	时间	厂商	产品	参数	特　点
2	2018 年 3 月	Qorvo	GaN HEMT	65V、1.0~ 1.1GHz、1.8kW	GaN-on-SiC 射频晶体管，可用于 L 波段航空电子设备和敌我识别（IFF）应用领域

资料来源：CASA 整理。

3.2.1.3　模块产品渐多，凸显材料优势

（1）SiC 功率模块。商业化的全 SiC 功率模块耐压达到 3300V，最高电流达到 800A，已开发出 6500V 样品。2018 年 1 月，三菱电机宣布已成功开发出 6.5kV 耐压等级全 SiC 功率模块，该模块采用单芯片构造和新封装（HV100 封装），在 1.7~6.5kV 同类功率模块中实现了世界最高等级的功率密度（9.3kV·A/cm³）。与 Si IGBT 模块相比，全 SiC 功率模块具有高效、节能及小型化等突出优势。业内企业一直致力于用全 SiC 功率模块逐步取代传统的 Si 功率模块。

2018 年国际企业最新推出全 SiC 功率模块产品见表 3-13。

表 3-13　2018 年国际企业最新推出全 SiC 功率模块产品

序号	时间	厂商	产品	参数	特　点
1	2018 年 1 月	三菱电机	全 SiC 功率模块	6500V	采用 SiC SBD 和 SiC MOSFET 一体化芯片设计，减小了模块体积，实现了 6.5kV 业界最高的功率密度（9.3kV·A/cm³）
2	2018 年 6 月	罗姆	全 SiC 功率模块	1200V/400A、600A	面向工业设备用电源、太阳能发电功率调节器及 UPS 等的逆变器、转换器
3	2018 年 10 月	罗姆	全 SiC 功率模块	1700V/250A	采用新涂覆材料和新工艺方法，成功地预防了绝缘击穿，并抑制了漏电流的增加；已于 2018 年 10 月开始投入量产

资料来源：CASA 整理。

（2）GaN 射频模块。商业化的 GaN 功率放大器工作频率高达 31GHz。对应到我国公布的 5G 频段，3.3~3.6GHz 频率范围内射频功率放大器的最高功率达到 100W，4.8~5GHz 频率内最高功率达到 50W。

除分立的功率模块外，GaN 也已经应用于单片微波集成电路（MMIC）。2018 年，MACOM、Custom MMIC 和 Cree 等企业纷纷推出新的 GaN MMIC 模块产品。

2018 年国际企业最新推出 GaN 射频模块产品见表 3-14。

表 3-14　2018 年国际企业最新推出 GaN 射频模块产品

序号	时间	厂商	产品	参数	特　点
1	2018 年 2 月	MACOM	GaNMMIC PA	同时覆盖 Band 42 （3.4~3.6GHz）和 Band 43 频带 （3.6~3.8GHz）	MACOM 的新 MAGM 系列 PAs 将 GaN-on-Si 技术固有的独特性能和成本优势与 MMIC 封装效率相结合，提供了宽带性能，具有平坦的功率和卓越的功率效率，满足商用批量 5G 基站制造和部署的需求

序号	时间	厂商	产品	参数	特点
2	2018年3月	Custom MMIC	GaN MMIC LNA	2.6~4GHz/14dB，5~7GHz/20dB，8~12GHz/15dB	无铅4mm×4mmQFN封装，适合要求高性能和高输入功率生存性的雷达和电子战（EW）应用
3	2018年4月	Diamond Microwave	GaN SSPA	X波段，200W、400W，饱和增益55dB	GaN基微波脉冲固态功率放大器（SS-PA），尺寸仅为150mm×197mm×30mm，是要求苛刻的国防、航空航天和通信应用中真空管放大器（TWT）的一种紧凑替代品
4	2018年6月	稳懋	GaN PA	0.45μm加工工艺，100MHz~6GHz，50V	可以用于Massive MIMO无线天线系统等5G应用
5	2018年6月	Qorvo	GaN FEM	X波段	GaN射频前端模块产品在单个紧凑封装中提供四种功能，包括RF开关、功率放大器、低噪声放大器和限幅器；设计用于下一代有源电子扫描阵列（AESA）雷达
6	2018年9月	Cree	GaN MMIC PA	C波段，25W、50W，28V	用于雷达

资料来源：CASA整理。

3.2.2　国内技术发展现状

3.2.2.1　材料品质提升，支持国产应用

SiC衬底方面，国内仍然是4英寸为主，6英寸衬底已开始小批量供货，6英寸衬底的微管密度控制在5个/cm^{2}以下。目前已经开发出低缺陷密度6英寸碳化硅（SiC）N型衬底，SiC衬底材料的微管密度（MPD）低于1个/cm^2。SiC外延片方面，实际用于器件生产的4英寸外延片最大厚度约50μm，国内已开始小批量生产6英寸SiC外延片。

GaN衬底方面，国内批量生产的衬底以2英寸为主，位错密度已经降到10^5/cm^2，实验室里可以降到10^4/cm^2。已开发出自支撑4英寸衬底，缺陷密度降到10^6/cm^2。GaN异质外延方面，国内多家企业研制出8英寸Si基GaN外延片，耐压在650V/700V左右，SiC和蓝宝石衬底的GaN外延片的尺寸可达6英寸。

Ga$_2$O$_3$衬底方面，国内仍处于研究阶段。山东大学晶体材料国家重点实验室首次获得了机械剥离技术，一步法获得高质量单晶衬底，但对于大尺寸衬底的CMP加工技术仍处于研究阶段。Ga$_2$O$_3$外延方面，目前受限于β-Ga$_2$O$_3$单晶衬底的尺寸，同质外延片的尺寸在2英寸以内，主要采用MBE的方式进行，但MOCVD已开始被用于MOSFET器件结构的同质外延；异质外延主要采用蓝宝石衬底，有利于实现Ga$_2$O$_3$薄膜的大尺寸、低成本制备。

3.2.2.2　器件成熟不同，产品陆续推出

SiC器件方面，国内600~3300V SiC肖特基二极管技术较为成熟，产业化程度继续提升。目前已研制出了1200~1700V SiC MOSFET器件，因可靠性问题尚未完全解决，目前

处于小批量生产阶段。SiC模块方面，国内2018年推出1200V/50~600A、650V/900A全SiC功率模块。

GaN电力电子器件方面，国内推出了650V/10~30A的GaN晶体管产品。国内某知名化合物半导体代工企业在2018年四季度完成650V GaN电力电子器件生产工艺。

GaN微波射频器件方面，国产GaN射频放大器已成功应用于基站，Sub 6GHz和毫米波GaN射频功率放大器也已实现量产，工艺节点涵盖0.5~0.15μm，并在研发0.09μm工艺。

GaN光电器件方面，2018年，我国半导体照明产业技术实现稳步提升，部分技术国际领先。功率型白光LED产业化光效达到180lm/W，与国际先进水平基本持平，LED室内灯具光效超过100lm/W，室外灯具光效超过130lm/W。功率型Si基LED芯片产业化光效达到170lm/W；白光OLED（面积<10mm×10mm）产业化光效达到150lm/W，白光OLED（面积>80mm×80mm）产业化光效达到100lm/W。

3.2.2.3　短板技术问题突出，产业化进程待提速

第三代半导体功率芯片是下一代新能源汽车的核心芯片之一。功率半导体芯片占新能源整车半导体用量的80%以上，占整车成本的10%以上。在新能源汽车用第三代功率半导体芯片领域，我国尚不具备自主产业的能力，几乎全部依赖美欧日进口，存在高端材料和芯片禁运、采购成本高、供货周期不稳定等突出问题。目前制约的短板主要是材料和芯片，存在产业链安全隐患。

在材料方面，我国第三代半导体功率电子技术在研发方面紧跟国际先进水平，但是大尺寸、高质量的半导体晶圆材料的产业化进展缓慢，如SiC材料国际6英寸产品成熟，8英寸样品，国内只有4英寸产品，6英寸样品，对下游芯片行业的国内自主可控造成较大威胁。在芯片方面，我国建设了近十条4~6英寸碳化硅芯片工艺线和6~8英寸硅基氮化镓芯片工艺线，首先在中低压碳化硅芯片实现了二极管器件产业化，实现了从无到有的突破，缩小了与国外先进水平的差距，但在MOSFET器件方面产业化能力和产品可靠性还有较大差距。另外，由于目前国内产线产业化水平和能力不足，且主要是IDM模式，很多芯片设计公司依赖国际代工企业来制造芯片，容易受制于人。

3.2.2.4　半导体照明技术发展现状及趋势

（1）核心技术稳步提升。上游芯片光效持续提升。产业化高功率白光LED光效超过180lm/W、LED室内灯具光效超过100lm/W、室外灯具光效超过130lm/W。

硅基LED技术持续领先。自主知识产权的功率型硅基LED芯片光效达到170lm/W。硅基黄光（565nm@20 A/cm²）电光转换功率效率达到24.3%（2017年为22.8%），光效达到149lm/W。硅基绿光（520nm@20A/cm²）电光转换功率效率达到41.6%（2017年为40.6%），光效达到212lm/W。

白光OLED技术不断突破。在1000cd/m²条件下，小面积（10mm×10mm）白光OLED光效达到150lm/W，大面积（>80mm×80mm）白光OLED光效达到100lm/W。

中游封装器件高功率密度、小型化、集成化趋势日益增强。LED照明产品应用场景的拓展，加之芯片光效的不断提升、单颗芯片面积缩小、散热面积缩小等，对LED封装提出了日益小型化、多功能化、智能化的需求，集成封装工艺将成为主流。具体来看，SMD仍为未来五年封装主流形式，且以中功率产品为主；COB大力渗透显示和商照市场，

且光引擎或是未来 COB 技术主流之一；CSP 则会广泛用于手机照相机闪光灯与液晶背光、汽车大灯、户外照明的路灯隧道灯与投光灯产品。

（2）前沿技术有所突破。钙钛矿发光二极管技术快速突破。钙钛矿发光二极管兼具无机 LED 和有机发光二极管（OLED）的优势，作为平面自发光器件，钙钛矿 LED 具有质量轻、厚度薄、视角广、响应速度快、可用于柔性显示、使用温度范围广、构造和制备工艺简单等优点，在显示和绿色健康灯光照明等方面具有潜在的应用前景。2018 年，钙钛矿发光二极管技术取得了快速突破，通过优化器件结构，优化钙钛矿发光层设计，目前近红外钙钛矿 LED 外量子效率已经提高到 20.7%，绿色可见光钙钛矿 LED 器件的外量子效率达到 20.3%，为钙钛矿材料及其在发光领域的研究开拓了新的研究方向。

（3）显示技术竞争激烈。OLED 技术产业化进程加速。国家"863"计划"柔性基板材料及柔性显示关键技术研究开发"课题完成了国内首款采用国产柔性 PI 基板材料的 6 英寸高分辨率柔性 AMOLED 样机的制备。国产 OLED 产线实现量产供货，"扩量"与"提质"并举。国产 OLED 在手机屏幕、电脑显示器、汽车尾灯等领域均开启了产业化应用。

Micro LED 离产业化还有较长的路要走。在手机屏幕等中小尺寸显示应用领域，Micro LED 技术要实现 400ppi 以上的分辨率；在 VR 显示等更小尺寸的显示应用领域，则要求更高的 ppi 才能实现理想的近眼显示效果。在中小尺寸显示领域 Mini/Micro LED 背光技术路线已取得一定进展，Mini/Micro LED+LCD 放低了技术门槛，已初步实现产业化，从特殊显示领域切入市场，有望带动芯片需求量提升。

QLED 电致发光技术仍处在实验室阶段，而光致发光的量子点强化膜+蓝光 LED 背光的技术路线已实现了产业化，渗透进彩电市场的部分高端产品线。

（4）创新应用初具规模。健康照明吸引越来越多的 LED 企业涉足。高品质、全光谱照明、类太阳光 LED 实现了从概念倡导到产品化。国星光电、鸿利、瑞丰、信达等均推出健康照明相关的产品。随着技术的进一步提升以及成本的进一步下降，LED 将快速步入健康照明时代。

智能照明技术在家居领域的应用拓展如火如荼。照明企业与建材企业、家装企业、互联网企业、物联网生态平台开展深度的跨界技术合作，打入智能家居"前装"与"后装"市场。目前以智能音箱为代表的语音平台已成为家居智能照明的控制终端之一，智能照明系统通过接入诸如苹果、谷歌、亚马逊、华为、天猫、小米、百度等语音控制平台，以及小米、华为等手机入口终端设备厂商的智能家居生态平台，进入千家万户。

LED 植物光照成为投资热点。目前 LED 植物光照主流技术路线包含全光谱、单色光组合等方式，2018 年年初，"高光效低能耗 LED 智能植物工厂关键技术及系统集成"项目荣获国家科技进步二等奖，该项目基于植物光合对不同光谱的响应特征，提出了植物"光配方"概念，构建了典型作物不同生育期的光配方优化参数。进一步探索不同植物对 LED 光质、光周期、光强的需求，实现更高效的植物光照，将成为未来技术跨界融合的重点。

紫外 LED 关键技术不断突破，产业化即将全面展开。随着《水俣公约》的生效，UV-C LED 将加快渗透速度。过去十年，UVA LED 产品的外量子效率（EQE）已达到 50%~60%。UVC LED 的外量子效率也提高到 5%~10% 量级，基本满足产业化需求。器件封装方面，陶瓷基板、TO 和无机封装相对成熟，寻求新型抗 UV 封装材料，新型封装形式、提高散热效果和光提取效率，是业界专注热点。应用集成技术方面，开发适合不同应用场景的高效紫外 LED 光源系统是重要目标。

（5）标准支撑应用发展。2018 年国家标准委发布了 3 项 LED 相关推荐性标准，包括《GB/T 36361—2018 LED 加速寿命试验方法》《GB/T 36362—2018 LED 应用产品可靠性试验的点估计和区间估计（指数分布）》和《GB/T 36101—2018 LED 显示屏干扰光评价要求》。此外，《LED 公共照明智能系统接口应用层通信协议》《LED 照明应用与接口要求非集成式 LED 模块的道路灯具》等 12 项推荐性国家标准开始实施。

2018 年，团体标准发挥了更重要的支撑作用。CSA 标委会（CSAS）针对企业最关注的创新应用方向，包括类太阳光 LED、LED 植物光照、LED 智能控制、紫外 LED 固化等，开展了标准研究和制定工作，支撑 LED 创新应用的规模化发展。2018 年 CSAS 发布团体标准 1 项、技术报告 2 项，立项联盟标准 6 项、技术报告 2 项。

在国际标准方面，中国 LED 产业在国际标准领域活跃度不断提升。同济大学郝洛西教授，正式当选为 CIE 副主席；ISO/TC 274 国内联合工作组针对智能路灯照明系统，提出了新的智能照明提案建议；中国提案标准 ISO/PWI 21274 Light and lighting—commissioning of lighting system 正式开启立项投票；IEC/TC34 立项了由中国提案的 lighting systems—General requirements、General requirements for lighting systems—Safety；ISA 发布了 1 项推荐性技术规范 Position statement on healthy lighting in Asian region，立项了教室照明、智能路灯等 4 项推荐性技术规范。

3.2.3　国内外技术水平对比分析

我国第三代半导体材料经过 20 余年的发展，在光电子器件、电力电子器件和射频器件领域均获得了巨大进展，但与国际先进水平相比，尚存在一定差距。与国际领先水平相比，我国在第三代半导体衬底、外延材料、器件的整体技术水平落后 3~5 年，产业化方面主要需要突破材料、器件、封装及应用等环节的核心关键技术和可靠性、一致性等工程化应用问题。首先，我国技术起步晚于发达国家 10 年以上，部分关键技术已被发达国家掌握，高端产品和技术对我国的输出被严格管控，对我国形成了一定的壁垒。其次，研发投入的力度不够，不集中，发达国家已经把对第三代半导体的扶持上升到国家战略高度，给予长期稳定的先导性支持。再次，创新链没有打通，除半导体照明外，在电力电子、通信等创新链建设没有跟上。市场对新型产品和客户的接受程度以及国外大企业对于市场的冲击，对我国第三代半导体产业形成了压制风险。市场开拓成本偏高，客户验证时间较长成为主要制约因素。

由于体制障碍，应用端与核心材料和器件分立，研发机构与企业利益无法捆绑，缺乏对全产业链的顶层设计、系统布局、一体化整体实施，又无法解决产业化过程中遇到的共性关键问题，而且一旦有技术突破，低水平重复建设问题突出，缺乏知识产权保护，难以支撑我国第三代半导体科技追赶国际先进水平。

3.3　市场需求及下游应用情况

3.3.1　国际市场需求及下游应用情况

3.3.1.1　电力电子器件市场规模达 4.4 亿美元

（1）第三代半导体电力电子市场规模达 4.4 亿美元。据 Yole 和 IHS Markit 数据显示，

2018 年全球半导体电力电子市场规模约 390 亿美元, 其中, 2018 年分立器件的市场规模约 130 亿美元, 约占整体市场的三分之一。推动该市场增长的主要因素为电力基础设施的升级、便携式设备对高能效电池的需求增长。其中, 汽车应用市场增速最高, 主要归因于混合动力汽车 (HEV) 和电动汽车 (EV) 的数量日益增长和全球对轿车及其他乘用车的需求不断增加。

综合参照 Yole 和 IHS Markit 的数据, 2018 年 SiC 电力电子器件市场规模约 3.9 亿美元, GaN 电力电子器件市场规模约 0.5 亿美元, 两者合计市场规模在 4.4 亿美元左右, 占整体电力电子器件市场规模的比例达到 3.4% 左右。

第三代半导体电力电子市场成长空间广阔。据 IHS Markit 预计, SiC 和 GaN 电力电子器件预计将在 2020 年达到近 10 亿美元, 受益于混合动力及电动汽车、电力和光伏 (PV) 逆变器等方面的需求增长, 自 2017 起, 由于 SiC 和 GaN 电力电子器件在混合动力和电动汽车的主传动系逆变器中的应用开启, SiC 和 GaN 电力电子器件市场年复合增长率 (CAGR) 将超过 35%, 到 2027 年达到 100 亿美元。据 Yole 预测, 在汽车等应用市场的带动下, 到 2023 年 SiC 电力电子器件市场规模将增长至 14 亿美元, 复合年增长率接近 30%。目前, SiC 电力电子器件市场的主要驱动因素是功率因数校正 (PFC) 和光伏应用中大规模采用的 SiC 二极管。然而, 得益于 SiC MOSFET 性能和可靠性的提高, 3~5 年内, SiC MOSFET 有望在电动汽车传动系统主逆变器中获得广泛应用, 未来 5 年内驱动 SiC 器件市场增长的主要因素将由 SiC 二极管转变为 SiC MOSFET。

据 IHS Markit 预测, 到 2020 年 GaN 电力电子晶体管在同等性能的情况下, 将会达到与 Si MOSFET 和 IGBT 持平的价格, 到 2024 年 GaN 电力电子器件市场预计将达到 6 亿美元。IHS Markit 认为, GaN 电力电子器件有可能凭借成本优势, 取代价格较高的 SiC MOS-FET, 成为 2020 年代后期逆变器中的首选。

(2) 可靠性获认可, 开启汽车市场。电动汽车销量快速增长拉动电力电子器件市场需求。据国际能源署 (IEA) 预测, 到 2030 年, 在全球销售的纯电动汽车台数将达到 2017 年的 15 倍, 增至 2150 万辆。随着纯电动汽车销量的成倍增加, 车用电力电子器件的市场规模也将快速扩大。以 SiC 和 GaN 为代表的第三代半导体电力电子器件具有高效节能、小型化等诸多优点成为关注焦点。国际传统电力电子器件大厂纷纷发力汽车市场。2018 年 3 月, 世界最大的电力电子器件生产企业德国英飞凌与上海汽车宣布成立合资企业, 为中国市场生产汽车级框架式 IGBT 模块。排名第 2 的美国安森美半导体公司也将以车载半导体为中心, 扩充电力电子器件产品。此外, 日本电力电子器件生产企业东芝、三菱电机和富士电机也纷纷投资百亿日元规模资金用于扩产纯电动汽车用半导体电力电子器件。

第三代半导体电力电子器件加速开启汽车市场。据 Yole 统计, 2018 年, 国际上有 20 多家汽车厂商已经在车载充电机 (OBC) 中使用 SiC SBD 或 SiC MOSFET。此外, 特斯拉 Model 3 的逆变器采用了意法半导体生产的全 SiC 功率模块, 该功率模块包含两个采用创新芯片贴装解决方案的 SiC MOSFET, 并通过铜基板实现散热。目前几乎所有汽车制造商, 特别是中国企业, 都计划于未来几年在主逆变器中应用 SiC 电力电子器件。

截至 2018 年 3 月, GaN Systems 宣布其 GaN E-HEMT 器件的合格性测试时间已超过 1 万小时, 10 倍于 JEDEC 资格要求的 1000 小时, 增强了早期采用者对 GaN 晶体管的可靠性的信心。除获得 JEDEC 认证外，多家企业的 GaN HEMT 产品相继获得汽车级认证。2017 年 Transphorm 公司推出第一款同时通过 JEDEC 和 AEC-Q101 认证的 GaN 场效应晶体管（650V、49mΩ）。2018 年 5 月，EPC 的 2 款 GaN 电力电子器件产品 EPC2202（80V、脉冲电流 75A、16mΩ）、EPC2203（80V、脉冲电流 18A、73mΩ）首次获得汽车 AEC-Q101 认证。据 IHS Markit 分析，由于 GaN 晶体管可能率先突破大尺寸外延瓶颈从而降低价格，相较 SiC MOSFET，GaN 晶体管可能会成为 2020 年代后期逆变器中的首选。

3.3.1.2　GaN 射频器件市场渗透率超过 25%

（1）GaN 射频器件渗透率超过 25%。GaN 射频器件已成功应用于众多领域，以无线基础设施和国防应用为主，还包括卫星通信、民用雷达和航电、射频能量等领域。据 Yole 统计，2018 年全球 3W 以上 GaN 射频器件（不含手机 PA）市场规模达到 4.57 亿美元，在射频器件市场（包含 Si LDMOS、GaAs 和 GaN）的渗透率超过 25%。预计到 2023 年市场规模将达到 13.24 亿美元，年复合增长率超过 23%。

（2）国防、基站双擎拉动，射频产业快速发展。国防是 GaN 射频器件最主要的应用领域。由于对高性能的需求和对价格的不敏感，国防市场为 GaN 射频器件提供了广阔的发展空间。据 Yole 统计，2018 年国防领域 GaN 射频器件市场规模为 2.01 亿美元，占 GaN 射频器件市场的份额达到 44%，超过基站成为最大的应用市场。全球国防产业没有减缓的迹象，GaN 射频器件在国防领域的市场规模将随着渗透率的提高而继续增长，预计到 2023 年，市场规模将达到 4.54 亿美元，2018~2023 年年均复合增速为 18%。

基站是 GaN 射频器件第二大应用市场。据 Yole 统计，2018 年基站领域 GaN 射频器件规模为 1.5 亿美元，占 GaN 射频器件市场的 33% 的份额。随着 5G 通信的实施，2019~2020 年市场规模会出现明显增长。预计到 2023 年，基站领域 GaN 射频器件的市场规模将达到 5.21 亿美元，2018~2023 年均复合增长率达到 28%。

3.3.1.3　市场需求增长，生产企业积极扩产

电动汽车销量快速增长拉动电力电子器件市场需求。据国际能源署（IEA）预测，到 2030 年，在全球销售的纯电动汽车台数将达到 2017 年的 15 倍，增至 2150 万辆。随着纯电动汽车销量的成倍增加，车用电力电子器件的市场规模也将快速扩大。以 SiC 和 GaN 为代表的第三代半导体电力电子器件具有高效节能、小型化等诸多优点成为关注焦点。

国际传统电力电子器件大厂纷纷发力汽车市场。2018 年 3 月，世界最大的电力电子器件生产企业德国英飞凌与上海汽车宣布成立合资企业，为中国市场生产汽车级框架式 IGBT 模块。排名第 2 的美国安森美半导体公司也将以车载半导体为中心，扩充电力电子器件产品。此外，日本电力电子器件生产企业东芝、三菱电机和富士电机也纷纷投资百亿日元规模资金用于扩产纯电动汽车用半导体电力电子器件。

市场需求增长，第三代半导体尤其是 SiC 生产企业积极扩产。随着已经广泛应用的开关电源、光伏逆变和刚开启应用的新能源汽车功率变换等下游需求的快速增长，2017 年以来 SiC 电力电子器件处于供不应求的状态。为了应对日益增长的需求，SiC 产业链上下游企业纷纷开始扩产。2018 年，SiC 外延片生产企业美国 II-IV 和日本昭和电工、电力电子器件 IDM 制造企业日本罗姆、电力电子器件代工企业美国 X-Fab 和中国台湾的汉磊科技均已发布扩产计划。

2018 年国际第三代半导体企业扩产情况见表 3-15。

表 3-15 2018 年国际第三代半导体企业扩产情况

时间	企业	投资金额	明　　细
2018 年 5 月	日本罗姆	600 亿日元	2018 年 5 月 8 日，ROHM 为加强需求日益扩大的 SiC 功率元器件的生产能力，决定在 ROHM Apollo Co., Ltd.（日本福冈县）的筑后工厂投建新厂房，新建一栋 6 英寸 SiC 的新大楼；预计于 2019 年动工，于 2020 年竣工；生产能力为 6 英寸 SiC 月产 5000 片，生产设备可以同时应对 6 英寸与 8 英寸产品；罗姆目标 2025 年在 SiC 电力电子器件市场能获得 30% 左右的市场份额，成为行业领先者；为了实现这一目标，罗姆计划截至 2024 财年累计将进行约 600 亿日元的设备投资，SiC 电力电子器件产能较 2016 年预计增加约 16 倍
2018 年 5 月	美国 II-VI	—	2018 年 5 月 14 日，II-VI 子公司 II-VI EpiWorks 宣布将位于美国伊利诺伊州的化合物半导体外延制造中心的产能扩充为原来的 4 倍；II-VI EpiWorks 是 II-VI 公司的子公司，由伊利诺伊大学香槟分校微纳米技术实验室（MNTL）的教师和研究生创建；II-VI EpiWorks 致力于将该公司保留在伊利诺伊州，并帮助该大学成为半导体研究、商业化和制造中心
2018 年 8 月	美国 X-Fab	—	2018 年 8 月 30 日，X-Fab 宣布计划将位于得克萨斯州的 6 英寸 SiC 代工厂的加工能力增加一倍，以应对客户对高效率电力电子器件的需求；为了准备双倍产能，德州 X-FAB 购买了第二台加热离子注入机，用于制造 6 英寸 SiC 晶片；预计这种加热离子注入机将于 2018 年底交付，产能将于 2019 年第一季度释放
2018 年	日本昭和电工	—	昭和电工表示，该公司之前分别于 2017 年 9 月、2018 年 1 月宣布增产 SiC 晶圆，不过因 SiC 制电源控制晶片市场急速成长、为了应来自顾客端旺盛的需求，决定对 SiC 晶圆进行第 3 度的增产投资；昭和电工 SiC 晶圆月产能甫于 2018 年 4 月从 3000 片提高至 5000 片（第 1 次增产），且将在 2018 年 9 月进一步提高至 7000 片（第 2 次增产），而进行第 3 度增产投资后，将在 2019 年 2 月扩增至 9000 片的水准、达现行（5000 片）的 1.8 倍
2018 年	中国台湾汉磊科技	—	2018 年 8 月宣布，汉磊科技决定扩大 SiC 产能，董事会决议斥资 3.4 亿元新建置 6 寸 SiC 生产线，为中国台湾地区第一家率先扩增 SiC 产能的代工厂，预计 2019 年下半年可以展开试产；汉磊目前已建立 4 寸 SiC 制程月产能约 1500 片，预计将现有 6 寸晶圆厂部分生产线改为 SiC 制程生产线，先把制程建立起来，以满足车载、工控产品等客户强劲需求

资料来源：CASA 整理。

3.3.1.4　企业并购活跃，产业持续整合

据 CASA 不完全统计，2018 年，国际第三代半导体行业 SiC 和 GaN 领域有 6 起并购案例，披露的交易金额接近 100 亿美元。其中，美国 Microchip 收购 Microsemi 的交易对价就达到了 83.5 亿美元，是 2018 年国际第三代半导体领域最大的并购交易。但实际上，Microsemi 的业务以 Si 集成电路为主，其第三代半导体业务（SiC SBD 和 MOSFET）占比很小。从被收购企业所在产业链环节来看，2018 年的并购交易以器件环节为主，其次是材料生长和加工环节。从并购类型来看，以产业链横向并购为主，此外，部分电路保护企业通过跨界收购的方式切入 SiC 电力电子器件领域。

产业链横向并购方面，美国 Cree 以 3.45 亿欧元收购德国英飞凌射频业务，增强 Cree 在射频封装方面的技术实力；英国 IQE 花费 500 万美元收购澳大利亚 Silex Systems 旗下子公司 Translucent 公司拥有的 cREO（TM）技术和 IP 组合，进一步增强 IQE 的 Si 基化合物半导体外延生长能力；整合单片机、混合信号、模拟器件和闪存专利解决方案的供应商美

国 Microchip 斥资 83.5 亿美元收购美国半导体企业 Microsemi，扩展 Microchip 在通信、航空和国防等多个终端市场的市占率。英飞凌以 1.39 亿美元收购初创企业 Siltectra，将一种高效的晶体材料加工工艺"冷切割"技术收入囊中。

跨界并购方面，电路保护企业美国 Littelfuse 以 6.55 亿美元收购功率半导体企业美国 IXYS，完善公司在功率控制领域的产品组合；电气保护与控制、先进材料供应商法国美尔森（Mersen）收购法国 CALY Technologies 49% 的股份，这项投资将巩固 CALY 的 SiC 电流限制器件（Current Limiting Devices）和肖特基二极管器件等产品组合，为电气保护和电力转换应用提供突破性的创新产品。

2018 年国际第三代半导体行业 SiC 和 GaN 领域并购情况见表 3-16。

表 3-16　2018 年国际第三代半导体行业 SiC 和 GaN 领域并购情况

时间	收购方	被收购方	交易金额	影　响
2018 年 1 月	美国 Littelfuse	美国 IXYS	6.55 亿美元	IXYS 是电力电子器件和集成电路市场的全球领导者之一，专注于工业、通信、消费和医疗市场的中高压功率控制半导体；两家公司的结合带来了广泛的电力电子器件产品系列、互补的技术专长和强大的人才队伍，符合 Littelfuse 在功率控制和工业 OEM 市场加速增长的公司战略
2018 年 3 月	美国科锐	德国英飞凌射频业务	3.45 亿欧元	此次收购强化了 wolfspeed 在 RF GaN- on-SiC 技术领域的领导地位，并提供了进入更多市场、客户和包装专业知识的机会
2018 年 3 月	英国 IQE	收购澳大利亚 Silex Systems 旗下 Translucent 拥有的 cREO（TM）技术和 IP 组合	500 万美元	cREO（TM）技术提供了一种独特的方法来制造各种 Si 基化合物半导体产品，包括用于新兴功率开关和 RF 技术市场的 Si 基 GaN；收购 cREO（TM）技术将进一步增强 IQE 的 Si 基化合物半导体外延生长能力
2018 年 4 月	法国 Mersen	法国 CALY Technologies 49% 股份	—	这项投资将巩固 CALY 的 SiC 电流限制器件和肖特基二极管器件等产品组合，为电气保护和电力转换应用提供突破性的创新产品
2018 年 5 月	美国 Microchip	美国 Microsemi	83.5 亿美元	这笔交易将扩展 Microchip 在多个终端市场的市占率，包括通信、航空和国防等市场；这些市场领域占 Microsemi 销售额的 60% 左右，此次收购将使其服务的市场规模从 180 亿美元扩大至 500 亿美元以上
2018 年 11 月	美国英飞凌	德国 Siltectra	1.39 亿美元	与普通锯切割技术相比，Siltectra 开发出了一种分解晶体材料的新技术—冷切割；"冷切割"是一种高效的晶体材料加工工艺，能够将材料损失降到最低

资料来源：CASA 整理。

3.3.1.5　产品价格仍高，后续降价可期

目前，SiC、GaN 电力电子的价格仍然较高，GaN 射频器件价格基本达到用户可接受

范围。2018 年由于产品供不应求，SiC 电力电子器件的价格较年初有所上涨。SiC 电力电子器件的价格是同规格 Si 器件的 5～10 倍，而 Si 基 GaN HEMT 电力电子器件（600～650V）的价格比 SiC 器件高 50%以上。整体而言，SiC、GaN 电力电子器件的价格离业界可普遍接受的价格（是 Si 产品价格的 2～3 倍）还有较大距离，产品的快速渗透有赖于后续生产成本的降低。射频器件方面，RF GaN HEMT 的价格较年初有所下降，已经降到 Si LDMOS 价格的 3 倍以内，在系统层面已经达到用户可接受的范围，随着技术的不断成熟，后续仍有较大降价空间。

（1）电力电子器件。据 CASA 对 Mouser 和 Digi-key 数据统计分析，截至 2018 年 12 月，业内累计推出了超过 790 个品类 SiC 器件，较 1 月增加 19.3%，其中二极管 600 个，分立半导体模块 81 个，晶体管 113 个；以及 207 个电力电子 GaN HEMT，1 月时该数量只有 15 个，产品类型实现大幅增长。从供应厂家来看，有 21 家企业提供 SiC 电力电子产品，5 家企业提供 GaN 电力电子产品。

目前有包括 Infineon、Rohm、Cree、STM 等 20 家企业提供 SiC 肖特基二极管产品。截至 12 月，产品类型最多的企业分别为 ROHM、Infineon、Cree 和 STM，其提供的产品占比达 53.2%。从上述 4 家产品对比来看，ROHM 和 Cree 产品价格较高，STM 产品价格最低。

不同制造商 SiC 肖特基二极管产品平均价格对比见表 3-17。

表 3-17　不同制造商 SiC 肖特基二极管产品平均价格对比　　　　　（元/A）

耐压/V	Cree	Infineon	ROHM	STM
600	4.13	3.42	4.73	2.19
650	4.06	2.56	3.37	2.20
1200	9.46	6.84	10.39	4.03

数据来源：Mouser、CASA。

不同制造商 SiC SBD 产品价格中位数对比见表 3-18。

表 3-18　不同制造商 SiC SBD 产品价格中位数对比　　　　　　（元/A）

耐压/V	Cree	Infineon	ROHM	STM
600	3.81	2.86	4.36	2.01
650	4.07	2.47	2.90	1.91
1200	8.87	5.64	9.31	3.47

数据来源：Mouser、CASA。

SiC 肖特基二极管价格是同规格 Si 快恢复二极管（FRD）的 5 倍左右。最高工作温度下，耐压 600V SiC 肖特基二极管的平均价格为 4.80 元/A，是 600V Si FRD 的平均价格（1.02 元/A）的 4.7 倍；1200V SiC 肖特基二极管产品的平均价格为 7.54 元/A，约是 1200V Si FRD 的平均价格（1.32 元/A）的 5.7 倍；650V 和 1700V SiC 肖特基二极管平均价格分别为 2.84 元/A 和 24.41 元/A。

SiC 肖特基二极管与 Si FRD 平均价格对比见表 3-19。

表 3-19　SiC 肖特基二极管与 Si FRD 平均价格对比　　　　　（元/A）

耐压/V	SiC 肖特基二极管平均价格	Si FRD 平均价格	价格之比
600	4.80	1.02	4.7X
650	2.84	—	—
1200	7.54	1.32	5.7X
1700	24.41	—	

数据来源：Mouser、CASA。

SiC 肖特基二极管与 Si FRD 价格中位数对比见表 3-20。

表 3-20　SiC 肖特基二极管与 Si FRD 价格中位数对比　　　　（元/A）

耐压/V	SiC 肖特基二极管价格中位数	Si FRD 价格中位数	价格之比
600	3.32	0.54	6.1X
650	2.47	—	—
1200	6.08	0.94	6.5X
1700	20.00	—	

数据来源：Mouser、CASA。

SiC 肖特基二极管价格分布图，如图 3-1 所示。

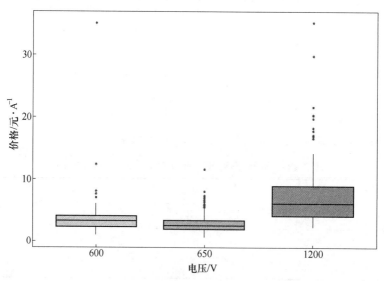

图 3-1　SiC 肖特基二极管价格分布图（截至 2018 年 12 月）

（数据来源：Mouser、CASA）

SiC MOSFET 价格约是同规格 Si IGBT 的 8~13 倍。目前有包括 Cree 和美高森美等 8 家企业提供 SiC 晶体管产品。最高工作温度下，耐压 650V SiC MOSFET 的平均价格为 4.18 元/A，是 650V Si IGBT 的平均价格（0.35 元/A）的 11.9 倍；1200V SiC MOSFET 产品的平均价格为 7.05 元/A，约是 1200V Si IGBT 的平均价格（0.87 元/A）的 8.1 倍；900V 和 1700V SiC MOSFET 平均价格分别 3.78 元/A 和 11.31 元/A，分别为 Si IGBT 的平均价格的 3.4 倍和 3.3 倍。

SiC MOSFET 与 Si IGBT 平均价格对比见表 3-21。

表 3-21　SiC MOSFET 与 Si IGBT 平均价格对比　　　　　　　（元/A）

耐压/V	SiC MOSFET 平均价格	Si IGBT 平均价格	价格之比
650	4.18	0.35	11.9X
900	3.78	—	—
1200	7.05	0.87	8.1X
1700	11.31		

数据来源：Mouser、CASA。

SiC MOSFET 与 Si IGBT 价格中位数对比见表 3-22。

表 3-22　SiC MOSFET 与 Si IGBT 价格中位数对比　　　　　　（元/A）

耐压/V	SiC MOSFET 价格中位数	Si IGBT 价格中位数	价格之比
650	4.05	0.31	13.1X
900	3.70	—	—
1200	6.34	0.79	8.0X
1700	11.72	—	—

数据来源：Mouser、CASA。

电力电子 Si 基 GaN HEMT 产品品类大幅增加，但价格较高。目前有包括 EPC、GaN Systems 等 5 家企业对外销售电力电子 Si 基 GaN HEMT 器件。EPC 产品耐压全部位于 350V 及以下，除 GaN Systems 有 5 款产品的耐压为 100V 外，其他产品耐压均在 600~650V。室温（25℃）下，600~650V 产品的平均价格为 6.39 元/A，价格高于以最高工作温度下电流计量的 SiC MOSFET 产品，而 350V 及以下产品价格的平均值为 2.30 元/A。

（2）射频器件。RF GaN HEMT 价格跨度较大，价格略有下降。目前有包括 Qorvo、Cree、NXP 和 MACOM 4 家企业对外销售 170 个类型的 RF GaN HEMT 器件，产品报价范围为 90~9000 元/只，平均价格为 23.78 元/W，较年初下降约 7.65%，已经降到 Si LDMOS 平均价格（8.50 元/W）的 3 倍以内。4 家企业中 MACOM 主要产品为 Si 基 GaN 射频器件，Qorvo、Cree 和 NXP 主要生产 SiC 基 GaN 射频器件。其中，MACOM 的 Si 基 GaN 射频器件的频率在 6GHz 以下，产品价格与 SiC 基 GaN 射频器件相当。

3.3.2　国内市场需求及下游应用情况

3.3.2.1　电力电子市场同比增长 56%

（1）SiC、GaN 电力电子器件市场规模约 28 亿元。受到经济形势的影响，2018 年我国半导体电力电子市场增速有所下滑。中国半导体协会数据显示，预计 2018 年中国半导体电力电子市场规模为 2264 亿元，同比增长率为 4.3%。2018 年，SiC、GaN 器件在电力电子应用领域的渗透率持续加大。根据 CASA 统计，2018 年国内市场 SiC、GaN 电力电子器件的市场规模约 28 亿元，同比增长 56%，预计未来五年复合增速为 38%，到 2023 年 SiC、GaN 电力电子器件的市场规模将达到 148 亿元。

现阶段我国第三代半导体电力电子器件的市场渗透率仍然较低。国内应用市场中，进口产品的占有率仍然超过 90%，市场继续被国际电力电子器件巨头公司 Cree、Rohm、In-feneon、Macom 等公司产品占有，进口替代问题仍然亟须突破。

2016～2023 年我国 SiC、GaN 电力电子器件应用市场规模预估，如图 3-2 所示。

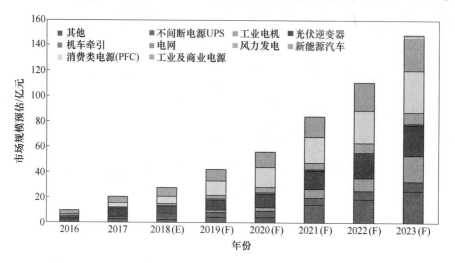

图 3-2　2016～2023 年我国 SiC、GaN 电力电子器件应用市场规模预估

（数据来源：CASA）

（2）电源市场占据半壁江山，光伏逆变器紧随其后。从应用市场来看，第三代半导体器件在电源（包括不间断电源 UPS、消费类电源 PFC、工业及商业电源）、太阳能光伏逆变器领域取得了较大进展。

电源领域是第三代半导体电力电子器件领域最大的市场，规模约为 16.2 亿元，占到整个第三代半导体电力电子器件市场规模的近 58%。以工业及商业电源市场中的服务器电源为例，从 2017 年三季度开始受到挖矿机的影响，预计 2018 年国内服务器电源市场规模约为 960 亿元，该领域中 SiC 电力电子器件的市场规模可达 6.8 亿元。

太阳能光伏逆变器虽然在 2018 年第三代半导体电力电子器件领域仍然占据第二大的市场份额，但由于受到光伏"5·31"新政的影响，2018 年中国新增光伏装机量有所减缓，全年约 40GW，比 2017 年全年的新增量减少了 25%。据 CASA 测算，2018 年第三代半导体电力电子器件在光伏逆变器的市场规模约 6.8 亿元，相比 2017 年增速仅 7%。尽管如此，SiC 电力电子器件在光伏逆变器中渗透率却在逐年提升，国内几大太阳能光伏厂商从 2017 年均已开始采用 SiC 二极管，到 2019 年 SiC 电力电子器件的渗透率有望超过 20%。

（3）新能源汽车市场规模 1.5 亿元，整车市场有待起航。新能源汽车市场包括新能源汽车整车和充电桩两个细分领域，近两年来一直是第三代半导体电力电子器件应用领域中备受瞩目的市场，而受到技术和成本等因素的制约，该市场的增长情况一直低于预期。2018 年新能源汽车领域第三代半导体电力电子器件市场规模仅有 1.5 亿元，虽然较 2017 年增长超过 87%，但 90% 的市场由充电桩市场占据，新能源整车市场仍未起航。

2018 年新能源汽车销售量累计值超过 100 万台，累计产销率比上年同期增加 0.8%。但是在新能源整车应用领域第三代半导体器件的渗透率有待进一步提升。据 CASA 测算，2018 年新能源汽车上功率电子器件的市场规模高达 6 亿元，而第三代半导体电力电子器件的市场规模仅 1700 万元。

新能源汽车市场另一细分领域——充电桩市场表现反而不俗。以直流充电桩为例，据 CASA 测算，电动汽车充电桩中的 SiC 器件的平均渗透率达到 10%，2018 年整个直流充电桩 SiC 电力电子器件的市场规模约为 1.3 亿元，较 2017 年增加了一倍多。

2018 年我国 SiC、GaN 电力电子器件应用市场分布，如图 3-3 所示。

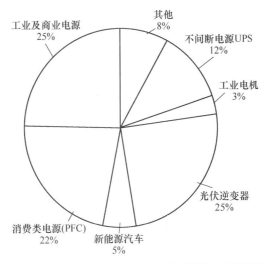

图 3-3　2018 年我国 SiC、GaN 电力电子器件应用市场分布

（数据来源：CASA）

3.3.2.2　微波射频市场约 24.5 亿元

（1）GaN 射频器件市场规模约 24.5 亿元。2018 年，我国第三代半导体微波射频电子市场规模约为 24.5 亿元，较 2017 年同比增长 103%。国防应用和基站的持续增长将推动 GaN 射频市场规模不断放大。根据当前细分市场来看，国防、航天应用仍为驱动 GaN 市场的主力军，占 GaN 射频市场规模的 47%。受益于国防需求驱动，特别是机载和舰载军用装备现代化转变，我国军用雷达系统更新换代，AESA（有源相控阵）雷达技术成为主流，这将推动对 GaN 射频市场需求不断增长。

2016~2023 年我国 GaN 射频器件应用市场规模预估，如图 3-4 所示。

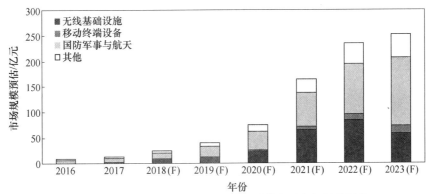

图 3-4　2016~2023 年我国 GaN 射频器件应用市场规模预估

（数据来源：CASA）

（2）移动通信基站成为 GaN 射频器件最主要增长来源。移动通信市场是 GaN 射频器件市场增长的新动力。多频带载波聚合和大规模 MIMO 等新技术的出现，要求通信基站必须逐步采用性能更优异的功率放大器件。随着 5G 商业化渐行渐近，5G 基站的规模化铺设将进一步催生对射频微波射频器件的大量需求。移动通信基站应用方面，2018 年 GaN 射频市场需求达到 9 亿元，同比增长翻两番。2018 年我国两大设备商——中兴、华为在 5G 业务领域中砥砺奋进。受中美贸易战影响，中兴通讯上半年受"禁运事件"影响测试进程，下半年加速追赶并持续保持在第一梯队。在美国、澳大利亚、意大利、加拿大等欧美国家阻挠声中，华为高歌猛进，11 月底 5G 基站发货量超过 1 万套，带动 GaN 射频器件需求规模超过 0.4 亿元。

（3）未来 5 年复合增速有望达 60%。从市场前景来看，我国 5G 商业化渐行渐近，随着移动通信要求的工作频率和带宽日益增加，GaN 在基站和无线回传中的应用持续攀升，预计 2018~2023 年未来 5 年我国 GaN 射频器件市场年均增长率达到 60%，2023 年市场规模将有望达到 250 亿元。

3.3.2.3　LED 应用规模超 6000 亿元

通用照明为最大应用市场，新兴应用开始起量。半导体照明是目前光电子板块发展最快、体量最大的细分领域，我国目前是全球最大的半导体照明制造中心、销售市场和出口地。

我国半导体照明应用域分布，如图 3-5 所示。

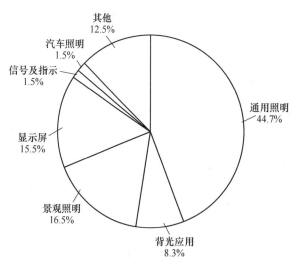

图 3-5　我国半导体照明应用域分布

（数据来源：CSA Research）

2018 年，在内忧外困的背景下，LED 产业整体发展增速放缓，进入下降周期。其中，应用环节约 6080 亿元，同比增长 13.8%。其中，通用照明仍是最大的应用市场，占比达 44.1%，但增速放缓，2018 年约为 5.0%，产值达 2679 亿元。景观照明仅次于通用照明为第二大应用，产值达 1007 亿元，同比增长 26%，占整体应用市场的 16.5%。显示应用中超小间距显示屏是市场主要驱动力，2018 年，LED 显示屏产值为 947 亿元，同比增长 30.2%。汽车照明作为 LED 应用新突破点，实现同比 20% 的高增长。农业光照、紫外

LED、红外 LED 等创新应用市场推进速度加快，新品不断推出，市场热度较高，逐步开始起量。

（1）照明渗透近 50%，步入成熟期。2018 年，LED 已成为主流照明光源，替代性光源渗透率已近 50%，LED 通用照明已经进入成熟期，增长空间开始逐步见顶。2018 年，我国国内 LED 照明产品产量约 135 亿只（套），国内销量约 64 亿只（套），LED 照明产品国内市场份额（LED 照明产品销售数量/照明产品总销售数量）达到 70%。

同时，国内 LED 照明产品的在用量达到 60 亿只（套），国内 LED 产品在用量渗透率（LED 照明产品在用量/照明产品在用量）也达到 49%，2018 年 LED 照明产品实现节电 2790 亿度，实现碳排放减少 2.2 亿吨。

我国 LED 照明产品产量增长情况，如图 3-6 所示。

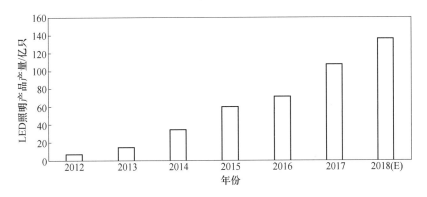

图 3-6　我国 LED 照明产品产量增长情况

（数据来源：CSA Research）

（2）出口微增，贸易摩擦影响信心。2018 年开始的中美贸易战对整个行业造成了较大的冲击，尽管对实际出口金额的影响暂时并不明显，但对企业的信心影响较大。对于 LED 行业而言，我国目前是全球最大的 LED 照明产品生产国及出口国，照明出口依存度超过 50%，一旦美国惩罚性关税实质执行，中国 LED 产业也必然受到较大影响。从长期来看，国外 LED 大厂已经陆续开始将产能从中国转移至成本更低的东南亚国家。而随着人工、土地、金融成本增加，加上贸易壁垒的限制，国内制造代工企业对全球产能布局和规划也将逐步纳入战略考虑，未来国内订单转移或将时有发生。

在此背景下，2018 年 1~11 月，我国 LED 照明产品出口额达 135 亿美元，相较于 2017 年同期同比增长 2.1%。其中，2018 年上半年的出口额为 73.0 亿美元，较 2017 年同比增长了 17.0%，第三季度出口额为 36.9 亿美元，同比下降了 10.0%。

2012~2018 年 1~11 月我国 LED 照明产品出口额，如图 3-7 所示。

从地区结构来看，美国、欧盟、东南亚仍然是我国 LED 照明产品的主要出口地区。其中，美国占比为 27.5%，仍是我国 LED 照明产品最大的海外市场，前 11 个月总出口额达到 37.2 亿美元，较 2017 年同比增长 9.1%；欧盟是第二大市场，占比 20.7%，与 2017 年持平。金砖国家出口额下降了 19.1%，市场份额下降了 2%；中东地区小幅增长 11.2%，市场份额扩大了 1%；东南亚地区出口额增长了 19.1%，市场份额也上升了 1%。

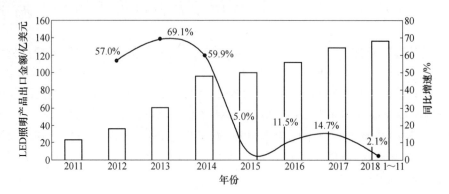

图 3-7　2012~2018 年 1~11 月我国 LED 照明产品出口额❶
（数据来源：中国海关，CSA Research 整理）

2018 年 1~11 月我国 LED 出口市场结构，如图 3-8 所示。

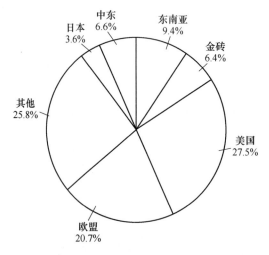

图 3-8　2018 年 1~11 月我国 LED 出口市场结构
（数据来源：中国海关，CSA Research 整理）

　　从我国主要出口省市来看，广东基本占据了半壁江山（45.2%），比 2017 年同期下降了 5%。其次为浙江，出口占比为 25.0%，福建和江苏分列第三和第四。从出口额来看，广东出口额下降了 9.5%，浙江省和上海市分别增长了 5.1% 和 4.0%。此外，上海出口额大幅增长，同比增长率达到 16.7%。

　　2018 年 1~11 月我国 LED 照明产品出口省市占比，如图 3-9 所示。

　　从出口品类结构来看，2018 年前三季度球泡灯（未列明灯具除外）依然是我国主要出口的 LED 照明产品，出口占比达到 30.8%，前 11 个月球泡灯的总出口额同比增幅为 7.8%。除球泡灯外，主要的出口产品包括管灯、装饰灯和灯条等，出口额相较于 2017 年同期均有小幅上升，其中，装饰灯同比增长达到 24.5%，出口占比上升了 1%。

---

❶　数据来源：海关编码（85395000，94051000，94054090），自 2018 年 9 月海关实施汇总申报，部分月份出口数据顺延出现在下个月中。

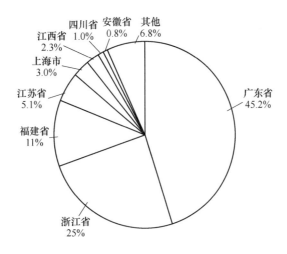

图 3-9 2018 年 1~11 月我国 LED 照明产品出口省市占比

（数据来源：中国海关，CSA Research 整理）

2018 年 1~11 月我国 LED 照明出口产品结构如图 3-10 所示。

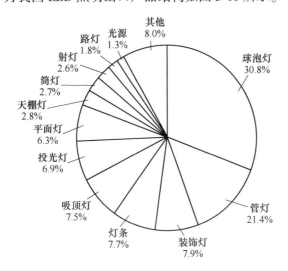

图 3-10 2018 年 1~11 月我国 LED 照明出口产品结构

（数据来源：中国海关，CSA Research 整理）

产品价格指数整体震荡下降，但是下降趋势已经放缓很多。2018 年前 11 个月 LED 照明产品平均出口价格指数下降了 10.7%。

2012~2018 年 11 月我国 LED 照明出口价格指数，如图 3-11 所示。

由于受贸易战影响，2018 年企业进入退出情况较为明显。其中，有 7917 家企业退出 LED 照明产品出口，但同时又有 9079 家进入该领域，企业净增加 1160 家。而从出口集中度来看，中国半导体照明产品出口仍是相当分散的行业，竞争激烈。2018 年 1~11 月，出口额排名前十家厂商的集中度为 13.3%，相比于 2017 年同期下降了 0.08%。排在前十位的企业和位次有少量变动。

2018 年 1~11 月我国 LED 照明产品出口 TOP10 见表 3-23。

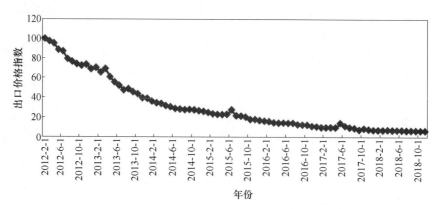

图 3-11　2012~2018 年 11 月我国 LED 照明出口价格指数
（数据来源：中国海关，CSA Research 整理）

表 3-23　2018 年 1~11 月我国 LED 照明产品出口 TOP10

序号	企　　业	主要产品	主要市场
1	漳州立达信光电子科技有限公司	球泡灯、投光灯	美国
2	厦门阳光恩耐照明有限公司	球泡灯、管灯	美国、法国、波兰
3	佛山电器照明股份有限公司	球泡灯、管灯	美国
4	厦门通士达照明有限公司	筒灯	美国
5	厦门龙胜达照明电器有限公司	球泡灯	美国、加拿大
6	上海强凌电子有限公司	球泡灯	美国
7	浙江凯耀照明股份有限公司	球泡灯、平面灯	美国、法国
8	生迪光电科技股份有限公司	球泡灯	波兰、英国
9	快捷达通信设备（东莞）有限公司	管灯	美国、波兰
10	宁波凯耀电器制造有限公司	球泡灯	巴西、法国

数据来源：中国海关，CSA Research 整理。

（3）新兴应用市场未来可期。

1）车用照明替换正当时。车灯主要包括前照灯、后组合灯、雾灯和小灯，是集外观件—安全件—电子件于一体的汽车关键零部件。

汽车照明市场前景可观。据《汽车产业中长期发展规划》指出，中国汽车产量在 2020 年将达到 3000 万辆左右，2025 年将达到 3500 万辆左右，未来 15 年中国汽车的千人保有量将超过 300 辆，届时汽车将年产 4200 万辆。尽管受宏观经济影响，2018 年我国汽车销量增长有所下滑，但车灯市场潜力依然巨大。车灯前装市场规模 2020 年预计将超过 500 亿元，2025 年将超过 700 亿元。我国汽车保有量将超过 2.4 亿辆，后装市场的潜力也是十分巨大。

LED 在车灯领域持续渗透。汽车电子化、智能化趋势下，消费者愿意支付更高价值提升其性能（美观、智能、节能等），产品技术也持续升级，光源逐步进化（延卤素—氙气—LED、OLED、激光的路径发展），控制持续升级（传统—智能—无人驾驶）。目前来看，后灯组合、雾灯组合、车内小灯组合的 LED 渗透早在几年前就已经推进，而 2019 年

LED前照灯渗透进展迅速。LED前照灯延续了豪华车ABB搭载LED—国内30万以上的高端车型呈现出LED化的趋势—中低端车型高配版LED化的路径持续渗透。2018年是LED前大灯全面渗透中低端车型的元年。按2020年LED渗透率40%算，LED汽车照明的前装市场规模接近450亿元。

2）紫外LED前景可期。紫外LED作为不可见光，按照波长，紫外光通常可分为UVA（315~400nm）、UVB（280~315nm）、UVC（200~280nm）。根据不同的波段，紫外LED应用场景也不尽相同。UVA主要应用于光固化、光催化、防伪识别；UVB主要应用于医学光治疗、植物生长光照；UVC主要应用于净化消毒、分析仪器等。紫外LED不仅能够节能、环保、降低成本，还因为其是冷光源，对承载物没有任何损坏，受到政府及市场层面更多关注和支持。

政策利好助力紫外LED市场发展。自2017年8月起，《关于汞的水俣公约》在中国正式生效。截至目前，我国政府先后颁布了《中国严格限制的有毒化学品名录》和《优先控制化学品名录（第一批）》等系列政策文件，对汞的管控提出明确要求。作为传统汞加工制造和汞污染大国，中国政府积极践行《水俣公约》要求，将于2020年起逐步禁止《关于汞的水俣公约》要求的汞添加产品的制造和进出口，这意味着在可预见的未来，利用紫外LED作为汞灯替代品的技术研发和应用将迎来爆发式增长。

紫外LED市场未来空间发展可期。根据CSA Research预测，到2023年我国紫外LED产业整体市场规模约为12.4亿元，其中外延片、芯片市场规模为4.7亿元，紫外器件市场规模为7.8亿元。

2018年紫外LED市场规模约3.7亿元，紫外器件市场规模达到2.3亿元，芯片市场规模约为1.4亿元。其中，紫外芯片80%以上为进口，主要进口国为韩国、日本等国家。在短期内，紫外固化市场规模还将领跑紫外LED市场，但随着近期UVC LED价格的逐渐降低，紫外净化/消毒市场规模有望在2022年/2023年超过紫外固化市场成为领军者。

3）红外LED受益智能化。红外LED并非新技术，早在20世纪60年代就诞生，近期众多红外产品应用持续发展，为红外产业带来无限商机。

2018年大功率红外LED应用渗透加速，相关企业将技术研发重点瞄准了手机、车用、安防监控、红外医疗等高附加价值市场应用。目前红外最大的市场是安全监控，红外LED近年来在安监摄像机中的渗透率大幅提升，主要作为光源，提供夜视照明。随着安防监控智能化时代开启，摄像机技术升级的需求将进一步推动红外LED的市场增长。消费电子领域，生物特征识别、健康监测、视线/眼动追踪、遥控遥感、近接传感、定位追踪、红外测距与避障、近眼投影、光谱分析等功能的开发和加载在后4G时代将成为消费电子的标配。汽车电子市场，车联网时代来临意味着夜视辅助、自适应巡航控制、预碰撞传感、行人保护、手势识别、路口公交优先控制、驾驶员监测等功能模块将逐步加载在新一代的智能汽车上，而这些都将成为IR LED的未来几年主要的市场推动力。此外，物联网和工业互联网中的机器人视觉系统、质量监控系统、无人机应用等都为IR LED在未来的应用带来极大的期望度。

据P&S Market Research数据，未来几年全球红外LED市场预计将以14.3%的复合年增长率增长，到2023年，全球红外LED市场（主要指芯片和器件）预计将达到7.9亿美元。红外接收器的价格下降、红外传感器的使用增加、红外LED在军事应用中的使用增加以及监控行业的需求激增是推动全球红外 LED 市场的一些主要因素。

3.3.2.4　企业稳步扩产，内生发展为本

美国以国家安全为由，联合欧美、日本等发达国家，实施对中国等发展中国家的高端技术封锁，我国半导体领域的海外并购之路艰难。此外，"中兴事件"更揭露了我国在半导体等核心技术方面的缺失，为摆脱受制于人的"卡脖子"局面，真正实现信息安全领域的自主可控，国内半导体自主创新发展需求迫切。在政策和资金的大力支持下，2018 年，国内第三代半导体产业化进程不断深入，企业积极扩产，多条产线（中试线）获得启用。

（1）产线陆续开通，产能不断提升。据 CASA 不完全统计，2018 年国内第三代半导体领域新增 3 条 6 英寸 SiC 产线。2018 年国内 SiC 产线建设顺利，新增 3 条 6 英寸（兼容 4 英寸）SiC 产线（中试线），分别是株洲中车时代、三安集成和国家电网全球能源互联网研究院（中试线）的 6 寸线，均已完成调试开始流片。除上述 3 条线外，国内泰科天润和中电科 55 所已有 SiC 产线，至此，国内目前至少已有 5 条 SiC 产线（包括中试线）。

（2）氮化镓投资升温，碳化硅热度持平。2018 年国内第三代半导体投资扩产热度不减，但重点投资方向略有变化。据 CASA 不完全统计，目前国内第三代半导体相关领域共有 8 起大的投资扩产项目，已披露的总投资额至少达到 639 亿元。从扩产的方向上看，有 4 起与氮化镓（GaN）材料相关，包括外延及芯片、电力电子及射频器件等，投资扩产项目总额为 220 亿元（与 2017 年的 19 亿元相比，增加了近 11 倍），投资企业包括华灿光电、英诺赛科、聚能晶源以及聚力成半导体；碳化硅（SiC）材料相关的衬底、外延及芯片、封装测试、电力电子器件等项目的投资扩产共计 4 起，已披露的总额约为 60 亿元（与 2017 年的 65 亿元基本持平），投资企业包括中科院微电子研究所、中国台湾强茂集团、北京天科合达以及山东天岳。其他以先进半导体集成电路为名义的投资 1 起，投资金额近 359 亿元，其中涉及建设一条 SiC 电力电子器件生产线。

2018 年国内第三代半导体领域投资扩产详情见表 3-24。

表 3-24　2018 年国内第三代半导体领域投资扩产详情

时间	企业	地区	金额	详　情
2018 年 2 月	华灿光电	浙江义乌	108 亿元	华灿光电与义乌信息光电高新技术产业园区管理委员会签署合作协议，拟投资 108 亿元建设先进半导体与器件项目，建设周期 7 年；项目包括 LED 外延及芯片，蓝宝石衬底，紫外 LED，红外 LED，microLED，MEMS 传感器，垂直腔面发射激光器（VCSEL）氮化镓（GaN）基激光器，氮化镓（GaN）基电力电子器件等先进半导体与器件项目
2018 年 6 月	英诺赛科	江苏苏州	60 亿元	2018 年 6 月 23 日，英诺赛科宽禁带半导体项目在苏州市吴江区举行开工仪式；该项目占地 368 亩，建成后将成为世界一流的集研发、设计、外延生产、芯片制造、分装测试等于一体的第三代半导体全产业链研发生产平台，填补我国在氮化镓的电子电力器件及射频器件，尤其是硅基氮化镓领域的产业空白，该项目也是该领域全球首个大型量产基地，单月满产可达 6 万～8 万片，为 5G 移动通信、新能源汽车、高速列车、电子信息、航空航天、能源互联网等产业的自主创新发展和其他转型升级行业提供先进、高效、节能和低成本的核心电子元器件

时间	企业	地区	金额	详　情
2018 年 7 月	聚能晶源	山东青岛	2 亿元	为帮助和尽快形成产能，占领国内第三代半导体材料市场份额，青岛即墨同意与聚能晶源另行签署正式项目合作协议，为聚能晶源提供一系列项目支持；聚能晶源预计本项目投资总额不少于 2 亿元：2018 年年底前投资总额不低于 5000 万元，2020 年年底前投资总额不低于 1.5 亿元；聚能晶源未来产品线将覆盖功率与微波器件应用，打造世界级氮化镓（GaN）材料公司，项目主要产品有面向电力电子器件应用的氮化镓（GaN）外延片，以及面向微波器件应用的氮化镓（GaN）外延片等
2018 年 11 月	聚力成半导体	重庆	50 亿元	聚力成半导体项目占地 500 亩，拟投资 50 亿元，将在重庆大足打造集 GaN 外延片制造、晶圆制造、芯片设计、封装、测试、产品应用设计于一体的全产业链基地。项目建成达产后可实现年产值 100 亿元以上，有望突破我国第三代半导体器件在关键材料和制作技术方面的瓶颈，形成自主制造能力
2018 年 9 月	中科院微电子所	江苏徐州	20 亿元	总投资 20 亿元，主要产品为碳化硅（SiC）肖特基二极管、碳化硅（SiC）MOS 晶体管等电力电子器件
2018 年 9 月	台湾强茂集团	江苏徐州	10 亿元	主营二极管、三极管封装、IGBT 封装、集成电路封装、碳化硅封装、高压贴片电容器等，总投资 10 亿元，打造半导体封装测试生产基地
2018 年 10 月	北京天科合达	江苏徐州	未披露	投资 SiC 晶片项目
2018 年 11 月	山东天岳	湖南长沙	30 亿元	11 月 13 日，浏阳高新区举行天岳 SiC 材料项目开工活动，标志着国内最大的第三代半导体碳化硅材料项目及成套工艺生产线正式开建，也为长沙碳基材料产业发展增添“新引擎”；总投资 30 亿元，分为两期建设，一期占地 156 亩，主要生产 SiC 导电衬底，预计年产值可达 13 亿元；二期主要生产功能器件，包括电力器件封装、模块及装置、新能源汽车及充电站装置、轨道交通牵引变流器、太阳光伏逆变器等，预计年产值可达 50 亿~60 亿元，税收可达 5 亿~7 亿元
2018 年 8 月	上海积塔半导体	上海	359 亿元	该项目为上海市重大产业项目，位于浦东新区临港重装备产业区，占地面积 23 万平方米，总建筑面积 31 万平方米，共由 21 个单体组成，总投资额约 359 亿元，产品重点面向工控、汽车、电力、能源等领域；项目建设分为两个阶段：一阶段建设一条 8 英寸 0.11μm、60000 片/月的生产线，一条 12 英寸 65nm、3000 片/月先进模拟电路先导生产线，一条 6 英寸 5000 片/月 SiC 宽禁带半导体电力电子器件先导生产线；二阶段再建一条 12 英寸 65nm 先进模拟电路生产线，生产能力 47000 片/月，优化 8 英寸生产线的产品结构，扩充 SiC、GaN 电力电子器件的产能

资料来源：CASA 整理。

3.3.2.5　半导体照明市场热度逐步下降，并购量额双降

（1）上市公司效益下滑，盈利压力增大。2018 年，宏观经济承压的背景下，LED 板块（主营 34 家）营收增速在 28 个申万一级行业板块中排名第十三，连续两年下降，高于 A 股整体增速，低于电子板块增速。而从盈利能力来看，LED 主营 34 家的营业利润率

为 11.1%，低于全部 A 股的营业利润率 12.3%，高于整个电子板块的 5.7%，在 28 个申万一级行业板块中排名第十，处于中等水平。

营收利润增长双双大幅收窄。纵向来看营收增速出现"腰斩"，利润增速近 5 年来首次"由正转负"。2018 年前 3 季度，LED 34 家主营企业合计营业收入为 745.1 亿元，同比增长 15.1%，较 2017 年同期下降了 19.0%；LED 34 家主营企业合计利润总额为 92.1 亿元，同比增速为-2.5%，较 2017 年同期增速下降 64.4%。2018 年的营收增速趋缓、利润负增长的情形与 2017 年营收和利润双双回到高点的局面对比强烈。

从各板块来看，在行业整体下降情况下，仍有表现较为亮眼的细分板块。显示、工程板块继续保持高增长，通用照明、芯片板块营收增幅下降明显。各板块营收增速由高到低依次是：下游显示 37.8%＞下游工程 27.3%＞材料配套 23.8%＞LED 主营 34 家 15.1%＞中游封装 10.5%＞下游照明 7.3%＞上游芯片 4.2%。

盈利能力有所下降。销售毛利率方面，34 家主营 LED 企业毛利率为 28.7%，较 2017 年同期下降 1.3%；销售净利方面，LED 主营 34 家企业的销售净利率为 10.2%，较 2017 年同期下降 2.4%；营业利润率方面，LED 主营 34 家企业的营业利润率为 11.1%，较 2017 年同期下降 2.5%。分板块看，上游芯片毛利率和净利率下降非常明显，分别下降 1.8% 和 2.8%，是下降幅度最大的板块；中游封装毛利率和净利率分别下降 1.8% 和 1.1%，下降也较为明显，而通用照明、下游显示和工程板块的毛利率和净利率均得到小幅度改善。在大环境恶化的情况下，大部分 LED 企业均选择了稳定和收缩战略，放弃高扩张、高增长，集中主业，加强管理、削减成本，维护盈利能力，在毛利下降状况下，仍能较好保住营业利润率。但随着政府去杠杆，过去 LED 行业大规模的政府补贴未来预计将较难重现，净利率下滑将不可避免。然而另一方面，随着中央经济工作会议提出将进行大规模的减税降费（包括增值税费调整，个税改革，企业所得税减税），将通过提振消费、降低企业负担等方面对 LED 企业利润率起到正向作用。

（2）并购量额双降，资本转向他业。受经济结构转型升级、流动性紧缩等因素影响，2018 年 LED 行业并购整合活跃度以及整体交易规模出现了明显下降。据 CSA Research 统计，2018 年发生典型并购整合交易 38 起，披露的交易总金额不足 115 亿元，案例数量和交易金额较 2017 年出现了较大幅度下滑。相较而言，德豪润达、华灿光电在 2018 年度大额并购交易中表现亮眼，交易金额近 60 亿元。

2018 年 LED 行业主要并购案例见表 3-25。

表 3-25　2018 年 LED 行业主要并购案例

企业名称	交易标的	交易金额/亿元	收购股权	交易标的业务
德豪润达	三颐半导体	3	13.7%	LED 倒装芯片
	雷士照明于中国境内的制造业务及相关企业	40	—	照明产品生产
华灿光电	美新半导体	16.5	100%	MEMS 传感器产品

续表 3-25

企业名称	交易标的	交易金额/亿元	收购股权	交易标的业务
雷士照明	怡达（香港）光电科技	8.9	100%	LED 照明产品设计、制造及北美市场销售
	香港蔚蓝芯光	8.15	100%	照明、LED、家电设计开发，技术咨询及国际贸易
南昌光谷集团、鑫旺资本	长方集团	7.16	17.43%	LED 封装、离网照明
乾照光电	浙江博蓝特	6.5	100%	图形化蓝宝石衬底的研发、生产和销售
雪莱特	卓誉自动化	3	100%	锂电池自动化设备的研发和生产
厦门信达	厦门国贸汽车	2.43	99%	整车销售、配件供应、车辆维修
	福建华夏汽车城	2.3	100%	汽车销售服务
万润科技	朗辉光电	2.55	51%	照明工程设计与施工
	中筑天佑	2.09	51.02%	照明工程设计与施工

数据来源：CSA Research 整理。

2018 年我国 LED 行业内企业的并购行为较为保守，并购类型以纵向并购为主。据 CSA Research 统计，全年横向并购的交易金额为 17 亿元，交易金额占比较 2017 年下降 2.4%。在相关交易行为中，企业进行横向并购的目的多数集中于拓宽市场交易渠道（如雷士照明收购香港怡达以加强北美市场布局）以及加强对子公司的控制权（如德豪润达收购三颐半导体）等。相比之下，为了能够积极应对相对低迷的市场环境并寻找新的利润增长支撑，LED 相关企业在 2018 年纷纷选择纵向并购与跨界并购的方式来延伸自身的产业布局并实现多元化发展。且在下游应用的相关资本交易中，景观照明、汽车照明等热点领域依旧是并购方关注的焦点。

LED 行业并购规模及不同类型交易占比见表 3-26。

表 3-26 LED 行业并购规模及不同类型交易占比

年份	交易规模	横向并购	纵向并购	跨界并购
2017	>200 亿元	17.0%	60.0%	23.0%
2018	<115 亿元	14.6%	62.3%	23.1%

数据来源：CSA Research 整理。

（3）投资下滑显著，企业信心不足。2018 年 LED 行业扩产规模近 200 亿元。据 CSA Research 统计，2018 年 LED 行业扩产项目仅有 24 起，整体扩产规模较 2017 年下降超过 70%，行业整体扩产意愿较弱。其中，上游扩产规模占比 29%，较 2017 年下降 49%，中游和上游扩产规模占比相应上升，分别达到52%和16%。

2018年各环节扩产分析，如图3-12所示。

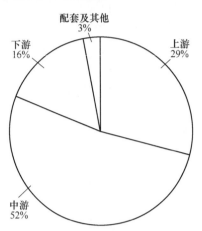

图3-12 2018年各环节扩产分析

（数据来源：CSA Research 整理）

2018年内扩产项目主要集中在龙头企业。如木林森、华灿光电、澳洋顺昌等企业的扩产项目占市场总扩产规模的80%以上，在相对低迷的整体市场环境下，国内大厂力争扩大产能实现规模效应并提高自身的市场份额，以保证利润稳定增长。

2018年LED行业主要扩产事件见表3-27。

表3-27 2018年LED行业主要扩产事件

企业名称	投资项目名称	投资额/亿元	项目简介
木林森	井冈山半导体封装生产项目	50	项目主要从事半导体封装测试、生产、销售
华灿光电	白光LED、Mini/Micro LED开发及生产线扩建项目	7.5	建设期为三年，预计将实现年均利润总额3.75亿元
	MEMS惯性传感器开发及产业化项目	5.3	建设期三年，预计将实现年均利润总额1.14亿元
	VCSEL开发及产业化项目	6.7	预计将实现年均利润总额1.25亿元
乾照光电	VCSEL、高端LED芯片等项目	16	预测2022年实现满产运行，达产后年销售收入9.66亿元，达产年利润总额2.36亿元
澳洋顺昌	蓝宝石图形产业化项目	9.1	达产后实现年产图形化蓝宝石衬底600万片（4英寸）
聚灿光电	LED外延片、芯片生产研发项目（一期）	6.6	年产中高端LED芯片480万片
瑞丰光电	SMD LED封装扩产项目、Mini/Micro LED封装生产项目、Micro LED技术研发中心项目	4.7	全部达产规模为年产178亿只SMD LED封装产品；1180万片Mini/Micro LED封装产品
兆驰光电	LED封装生产线扩增项目	—	2019年年底前，拟新增投资1500~2000条LED封装生产线

数据来源：CSA Research 整理。

此外，为了积极应对中美贸易战和国内宏观经济波动等影响因素，部分企业选择通过对子公司增资的形式来强化海外生产基地布局、拓展销售渠道或加速业务转型。其中代表案例是宝光通过增资越南和约旦子公司以降低产品的生产成本、实现产能的调度、提高海外出口能力。2018 年 LED 行业部分企业增资情况见表 3-28。

表 3-28　2018 年 LED 行业部分企业增资情况

企业名称	被增资主体	金额/亿元	增资目的
光宝	LITE-ON VIETNAM CO., LTD. 和 KBW-LITEON	6.8	扩大海外生产基地，配合客户就近生产
香港木林森	木林森电子（江西）	1.9	拓展木林森电子生产经营规模，改善资产结构，增强其自身运营能力
澳洋顺昌	江苏天鹏电源	1	助力公司动力锂电池项目的建设发展
雪莱特	卓誉自动化	0.3	巩固在新能源汽车领域的布局
洲明科技	Trans-Lux Corporation	0.1	促进洲明科技业务在海外的拓展，巩固多层级的海外经销渠道

数据来源：CSA Research 整理。

3.4　前景展望与发展目标

3.4.1　发展前景展望

第三代半导体因其优越的性能和在国民经济、国防安全、社会民生等领域的广泛应用，成为国际社会科技竞争的焦点之一。当前，我国已开始全球最大、最复杂、发展最快的能源互联网建设，已建和在建全球最高运营速度、最长运营里程、最佳效益的高速轨道交通，并正在发展全球增长最快的新能源汽车，全球最大规模的 5G 移动通信，以及全球产能最大、市场最大的半导体照明产业。所有上述应用都需要第三代半导体材料和器件的支撑。未来，第三代半导体将与第一代、第二代半导体技术互补发展，对节能减排、产业转型升级、催生新的经济增长点发挥重要作用。第三代半导体技术有许多不可替代的优越性质，正处于研究和产业化的高速发展过程之中，产业需求驱动技术创新、应用研究需求驱动基础研究的特征非常明显。

电力电子领域，受新能源汽车等新兴市场的拉动，碳化硅电力电子市场已启动规模应用，氮化镓电力电子技术也开始被市场逐步认可。但半导体在应用系统中成本占比低，性能、成本和可靠性要求高，作为后进入者，国产材料和器件进入应用供应链难度大、周期长，没有机会通过应用验证进行迭代研发，产业化技术能力提升慢。亟须通过示范项目和政策拉动，搭建国家级测试验证和生产应用示范平台，帮助国产材料和器件打开应用市场。目前在技术成熟度、批量化生产能力、全产业链的配套能力、测试评价方法、优化的应用解决方案等方面还存在问题，需要在长期可靠性和低成本方面继续努力。SiC 器件的高耐压、大电流、高可靠和 GaN 与 Si 兼容的 IC 集成化发展将成为未来趋势。未来 5 ~ 15 年，在能源领域，开发出智能电网、光伏并网、风机并网、大规模储能等所需的 1.2 ~ 15kV 高压大容量碳化硅器件，应用于兆瓦级的并网和配网电力电子装置；突破 15 ~ 30kV

高压碳化硅电力电子器件技术，并在特高压直流输电和柔性直流输电系统等领域示范应用，实现新增输电工程中材料、器件和装备的全面自主化。在交通领域，实现轨道交通和新能源汽车领域核心动力材料和器件的自主产业化。在信息领域，为下一代通信系统、数据中心、移动设备等开发高效可靠供电系统，全面替代国外的核心材料和器件。

在射频领域主要细分市场，GaN 渗透率将不断提高。高频和带宽是移动通信技术发展核心和主要挑战。现有主流 Si 基横向扩散金属氧化物半导体（LDMOS）技术受工作频率限制（低于 3GHz），且宽带窄、效率增益提升已接近极限，无法满足未来 5G 系统的应用需求，而 GaAs 则受到输出功率的限制（低于 50W）无法满足高频大功率需求。由于具有工作频带宽、工作频率高、输出功率高、抗辐射能力强等优点，业界公认 GaN 功率放大器将成为移动通信基站的主流技术，正向高频率、大带宽、高效率快速演进，GaN 射频器件在军用和民用细分市场不断攻城略地。现阶段在整个射频市场（功率在 3W 以上），LDMOS、GaAs 和 GaN 几乎三分天下，但未来 LDMOS 的市场份额会逐渐缩小，被 GaN 所取代，而 GaAs 依赖日益增长的小基站带来的需求和较高的国防市场等需求，其市场份额整体相对稳定。长期来看，在宏基站和无线回传领域，GaN 将逐渐取代 LDMOS 和 GaAs 从而占据主导位置；在射频能量领域，LDMOS 有望占据主要市场份额；在其他领域，将形成 GaAs 和 GaN 共同主导的格局。但目前在高频器件的设计、制备与测试，GaN 射频器件的散热技术、增益提升、高度集成化等方面需要突破，是未来产业化的焦点。另外，在 6GHz 以下低频及射频能量应用领域，Si 基 GaN 射频器件表现出了良好的性价比，正成为产业化热点，特别是在射频能量应用领域，通过采用可控的电磁辐射来源加热物品或为各种工序提供动能，现阶段主要采用磁控管，Si 基 GaN 射频器件可实现高功率输出（300W 以上）、低电压驱动、小尺寸高可靠的解决方案，未来将围绕全固态射频半导体形成新的产业链和应用市场。未来 5~15 年，面向 5G 移动通信、物联网和公共安全等领域的迫切需求，通过在关键衬底和外延材料、器件和模块制造工艺、封装测试、应用验证等环节引入全产业链资源进行攻关，构建基于国产核心射频 GaN 器件的射频发射链路全套解决方案，满足下一代移动通信市场需求，实现自主保障。

光电子基础与前沿技术将持续突破，超越照明成重要趋势。半导体照明在过去十多年已形成具备完整产业链条的高技术产业，目前正由光效的技术推动向成本和品质的应用拉动转变，LED 发光技术已突破传统的照明概念，沿长波方向已从蓝光拓宽到绿光、黄光、红光，开拓在生物、农业、医疗、保健、航空、航天和通信等领域应用；沿短波方向已发展高效节能、环境友好、智能化的紫外光源，期望逐步取代电真空紫外光源，开启紫外技术和应用的变革。未来 5~10 年将突破氮化物量子调控与限制技术，发展基于能带调控的光谱精细可调、光子精确可控的新材料与新器件；研制面向脑科学等特种应用的光电集成芯片与系统；研发 Micro-LED 技术，为移动终端提供超高显示密度、超高响应速度、超高光效的新一代多基色显示器件。实现普适高速大容量可见光通信技术，形成照明、显示与通信技术结合的集成应用系统，并建立低成本光辅助保健和医疗的融合系统。MiniLED 与 MicroLED 显示成为上游芯片厂商未来新的产业增长点，被认为是行业景气翻转的关键。其优势在于自发光、分辨率及亮度高、寿命长、耗电量低，能够实现多功能异质集成，实现更多应用场景。在市场对于高品质显示需求的驱动下，Micro-LED 显示技术将最先可能在 55 寸以上的大尺寸显示屏领域打开市场，同时也将在 Smart Watch（智能手表）、AR/

VR 等对于显示品质要求高且价格不敏感的领域进入市场。然而，MicroLED 还面临高波长均匀性材料生长，高良率、低成本微米尺度器件制备，高速大面积巨量转移及键合与修复，新型彩色显示及色转化，基于 TFT 或 CMOS 的驱动电路设计和驱动背板制造等技术瓶颈需要攻克，距离产业化还有一定时间。

超宽禁带半导体材料和器件受到的关注度与日俱增。金刚石具有击穿场强高、化学稳定性好、耐辐照、热导率极高等优点，可以满足未来大功率、强电场、极端强辐射等方面的应用需求。但是目前金刚石除了作为热沉和探测器应用以外，其他方面的产品尚处于研究的阶段，需要突破大尺寸电子级单晶材料、掺杂及器件制备技术。氧化镓由于其禁带宽度大，适合于制造大电压、大功率电子器件及紫外探测器件，并且氧化镓单晶相对易于制备、成本低，成为学术和产业关注的热点。但其热导率低、p 型难于获得等问题，成为产业应用瓶颈。

第三代半导体自主可控发展需求迫切。中国半导体产业该如何发展是一个复杂的问题，涉及战略目标设定、产业定位、技术路线、发展路径、金融支持、人才培养与集聚等多方面。在当前国际国内新形势下，中国第三代半导体产业实现"自主可控"发展具有一定基础也具有可行性。一是当前是进入第三代半导体产业的最佳窗口期。这一时期相关的国际半导体产业和装备巨头还未形成专利、标准和规模的垄断，存在 2~3 年的窗口期。二是有一定的技术和产业积累。中国精密加工制造技术和配套能力在迅速提升，人才队伍基本形成，具备开发并主导这一产业的能力和条件。三是良好的国际合作氛围。越来越多的国外大学和研究机构愿意与中国进行合作研究，并转移成果。此外，每年大量在国外著名高校、科研机构和企业工作并掌握核心技术的专家学者和团队回国创业。四是市场需求的驱动。中国市场的多元性和需求梯度为未来市场提供了机会。五是中国的制度优势。具有中国特色的"政产学研用"协同创新模式，为新兴产业的发展提供了可借鉴的经验和成功的可能性。

3.4.2 发展目标

3.4.2.1 总体目标

突破高频、高效、耐高压、耐高温、抗辐射能力强的第三代半导体核心材料、芯片及应用技术，实现面向电网、高铁、新能源汽车、新一代通用电源应用的功率电子材料和器件、面向新一代移动通信和雷达应用的微波射频电子材料和器件、面向智慧、健康照明、超越照明和新型显示的光电子材料和器件的自主可控，建立全链条全体系的技术、人才、平台的供给和配套能力，打破目前卡脖子的局面，重塑全球半导体产业格局。

3.4.2.2 阶段目标

(1) 2022 年。实现雷达射频功率组件用半绝缘碳化硅单晶衬底材料、氮化镓射频材料及多功能芯片国产化；实现高品质、低成本碳化硅、氮化镓功率半导体材料和器件国产化，在新能源汽车、轨道交通应用验证；开发出宇航级抗辐照宽禁带半导体材料和器件，在卫星电源系统实现应用验证。

(2) 2025 年。实现红绿蓝三基色高光效、高均匀性的 Micro-LED 材料和器件国产化，研制出适合多种应用场景的 Micro-LED 显示屏幕；绿光和黄光 LED 的光电转换效率分别达到 45% 和 30%，深紫外 LED 光电转换效率达到 20%；第三代半导体材料和器件在移动通信、高效电能管理应用中国产化率达到 50%；LED 通用照明市场占有率达到 80%，核心器件国产化率达到 95%；第三代半导体器件在新能源汽车、消费类电子领域实现规模应用。

（3）2035 年。开发出万伏千安级系列超大功率碳化硅材料和器件，实现在特高压柔性输变电核心装备的产业化应用；国产第三代半导体材料和器件在移动通信基站射频功率放大器领域占主导地位，国产化率达到 90%；第三代半导体材料和器件在能源互联网、高速列车、新能源汽车、高效电能管理等领域的国产化率达到 70%。

3.5　问题与建议

3.5.1　主要问题

3.5.1.1　技术开发方面

研发分散、投入不够，缺乏稳定持续支持，原始创新和应用创新能力较弱。我国技术起步晚，相较于发达国家从国家战略层面长期稳定的先导性支持，我国研发投入的力度不够、不集中。企业作为创新的主体，原始创新和应用集成创新能力不足，在产品研发方面重视不够，参与创新研发少、生产跟踪仿制多，"中国制造"产品中缺乏"中国创造"因素，只能依靠廉价销售与低层次竞争手段寻找出路。

材料到应用的链条未完全打通，缺乏有能力落实全链条设计、一体化整体实施的牵头主体。第三代半导体材料及应用技术涉及材料、能源、交通、信息、装备、自动化等多个领域，多学科交叉、融合的特点明显，从基础研发到工程化应用的创新链也很长，但目前应用端与核心材料、器件分离，无法形成利益共同体，缺乏对全产业链的顶层设计、系统布局，一体化整体实施的牵头主体。

3.5.1.2　产业化方面

开放的公共研发、中试、服务平台和装备支撑不足。第三代半导体涉及多学科、跨领域的技术和应用，需要联合多领域优势资源，开展多学科、跨领域的集成创新，但研发和产业化需要昂贵的生长和工艺设备、高等级的洁净环境和先进的测试分析平台，目前国内从事第三代半导体研发的研究机构、企业单体规模小，资金投入有限，研发创新速度慢，工程化技术是短板，成果转化难，公共平台缺乏。目前国内还没有一条能够提供完整第三代半导体芯片制造、开放的工艺线，在硬件条件上与国外有差距，导致国内多数研发项目要到国外流片，造成创新周期长、风险高、成本高、核心技术掌控难的局面。

产业链上下游协同创新需加强。由于国内材料和器件产品的稳定供货能力、产品质量、可靠性仍欠缺，因此，下游应用企业多采用国外成熟产品，本土企业的产品甚至得不到被试用的机会，因而本土企业无法回收资金再投入研发，或者缺少产品试用后带来的技术改进指引。由此，造成产业链上下游的协同创新不足。

3.5.1.3　市场应用方面

针对典型应用的系统解决方案的能力有待提升。目前应用市场对 SiC 和 GaN 带来的附加值已经广泛认可和肯定，但如何更好地发挥相关器件的作用，一线工程师并不十分确定。为此，第三代半导体器件和模组供应商不仅需要提供单品，还需通过提供贴近用户的一系列解决方案来培育市场，向用户灌输第三代半导体器件的优势以及用在何处、如何使用等信息，并为用户提供全方位的系统支持。在此方面需要更多向国外企业学习。

产业生态体系未建立，整体创新环境待完善。我国在第三代半导体产业具有爆发性增长潜力的是由新兴市场所推动的应用领域，如 5G 移动通信、可再生能源并网、电动汽车等，但在产业生态和创新环境方面，与国外相比差距还比较明显，其差距更甚于技术层面。此外，整体行业各层次人才培养规模不够，特别是高端技术创新人才、管理人才和高端技能人才，知识产权保护意识和标准体系也相对薄弱。在标准、检测、认证等方面的行业规则、办事程序和现有的体制等与新材料产业发展规律和特点不相匹配，尚未解决材料"能用—可用—好用"发展过程中的问题和障碍。

3.5.2　政策措施建议

整体而言，我国在第三代半导体光电子材料和器件领域与国际先进水平相比处于并跑状态，在市场需求和产业化水平方面处于领跑状态。但在电力电子半导体材料和器件、射频材料和器件方面，虽然取得了较大进步，但与国际先进水平相比，尚处于跟跑状态。应用市场已经启动，但进口产品占绝对优势，国内各产业环节主流产品仍处于送样、验证或小批量供货阶段，要实现规模化、稳定供货，提供高性能、高可靠产品，尚需等待时日。

3.5.2.1　找准差距，补齐产业短板

技术方面，集中优势资源，尽快突破核心关键技术。材料环节，尽快突破大尺寸、低缺陷密度、高性能、低成本单晶衬底产业化技术；芯片设计与工艺环节，尽快突破 SiC MOSFET、GaN HEMT 等芯片设计和工艺实现技术，解决可靠性关键技术，解决相关的驱动与应用系统仿真等关键技术；封装与测试环节，尽快解决高温、高压、高频、高功率密度等条件下的封装工艺、技术、材料等关键问题，解决高压、大电流、高频、高温等条件下的芯片和模块测试技术问题；工艺装备方面，要充分发挥材料、工艺和装备一体化的优势，结合产业发展的需要，开发先进的国产化工艺装备，以满足第三代半导体未来高速发展对装备的需求。

产业方面，以应用促发展，开展典型试点示范。以应用为导向，建立"技术供给与市场拉动一体化"的试点示范组织实施机制，制定包括技术集成、产品应用、商业模式、工程监管、标准检测等在内的系统化、集成化实施方案，重点开展面向电动汽车（充电、驱动、无人驾驶）、新能源与能源互联网（光伏逆变器、风电变流器、智能微网中的各类固态变压器、固态断路器和开关、储能控制设备等微网控制设备）、5G 通信（基站和终端应用）以及智能照明、光健康、紫外、可见光通信等重点领域的试点示范。以试点示范，加快技术成果转化和产业化，促进国产化应用。

市场方面，完善产品和方案，加强用户引导和教育。当前，用户对第三代半导体材料及器件的优越性能以及所带来的附加值，已经非常清晰，并开始尝试应用，但对用户的教育和培训仍然非常重要。企业在推出面向不同应用的单品时，更要注重提供可解决驱动、控制、拓扑结构、系统集成、系统仿真等系列工程技术问题的解决方案，以加速用户的认知认可，并促使用户能尽快接受新产品并在工作中真正使用新产品。

3.5.2.2　通力合作，把握发展机遇

随着国家战略层面支持力度的加大，特别是我国在节能减排和信息技术快速发展方面

具备比较好的产业基础，且具有迫切需求和巨大的应用市场，我国第三代半导体产业正在迎来宝贵的时间窗口机会。同时，我们要客观认识到，第三代半导体具有典型半导体行业特征，是资本密集和技术密集产业，投资大、回报期长，需要多年的技术沉淀和产业积累，产业起步初期需要政府集中支持引导，更需要企业秉承持之以恒和精益求精的"工匠精神"，以政产学研金多方合作，把握第三代半导体产业大发展的机遇。

发挥政府主导作用，形成合力。第三代半导体产业发展是一个大规模的系统工程，在目前国内企业缺乏资金和技术实力情况下，有必要通过政府作用，发掘和聚合国内有限的科技力量，集中有限资金重点支持，包括材料、芯片、封测、应用、装备各环节，形成上中下游紧密联动、联合开发、快速迭代验证。实现从企业技术引进、政府主导关键技术合作开发，到后续企业自主开发过程。另外，政府的支持不仅表现在财力方面，还有必要提出和引导产业发展战略和技术路线。在新能源汽车、轨道交通、能源互联网等领域，可参考"高铁、特高压"等重大项目跨领域、多学科交叉开发的经验，发挥举国体制优势，加速全链条产业化进程。

鼓励民营、外资等各种经济形式的企业投资。当前，半导体产业的民间投资出现良好势头，但更多关注芯片设计环节，应鼓励各类经济实体投资半导体制造业，鼓励发展第三代半导体专用材料及器件生产线，特别是有半导体行业经验的大型企业集团，使之有能力进入这些领域，并依靠自己的经济实力生存下来并发展壮大。应用方面从对可靠性要求相对较低的消费级电子产业、对第三代半导体器件有刚性需求的产业（如光伏逆变器、5G通信）、受政策导向影响较大的产业（如充电桩）等逐步切入市场。

最大限度利用海外成熟技术和人才。通过在海外设研发中心、海外并购或引进海外人才的方式，短时间内快速提升，重点在技术整合和培养自我开发能力方面，在引进的基础上采取"引进、消化、吸收再创新"的方式形成自主开发能力。美国和日本技术方面较先进，但封锁较严，尤其对中国，并购企业的方式基本行不通，可以通过人才和技术引进，或者在当地设研发中心的方式获得资源。从欧洲（材料、工艺和装备）、俄罗斯（材料）拥有优势的领域，寻找中小规模材料、器件工艺和装备企业，采取整体并购或团队整体引进的方式获得合作。

落实国家已经颁布的对半导体产业的各项优惠政策。落实增值税减免政策，提高折旧率，对进口成套设备提供特批关税和增值税豁免等。放宽企业的融资条件，扩大风险投资基金，形成多渠道投融资的投资机制，允许半导体企业在国内外资本市场有限融资。给半导体企业优先上市权，采取适度的市场保护政策。

附件1：第三代半导体产业集聚区发展情况

在5G、新能源汽车、能源互联网、轨道交通、国防军备等下游应用领域快速发展带动下，第三代半导体产业将成为未来半导体产业发展的重要引擎。2018年是第三代半导体产业发展重要窗口期，创新发展时机日趋成熟，众多企业积极布局，产业链条已经形成。当前，我国第三代半导体产业发展初步形成了珠三角、长三角、京津冀、闽三角等重点发展区域。

1. 珠三角地区

1.1　LED光电产业领跑全国

2011年，广东省科技厅牵头制定《广东省LED产业发展"十二五"规划》，组织高校、科研院所、LED 企业和行业协会的专家，编制《广东省 LED 产业技术路线图》，大力推进协同创新，创办广东半导体照明产业技术研究院、广东省半导体照明产业联合创新中心等协同创新机构。为解决 LED 照明产品的市场化应用难题，通过政府引导、市场化运作方式，先后组织实施"千里十万"示范工程、"绿色照明示范城市"等专项工程，探索出"企业+用户+银行""合同能源管理+供应链+金融""N-EMC"等新的商业模式，整体降低了产品应用成本，迅速跃过了公共照明产品推广应用的临界点。此外，通过省政府印发《广东省推广使用 LED 照明产品实施方案》，与各地市政府签订工作责任书，实现 3 年内在全省公共照明领域全面推广应用 LED 照明产品，带动全社会普及 LED 照明。针对 LED 产品标准跟不上技术创新速度难以对产品质量开展监督的难题，广东省于 2009 年借鉴国际领先的标杆法管理原理，在国内率先建立基于动态评估理念的 LED 照明产品质量评价标杆体系，有力地保障了示范工程高质量的推进，同时为形成技术标准积累了丰富的试验数据。

产业规模约占全国 50%。广东省 LED 产业围绕深圳延伸到东莞、中山、惠州等地区，2018 年全省 LED 产业整体产值约为 4000 亿元，其中深圳 2017 年 LED 产业总产值为 2091.48 亿元，同比增长 18.63%，2013~2017 年 LED 产值平均增速 19.22%，高于同期工业平均水平。

企业数量众多，产业链条完整。广东省 LED 关联性企业 6000 余家，覆盖 LED 产业从上游外延芯片、中游封装、下游应用、配套产业等各个环节，涉及 LED 业务的上市公司 40 余家，其中以 LED 为主营业务的上市公司就达 18 家，占全国 51%。其中深圳市相关 LED 企业数量就达 3000 余家，约占全省 LED 企业总量的二分之一。

龙头企业集聚，照明与显示应用竞争力强。广东 LED 产业链发展较为完善，产业上中下游皆有龙头企业。上游芯片产业分布有深圳同方、珠海德豪润达（2019 年剥离芯片业务）、广东中镓、奥伦德、爱彼斯通等知名企业，封装行业包含国星光电、木林森、鸿利智汇、瑞丰光电、万润科技、聚飞光电、兆驰股份、长方集团、晶科电子等龙头，下游应用行业知名企业则不胜枚举。在照明领域，有从传统照明发展而来的老牌名企，如欧普照明、佛山照明、三雄极光、雪莱特、雷士照明等，也有 LED 显示应用新秀，如洲明科技、雷曼股份、奥拓电子、联建光电等。广东省是国内最大的 LED 封装和显示屏生产基地，集聚了全国最多的 LED 上市公司。

1.2 第三代半导体产业链条基本完备

目前，广东省在第三代半导体产业链各重点环节均有一些典型企业。如在材料环节，有中镓半导体（GaN 单晶衬底）、广州南砂晶圆（SiC 单晶衬底）、比亚迪（SiC 单晶衬底）、东莞天域（SiC 外延）等典型代表，同时吸引 Ampleon、Ommic 等国际知名材料及芯片企业落地；在功率电子器件与模块方面，有基本半导体（SiC 功率器件）、珠海英诺赛科（硅基氮化镓功率器件）、镓能半导体（GaN 功率器件），青铜剑科技（驱动芯片）、广州芯聚能（封装及车载系统）等知名企业。在射频器件与模块方面，有（华为）海思半导体（4G 和 5G 系列射频芯片设计）、深南电路（封装及功率模块）。在半导体制造方面，拥有深爱半导体、方正微电子、中芯国际等龙头半导体制造企业，具有一定的第三代半导体制造基础。在应用领域，广东云集了比亚迪（新能源汽车）、华为（5G 通信）、中兴（5G 通信）、南方电网（能源互联网）、易事特（工业电源）、格力（消费类电子）、美的（消费类电子）、华星光电（显示）、TCL（显示）、康佳（显示）、新视野（显示）等众多第三代半导体应用领域的龙头企业。

1.3　政策推动创新发展和产业集聚

2018 年 9 月，在科技部与广东省省部会商中明确提出，推动深圳主动承接国家科技重大项目，抢抓第三代半导体等前沿科学技术，前瞻布局新一轮科技产业发展重点领域，构建具有国际竞争力的现代化产业体系。近年来，广东省各地，包括广州、深圳、东莞等地在相关科技计划、战略性新兴产业发展规划与实施方案、集成电路产业发展措施、创新驱动发展行动计划等文件中均对第三代半导体领域进行了重点部署。2018 年，深圳市人民政府印发《深圳市关于进一步加快发展战略性新兴产业实施方案》中明确提出"加快布局第三代半导体产业"。2019 年 1 月，深圳政府工作报告中明确提出"争取国家第三代半导体技术创新中心等落户深圳"。2017 年 8 月，广东东莞印发了《关于打造创新驱动发展升级版的行动计划（2017—2020 年）》，提出为加快第三代半导体产业南方基地建设，东莞首期将投入 2 亿元建设第三代半导体技术联合研究院，用 3~5 年时间打造成为国内重要的第三代半导体研发平台和产业集群。2018 年 8 月，深圳坪山区政府发布《深圳市坪山区人民政府关于促进集成电路第三代半导体产业发展若干措施（征求意见稿）》，该《意见》中提出合作设立规模 30 亿元的集成电路基金。2019 年 5 月，由广东晶科电子股份有限公司、广东芯聚能半导体有限公司、恒大国能新能源汽车（广东）有限公司、广州南砂晶圆半导体技术有限公司、广州市半导体协会发起的南沙新能源汽车第三代半导体创新中心在南沙挂牌成立。

2. 长三角地区

长三角地区为我国集成电路芯片产业最成熟的地区，2018 年江苏半导体产业销售收入 1926 亿元，占全国的 29%，位居全国首位。江苏省已经涌现一批具有技术研发优势、产业发展优势、市场开拓优势、有一定影响力的 LED 骨干企业，如南大光电、协鑫光电、苏博特光电、扬州中科、苏州能讯、苏州晶湛、华功半导体、苏州新广联、苏州东山照明、苏州新纳晶、南京汉德森、南京第一有机光电、江苏史福特、南京上舜、盐城日月、南通清华同方、无锡实益达、无锡华兆鸿、昆山维信诺等。

在第三代半导体方面也有比较好的基础，主要集中在苏州、南京、上海等地区。苏州在 GaN 材料和器件方面链条比较完备，已有苏州纳维（GaN 单晶衬底）、苏州晶湛（GaN 外延片）、苏州能讯（GaN 射频及功率器件）、苏州纳睿（GaN 激光器）等代表性企业，中科院苏州纳米所也建立了 GaN 芯片制备工艺平台及材料分析测试平台。张家港编制了化合物半导体产业发展规划，以半导体照明、功率半导体等为主攻方向，全面推进化合物半导体产业发展；南京在企业方面以中电集团 55 所为代表，拥有宽禁带半导体电力电子器件国家重点实验室，在 SiC 功率器件和 GaN 射频器件方面都有很好的产业化基础，建成国内首条 6 英寸 SiC 工艺技术平台，自主生产的 SiC 芯片在电动汽车充电桩领域实现应用；研究机构方面南京大学在第三代半导体材料生长设备、材料生长、器件制备、应用领域具有良好的研究基础；上海包括中科院微系统所、复旦大学等也在 GaN 功率和光电器件方面有一定的研发团队。上海积塔半导体在浦东新区临港重装备产业区计划投资上百亿元，分 2 期建设 8 英寸和 12 英寸模拟电路生产线，6 英寸 SiC 电力电子器件生产线，扩充 SiC、GaN 电力电子器件的产能。2018 年 10 月，上海积塔半导体有限公司（华大半导体旗下全资子公司）合并先进半导体公司。先进半导体是国内大型集成电路芯片制造商，是国内最早从事汽车电子芯片、IGBT 芯片制造的企业；杭州浙江大学在国内较早开展碳化硅和氮化镓功率半导体器件研发工作，建立了芯片工艺线，学术水平国内领先。

长三角区域的江苏吴江、浙江宁波等地将第三代半导体作为重要发展方向之一。江苏吴江明确在料和器件方面链条比较完备，已有 2737.2 亿元的 7555 计划。其中 5 大平台总投资将达 1350.4 亿元。以华功半导体为核心的第三代半导体项目被列入 5 大平台中的新型半导体产业园备受瞩目。江苏张家港市将把半导体产业作为主要的发展方向，通过三年的努力，到 2019 年或 2020 年左右，产值突破 100 亿元，成为全国重要的半导体产业基地。2017 年"中国宽禁带功率半导体及应用产业大会"上签约 28 个项目，涵盖新兴产业、科技人才、平台载体、产业基金 4 大类，总投资 206 亿元。浙江宁波半导体产业起步于 2000 年，历时 17 年发展，已形成贯穿较为完备的上下游产业链，拥有了多个终端应用市场，产业基础扎实、发展需求稳定，发展第三代半导体产业基础优势凸显。2018 年，宁波将启动"科技创新 2025"重大专项，有望包含第三代半导体方向，专项重点聚焦第三代半导体材料生长，器件设计、制造和应用技术能力提升。

3. 以北京市为代表的京津冀地区

2016 年 9 月 1 日，国务院常务会议审议并原则通过了《北京加强全国科技创新中心建设总体方案》，按照中共中央国务院发布的《国家创新驱动发展战略纲要》部署，推进北京全国科技创新中心建设，以深化改革和扩大开放进一步突破体制机制障碍，更大激发社会创造活力，提升国家创新能力、促进经济迈向中高端。北京未来科技创新发展，要在三个方面发挥示范带头作用：一是在深化科技改革方面充分发挥示范带头作用，进一步协调各方科技资源，形成协同创新的合力；二是在实施创新驱动发展方面充分发挥示范带头作用，进一步提升原始创新能力，加快构建"高精尖"经济结构，推动重大创新成果转移转化和产业化；三是在提升区域协同创新水平方面发挥示范带头作用，进一步发挥北京在京津冀协同创新中的龙头带动作用，培育发展一批特色鲜明、优势明显、布局合理的创新型产业集群。

2015 年北京市科委联合顺义区政府及第三代半导体产业技术创新战略联盟共同签署了《北京第三代半导体材料及应用联合创新基地建设战略合作协议》，探索了由社会资本与政府共同参与的高科技产业基地建设模式，旨在全球范围内整合资源，形成第三代半导体重大关键技术的供给源头，区域产业集聚发展的创新高地，成果转化与创新创业的众创平台，面向全球开放协同的创新网络。北京顺义区已确定发展第三代半导体产业作为主导产业，挂牌建设"北京第三代半导体材料及应用联合创新基地"，引入中国电子科技集团第十三研究所（国内第三代半导体射频材料和器件的龙头军工企业）作为基地建设主体。目前国联万众已完成 7 万平方米基地封顶，并规划建设第三代半导体工艺、封装、测试等公共服务平台。

北京市拥有我国最丰富的第三代半导体研究资源和科技资源、主要应用领域企业总部，以及专业的产业服务机构和首都创新大联盟等众多的产业技术创新联盟，具有发展第三代半导体产业最丰富的资源优势。

研发资源占全国一半以上。北京市拥有全国第三代半导体领域一半以上的科技资源，在研发领域聚集了半导体照明联合创新国家重点实验室、中科院半导体所、北京大学、中科院物理所、中科院微电子所、清华大学、北京工业大学、世纪金光、天科合达、泰科天润等多家国内优势研究机构和科技型企业，研发基本上与国际同步。

产业集聚初见雏形。初步完成碳化硅全链条核心技术突破和产业链布局。天科合达实现了 4 英寸以上 SiC 衬底材料批量生产，成为国内两大生产基地之一，泰科天润、世纪金光在国内率先实现 SiC 二极管批量生产，形成了从材料、器件、封装到应用的产业链条。

应用市场要素形成龙头聚集态势。在半导体照明领域，北京拥有申安、易美芯光、利亚德、清华同方、四通智能交通等优势特色企业；在新能源汽车领域，有北汽、福田等龙头企业，充电桩方面北京华商三优、普瑞特高压已开始采用 SiC 功率模块的产品研发和示范应用，中科院电工所、北汽新能源、精进电动等在开展 SiC 模块车载驱动技术研究。华为、中兴、大唐电信在采用新一代移动通信技术及产品方面正在加紧研发与实施；在新能源、智能电网、国防工业领域，北京有中国电力科学研究院、全球能源互联网研究院、金风科技、科诺伟业以及各大军工集团总部等核心研发与产业龙头企业；在配套核心装备及仪器制造领域，有北方华创、中国电子装备子集团、北京泰思特等有较强研发和产业化能力的创新企业。这些应用资源的优势为实现政产学研用的深度融合，从研发攻关与应用倒逼两头推进第三代半导体的创新发展提供了得天独厚的条件。

组织要素为产业环境培育奠定了良好基础。在半导体照明、第三代半导体、信息、能源、交通等领域，北京有国家半导体照明工程研发及产业联盟、第三代半导体产业技术创新战略联盟、闪联产业技术创新战略联盟、TD 产业技术创新战略联盟等国家级协同创新与标准研发组织以及首都创新大联盟等区域性协同创新合作平台。

资本要素为全国最集中之一。北京市是全国投资企业、投资基金、投资人最为集中的区域之一，且对新兴产业的投资空前活跃。北京聚集了相当多数量和规模的风险投资。此外，北京还集中了众多的产业投资基金。2014 年国家集成电路产业投资基金在北京设立，资金规模 1380 亿元，重点投资集成电路芯片制造业。2014 年半导体照明产业投资基金由半导体照明联盟和光荣资产发起成立；2015 年北京市科委设立"北京第三代半导体材料及应用联合创新基地"基金；北京市可持续发展中心、北京万桥资产共同发起成立了北京节能环保产业投资基金。

4. 闽三角地区

闽三角区域的福建厦门、泉州、江西南昌等地也在大力发展第三代半导体产业。厦门市着力构建"5+3+10"现代产业支撑体系，大力培育平板显示、计算机与通信设备、新材料、旅游会展、航运物流、软件信息等十大千亿产业链。在三安光电、瀚天天成、芯光润泽等一批第三代半导体企业基础上，又大力引进士兰微等龙头半导体企业，加快第三代半导体产业集聚和发展。

厦门是我国重要的 LED 产业集中地，是全国 14 个国家半导体照明产业化基地的发展样本之一。厦门从 2003 年前瞻性地提出培育光电产业的战略目标以来，在厦门市委、市政府的高度重视和全力推动下，光电产业经历了十几年的跨越式大发展。"十二五"期间，厦门 LED 产业飞速增长。"十二五"期间，厦门市 LED 产业的直接产值和总产值均呈直线上升的态势，年均增长近 35%。

厦门是我国重要的 LED 产业集中地，集聚了三安光电、乾照光电、厦门信达以及光莆股份等上市企业。其中三安光电是我国最大的 LED 外延及芯片制造企业，占全国产能

50%以上，目前除 LED 外，正在向 GaN 射频器件及 SiC 功率器件产业链布局。2017 年年底，士兰微电子公司投资 220 亿元，在厦门规划建设两条 12 英寸特色工艺芯片生产线和一条 4/6 英寸兼容先进化合物半导体器件生产线。厦门大学在 GaN 光电材料及器件、SiC 材料方面有较好的研究基础，近期正式获教育部批复承建"国家集成电路产教融合创新平台"，项目总经费 2.02 亿元，以厦门大学电子科学与技术学院（国家示范性微电子学院）为建设主体，聚焦 Micro LED 等新一代显示技术，涵盖芯片设计、EDA 工具、特色工艺和先进封测等方面，打造区域共享型跨学科国家集成电路产教融合创新平台。泉州大力扶持第三代半导体产业发展，已吸引三安集成等企业大规模投资建厂。厦门等闽三角地区以 LED 产业为主，在向功率和射频方面延伸，具有对台合作的优势。

福建泉州旨在实现两大"中国芯"，千亿产业梦。一个芯是集成电路，另一个芯是光电。泉州正加快实施"中国芯谷"项目，依托三安集团、国家大基金等资源和优势，加快引入国内外先进的微波、射频及功率型器件等项目，努力打造超千亿元的化合物半导体产业基地。

江西南昌则提出建设"南昌光谷"，大力发展以硅基 LED 为核心的第三代半导体产业。

5. 其他重点城市

株洲主要以株洲中车时代电气股份有限公司为代表，拥有新型功率半导体器件国家重点实验室，建有 8 英寸 0.35μmIGBT 芯片、器件封装成套工艺线，6 英寸 SiC 器件成套工艺线；拥有基于轨道交通、电力系统、电动汽车、新能源、工业变流应用技术平台。长沙政府高度重视以第三代半导体为核心的新一代半导体产业链建设，吸引山东天岳、泰科天润等企业签约落地。

西安是我国半导体材料与器件研发和生产的重要基地，西安电子科技大学在微波射频及功率半导体领域具有很好的研究基础和团队，组建陕西半导体先导技术中心，2018 年12 月通过"宽禁带半导体器件和集成电路国家工程中心"论证；中科院西安光机所拥有瞬态光学与光子技术国家重点实验室，联合社会资本发起创办中科创星，从事高新技术产业孵化及创业投资服务，迄今已孵化高新技术企业 230 余家，其中 6 家挂牌"新三板"、市值超过 200 亿元；西安交通大学在封装及系统应用方面也在国内处于先进水平。

成都为代表的西部半导体产业已经成为中国集成电路产业的重要区域，中电科 29 所、海特高新、国民技术等多家上市公司均已涉足第三代半导体。电子科技大学在功率半导体领域的学术和研发水平在国内领先。

附件 2：第三代半导体产业重点企业介绍

1. 山东天岳晶体材料有限公司（山东天岳先进材料科技有限公司）

山东天岳公司成立于 2011 年 12 月，是以第三代半导体碳化硅材料为主的高新技术企业。公司技术最初来源于山东大学晶体材料国家重点实验室，是山东大学 SiC 重大项目产业化基地和联合研发中心。主要产品是 4~6 英寸导电型 SiC 衬底、4 英寸高纯半绝缘 SiC 衬底。公司拥有 1 个国家级博士后科研工作站，2 个省级研发平台，拥有专利 70 余项，其中发明专利 20 余项，在海外设有研发中心。2018 年 1 月 4 日，依托山东天岳申报的"碳化硅半导体材料研发技术国家地方联合工程研究中心"获国家发改委批复。2018 年

11 月，天岳碳化硅材料项目在浏阳高新区动工，预计总投资 30 亿元，主要生产碳化硅导电衬底、器件及应用系统。

2. 北京天科合达半导体股份有限公司

北京天科合达半导体股份有限公司于 2006 年 9 月由新疆天富集团、中国科学院物理研究所共同设立，是一家专业从事第三代半导体碳化硅（SiC）晶片研发、生产和销售的高新技术企业。总部公司设在北京市大兴区，拥有一个研发中心和一个集晶体生长—晶体加工—晶片加工—清洗检测的全套碳化硅晶片生产基地；全资子公司——新疆天科合达蓝光半导体有限公司位于新疆石河子市，主要进行碳化硅晶体生长。2017 年 4 月获批新三板上市（代码：870013）。国内可提供商业化 4～6 英寸 SiC 单晶衬底的主要企业之一。2018 年 10 月 19 日，北京天科合达半导体签署协议，在徐州经开区投资碳化硅晶片项目。

3. 河北同光晶体有限公司

河北同光晶体有限公司成立于 2012 年，位于保定市高新技术开发区，主要从事第三代半导体材料碳化硅衬底的研发和生产。公司主要产品包括 4 英寸和 6 英寸导电型、半绝缘碳化硅衬底，与中科院半导体所共同成立了"第三代半导体材料联合研发中心"，设立"中国科学院半导体研究成果转化基地"，2017 年 10 月，同光联合清华大学、北京大学宽禁带半导体研究中心、中国科学院半导体研究所、河北大学共同搭建了"第三代半导体材料检测平台"。

4. 中国电子科技集团公司第二研究所

研究所成立于 1962 年，是专业从事电子先进制造技术研究和电子专用设备研发制造的国家级研究所。目前，二所已形成以液晶显示器件生产设备、半导体及集成电路制造设备、特种工艺设备为主的电子专用设备和以太阳能多晶硅片、第三代半导体 SiC 单晶衬底片为主的半导体材料两大业务方向，能够为用户提供工艺和设备的系统集成服务；是国家科技部"LCD 液晶显示器生产设备"技术依托单位，"山西省微组装工程技术研究中心"依托单位、"山西省国际科技合作基地"；被国家发改委授予"国家高技术产业化示范工程"牌匾，是国家创新型企业。

5. 北京世纪金光半导体有限公司

北京世纪金光半导体有限公司成立于 2010 年 12 月 24 日，位于北京亦庄经济技术开发区，是一家致力于第二代、第三代半导体晶体材料、外延器件的研发、生产与销售的高新技术企业。主要产品涵盖了高纯碳化硅粉料、碳化硅单晶衬底、碳化硅 SBD 和 MOSFET 芯片等。布局了从碳化硅材料生长、功率元器件和模块制备、行业应用开发和解决方案提供等关键领域。

6. 中科钢研节能科技有限公司

中科钢研节能科技有限公司是由中国钢研新冶高科技集团有限公司、国宏华业投资有限公司、北京弘睿天蓝科技中心（有限合伙）共同创立的以新材料、节能环保、新能源等领域应用技术及相关产品的研发、产业化、市场推广为主的科技创新型企业。公司主要致力于高品质碳化硅晶体及衬底片制备工艺技术及长晶装备，建设的碳化硅晶体实验室被评定为第三代半导体制备关键共性技术北京市工程实验室（省级）。2019 年 8 月，中科钢研、国宏中宇（河口）年产 11 万片碳化硅衬底片项目在山东东营河口经济开发区开工。

7. 广州南砂晶圆半导体技术有限公司

广州南砂晶圆半导体技术有限公司是在广州市南沙自贸区注册成立的聚焦碳化硅单晶材料的高新技术企业，公司以山东大学技术团队和近年来研发的最新技术成果为基础，同山东大学开展全方位产学研合作。项目规划总投资8亿元，实现年产各类碳化硅衬底晶片20万片。在规划建设自有厂房的同时，已经在南沙珠江工业园租赁近3000平方米厂房，先期投入1亿多元购买晶体生长炉和相关衬底加工设备，力争以最快速度实现产业化。产品以4英寸、6英寸导电和半绝缘SiC衬底晶片为主。

8. 苏州纳维科技有限公司

苏州纳维科技有限公司成立于2007年，专注于高质量氮化镓半导体单晶材料的生长，实现了2英寸氮化镓单晶衬底的生产、完成了4英寸产品的工程化技术开发、突破了6英寸的关键技术，现在是国际上少数几家能够批量提供2英寸氮化镓单晶产品的单位。目前GaN单晶衬底产品已经提供给300余家客户使用，基本完成了对研发市场的占领，正在提升产能向企业应用市场发展，重点突破方向是蓝绿光半导体激光器、高功率电力电子器件、高可靠性高功率微波器件等重大领域。申报相关核心专利40余项，在各类重要国际学术会议和产业论坛上做邀请报告20余次。

9. 东莞市中镓半导体科技有限公司

公司成立于2009年1月，总部设于广东东莞，总注册资本为1.3亿元，总部设立厂房办公区等共17000多平方米，并在北京设立面积达1000平方米的大型研发中心。以北京大学宽禁带半导体研究中心为技术依托，2009年成立北大中镓半导体研究中心，同年被广东省人民政府批准的首批创新科研团队，成为广东省现代产业500强项目，被广东省科学技术厅评为"国际科技合作基地"；2010年获建博士后工作站。研发、生产产品包括：GaN/Al$_2$O$_3$复合衬底、GaN单晶衬底及氢化物气相外延设备（HVPE）等，主要应用于MiniLED & MicroLED、车灯、激光器、功率器件、射频器件。

10. 东莞市天域半导体科技有限公司

东莞天域成立于2009年，是一家从事碳化硅（SiC）外延晶片市场营销、研发和制造的私营企业。2010年，天域与中国科学院半导体研究所合作，共同创建了碳化硅研究所。天域的碳化硅半导体材料获得了汽车质量认证（IATF 16949）。提供n-型和p-型掺杂外延材料、制作肖特基二极管、JFETs、BJTs、MOSFETs、GTOs和IGBTs等。碳化硅外延片月产量可达五千片，拥有先进的碳化硅测试、表征及清洗、检测中心。

11. 瀚天天成电子科技（厦门）有限公司

瀚天天成电子科技（厦门）有限公司是一家集研发、生产、销售碳化硅外延晶片的中美合资高新技术企业。公司于2011年3月在厦门火炬高新区正式成立，已在厦门火炬高新区（翔安）产业区建成现代化生产厂房，含百级超净车间、检测、动力及辅助设施等。公司引进德国Aixtron公司制造的全球先进的碳化硅外延晶片生长炉和各种进口高端检测设备，形成了完整的碳化硅外延晶片生产线。公司已获得IATF 16949、ISO 9001、ISO 14001、OHSAS 18001管理体系认证证书。主要产品为4~6英寸600~3300V SiC外延片。

12. 厦门市三安集成电路有限公司

厦门市三安集成电路有限公司位于厦门市火炬（翔安）高新技术开发区内，三安集成电路是涵盖微波射频、高功率电力电子、光通信等领域的化合物半导体制造平台；具备衬底材料、外延生长以及芯片制造的产业整合能力，拥有大规模、先进制程能力的MOCVD 外延生长制造线。三安集成拥有高可靠度制程技术与完整芯片代工制造服务，聚焦微波射频、电力电子、光通信三大市场领域的高端技术发展。在微波射频领域，已建成专业化的 4 英寸、6 英寸化合物晶圆制造生产线；在电力电子领域，可提供高功率密度的碳化硅功率二极管及硅基氮化镓功率器件。

13. 中国电子科技集团公司第十三研究所

中国电子科技集团公司第十三研究所，1956 年始建于北京，1963 年迁至河北石家庄，其专业方向为半导体专业的微电子、光电子、微电子机械系统（MEMS）、半导体高端传感器、光机电集成微系统五大领域和电子封装、材料和计量检测等基础支撑领域。产品领域如下：

（1）射频/微波毫米波半导体器件及集成芯片，包括硅（锗硅）基、砷化镓基、磷化铟基、氮化镓基和碳化硅基的微波器件及微波单片集成电路。

（2）射频/微波毫米波混合集成电路，包括射频/微波通道全系列产品及集成晶体振荡器，超低相噪晶体振荡器、星载高可靠晶体振荡器、集成晶体振荡器等。

（3）射频/微波毫米波小型化模块集成模块、复杂组件和小整机，微波微系统。

（4）光电子器件和集成电路，包括各种类型的半导体激光器、光探测器、LED 和聚光电池、OEIC 和各类光电组件、模块。

（5）微（纳）机械电子系统（MEMS 和 NEMS），惯性 MEMS 产品有 MEMS 陀螺仪、MEMS 加速度计系列产品，射频 MEMS 有滤波器、光开关等，光 MEMS 有光开关和光衰减器等产品，MEMS 传感器有气体和碰撞等产品。

（6）高功率脉冲开关器件及其组件。

（7）特种高可靠半导体器件与电路。

（8）电子封装，包括陶瓷、金属外壳及封装（微电子器件封装、光电子器件封装、MEMS 封装、微波 MCM 微组装），陶瓷材料及基板、盒体及功能陶瓷元件、组件（汽车点火器等）。

（9）半导体材料，包括磷化铟单晶材料以及硅、砷化镓、磷化铟、氮化镓和碳化硅等外延材料。

（10）半导体测试仪器与工艺设备。

（11）石墨烯、金刚石、THz、微波光子等高技术前沿领域的研究。

（12）产业公司的主要产品：LED 芯片、封装、灯具及应用产品；激光器、探测器、光电模块；硅外延片；微波、数字单片集成电路、微波射频单片集成电路、微波射频混合集成电路及组件产品、电子围栏、半导体测试仪器与工艺设备；MEMS 汽车传感器、燃气流量计、光开关；陶瓷封装与基板、陶瓷元件；电子工程建设等。

14. 中国电子科技集团公司第五十五研究所

五十五所隶属于中国电子科技集团公司，是以固态功率器件和射频微系统、光电显示与探测为主业方向，多专业并举的高科技、综合性大型研究所，在电子元器件领域精耕细作半个多世纪，研制的核心芯片和关键元器件广泛应用于国土防空、预警探测、通信导航以及卫星宇航工程中，创造出拥有自主核心技术的"中国芯"。近年来，在射频电子与功率电子两大领域中大力推进民品产业发展，形成了从材料、芯片、器件到模块组件的完整产业链，在半导体外延材料、功率器件、射频器件与电路模块、声表面波器件、建筑智能化、多层陶瓷封装与管壳等方面均具有较强竞争优势。

中电科第五十五研究所在基于 SiC 的第三代电力电子领域里，拥有从外延材料、芯片、器件到模块组件的完整产业链。在芯片、器件领域通过科研项目的研究工作，拥有一条 6 英寸 $0.35\mu m$ 线宽 SiC 芯片产线，年产 6 英寸 SiC 肖特基二极管、SiC MOSFET 晶圆片 6 万片。同时在扬州产业园新建功率模块生产线，专业从事以 SiC 为代表的新型半导体功率模块的研制和批产，主要产品涉及 IGBT 模块、SiC 功率模块、IPM 模块及驱动器等系列产品，产品应用领域涵盖电动汽车、轨道交通、光伏发电等领域。

在碳化硅材料和器件开发领域已经有 10 多年的研究经验，在碳化硅领域承担了科技部项目、预研项目、基金项目、发改委项目、核高基 01 专项等数十项，研制出 $150\mu m$ 厚外延材料、17kV SiC PiN 二极管、10kV SiC 肖特基二极管、1200~3300V SiC MOSFET、4500V SiC JFET 芯片，获国防科技进步一等奖。

15. 深圳基本半导体有限公司

深圳基本半导体有限公司成立于 2016 年，由瑞典碳化硅企业 Ascatron AB 联合青铜剑科技、力合科创、英智资本联合打造，从事碳化硅功率器件的研发与产业化。业务包括碳化硅器件的材料制备、芯片设计、制造工艺、封装测试等，覆盖产业链各个环节。产品包括各电流电压等级的标准及平面、沟槽 MOSFET，10kV 以上 PiN 二极管等，主要应用于电动汽车、轨道交通、光伏逆变器、UPS 电源、智能电网等领域。基本半导体还提供 650V~10kV 碳化硅二极管流片定制工艺服务，以及各类规格参数外延定制化服务，最大可达 $250\mu m$。

16. 英诺赛科科技有限公司

英诺赛科科技有限公司创立于 2015 年 12 月，位于珠海和苏州，从事宽禁带半导体电力电子器件研发与生产，采用的是集研发、设计、生产、制作以及测试一体化的 IDM 全产业链模式，建有自有可靠性和失效分析平台。英诺赛科拥有 8 英寸增强型硅基氮化镓功率器件量产线，主要产品有 30~650V 氮化镓功率器件、功率模块和射频器件。

17. 苏州晶湛半导体有限公司

苏州晶湛半导体有限公司坐落于江苏省苏州工业园区纳米城，致力于第三代半导体关键材料——氮化镓（GaN）外延材料的研发和产业化。苏州晶湛半导体有限公司专注于提供应用在电力电子、射频电子和 Micro LED 等领域的高品质氮化镓外延片，其生产的硅基、蓝宝石基和碳化硅基氮化镓外延片产品有着极高的电子迁移率和二维电子气浓度、极小的缓冲层漏电。晶湛半导体已先后获得各级政府的人才项目支持和"国家高新技术企业""江苏省民营科技企业""江苏省科技型中小企业"等奖项，同时晶湛半导体在氮化镓外延领域已掌握多项核心技术，拥有独立的自主知识产权，在国内外累计申请了百余项专利，其中已获得数十项授权。2014 年年底，晶湛半导体在全球首家发布其商品化 8 英寸硅基氮化镓外延片产品。目前，晶湛半导体已完成 B 轮融资，用于扩大生产规模，

150mm 的 GaN-on-Si 外延片的月产能达 1 万片。

18. 泰科天润半导体科技（北京）有限公司

泰科天润总部坐落于中国北京中关村东升科技园北领地内，泰科天润在北京拥有一座完整的半导体工艺晶圆厂，可在 4/6 英寸 SiC 晶圆上实现半导体功率器件的制造工艺，泰科天润的产品线涉及基础核心技术产品、碳化硅成型产品以及多套行业解决方案。公司基础核心产品以碳化硅肖特基二极管为代表，其中 600V/（2～100）A，1200V/（2～50）A，1700V/（5～50）A，3300V/（0.6～50）A 等系列的碳化硅肖特基二极管产品已经投入批量生产，产品质量完全可以比肩国际同行业的先进水平。

19. 株洲中车时代电气股份有限公司

株洲中车时代电气股份有限公司（下称中车时代电气）是中国中车旗下股份制企业，其前身及母公司——中车株洲电力机车研究所有限公司创立于 1959 年。2006 年在香港联合交易所成功上市，2015 年荣获第二届"中国质量奖"，2016 年营业收入超过 140 亿元。

中车时代电气于 2011 年与中科院微电子所成立联合研发中心，正式开展 SiC 功率半导体器件研究；2013 年后，陆续获得国家科技重大专项"02 专项"等多项国家重点项目支持；2016 年公司自主研发的碳化硅功率模块在轨道交通、光伏逆变器成功进行示范应用；2017 年年底，6 英寸碳化硅（SiC）生产线完成技术调试。该 6 英寸碳化硅（SiC）生产线是国内首条 6 英寸 SiC 生产线，获得了国家"02 专项"、国家发改委新材料专项等国家重点项目支持，是公司的重点投资项目之一。在中国科学院微电子研究所的支持和协助下，半导体事业部 SiC 产品开发团队完成了 SiC 芯片结构设计、高温离子注入机等 50 余台工艺设备和 90 余项工艺调试，实现 SiC 二极管和 MOSFET 芯片工艺流程整合，成功试制 1200V SiC 肖特基二极管功率芯片。

20. 大连芯冠科技有限公司

大连芯冠科技有限公司 2016 年 3 月 17 日成立于大连高新区，主要从事第三代半导体硅基氮化镓外延材料及电力电子器件的研发、设计、生产和销售，产品应用于电源管理、太阳能逆变器、电动汽车及工业马达驱动等领域。公司已建成 6 英寸硅基氮化镓外延及功率器件晶圆生产线。2019 年 3 月，芯冠科技推出符合产业化标准的 650V 硅基氮化镓功率器件产品（通过 1000h HTRB 可靠性测试）。

21. 苏州能讯高能半导体有限公司

苏州能讯高能半导体有限公司致力于宽禁带半导体氮化镓电子器件技术与产业化，为 5G 移动通信、宽频带通信等射频微波领域和工业控制、电源、电动汽车等电力电子领域等两大领域提供高效率的半导体产品与服务。作为中国氮化镓产业领军企业，能讯半导体采用整合设计与制造（IDM）的模式，自主开发了氮化镓材料生长、芯片设计、晶圆工艺、封装测试、可靠性与应用电路技术。目前公司拥有专利 280 项，其中：中国发明 186 项，国际发明 69 项，实用新型 25 项、专利使用授权 40 项。能讯半导体在江苏昆山国家高新区建成了中国第一家氮化镓（GaN）电子器件工厂，厂区占地 55 亩，累计投资 10 亿元。完成了面向 5G 通信系统的技术与产品的积累，产品性能已通过国际一流通信企业的测试与认证。

22. 全球能源互联网研究院有限公司

联研院是国家电网公司直属科研单位，专业从事全球能源互联网关键技术和设备开发的研发机构。联研院建设有世界上规模最大、参数最高、功能最全的大功率电力电子装备试验平台和柔性直流输电数模混合仿真平台。现已建有"先进输电技术"国家重点实验室；3个"输配电及节电技术国家工程研究中心"和"国家能源高压直流输电技术与装备研发中心"3个国家级实验室；"大功率电力电子""直流电网技术与仿真"2个北京市重点实验室；"电力系统电力电子""信息网络安全"2个国网公司重点实验室；以及"电力通信网络技术""电工新材料技术（联合）""电力人工智能（联合）"和"大功率电力电子器件"4个国网公司实验室。

23. 杭州士兰微电子股份有限公司

杭州士兰微电子股份有限公司（600460）坐落于杭州高新技术产业开发区，是专业从事集成电路芯片设计以及半导体微电子相关产品生产的高新技术企业。公司成立于1997年10月，总部在中国杭州。2003年3月公司股票在上海证券交易所挂牌交易，成为第一家在中国境内上市的集成电路芯片设计企业。公司的技术与产品涵盖了消费类产品的众多领域，公司目前的产品和研发投入主要集中在以下三个领域：（1）应用于消费类数字音视频系统的集成电路产品，包括以光盘伺服为基础的数字音视频 soc 芯片和系统、车载多媒体芯片和系统以及视频监控芯片和系统等；（2）基于士兰微电子集成电路芯片生产线的双极、bicmos 和 bcd 工艺为基础的高压、高功率、高频特殊工艺的集成电路、分立器件和微机电（mems）产品；（3）应用于显示屏的高可靠红、绿、蓝三基色 LED 芯片和器件；应用于半导体照明的高亮度白光 LED 芯片和器件。2017年12月，士兰微电子与厦门市海沧区政府共同签署战略合作框架协议，项目总投资 220 亿元，规划建设两条 12 寸特色工艺晶圆生产线及一条先进化合物半导体器件生产线。

24. 三安光电股份有限公司

三安光电股份有限公司成立于 2000 年 11 月，于 2008 年 7 月在上海证券交易所挂牌上市（股票代码：600703），总部坐落于厦门，产业化基地分布在厦门、天津、芜湖、泉州等多个地区，是国家发改委批准的"国家高科技产业化示范工程"企业、工业和信息化部认定的"国家技术创新示范企业"，承担了国家"863""973"计划等多项重大课题，拥有国家人事部颁发的博士后科研工作站及国家认定的企业技术中心。

三安光电主要从事 Ⅲ－Ⅴ族化合物半导体材料的研发与应用，着重于砷化镓、氮化镓、碳化硅、磷化铟、氮化铝、蓝宝石等半导体新材料所涉及外延、芯片为核心主业。公司销售模式主要是直销方式，产品主要应用于照明、显示、背光、农业、医疗、微波射频、激光通信、功率器件、光通信、感应传感等领域。公司业务可分为 LED、射频、电力电子、滤波器与光通信五大板块。2018 年三安光电实现营业收入 83.64 亿元，其中芯片、LED 产品营业收入 67.33 亿元。

25. 华灿光电股份有限公司

华灿光电股份有限公司的前身是武汉华灿光电有限公司，创立于 2005 年，2011 年整体改制为股份有限公司，于深圳创业板上市，股票代码为 300323。公司自设立以来一直从事化合物光电半导体材料与电器件的研发、生产和销售业务，主要产品为 LED 外延片及全色系 LED 芯片。LED 芯片经客户封装后可广泛应用于全彩显示屏、背光源及照明等应用领域。2016 年公司成功并购云南蓝晶科技，并入蓝宝石相关业务，主要为蓝宝石单晶、外延衬底以及其他蓝宝石窗口材料业务。2018 年公司并购美新半导体，切入 MEMS 传感器领域，实现 LED 业务和传感器业务双主业发展。

LED 方面，公司 LED 行业主要产品为高亮度 LED 外延片及全色系 LED 芯片、蓝宝石单晶、外延衬底、其他蓝宝石以及窗口材料。LED 芯片经客户封装后可广泛应用于全彩显示屏、背光源及照明等应用领域。后期会向化合物半导体领域延伸，包括激光器、光通讯器件、射频、滤波器、电子电力、车用半导体等。蓝宝石材料是 LED、大规模集成电路 SOI 和 SOS 及超导纳米结构薄膜等最为理想的衬底材料，还可以用于消费电子领域，以及应用于红外军事装置、卫星空间技术、高强度激光的窗口材料。2018 年公司实现营业收入 27.31 亿元，其中 LED 芯片收入 19.42 亿元。

26. 厦门乾照光电股份有限公司

厦门乾照光电股份有限公司（股票代码：300102），是国内领先的全色系超高亮度发光二极管外延片及芯片生产厂商，总部坐落于厦门，产业化基地分布在厦门、扬州、南昌，是国家火炬计划重点高新技术企业、中国光电行业"影响力企业"、国家知识产权示范企业，承担国家重点研发计划、国家"863"计划、国家火炬计划等多项重大课题，并拥有国家企业技术中心及国家博士后科研工作站。乾照光电主要从事全色系超高亮度 LED 外延片、芯片、高性能砷化镓太阳能电池、Mini-LED/Micro-LED 以及 VCSEL 等化合物半导体器件的研发、生产与销售，目前公司拥有超过 10 万平方米的现代化洁净厂房，上万台（套）国际最先进的外延生长和芯片制造等设备。2018 年，公司实现营业收入 102956.20 万元，实现营业利润 21002.26 万元。其中，蓝绿外延片及芯片销售量为 383.00 万片，销售收入为 5.43 亿元，销售毛利率为 25.51%；红黄外延片及芯片销售量为 15.92 万片，销售收入 4.47 亿元，销售毛利率为 32.56%。

27. 木林森股份有限公司

木林森股份有限公司是集 LED 封装与 LED 应用产品为一体的综合性光电高新技术企业。公司专注于 LED 封装及应用系列产品研发、生产与销售业务的公司。产品广泛应用于家用电子产品、灯饰、景观照明、交通信号、平板显示及亮化工程等领域，公司主要产品有 SMD LED、Lamp LED、LED 应用（包括照明产品及其他）三大类。公司作为全球 LED 封装行业的主要厂商，在技术工艺、标准化、生产规模及产业链布局等具有独特竞争优势。公司围绕"LED 器件、照明生产制造、品牌运营"三驾马车齐头并进，同时公司在上游 LED 芯片、下游 LED 照明应用深度布局打造 LED 产业链生态系统，持续提升公司盈利能力。公司通过与上游芯片厂商的战略联盟保障芯片供应安全，通过自身品牌建设和外延并购向 LED 下游应用进军，全产业链布局已初步成型。2018 年内木林森完成朗德万斯的收购后，公司借助其被授权使用 OSRAM 及 Sylvania 品牌，延续百年老店的品牌优势，除此之外，欧司朗还将百余项商标授权 LEDVANCE 使用，让公司可通过国外的成熟品牌，逐步的提高国外市场的占有率。2018 年木林森实现营业收入 1795185.57 万元，同比增长 119.76%，其中，LED 材料实现营业收 631817.55 万元，LED 成品实现营业收入 1138924.71 万元，分别占营业收入的 35.20% 和 63.44%。

28. 北京北方华创微电子装备有限公司

北京北方华创微电子装备有限公司（以下简称"北方华创微电子"）的主营业务是由原七星华创的半导体装备相关业务与原北方微电子的全部业务整合而成。产品涵盖：等离子刻蚀（Etch）、物理气相沉积（PVD）、化学气相沉积（CVD）、氧化/扩散、清洗、退火等半导体工艺装备；平板显示制造装备和气体质量流量控制器等核心零部件。产品涉及集成电路、先进封装、LED、MEMS、电力电子、平板显示、光伏电池等半导体相关领域，产品行销全国各地及东南亚、欧美，是国内覆盖领域广泛、产品种类众多、建设规模较大、综合实力强劲的半导体装备旗舰平台。

29. 北京国联万众半导体科技有限公司

北京国联万众半导体科技有限公司，于 2015 年 3 月成立，注册资本 8551.238 万元，是由中国电子科技集团公司第十三研究所、雷士（北京）光电工程技术有限公司、北京智芯互联半导体科技有限公司、北京首都科技发展集团有限公司、北京顺义科技创新集团有限公司共同出资成立的混合所有制企业。公司定位为第三代半导体材料及应用联合创新基地的建设、运营管理、服务；集成电路、半导体分立器件、光电子器件、通信系统设备、通信终端设备、电力电子元器件制造、销售；研发创新、科技服务平台搭建；科技成果转化、产业孵化、产业基金、产业投资。

30. 北京卫星制造厂有限公司

北京卫星制造厂有限公司隶属于中国航天科技集团公司，是国家专门从事卫星和飞船结构与机构生产、卫星装配、总体电路分系统电源控制、电缆网等产品的科研与生产相结合的综合性制造企业。自 1970 年开始，北京卫星制造厂有限公司承担我国第一颗实用型通信卫星"东方红二号"二次电源的研制工作，承担航天器电源与供配电产品研制已经有将近 50 年的历史，主要产品集中在供电二次电源单机，系列化专用电源、总体电路分系统电源供电控制的单元单机、并网控制器单机、电源管理软件、电缆网和地面检测设备等产品，目前在研产品有 130 多个品种，定型产品 22 种，已经成功应用于我国导航、通信、遥感、高分、深空探测和载人航天等重大工程中。

31. 北京中科汉天下电子技术有限公司

汉天下电子有限公司于 2012 年 7 月创办，专注于射频/模拟集成电路芯片和 SOC 系统集成芯片的开发，以及物联网核心技术芯片及应用解决方案的研发和推广。主要产品：手机终端 2G/2.5G/3G/4G 无线射频前端/功放系列核心芯片和无线连接芯片。产品应用领域涉及智能手机、功能手机、平板电脑、无线鼠标、键盘、智能家居等。汉天下电子有限公司总部位于北京，美国和韩国设有研发中心和办事处，在上海、深圳、香港设有技术支持、销售、物流中心。公司现有员工 150 余人，其中研发人员中硕士及以上学历员工占60%，博士及以上学历员工 13 人。

32. 济南力冠电子科技有限公司

济南力冠电子科技有限公司，是集开发、生产、销售为一体的专业装备制造商，产品广泛应用于新材料/晶体生长过程、半导体工艺过程等领域。目前公司主导产品有：半导体生长设备，新材料制备设备、半导体专用工艺设备，电子元器件（LED 芯片、太阳能电池片等）专用工艺设备等。公司技术力量雄厚，各类专业技术人员齐全，所研产品在控制系统、硬件设计方面均具有自主知识产权。经过多年投入研发，产品技术水平已达到国内一流水准，获得用户广泛认可。力冠科技致力于通过技术创新发展，满足用户个性化、高端化定制需求，打造质量可靠、方便可用的专用产品，为半导体装备制造业发展贡献力量。

33. 晶能光电（江西）有限公司

晶能光电成立于 2006 年 2 月，是由金沙江创投、梅菲尔德、淡马锡、亚太资源、顺风国际等知名投资商共同投资，专注于 LED 技术和产品开发与生产的高科技企业。晶能光电是全球硅衬底 LED 技术领导者，拥有国际化的技术研发团队、先进的大规模生产制造和管理能力。公司自主创新的硅衬底 LED 技术在全球拥有 350 多项专利，获得 2015 年度国家技术发明奖一等奖，是全球第三条蓝光 LED 技术路线。公司致力于为全球消费者提供全方位的高端 LED 照明产品和解决方案。

34. 山东浪潮华光光电子股份有限公司

山东浪潮华光光电子股份有限公司（以下简称"浪潮华光"），于 2011 年完成股改，注册资本 2.087 亿元。浪潮华光是国内最早引进生产型 MOCVD 设备，专业从事化合物半导体外延片及光电子器件研发与生产的高新技术企业。公司目前拥有先进的 MOCVD 设备，并配套外延及管芯关键测试生产设备 1000 余台（套），已实现年产各类 LED 外延片120 万片，LED 管芯 280 亿粒的生产能力，产品质量和技术水平处于国内领先。产品包括半导体高亮度发光二极管（LED）外延片、芯片，LED 应用产品，覆盖全色域。

35. 厦门华联电子股份有限公司

厦门华联电子股份有限公司成立于 1984 年 8 月，2017 年 1 月改制为股份公司，2017年 8 月新三板挂牌，证券代码为 872122。公司 1993 年起被确认为国家级高新技术企业，2016 年获批为国家技术中心，是工业和信息化部 2016 年度国家技术创新示范企业，2017年被工信部确认为智能制造试点示范企业，并在 2015 年获得工信部工业企业质量标杆称号。公司定位于智能控制器、智能显示组件和红外器件及其他电子元器件的研发、生产和销售。公司是伊莱克斯、江森自控、艾欧史密斯、Arcelik A. S.、格力电器等众多知名行业品牌的金牌供应商和核心战略合作伙伴。秉承报国家、强企业、富员工的企业基础文化，华联电子以"智慧绿色科技，让生活更美好"为使命，致力于成为智能显示控制领域行业领军企业、致力于成为全球范围内可以信赖的高端制造业合作伙伴。

36. 深圳市洲明科技股份有限公司

深圳市洲明科技股份有限公司，一家专业的 LED 应用产品及解决方案供应商，成立于2004 年，2011 年上市（股票代码：300232）。洲明秉承"显示光彩世界，照明幸福生活"的企业愿景，为全球客户提供高质量、高性能的 LED 全彩显示屏、LED 专业照明和城市景观照明系列产品及解决方案。2018 年，洲明 LED 显示屏被国家工信部评为制造业"单项冠军产品"。洲明是首批认证的国家高新技术企业，拥有完整的研发、制造、销售及服务体系和自主生产基地，独立工业园区达 27 万平方米，现有专利 1100 余项。洲明专注产品和技术创新，在业内引领小间距、LED 超级电视、光通信、智能照明等技术潮流。洲明的显示产品及解决方案广泛应用于全球的安防监控中心、军队指挥中心、应急指挥中心、广电控制系统、能源调度系统、通信、交通、体育赛事、公共安全等领域，在国内外打造了众多经典案例，如：新中国成立六十周年庆典天安门广场大屏、上海世博会、深圳大运会、伦敦奥运会、中国香港回归 20 周年驻港部队报告厅、党的十九大全国多家电视台演播厅、一带一路国际高峰论坛、港珠澳大桥珠海口岸、2018 年俄罗斯世界杯等经典显示项目案例。

37. 台州市一能科技有限公司

台州市一能科技有限公司成立于 2013 年 1 月，是由海外技术团队为主，研发、生产第三代半导体碳化硅的高科技公司。在技术研发上已经投入了 2000 余万元，设备、工艺、技术、配方等均为国际首创，产品经过 EAG 的 GDMS 全元素检测，纯度超过 99.995%。发明的超高温真空碳化硅高速合成技术以及高功率碳化硅模组，累计申请了 20 项发明专利、4 项实用新型专利，可以打破国外的垄断与禁运，为在国内打造第三代半导体产业基地提供了原料和技术基础。2014 年公司团队在全国 15110 家高科技企业中脱颖而出，荣获科技部、教育部、财政部举办的第三届中国创新创业大赛新材料行业企业组第三名，为台州市首家获得此奖项的企业，也为浙江省争得了荣誉，并于 2015 年，成功入选台州市 "500 精英"。

38. 无锡邑文电子科技有限公司

无锡邑文电子科技有限公司（以下简称 "邑文科技"）成立于 2011 年，一直致力于发展成全球领先的半导体装备产业服务提供商。公司业务涉及半导体设备翻新，零部件服务开发，全新高端装备研发与制造。通过近年来的努力，邑文科技获得多项国家发明专利，通过并全面贯彻执行 ISO 9001 国际质量管理体系认证各项要求，南通子公司 2017 年被评定为 "十佳科技新锐企业"，目前综合实力位居国内领先地位。作为国家高新技术企业，邑文科技凭借多年技术储备与卓越研发能力，专注于半导体制造设备领域新产品、新技术、新工艺的开发，针对Ⅲ-Ⅴ族化合物半导体，如：碳化硅，氮化镓，砷化镓等领域的刻蚀、薄膜设备的研发均走在行业前列。此外，公司研发技术中心长期与北京大学、中国台湾清华大学、中国台湾工研院合作，目前新产品及其解决方案已成功应用于国内多家研究所和客户项目中。

39. 有研粉末新材料股份有限公司

有研粉末新材料股份有限公司成立于 2004 年 3 月，是有研科技集团有限公司的控股公司，经过近 20 年的发展，有研粉末已成长为国际著名的金属粉末供应商，拥有 8 个子公司（含 2 个海外公司），6 个生产基地，年生产能力达 3 万吨。公司业务涵盖铜粉、铜合金粉、锡粉、钴粉、锡基合金焊料、热喷涂和堆焊材料等领域，是集科学研究、科技产业、技术开发、科技服务为一体的高新技术企业，为粉末冶金零部件、金刚石工具、电碳制品和化工电子等行业提供优质的产品及技术支持。未来，有研粉末将不断创新发展模式、拓展经营思路，持续改革攻坚、锐意进取，坚持共创、共赢，加速推进公司国际化发展步伐，致力打造成为具有全球竞争力的金属粉末材料服务商。

40. 中电科电子装备集团有限公司

中电科电子装备集团有限公司（以下简称 "公司"）成立于 2013 年，以中国电子科技集团公司二所、四十五所和四十八所为主整合相关资源而成，是中国电子科技集团公司按现代企业制度建立的全资子公司，公司下属 3 个研究所和 12 家控股公司，是国内专业从事电子制造装备和光伏新能源科研、开发、制造、服务于一体的现代高科技企业集团。在电子制造装备领域，公司代表着国内发展最高水平，是国内主要的集成电路设备供应商、最大的太阳能电池制造成套设备供应商、最大的磁性材料设备供应商、最大的 LTCC 整线设备系统集成供应商、最大的 LCD 设备供应商。多年来向国内外用户提供了 1 万余台（套）专用设备。

4 高温合金

4.1 产业政策分析

高温合金又称超合金（Superalloy），是指以铁、镍、钴为基，能在 600℃ 以上的高温及一定应力条件下长期工作的高温金属材料，具有优异的高温强度，良好的抗氧化和抗腐蚀性能，良好的抗疲劳性能、断裂韧性等综合性能，已成为军民用燃气涡轮发动机热端部件不可替代的关键材料，被誉为"先进发动机基石"。高温合金是一个国家的关键战略资源，是确保国防安全、工业强国的关键因素之一，因此国内外均出台了相关的政策以推动高温合金产业的良性发展。

4.1.1 国外政策

国外非常重视高温合金的发展，通常以政府主导，兼顾基础研究和工程化应用研究，相继出台了多项相关规划与政策，另外还面向应用，在多项装备发展规划中涉及了高温合金，较为典型的规划与政策主要包括如下。

4.1.1.1 美国的材料基因组计划

为了重振制造业，2011 年美国宣布"材料基因组计划"，并于 2014 年 12 月将其上升为"国家战略"。美国提出了通过改进材料制造方法、提高材料性能来达到提高国民生活质量、加强国家安全、提高工业生产率、促进经济增长的目的。该计划的主要内容包括开发材料的创新基础设施（计算工具、试验工具和数字数据库）、实现先进材料的国家目标以及装备下一代材料的力量。该计划中涉及了高温合金材料，GE 公司利用材料基因组技术（ICME）成功开发出地面燃机涡轮叶片用 GTD262 高温合金。

4.1.1.2 欧盟的地平线 2020 战略

2011 年 11 月欧盟颁布了名为"地平线 2020"新规划实施方案，以其依靠科技创新实现"促进实现智能、包容和可持续发展"的增长模式。在该方案中，针对"成为全球商业领袖"提出专项支持新材料、先进制造工艺等及其交叉技术的研究，涉及了高温合金材料。

4.1.1.3 俄罗斯的《2030 年前材料与技术发展战略》

2012 年 4 月，俄罗斯发布了《2030 年前材料与技术发展战略》，包括了 18 个重点材料战略发展方向，其中包括单晶高温合金、金属间化合物等，同时还制定了新材料产业主要应用企业的发展战略。

4.1.1.4 日本的新世纪耐热材料项目、《日本产业结构展望 2010》和第五期科学技术基本计划

1999 年日本制定了新世纪耐热材料的 10 年研究计划，该计划分 2 期实施：原计划第 1 期从 1999 年至 2003 年，第 2 期从 2004 年至 2008 年。后根据实际情况将第 1 期延长至 2005 年年底，第 2 期延长至 2010 年年底；项目的总体目标是在材料设计与组织结构解析

的基础上，使镍基高温合金的使用温度达到 1100℃，研究内容包含了镍基合金在高温下的热力学平衡、析出和结晶化等以及组织和性能的演变。在此背景下日本国立材料研究所启动了"21 世纪高温材料（High temperature materials 21）"，开发出多种单晶高温合金材料。

日本政府发布的《日本产业结构展望 2010》将高温超导、纳米技术、功能化学等 10 大尖端新材料技术及其产业作为新材料产业未来发展的主要领域，另外在 2016 年日本内阁通过第五期科学技术基本计划提倡建设"超智能社会"，也涉及了高温合金材料。

4.1.1.5　韩国的《第三次科学技术基本计划》

2013 年 7 月，韩国政府发布了《第三次科学技术基本计划》，提出将在五大领域推进 120 项国家战略技术（含 30 项重点技术）的开发，这 30 项重点技术中包括先进材料技术等，涉及高温合金。

另外，由于高温合金在航空领域用量较大，国外在一些航空发动机研发计划中均涉及了高温合金材料，具体见表 4-1。

表 4-1　国外部分航空发动机材料和制造技术有关的研究计划

序号	计划名称	实施年代	国别	高温合金领域重点支持方向
1	发动机部件改进（ECI）计划	1977~1981 年	美国	推重比 8 发动机改进改型，对高温合金的使用可靠性进行了深入研究
2	发动机热端部件技术（HOST）计划	1980~1987 年	美国	重点研究了涡轮叶片的定向和单晶材料特性和防护涂层，支撑了 F100、F110 发动机改进改型
3	综合高性能涡轮发动机技术（IHPTET）计划	1988~2005 年	美国	新一代推重比 15 一级涡扇/功重比 12 一级涡轴发动机预研计划；分阶段验证了新的铸造单晶高温合金叶片、热障涂层、双辐板高温合金涡轮盘、低惯性转子、金属间化合物叶片和支板等
4	先进高温发动机材料技术计划（HITEMP）	1989~2005 年	美国	是 IHPTET 计划支撑计划，对先进材料的可行性验证，包括高温合金、金属间化合物等；研究和验证结构分析模型及试验方法
5	先期概念技术演示验证计划（ACTD）	1995~2005 年	美国	其中的材料与制造技术研究侧重于工程化研究，以支撑 F119 涡扇发动机/PW207 涡轴发动机研制
6	极高效的发动机技术（UEET）计划	2000~2005 年	美国	面向民机 GENX 涡扇发动机、AE1107 涡轴发动机研制，其中先进材料为七个专题之一，重点验证先进单晶合金叶片、钛铝叶片、防护涂层等
7	先进航空发动机材料（ADAM）计划	2003 年至今	英国	研究下一代发动机用单晶合金等
8	下一代制造技术计划（NGMTI）	2004~2008 年	美国	金属加工制造和复合材料加工制造是其中两个重要研究领域
9	通用经济可承受先进涡轮发动机（VAATE）	2006~2017 年	美国	继 IHPTET 计划，面向通用核心机、经济可承受性、军民共用技术，预先研究新一代推重比 15~20 级涡扇/功重比 12~15 级涡轴发动机技术；其中先进材料作为四个研究主题的重点技术支撑团队之一；重点研究验证新的高温合金叶片、防护涂层、双辐板涡轮盘、低惯量转子等

4.1.2　国内政策

国内高温合金的发展起始于 1956 年，当时为了建立和发展航空、航天工业，开始研制和生产高温合金。改革开放以来，国家发改委、工信部、总装、国家科技部、科工局等部门通过各类规划及各类科技项目支持，研制和生产了一系列高品质的高温合金及相应的工艺技术。但从整体看国内高温合金发展规划缺乏系统性，主要是针对应用的迫切需求，而进行的某种品种或牌号的高温合金材料及技术的政策性支持，尚没有系统的、从材料自身角度出发的系统性规划。

近年来主要的规划与政策包括：

（1）制造业升级改造重大工程包，国家发改委、工信部（2016 年 5 月）。该工程包中涉及了 10 项重大工程，其中关键新材料发展工程是其中的一项重大工程，在该项工程中的先进金属材料发展工程中涉及了飞机发动机涡轮盘材料和高性能高温合金棒材等高温合金相关内容。

（2）推进"一带一路"建设科技创新合作专项规划，国家科技部、发改委、外交部、商务部（2016 年 9 月）。该规划中明确了十二项重点领域，其中在新材料领域，提出推动高温合金等技术和产品的联合攻关。

（3）产业技术创新能力发展规划（2018—2020 年），国家工信部（2016 年 10 月）。该规划中共规划了 4 大重点方向，其中在重点方向一（发展高效、绿色的原材料工业，加强资源节约和环境保护）中规划了新材料的发展，提出加快高温合金等关键战略材料的研发。

（4）钢铁工业调整升级规划（2018—2020 年），国家工信部（2016 年 10 月）。该规划中提出支持企业重点推进重大技术装备所需材料产业化，其中包括高温合金。

（5）新材料产业发展指南，国家工信部、发改委（2016 年 12 月）。指南中规划了航空航天装备材料，其中包括高温合金及其复杂结构叶片材料设计及制造工艺攻关，完善高温合金技术体系及测试数据，解决高温合金叶片防护涂层技术等。

（6）增强制造业核心竞争力三年行动计划（2018—2020 年），国家发改委（2017 年1 月）。该计划规划了 9 项重点领域，其中新材料关键技术产业化中提出重点发展发动机用高温合金材料等产品。

（7）"十三五"材料领域科技创新专项规划，国家科技部（2017 年 4 月）。该规划中提出加强我国材料体系的建设，大力发展高温合金、军工新材料等。

（8）"十三五"先进制造技术领域科技创新专项规划，国家科技部（2017 年 4 月）。该规划中指出掌握高温合金铸件精密铸造技术。

（9）依托能源工程推进燃气轮机创新发展的若干意见，发改委，能源局（2017 年 5月）。该意见针对燃机提出 5 项重点任务，其中一项为加快突破燃机关键材料，主要包括突破压气机轮盘和叶片、燃烧室部件、喷嘴、透平轮盘和叶片等高温合金材料。开展高温合金研发设计，形成母合金规范并实现批量化生产制备，建设无损探伤条件，完善性能数据；进一步提升大尺寸高温合金叶片（单晶、定向结晶等）铸造、复杂结构高温合金精密铸造、透平盘制造和其他设备铸件等技术和工艺水平。

（10）新材料标准领航行动计划（2018—2020 年），国家质检总局、工信部、发改委、科技部、中科院、中国工程院、国家认监委、国家标准委（2018 年 3 月）。该计划中规划了研制新材料"领航"标准，其中包括高温合金，主要聚焦航空发动机、重型燃气轮机用高温合金性能、质量稳定性等共性问题，加强标准研制。及时补充耐腐蚀长寿命、抗烧蚀高强等高温合金新品种标准，开展高温合金特种型材、低成本精细制造工艺、返回料回收、评价表征等技术标准，促进主干高温合金"一材多用"。

（11）2018 年工业转型升级资金工作指南，工信部，财政部（2018 年 5 月）。该指南中提出了工业强基工程实施方案，其中关键基础材料重点支持航空航天标准件高温合金材料等。

（12）增材制造产业发展行动计划（2017—2020 年），工信部，发改委（2018 年 11 月）。该计划规划了五项重点任务，其中在提升供给质量任务中提出了提升增材制造专用材料质量，包括开发空心粉率低、颗粒形状规则、粒度均匀、杂质元素含量低的高品质高温合金等金属粉末。

（13）国家科技部材料基因组计划（2016 年），该计划强调高通量计算等新材料设计方法、高通量试验、高通量表征以及数据库技术，2016～2020 年投资总规模 10 亿元，涉及高温合金。

4.2 技术发展现状及趋势

4.2.1 国外技术发展现状及趋势

4.2.1.1 国外变形高温合金及其构件技术

A 国外航空航天用变形高温合金及其构件技术

变形高温合金是最早研发和生产的高温合金，目前全世界范围内变形高温合金种类超过 200 种，用量占高温合金总量的 60% 以上。20 世纪 40 年代英国开发的 Nimonic75 变形高温合金，首次应用于航空发动机。随后美国从 20 世纪 50 年代开始研制了 Monel、René、Inconel、Udimet、Incoloy、Haynes、Multiphase 等系列牌号。

进入 20 世纪 90 年代，美国变形高温合金工艺创新的发展加速了新合金的研制与应用，开发了真空感应熔炼+保护气氛电渣重熔+真空自耗重熔三联纯净化冶炼（VIM+ESR+VAR）、热挤压、镦拔+径锻开坯、等温锻造、超塑性成型、残余应力预置控制等先进制造工艺。与此同时，加强老合金的优化与完善，提升其性能水平，拓展其使用范围。进入 21 世纪，在航空发动机等先进装备对新型耐高温、耐腐蚀变形高温合金需求的牵引下，美国、法国等又开发了新一代的变形高温合金，使盘类转动件用变形合金使用温度从 650℃提高至 750℃，耐腐蚀板材承温能力达到 1100℃。

苏联 1950 年开始生产 ЭИ 牌号的镍基高温合金，后来逐步开发出了 ЭП、ЭК、ВЖ 等系列变形高温合金。20 世纪 90 年代，发展了一批新型高强度变形高温合金，同时开发了定向凝固电渣重熔冶炼工艺，将航空发动机盘类转动件用变形合金使用温度提高至 850℃。

日本 20 世纪 90 年代开展了新型耐蚀和高强变形高温合金的研制。2006 年，日本研制了 γ' 相 $Co_3(Al, W)$ 强化的新型钴基高温合金，高温强度和承温能力接近 Waspaloy 合金的水平，在 900 ℃ 的蠕变性能超过 IN100 合金。

（1）国外航空发动机用变形高温合金及其构件。在航空发动机中变形高温合金应用零件包括盘件、轴件、叶片、环形件、紧固件、钣金件、管路、弹性件、密封件等。

1）盘轴件（含整体叶盘、盘轴一体件）用变形高温合金。盘轴类零件为关键转动件，对合金的强度、持久及蠕变性能、疲劳性能、韧性和裂纹扩展等性能要求高。国外盘轴类合金的发展趋势是高温、高强、高可靠性、低成本。表 4-2 给出了国外航空发动机盘/叶盘类零件用变形高温合金。其中，650℃ 及其以下基本以 IN718 为主，650℃ 以上美国开发了 Waspaloy、Udimet720Li、René65 等合金。俄罗斯现役发动机中，铸/锻工艺生产的盘件占绝大多数，其中 ЭИ698、ЭП742 和 ЭК79 在批生产中使用最广，另外耐温达 850℃、短时超温 900℃ 的 ЭП975 合金已用于第四和第五代发动机。

表 4-2　国外航空发动机用盘类件用主要变形高温合金

牌号	应　用	材料主要特征	技术成熟度/级
Waspaloy	JT9D、T56、PW150 等	815℃ 以下使用，强度较低	9
IN718	CFM56 系列	650℃ 以下强度最高，加工和焊接性能优异，综合性能好	9
Udimet720Li	Trent 800、BR700、AE3007	使用温度 730℃ 以下，热加工塑性差，成本高	9
René 65	GE 某航空发动机	下一代发动机所需盘件材料	5
ЭИ698	老式发动机	使用温度 800℃ 以下，强度低	9
ЭП742	РД33、Д18	使用温度 800℃ 以下，强度较低	9
ЭК79	АЛ−31ϕ	使用温度 800℃，短时 850℃，强度较低	9
ЭП 975	НК-114А、НК-44	使用温度 850℃ 以下，性能与三代粉末合金相当	6

盘件是用量较大的一类关键零件。国外盘锻件通常采用的锻造方法包括压机普通模锻、热模锻两类；而轴锻件，采用的是模锻、径锻和热挤压，对于变截面空心轴颈件通常采用热挤压成型，该工艺可以显著改善锻件组织均匀性，同时提高材料利用率。

2）机匣类环形件用变形高温合金。机匣类材料要求强度高、密度小、低的线膨胀系数、较高的刚性。发展趋势是低的膨胀系数、低密度、高温、抗氧化。国外大部分环形件采用型材焊接制造，消耗的原材料少，成本很低。

国外机匣类环形件合金见表 4-3。典型合金有 Waspaloy、IN718 和 IN625 等及新研的 718Plus。随着对发动机可靠性及涡轮热效率要求不断提高，低膨胀合金的应用越来越广泛。80 年代研制了 Incoloy909，使用温度 650℃。Thermo-pan 合金，可在 650℃ 下长期使用而无需保护涂层。IN783 合金是现有低膨胀高温合金中密度最低的，800℃ 完全抗氧化。Haynes242 合金在 815℃ 以下达到完全抗氧化，但密度较高。

国外环形锻件普遍采用环轧、闪光焊等成型，对于界面对称且界面较小的环件通常以闪光焊为主，该工艺在型材制备阶段解决了锻件本体稳定性问题，同时还可以显著提升成型效率。

表 4-3　国外典型机匣类环形件用变形高温合金

类别	牌号	应　用	材料主要特征	技术成熟度/级
普通变形高温合金	Waspaloy	CFM56 系列	使用温度 815℃以下，应用广泛	9
	IN718	CFM56 系列	650℃以下强度最高，应用广泛	9
	Hastelloy X	CF6	使用温度 900℃以下	9
	IN625	CFM56 系列	使用温度 950℃以下	9
	718Plus	LEAP 系列	使用温度 700℃，强度、加工和焊接性能同 IN718 合金，综合性能好	8
低膨胀高温合金	Incoloy 907	过渡合金，没有应用	存在应力加速晶界氧化脆化倾向	6
	Incoloy 909	F101、GE90、CFM-56	使用温度 650℃以下，膨胀系数低，抗氧化性能差，需保护涂层，应用广泛	9
	Thermo-span	CFM56 系列	使用温度 650℃以下，不需保护涂层	9
	IN783	F119	使用温度 750℃以下，800℃完全抗氧化，无须保护涂层，密度最低	8
	Haynes242	F404	使用温度 800℃以下，膨胀系数随温度变化率小，抗硫、盐腐蚀性能好，密度较高	7

3）紧固件用变形高温合金。紧固件材料要求强度高、无缺口敏感性、抗剪切能力强、抗腐蚀性能好、膨胀系数低。国外紧固件合金的发展趋势是高温、高强、抗腐蚀、低的膨胀系数。国外紧固件用主要变形高温合金见表 4-4。美国航空发动机于 20 世纪 60 年代开始使用变形高温合金紧固件，典型材料为 A286、Waspaloy 等，20 世纪 70 年代中期，开发出 IN718 紧固件。20 世纪 80 年代初，钴基多相变形高温合金（Multiphase）MP35N 和 MP159 紧固件获得实际应用，合金的抗拉强度均达到了 1790MPa。20 世纪 90 年代美国 SPS 公司推出了在 730℃使用的紧固件用高强变形高温合金 AEREX350，最高使用温度可达 760℃。

表 4-4　国外航空发动机紧固件用主要变形高温合金材料

牌号	应　用	材料主要特征	技术成熟度/级
A286		650℃以下，强度较低	9
IN718		650℃以下，强度高	9
Renè 41	多种型号的发动机	800℃以下	9
Waspaloy		750℃以下	9
MP159		600℃以下，强度最高	9
AEREX350	GE-nx	760℃以下，强度高	7

国外紧固件的主要成型方式是自动连续温镦+机加工+滚丝，对于高合金化高强度的材料，如 GH6159、GH4350 等采用的是热镦+机加工+滚丝工艺，其温镦效率达到

40件/min，显著提升了生产效率，同时避免了人为因素的影响，提升了紧固件的批次质量稳定性。

4）钣金件及管类零件用变形高温合金。钣金件及管类件材料为板带材、管材等型材，要求使用温度高、抗氧化和腐蚀性能好、易于加工和焊接，国外典型材料见表4-5。美国较全面地掌握了高温合金板带材和管材生产的核心技术，产品质量优异，技术成熟度很高，可稳定供货，目前正在研制1100℃以上耐腐蚀性能好的板材合金。国外高温合金管材较多使用焊管，但制备技术严格保密，公开报道很少。

表4-5　国外航空发动机钣金件用主要变形高温合金带箔材和管材

类别	牌号	应用	材料主要特征	技术成熟度/级
钣金件合金	IN718	多种型号发动机	650℃以下长期使用	9
	IN600		800℃以下长期使用	9
	C263		850℃以下长期使用	9
	Hastelloy X		使用温度900℃以下，应用广泛	9
	L-605		1000℃以下长期使用	9
	Haynes188		1100℃以下长期使用，耐腐蚀能力强	9
	Haynes230		1150℃以下抗氧化，加工性能好、抗渗氮、膨胀系数低、组织稳定	9
	ЭИ868		900℃以下长期使用	9
	ЭП648		900℃以下长期使用，优异的抗热腐蚀性能，高的比强度	9
	ЭП199		950℃以下使用，强度高，是沉淀硬化型板材中使用温度最高的合金之一	9
管材合金	IN718		650℃以下长期使用	9
	INconel X-750		800℃以下长期使用	9

（2）国外航空发动机变形高温合金构件验证技术。变形高温合金是先进航空发动机中应用品种最多、用途最广泛的金属材料，是盘类件、轴类件、高压压气机叶片、环形件、机匣、紧固件、钣金件、管件等零部件必需的关键材料。应用评价技术是确保材料及零部件安全可靠应用的必须条件。由于变形高温合金零部件的种类繁多，其应用评价方式也呈现多元化的需求，主要包括：隼槽结构特征元件设计及评价，孔结构特征元件设计及其寿命评估，预制裂纹特征元件设计及其损伤容限评价，可以实现温度梯度的元件设计及考核评价，符合盘件实际应力状态的模拟件设计及低循环疲劳寿命评估，模拟件及其转子耦合振动试验评价，模拟件及其转子超转破裂试验评价，模拟件及其转子超温/超载旋转试验评价，典型件低循环疲劳试验及寿命评估，典型件系统耦合振动试验评估，典型件超转破裂试验评估，典型件超温/超载试验评估，典型件抗冲击及叶片脱落试验评估等。

B　国外燃气轮机变形高温合金及其构件技术

（1）燃气轮机透平轮盘用变形高温合金。透平轮盘轮缘长期工作温度在550~600℃，轮盘中心工作温度降至 450℃ 以下，承受较大的径向热应力和较高的低周疲劳载荷作用。除了合金钢和耐热钢，透平轮盘在选材上也多考虑变形高温合金，如含 Nb 的 IN718 和 IN706 合金。随燃机进气温度升高，轮盘外缘温度也会进一步上升，MHI、Alstom 及 Siemens 等公司采用增强冷却技术对轮盘进行降温，以满足传统合金钢或耐热钢轮盘的使用要求。如 Alstom 轮盘材料选用了 12CrNiMoV，Siemens 选用了 22CrMoV 和 12CrNiMo。三菱公司的 F3 和 F4 燃机透平进口温度分别达到 1400℃ 和 1427℃，但依然采用 10325TG（NiCrMoV 合金钢）作为透平 1~4 级轮盘材料，这得益于三菱的 TCA 冷却器技术，并且三菱在透平 1 级轮盘进气侧进行 NiCr-Cr$_3$C$_2$ 涂层保护，可保证轮盘能够运行在较低的温度下。美国 GE 公司早期的 F 级以下的燃机，也普遍选用 CrMoV 低合金钢作为轮盘材料。各公司燃机轮盘用材情况见表 4-6。

表 4-6 美国 GE 和日本 MHI 燃机透平轮盘用材

公　司	机 组 型 号	轮 盘 材 料
GE	7E、9E	CrMoV
	6FA、7FA、9FA	IN706
	7/9FB，7/9H	IN718
MHI	F3、F4	10325TG（NiCrMoV）

随着 F 级燃机压气机的压比和出气温度的提高，传统合金钢和耐热钢无法满足应用要求，变形高温合金由于具有极佳的蠕变抗力，在高温下也有较高的力学强度，应用量逐渐增加，典型牌号包括 IN706、IN718、A286、Waspaloy 等。

（2）燃气轮机透平轮盘制造技术现状。燃机透平轮盘直径是航空发动机的 3~6 倍，在重量上，相对于几百千克重的航空发动机轮盘，F 级燃机轮盘目前可达到 10t 级别以上，这在轮盘制造上会遇到诸多问题。对于变形高温合金，大型透平轮盘制造的关键技术在于大尺寸无偏析钢锭冶炼技术和大尺寸轮盘锻造技术。

由于 IN718 合金中含有高含量（5.0%~5.5%，质量分数）易偏析的铌元素，且铸锭越大偏析越严重，受当时冶炼技术的限制，铸锭尺寸无法突破 φ660mm，无法满足大尺寸透平轮盘锻件的制造要求。为此，GE 公司在 20 世纪 80 年代末采用铌含量更低的 IN706 合金作为 F 级燃机的透平轮盘材料，经过 VIM+ESR+VAR 三联工艺冶炼其钢锭直径可达到 1000mm，钢锭重量达到 15t，轮盘锻件重量约 10t，轮盘直径达到 2200mm，厚度达到 400mm。借鉴 IN706 的制造经验，在 20 世纪 90 年代中后期，GE 已经开发出了 2000mm 级别的 IN718 轮盘锻件，其所用钢锭尺寸达到 686mm，钢锭重量达到 9t。从 2002 年开始，GE 在 7/9FB、7H/9H 燃机中开始使用 IN718 轮盘，其中 9FB 燃机使用的轮盘钢锭重量达到了 15t 以上，其轮盘尺寸达到 2000mm 以上，是目前世界有报道的最大的 IN718 轮盘（如图 4-1 所示）。

（3）燃烧室用变形高温合金现状及趋势。燃烧室是整个燃机承受温度最高的部件，为保证火焰筒和过渡段不至于在高温下失效，必须进行冷却，同时还需使用热障涂层进行保护。由于筒壁的温度非常高且尺寸很薄，机组启停过程中温度和应力变化极大，易造成低周疲劳开裂。此外，燃烧室内外的压力变化还会引起筒壁的高温蠕变损伤。因而要求燃

图 4-1　GE 9FB 燃机透平轮盘（后）
与航空发动机轮盘（前）对比

烧室材料具有良好的高温性能，包括高温强度、热疲劳抗性和抗氧化性等，另外材料还需具有良好的冷加工性能和焊接性能。

GE、西门子、三菱等公司从 20 世纪 60 年代开始将 Hastelloy X 用作燃烧室材料，该合金工作温度可达到 980℃ 左右，是早期制造燃烧室部件比较合适的材料。随着燃烧温度的进一步提升，GE 燃机在不规则结构的过渡段选用了抗蠕变性能更好的 Nimonic 263 合金，随后又在一些机组中引入了 Haynes 188 钴基变形高温合金，如 GE 在 MS7001F 和 MS9001F 火焰筒后段等，另外在 MS7001H 和 MS9001H 机组中则采用了 GTD-222 以进一步增强抗蠕变性能。此外，IN617 合金、Haynes 230 合金目前也被用来制作燃烧室部件，Haynes 230 合金较 Haynes 188 合金降低了 Co 含量、提高了 Ni 含量，并添加了 2%（质量分数）的 Mo，抗氧化性能有一定提高，同时也具有良好的工艺性能。各公司典型的燃烧室火焰筒和过渡段用材见表 4-7。

表 4-7　国际上典型重型燃机燃烧室火焰筒和过渡段材料

公司	机组型号	燃烧室火焰筒	燃烧室过渡段
GE	9E	Hastelloy X	Nimonic 263
	6FA、7FA、9FA	Hastelloy X/HS-188	Nimonic 263
	7/9H	Hastelloy X/GTD-222	Nimonic 263
Siemens	SGT5-4000F	Hastelloy X	IN617
MHI	M701F/G	Hastelloy X	Tormilloy

（4）燃烧室部件制造技术现状及趋势。燃烧室部件的研制涉及锻造、成型、焊接、加工、热处理、总装领域，主要制造技术包括精冲压—拉延—模压成型的变截面成型技术、激光焊—电阻焊—氩弧焊复合焊接的精密焊接技术、复杂异形曲面结构件加工技术。燃烧室中的火焰筒和过渡段因在 1300℃ 以上的高温下工作，表面必须用热障涂层（TBC）进行保护，如 GE 燃机在火焰筒和过渡段上均制备了 0.4~0.6mm 的 TBC 涂层，结合层为 NiCrAlY，陶瓷层为 YTTRIA 氧化锆。

4.2.1.2　国外铸造高温合金及其构件技术

A　航空航天用铸造高温合金及其构件技术

（1）单晶高温合金及其构件技术现状。国外相继有四代单晶高温合金问世并在航空发动机获得应用。20世纪80年代初期，研制成功不含Re的第一代单晶高温合金。20世纪80年代后期，研制成功含3%Re的第二代单晶高温合金，二代单晶的承温能力比一代单晶提高了30℃。为进一步提高单晶高温合金的承温能力，合金设计者们将Re的加入量增加到6%，于是产生了第三代单晶高温合金，其承温能力比第二代单晶高约30℃。国外典型单晶高温合金及其应用见表4-8。为满足更高推重比航空发动机的技术需求，21世纪初，美国由GE、P&W以及NASA合作发展了含Ru的第四代单晶高温合金。

表4-8　国外典型单晶高温合金及在航空发动机上的应用

单晶高温合金		航空发动机	
		军用	民　用
第一代	PWA1480	JT9D F100	PW2000 JT9D（B747、B767、A300、A310，1990年被PW4000替代而停止生产）
第二代	PWA1484	F100 F110 F119	PW2000（B757） PW2037（B757） PW4000（A300、A310、A320、A330、B757、B767、B777） V2500（A319、A320、A321）
	RenéN5	F100 F110 F118 T800	GE90（B777、A330） CFM56-7（B737NG）
	CMSX-4	EJ200	RB211（B747、B757、B767）
第三代	CMSX-10	完成考核	TRENT 890

（2）单晶高温合金涡轮叶片的试验验证。涡轮叶片是航空发动机中的重要零件之一，据统计，振动故障占发动机总故障的60%以上，而叶片故障又占振动故障的70%以上。通过大量的材料试验数据，辅之以现代有限元计算和分析技术，可以从理论上对涡轮叶片进行蠕变、疲劳寿命预测，但因为实际叶片与标准试样的材料性能存在一定差异，导致预测结果精度不高。

因此，在实验室进行构件或模拟构件的试验，可以针对叶片在使用中出现的故障，或者对于特殊结构的试验研究，采取特殊的夹具设计来模拟加载形式。所以，在合金材料标准试样力学性能测试与叶片整机台架试验之间，增加元件、模拟件、试验件的试验考核验证，逐级提升涡轮叶片材料的技术成熟度，掌握结构对单晶高温合金力学性能的影响规律，获得更为完整的材料—结构数据库，降低整机考核风险，为发动机研制提供技术支持。

（3）铸造等轴晶高温合金及其构件技术现状。铸造等轴晶高温合金构件包括扩压器及机匣、涡流器、预旋喷嘴、中间机匣、整体导向器、整体叶盘、涡轮后机匣、涡轮外环、矢量喷口调节片等整体结构铸件，以及铸造等轴晶导向叶片、转动叶片等涡轮叶片，如图4-2所示。

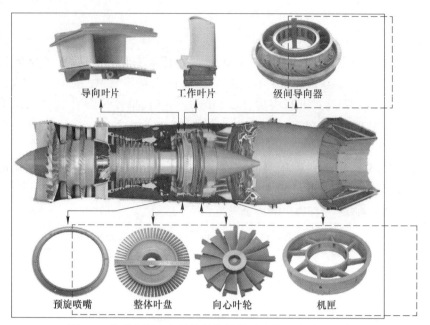

图 4-2　典型高温合金整体结构铸件及在航空发动机的位置

国外目前已经形成了铸造等轴晶高温合金材料体系，如高温高强 Mar-M247、中温高强 IN718 和 IN939、中高温超强 IN792 系列等。国外铸造技术（见表 4-9、图 4-3）的发展方向是精密铸造新型工艺技术和多个部件集成整体铸造技术。美国 AiResearch 公司开发了热控细晶铸造工艺。美国 GE 公司发展的细晶离心铸造方法，使复杂薄壁整体铸件的充型能力得到极大提高。美国 Howmet 公司发展了第一代细晶铸造工艺（Grainex）和第二代微晶铸造工艺（Microcast-X）。另外，Howmet 公司在高温合金铸件领域全面引入热等静压（HIP）工艺，提高铸件的致密度、消除疏松和促进组织均匀化。Howmet 公司与英国 R&R 公司联合开发成功了定向（DS）/细晶（GX）双性能整体叶盘整铸技术。在大型扩压器机匣和涡轮后机匣整体铸造技术方面，美国 PCC 公司为 GE90 和 Trent1000 等大涵道民用航空发动机研制的整体机匣直径达到 2000mm，最小壁厚达到 1.5mm，铸件重量达到 534kg，浇注重量 1900kg，并开发成功了先进的热控凝固技术。

表 4-9　国外整体结构铸件先进制造技术

单　位	工　艺	技　术　特　征
美国 AiResearch	细晶铸造（热控）	晶粒度达到 ASTM1~2 级
美国 GE	细晶铸造（离心）	解决了复杂薄壁铸件晶粒度与充型矛盾问题
美国 Howmet	GX 细晶铸造（机械振动）	晶粒度达到 ASTM1~2 级
	MX 微晶铸造（电磁扰动）	晶粒度达到 ASTM3~5 级
	热等静压（HIP）	HIP 炉容量大、压力高、冷速比标准冷速还快
美国 Howmet 与英国 R&R 联合	定向（DS）/细晶（GX）双性能叶盘整铸技术	应用于 R&R 公司 250-Ⅳ 中小型发动机和 APU

单 位	工 艺	技 术 特 征
美国 PCC	热控凝固技术	高温合金大型机匣铸件
PCC、HOWMET、PRECICAST	窄小通道、密集叶片预旋喷嘴整铸技术	叶片间距小于3.5mm，通道小于20mm
GE	复杂全气冷空心导向器整铸技术	多层环状、复杂气冷内腔、壁厚悬殊

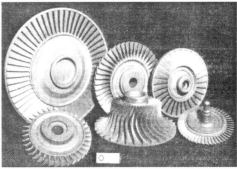

细晶铸造

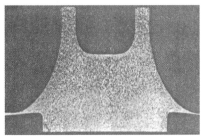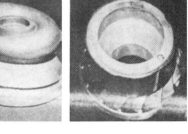

MICROCAST-Xᵗ　　　微晶铸造

预旋喷嘴

大型机匣

图4-3　国外先进工艺技术结构铸件产品

国外铸造等轴晶高温合金构件整铸技术研究突破并形成了一系列关键技术，主要如下：（1）高强度、低收缩、低膨胀、低灰分蜡模材料；（2）蜡模构件模具的三维精确设计；（3）新型复合型壳材料和制备工艺；（4）高温合金完整充形及凝固组织匹配控制技术；（5）自动化铸造工艺装备；（6）构件全面质量可靠性无损检测技术。

B　地面燃气轮机用铸造高温合金及其构件技术

（1）透平叶片用铸造高温合金。国外燃机透平叶片材料及其成型技术研究和产业化已有 60 多年的历史。20 世纪 40~50 年代，透平叶片以变形 Co 基和 Ni 基高温合金为主要用材。20 世纪 50 年代中期，随着真空冶炼技术的商业化，国外开始研究铸造 Ni 基合金。20 世纪 60 年代，精密铸造技术成熟，使得复杂叶片型面及冷却通道设计成为可能，通过添加合金元素改善材料的组织结构，提高了铸造高温合金的高温强度，从而使燃气轮机的入口温度大幅度提高。20 世纪 70 年代，定向凝固柱晶高温合金开始用于航空发动机叶片，到了 20 世纪 90 年代后期，定向凝固柱晶和单晶高温合金开始用于重型燃机动叶片。目前，大尺寸单晶空心高温合金叶片材料及无余量精密铸造技术是重型燃机叶片制造技术最高水平的标志。

为了保持世界领先地位，近二十年来，西方发达国家的政府和企业界制订和实施了长期多层次的燃气轮机技术研究计划，以实现更高效率与更低排放的目标，推动燃气轮机产品与产业的进一步发展。如美国投资 4 亿美元发起的 ATS 计划（Advanced Turbine System Project）、欧洲 23 国联合的 COST 计划（Cooperation in Science & Technology Program）、日本的月光计划（Moonlight Project）等。这些计划将材料及其成型研究置于重要地位，使高效率燃机中动静叶片等热端部件材料能够承受更高的温度。日本近年来推出的 21 世纪高温材料计划为重型燃机用 Ni 基高温合金及其成型技术的进一步发展提供了机会。

美国 GE、德国 Siemens、日本 MHI 都已开发出了自己的材料牌号，并形成了自己的透平动、静叶片材料体系。如表 4-10 所示，GE、Siemens 在其 F 级及以上燃机透平叶片上普遍采用了单晶合金和定向柱晶合金。MHI 得益于其先进的冷却技术和热障涂层技术，即使在其最先进的 J 级燃机上，仍然没有采用单晶合金，而仅仅采用定向柱晶合金。

表 4-10　国际上典型重型燃机透平叶片材料

厂家	燃机型号	静叶片用高温合金	动叶片用高温合金
GE	7/9EA	FSX-414	GTD111（1 级） IN738（2 级） U-500（3 级）
	7/9FA	FSX-414（1 级） GTD222（2，3 级）	DS GTD111（1 级） GTD111（2，3 级）
	7FB/9FB	GTD111（1，2 级） GTD222（3 级）	Rene N5（1 级） DS GTD444（2，3 级）
	7H/9H	Rene N5（1 级） DS GTD222（2 级） Rene108（3 级） GTD222（4 级）	Rene N5（1 级） DS GTD111（2 级） DS GTD444（3，4 级）

厂家	燃机型号	静叶片用高温合金	动叶片用高温合金
Siemens	V84/94.2	IN939	IN738LC（1，2，3级） IN792（4级）
	V84/94.3A	PWA1483（1，2级） IN939（3，4级）	PWA1483（1，2级）
MHI	501/701F3	MGA2400	MGA1400DS（1级） MGA1400（2，3，4级）
	501/701G	MGA2400	MGA1400 DS（1，2级） MGA1400（3，4级）
	501J	MGA2400	MGA1400 DS（1，2，3级） MGA1400（4级）

（2）透平叶片制造技术。商用透平叶片普遍采用熔模精密铸造成型技术，与航空发动机涡轮叶片制造技术相同。透平叶片精密铸造流程工序众多，可以分为模具设计和制造、制芯、压蜡组模、制壳、熔炼浇注、清壳喷砂、脱芯、热处理等主要工序。透平叶片还要进行目视检验、尺寸检验、X射线检验、FPT检验、破坏性抽检等，所有检验都满足技术标准的要求后，才能成为合格的叶片。精密铸造主要流程如图4-4所示。

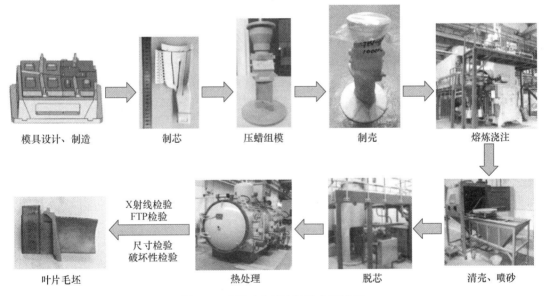

图4-4 透平叶片精密铸造主要流程

相比于航空发动机涡轮叶片，地面燃机透平叶片由于尺寸更大，对陶瓷型芯和陶瓷模壳的高温强度要求更高，叶片的尺寸精度更难以保证，各种组织缺陷和铸造缺陷的控制难度更大。重型燃机叶片的发展趋势是：大尺寸、单晶组织和空心结构。通过定向凝固技术，国外先进重型燃机和中小型工业燃机都已普遍采用定向柱晶叶片和单晶叶片。

国外公司在进一步提高叶片尺寸、优化制造工艺等方面仍继续进行积极地探索和研究，如陶瓷叶片、3D打印叶片等。2017年，德国Siemens完成了完全采用3D打印技术制造的燃气轮机叶片首台全负荷发动机试验，该3D打印叶片是由高性能多晶镍基高温合金粉末制成，安装在 13MW 的 SGT-400 工业燃气轮机上，转速为 13000r/min，温度超过 1250℃，成功地证实了 3D 打印透平叶片的有效性，但目前还未商业运行，仍处于试验阶段。

4.2.1.3　国外粉末高温合金及其构件技术

A　粉末高温合金

粉末高温合金主要用于制作航空发动机涡轮盘。经过近 50 年的发展，粉末高温合金已历经了三代的研制过程。从第一代的高强型粉末高温合金发展到第二代高损伤容限型高温合金和第三代高强+高损伤容限型粉末高温合金，同时使用温度更高的第四代粉末高温合金也正处于研发阶段。

20 世纪 60 年代末期，美国 Pratt Whitney 公司开始研究粉末高温合金，1972 年首先研制成功 IN100 粉末高温合金。20 世纪 80 年代初，该公司又将 MERL76 粉末涡轮盘用于 JT9D 和 JT10D 发动机。另外，美国 GE 公司则于 1972 年开始研制粉末 Rene95 合金盘件。按照美国空军发动机损伤容限要求（AIAA-85-1209），GE 公司于 1983 年开始，仅用 4 年时间便研制成功了第二代损伤容限型粉末高温合金 Rene88DT。经过近 50 年的发展，欧美及俄罗斯等已研发出系列粉末高温合金并建立了自己的合金体系，取得了较大的进展。

20 世纪 80 年代末，美国 GE 公司，NASA GRC、Honeywell、P&W 公司和英国的 R-R 公司先后开展了第三代粉末高温合金材料研究。特别是 GE/NASA/P&W 联合开发的 René 104（ME3）是第三代粉末高温合金的代表，合金的主要特点是：（1）高强+损伤容限型，其强度性能高于第二代合金，同时抗疲劳裂纹扩展性能比第二代更加优异；（2）通过增加高熔点元素，提高了合金的高温使用性能和 γ' 相高温稳定性，合金使用温度超过 750℃。国外粉末高温合金及应用见表 4-11。

表 4-11　国外粉末高温合金及应用

合金代次	合金牌号	国家/研发机构	发动机应用
第一代	L. C. Astroloy	美国 P&W	JTDD-17R、TF-30
	IN100		F100、F119
	MERL76		JT9D、PW2073 PW4000、PW4084、PW5000
	René95	美国 GE	T700、F400、F101、CFM56
	U720	美国 Special Metals	GE90
	ЭП741НП	俄罗斯 ВИЛС	РД30ф6、РД33、ЛС90A АЛ-31ф、АЛ-31фЛ
第二代	René88DT	美国 GE	GE90、CFM56-5C2、CF6-80E
	N18	法国 SNECMA	M88
	U720LI	美国 SpecialMetals	BR700、GMA2100、GMA3007、T406、T800
	RR1000	英国 Rolls Roys	Trant 系列
第三代	Alloy 10	美国 Honeywell	Honeywell APU（HTF7000）
	René 104	美国 GE	GP7000、Trant900、Trant1000
	LSHR	NASA	—
	NR3	法国	—

B 粉末高温合金涡轮盘制造技术

粉末高温合金盘件制备涉及母合金熔炼、制粉、粉末处理、真空装填包套、热等静压、热挤压、真空等温锻造、热处理、无损探伤、力学性能测试、机加工、喷丸、喷涂等工序，先进制造技术包括纯净化母合金熔炼技术、氩气雾化制粉技术、粉末处理与装包套技术、热等静压致密化成型技术、热挤压技术、等温锻造技术和热处理技术、表面强化技术、机加工技术等。

目前，美国、英国和法国为代表的欧美国家普遍采用氩气雾化（AA）工艺制备预合金粉末+热挤压成型+等温锻造的工艺路线，如图 4-5 所示。

母合金　　　　雾化制粉　　　　筛分　　　粉末处理装包套　　热等静压

无损检测　　热处理　　　真空等温锻造　　　挤压棒材　　　热挤压

图 4-5　欧美粉末盘制备工艺路线

俄罗斯是粉末高温合金研制的又一强国。采用等离子旋转电极工艺（PREP）制备预合金粉末和直接热等静压成型是其粉末盘工艺的主要特点，如图 4-6 所示。1982 年，用该工艺制备的 эп741нп 粉末盘正式在米格-29 飞机的 рд-33 发动机上使用。俄罗斯全俄轻合金研究院（вилс）生产的数千个粉末盘总飞行时间已累计超过 100 万小时。

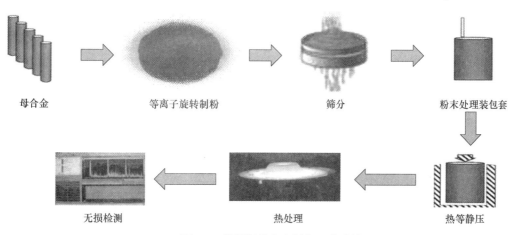

母合金　　　　等离子旋转制粉　　　　筛分　　　　粉末处理装包套

无损检测　　　　　热处理　　　　　　热等静压

图 4-6　俄罗斯粉末盘制备工艺路线

4.2.1.4　高温合金构件精密铸造技术

现代精密铸造技术起源于我国传统的失蜡铸造工艺，第二次世界大战期间在高温合金复杂结构件上获得应用，即第一代 Austenal 法。20 世纪 50 年代后期，美国、英国等开始

了复杂内腔空心叶片的铸造。20 世纪 70 年代初，美、英等发展了 Austenal 第二代技术
——高温合金近净形精密铸造技术。20 世纪 70 年代中期，定向凝固技术在航空发动机涡
轮叶片上获得应用。20 世纪 80 年代，单晶叶片技术用于生产，这即是 Austenal 第三代技
术。与此同时，热等静压技术、过滤净化技术的发展使得铸件的冶金缺陷大大减少，性能
显著提高；计算机技术的应用，提高了熔模铸件生产的成品率和可靠性。

　　高温合金大型整体铸件精密铸造技术的发展是建立在高水平熔模铸造工艺的基础上，
已经成为多种技术的复合体。自 1965 年美国首次采用 In718C 合金制造了第一个整体精铸
机匣以来，已在多种发动机中成功应用大型高温合金整体精铸件，铸件的最小壁厚达到
0.80~1.25mm，直径为 1524mm、重量达 932kg。

　　国外高温合金整体叶盘精铸技术迄今实现了三阶段跨越发展：等轴晶整体叶盘、等轴
细晶整体叶盘、定向柱晶（单晶）叶片/等轴细晶轮盘双性能整体叶盘精密铸造技术。陶
瓷型芯、型壳在西方国家的航空发动机空心叶片制造中得到了广泛应用。一直以来，发达
国家对于陶瓷型芯、型壳的研究从未停止过，并将其核心技术视为高度机密不予公开。

4.2.1.5　国外高温合金构件塑性成型技术

A　国外盘件塑性成型技术

　　发动机盘件制备涵盖了普通模锻、热模锻和等温模锻等工艺。普通模锻经济成本最
低、生产效率最高，但锻件表面为未变形的冷模组织，热模锻和等温锻造有效减轻甚至消
除了冷模效应，同时可减少或避免混晶现象的发生。

　　等温锻造技术在粉末合金中获得了大量应用，其模具工装结构如图 4-7 所示。等温锻
过程中模具与坯料温度始终保持一致，并且在较低的变形速率下成型（通常不超过 10^{-3}/s），
不仅大大提高了材料的变形能力，而且制备的锻件组织均匀，具有良好的综合力学性能；
另外，等温锻造的超塑性变形还可使锻件精化，大幅提高锻件材料利用率。

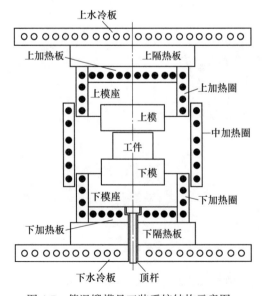

图 4-7　等温锻模具工装系统结构示意图

　　盘件等温锻造技术可分为全封闭真空和大气下等温锻造技术两类。欧美等西方国家通

常采用全封闭真空等温锻造技术制备粉末高温合金涡轮盘。粉末高温合金涡轮盘90%以上采用粉末热挤压+真空超塑性等温锻造工艺制造。欧美目前建有1台5000t、2台8000t、1台10000t和1台12500t全封闭真空等温锻造压机，能够生产外径达1000mm、质量达1000kg的高温合金盘形件。20世纪初美国估计就已经形成了年产万件以上（约合3万吨）高性能粉末盘的能力。

俄罗斯一般采用大气下等温锻造的技术路线，模具材料为高强铸造高温合金或 Ni_3Al 金属间化合物。俄罗斯在10000t模锻液压机上等温锻造出最大直径为 ϕ980mm、轮缘厚140mm的 ЭК79ИД 合金涡轮盘，以及直径 ϕ550mm、轮毂高235mm、轮缘厚65mm的 ЭК79ИД、ЭК152ИД、ЭП975ИД 合金复杂形状盘轴一体化涡轮盘锻件。

B 国外机匣精密塑性成型技术

机匣是航空发动机重要的热端部件之一，国外整体式和对开式环形机匣成型主要采用环轧技术。采用轧制技术生产的环件的外径尺寸可达40~10000mm，高度达15~4000mm，最小壁厚15~48mm，环形件的重量为0.2~8200kg。

在航空发动机领域，目前国外均采用精密环轧技术生产高质量的压气机机匣、涡轮机匣和燃烧室等薄壁环形件，同时采用胀形工艺，进一步确保锻件尺寸精度。GE公司采用精密环轧技术生产的 CFM56 发动机用 In718 合金斜 I 型截面高筒薄壁环件（如图4-8所示），（锻件对零件的）材料利用率达到33.2%，环件尺寸精度达到了环件外径的1‰。

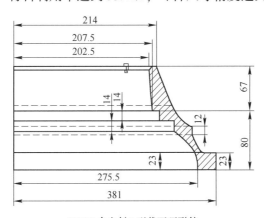

IN718合金斜I型截面环形件

图4-8 GE公司 CFM56 发动机上的精密环形件

各国还根据发动机用典型材料的特性，开展了环件精密轧制基础技术、数值模拟技术、过程控制技术以及组织性能控制技术等研究，其中美国、德国、以色列等国家开发的轧制工艺数据库和专家系统已获得实际应用。

4.2.1.6 国外高温合金材料及其构件考核验证技术

国外航空发动机产业经过多年的发展，形成了以美国 GE、PWA、英国 RR、法国 SNECMA、德国 MTU 等公司高度垄断的局面，各公司均设有专门的材料评价测试中心，用于开展材料的应用技术研究，如 RR 公司在德国柏林附近的达尔维茨（Dahlewitz）设立了 MTOC 公司，该公司是罗罗发动机公司在德国的力学性能测试中心，该中心是燃气涡轮部件测试的标杆，支持罗罗发动机公司未来先进产品的研发，另外提供了从材料测试到零部件试验的全面能力，可支持罗罗发动机公司燃气涡轮全寿命周期的测试需求；德国 MTU 公司具有完善的材料和部件测试实验室，可以完成试样级、元件级、模拟件级和典型级考核评价，与此同时还将模拟仿真技术应用于部件考核试验中；德国还设立了专门部件考核的 IMA 公司，核心业务主要涉及材料测试、部件测试、模拟仿真、无损检测、数据库等。

4.2.1.7　国外高温合金返回料利用技术

现在世界上许多国家都在开展高温合金返回料的应用研究，并且已经取得了一些进展。欧美发达国家十分重视返回料的回收和再利用，一方面可以有效利用资源有限的战略元素，另一方面可以有效提升材料的纯净度，进而提高高温合金整体质量。

（1）国外高温合金返回料的使用分类研究。国外高温合金返回料经过挑选、分级和预处理后可分类使用。第一，原级使用，返回料经熔炼后和新料一样用于制作重要零部件；第二，搭配使用，返回料和新料以一定比例混合熔炼成高温合金；第三，降级使用，用于制造不太重要的零部件或配置较低级的合金；第四，将返回料中的合金元素萃取分离，提取某些贵重元素。

（2）国外高温合金返回料的回收方法研究。目前，高温合金返回料回收利用技术主要有火法、湿法以及火法和湿法联合法三种工艺。火法冶金工艺主要是通过废料表面处理和真空感应炉、电渣炉等设备熔炼的净化技术。湿法冶金工艺在回收利用的废旧资源的同时，不受废料形状、成分的限制，可以实现金属元素的提纯。但是，同火法冶金工艺相比，湿法再生利用工艺技术难度高、工艺复杂、生产周期长。目前，国内外较多的使用火法冶金技术回收利用高温合金。美国 Inco 公司采用火法工艺来回收利用高温合金返回料涡轮盘、叶片等。

（3）国外高温合金返回料的回收比例研究。由于采用合理的回收工艺，美国在 1986 年回收的 5500 万磅高温合金中，仅约 20% 降级使用。目前，美国高温合金返回料的使用比例达到 70%～90%（质量分数）。法国透博梅卡公司在一高温涡轮叶片中返回料利用率为 50%；俄罗斯开发了一整套铸造回炉料的真空熔铸工艺，这种工艺生产的 80% 返回料与不含返回料的合金在 950℃、200MPa 条件下，持久强度相同。

（4）国外高温合金返回料回收利用的标准制定情况。美国普惠公司对 PWA1422 合金进行了返回料的规定；英国 IN100 高温合金返回料和新料搭配使用重新熔炼高温合金，法国 AUBERT&DUVAL 公司将氩气雾化制粉过程产生的粗粉按比例重新制粉再利用。美国高温合金冶金厂如 ATI、SPECIAL METAL、CARPENTER 等对返回料制定了各种工艺标准和管理规范。各冶金厂均与其下游用户包括零件加工厂、发动机制造厂等建立严格的返回料管理规定，并将返回料纳入其销售成本中；各冶金厂具备返回料的回收、存放、处理、再利用的能力，实现了材料的闭环使用。

4.2.2　国内技术发展现状

4.2.2.1　产业技术发展情况

A　国内变形高温合金及其构件技术

（1）国内航空发动机用变形高温合金及其构件。1956 年，我国仿制出第一个变形高温合金 GH3030，并在航空发动机上获得应用；20 世纪 60~90 年代，逐步形成了系统的以铁、镍、钴为基体的固溶强化和时效强化型材料体系。进入 21 世纪，我国又先后研制了多种新型高强度、耐腐蚀变形高温合金，材料的性能水平得到大幅度提升，使盘件用变形高温合金承温能力达到 750℃，耐腐蚀板材承温能力达到 1050℃。

1）盘轴件（含整体叶盘、盘轴一体件）用变形高温合金。国内已应用的盘轴类变形高温合金见表 4-12。650℃ 及其以下合金种类偏多，以 GH4169 合金强度水平最高，但目前存在的组织和性能问题阻碍了型号的应用，材料的进口率超过 50%。我国研制出能够在 730℃ 下长期应用的 GH4720Li 难变形高温合金盘件，该合金是国内目前强度水平最高的实用化变形高温合金，但棒材和盘锻件成材率偏低。针对 750℃ 以上用盘件材料，国内正处于研发阶段。

表 4-12　国内航空发动机盘轴类零件用主要的变形高温合金

牌号	应用部件	发展现状
GH4133（B）	涡轮盘	成熟合金，适用温度 700℃ 以下，强度偏低
GH4169	涡轮盘、压气机盘、涡轮轴、轴颈	冶金缺陷黑斑、白斑未彻底消除，杂质元素含量偏高；组织均匀性较差、晶粒尺寸超标；盘件性能裕度低、性能一致性差；盘件加工及使用过程中的变形量较大；适用温度 650℃ 及其以下
GH4738	燃气涡轮盘	首次在航空发动机中用作关键转动件，尚未进行工程化应用研究；适用温度 700℃ 以下，强度偏低
GH4169G	压气机整体叶盘	正在进行试车考核，适用温度 680℃ 以下
GH4720Li	涡轮盘、压气机盘	针对小尺寸涡轮盘：合金棒材开坯和盘件合格率低、自主保障困难；针对大尺寸涡轮盘：尚未立项开展研究工作；适用温度 730℃ 以下，强度高
GH4698	涡轮盘	成熟合金，适用温度 700℃ 以下
GH4065A	压气机盘	处于研制阶段，适用温度 750℃
GH4151	涡轮盘	处于研制阶段，适用温度 750~800℃
GH4975	涡轮盘	刚开始进行探索研究，适用温度 850℃

国内目前常用的盘件锻造工艺有锤上普通模锻、压机普通模锻、热模锻、近等温锻造。轴锻件常用的锻造方法包括自由锻、模锻等。目前，盘锻件和轴锻件均不同程度地存在组织均匀性差、性能波动等问题。

2）机匣类变形高温合金。国内典型机匣类环形件用合金见表 4-13。GH4738 和 GH4169 机匣主要为承力机匣，目前 GH4738 合金制造的环形锻件组织不均匀、屈服强度不合格。低间隙控制机匣主要选用低膨胀高温合金，其中 600℃ 用 GH2907 已获得工程化应用，650℃ 用 GH2909 和 750℃ 用 GH4783 合金尚未进行工程化应用研究。

表 4-13　国内航空发动机机匣类环形件用主要变形高温合金

类别	牌　　号	发　展　现　状
普通变形高温合金	GH4738	棒材组织不均匀、锻件混晶及屈服强度不合格；对合金组织特性掌握不够，没有立项开展环形件的轧制工艺和工程化应用研究
	GH4169	冶金缺陷黑白斑未彻底消除，组织均匀性差，性能一致性差；环件加工及使用过程中的变形量较大

续表 4-13

类别	牌　号	发 展 现 状
低膨胀高温合金	GH2907	机匣等锻件混晶、探伤杂波大
	GH2909	尚未进行工程化应用；棒材组织粗大，探伤杂波大，环形件缺口周期持久性能不合格
	GH4783	尚未进行工程化应用
	GH4242	正在进行研制

国外环形件大部分都已采用低成本的焊接制造技术，国内仍采用传统轧制工艺，成本较高，尚未立项开展相关研究工作。

国内环形锻件的主要成型方法包括环轧、扩孔+机加工、模锻，其中环轧成为主流；锻件组织均匀性差，环形件普遍存在加工变形问题。

3）紧固件用合金。国内典型紧固件用变形高温合金见表 4-14。常用的紧固件合金有 GH2132、GH4169、GH4738、GH4141、GH6159，其中 650℃ 以下选用 GH2132、GH4169 合金，750℃ 以下选用 GH4738 合金，800℃ 以下选用 GH4141 合金，600℃ 以下高强度、耐腐蚀选用 GH6159 合金，730℃ 使用的高强度紧固件合金 GH4350 正处于研发阶段。

表 4-14　国内典型紧固件用合金

合金	基体	最高使用温度和室温强度水平		材 料 特 性
		℃	MPa	
GH2132	铁基	650	1100	中等强度，抗腐蚀性能一般，加工性能良好
GH4738	镍基	730	1200	冷、热加工工艺性能不好，组织难控制
GH4169	镍基	650	1500	强度较高，良好的抗应力腐蚀开裂能力，冷热加工性能良好
GH4141	镍基	850	1100	强度较低，冷热加工性能较好，高温组织稳定性较好
GH6159	钴基	590	1790	强度高，冷热加工性能极差，使用温度较低
GH4350	钴基	730	1800	强度高，冷热加工性能极差

目前，国内生产的冷拉棒材的冶金质量稳定性很差，航空发动机紧固件用冷拉棒材一直依赖进口，总的进口率超过 85%，其中 GH6159 合金和 GH4141 合金冷拉棒材进口率为 100%。

国内紧固件的主要成型方式是热镦+机加工+滚丝，镦制效率较低，大约 6 件/min，紧固件存在批次质量稳定差等问题。极少数低合金化的高温合金 GH2132 采用了连续温镦成型，但由于国内冷拉盘圆料无法生产，使该工艺的国产化应用受到了限制。

4）钣金件及管类件用合金。我国典型钣金件用合金如图 4-9 所示。GH5605、GH4145、GH3536 等合金的薄板、丝、带、异型材，批量小、规格多，制造工艺不稳定，技术成熟度低，不能自主供货，只能依赖国外进口。C 型密封圈用 GH4145、GH4169 合金毛细管材等缺乏材料研究，未实现国产化。

（2）国内燃气轮机用变形高温合金及其构件技术。目前国内尚不能生产用于大型轮

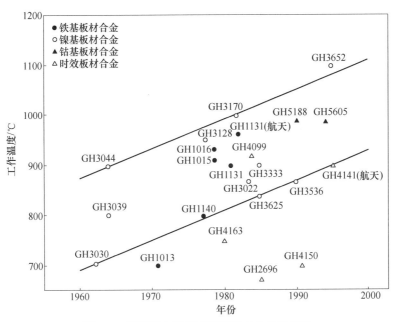

图 4-9 我国钣金件用变形高温合金发展情况

盘制造的无偏析 IN718 钢锭，在国内 VIM+ESR+VAR 三联冶炼工艺目前尚未工程化应用，且工艺还有待完善。但国内具备了低合金化的 GH706 合金大规格铸锭和盘锻件的研制经验，成功研制出 φ2200mm 的全尺寸锻件。

国内自主研发的 50MW 燃气轮机，其透平轮盘材料采用国外 IN718 料，开发的 1~4 级透平轮盘，透平第 1 级轮盘直径约 1200mm，厚度约 200mm，第 4 级轮盘尺寸相近，轮盘单重约 2t，如图 4-10 所示。未发现铌偏析引起的白斑、黑斑等缺陷。该轮盘在中国二重 8.0 万吨模锻机上进行生产，二重在装备能力上并不落后于国外，但在 IN718 超大型高温合金轮盘（2000mm 级）的制造工艺上并没有实际经验，还有待于进行工艺开发与验证。

国内燃气轮机燃烧室的自主制造，已经接近国际先进水平。我国自主研制的 50MW 燃机燃烧室如图 4-11 所示，火焰筒和过渡段均采用 Haynes 230 合金，选材上与目前国际主流燃机的燃烧室用材相当。由于 Haynes 230 合金固溶强化元素 W、Co、Mo 的含量超过 20%（质量分数），板材轧制时高温变形抗力较大，易产生轧制裂纹，其成型性能差于 Hastelloy X，对制造工艺的要求更高。

B 国内铸造高温合金及其构件技术现状

（1）航空发动机单晶高温合金及其构件。北京航空材料研究院于 20 世纪 80 年代研制成功我国第一个用于航空发动机的第一代单晶高温合金 DD3。随后，钢铁研究总院研制出 DD402、DD407 合金单晶涡轮叶片。20 世纪 90 年代末，北京航空材料研究院又成功研制第一个低成本第二代单晶高温合金 DD6。航材院、中科院金属研究所仿制 PWA1484、RenéN5 形成 DD412、DD5 第二代单晶高温合金涡轮叶片。21 世纪初，面向高推重比航空发动机的需求，北京航空材料研究院研制了第三代单晶高温合金 DD9，该合金的力学性能与国外第三代单晶高温合金力学性能相当。

图 4-10　国内开发的 G50 型号中的 IN718　　　　图 4-11　我国自主研制的 50MW
　　　　　透平轮盘（ϕ1200mm）　　　　　　　　　　　燃机燃烧室

目前，国内单晶叶片材料研究主要单位有航材院、金属所、钢研院等科研院所，并且发展了自主的和仿制的单晶高温合金，见表 4-15。此外，北京科技大学、北京航空航天大学、西北工业大学等一些高校也进行了单晶高温合金的基础理论研究。

表 4-15　国内典型单晶高温合金的研制单位

合 金 牌 号		研 制 单 位
第一代	DD3	航材院
	DD402	钢研院
	DD407	钢研院、金属所
第二代	DD5	航材院、金属所
	DD6	航材院
	DD412	航材院
	DD432	金属所
第三代	DD9	航材院
	DD33	金属所
第四代	DD15	航材院

涡轮叶片按功能分类包括工作叶片和导向叶片，按结构分类包含实心结构叶片和空心（简单空心、复杂气冷、双层壁超气冷等）叶片，我国研制了 10 余种航空发动机 20 余种单晶涡轮叶片。建立了包含模具设计与制造、陶瓷型芯制备技术、陶瓷型壳制备技术、定向凝固控制技术、复杂薄壁成型技术、专用设备自主研发技术、真空热处理技术、真空焊接技术、再结晶控制技术、无损检测技术、热障涂层技术、喷丸处理技术、考核评价技术等单晶涡轮叶片制造技术体系。单晶涡轮叶片综合技术达到国际先进水平。

（2）航空发动机铸造等轴晶高温合金及其构件技术。国内大型涡喷/涡扇发动机从第二代到第五代，中小型涡喷/涡轴发动机从早期到现在，辅助动力装置（APU）（起动机）从第一代发展到第四代，所用的高温合金材料、结构设计和制造技术均经历了的跨越式发展，其历程见表4-16。

表4-16　国内高温合金整体结构铸件材料及制造技术发展历程

涡喷/涡扇发动机		第二代	第三代	第四代	第五代
预旋喷嘴	材　料	GH4169	GH4169	GH4169	K439
	结　构	小/简单	多块/组合	多块/组合	大/整体设计
	制造技术	毛坯加工	锻造/钣金/焊接	锻造/钣金/焊接	整体一次成型
扩压器机匣和涡轮后机匣	材　料	不锈钢/GH4169	K4169/K4648	K4169	K439/IC10/TiAl
	结　构	分体设计	整体设计	扩压器和涡轮后机匣整铸	扩压器机匣整铸，涡轮后机匣采用双层壁支板
	制造技术	钣金/焊接	整铸	整铸	整铸
涡轴/涡桨发动机		在役	在研		下一代
整体叶盘	材　料	k418B/K424	K447A/K492M		K447A/K492M
	结　构	整体	整体		空心
	制造技术	普通铸造	细晶铸造		定向/细晶整铸铸造/粉末双合金
导向器	材　料	K403/K418 k423/K640	K447A/K418 K438/K4536		K447A/K6509
	结　构	小/简单/分体	复杂薄壁空心整体设计		大/复杂薄壁空心/整体设计
	制造技术	铸造/加工/装配	整铸		整铸
扩压器机匣、排气机匣、过渡段	材　料	GH4169	K4169/K438		K447A/IC10
	结　构	小/简单/分体	复杂/空心		空心结构双层壁支板
	制造技术	锻造/加工/装配	整铸		整铸
辅助动力（起动机）		第一代	第二代	第三代	第四代
整体叶盘	材　料	K418B	K424/417G	K447A/K492M	K447A/K492M
	结　构	分体铸造/加工/装配	整体	整体	空心
	制造技术	普通铸造	普通铸造	细晶铸造	定向/细晶整铸铸造/粉末双合金
导向器	材　料	K418/K403	K418/K403 K640	K447A/K4648 /K6509	K447A/K6509
	结　构	分体铸造/加工/装配	整体	整体复杂空心	整体复杂空心
	制造技术	普通铸造	普通铸造	普通铸造	定向凝固

我国航空发动机高温合金结构件整体精铸技术拥有普通精密铸造、离心铸造以及热控凝固工艺3个研发体系，目前普通精密铸造工艺已实现工业化推广应用，离心铸造工艺目

前已基本淘汰，热控凝固工艺目前正在进行工业化的技术推广。当前采用普通精密铸造工艺基本实现了外廓尺寸 $\phi750mm$ 以下大型薄壁复杂结构件的工程化应用。应用普通精密铸造工艺研发 $\phi900\sim\phi1000mm$ 结构件时存在变形、内部疏松、重量超差等问题。应用离心铸造工艺研制外廓尺寸 $\phi1080mm$ 铸件时，铸件存在内部疏松、尺寸精度低以及重量超差等问题。

（3）地面燃机用铸造高温合金。我国虽然仿制开发了一些重型燃机透平叶片用高温合金材料，但合金纯净化冶炼技术与国外相差较大，尤其是在微量元素、痕量元素的含量控制方面，国内水平偏低。很多研究都停留在基本力学性能、组织结构等方面，对于材料的使用性能和应用性能、寿命预测评估等方面缺乏系统研究，尤其是缺少长时持久、蠕变、疲劳等性能数据，不能用于指导透平叶片的结构设计和选材。

当前国内生产和运行的全部重型燃机透平叶片完全依赖进口。我国在燃机透平叶片自主研发方面尚属起步阶段，其中中国科学院金属研究所、北京航空材料研究院、东方汽轮机有限公司、北京钢铁研究总院、中国航发动力股份有限公司、中国航发沈阳黎明航空发动机有限责任公司等均开展了相关的理论研究及试制工作，但迄今为止没有任何一家单位掌握大尺寸重燃叶片规模化制造技术，定向叶片最大尺寸仅为 400mm，单晶叶片最大尺寸仅为 350mm，且刚完成典型件研制或初步部件考核。

东方汽轮机有限公司在 2008 年底提出了 F 级 50MW（IGCC）燃机自主研发项目，该项目列入了 2008 年中央国资预算技术创新资金创新能力建设项目——大型清洁高效发电设备研制创新能力建设专题。几年来，企业下大力气进行攻关，先后投入巨资进行材料研究、技术攻关、工艺研发、试验平台设计建立、中试线建设等，取得了巨大的进展，预计 2019 年完成整机试验台建设，开始原型机试验。但是 50MW 燃机的透平叶片均是等轴晶叶片，对于技术难度更高、承温能力更强的定向柱晶叶片和单晶叶片，仍需进一步研究其制造工艺。

C　国内粉末高温合金及其构件技术

我国从 20 世纪 70 年代末开始粉末高温合金研究，目前已研制了四代粉末高温合金：（1）以 FGH95 合金为代表的使用温度为 650℃的第一代高强型粉末高温合金；（2）以 FGH96 合金为代表的使用温度为 750℃的第二代损伤容限型粉末高温合金；（3）以 FGH99 合金为代表的使用温度为 800℃的第三代高强+损伤容限型粉末高温合金；（4）以 FGH101 合金为代表的使用温度为 830~850℃的第四代高强+高抗蠕变性能型粉末高温合金。其中，第一代粉末高温合金 FGH95 和第二代粉末高温合金 FGH96 已在国内军、民用航空发动机中获得了成熟和广泛的应用。第三代和第四代粉末高温合金的预先研究为新一代航空发动机用盘件研制提供了有力的材料和制备技术储备。

航材院自 20 世纪 70 年代末开始了粉末高温合金的研制工作，通过多年研究，突破了母合金熔炼、雾化制粉、粉末处理、热等静压、热挤压、等温锻造和热处理等多项关键技术，形成了符合中国国情的，具有自主知识产权的粉末高温合金盘件制备工艺路线，如图 4-12 所示。"十二五"期间，打通了氩气雾化（AA 粉）+热等静压（HIP）+热挤压（HEX）+等温锻造（HIF）+热处理（HT）工艺路线，制备了国内首台带挤压工艺、组织均匀和性能稳定的高性能粉末盘。国内粉末高温合金的特点见表 4-17。

表 4-17 国内粉末高温合金的特点

代次	合金牌号	特　点
第一代	FGH95	高强型粉末合金，其最高使用温度为 650℃
第二代	FGH96	损伤容限型粉末高温合金，其最高使用温度为 750℃
第三代	FGH99	高强+高损伤容限型粉末高温合金，其最高使用温度为 800℃
第四代	FGH101	高强+高抗蠕变型粉末高温合金，其最高使用温度为 830~850℃

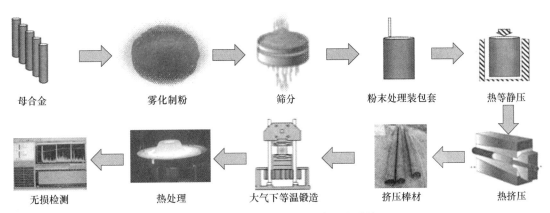

母合金　　　　雾化制粉　　　　筛分　　　　粉末处理装包套　　　热等静压

无损检测　　　热处理　　　大气下等温锻造　　　挤压棒材　　　热挤压

图 4-12 我国粉末涡轮盘制备工艺路线

D　国内高温合金构件精密铸造技术

近年来，随着国内航空发动机空心叶片的迅速发展，众多高校、研究院所以及叶片生产厂开始更多关注陶瓷型芯、型壳技术。国内型芯、型壳技术领域对无机氧化物类材料也有一定的控制要求，但由于对影响型芯、型壳质量的辅料不够重视，使得辅料控制至今未形成完善的执行标准，甚至由于基础薄弱、缺乏研究等原因，使得增塑剂、硅溶胶等辅料基本处于失控状态，严重制约了涡轮空心叶片研制合格率的提升。

随着中国熔模铸造产业的迅速发展，国外型芯、型壳原材料供应商看好中国庞大的熔模铸造产业，纷纷进驻中国市场。例如，美国的硅溶胶制造企业纳尔科公司很早就开始在中国布局，目前已在南京建立生产基地，提供高品质的硅溶胶产品。从技术指标控制情况看，美国硅溶胶控制标准跟国内现有的化工行业标准、航标等均存在较大差异。高品质的电熔白刚玉产品、锆英粉产品、石英玻璃粉等多种耐火材料厂家也开始在国内建厂或设立代理公司，一般售价昂贵。尽管在进口原材料的促进下，我们可以学到一些原材料控制方面的东西，但是核心的控制指标还需要自己探索研究，适用于精铸行业的原材料标准更新刻不容缓。

E　国内高温合金构件塑性成型技术

（1）国内高温合金盘件塑性成型技术。我国发动机盘件大量采用包套普通模锻工艺制备，一般通过液压机或对击锤两类设备进行锻造，主要应用于 GH4169、GH4133B 等工作温度较低的变形高温合金盘件制备，锻件存在组织性能均匀性差、材料利用率偏低。对于强度更高的高温合金如 FGH96、FGH99、GH4720Li、GH4065A 等，由于热加工塑性极差，组织对热变形参数敏感，变形窗口范围窄，主要采用等温锻造或热模锻工艺成型。

我国盘件等温锻造技术研究起步于 20 世纪 70 年代。突破了 1050℃以上等温锻造模具材料研制与大型模具制造技术。"十一五"初期等温锻造工艺制备出发动机用 FGH96 合金粉末盘件。"十二五"中后期突破了粉末盘热挤压+超塑性等温锻造技术，研制出最大直径 ϕ694mm 的 FGH96 合金涡轮盘模锻件。

我国热模锻工艺所用设备发展自大气下等温锻造设备，模具材料通常为工作温度 1000℃以下的镍基铸造高温合金或变形高温合金，锻造速度通常为 $10^{-1} \sim 10^{-2}/s$，高于等温锻造的速度。采用热模锻工艺制备了 GH4169 涡轮盘、GH4065 涡轮盘等各类锻件，冷模效应大幅改善，但由于模拟技术水平和锻造过程控制精度不足，导致盘件组织均匀性和批次稳定性与国外差距仍然很大。

（2）国内高温合金环件精密塑性成型技术。我国于 20 世纪 50 年代开始应用环件轧制技术生产航空发动机机匣环件，并逐渐形成了几个环件轧制专业化生产基地。经过科研人员的不懈努力，我国的环件轧制技术有了很大提高。

"十一五"以前，国内航空发动机机匣在轧制过程中主要进行径向轧制，轴向轧辊仅起校形作用。国内相关单位通过产学研合作研究开发，以发动机中具有代表性的 GH4169 合金涡轮机匣为典型件，开展了异型截面构件精密环轧成型技术研究，攻克环坯设计制造、预成型轧制设计、径轴向变形分配、轧制曲线和路径规划等关键问题，制备出尺寸精度为外径 3‰水平的环轧件，材料利用率达到 26%，为径-轴双向精密轧制技术推广应用奠定了基础。图 4-13 为国内采用径-轴双向轧制工艺研制的航空发动机机匣锻件。

图 4-13　国内轧制的异型截面环形锻件

F　国内高温合金材料及其构件考核验证技术

国内航空发动机材料技术也积累了一定的材料技术，主要为试样级的全面性能和设计性能研究与测试技术，而对于元件级、模拟件级、典型件级、关键零部件、组部件、大部件及核心机等设计及应用评价技术严重匮乏，无法精准预测材料及零部件的服役行为，一定程度上限制了航空发动机设计技术的发展，导致了目前航空发动机材料的"有材不会用、有材不敢用"的局面，已严重制约了航空发动机产业的良性发展。为实现航空发动机材料的成熟应用，需要开展如图 4-14 所示的从材料试样级到元件、模拟件、零件（典型件）、组部件、大部件以及发动机整机的各类考核，确保航空发动机的安全性和可靠性。

G　高温合金返回料利用技术

目前，国际市场上每年消耗高温合金材料近 30 万吨，我国高温合金年需求量约 3 万

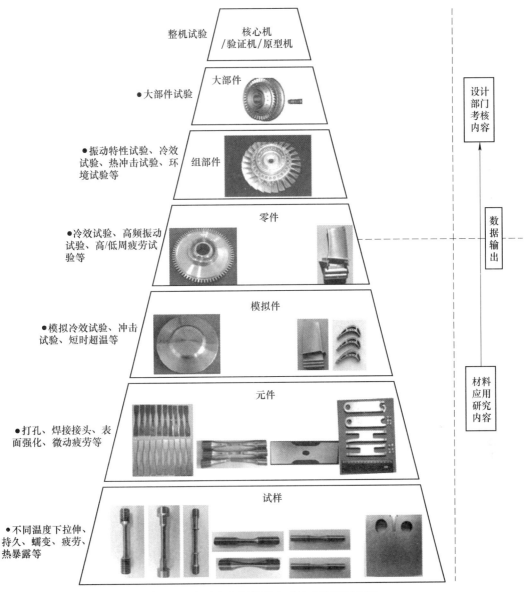

图 4-14　高温合金制件积木式技术验证示意图

吨。近年来，我国航空航天、电力、汽车领域使用的高温合金年需求量保持 15% 以上的高速增长，但是，高温合金中的 Co、Mo、Re、Hf 等金属元素资源紧缺。

（1）国内高温合金返回料回收利用的研究历程。我国高温合金对其返回料的应用研究工作近年来才逐步深入，在 20 世纪 80 年代中期对 DZ422、K405 合金返回料应用进行了研究，黎明公司和北京航空材料研究院曾对 K417 和 K403 合金返回料的利用进行了研究，并成功应用于航空发动机；20 世纪 90 年代对 K417G、DZ640M、K640S、K465 高温合金返回料进行了研究。中航上大高温合金材料有限公司经过多年的努力，突破了再生料制备分析控制技术、高温合金返回料无污染清洗技术、返回料分级使用技术、纯净化熔炼技术，采用 70% 返回料+30% 新料制备出 GH4169 大规格锻制，棒材的质量达到了现行型号标准，采用该棒材制备出某发动机低压涡轮一级机匣，完成 550h 发动机长期试车考核，通过评审和考核。

（2）国内高温合金返回料回收利用存在的问题。针对国内日益增长的高温合金需求，为了实现高温合金材料的可持续发展，必须对国内高温合金返回料充分回收利用。目前的研究方向主要分为两个层次。

第一层次即如何将高温合金返回料进行高效高质量的回收，首先需对高温合金返回料进行筛选清洗。在筛选清洗方面，我国已开发了高温合金全自动无污染清洗线，可实现对高温合金的工业化规模的清洗、筛选、分类。

第二层次即如何利用高温合金返回料，主要分三个方向：第一个方向为返回料重熔成同牌号的合金，已有部分合金采用并进而加工成叶片等成品件；第二个方向为将高温合金返回料降级使用，在同类成分牌号合金的冶炼中可使用成分相近的牌号合金返回料，但目前缺少了该方面的标准及指导文件；第三个方向为将碎屑等返回料进行报废处理。

4.2.2.2　短板分析及产业链安全性评估

当前国内高温合金的短板主要体现为变形高温合金，部分关键技术尚未突破，仍然依赖大量进口，给我国先进装备的研制进度和批产交付带来了极大的隐患。

A　盘件用 GH4169 合金大规格棒材（直径≥200mm）

现阶段国产的 GH4169 合金与进口 IN718 合金相比，在冶金缺陷概率、成分一致性、组织均匀性、性能稳定性等方面均呈现一定差距，同时生产成本也偏高。由于进口 IN718 合金在质量和价格上更具竞争力，导致目前国内 60% 的航空发动机涡轮盘等关键部件使用进口棒材生产，如图 4-15 所示。

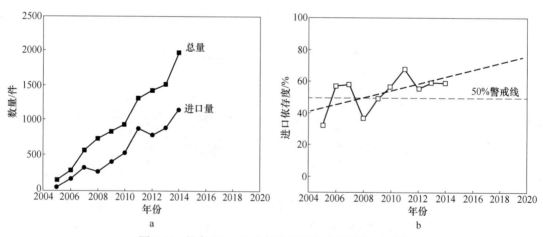

图 4-15　批产 GH4169 盘件数量变化及坯料进口比例

a—进口棒材制备 GH4169 盘件数量；b—GH4169 合金棒材进口比例

进口 IN718 合金材料主要生产厂为美国 Carpenter 公司、ATI 公司等。GH4169 合金棒材目前的进口依存度已达到 60%，超过了国际公认的 50% 警戒线，而且还有继续升高的趋势。

B　紧固件用 GH2132、GH4169、GH4738、GH4141、GH6159 冷拉棒材

目前高温合金冷拉棒材冷拔工艺尚未完全突破，部分材料尚无法生产。不同牌号及规

格的紧固件用冷拉棒材进口统计见表 4-18。与进口料相比，国产料存在组织不均匀问题，性能稳定性差，杂质元素控制国产材料较国外材料差，有害夹杂物含量较高。

表 4-18 紧固件用变形高温合金进口材料规格及数量

序号	进口牌号	对应国内牌号	进口率
1	MP159	GH6159	100%
2	IN718	GH4169	约85%
3	Waspaloy	GH4738	约90%
4	René 41	GH4141	100%
5	A 286	GH2132	约50%

目前，进口冷拉棒材主要生产厂为美国 Carpenter 公司、ATI 公司，以及加拿大 CWI 公司等，进口量占总需求量的 83%。鉴于目前严峻的国际形势，可能会影响到型号的配套需求。

C GH5605、GH5188、GH4738、GH3536、GH4169 冷轧带箔材

高温合金冷轧板带材主要用于航空发动机压气机、主燃烧室、加力燃烧室、涡轮等部位用蜂窝件、封严环、封严片等构件，对发动机的性能、可靠性和使用寿命起到了至关重要的作用。目前，宽幅箔带材制造技术尚未突破。

与进口料相比，国内带箔材不断暴露出材料纯净度差、组织不均匀、性能不稳定、热冷加工工艺标准控制不严、表面质量差等问题。严重制约了高温合金带材的应用，目前大部分采用进口带箔材。以发动机某主机厂为例进行说明，见表 4-19。

表 4-19 发动机用主要高温合金带材依赖进口情况

序号	材料牌号	规格/mm
1	GH5188	$\delta(0.2 \sim 0.3) \times (200 \sim 250)$
2	GH5605	$\delta(0.2 \sim 0.5) \times (150 \sim 2000)$
3	GH3536	$\delta(0.15 \sim 0.6) \times (150 \sim 200)$
4	GH4169	$\delta(0.3 \sim 0.35) \times (200 \sim 300)$

4.2.3 国内外技术水平对比分析

国内高温合金经过 60 多年的发展，形成了高温合金研制与应用研究的主要力量，突破了高温合金研制与应用系列关键技术，基本解决了航空、航天等涉及国防安全的重点领域的迫切需求问题。其中，铸造高温合金、粉末高温合金已实现完全国内自主，变形高温合金部分关键技术尚未完全突破，部分材料尚依赖进口。具体的技术水平对比分析如下。

4.2.3.1 变形高温合金材料及制造技术

（1）国外变形高温合金材料体系完善，形成主干材料体系，呈系列化发展，如航空发动机盘件合金发展了 650℃ 及其以下、700℃、730℃、750℃、800℃、850℃ 系列温度的材料，形成了 René、Inconel、Udimet、Waspaloy 等牌号体系；国内变形高温合金以仿制为主，材料体系跟随国外，但主干材料体系尚未完善，如航空发动机盘件材料发展了

650℃及其以下、700℃、750℃，最高温度仅为 750℃，且材料单一，其他新材料目前均处于研制阶段。

（2）国内外变形高温合金制造工艺存在明显差距。国外先进的真空感应熔炼（VIM）+保护气氛电渣重熔（ESR）+真空自耗重熔（VAR）三联熔炼工艺、反复镦拔+径锻开坯工艺、变截面空心轴锻件热挤压成型工艺、燃机用超大型轮盘锻造工艺、环锻件闪光焊成型工艺、紧固件自动连续温镦工艺、宽幅箔带材精密轧制及光亮退火工艺等均获得了良好的工程化应用；而国内变形高温合金的熔炼工艺仍然以 VIM+VAR、VIM+ESR 等双联工艺为主，少量的倒三联冶炼工艺也获得了应用，而先进的 VIM+ESR+VAR 三联熔炼工艺尚处于研究阶段。棒材开坯工艺方面仍以单向拔长为主、变截面空心轴锻件以自由锻为主、环锻件以径轴向轧制为主、紧固件以热镦为主，国内尚未突破燃机用超大型透平 GH4169 合金盘锻件的锻造技术。

（3）国内变形高温合金部分大规格锻制棒材、大部分冷拉棒材、大部分宽幅箔带材、燃机用大尺寸透平盘尚依赖进口。

4.2.3.2　铸造高温合金材料及制造技术

（1）航空发动机领域。国内航空发动机领域铸造高温合金研制基本与国外同步，其中国外发展了四代单晶合金，第二代单晶合金广泛应用，技术成熟度高；第三代单晶合金少量应用；第四代单晶合金处于考核验证。国内第二代单晶合金被广泛用作先进航空发动机涡轮叶片材料，目前处于工程化研制阶段；第三代单晶处于应用研究阶段；第四代单晶处于预先研究阶段；航空发动机领域等轴/定向/单晶合金及其叶片已实现完全国内自主。

精密铸造工艺方面存在一定差距。叶片方面，国内外均发展了空心、简单空心、复合气冷、双层壁超气冷等单晶叶片精密铸造技术，但国外双层壁冷单晶叶片已实现工程应用，国内尚处于应用研究阶段；结构件方面，国外发展了第一代细晶铸造工艺（Grainex）和第二代微晶铸造工艺（Microcast-X），并发展了定向（DS）/细晶（GX）双性能叶盘整铸技术，实现了工程应用；国内细晶铸造工艺实现了工程应用，双性能叶盘整铸技术处于应用研究阶段，而微晶铸造工艺尚处于预研阶段。

（2）燃气轮机领域。国外建立了以美国 GE、德国 Siemens、日本 MHI 等企业为主体的材料体系，于 20 世纪 90 年代后期，定向柱晶和单晶高温合金开始用于重型燃机动叶片，定向叶片最大接近 1000mm，单晶叶片最大尺寸达到 650mm；而国内未形成主干材料体系：主要以等轴晶材料为主，高性能定向/单晶合金研制刚刚起步，且以仿制为主；制备技术差距较大：定向叶片最大尺寸仅为 400mm，单晶叶片最大尺寸仅为 350mm，刚完成典型件研制或初步部件考核。

燃气轮机透平叶片依赖进口，后续的备件及维修也依靠国外公司。

4.2.3.3　粉末高温合金材料及制造技术

国内粉末高温合金研制基本与国外同步。国外研制了四代粉末高温合金，温度从 650℃至 850℃，从高强型到高温高强高损伤容限型；第四代粉末高温合金正在试车考核；国内也发展了四代粉末高温合金：第一代和第二代被广泛用作先进航空发动机涡轮盘及挡板材料，目前处于工程化研制阶段；第三代处于应用研究阶段；第四代处于预先研究阶段；粉末高温合金及其涡轮盘的研发、生产实现全面国内自主。

锻件成型方面，国外盘锻件全真空等温锻造、超塑性锻造、热模锻均获得工程应用；国内盘锻件仍以大气下的近等温锻造为主；盘锻件的全真空等温锻造、超塑性锻造技术尚处于预研阶段；盘件加工方面，在传统五坐标数控铣削加工基础上，开发出盘件多轴数控精密电解加工技术，大幅缩短加工周期，降低加工中的残余应力，国内精密振动电解加工技术尚未工程化应用。

4.2.3.4 高温合金零部件的考核评价技术

国内高温合金零部件的考核评价技术较国外差距大。国外建立起了试样级、元件级、模拟件级、典型件级、关键零部件、组部件、大部件及核心机等设计及应用评价技术，而国内目前主要构建了试样级的全面性能和设计性能研究与测试技术。

4.3 市场需求及下游应用情况

4.3.1 国际市场需求及下游应用情况

4.3.1.1 国际航空发动机用高温合金市场需求及下游应用情况

（1）变形高温合金。国外变形高温合金材料的研发和生产单位主要包括美国的 ATI、Carpenter、Special Metals、GE、PW 等公司，德国的 VDM 公司、法国的 Imphy 公司等。产量居前十位的厂家，美国、日本各占据 4 家，德国 1 家、法国 1 家，总产量美国居首位，其次是日本，德国。三个国家的总产量约占全世界的 2/3。

（2）单晶高温合金。欧美单晶高温合金及其涡轮叶片的研发主要有美国 PW 与 GE 公司以及英国 RR 公司。PW 公司更强调独立开展新材料的研发与应用，建立了自主知识产权的材料及应用技术体系。GE-AE 依托其下属的工程材料技术实验室（EMTL）开展材料研制与应用技术研究，建立具有自主知识产权的材料及应用技术体系。英国 RR 公司依托其在高校建立的大学研究中心（UTC）开展技术创新研究，应用技术开发由罗罗公司技术和工程团队负责。

美国 Howmet 公司是全球知名的叶片和结构件精密铸造公司，服务于航空、航天、国防、能源和工业市场等。GE、PW、RR 等发动机制造商采购 Howmet 公司的单晶叶片毛坯。Howmet 公司在美国及欧洲有 29 家分公司，员工 11000 人。Howmet 公司的航空发动机叶片制备技术国际领先，包括单晶、定向柱晶和等轴晶叶片等产品。美国 PPC 公司也是全球知名的叶片和结构件精密铸造公司，其产品应用于航空发动机、工业燃气轮机、武器装备等。

国外对高温合金涡轮叶片的研制与生产，组织架构和模式上均不约而同采用了同一种方式：以内部自主研发为核心，以技术标准/体系管控系统内、外生产，被其控股的铸件制造厂，不参与技术研发，只允许按照母公司提供的工艺规范和技术标准进行生产。

（3）粉末高温合金。欧美从事粉末盘研制与生产的企业或公司主要包括 4 家，分别为美国 ATI 公司、美国 PCC 公司、美国 UTC 公司、法国 Eramet 公司。

ATI 公司形成了完整的粉末盘生产线，为英国 RR 公司、美国 GE 公司等生产粉末盘产品。ATI Powder Metal 设计并建有世界最大的真空感应熔炼与雾化制粉系统设备。另外，具有 6000 lb 的混粉设备，计算机自动控制粉末除气设备等。ATI Ladish 公司建有等温锻造设备（10000T、12500T）；另外，Ladish 公司还拥有自动控制的油淬、风冷和专有的

Supercooler TM 等先进热处理设备。

PCC 公司下属的 Special metal 公司（简称 SMC）和 Wyman-Gordon 公司构成其完整的粉末盘生产线。SMC 公司拥有生产型气雾化、中式气雾化和实验性气雾化各类制粉设备。Wyman-Gordon 公司拥有 30000T 和 35000T 两台大型挤压设备，Wyman-Gordon 的锻造公司能够进行粉末盘坯等温锻造，设备能力 8000T，锻造完成的锻态盘坯在 Wyman Gordon 的其他公司进行热处理，完成粉末盘毛坯的制造，按产品要求做加工后探伤交付。

UTC 公司粉末盘的生产主要在其下属的 P&W 公司进行，P&W 公司的全资子公司 HMI 公司目前供应了军民用航空发动机一半以上的粉末高温合金，在地面燃机、离岸石油开采等方面也占有相当大比例。从合金粉末制备与处理，到装包套均在 HMI 公司完成，在 Wyman-Gordon 公司进行棒材挤压，HMI 公司完成挤压棒材质量检测，然后在 Georgia 锻造公司进行锻造及热处理。从 20 世纪 90 年代中期，HMI 公司成为 P&W 公司唯一 IN100 合金坯料供应商。HMI 公司在粉末制备方面具有强大的设备能力，包括一台高约 20m 的大型先进氩气雾化设备、一套中试雾化设备和一套旋转雾化设备。

Eramet 公司粉末盘的生产主要在所属的 Aubert & Duval 公司进行，拥有先进和完备的粉末盘生产设备和技术能力，该公司拥有气雾化、最大 1.5T 真空感应雾化、35kg 实验型雾化和一个旋转电极等制粉设备；Aubert & Duval 公司建有的 40000t 挤压机，可工业规模生产 ϕ250mm 以上热挤压棒料。挤压坯料发往 SNECMA 公司的 Gennevilliers 工厂进行等温锻造。

4.3.1.2　国际燃气轮机用高温合金市场需求及下游应用情况

国外燃气轮机发展较早，主要沿着两条技术道路发展，一条是以英国罗尔斯-罗伊斯公司（R. R.）、美国普惠公司（PW）为代表的航空发动机改型而成的工业和船用燃气轮机，此类燃气轮机的功率相对较小；另一条是以美国通用电气公司（GE）、德国西门子公司（Siemens）、日本三菱重工（MHI）为代表，遵循传统的蒸汽轮机理念发展起来的重型燃机，主要用于大型电站、舰船和航母的动力装置。镍基高温合金广泛应用于燃气轮机热部件，如涡轮部分的工作叶片、导向热片、涡轮盘和燃烧室等。

目前世界上仅有 4 个国家形成自己的高温合金体系，分别为美国、英国、俄罗斯、中国。在重型燃机制造领域，已经形成了以通用电气 GE、西门子 Siemens、三菱日立 MHPS 公司垄断市场的局面，这三家公司的重型燃气轮机产品，代表了当今世界燃气轮机制造业的最高水平。

GE 和 Siemens 两家公司都掌握了透平叶片、轮盘和燃烧室制造关键技术，但其热端部件主要从外部采购以降低成本，并对供应商进行非常严格的管理，在供应商数量不足时，会通过培养、技术指导等方式增加新的供应商。以透平叶片为例，世界范围内制造水平较高的厂家主要有美国 PCC 公司、Howmet 公司、法国 Snecma 公司、英国 RR 公司等，能够生产用于飞机、坦克、舰船、燃气轮机等用的透平叶片、叶片分隔环、喷嘴等。MHPS 公司燃机透平叶片由其专门的子公司制造供应。

4.3.2　国内市场需求及下游应用情况

4.3.2.1　国内航空发动机用高温合金市场需求及下游应用情况

我国高温合金的发展起始于 1956 年，当时为了建立和发展航空、航天工业，开始研制和生产高温合金，并从高温合金材料自身战略特点及当时特殊的历史环境出发，做出了高温合金生产立足国内的决定。改革开放以来，发改委、工信部、总装、国家科技部、科工局等部门通过设立国防科技重点实验室、国家重点实验室、产业创新联盟，以及通过各类科技项目支持，开始了与国际同步的自主创新研究，一些高温合金新材料推动了我国航空发动机、战略导弹等武器装备的顺利研制，为国防建设和国民经济发展做出了特殊的贡献。在新型先进动力型号的设计、研制和生产需求牵引下，军品配套、国防科研项目支持研制和生产了一系列高品质的新合金及相应的工艺技术。

（1）形成了高温合金研制与应用研究的主要力量，突破了高温合金研制与应用系列关键技术，基本解决了航空、航天等涉及国防安全的重点领域的迫切需求问题。我国基本形成了以科研院所和高等学校为主体的高温合金研制力量。基础研究以北京科技大学、上海交通大学、中南大学、西北工业大学、北京航空航天大学、东北大学等为主体；材料研制以北京航空材料研究院、钢铁研究总院、中国科学院金属研究所等为主体；应用研究主要单位包括北京航空材料研究院、中船725所、航天703所等。

突破了650℃盘件用变形高温合金、第一代和第二代单晶和粉末高温合金的研制、工程化及应用研究的关键技术；开展了700℃盘件用变形高温合金、第三代单晶和粉末高温合金的研制，正在进行制件的关键技术研究；同时安排了750℃盘件用变形高温合金、第四代单晶和粉末高温合金的预先研究。在追踪国际前沿方面，开展了新型Ni-Al系和Nb-Si系金属间化合物研究。但在高温合金的应用研究方面基础较为薄弱，尤其是材料的考核验证方面，尚缺乏元件级、模拟件级、典型件级等设计及应用评价技术。

（2）基本形成了高温合金产业主体单位，在产业化关键技术与装备等方面取得了较好进展，实现了高温合金产业从无到有的转变。在变形高温合金材料方面，形成了以抚顺特钢、宝武特钢、长城特钢三大钢厂为主的生产基地，年产量约8000t，约占全国高品质变形高温合金总产量的80%。同时涌现出一批优秀的民营企业，如中航上大、江苏隆达、江苏图南、西部超导等，构建了全系列先进的变形高温合金材料生产设备。但受技术、市场等因素限制，一些优质变形高温合金锻制棒材、冷拉棒材、冷轧箔带材大量依赖进口。变形高温合金锻件方面，国有企业和民营企业各自发挥优势资源，几乎齐头并进，各具特色，形成强大的锻件生产能力，拥有世界领先的锻压设备，国有企业主要包括航空工业3007厂、148厂、二重万航模锻、无锡透平、西南铝业等，民营企业包括贵州航宇、无锡派克、三角防务等。国内当前拥有0.02~20t真空感应熔炼炉、0.05~30t保护气氛电渣炉、0.05~20t真空自耗炉，熔炼设备闲置率较高，产能过剩；拥有800~8000t快锻机组、1000~2000t径锻机组，2000~80000t液压机组等变形设备，完全可以满足航空发动机、燃机用变形高温合金需求。

在铸造高温合金方面，形成了以北京航空材料研究院（含贵阳精铸公司）、中国科学院金属研究所、钢铁研究总院为主的研发和生产基地，年产量约3000t。同时，一批优秀的民营企业也加入到材料生产行列，包括江苏永瀚、中南万泽、四川航宇、安徽应流、成都航宇等，这些企业投资了大量单晶叶片生产设备，但由于承制的军用铸造高温合金类产品非常少，均处于研制阶段，距离交付仍需3~5年甚至更长时间的技术攻关和考核认证，目前国内单晶炉数量超过40台，单晶叶片、铸造高温合金精铸结构件等产能严重过剩。单晶/定向晶叶片、精铸结构件已实现完全国内自主。

在粉末高温合金方面，形成了以北京航空材料研究院、钢铁研究总院为主的生产基地，年产量不足500t。粉末高温合金涡轮盘已实现完全国内自主。

目前，国内优质高温合金的使用单位主要集中在航空发动机、燃气轮机的制造单位，包括中国航发黎明、西航、南方、黎阳等，东汽、哈汽、上汽等。但关键的加工制造设备主要依赖进口。

4.3.2.2 国内燃气轮机用高温合金市场需求及下游应用情况

我国大部分高温合金主要用于航空航天发动机，燃气轮机所需高温合金材料研究相对较少，只有少数高温合金在少量军用燃气轮机上获得应用，典型的牌号是GH4698合金盘件。目前的研究工作主要集中在国内少数科研单位，主要包括中国航发北京航空材料研究院、北京钢研高纳科技股份有限公司、中国科学院金属研究所等。

近年来，多家民企也进入了高温合金叶片精密铸造研制领域。如安徽应流集团、江苏永翰特种合金技术有限公司、成都航宇超合金技术有限公司、万泽中南研究院等，都在转型升级，瞄准了航空发动机和燃气轮机行业，从国外引进了叶片精铸方面的专家团队。其中安徽应流、无锡永瀚初步具备研制燃气轮机透平叶片的能力，安徽应流已经开始向GE提供某燃机透平叶片。

经过十几年的国产化工作，国内已能够制造出重型燃机整机，大部分部件都实现了国产化，其中东方电气集团燃机国产化率最高，达到了85%以上，但仍未掌握燃机的核心热端部件材料及制造技术。整机制造最为关键的透平叶片、燃烧室等都是从国外进口，后续的备件及维修也只能依靠国外公司。在这种情况下，热端部件的价格非常昂贵，导致国内企业的利润大部分被国外企业拿走。

为突破国外技术封锁和垄断，实现重型燃机设计、制造、维修等全产业链国产化，我国一直在充满荆棘的自主化道路上蹒跚而行。最典型的案例有：

(1) R0110重型燃气轮机：2001年，沈阳黎明航空发动机集团联合多家院校、研究所，联合开展R0110重型燃气轮机研制，额定功率为114.5MW，热效率为36%。2010年，中航工业与中海油深圳电力有限公司合作建设考核示范电站；2013年11月，通过168h联合循环调试试验，2014年秋季因燃烧系统和控制系统设计问题，发生毁机事故。

(2) 北京华清公司F级300MW重型燃机CGT-60F：已经完成了概念设计、初步设计、详细设计、施工设计及部分部件试验等研制工作。开展了首台样机核心热部件的试制和试验工作，但未整机试车。

(3) 东方汽轮机有限公司F级50MW重型燃机G50：2009年正式启动设计；2017年完成了1~17级压气机整体试验、燃烧室和高温透平分段试验，整机试验台开工建设；预计2019年完成样机整机装配后将进行满负荷实验，2020年投入商用。

4.3.2.3 国内高温合金制造用设备需求及应用情况

A 变形高温合金材料及其构件制造设备现状

(1) 熔炼设备：目前常用真空感应熔炼炉、真空自耗炉、保护气氛电渣炉大部分从德国ALD、美国康萨克两家进口。国内拥有0.02~20t VIM（VIDP）炉、0.05~30t ESR炉、0.05~20t VAR炉，同时抚钢、宝钢、中航上大等公司建有相配套的三联熔炼冶炼设备。另外，国内沈阳真空所、锦州航星、上海合智等单位也可以生产熔炼设备，但熔炼参数的控制精度、设备先进性等与国外设备存在一定差距。

（2）铸锭锻造开坯设备：目前径锻机和大吨位（2500t以上）的快锻机主要从德国和奥地利进口，国内兰石重工、中国一重等单位生产的2500t以下的快锻机获得了良好应用。目前国内拥有800~8000t快锻机组、1000~2000t径锻机组，可以满足航空锻件用变形高温合金锻制棒材的生产需求。

（3）轧制设备：目前国内拥有2800mm中板轧机，具有7500t最大轧制力，能有效解决镍基耐蚀合金热加工强度大的难题。

（4）锻造设备：主要包括模锻水压机、油压机、对击锤、螺旋压力机、摩擦压力机等，这些设备均实现了国产化，其中还建有近等温锻造专用压机组。在模锻压机方面国内形成了系列化的吨位，涵盖2000~80000t机组，且均可实现国产化。

（5）冷拔设备：目前国内60t冷拔机组，且设备均国内生产；冷轧机组包括5000t轧制力的四辊可逆炉卷轧机，以及六辊及20辊森吉米尔冷轧机及配套的酸退及光亮处理线，可生产高温合金冷轧钢带。

（6）冷成型设备：紧固件螺纹滚制设备、钣金件冲压设备等，目前这些设备均能够实现国产化，但滚丝轮、冲压模具等需要进口。

（7）冷加工设备：数控车床、数控加工中心、立式数控磨床、数控拉床、静平衡机等，大部分设备依赖国外进口。

B　涡轮叶片等铸件制造设备现状

涡轮叶片精密铸造周期长、涉及的工序多，因此，涉及的设备也较多，主要包括：陶瓷型芯压制机主要采购于美国MPI公司，国产设备性能不稳定，事故率高；压制浇注系统及蜡模用压蜡机主要采购于美国MPI公司，该设备用于熔模精密铸造叶片、各级扩压器等蜡模的压制；MPI设备在世界航空制造业中应用广泛，不仅产品质量满足生产要求，且关注后续维修保养，对产品质量提供可追溯性；制壳机械手主要采购于英国的VA公司，该设备可实现制壳过程的自动化，保证了制壳过程的一致性，并且提高了制壳工序的工作环境，保护了工人的健康；熔炼与浇注用真空炉主要采购于德国ALD公司，主要用于浇注单晶铸件，ALD单晶炉产品质量稳定性好，在世界航空制造业中应用广泛，温度梯度高；脱芯釜主要采购于英国LBBC公司，主要用于涡轮叶片硅基脱芯；真空热处理设备主要采购于美国IPSEN公司和法国BMI公司，进口真空热处理炉的炉温均匀性好，热处理温度高；热障涂层设备主要包括电子束物理气相沉积EBPVD和化学气相沉积CVD设备。

国内冷加工用多种关键设备的精度无法满足要求，部分设备国内无厂家生产，欧美等少数发达国家掌握此类设备的关键技术，但是设备进口单价高昂，一般在数百万元到数千万元之间，设备维护费用高，设备出现故障需要外方人员检修，周期不可控。主要设备包括：数控五轴成型磨床、数控插齿机、拉床、镗铣加工中心、哈默五坐标加工中心、弧齿磨、电火花小孔机、数控缓进磨床、数控磨削中心、数控五坐标镗铣加工、高速转子叶尖磨床、数控深孔钻镗床、数控外圆磨床、数控花键磨床、数控深孔珩磨机、数控凸耳磨床、数控立车、立式动平衡机等。

C　粉末盘制造设备现状

高压涡轮盘的主要制造工艺包括母合金熔炼、合金粉末制备、粉末处理、热等静压、热挤压、等温锻造和热处理 7 个主要工序。

在母合金熔炼工序，采用的是 ALD 公司制备的 VIDP 型真空感应熔炼设备。该设备具有容量大、真空脱气效果好的特点，在世界各国合金熔炼行业获得了广泛应用。

在合金粉末制备工序，采用的是 ALD 公司制备 VIGA45 型氩气雾化合金粉末制备设备；在粉末处理工序，其处理工艺是我国的科研人员根据试验结果而确定的，具有独创性，并根据工艺需求设计并制备了相应的设备。后续的热等静压、热挤压和等温锻造工序所需设备均实现了国内的自主保障。

加工设备主要以数控车床、数控加工中心、立式数控磨床、数控拉床、静平衡机等为主。其中，数控车床以中国台湾地区设备为主，其余设备均采用进口设备加工。由于高压涡轮盘加工精度要求高，目前国产设备如数控拉床、数控加工中心、静平衡机方面国产设备加工精度不能满足加工要求，因此，除车床外，所用到的加工中心、磨床、拉床、平衡机、热处理炉、喷丸强化、荧光检测、喷涂和尺寸检测等均为进口设备，相比于毛坯制造过程，加工过程中设备的国产化率更低。

在无损检测工序，由于国产设备精度不够，采用的检测设备是从以色列 Scanmaster 公司引进的 LS-200 型工业超声波扫描系统。其他涉及的检测设备，如化学成分测试、拉伸、低循环疲劳、粉末粒度检测、金相显微镜等，由于测试精度、运行稳定性和制备技术等方面的原因，均为进口设备。

4.4　前景展望与发展目标

4.4.1　发展前景展望

高温合金以其优异的高温力学强度、抗氧化/抗热腐蚀性能、长期的组织稳定性以及良好的成型工艺性能等优势，目前被广泛应用于航空发动机、航天发动机、工业燃机、汽车、医疗等诸多领域，尤其是航空发动机和工业燃机热端部件，具有不可替代的角色。

变形高温合金方面。随着航空航天技术的快速发展，燃气轮机量产、涡轮增压发动机和超超临界发电机组的应用，我国高温合金需求量将大幅增加。当前国内变形高温合金年生产量约 1 万吨，而实际需求量超过 2 万吨，材料自给率不足 40%，其中很大部分品质高的产品依赖进口，尤其在航空发动机、地面燃机和超超临界发电机组领域尤为突出。根据国际和国内各权威市场分析和预测机构最新发表的数据，未来 20 年中国民用航空运输市场将产生约 10000 台的航空发动机需求，加上军用发动机的需求，航空发动机需用变形高温合金 12000t，年产值约为 50 亿元；舰船及气电燃气机组用变形高温合金年需用量约 5500t，产值 22 亿元；核电机组用变形高温合金年需用量 2000t，产值 8 亿元；700℃超超临界发电机组用变形高温合金需用量 12000t，产值 50 亿元。未来 20 年是我国振兴变形高温合金的产业新时期，变形高温合金用量超过 3 万吨。

铸造高温合金方面。在军用领域，主要用于先进武器装备的动力系统，用以制造高性能航空发动机、航天发动机、舰船动力装置和坦克发动机的盘件、叶片、机匣以及扩压器等热端关键部件。在民用领域，主要用于民航发动机/无人机、航天火箭发动机、舰船动力/地面燃气轮机、汽车/铁路机车、医疗、石油化工等领域热端部件。2015 年，全球精铸市场产值达到 130 亿美元，北美地区精铸市场产值达到 54.9 亿美元，其中高温合金占到了

57%。目前，美国50%的铸造高温合金应用于民用领域，随着国民经济的发展和新技术产业化的加快，民航发动机、工业燃机、汽车增压涡轮等领域对铸造高温合金的需求呈现井喷之势。预计未来10年，铸造高温合金军用将达5000吨/年，民用将达10000吨/年。

粉末高温合金方面。在航空发动机领域，目前我国多个在研在役的军民用航空发动机选用粉末高温合金制造高压涡轮盘、挡板等关键部件，有的已经进入批量生产阶段。初步估计，"十三五"期间，我国先进航空发动机研制、生产用粉末高温合金部件将形成3亿~5亿元的年产值。在工业燃气轮机领域，随着该领域高速发展带来大量的增量需求，预计对粉末高温合金材料的需求量应大于500吨/年。在航天领域，随着我国载人航天计划和奔月计划的实施，我国对大型液体火箭发动机的自主研发不断取得突破，将来在我国大型液氧-煤油火箭发动机也将会使用粉末高温合金用于制造氧化剂叶轮和涡轮叶轮等。另外，在核电领域，随着我国高温气冷堆技术的产业化要求，建造大型氦气轮机，涡轮盘也将使用粉末高温合金材料制造，这又为粉末高温合金开辟了一个新的应用领域，以上都充分表明，粉末高温合金市场应用前景广阔，需求量会不断加大，预计未来10年，各领域需用粉末高温合金将达2000吨/年，粉末高温合金年产值约20亿元。

4.4.2 发展目标

4.4.2.1 总体目标

至2035年逐步建成我国高温合金的自主研发体系和生产体系，形成完备的、具有自主知识产权的高温合金材料技术体系，满足航空航天发动机、地面燃气轮机等重大装备对高品质高温合金材料的技术需求，为国家武器装备自主发展、清洁能源、节能减排等战略的实施提供关键部件，形成规范化的高温合金产业结构，实现军民用高温合金材料的自主保障和持续发展，造就一支高素质、高水平的科技和管理人才队伍，建成具有国际竞争力的创新研发中心和创新型企业，实现高温合金材料从制约型号发展到全面支撑和推动型号发展的战略转变，具备引领国际高温合金发展的能力。

4.4.2.2 阶段目标

（1）2022年。攻克影响高温合金生产质量稳定性的主要技术问题，国内发动机国产变形高温合金总体用量由现在的40%提高到70%，其中GH4169大规格棒材国产化率超过80%；单晶高温合金、粉末高温合金基本形成创新合金体系，前沿技术应用见到成效；初步建立高温合金返回料管理和技术标准，掌握返回料清洗技术；高温合金产量提高到3万吨/年，初步建立高温合金材料的自主研发体系和生产体系。

（2）2025年。建立高温合金主干材料体系，在型号选材中发挥技术牵引作用；形成高性价比高温合金保障能力，产业规模达到4万吨/年；建立高温合金返回料管理和技术标准体系，实现应用；建成具有国际竞争力的创新研发中心，造就一支高素质、高水平的科技和管理人才队伍；高温合金材料技术储备充足，为更高性能重大装备的研制奠定基础。

（3）2035年。形成完善系统的高温合金材料技术体系，引领装备选材；具备高性价比高温合金保障能力，实现高温合金的完全自主保障，产业规模达到5万吨/年；建立起完善的高温合金返回料管理和技术体系，实现返回料的良好应用；高温合金材料技术整体达到国际先进水平，部分技术国际领先，具备引领高温合金发展的能力。

4.5　问题与建议

4.5.1　主要问题

目前，国内从事高温合金研发及制备的企业单位很多，以上调研企业是国内代表性企业。虽然我国高品质高温合金产业发展实现了从无到有，取得了可喜的成绩，但产业、部分技术较国际先进水平仍存在较大差距，存在的问题主要有以下几个方面：

（1）基础研究、材料研制、应用研究经费严重不足，部分关键技术尚未突破，许多材料依赖进口。高温合金领域基础研究、材料研制、应用研究经费投入严重不足，一些重要的先进材料技术尚未突破。在航空发动机领域，尚未突破变形高温合金三联纯净化熔炼、高温合金紧固件用棒材冷拉、宽幅箔带材精密轧制等关键技术。国外在 20 世纪 90 年代就已实现三联纯净化熔炼技术的成熟应用，材料纯净度高、批次质量一致性好，而三联纯净化熔炼技术国内目前仍处于研制阶段，尚未实现应用，导致大量盘轴件用锻制变形高温合金棒材依赖进口。国外紧固件用冷拉棒材为货架产品，技术成熟度很高，而国内尚未完全掌握紧固件用冷拉棒材的技术关键，导致国内大部分冷拉棒材均依赖进口，如GH6159、GH4141 等合金全部依赖进口。此外，发动机用丝材、箔带材、管材也主要依赖进口。在地面燃气轮机领域，由于国家以市场换技术，打捆招标引进国外的整机，而国外的叶片设计和制造技术并未转让，导致目前热端部件全部从国外引进。

（2）国产高品质高温合金质量稳定性差、价格较国外偏高。国内航空发动机的研制最初以跟仿为主，导致高温合金牌号众多，具有自主知识产权的合金较少。由于合金牌号众多，每种牌号的批量都较小，绝大部分合金年产量只有几十吨，相对用途最广、用量最大的 GH4169 合金年产量也只有 1500t 左右，而美国同类材料 IN718 合金的年产量达到了 5 万吨左右；与批产质量稳定性相关的共性技术也缺乏研究，加上牌号繁杂，导致无法形成产业规模，因此每种材料的工艺和性能难以稳定，批次稳定性差。

由于高温合金牌号众多，导致冶金厂感应炉生产时洗炉数占冶炼总炉数的 1/3，生产效率降低，也影响生产管理和工人技术水平与操作熟练程度的提高。批次稳定性差导致报废材料也计入成本；再加上返回料尚未系统应用，多种因素导致国产高温合金成本较国外偏高。

（3）缺乏自主研制的先进装备，一些关键装备尚未建立。目前我国高温合金所用的制备、加工、检测等主体装备绝大部分依赖进口，缺乏自主研制的先进装备，对进口装备的二次开发程度较低，且缺乏配套软件，导致进口装备并未发挥全部能力。如变形高温合金用三联纯净化熔炼设备（真空感应炉、保护气氛电渣炉、真空自耗炉）全部从德国ALD 公司或美国 CONSARC 公司全套引进，径锻机全部从欧洲引进；铸造高温合金涡轮叶片用国产压芯机、压蜡机、定向凝固炉、脱芯釜等关键设备的稳定性、使用寿命均不如国外进口的；检测设备方面，如 GDMAS、超声检测设备、振动疲劳等关键设备均依赖进口；用于粉末涡轮盘的全封闭等温锻造设备尚未建立。

（4）国内高温合金返回料再利用技术和机制不完善。国内目前尚未突破高温合金返回料再利用技术，也未建立返回料的再利用机制，缺乏返回料分类和回收利用方面的管理和标准体系。航空发动机产业链从原材料到零部件的金属有效利用率在 7% ~ 15%，80%

以上的材料变成了切头、边角料、车屑等废料。国外航空发动机产业链建立了完善的废料回收和应用机制。欧美的高温合金返回料资源都是由航空发动机厂统筹控制资源，原则上会按照供应商供给的材料牌号及相应数量按比例回到钢厂。我们国内尚未建立这种机制。整个航空发动机产业的高温合金返回料流失到社会，每个月有50~80t返回料流失到海外，一方面是宝贵金属资源的浪费和流失，另外一方面这种切头、边角料的流失也存在泄密问题，欧美通过对这些流失的料头和边角料的分析就可以掌握中国国内航空发动机用高温合金的材料水平。

（5）军民融合机制和政策尚不完善。高温合金是国家的战略高端材料，新中国成立以来，高温合金关键部件的制造一直布局于以央企为首的国营大型企业中，这些企业形成了自己的技术秘密和标准，而国家在军民融合的大政策下尚未形成知识产权保护和专利转让等相关政策，导致目前民营企业面临"民参军"较高的技术壁垒。目前民营企业通过从国外、国内引进人才的方式来建立科研团队，但对技术的可持续发展缺乏系统考虑。

4.5.2 政策措施建议

当前铸造高温合金和粉末高温合金基本满足了航空发动机的研制、批产需求，实现了完全国产化；但航空发动机、地面燃气轮机、超超临界发电机组用变形高温合金关键材料及制件仍大量依赖进口，地面燃气轮机用铸造定向、单晶高温合金叶片全部依赖进口。与国外相比，在高温合金的纯净度、制件的质量控制稳定性、技术标准、应用研究等方面仍然存在很大差距。为促进我国高品质高温合金行业健康发展，不断满足航空航天、能源、舰船等领域的发展需求，发展策略如下：

（1）建议加快航空发动机及燃气轮机国家科技重大专项实施和新材料专项的落地进度，增加高温合金市场容量，带动高温合金产业的提升，推动高温合金材料制造技术发展，形成国内自主的材料和制造技术体系。建议加快航空发动机及燃气轮机国家科技重大专项实施进度和力度，加快航空发动机、燃气轮机等重大装备的自主研发和量产进度。重大装备产量的增加会有效提高高品质高温合金需求量，改变当前高温合金产能过剩现状，促进生产技术的革新和设备工装的二次优化和改进及人员素质的提升，进而促进高品质高温合金材料质量提升，形成具有资源分配合理的规模化产业。

通过新材料专项的实施，对高温合金体系进行梳理，形成"主干材料体系"，减少材料牌号，实现"一材多用"，对主干材料进行重点研究和推广应用；加大高温合金的自主创新研发，努力攻克一些关键材料和工艺，材料方面如第三代、第四代单晶高温合金和粉末高温合金，地面燃气轮机用耐腐蚀定向/单晶高温合金，750℃以上涡轮机匣合金，750℃以上高强耐腐蚀变形高温合金等的研制；工艺方面如超气冷单晶空心涡轮叶片、大尺寸定向/单晶空心涡轮叶片、ϕ900mm以上复杂薄壁涡轮机匣、双合金整体涡轮叶盘、双辐板粉末涡轮盘、ϕ1500mm以上变形高温合金涡轮盘等制备技术、返回料的再生利用技术等研究。对影响材料工程化应用的共性基础问题开展系统、深入研究，例如，高温合金纯净化熔炼技术、高纯超细粉末制备技术、微量元素的影响与控制、材料基因组技术、数值模拟与仿真技术等。

（2）加强高温合金材料的应用研究工作，依托"国家航空发动机材料生产应用示范平台"构建起国家级航空发动机、燃气轮机高温合金材料综合考核验证平台，推动国产高品质高温合金材料的良好应用。由于前期国内高温合金材料综合考核验证技术薄弱、装备资源有限，导致了材料考核不充分，设计用性能数据缺乏，从而出现了"有材不会用、有材不好用"的现状。"国家航空发动机材料生产应用示范平台"建设初衷就是建立起航空发动机材料生产与使用间的桥梁，持续性提升材料应用技术水平，是一个长期的工程。经过一年多的建设，取得了较为显著的成果，推动了航空发动机关键材料技术的提升。但由于高温合金材料综合考核验证是一个非常复杂、系统的工程，平台所建设备还无法支撑综合考核验证平台的构建，建议继续加大投入开展国家级航空发动机、燃气轮机高温合金材料综合考核验证平台的建设，开展系统的应用研究工作。

（3）建议工信部加强对国产设备开发和研制的支持力度。高温合金制备、加工、检测等设备是高温合金产业良性发展的基础，材料的质量很大程度上依赖于设备的先进性。鉴于现有高温合金的主要迫切性问题，包括高温合金纯净度偏低、高温合金材料及制件批次稳定性差等，同时结合国内现有设备制造能力，建议工信部有针对性地循环、递进式加大对以下设备开发和研制的支持力度：变形高温合金用三联纯净化熔炼设备（真空感应炉、保护气氛电渣炉、真空自耗炉）、变形高温合金棒材及长轴锻件锻制用径锻机；铸造高温合金涡轮叶片用国产压芯机、压蜡机、定向凝固炉、脱芯釜等；粉末涡轮盘锻造用全封闭等温锻造机组；高温合金检测及应用评价用 GDMAS、超声检测设备、振动疲劳设备、热模拟试验机、盘件和叶片低循环疲劳试验机、常规拉伸、持久/蠕变试验机等关键设备。另外，建议加大对高温合金生产企业相关设备技术人员培训的支持力度，提升对国内现有先进设备的二次开发能力。

（4）加强对返回料纯净化、应用可靠性等技术的支持，建立和完善返回料分类管理和返回机制。建议工信部选取优势企业，建立返回料再生利用技术研发和生产基地，建立起返回料管理、回收、再制造系统的标准和规范，突破返回料纯净化控制等关键技术，确保返回料的质量；同时借助于"国家航空发动机材料生产应用示范平台"，建立返回料应用评价体系，搭建返回料再制造单位与用户的桥梁，确保返回料的应用可靠性。

（5）建议完善军民融合机制和政策。目前，国内高温合金的发展还主要依赖于大型央企的专用技术，进一步发展需要更大程度的开放合作，吸引具有优势的民营资本和民用技术进入高温合金行业，同时将大型央企的专用技术不断推广应用于民用领域，可有效推动高温合金产业的整体提升。建议在政策法规方面重点突出知识产权保护和利益共享，有效地保护国家军事方面的专用技术，同时提高民营企业的积极性和效率。另外，由于当前大部分高温合金民营企业技术积累薄弱，科技创新能力不足，建议加大对高温合金材料技术人才的培养，确保高温合金材料技术的可持续发展。

附件1：产业集聚区发展情况

2017年，在国家工信部的领导与大力支持下，"高品质高温合金产业发展研讨会"胜利召开，涉及领域包括航空发动机、燃气轮机、核电、舰船等。当前中国高温合金的产业主要集中在东北、京津冀、江沪、贵州等区域和省份，根据新材料产业工作手册及专家咨询委年度工作计划安排，2018年高温合金产业调研组选取优势企业分赴江苏省、贵州省、辽宁省、黑龙江省、河北省及北京市等，进行了实地调研，调研单位包含了材料研制、应用研究全技术流程和生产、制造、使用全产业流程的单位，调研内容涵盖了航空发动机和燃气轮机领域高品质高温合金材料和制造技术、制造产业、考核验证产业、制造设备、高温合金标准体系等内容。

1. 东北地区

东北地区高温合金产业主要集中在辽宁省和黑龙江省，其中辽宁省占大部分，包括了高温合金材料的研发、生产、制造与应用，而黑龙江省主要为高温合金的应用。在辽宁省，中国科学院金属研究所是国内重要的高温合金研发基地之一，近年来尤其是针对燃机叶片用铸造高温合金及其叶片开展了大量的研究，研发出多种高温合金。抚顺特钢是目前我国变形高温合金生产量最大的企业，其变形高温合金的年产量超过4000t，同时带动了企业周边大量民用高温合金企业的发展。中国航发黎明航空发动机有限公司是航空领域高温合金用量最大的主机厂之一，承载着航空发动机涡轮叶片、压气机叶片、涡轮盘、压气机盘、机匣等高温合金零件加工、制造和最终使用。在黑龙江省，主要的高温合金应用企业包括中船重工703所、哈尔滨汽轮厂有限责任公司、中国航发东安等企业。

2. 京津冀地区

北京地区拥有中国航发北京航空材料研究院和钢铁研究总院两大国内最大的高温合金研发单位，航空发动机用高温合金几乎均由以上两家单位所研制。同时中国航发北京航空材料研究院是目前国内唯一的单晶高温合金空心叶片研发中心和生产基地。河北省主要的高温合金生产企业为中航上大高温合金材料有限公司，该公司针对高温合金返回料开展了大量的研究工作，目前年产高温合金超过2000t。另外，天津市也有部分高温合金生产与应用企业，如天津天材、航天精工（天津）、中国一重天津研发中心等。

3. 江沪地区

江沪地区主要聚集着高温合金生产与制造企业。上海的宝武特钢是老牌高温合金生产基地，年产高温合金超过3500t，近几年江苏省涌现出大量的民营企业进行高温合金的研发生产与制造，在高温合金生产方面，典型的企业有江苏图南合金股份有限公司、江苏隆达超合金航材有限公司、江苏永翰特种合金技术有限公司，其中江苏图南主营业务包括变形高温合金和铸造高温合金，江苏永翰以铸造高温合金为主，江苏隆达现阶段以高温合金母合金为主，目前正在建设变形高温合金生产线。在高温合金零部件制造方面，典型的企业包括无锡航亚科技股份有限公司、无锡透平叶片有限公司、无锡派克新材料科技股份有限公司。其中无锡航亚和无锡透平主要制造高温合金叶片，而无锡派克的主营业务为高温合金环锻件及模锻件等。

4. 贵州省

贵州省主要是高温合金零部件制造与应用单位的聚集区。较为典型的企业包括航空工业贵州安大航空锻造有限责任公司、贵州安吉航空精密铸造有限公司、中国航发贵州黎阳航空发动机公司、航空工业标准件制造有限责任公司、航天精工股份有限公司、贵州航宇科技发展股份有限公司等。其中航空工业贵州安大厂和贵州航宇主要开展高温合金环形锻件的生产和制造，另外，贵州安大还生产高温合金盘锻件；贵州安吉航空精密铸造有限公司主要从事航空发动机高温合金结构铸件的生产；航空工业标准件有限责任公司与航天精工股份有限公司则主要是生产制造高温合金紧固件的企业；贵州黎阳航空发动机公司是航空发动机用高温合金零部件的加工生产和最终应用单位。

附件 2：高温合金重点企业介绍

1. 中国航发北京航空材料研究院

中国航发北京航空材料研究院成立于 1956 年，是我国"一五"计划 156 个重点建设项目之一，是在老一辈革命家陈云同志直接关怀下、聂荣臻元帅亲自领导下组建的，是国内唯一面向航空、从事飞机、发动机、直升机材料研制、应用研究、关键件研制与交付的综合性科研机构，是国家和国防创新体系的重要组成部分，是中央级科研事业单位。中央军委张又侠副主席视察航材院后指出，"航材院是国家的脊梁、对型号贡献巨大、地位极其重要、发展前景广阔"。

中国航发北京航空材料研究院现有员工 4900 人，其中院士 3 人、国内知名材料专家和学术带头人 100 余人，拥有我国第一批博士学位授予点。17 个领域 60 多个专业，拥有完整的材料、制造、检测技术体系和丰富的知识积累；航材院实施科技创新和工程应用驱动，拥有 9 个国家级的重点实验室和工程中心，13 个省部级重点实验室和工程中心，6 个海外联合研究中心，4 条国家级的生产示范线。专业覆盖金属材料、非金属材料、复合材料，材料制备与工艺，材料性能检测、表征与评价，以及提供标准件、失效分析和材料数据库等行业服务；瞄准具有学科优势的国内外知名大学和企业，先后与英国曼彻斯特大学、英国帝国理工大学、美国西北大学、美国加州大学、法国 ESI 集团、华中科技大学、清华大学、北京航空航天大学成立了联合研究中心（UTC）。随着改革开放的发展，中国航发北京航空材料研究院不断加速军民融合和科技成果转化，构建了"一个中心，三个基地"的发展格局，成立了以百慕高科为代表的 5 个主要控股公司，在科研成果转化和产业化发展方面取得了骄人的业绩，走在全国科研院所前列。

截止到 2018 年年底，中国航发北京航空材料研究院累计取得科研成果 2500 余项，其中国家级成果 150 余项、部级成果 1000 余项，授权专利 900 余项，成果广泛应用于航空、航天、兵器、船舶、电子、核工业、交通运输、冶金材料、能源、建筑、化工、医疗和体育等领域和国际宇航领域，为我国国防武器装备和国民经济的发展做出了突出贡献。

过去 20 多年，航材院承担了几乎所有的探索一代、预研一代、研制一代和生产一代的飞机、发动机、直升机关键材料研制、应用研究任务和部分关键件的研制交付任务；并将航空材料技术广泛推广应用到航天、兵器、船舶、电子、核工业及其他国民经济重点领域。

高温合金专业初建于 1956 年，目前成立了"高温材料研究所"，是国内最早从事先进高温结构材料与应用研究的专业化研究机构；是国防工业系统中研究领域最完整、技术水平最高、实力最雄厚的集铸造、变形与粉末于一身的研究单位；是原国防科工委和总装授予的"先进高温结构材料国防科技重点实验室"；同时也是原国防科工委"国防科技工业先进技术研究应用中心"高温合金精密铸造技术的依托单位。

自中国航发组建以来，"高温材料研究所"定位于承担航空发动机涡轮热端部件的先进材料创新研究、应用基础研究、材料研制与应用技术研究、工程化技术研究。负责高温合金材料及制件的技术研发，完成在研先进型号高温合金部件的攻关和试制，满足在研型号的研制需求。在高温结构材料及应用研究领域，主要负责高温合金涡轮叶片、粉末高温合金涡轮盘、整体结构铸件的材料及工艺技术研发，完成在研先进型号超复杂等轴晶、定向/单晶涡轮叶片材料及精铸技术、高温合金粉末制备技术、粉末高温合金热等静压锭热挤压技术、粉末盘等温锻造技术的攻关和试制，服务于国内高温合金精密铸造行业、粉末冶金行业和锻造行业，满足在研型号对材料及制造技术的需求。

"高温材料研究所"目前拥有科研仪器设备共1300余台/套，总价值合计4.2亿元，其中大型仪器设备67台/套（30万元以上）。2012年，"高温材料研究所"整体从航材院本部搬迁至永丰科技园区，科研条件得到了极大改善，建立了完整的铸造高温合金科研生产线，拥有制芯、制模、制壳、熔炼、热处理、热等静压、检测等涡轮叶片成型配套系列设备，制粉、筛分、热等静压、热处理、超声探伤等粉末盘制造配套设备和真空感应母合金熔炼炉等先进熔炼设备。

主要的高温合金产品包括高温合金涡轮叶片、高温合金粉末涡轮盘和高温合金结构件。

（1）高温合金涡轮叶片。中国航发北京航空材料研究院是中国唯一的单晶高温合金空心叶片研发中心和生产基地，在航空发动机和燃气轮机领域高温合金铸造方面处于国内领先地位，研发了30余种铸造高温合金，包括等轴晶、定向和单晶高温合金，采用ESI铸造软件模拟铸造过程以优化浇注系统，制定铸造高温合金领域中国标准、规范，建立了以定向/单晶叶片为核心，由25个相关研究中心共40多个专业组成的完整技术体系，可满足涡轮叶片对多专业、多部门协同配套的系统要求，建有国家航空发动机定向/单晶高温合金叶片生产应用示范线。航材院本部具备年产5万件单晶、定向叶片，年产5万件等轴晶叶片的能力；另外，霍山等轴晶批产基地可年产10万件等轴晶叶片；贵阳生产基地可年产40万件单晶、定向叶片和30万件等轴晶叶片；顺义工程中心可年产5万件单晶、定向叶片。

（2）粉末高温合金涡轮盘、封严盘等。航材院自20世纪70年代末开始了粉末高温合金的研制工作，通过多年的基础研究、预先研究和工程化应用研究，突破了粉末高温合金制备的母合金熔炼、雾化制粉、粉末处理、热等静压、热挤压、等温锻造和热处理等多项关键技术，形成了符合中国国情的，具有自主知识产权的粉末高温合金盘件制备工艺路线。自"九五"开始，为满足某发动机研制需求，北京航空材料研究院开展了以FGH96合金为代表的使用温度为750℃的第二代损伤容限型粉末高温合金的研究。"十一五"期间，采用氩气雾化粉末、等温锻造工艺研制出了某型发动机用FGH96高低压涡轮盘等制件，其性能已达到国外同类材料Rene 88DT的水平。

"十二五"期间，在国家项目的支持下，突破了粉末高温合金大规格棒材挤压技术以及与之相匹配的等温锻造技术和热处理技术，打通了氩气雾化（AA粉）+热等静压（HIP）+热挤压（HEX）+等温锻造（HIF）+热处理（HT）工艺路线，挤出了国内第一根大规格粉末高温合金挤压棒材，制备了国内首台份带挤压工艺、组织均匀和性能稳定的高性能粉末盘。

航材院在航空发动机用粉末盘技术和喷射成型技术方面处于国内领先地位，先后研发了6种粉末高温合金，同时研发了30余种粉末高温合金产品，获得35项国家发明专利，建立了完整的高温合金粉末冶金产品研发体系。目前，航材院本部年产500件大尺寸盘、1000件小尺寸盘件，另外镇江生产基地开始运行，具备年产1000件大尺寸盘件（涡扇发动机）和 2000 件小尺寸盘件（涡轴发动机）的生产能力。

（3）铸造高温合金整体结构件。航材院目前实现了细晶铸造整体结构铸件的批产，在国际范围内，目前是除 Howmet 公司以外的第二家能够实现高温合金铸件机械搅动细晶铸造的单位，另外，航材院正在研发定向/细晶双性能铸造整体盘件，在大、中型整体结构铸件模拟仿真技术方面积累了雄厚的基础。航材院本部可年产 2 万件整体结构件，霍山分现场可以年产 2 万件整体结构件，另外，在建的贵阳生产基地具备年产 10 万件整体结构件的能力。

2. 北京钢研高纳科技股份有限公司

北京钢研高纳科技股份有限公司前身为北京钢研高纳科技有限责任公司，成立于 2002 年 11 月 8 日，2004 年经国务院国资委［2004］943 号文件批准，由有限责任公司整体改制为股份有限公司。2009 年 12 月公司成功登陆深圳证券交易所创业板，成为创业板第二批上市企业之一，公司注册资本 448943477 元。公司以"成为高端制造业所需金属新材料与制品产研一体化的高科技公司"为愿景，主要从事镍基、钴基、铁基等高温合金材料、铝（镁、钛）轻质合金材料及制品、高均质超纯净合金的研发、生产和销售，是国内航空、航天、兵器、舰船和核电等行业用高温合金等材料及制品重要的研发生产基地。公司前身为钢铁研究总院高温材料研究所，是我国高温合金领域的缔造者之一，为我国高温合金从无到有以至建立起自己的合金体系和国防军工事业的发展，做出了杰出的不可磨灭的贡献，是设计部门和生产部门选材、研制、订货的首选单位，处于国内高温合金领域排头兵的位置。公司具有生产国内 80% 以上牌号高温合金的技术和能力，产品涵盖所有高温合金的细分领域，是我国高温合金领域技术水平最为先进、生产种类最为齐全的企业之一，多个细分产品占据市场主导地位。

公司总部设在中关村国家创新示范区核心区，为中关村科技园区的高新技术企业，在北京中关村永丰高新产业基地、河北涿州经济开发区、天津武清京津科技谷产业园和青岛平度高新技术产业区拥有四大产业基地。公司设立以来，通过科技成果转化和持续产业升级，将技术优势逐步转化为生产优势和市场优势。公司聚焦高端金属特材技术创新与产业升级，以高温合金领域为核心基础，拓展轻质合金精铸技术产业，延伸纯净化精炼技术产业，不断拓展产品方向和市场领域，取得显著效果。

公司现有 1190 余名员工，设有 6 个事业部、8 个职能部门、2 个分公司、3 家控股子公司和 1 家参股公司。享受政府津贴科技人员 8 名以及多名技术人员组成公司的技术团队，占据员工总数的三分之一。其中，多人曾荣获多项国家级或省部级科技奖项。公司及前身拥有研究成果 300 余项，迄今已研制出 100 多种牌号高温材料，获得国家发明奖 5 项，国家科技进步奖 11 项，国家自然科学奖 1 项，省部级奖励 70 余项，授权专利近百项，建有"高温合金新材料北京市重点实验室"和"北京市燃气轮机用高温合金工程技术研究中心"。

公司于 2004 年取得《高新技术企业证书》和 GB/T 19001—2004 版质量证书；2012 年取得 GB/T 24001—2004、GB/T 28001—2011 环境管理体系和职业健康安全管理体系认证。同时，公司为武器装备科研生产单位，取得《三级保密资格认证》和《武器装备科研生产许可证》。

公司凭借在高温领域的技术储备和人才优势，依托资本市场平台，全力打造公司品牌。公司坚持"团结和谐、勤奋敬业、务实开拓、追求卓越"的企业精神，通过领先的技术、优异的产品质量、卓越的服务意识为客户创造价值，打造国内外一流的金属新材料与制品产研一体化的高科技公司。

公司控股股东中国钢研科技集团有限公司，是国务院国资委下属的重点大型科技企业，是国家首批 103 家创新型企业试点单位之一，是我国金属新材料研发基地、冶金行业重大关键与共性技术的创新基地、国家冶金分析测试技术的权威机构；拥有 5000 余项科研成果，包括国家级奖励 296 项、省部级科技进步奖 1035 项，授权专利 1000 余项；拥有两院院士 9 人、2 个博士后科研流动站和 2 个一级学科博士授权点，为公司的后续发展提供了强有力的后盾。

3. 中国科学院金属研究所

中国科学院金属研究所高温合金研究部由两院院士、2010 年国家最高科学技术奖获得者师昌绪先生创建于 20 世纪 60 年代，主要从事高温结构材料的合金设计、制备工艺、微观结构和使役性能等方面的研究工作，多年来研制了系列铸造和变形高温合金，发展了真空精铸、定向凝固和电磁离心铸造等多种先进工艺技术，研究成果在航空、航天、舰船、能源和石化等领域广为应用，是我国高温合金三大研发基地之一。

历经 60 年发展，高温合金研究部的研究队伍不断壮大，目前研究部现有职工和研究生 225 人（事业编职工 80 人、项目聘用人员 88 人、博士和硕士研究生近 70 人），其中研究员 14 人，副研究员 28 人；四分之一的科研人员有海外留学和工作经历；40 岁以下的科技人员中，拥有博士学位的占比 66%。有 12 人次入选国家"百千万人才工程"、创新人才推进计划、中科院"百人计划"、中科院特聘研究员、辽宁省"百千万人才工程"等人才计划。研究部以中青年科研人员为主，注重研究生培养，逐步形成了较为合理的人才梯队，同时也为企业、相关科研院所输送和培养了大量专业技术人才。

研究部的科研任务主要包括高温结构材料领域的前沿探索、面向重点型号的关键技术攻关、先进研发测试平台建设以及部分关键材料和部件的小批量供货。根据这一特点，在前沿探索和科技攻关方面，研究部的研究团队主要包括基础凝固理论，合金设计与应用（航空发动机用高强铸造合金研发，燃气轮机用抗热腐蚀铸造合金研发，变形合金设计与研发），复杂部件凝固关键技术，下一代高温结构材料探索等。在各研究团队聚焦重点方向的同时，注重推进交叉合作，鼓励各研究团队根据自身特点，组织技术攻关队伍，促进材料与工艺、基础理论和计算模拟等方向科技人员之间的交流，保证高质量完成科技攻关任务。在先进研发平台建设方面，高温合金研究部中试实验室包括各类定向凝固设备 11 台套、中小型真空熔炼设备 15 台套、大型熔炼设备 6 台套，以及制壳、制芯试验生产线、铸件后处理试验生产线。中试实验室的建立为高温合金及其制品的研发提供了有力支撑。在小批量供货方面，研究部严格执行质量管理要求，除研究部和各课题组设置的质量管理员外，关键产品过程控制和质量管理由研发团队指定的骨干科研人员负责，与实验室运行小组密切沟通，科学组织协调，保证产品交付周期和质量稳定性。

近年来，高温合金研究部面对国家在先进航空航天发动机研发中的关键材料需求，先后研制了 M951、K441 等多晶合金，DZ468、DZ411 等定向合金，SRR99、DD26、DD413、DD32、DD5、DD33 等第一、第二、第三代单晶合金，GH984G、GH4169G 等变形合金，配套多型航空发动机。突破了复杂单晶叶片陶瓷型芯研制、定向凝固缺陷控制、再结晶控制等关键制造技术，实现了多种单晶叶片的小批量交付，为我国先进航空航天发动机的研制提供了材料保障。

研究部先进定向凝固技术团队经过十余年的努力，突破了高温度梯度液态金属冷却定向凝固工艺中的关键技术，形成了定向凝固设备结构参数优化、型壳型芯制造、凝固过程控制、再结晶控制、铸件加工涂层等完整的技术链条，充分发挥了该技术降低偏析和凝固缺陷、提升效率的优势。利用 LMC 工艺研制的定向叶片和单晶叶片已经实现小批量交付。

燃气轮机是我国舰船的核心动力系统，也是我国中长期能源发展战略中的核心装备。国内燃气轮机使用的抗热腐蚀铸造高温合金，几乎全部由金属所高温合金研究部研制，目前已经形成了多晶（K438、K452、K444）、定向（DZ38、DZ411）和单晶（DD10、DD413、DD20）系列合金，在抗热腐蚀高温合金研发、大型定向和单晶叶片研制、大型多晶叶片工程化等工作中取得了突出进展。近年来，完成了某燃气轮机全部六级导向叶片和六级涡轮叶片用四种合金的研制任务，研制的四种合金还被选为我国自主研制的 R0110 燃气轮机四级导向和四级涡轮叶片用材料。实现了大型复杂多晶叶片的小批量供货，保证了关键型号燃机研发工作的顺利进展。定向合金 DZ411 等已在多型先进燃气轮机和发动机中推广应用。利用 LMC 技术研制的国内首件 430mm 长的大型定向结晶涡轮叶片通过热冲击考核，为我国自主研制重型燃气轮机，突破发达国家在重型燃气轮机热端叶片领域的垄断和封锁奠定了基础。最近，利用 LMC 技术研制的 300MW 级 F 级重燃一级定向结晶涡轮叶片通过首件鉴定，并小批量供货。

4. 航空工业贵州安大航空锻造有限责任公司

安大公司始建于 1966 年，隶属于中航重机，占地面积 51 万平方米，资产总额达到 31 亿元，是科工局能力建设规划中唯一的大型环锻件工艺重点建设单位，也是国防科技工业难变形材料精密锻造与环轧技术创新中心。设立全国博士后科研工作站、贵州省院士工作站，在高温合金、钛合金、不锈钢等材料特种锻造领域具有较强的技术优势，科研经费 5000 万元/年。安大公司属于锻造行业，是一个能够为航空、航天、兵器、船舶、石油化工、风电等领域提供全行业配套的专业化锻造企业，产品具有广阔的市场前景。安大公司将产品市场分为军品、民品、外贸三个业务领域，目前主要以军品为主，其中又以航空军品为主。公司主要产品涉及环锻件（包括闪光焊环件）、模锻件、自由锻件和等温/近等温锻件。

安大公司的人才优势体现在：建立省级技术心，博士工作站、贵州省院士工作站，与贵州大学联合建立贵州省材料加工工程研究生教育创新基地；培养了一批长期从事锻造技术研究的人才；并且聘请有中国科学院院士、国家材料专家 5 人和国际知名锻造技术专家。与西北工业大学、哈尔滨工业大学、中科院金属研究所、钢铁研究总院、北京航空材料研究院、北京科技大学、贵州大学等院校建立了广泛而又紧密的合作关系，拥有省部级成果 61 项，专利 116 项。

安大公司在高温合金、钛合金、铝合金、不锈钢等特殊钢锻造方面拥有很强的技术优势。

整体模锻技术、近等温锻造技术、精确轧制技术、盘件轧制技术、闪光焊技术、胀形技术是安大公司自主创新的主导技术。在高温合金方面，与安大生产相关的高温合金牌号有：铁基高温合金：GH1015、GH1016、GH2036、GH2150、GH2132、GH2696、GH2901、

GH2907、GH2909、GH761、GH783；镍基高温合金：GH80A、GH105、GH163、GH600、GH706、GH3030、GH3039、GH3044、GH3128、GH3536、GH3625、GH4099、GH4133、GH4141、GH4698、GH4145、GH4738、GH4169、GH4169G、GH4169D、GH4066、U720Li；钴基高温合金：GH5188、GH605；等温锻模具材料：K403、N3；粉末高温合金：FGH96、FGH99；金属间化合物高温合金：Ti_2AlNb、Ti_3Al。

安大公司锻件高温合金每年的使用量为1500t左右，国内国外采购量约各占1/2。锻件原材料生产厂家主要有：抚钢（主要）、宝钢、长钢（少量）。国外进口材料（美系）：ATI、Carpenter、PCC。生产的高温合金锻件主要用于航空发动机的结构件、机匣锻件、轴、盘件，燃气轮机部件、航天发动机产品，多为关键件、重要件，是武器装备的重要组成部分。

对于航空、航天及燃气轮机用高温合金锻件材料为贵重金属，特点是合金化程度高，且锻件组织性能要求高。由于材料的合金化程度比较高，在热加工过程中，各种相变复杂，强化相、析出相的数量、形态都直接影响到零件的使用性能；使控制再结晶过程、析出相和强化相的工艺难度比传统的材料高出很多，且组织性能通过热处理的可调性有限，需要通过对锻造工艺过程的精确控制才能实现。

安大具备成熟的高温合金锻造相关工艺技术，主要生产环形件和各种形状尺寸的模锻件。其中环形件的生产工艺主要为：环轧、环轧+胀形、闪光焊。生产各种形状尺寸的模锻件的工艺：常规模锻、近等温锻造。

自由锻件：自由锻及制坯设备有1250t水压机，30MN、40MN油压机，250kg～3t锤，2000t快锻机。

环形件：环轧设备有φ250mm～φ3000mm辗环机生产线；600t、2400t胀形机。

模锻件：模锻有160t、300t、630t摩擦压力机，1t、3t、5t、10t模锻锤，1600t螺旋压力机；等温锻有10MN、80MN油压机，250MN压机。

5. 江苏图南合金股份有限公司

江苏图南合金股份有限公司创建于1991年5月，坐落于京杭大运河畔——江苏省丹阳市吕城镇，占地300余亩，注册资本15000万元，是一家主要从事高温合金、精密合金、特种不锈钢等高性能合金材料及其制品的研发、生产与销售的高新技术企业，是国家级新型工业产业示范基地、江苏省高性能合金材料科技产业园中的骨干企业，现有员工460余人。

公司建立了特种冶炼、锻轧、拉丝、轧管、铸造的全产业链生产流程，形成棒材、丝材、管材、锻件和铸件等较完整的产品结构，是国内少数能同时批量化生产变形和铸造高温合金，高温合金母合金和高温合金精密铸件产品的企业。公司致力于向航空航天、舰船、核电、能源等高端应用领域提供高性能合金材料和制品，始终坚持新技术、新产品的研究与开发，不断拓宽产品链，拓展国内外市场，立志成为国内外高性能合金材料及其制品的研发和生产基地，成为拥有自主知识产权、核心竞争力的国内外行业知名企业。

公司通过了ISO 9001：2008质量管理体系认证、AS9100D民用航空的铸造母合金、高温合金、不锈钢无缝管，精密铸件的生产和服务；ISO 14001：2004环境管理体系认证、GB/T 28001—2001职业健康安全管理体系认证，持有军工四证。公司建有"江苏省高温合金工程技术研究中心、企业院士工作站、企业博士后工作站、"图南股份+中科院金属所——特种合金工程实验室"等技术研发平台，现有专业技术研发人员 70 人。承担和参与了国家"973"计划、"863"计划、国际科技合作、江苏省重大科技成果转化等多项国家、省级重大科技计划项目，获国家发明专利授权 32 项，实用新型专利授权 1 项，获江苏省科技进步二等奖 1 项。

公司拥有国际先进的德国 ALD 8000kg 真空感应炉，美国康萨克 6000kg 保护气氛电渣炉特种冶炼设备；拥有 LG60、LG15 两辊高速冷轧管机，LD 系列多辊冷轧管机、德国 ALD 真空立式高压气淬炉、超声波清洗装置、砂带式抛光机、在线超声波无损探伤等国内领先的制管设备；美国康莎克 100kg 等轴晶真空铸造炉、美国 MPI 压蜡机、德国 KU-KA1000kg 机械手、ALD 真空热处理炉、加拿大 SOM 自动制壳线等国际先进的精密铸造设备；建成了特种熔炼、型材加工、精密铸造、特种合金管材四条先进的生产线。

公司设有独立的检测中心，能承担公司各类产品的理化检测（包括化学成分、力学性能、金相组织等）与无损检测（包括超声波探伤、X 射线、荧光检测等）任务。中心拥有瑞士进口直读光谱仪、日本进口荧光光谱仪、美国力可碳氧联测仪、超声波清洗、探伤、三坐标测量机、荧光渗透检测线、X 光检测线等国内外先进检测仪器和设备近百台套，同时配有完整的车、刨、铣床、数控机床、线切割等试样机加工设备。中心严格按照 ISO/IEC17025-2006：CNAS-CL01 "检测和校准实验室能力认可准则"体系运行，2012 年正式通过"中国合格评定国家认可委"（简称 CNAS）的认可审核，中心实验室能力已获得国内外相关特定领域的认可。目前，中心能按国家测试标准进行各项理化测试分析和无损检测，同时，部分项目也具备了按美国 ASTM、GE、Nadcap 测试标准、欧洲 EN 测试标准、国际 ISO 测试标准的检测能力。

专业从事高温合金、耐蚀合金、精密合金等特种合金及其制品的研发与生产，拥有国内先进的特种冶炼设备，变形及铸造加工设备，能以锻、轧、拔、铸等齐全的加工方式，按照国际标准、国军标或国家标准，为用户提供品种有棒、管、丝材及各类精密铸件，产品广泛用于航空航天、核电和能源等领域。具备年产 5000t 特种合金的熔炼能力，大型复杂薄壁高温合金结构件 200 件，高温合金和不锈钢无缝管材 150t 的生产能力。

公司掌握高温合金材料的超纯净熔炼、大型复杂薄壁结构件熔模精密铸造技术等关键技术，是国内高温合金产品的主要生产企业之一、国内航空发动机用大型复杂薄壁高温合金结构件的重要供应商、国内飞机和航空发动机用高温合金、不锈钢无缝管的主要供应商；解决了我国多款重点型号航空发动机关键部件的急需，为国家大飞机工程的实施做出了贡献，获得了中航工业颁发的"鲲鹏"优秀集体奖。

公司 2017 年度实现销售收入为 34490.28 万元，比上年同期 30662.05 万元增长 12.48%，实现净利润为 4071.67 万元，比上年同期 1664.09 万元增长了 144.67%，期末总资产为 53631.66 万元，比上年同期 55888.65 万元减少了 4.04%，所有者权益为 29281.78 万元，比上年同期 25122.52 万元增长了 16.65%。

公司近三年度的研发经费投入总额为 4779.93 万元，其中，2015 年度研发经费总额为 1496.10 万元，占全年销售收入的 4.73%，2016 年度研发经费总额为 1959.81 万元，占全年销售收入的 6.39%，2017 年度研发经费总额为 1324.02 万元，占全年销售收入的 3.83%。

6. 江苏永翰特种合金技术有限公司

公司从德国、英国、意大利、加拿大、美国引进制壳成型、熔铸、后处理、检测各类成套生产设备生产线，检测设备共 182 套。这些设备都是 21 世纪从事工业燃气轮机透平叶片生产的最先进设备，公司的装备总体技术先进性不但在国内领先，甚至超过了国际上著名的精铸企业。如这些先进的设备有相当一部分是西方国家对中国禁运或限制出口的。这些先进的设备中，有中国目前最大的 250kg 三室真空等轴真空感应熔铸炉，有中国最大的 120kg 定向、单晶真空感应熔铸炉。

这些先进的设备中，有美国严格禁运"劳厄单晶位相检测仪"，成为中国首台能快速、准确检测单晶晶粒生长方向角度的仪器。

由于这些设备的引进，使中国工业燃气轮机采用单晶透平叶片设计成为可能，使我国开发、研制 300MW 的重型燃气轮机的透平叶片生产有了基础。

这些先进设备的引进，使中国生产高温透平叶片的工装准备水平，实现了一次跨越，达到了欧美企业的比肩水平。目前公司的主要设备如下：6 台 MPI 压蜡机，其中 4 台压力为 50t，1 台压力为 150t，1 台压力为 300t。定向柱晶、单晶和等轴晶自动制壳线，总长度共计 508m。3 台机械手和 3 套悬链线，可日产 100 组壳型。4 台 ALD 真空感应熔炼炉，其中 2 台定向凝固炉，分别为 60kg 和 120kg；2 台等轴晶熔炼炉，分别为 100kg 和 250kg，与之配套的是 SOLAR 旋转预热炉。LBBC 全自动脱芯釜，其最大工作压力为 1MPa，最高工作温度可达 1200℃。具有全自动荧光检测设备和 X 光检测设备，以及用于单晶取向分析的劳厄位相分析仪和内部尺寸验证的流量检测设备。TAV 高压真空淬火炉，进行热等静压和固溶热处理，HTS 井式热处理炉进行时效热处理。具备自动化金相制备和数字显微成像分析设备，拉伸和蠕变检测仪。

公司自 2008 年 12 月到 2011 年 11 月，历时 3 年与外国专家团队进行了技术引进和企业共建的技术合作谈判。最后耗资近 4 亿元人民币，引进了全套等轴、定向、单晶透平叶片精铸技术和一个 16 人的外国专家团队来江苏永瀚进行 5 年的技术转移和企业共建的技术合作工作。企业引进了国际先进的定向凝固精铸产业化的工艺设计原理、工艺规程、模具设计、蜡模成型工艺、型壳工艺、熔铸工艺、后处理工艺、检验工艺技术，认真进行了翻译、消化，组建了一支 60 多人的技术队伍，其中有博士 4 名，硕士 20 名，高级工程师 6 名，全面消化吸收技术。为确保引进技术可靠转移，引进了一支 16 人的外国专家团队配置在企业技术、生产、质量部门和各个工部、工序进行全方位的技术指导、技术培训、技术把关，作为对中方技术、生产、质量管理人员进行 5 年的技术培训和技术支撑。

江苏永瀚的中方技术团队目前已有 40 多人，从产品工艺方案设计、熔模、型壳成型、熔铸、热处理、矫形、工艺研究到产品尺寸分析、陶瓷型芯参数分析，到熔模模具设计、陶芯模具设计、各类工装量具设计。所有相关定向凝固精密铸造的技术岗位均配置齐全。5 年来，在外国专家指导培训下，通过大量产品的研发过程，这支队伍日趋成熟，使江苏永瀚公司研发达到了国内先进水平，承接了国内外具有很高技术难度的涡轮叶片的研发任务，并获得成功。择其主要汇总如下：

（1）完成中船重工：1~4 级动叶、1~6 级导叶，10 个规格研发并已批量供货。

（2）完成中船重工 30MW：1~4 级动叶、1~4 级导叶，8 个规格研发并已批量供货；完成了 33MW、40MW 燃机所有规格共 20 件透平动叶和导叶的研制，具备首鉴条件。

（3）研发商用发动机：1~2 级动叶（单晶）、1~2 级导叶（单晶）。

（4）完成某型发动机高压涡轮单晶叶片，研发并批产；二级涡轮导向器、级间导向器在研。

（5）完成航天科技：单晶涡轮叶片，研发并批产；高温涡轮导向器在研。

（6）研发某型发动机高压涡轮单晶叶片。

（7）研发空军：航机定向叶片。

（8）研发 33MW：1 级动叶（定向）~2 级动叶，1~2 级导叶。

（9）研发某型发动机过渡段支架。

（10）完成上海高科院 10MW 燃机叶轮研发并批产。

（11）完成 GE（阿尔斯通）9 个规格热部件的研发并批产，尚有 7 个规格在研，其中有 9F 级重型燃机叶片。

（12）安萨尔多 4 个规格在研，其中有 9F 级重燃叶片。

（13）GE 能源 2 个规格在研。

截至目前，江苏永瀚已承接了中国航发、航天、商发、七〇三所，以及 GE（阿尔斯通）、安萨尔多、GE 能源共 118 多个规格产品的研发，完成 35 项，尚有 83 项在研，其中 25 项具备首鉴条件。国外产品中，9F 级重型燃机叶片堪称难度超前，江苏永瀚研发成功，并供应 6 台套装机，成为国内给 GE 正式批量供应重燃透平叶片的第一家。

7. 深圳市万泽航空科技有限责任公司

深圳市万泽航空科技有限责任公司（以下简称"万泽航空"）是深交所上市公司"万泽股份"的下属公司，是一家专门从事航空发动机高温合金材料和关键部件研制及产业化的高新技术民营企业。目前，在万泽航空板块已成立 5 家公司或中心，深圳市万泽中南研究院有限公司、深圳市万泽航空科技有限责任公司、深汕万泽精密铸造科技有限公司、万泽长沙精密铸造中心和上海万泽精密铸造有限公司。近年来，万泽航空积极响应国家军民融合国家战略，累计先后投入 10 亿多元，吸收高温合金材料领域国际一流人才和行业专家组成了一个专业化强、人员梯队完善的研发队伍，形成了一支创新力强、工程经验丰富的研发团队。购置了世界最先进的研发与试验测试设备，建成了深圳高温合金材料和粉末冶金盘件研发与检测中心、长沙叶片精密铸造研发与中试生产基地，在深圳和上海投资建设了两个高温合金材料及部件产业化基地。形成了高温合金材料研发、模拟仿真、母合金熔炼、粉末冶金盘件制造、涡轮叶片和结构件精密铸造等相对完整的产业链布局，具备先进高温合金材料及部件的研发、检测及批量生产能力。

核心团队由 10 余名国家特聘专家和国内、外顶级行业专家组成，他们都曾在欧美和国内主要航空发动机、燃气轮机生产商担任资深研发负责人，长期从事研发和产业化工作，专业涵盖高温合金材料及部件研发的各关键环节，具备世界一流航空发动机高温合金材料研发、叶片精密铸造和粉末盘件制造的创新经验和能力，是国内民营企业中，完整掌握航空发动机高温合金材料技术、最具创新活力的团队。

公司已成功研发 9 种具有自主知识产权的第三代粉末高温合金和第二代低密度单晶高温合金材料，获得国家专利受理和授权共计 40 余项，超低杂质熔炼技术达到世界先进水平。借鉴美欧航空发动机研发先进技术理念，运用高通量高温合金成分设计、集成计算材料工程模拟仿真等先进方法，开展航空发动机"两片一盘"等关键部件的正向研发和试验验证，迭代形成"设计—模拟仿真—材料研发—部件铸造/制造"具有自主知识产权的工艺路线和方法，在国内处于领先水平。

牵头承接了国家工信部"两机"重大专项"第三代粉末高温合金盘轴一体复杂结构（双性能）涡轮盘的关键技术与制备"等国家、省和市级科研项目 10 余项；获得国家发改委"粉末冶金国家工程技术研究中心深圳分中心""先进发动机高温合金材料与部件国家地方联合工程研究中心"等重要研发平台。

军民融合项目顺利推进，已经承担某型发动机高压压气机九级篦齿盘和高压涡轮盘国产化替代研制，多型航空发动机定向、单晶涡轮叶片等关键部件的研发任务，取得阶段性成果。

万泽集团引进 6 名国家"千人计划"专家作为技术研发带头人。专家均具有多年国外相关企业工作经验，研究领域涵盖合金研制、制造工艺、设备研发等。在深圳中南研究院、长沙研制基地有技术工作人员 110 人左右。此外，据介绍，上海万泽精密铸造公司也初步建立了具备一定生产能力的技术人员和工人队伍。

万泽实业股份有限公司目前已经建成或在建四处研究和生产基地。

深圳万泽中南研究院：主要功能为高温合金材料基础研究，配备了材料力学、理化检测设备，为空装认证的二方检测机构。该研究院在实验室检测/分析方面具备较好的条件，拥有试样加工、光学显微镜、扫描电镜、晶体取向仪、硬度机、拉伸/持久/疲劳等各种性能测试机、GDMS 辉光放电质谱仪、力可碳硫仪、高温 DSC、Gleeble3180 热模拟试验机、自动磨样机、振动抛光机等。具备镍基高温合金主元素和痕量元素分析、碳硫、氧氮氢等化学成分分析能力。在 2016 年 6 月通过了 GB 19001、GJB 9001 和 ISO 9001 认证，研究院控股的万泽航空科技有限公司于 2016 年 5 月和 2017 年 1 月分别通过了国军标质量管理体系认证和武器装备科研生产单位三级保密资格审查。目前，实验室正在申请 CNAS 认证。

长沙涡轮叶片工艺研制线：与中南大学合作建设，主要功能为单晶、定向涡轮叶片铸造技术研究，作为中试基地，为批生产进行技术输出。

上海万泽精密铸造公司：2018 年完成一期建设，定位为高温合金、钛合金精密铸造生产基地。主要面向燃气轮机叶片、汽车、医疗、外贸转包任务承接等。

深汕产业基地：涡轮叶片和粉末盘生产基地，占地 100 亩，正在进行设备安装。

2013 年起，万泽实业股份有限公司与中南大学合作，开始进入高温材料及构件研究和产业化领域。业务范围包括高温合金材料研制，高温合金母合金制备、高温合金及钛合金精铸件和高温合金粉末盘的研发及生产。2014 年启动研发条件建设，2015 年左右完成了单晶高温合金新材料基本性能测试，试棒制备、母合金熔炼、制粉等技术验证。2018 年承担了某发动机低涡、高导两种单晶叶片研制任务，开展叶片试制；开展某发动机涡轮盘、篦齿盘试制；承担双性能盘研制基础研究课题。公司计划在 2019 形成航空发动机及燃机用高温合金涡轮叶片、粉末盘、钛合金铸件批产能力。

2013 年，万泽航空谋求战略转型，布局航空发动机和燃气轮机高温合金关键材料的研发和产业化，立志为解决国家关键技术短板做出贡献。为此，万泽航空与中南大学等共同出资成立深圳市万泽中南研究院（以下简称"研究院"），致力于先进航空发动机高温合金及其核心部件的研制及产业化，旨在实现先进航空发动机高温合金材料及关键部件的自主创新。研究院以 GE 和 PCC 等国际一流企业为标杆，通过引进国内外高水平专家，吸收国内外先进技术和经验，结合自身优势，开展先进发动机高温合金材料及核心部件"两片一盘"的研发及工程化。研发团队以 10 余名国家特聘专家和行业专家为首，中青年研发、生产专业技术人才为骨干，其中硕士及以上学历人数占比 60% 以上，团队成员专业涵盖高温合金材料制备、叶片精密铸造、粉末冶金、工艺过程控制等各关键环节，构成了"设计—模拟仿真—材料研发—部件精铸—加工制造"的完整产业技术链条，是国内在航空发动机关键材料和核心构件领域内，以消化吸收欧美先进技术和质量、管理经验为主的顶尖创新团队。

4 年多来，万泽航空通过多元融资渠道累计投入数亿元建设研发平台，建立了相对完善的高温合金研发试制体系，在深圳建立了万泽中南研究院深圳高温合金材料研发中心和检测中心、粉末冶金涡轮盘研制生产基地，在长沙建立了万泽中南研究院长沙精密铸造研发生产基地，上海等轴叶片制造基地建设、深汕特别合作区精密铸造生产基地建设也基本完成。初步完成了材料研发、模拟仿真、母合金熔炼、粉末冶金、精密铸造等相对完整的高温合金全业务流程建设，是国内唯一具备从镍基和粉末高温合金材料生产到成品制备全产业流程的民营企业。万泽航空高温合金的核心技术包括：超低硫高纯净的母合金熔炼技术，低密度高持久寿命的第二代单晶高温合金，高稳定性第三代单晶高温合金，高疲劳抗力高强度第三代粉末盘高温合金、850℃应用温度的 3D 打印粉末高温合金。第二代、第三代单晶高温合金，实现硫含量<1ppm，[O]、[N]、[H] 含量<10ppm，达到国际先进水平。凭借人才和平台的研发优势，万泽航空高温合金团队迅速取得了一批核心研发技术成果。截至目前，已经成功研发 9 种具有自主知识产权的粉末高温合金和低密度单晶高温合金等产品，超低杂质熔炼技术达到了世界先进水平，申请和取得专利授权 40 余项；成功开发出了具有自主知识产权的精密铸造工艺体系，小批量生产的涡轮叶片成品率处于国内领先水平；掌握了欧美先进粉末冶金盘件制备工艺和关键技术参数，完成了具有自主知识产权的第三代粉末高温合金盘件研制工作。

8. 无锡航亚科技股份有限公司

无锡航亚科技股份有限公司成立于 2013 年，是一家为满足全球航空工业发展需要而创建的航空发动机零部件科研及制造的专业化企业。主要产品有航空发动机压气机叶片、风扇及压气机整体叶盘、整流器、机匣、环形件及涡轮盘的精密成型及加工、医疗器械-骨科植入精密锻件。航空发动机压气机叶片占公司业务 70%，精机板块 18%，医疗器械为 12%。

公司是由一批职业经理人二次创业——他们分别来自无锡透平叶片（WTB）、中航工业（AVIC）等专业公司，通过引进国外技术团队、消化吸收国内外先进制造技术，形成自己专有技术和业务管理流程，培育建立中国自己的航空发动机零部件精锻或精机的专业化工厂，以满足未来 20 年中国及全球航空工业不断增长的需求。

公司已通过航空 AS 9100、GJB 9001 等质量体系认证，已先后成为中国航发集团、法国赛峰集团、美国 GE、英国 RR 等国内外主流发动机公司的专业供应商。公司已于 2016 年 12 月在全国中小企业股转系统 NEEQ 成功挂牌。

通过供应商资质审核、新品研制开发以及产品认证，在技术体系建立、工艺技术开发和产品认证考核等方面前后共投入资金 6000 万元。目前公司已在新三板挂牌，2016 年 12 月在首届中国军民两用技术创新应用大赛上获得金奖，在专利方面公司已获得 14 个专利，

2017 年 11 月荣获高新技术企业。现有员工 350 名，其中技术研发、质量工程师及项目管理人员约占员工总数的一半左右。

2013 年 8 月引进国外技术团队，与以色列 BTL 专家团队签订合作协议，从而消化吸收国际上通用的钛合金叶片精锻制造技术，并在国际业务上很快建立起较强的市场竞争力。2014 年 4 月开始筹建整体叶盘事业部，主要从事航空发动机整体叶盘的制造技术开发及快速精密制造。

2015 年 6~10 月，完成某发动机风扇三级整体叶盘首件研制和交付，创造了国内风扇整体叶盘单件全流程制造和批量交付的最短周期记录。

2016 年公司在聚焦国际市场，围绕法国赛峰与 GE 新一代 LEAP 发动机叶片业务的同时，注重加强与中国航发各业务单位的合作，与之建立起了良好的战略合作关系，大力拓展国内军机、民机发动机叶片及整体叶盘业务。

2017 年花了大量资源攻克整体叶盘近净成型加工技术，缩短了与国外该领域的差距。在叶型表面强化技术方面开发叶型双面喷丸技术取得突破。公司的销售额也以每年 30%~50% 的速度快速增长，从 2015 年的 1510 万元到 2017 年的 9961 万元，不仅实现量的增长，更达到质的提高。

2018 年公司实施发展二期工程建设，医疗器械、航空发动机高压压气机叶片及航亚工艺试验中心等新厂区奠基，总投资 2 亿元。

公司现有占地面积约 17000 平方米，其中生产用厂房面积 9000 平方米，办公及科研面积 3000 平方米。公司具备较强的特种材料成型、精密数控加工、高精度测量及特种工艺加工能力。

核心技术有：精密模具逆向设计及制造技术、高温合金/钛合金叶片精锻成型技术、叶型快速测量技术、叶型表面完整性处理及强化（数控喷丸、喷涂）技术、特种腐蚀检测技术、化学表面处理、整体叶盘数控近净成型加工技术等。其中，叶片精锻制造技术、整体叶盘数控近净成型加工技术等在国内处于领先水平。

（1）精锻工艺主要设备：1 台 1600T，5 台 1000T，2 台 400T 螺旋压力机，1 台 400T 液压机以及 1 台 315T 顶锻压力机，构成三个精密锻造生产线，配有各类特种工艺；2 台真空热处理炉、4 条化学处理自动化生产线、1 条荧光探伤检测线、2 台数控喷丸机、2 条干膜润滑喷涂生产线、四轴数控加工设备及叶根五轴数控加工中心，合计 30 台；目标是 2019 年建成年产 80 万片精锻叶片生产能力。

（2）整体叶盘主要设备：2 台 G-mill 1150、2 台 Go-mill 600 整体叶盘五轴专用设备；1 台 DMG1250 车铣复合中心，静平衡检测机、叶盘专用振动光饰机，以及卧式数控铣床及立式数控车床等专用设备 20 余台；具备年产 150~200 件整体风扇、压气机盘及高压整流器叶环的全流程工艺科研、生产能力。

（3）检测设备：公司拥有光学三维成像检测、叶型激光扫描三坐标、五轴三坐标检测等国内叶片领域先进的检测技术十余台，以先进的检测装备确保测试能力符合产品质量要求。

航亚科技是以精锻制造技术开发和生产航空发动机压气机叶片的专业化企业；采用精锻技术生产的叶片由于其高可靠性、高性能、高效率等诸多优点，一直是航空发动机压气机叶片制造的主流工艺，目前，全球超过 90% 的航空发动机压气机叶片使用精锻制造技术进行生产。

2016 年航亚科技与赛峰 SAFRAN 集团签订了十年的长期协议,已为国际主流商用发动机 CFM56-7B 及 CF34 提供批产叶片装机交付;并全面参与国际最新一代民用航空发动机(LEAP)的压气机叶片研制及生产,其中 LEAP 低压压气机叶片共计 14 级,截至目前,航亚科技已承接 13 级的叶片合同并完成其中 11 级的研制。目前,航亚科技已成为国际最新一代民用航空发动机(LEAP)压气机叶片的主要供应商之一。

航亚科技是服务于中国航发商发(以下简称"ACAE")新型发动机整体叶盘预研及型号的科研及生产的快反中心;可实现钛合金、高温合金等材料整体叶盘全流程科研生产;具备锻坯数控近净成型加工技术和线性摩擦焊自适应两种先进加工技术。

目前,我国航空发动机整体叶盘加工制造技术尚处于起步阶段,尚不能满足高性能发动机设计需求,更无法满足今后快速增长和新研项目高效研制生产的要求。航亚科技引进国际一流的整体叶盘专业工艺装备及制造技术,以高效率的快反研制,全流程的工艺开发以及专业化的配套管理,努力成为中国航发商发的战略供应商。

9. 无锡透平叶片有限公司

无锡透平叶片有限公司(WTB)始建于 1979 年,是上海电气(集团)总公司旗下的核心国有控股上市企业。以先进装备和精湛工艺满足客户的定制化需求,优质服务于全球能源和航空装备市场,是一家专业化的高端动力部件制造企业。公司位于无锡惠山经济开发区,厂区占地面积约 23 万平方米,注册资金 7.13 亿元,总资产接近 25 亿元。公司主导产业聚焦能源、航空装备领域,主要产品包括火电汽轮机、燃气轮机、核电机组、航空发动机等动力装备所需的叶片、盘等关键动力部件。截至 2018 年 7 月底,公司共有从业人员 816 人,技术人员 182 名,占总人数的 22%。其中技术人员中,本科及以上学历 165 人,占总技术人员的 90%;其中博士 2 名,硕士 46 名,中高级职称人员 64 人,占比 35%。基本形成了在材料、锻压成型、机械精密加工、特种工艺、理化检测等各学科方面的 1~2 名各学科带头人。

2017 年,WTB 公司年销售额约 9.7 亿元,其中外贸占比约 40%,航空军工占比达 23%。预计 2018 年,海外能源业务将首次超过国内能源业务,一跃成为 WTB 第一大业务板块,外贸业务占比达到 50%,对于公司具有里程碑意义。

2018 年是 WTB "聚焦国家战略,服务航空军工"十周年。十年风雨逐梦,企业实现了"电站之芯"到"航空之翼"的转型,完成了从"国际学徒"到"战略伙伴"的升级,产业结构持续优化。

在能源领域,无锡透平公司主导的产品为火电汽轮机、核电常规岛汽轮机叶片、燃气轮机部件。并且 WTB 是全球最大的电站汽轮机叶片供应商,具备百万等级超超临界机组和百万核电机组汽轮机大叶片工艺研发及制造能力。电站汽轮机大叶片国内市场综合占有率达 70%,产品品种覆盖率达 95%,全球电站大叶片市场综合占有率达 60%。同时是国内领先的燃机压气机叶片供应商,满足 GE、西门子、阿尔斯通、三菱燃机技术体系要求,为国内多个重型燃机供应成品叶片和动力涡轮盘。

在航空领域,WTB 公司主要生产航空发动机关键部件和飞机结构件。公司是国内先进的航空部件供应商,已参与 13 个型号航空发动机、5 个飞机型号关键部件的研制和批产,产品材料涉及钛合金、高温合金和镁铝合金,实现了多项具有国内领先工艺水平的标志性产品。公司凭借着优秀的项目表现以及蓬勃的发展势头，与中航、GEA、Rolls-Royce 等国内外知名航空公司建立了业务合作关系，成为 GEA、Rolls-Royce 亚太地区的锻件战略供应商。

伴随着公司能力的提升，品牌效应的不断扩大，WTB 已成为国内外能源与航空领域顶级集团的供应商。近年荣膺 GE 航空和 Snecma 斯奈克玛公司 2016 年度 "Quality Excellence Award（卓越质量奖）" 奖项，罗尔斯·罗伊斯（Rolls&Royce）2017 年度最佳新供应商奖。企业通过不断地持续创新经营，荣膺工信部 "制造业单项冠军示范企业" "装备中国功勋企业"、首批 "江苏省创新型企业" "国家认定高新技术企业" "机械工业现代化管理企业" "全国科技创新先进企业" "江苏省管理创新先进企业" "江苏省知识产权管理标准化创建示范企业" 等荣誉称号。

在锻造成型方面，WTB 公司拥有国际一流水平的锻压生产线。具有成套系列化、数控化、力能/位移精确控制，以及打击吨位最大的高能螺旋压力机，形成以大型螺旋压力机为主的国际先进的锻压技术路线。拥有大吨位的数控液压自由锻锤，可以满足各类高温合金、钛合金、不锈钢、铝合金等变形合金的精锻、模锻和自由锻的研制及生产。

WTB 公司具有国际先进的机械加工水平。拥有 80 余台国际先进的五坐标数控叶型加工中心、多台先进的数控强力磨床。并且配备有 23 台三坐标测量仪，焊机、激光表面处理和智能机器人抛光等先进的专业工艺和检测设备，具备年产 30 万片以上各类叶片的制造能力，为电站汽轮机、燃机压气机、航空发动机、大型轴流压缩机等提供各类高精度叶片。

同时，WTB 公司还具备门类齐全、国际一流的特种工艺能力，包括汽轮机、燃气轮机及航空发动机各类成品叶片激光加工（激光淬火、融覆等）、表面处理（喷丸、喷砂、滚压强化、振动光饰及磨粒流）、涂层（热喷涂、干膜润滑、CVD 涂层、自牺牲涂层、热障涂层等）、焊接（含钎焊）、化学加工（酸洗、腐蚀等）及电加工（电镀、EDM 加工等）等特种工艺能力。

公司检测中心通过 CNAS 和 NADCAP 权威认证，通过 GE 航空和 RR 实验室认证。具备各种材料产品的力学（拉伸/冲击/高温持久蠕变/弯曲疲劳等）、化学（光谱/能谱/高频红外等）、金相、SEM 形貌、显微硬度等理化检测能力。具备荧光渗透（FPI）、射线（RT）、水浸探伤（UT）、磁粉（MPI）、目视（VI）等无损检测技术能力。

公司具备完善的体系保障能力。按国际标准建立并保持了文件化的质量体系，范围覆盖所有叶片及航空锻件产品的生产和服务。1998 年以来，公司先后建成并有效运行了 ISO 9001，AS 9100、GJB 9001，通过了 ISO/IEC17025、DILCA 国防科技工业实验室以及 GEAE 实验室 S400 认证；理化检测、荧光探伤、热处理、喷丸等关键过程通过了 NAPCAP 认证。通过了 GE、西门子、三菱、东芝、日立、阿尔斯通等客户的产品和质量管理体系认证。

一直以来，公司极其看重科技创新能力。大力发展和建设技术中心，将科技投入视为战略性投资。近年来不断加大投入力度，构建了国家能源大型涡轮叶片研发中心（NEBC）、江苏省企业院士工作站、博士后科研工作站、无锡市高端动力部件制造技术研究院等重大研发载体，并于 2013 年顺利通过国家级企业技术中心认证。技术中心拥有省（部）级、全国行业性等优秀技术专家及人才 25 人，同时聘请由航空和能源领域多名院士组成的国内外专家团队（院士 3 人、外籍专家 2 人）。

企业通过将先进压力机数控化的设备特性、难变形材料热加工行为特性、可靠的数值模拟技术三者有机结合。已经形成高温合金（GH4169 等）和钛合金（TC11 等）难变形合金及不锈钢和铝合金锻件工艺制造核心优势。

公司完成了参与的 5 项国防科技项目。在钛合金、高温合金、铝合金、高强钢等材料领域形成了多项锻造和精密加工相关的核心技术，形成了独特的螺旋压力机的锻造工艺路线。

公司已经形成的核心技术包括：叶片制造核心技术、钛合金轮盘和结构件制造核心技术及应用、高温合金轮盘和结构件制造核心技术及应用。

公司的产品覆盖了盘锻件、结构件和叶片三大类，主要涉及 12 种牌号的变形高温合金。主要客户包括中国航发、中船重工、航天科技、哈汽等。

10. 中船重工第七〇三研究所

中国船舶重工集团公司第七〇三研究所成立于 1961 年，隶属于中国船舶重工集团公司，是我国大型舰船动力研究所，是舰艇动力的总体及关键设备单位，主要从事舰船燃气轮机、蒸汽动力、动力传动装置、动力监控系统及相关专业的设计、研制、试验、生产及装置集成供货等工作。2010 年 7 月 23 日，七〇三所被命名为"国家能源燃气轮机技术研发（实验）中心"，为我国重型和中小型燃气轮机的产品研发提供关键技术研究、产品设计及试验的共性平台。研究所总部位于哈尔滨市道里区洪湖路 35 号，在无锡市设有分部。

七〇三所是军品科研和生产双保军能力单位。核定的军品科研保留能力为：动力技术；任务方向和范围为：舰用蒸汽动力装置及控制系统研究设计与试验、舰用燃气动力装置及控制系统研究设计与试验、舰艇动力后传动装置研究设计与试验。核定的军品生产保留能力为：动力系统；核定任务范围为：燃气轮机动力装置总装总调，蒸汽轮机、燃气轮机推进系统的监测和控制系统装配、调试。

七〇三所现有职工约 1900 人，其中事业编制职工 1289 人。各类专业技术人员 1046 人（含中国工程院院士 1 名，高级职称 609 人）。经国家教育部考核批准，研究所设有船舶与海洋工程专业博士后流动站，轮机工程专业博士培养点，动力机械及工程博士培养点（与哈尔滨工程大学联合培养），轮机工程专业和热能工程专业硕士培养点；拥有博士生导师 7 名、硕士生导师 28 名。

七〇三所已取得《武器装备科研生产许可证》、装备承制资格证、国防武器装备科研生产一级保密资格单位证书、武器装备质量体系认证证书、质量管理体系认证证书、电力行业（火力发电）工程设计乙级资格（哈尔滨广瀚动力技术发展有限公司）、A1、A2 级压力容器设计资格、D1、D2 级压力容器制造许可证等从业资质。

七〇三所民品业务主要为非船产业，重点发展燃气轮机（工业驱动、工业发电等）、节能与新能源（蒸汽动力）、动力传动产品、控制工程与产品、核电产业等五大科技产业板块。为了促进燃气轮机产业化发展，七〇三所布局成立了燃气轮机产业发展平台，主要有中船重工龙江广瀚燃气轮机有限公司、哈尔滨广瀚燃气轮机有限公司和江苏永瀚特种合金技术有限公司。

中船重工龙江广瀚燃气轮机有限公司（以下简称"龙江广瀚"）成立于 2013 年 5 月，注册资本 12 亿元，由中国船舶重工集团公司、黑龙江省及哈尔滨市人民政府、中国船舶重工集团公司第七〇三研究所共同投入 18.6 亿资金进行了燃气轮机产业化生产基地的建设，于 2015 年 1 月正式投入使用，属于国有企业，隶属中国船舶重工集团公司第七〇三研究所。公司立足中小型燃气轮机产品为主导的业务发展方向，按照产品研发、生产、市场"三位一体"的发展模式，系统性地建设中小型燃气轮机研制和保障体系，用 10~15 年的时间形成拥有核心设计制造技术、产品类型覆盖 5~50MW 功率范围的、性能先进的九大类工业及船舶燃气轮机产品，打造具有国内行业控制权、国际一流的中小型燃气轮机产业。

龙江广瀚位于黑龙江省哈尔滨市高新技术产业开发区，占地面积 28.1 万平方米，用于军品科研生产。现有员工 542 余人，其中专业技术人员 252 人，管理人员 113 人，技能人员 177 人，含高级职称 132 人，高级技能人员 110 人。现有研发部、生产部、系统集成部、市场营销部、采购物流部、质量部和综合管理部七大部门，其中生产部下设盘轴加工、成型焊接、热表工程、装配试车 4 个生产加工中心，主要承担轮盘和轴类零组件、火焰筒、外管路、叶片涂层、部套装配、整机装配和试车等工作。目前拥有先进的数控机床和各种加工设备 500 余台（套），6 个试车试验台；建有机械、无损检验和理化中心，配备各种检测设备 126 台（套）。2017 年龙江广瀚通过了武器装备科研生产单位保密资格认证，获得了省国家保密局和国防科工办颁发的武器装备科研生产单位三级保密资格证书；2018 年 10 月获得环境和职业健康安全双体系认证证书；2018 年 6 月通过了武器装备承制单位资格认证（含军品质量管理体系）现场审核、7 月通过武器装备生产许可证现场审核、8 月通过民品质量体系认证现场审核。

龙江广瀚自 2015 年起先后承担了多型燃气轮机的研制和生产任务，包括 30MW 级燃气轮机研制项目、40MW 级间冷循环燃气轮机研制项目、GT25000 燃气轮机生产项目，跨音级模化样机生产项目，以及改进型低压压气机技术验证机生产项目。

11. 抚顺特殊钢股份有限公司

抚顺特殊钢股份有限公司前身是抚顺钢厂，是我国特殊钢产业和技术的发源地。这个工厂原来是 1937 年日本侵华期间建立的。1949 年中华人民共和国成立初期，抚顺钢厂是我国唯一拥有特殊钢生产设备的工厂。因而抚顺钢厂被确立为我国最早的高温合金生产基地。1956 年 3 月 26 日，抚顺钢厂熔炼了我国第一炉高温合金。六十多年来，抚顺钢厂长期保持高温合金行业领先地位。

抚顺特钢目前是混合所预制-股份制企业，由沙钢集团控股。

抚顺特钢拥有国家级企业技术中心和博士后科研工作站，是国家高新技术企业，截至 2018 年 8 月末股份公司在册 7828 人（含 439 人退养），占地 190 万平方米，拥有年产 95 万吨钢、77 万吨钢材的能力。

抚顺特钢以"三高一特"（高温合金、超高强度钢、特种不锈钢、高档工模具钢）为核心产品，拥有包括高温合金、超高强度钢、不锈钢、工模具钢、高速工具钢、高档汽车钢、风电减速机用钢、钛合金等八大类重点产品，5400 多个牌号的特殊钢新材料生产经验。产品广泛应用于航空航天、能源电力、石油化工、交通运输、机械机电、环保节能等领域。

抚顺特钢具备炼钢、锻造、轧制、检测等在内的全流程设备，涵盖了不同容量的冶炼设备（真空感应炉、保护气氛电渣、真空自耗炉等）、不同吨位的快锻机、径锻机、热轧和冷轧机等先进装备。

抚顺特钢具备雄厚的技术基础，拥有先进的冶金装备，长期承担国家大部分特殊钢新材料的研发任务，以"高、精、尖、奇、难、缺、特、新"的产品研发理念和"军工第一、质量第一"的企业文化引领中国合金材料的发展，是中国特殊钢行业的领军者。

12. 江苏隆达超合金航材有限公司

江苏隆达超合金航材有限公司具有二十四年合金材料的积淀，经过三年多飞行 60 多万公里的国内外深度调研，聚焦国际化高端科技高温合金材料，专注目标建设成国际一流的高温合金企业。

引进了国际顶级的超高纯高温合金的领军人才和团队，吸收创新了国际上最先进高温合金研发和制造技术，组合了国内高温合金核心的制造专家和先进管理团队，定制了世界先进的专业成套进口真空熔炼炉装备生产线。

一期工程铸造高温合金 2000t 项目经过三年多时间的建设、研发和生产，掌握了高温合金超高纯真空熔炼、均质化冶炼、稳定性的关键要素，实现了国际化的微量元素、痕量元素精准检测技术。产品经中国航发商发、东方电气集团东方汽轮机等企业使用，国际罗罗、赛峰正在认证及西门子、康明斯的应用，产品指标性能接近国际先进水平，参与了重要涉军的预研项目，并承担了国家"两机"专项、工信部工业强基工程、国防科工局军品配套等重大项目。

二期工程高温合金返回料 2000t 项目 2018 年 8 月底已全面完成项目建设，填补了国内空白，开启了我国高温合金战略资源的再生利用。

三期工程 6000t 航空高温合金项目，2019 年 10 月全部建成，目标打破我国高品质高温合金部分进口的局面。至 2020 年，将专注建成年产母合金 2000t、返回料 2000t、航空高温合金 6000t 的万吨级国际一流高温合金产业基地，为我国"两机"事业提供材料保障，为国防强军建设承担责任和使命。

5 航空铝合金

铝合金具有比重轻、成本低、易加工等特点，长期以来一直是使用量仅次于钢铁的大品种金属结构材料，也是全世界航空航天领域不可或缺的轻质结构材料。特别是在当代航空制造业中，铝合金一直是飞机机体结构的主要用材，例如在美国 C17 运输机、欧洲 A400M 运输机、俄罗斯伊尔 76 运输机、波音 747 客机、空客 A380 客机等之中，铝合金用量约占机体结构重量的 40%~70%。经过近百年发展，航空铝合金已经成为代次特征鲜明、状态规格齐全的航空航天用核心关键材料。当前和未来很长一段时间，我国大型飞机、新一代战机、航天飞行器等的研制发展，均需选用大量的先进航空铝合金材料，主要包括预拉伸厚板、薄板、锻件、挤压材、铸件等，用于制造各种飞机和航天飞行器中的轻质承力结构件。另外，从铝加工行业的自身发展角度来看，航空铝合金是一种高技术含量、高附加值的产品，工业发达国家一直将其看作是反映一个国家铝加工业综合实力的重要标志。可见，航空铝合金材料产业对我国航空工业乃至国民经济的发展具有极其重要的战略意义。

5.1 产业政策分析

5.1.1 国外政策

总体来看，航空产业较为发达的国家均高度重视包括航空合金在内的新材料发展，并在有关产业政策中将其列为优先发展主题。

美国历届政府均对航空产业给予高度重视，将其视为关乎国家命运的战略产业给予持续有力的扶持。铝合金作为重要的航空材料，在有关产业政策支持下，形成了最为完备的生产体系，技术研发实力雄厚。历史上，美国曾通过《先进技术计划》《先进材料与工艺技术计划》等支持航空铝合金发展。近年来，美国在发布的《先进制造业国家战略计划》《先进制造业伙伴关系》《制造业创新网络规划》等战略中，将发现和开发新型高性能轻质合金作为先进制造业发展目标之一，并在有关计划的推动下，成立了美国轻质材料制造创新研究院，重点关注轻金属制造技术；2014 年，美国发布的《材料基因组计划战略规划》中，将轻质结构材料作为 9 大关键材料研究领域之一。

欧盟通过启动《"冶金欧洲"研究计划》等，从材料创新设计、加工优化、冶金基础理论三方面提出研究主题，支持高性能轻质合金发展。欧盟温室气体法规要求减少碳排放量，加之航空公司为了降低燃料成本，对飞机提出了更轻质、更省油要求，因此，除了进一步提升传统航空铝合金综合性能外，更加重视使用具备较低密度、较高弹性模量及韧性的铝锂合金。此外，德国在最新的《国家工业战略 2030》草案中，提出通过适度干预扶持包含铝、航空航天在内的十大重点领域，确保德国工业在新一轮竞争中的领先地位。

俄罗斯发布的《2030 年科技发展预测》中，提出将努力保持铝合金研究的领先地位。

俄罗斯在航空铝合金方面具有丰富的研制经验，尤其是铝锂合金。俄罗斯和中国在航空工业领域展开大规模合作，形成一种互补的、基础产业条件互惠互利的格局，重点是共同研发、联合制造大飞机，这些将推动俄罗斯航空铝合金企业的生产需求。

5.1.2　国内政策

当前，航空航天装备的高性能化、轻量化发展，对各种先进铝合金材料提出了迫切需求。从"七五"开始，我国一直高度重视航空铝合金研制。《国家中长期科学和技术发展规划纲要（2006—2020 年)》将轻质高强金属列为制造业优先发展主题之一，并将大型飞机列为重大科技专项之一；《产业结构调整指导目录》中将包含航空用铝合金在内的交通运输、高端制造及其他领域有色金属新材料列为鼓励类；《有色金属工业发展规划（2016—2020 年）》将航空航天用耐损伤铝合金薄板、新型高强高韧铝合金厚板、挤压材和锻件、三代铝锂合金板材和挤压型材列为高端材料发展重点；《〈中国制造 2025〉重点领域技术路线图》中指出，要以机身壁板、机翼壁板以及起落架、框梁肋等部件为主要对象，重点开展铝合金等金属结构的制造工艺研究；《"十三五"国家战略性新兴产业发展规划》中提出完善民用飞机产业配套体系建设与推动新材料产业提质增效，要突破铝锂合金制备加工技术，扩大高强轻合金应用。

航空铝合金作为重要的新材料之一，在我国新材料发展规划中也一直被列为发展重点。《新材料产业"十二五"发展规划》将包含高强、高韧、高耐损伤容限铝合金厚、中、薄板，大规格锻件、型材、大型复杂结构铝材焊接件、铝锂合金在内的高端金属结构材料列为发展重点；《新材料产业发展指南》将突破超高强高韧 7000 系铝合金预拉伸厚板及大规格型材、2000 系铝合金及铝锂合金板材工业化试制瓶颈列为航空航天装备材料保障水平提升工程之一；工业和信息化部、发展改革委、科技部、财政部联合发布的《关于加快新材料产业创新发展的指导意见》中，将新型轻质合金作为发展先进基础材料、提升重点领域发展水平的重点工作之一。此外，在《"十三五"国家科技创新规划》《"十三五"材料领域科技创新专项规划》中，包括航空铝合金在内的"高性能轻合金材料"被列入先进基础材料的优先主题，并与大型飞机国家重大科技专项密切相关。2017年，工业和信息化部、财政部印发新材料生产应用示范平台建设方案，航空材料生产应用示范平台作为首批获得支持的平台之一，重点支持了航空铝材的生产应用示范线建设。2017 年，工业和信息化部、财政部、保监会印发了关于开展重点新材料首批次应用保险补偿机制试点工作的通知，并将大规格铝合金预拉伸厚板等列入 2017 年、2018 年目录中，突破新材料应用的市场瓶颈。

5.2　技术发展现状及趋势

5.2.1　国外技术发展现状及趋势

一百多年以来，材料与航空航天飞行器一直在相互依赖、相互推动下不断发展。在各种航空航天飞行器中，飞机制造对航空铝合金的需求量最大，各种先进飞机型号的不断问世，一直是航空铝合金材料发展最大的牵引力和助推力。图 5-1 为美国当前服役的 C-17 战略运输机铝合金材料选用情况。

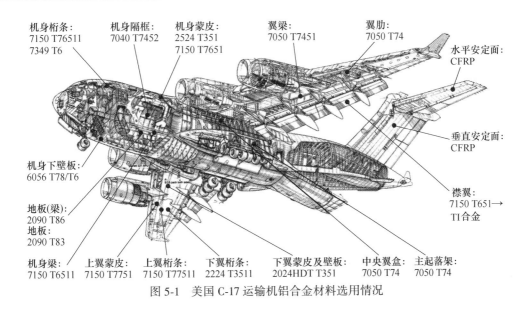

机身桁条：
7150 T76511
7349 T6

机身隔框：
7040 T7452

机身蒙皮：
2524 T351
7150 T7651

翼梁：
7050 T7451

翼肋：
7050 T74

水平安定面：
CFRP

垂直安定面：
CFRP

襟翼：
7150 T651→
TI合金

机身下壁板：
6056 T78/T6

地板(梁)：
2090 T86
地板：
2090 T83

机身梁：
7150 T6511

上翼蒙皮：
7150 T7751

上翼桁条：
7150 T77511

下翼桁条：
2224 T3511

下翼蒙皮及壁板：
2024HDT T351

中央翼盒：
7050 T74

主起落架：
7050 T74

图 5-1　美国 C-17 运输机铝合金材料选用情况

表 5-1　美铝公司 Davenport 轧制厂的 7×××系航空铝合金预拉伸厚板产品及其用途

合金	部分供货状态	厚度/mm	用　途
7050	T7651	50.8~152.4	机身框架、隔框
	T7451	51~203	
7150	T6151	19.1~38.1	大型飞机上抗高压的上翼面蒙皮，民用和军用运输机的上翼面加强板和低水平安定面板
	T7751	6.35~76.2	
7055	T7751	9.35~31.75（宽 2.79m）	上翼面结构、水平安定面、龙骨梁、座轨和运货滑轨
7075（–/包覆）	T651	6.35~101.62	飞机上所有需要高强度、中等韧性和中等腐蚀抗力的结构件
	T7651	6.35~25.4	
	T7351	6.30~101.6	
7475	T651	6.35~38.10	机身蒙皮、机翼蒙皮、翼梁、机身隔框
	T7351	25.43~88.90	
7085	T7651	101.6~177.80	翼梁、肋

　　西方发达国家研究开发和生产制造航空铝合金材料已有近百年历史，产品大量用于制造飞机的关键结构件，如机翼蒙皮、机翼壁板、机翼翼梁和翼肋、机身蒙皮、机身承力框架和隔板、机舱地板梁等，主要生产企业包括：美国铝业公司（Alcoa）、凯撒铝业公司（Kaiser）、肯联公司（Constellium）、爱励铝业公司（Aleris）、俄罗斯 KUMZ 公司、奥地利 AMAG 公司等，其中美国铝业公司 Davenport 轧制厂是世界上最大的航空航天用铝合金板材生产企业。表 5-1 给出了美国铝业公司生产的部分航空铝合金牌号、产品规格、供货状态及用途。此外，Aleris 公司设在德国的 Koblenz 轧制厂，其生产技术一直居世界领先地位，可生产最厚达 280mm 的铝合金预拉伸厚板，波音公司、空客公司、洛克西德马丁公司等多家民用和军用飞机制造企业都是 Koblenz 轧制厂的用户。

　　在所有航空铝合金中，7×××系和2×××系高强韧铝合金用量最大，品种和规格最多，在航空材料体系中最为重要也最具代表性。在数十年的航空铝合金材料发展历程中，欧美等工业发达国家在不同的历史阶段，通过调整主合金元素的含量和配比、微合金化元素的添加种类和数量等，曾推出了一系列的高强度铝合金材料、形成了一系列的合金牌号，满足了不同时期航空航天飞行器制造发展的需要。至今已经先后发展了四代商业化航空铝合金（与先进战机发展的代次相对应），并且为满足未来先进飞机的中远期发展需求，正在致力于开发新一代航空铝合金材料。目前，国外已经发展成熟的商业化航空铝合金主要包括：以 2024-T3、7075-T6 和 7178-T6 等合金为代表、突出静强度性能的第一代航空铝合金，以 7075-T73、7075-T76、7475-T73 等合金为代表、突出强度—断裂韧性—耐腐蚀性能匹配的第二代航空铝合金，以 7050-T74、7010-T74、7150-T77、2124-T3、2324-T3 等合金为代表、综合性能匹配优良的第三代航空铝合金，以 7055-T77、7085-T74、2524-T3 等合金为代表、具有更加优异综合性能的第四代航空铝合金。进入 21 世纪以来，为满足飞机结构件对超高强度航空铝合金的需求，正在开发 7056、7136 等具有更高强度级别和优异综合性能的新型航空铝合金，引领了全世界航空高强铝合金材料的发展。表 5-2 列出了国际上发展的代表性高强铝合金厚板产品及其主要特征和应用。

表 5-2　国外代表性高强铝合金预拉伸板及其代次特征

代次	主要特征	代表性产品	应用情况	技术成熟度
一代	高静强度，峰时效	7075-T7651 厚板（美） Б95 厚板（俄）	机身框梁、长桁，机翼壁板、肋等	9 级
二代	高强高韧耐蚀，过时效	7075-T7351 厚板、7475-T7451 厚板（美）	机身框梁、长桁，机翼壁板、肋等	9 级
三代	综合性能优良，高纯化	7050-T7451 厚板/超厚板、7150-T7751 厚板（美）、Б95пч 厚板（俄）	机身框梁、长桁，机翼壁板等	9 级
四代	综合性能优异，高强高韧耐损伤/高强高韧高淬透性	7055-T7751 厚板（美）、7449-T7951 厚板（法）、7085-T7451 超厚板（美）、7081-T7651 超厚板（德）、Б96（俄）	机身框梁，机翼上壁板、翼肋、翼梁等	8~9 级
五代	兼顾优异综合性能平衡和超高强特性	7056（欧）、7095（美）	未公开	未知

　　另外，航空用6×××系铝合金也先后发展了6061、6063、6013、6056 等合金，铝锂合金先后发展了2090、2091、2195、2198、2196、2297、2099、2050 等合金。总体看，航空铝合金材料由最初的单一追求静强度发展到现在以减重、可靠性、低成本等综合性能并重为目标。

5.2.2　国内技术发展现状

5.2.2.1　产业技术发展情况

　　我国航空铝合金是伴随着航空航天装备发展，从仿制苏联、美国产品开始起步，历经引进、消化、改进和创新研制，逐步建立起自主体系。半个多世纪以来，我国研制生产的航空铝合金在航空、航天等装备中获得了大量应用，同时也为高铁、机械等工业部门提供了所需的关键材料，部分产品出口国外，已逐步发展为除美、法、德、俄等工业发达国家之外的全球又一重要分支。近年来，随着国家经济实力的增强，国家科技计划对自主创新支持力度不断加大，一些高性能铝合金材料已开始与国际同步发展。

我国航空用铝合金材料重点品种主要有：（1）薄板：主要合金有 2024、2D12、2B06、2A12、2524、7075、7N01、7B04、7475、7050 等，状态有 O、T3、T4、T6、T8 等。（2）预拉伸板、厚板：主要合金有 2024、2D12、2124、2B06、2B25、2D70、2A12、2024HDT、7075、7B04、7475、7050、7150、7055、7085 等，状态有 T351、T651、T851、T87、T7751、T7651、T7451、T7351 等。（3）挤压材：型材规格最大外接圆直径 670mm，最大长度 13500mm；管材规格：最大直径 500mm，最大长度 13500mm；棒材规格：最大直径 300mm，最大长度 13500mm。主要合金有：2024、2B06、2D70、2A12、2B25、7075、7B04、7050 等，状态有 O、T3511、T6511、T77511、T8511 等。（4）自由锻件、模锻件：可生产 2D70、2014、7075、7A12、7050、7085 等合金，状态涵盖 O、T6、T7452 等；模锻件最大投影面积 5m²，最大长度 5m，最大宽度 2m；自由锻件规格最大单件重量 4t，最大厚度 500mm，最大宽度 2500mm，最大长度 7000mm。"十二五"以来，我国航空铝加工产业呈现出了规模化、设备现代化、产品结构调整、体制机制变革的趋势，具体表现为：（1）新项目技术装备水平高。随着近年来航空铝加工行业资本及资源的快速流入，熔铸、热处理、轧制、挤压、锻造、后处理、精加工装备全面升级。新兴的南山铝业、天津忠旺、广西南南铝加工有限公司（以下简称"南南铝业"）等企业拥有大量进口先进设备，很多企业装备水平世界一流。先进连续化生产线和大型装备的数量世界第一，建成了全世界吨位最大的 800MN 超大型模锻机组和 120MN 厚板预拉伸机组等。（2）产业链一体化程度不断提高。电解铝生产企业开始向铝加工方向延伸，铝液直供短流程生产铝挤压圆锭、轧制板坯比例不断加大，节能降本增效显著。此外，铝加工企业也逐步向产品深加工发展，探索通过提供产品粗加工、产品表面处理的业务新模式。（3）产业集群化、规模化和专业化特色明显。大型的航空铝加工企业正在不断扩大规模，引进世界一流的生产设备，实现老旧设备的现代化改造，向建成具有国际一流水平的现代化大型综合性铝加工企业发展，形成了西南铝、东轻、天津忠旺、南山铝业、南南铝业等一批规模化、实力强、有影响力的铝加工企业，在骨干企业带动和地方政府推动下形成了一批特色产业集群和铝加工基地。（4）开发能力提升，产品结构逐步优化，进口替代进程加快。航空铝加工企业不断开发高技术含量产品，现已打破了航空铝材产品国外垄断并逐步替代进口，有力保障了我国航空工业特别是国防领域的自主发展。

近十年来，我国航空铝合金材料在技术发展方面取得了长足进步，相继突破了一大批关键技术，实现了以三/四代航空铝合金厚板等为代表的一批重要产品的大批量生产和应用，近三年累计供货数万吨。在航空航天用高性能铝板带方面，"十二五"期间，以西南铝和东轻等为代表的国内铝加工大型企业，通过配置完善先进熔铸机组、宽幅规格厚板轧制机组、大吨位预拉伸机、高精三级时效炉等主体装备，突破了高强韧合金成分优化与精确控制、大规格扁锭铸造成型与冶金质量控制、超宽超厚板强变形轧制与板形控制、强韧化热处理以及残余应力消减等关键技术，打破了国外的技术封锁，使我国高性能铝板带的研发和工业化生产水平有了大幅度提升，形成了以 7050、2124 等第三代航空铝合金及以

2195、2297 等第三代铝锂合金为代表的铝加工规模化生产能力，并完成了 7150、7055、7085、2524 铝合金以及 2A97 铝锂合金等一系列预拉伸厚板、超厚板、薄板、锻件和挤压材等重要产品的试制和批产，在国产大飞机等国家重要型号工程中获得了批量应用，截至"十二五"末期，基本实现了主体材料的国内自主保障。

在装备能力方面，我国航空铝合金材料生产线建设速度和规模全球领先，当前生产装备能力总体上已经迈入了国际先进水平行列。除东轻、西南铝等中央企业具有很强的生产能力外，近几年，在国产大飞机发展的牵引和带动下，南山铝业、天津忠旺、南南铝业等多家地方国企和民营企业也纷纷投资建设先进航空铝材生产线，并已相继建成投产。以航空铝材中用量最大、最具代表性的预拉伸厚板生产线为例，统计对比了国内主要企业航空铝合金的生产能力，见表 5-3。

表 5-3　国内主要铝合金预拉厚板生产企业生产能力统计情况

企业名称	企业性质	生产历史	主要装备条件	能力 /吨·年⁻¹
中铝东北轻合金有限责任公司	中央企业	30 年以上生产和供货经验，主要产品包括 7075-T7351 厚板、7475-T7351 厚板、7B04-T651/T7451/T 7351 厚板、7050-T7451/T7651 厚板、7150-T7751 厚板、7055-T7751 厚板等	1 条 25T 和 1 条 36T 熔铸生产线，宽度 3950mm 热轧机组 1 套，24m 辊底式热处理炉 2 台，8500T 和 4500T 拉伸机各 1 台，24m 三级时效炉 1 台	50000
中铝西南铝业（集团）有限责任公司	中央企业	30 年以上生产和供货经验，主要产品包括 7075-T7351 厚板、7475-T7351 厚板、7B04-T651/T7451/T7351 厚板、7050-T7451/T7651 厚板/超厚板、7085-T7651 超厚板等	9-50T 熔铸生产线 6 条，宽度 4300mm 热轧机组 1 套，24m 长辊底式热处理炉 2 台，12000T、6000T 拉伸机各 1 台，时效炉 3 台	80000
山东南山铝业股份有限公司	民营企业	2014 年建成生产线，开展产品开发和市场拓展，2017 年部分规格 7050-T7451 厚板通过波音公司民用产品认证	1 条 15T、1 条 60T 和 2 条 90T 扁锭生产线，粗轧机宽度 4100mm 的"1+5"热轧机组 1 套，辊底式热处理炉 1 台，8000T 拉伸机 1 台	80000
广西南南铝加工有限公司	地方国企	2013 年建成生产线，开展产品开发和市场开拓，目前已实现供货的产品：7050-T7451 厚板/超厚板	1 条 20T 和 4 条 50T 熔铸生产线，宽度 4100mm 热轧机组 1 套，38m 长辊底式热处理炉 1 台，10000T 拉伸机 1 台，38m 长三级时效炉 1 台	80000
天津忠旺铝业有限公司	民营企业	2016 年建成生产线，处于产品开发阶段；目前已实现供货的产品：7050-T7451 厚板/超厚板	30、45、65、85T 扁锭生产线共 8 条，1 台铝合金扁锭在线探伤设备，宽度 4500mm 热轧机组 1 套，25m 和 38m 长辊底式热处理炉各 1 台，10000/4000t 拉伸机各 1 台，14/26/39m 时效炉各 1 台，在线导电率检测设备 1 台	80000

除航空铝合金预拉伸厚板外，我国相关企业也建成了航空铝合金薄板、锻件和挤压材等的大规模生产能力，其中在航空铝合金薄板方面，东轻公司、西南铝、南山铝业、天津忠旺分别建有 5000 吨/年、20000 吨/年、50000 吨/年、50000 吨/年的生产能力；在航空

铝合金锻件方面，东轻公司、西南铝、南山铝业分别建有 1200 吨/年、5000 吨/年、10000 吨/年的生产能力；在航空铝合金挤压材方面，东轻公司、西南铝、南山铝业分别建有 15000 吨/年、20000 吨/年、300000 吨/年的生产能力。此外，西南铝拥有国内唯一的铝锂合金专用生产线，具备 1000 吨/年的铝锂合金生产能力。

统计上述 5 家国内主要铝材生产企业的航空铝合金预拉伸厚板、薄板、锻件、挤压材等生产的生产装备条件，可以发现，其航空铝合金的产能总和超过 80 万吨/年（其中预拉伸厚板近 40 万吨/年、薄板超过 12 万吨/年、锻件超过 1.5 万吨/年、挤压型材超过 33 万吨/年），但上述几家企业 2017 年航空铝合金的实际产销量仅 3 万吨左右（含出口）。考虑到还有尚未调研到的国内其他航空铝合金生产企业的能力，实际上我国航空铝合金的装备能力已接近 100 万吨/年，位居世界第一，远大于当前全球航空市场 60 万吨/年的总需求，产能过剩问题不容忽视。

5.2.2.2　短板分析及产业链安全性评估

航空铝材产业链主要由铝土矿开采、氧化铝提炼、原铝生产和铝材加工四个环节组成。经过多年的发展，我国已形成了覆盖产业链上下游的产业体系。从上游铝土矿来看，虽然我国自给量逐渐下降，对外依存度逐渐升高，但国内企业正加大内部找矿、探矿力度，并加快海外矿山收购步伐，目前国内氧化铝供给缺口不大，基本能保障原铝生产的需求；从中下游来看，我国电解铝及铝加工能力目前均位于世界前列，在航空铝合金材料方面，经过多年研制攻关，我国已形成了基本完整的航空材料研制技术体系和批量生产能力，具备了主要航空装备关键材料的国内自主保障能力，但在民机领域用航空铝材供应方面还存在显著的短板。

（1）部分品种仍然依赖于国外唯一供应商，"卡脖子"问题突出。国内大型客机制造已经形成了进口材料为主的选材体系，国内部分高耐损伤容限合金厚板、铝合金丝材、铝锂合金等品种仍需依赖美铝、肯联、凯撒铝业等国外供应商。当前，国内外形势发生深刻复杂变化，各国围绕关键领域核心技术的竞争日趋激烈，尤其是国际间贸易摩擦加剧，以"大飞机"为代表的先进制造业成为西方发达国家关注的焦点，我国关键航空铝材供应逐渐出现采购周期长、订货起点高、成本高昂等问题，产业链安全存在一定风险。

（2）工程化研究基础相对薄弱，研究工作的广度、深度和创新性不足。国内航空铝材研制以需求牵引的材料仿制工作为主，致力于解决有无问题，加之型号设计选材牌号较多，但国家立项经费相对有限，导致针对每个牌号合金的基础理论和产业技术基础问题研究的系统性、完整性和深入程度有待加强，对前瞻性和原始创新性研发投入明显不足，未形成"技术引领、材料先行"的良性发展局面。

（3）起步晚，研制周期短。国外拥有近百年的研发和生产历史，已与航空配套企业和整机制造企业建立起完善、成熟的供需衔接体系。我国航空铝合金材料研制从 20 世纪 70 年代末才起步，特别是当前型号装备用量最大的第三、第四代航空铝合金，国内立项研制不足 10 年，材料研发、生产及应用数据积累较少，产品一致性和稳定性较差，成品率低；此外，一条航空铝合金预拉伸厚板生产线建设投资规模一般要达到数十亿元，与国外企业早已度过固定资产折旧计提高峰时期相比，我国主要企业生产线均为近年来新建，设备折旧压力较大，加之实际产量远未达到设计目标产能规模，客观上也造成了国产材料成本高、性价比缺乏竞争力的不利局面。

（4）尚未建立完善的过程管控体系。民机材料采购中，各供应商在价格、产品质量及交货期方面进行公开竞争，只有材料生产过程"可预测、可控制、可重复、可追溯"，保障材料的批次稳定性和一致性，才能有效提高国产材料的市场竞争力。国产大飞机对国产材料提出了严格的适航符合性验证标准，需通过连续多批次的材料生产，验证批次内和批次间材料基本性能稳定性。长期以来，受国内工业基础薄弱的影响，我国军工材料研制基本上是沿用基于"结果导向"的材料研发和应用模式，没有树立起基于"过程管控"的先进管理理念，尚未建立起完善合理的研发和生产过程控制及质量管理体系，此外，国内多数企业两化融合水平相对偏低，生产工艺和过程控制能力不强，与国外先进航空铝合金材料生产企业对标还存在较大差距。

（5）材料测试和应用评价数据积累不足。我国针对航空铝合金的性能数据库建设尚处于起步阶段，满足航空应用要求的研究和测试数据严重匮乏。民机材料的应用考核采用等同性评价体系，引入许用值作为材料是否达标的主要评价标准，并以此作为结构设计的依据。依托主干材料体系建设工作，部分品种铝材的设计许用值研究正在进行中，但尚未覆盖全面的航空铝合金体系，仍需开展大量工作。

5.2.2.3　国内外技术水平对比分析

总体上看，近十年，我国装备能力和研发能力获得长足进步，重大型号的铝材国产化率持续提升，支撑我国在产、在研以及未来型号装备发展的可持续保障能力已基本形成。在生产能力建设方面，"十一五"以来，多家大型企业先后投资建设航空铝合金生产线，从国外引进了大量的国际一流装备，例如：最大宽度达到4500mm大型轧机、12000t预拉伸机、38m辊底式淬火炉等，这些生产线的相继建成投产，使国内装备水平得到跨越式提升，生产能力已完全迈入国际先进行列；同时，伴随着南山铝业、天津忠旺等民营企业的快速崛起，国有与民营企业相互竞争、互为促进的产业发展态势正在逐步形成，现有产业格局和装备能力已完全可以满足我国当前和未来一定时期内航空工业的发展需求，而且装备能力后发优势明显。

在研发方面，围绕航空铝合金技术创新的研发活动较为活跃，在大型飞机等重大型号的牵引下，国内已初步形成了"产学研用"上下游紧密联动的创新队伍，且近年来的基础理论、新型合金研制、关键共性技术攻关等方面都取得了长足进步，如大尺寸高合金化铝合金铸锭的DC铸造技术、大规格材料强变形轧制与锻造加工技术、高强高韧铝合金强韧化热处理成套技术等取得突破，特别是以三/四代航空铝合金为代表的航空铝材实现了自主研制与应用，不仅极大地支撑了国内先进航空装备的研制与发展，同时为国内继续深化发展和参与国际竞争形成了研发队伍和技术基础。

目前，我国已初步建立了航空铝合金牌号和相应加工状态体系，形成了系列化的国产航空铝合金产品，但仍存在着产品性能稳定性和一致性不足、生产过程中的成品率偏低、成本和价格高昂等问题；材料的各项性能虽然达到技术标准要求，但部分产品距国外同类产品的实物水平还有一定的差距。此外，国内航空制造企业对同类航空铝合金的材料标准各成体系，尚不统一；国内具有自主知识产权的创新性研究工作较为缺乏，在最新一代高性能航空铝合金研发方面与欧美等发达国家仍存在较大差距。主要表现在：

（1）质量—致性和批次稳定性方面。历史上，我国航空铝合金材料的开发一直以型号牵引、跟踪研仿为主，新合金熔铸、冷热塑性加工和热处理等工程化技术与工业过程控制能力与国外的先进水平相比较仍有一定差距，部分产品在研制期间性能很好甚至达到国外先进水平，但进入工程化阶段，就暴露出批产质量不稳定、一致性和均匀性较差、工艺管控能力不足、设备匹配性不理想等问题，导致产品合格率低、价格高。

（2）产品规格方面：目前世界上可生产的航空铝合金模锻件的最大投影面积达 5m²，最长达 15m，最大的轧（锻）环直径达 11.5m，板材最大宽度可达到 4000mm 以上，基本上可满足大型飞机、飞船等航空航天装备发展的需要。相比之下，国内可生产的模锻件最大投影面积达 2.5m²，最长仅有 6.5m；轧环目前仅实现了直径 5.5m 以下规格的批产；铝锂合金产品受限于 6t 铝锂熔铸机组金属量，目前薄板最大宽度为 2000mm，厚板最大厚度仅可到 95mm，自由锻件重量仅达到 1.5t，环件直径仅达到 5m。

（3）薄板表面质量问题：2024、2A12 等高精蒙皮板虽通过近年来的专项质量攻关和部分精整、包装设备的改造升级，产品综合成品率有一定提升（由 18% 提高至 25%），但表面黑条、表面擦划伤、粘伤、超宽蒙皮板平直度超差、化铣粗糙度不达标等问题仍未从根本上得到解决；航空挤压型材表面粗糙度方面，进口同类产品可稳定控制在 $R_a 1.6\mu m$ 以内，国产型材产品通常为 $R_a 1.6 \sim 3.2\mu m$，难以满足新研型号的设计要求；对于航空用薄壁小直径无缝铝合金导管（外径 6～50mm、壁厚 1～5mm），国产铝管在扩口性能、涡流探伤、内表面质量、冷弯性能等方面存在明显差距，尚不能满足设计需求。

5.3 市场需求及下游应用情况

5.3.1 国际市场需求及下游应用情况

铝合金是大型飞机最主要的结构材料，现役民用飞机铝合金用量一般达到自重的 70% 以上。现代大型飞机结构选材对铝合金最主要的要求是高比强度、高比刚度、高断裂韧性、低裂纹扩展速率、抗疲劳、耐腐蚀和低成本等。尽管由于近年来树脂基复合材料的发展，铝合金的用量有所减少，但相对而言铝合金具有工艺性好和成本低廉的优势，高纯、高强、高韧、耐蚀铝合金快速发展，并将与树脂基复合材料形成更为激烈的竞争。

5.3.1.1 Boeing 客机的铝合金选用情况

波音公司一直是世界民用飞机市场的领导者，全球正在服役的波音喷气客机达 14759 架。其主要民机产品包括波音 727、737、747、757、767、777、787 和波音公务机，以及 717（MD95）（1997 年兼并麦道公司后 MD95 更名为波音 717）。波音 737 和 747 早期机型主要应用的铝合金为 7075 合金和 2024 合金。波音 757 和 767 是波音公司在同一时期同时开发的两种机型，飞机结构铝合金材料选材基本一致，除了采用常规的 2024、7075 铝合金外，首次采用了 6～8t 的三种优质高纯铝合金，包括 7150-T651 及 2224-T3511，其中 7150-T651 用于机翼上蒙皮、桁条、机身下部龙骨梁等，2224-T3511 用于机翼下翼桁条。这三种新型铝合金的应用是波音系列飞机在航空铝合金应用的一个新突破，是波音公司和美国铝业公司密切合作的结果，并由此使 757 的重量减轻 227kg，而波音 767 重量减轻近 300kg。波音 757 还采用了 7090 高强度铝合金粉末冶金锻件，作为主起落架支撑梁连杆和主起落架舱门制动杆，767 则采用了 7050-T7452 合金锻件作为主起落架，以及消除应力的 7175 合金锻件。

波音 777 飞机是目前最大和最先进的双发客机，大量采用了目前最为先进的 7055-

T7751 和 2524-T3 高损伤容限航空铝合金，作为机翼蒙皮和机身蒙皮。波音 787 飞机结构材料开始大量采用复合材料，选用的铝合金主要包括 7055 合金和 2524 合金，用量则大为减少。随着技术的发展，同一种飞机在改型过程中，结构选材也发生变化，铝合金和钢的选用比例一般呈减少趋势，而复合材料和钛合金选用比例增加。

波音 747-400 是作为世界上最现代化、燃油效率最高的飞机之一，其机翼蒙皮、桁条和下面翼梁弦等结构也通过使用强度更高的 7150、2324 等铝合金，使其重量减轻了约4200 磅（1900kg），同时疲劳寿命显著延长。而波音公司于 1993 年启动的新一代 737 系列飞机除保留了传统型 737 飞机的可靠、简捷和经济的特点，也开始选用 2524 等先进铝合金。波音 747 机型铝合金具体选用情况如图 5-2 所示。

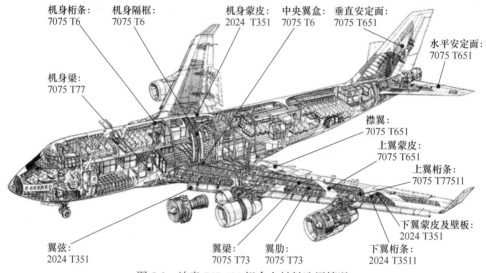

图 5-2   波音 747-400 铝合金材料选用情况

5.3.1.2   Airbus 客机的铝合金选用情况

欧洲空中客车公司经过 30 年的努力，跃居世界最大的飞机制造商地位，目前全球正在服役的空中客车客机达 5370 架。在空中客车公司的产品系列中，A300/A310 系列产品已交付 1100 架，A320 系列产品则已交付 2400 架，以 A300-600F、A310F 和 A300B4F 为主的货运飞机共交付 245 架，也占据货机市场的优势地位。

空中客车公司除 A300/A310 之外的一个系列、两个分类（单通道电传操纵系统和宽体电传操纵系统）、十种机型的飞机（A318、A319、A320、A321、A330-200、A330-300、A340-300、A340-500、A340-600、A380-800），为 21 世纪的航空业树立了新的标准。

A300/A310 系列飞机结构选材为传统的铝合金，主要是 7075-T6 和 2024-T3 铝合金。A320 系列飞机的 A318、A319、A320 和 A321 四种飞机，以相同的机身把座位从 107 座改至 185 座，是目前最受欢迎的单通道飞机。其机身、机翼主要采用 2024、7175 和 7010 等铝合金，而 7075 铝合金用量少，地板梁以及部分机身和机翼蒙皮采用 2090 和 8090 铝锂合金，使飞机重量减轻 500kg。A330/340 宽体客机在相应座级的民用飞机市场中占有主导地位，机体结构采用了 7050-T74、7150-T6151 和 7010-T74，以及 C433-T351 铝锂合金，后期机型还采用了先进的 2524-T3 铝合金。

　　A380 最大起飞重量达到 565t，二级经济布局载客 555 人，是目前最大的民用客机。在 A380 的设计和制造过程，应用新材料新工艺达到减重的目的是其一项重要工作，因此 A380 上机身壁板、中央翼盒、机身梁、翼肋、襟翼和尾翼大量采用复合材料制造，但铝合金材料仍然是最主要的结构材料，用量占机身自重的 61%，包括目前最先进的铝合金，如 7085-T7452 合金用于机翼后翼梁、2524-T351 用于机身、7055-T7751 合金用于上翼蒙皮、2024HDT-T351 合金用于下翼蒙皮、2026-T3511 用于下翼桁条，以及 2196-T851 合金用于上层地板，6013HDT-T78 和 6056-T78 合金用于机身下壁板焊接结构，机身桁条还采用了 5086-H111 合金。空客 A380 机型铝合金具体选用情况如图 5-3 所示。

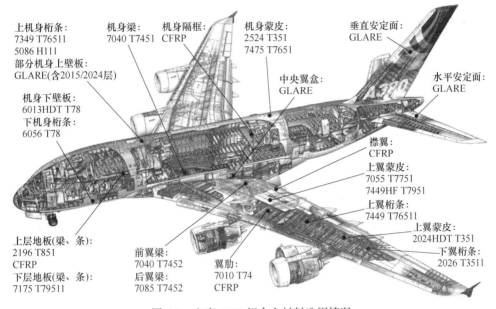

图 5-3　空客 A380 铝合金材料选用情况

5.3.1.3　美国大型运输机的铝合金选用情况

　　美国现役的大型运输机包括 C-5 "银河" 战略运输机和 C-17 "环球霸王Ⅲ" 运输机。C-5 "银河（Galaxy）" 上单翼四发 T 尾运输机是美国现役最大的重型战略运输机，1963 年由洛克希德公司开始研制，1968 年 6 月首飞，1970 年 6 月开始交付美国空军，最大起飞重量 380t，最大载重 118t。飞机结构采用的高强度铝合金包括 7049-T73、7050-T736、7050-T73、7475 等合金。1978 年发现 C-5A 机翼大梁出现裂纹后，首次换用了新型 7175-T73511、7150-T7751 和 7150-T77511 高强度耐腐蚀铝合金厚板和挤压型材，1987 年完成全部在役 77 架 C-5A 新型机翼的更换，从而延长服役期限 20 年，目前仍有 33 架 C-5 在役。

　　C-17 "环球霸王Ⅲ（Globemaster Ⅲ）" 上单翼四发 T 尾运输机由麦道公司（1997 年并入波音）在 1984 年开始研制，用以代替 1964 年开始服役的 C-141 运输机（2006 年已全部退役）。1991 年 9 月 15 日首飞，1992 年开始交付美国空军。最大起飞重量 263t，最大载重 77t。其结构由 69.3% 的铝合金、12.3% 的合金钢、10.3% 的钛合金和 8.1% 的复合材料构成。机身由蒙皮、长桁和隔框组成的半硬壳式破损安全结构，静平衡铝合金副翼，经过改进的富勒式铝合金后缘襟翼，悬臂式全金属结构的 T 型尾翼，由整块金属蒙皮壁板组成单室盒形构件。

5.3.1.4　欧洲大型运输机的铝合金选用情况

欧洲各国现役运输机主要包括西班牙 CN-235、C-295、意大利 C-27J 和美国 C-130 等中型战术运输机，而大型运输机一般购买或租用美国 C-17、俄罗斯 An-124 等运输机，在 20 世纪 80 年代后欧洲才开始合作研制 A400M 欧洲未来大型军用运输机。

A-400M 战术运输机是空客军用飞机公司（AMC）正在研制开发的欧洲未来大型军用运输机，用以替代欧洲各国现役的 C-130"大力神"和 C-160"协同"等战术运输机。有关 A-400M 战术运输机结构的研制生产，按照 A-400M 战术运输机合作开发的欧洲各国分工，法国玛特拉宇航公司负责中央翼盒、机身头段和发动机短舱，英国宇航公司负责机翼外翼盒，德国戴姆勒克莱斯勒宇航公司负责机身中段的后段和垂直尾翼，意大利阿利塔莱娅公司负责机身后段，比利时弗莱贝尔集团负责机翼前缘和襟翼，土耳其宇航工业公司负责机身中段的前段、起落架舱门、舱门和水平尾翼升降舵，西班牙飞机公司负责总装。第一架 A-400M 运输机最大起飞重量 141t，最大载重 37t。原计划于 2007 年 11 月首飞，正式交货时间则为 2009~2025 年。

A-400M 机身仍用传统的铝合金制成，碳纤维增强复合材料则被用于一些主承力结构，而且主要用在操纵面及次承力结构，机翼蒙皮与加强筋组成一体固定在碳纤维复合材料翼梁，翼肋仍采用铝合金制造。机翼除前缘、前后缘支承结构及铰链采用铝合金外，其气动舵面、机翼蒙皮、桁条以及中央翼盒与外城盒接头的某些部件也均为复合材料，目前空客公司正在进行一项更为大胆的重要计划——研制全碳纤维复合材料机翼，复合材料用量因此达到 A-400M 运输机结构重量的 35%~40%，其中碳纤维复合材料占机翼结构重量比例高达 85%，开创了使用复合材料为主要材料制造大型运输机机翼的先例，而其他运输机上的复合材料用量最多不会超过结构重量的 8%。但为了确保强度安全，A-400M 机翼与机身的接头采用钛合金制造并用螺栓以双钩环固定，以保证在断裂时有双余度保险。除机翼外，A-400M 的尾部货舱门、起落架舱门、整流罩以及螺旋桨也采用高强度复合材料制造。

据统计，当今世界上共有 2300 架战术运输机（其平均服役时间已达 26 年）和 350 架战略运输机（主要分布在美国和前独联体国家）。预计到 2022 年为止，这些运输机中有一半以上需要更新换代，据空客公司统计，在未来 20 年内，世界市场对军用运输机的需求量为 1450 架，除来自美国、前独联体国家和中国飞机制造公司的市场份额，A-400M 的潜在出口市场仍然十分巨大，预计最终可向 56 个国家出口 480 架 A-400M。

5.3.2　国内市场需求及下游应用情况

在国产大飞机、先进战机等重点型号中，7075、7475、7050、7150、7055、7085 等系列牌号、状态、规格的厚板、型材、锻件等产品被广泛应用于制造各种飞机中的机身框梁、长桁以及机翼壁板、肋、对接接头等关键承力结构件，采用该类材料制造的结构件占到了飞机结构总重量的 40%~70%。

国内主要航空制造企业目前主要使用的航空铝合金包括 2×××系铝合金、7×××系铝合金、铝锂合金以及其他系列的变形铝合金，需求近 3 万吨/年，预计 2020~2025 年期间，国内航空制造企业对航空铝合金的需求为 4 万~5 万吨/年。

通过调研也发现，目前国内航空制造企业选用国产航空铝合金材料的比例为40%~50%。与国外优势企业相比，国内航空铝合金生产主要企业已基本上解决了国际上前四代航空铝合金的有无问题，研制生产的产品性能基本可以达到技术标准要求，规格大型化方面也与国外基本相当，但国产航空铝合金材料仍存在着产品性能不稳定、一致性差、生产过程中的成品率低、成本和价格高昂等问题。

5.4 前景展望与发展目标

5.4.1 发展前景展望

前景展望：航空铝材发展目标实现之路任重而道远，但我们坚信，在国家相关政策的引导及相关专项的强有力支持下，在航空铝材研发、生产和应用领域广大科技和管理人员的不懈努力下，定会早日实现我国航空铝材的强国梦。

5.4.2 发展目标

5.4.2.1 总体目标

发展目标：通过全面实施航空铝合金材料竞争力提升工程，推动现有产品制造技术提升和新产品开发，推进统一建立材料性能指标和应用指标评价体系，彻底解决国产航空铝合金材料质量一致性和稳定性问题，掌握产品定价权和市场主动权，加速创制国际知名产品，全面提升国产航空铝材的市场竞争力，占领国内外市场，快速实现我国航空铝材强国梦。

5.4.2.2 阶段目标

（1）2025年。针对重点品种航空铝材开展专项攻关，解决有无问题，关键材料组织性能一致性和稳定性达到国际先进水平，摆脱航空铝材受制于人的风险。大宗材料性价比达到国际先进水平，自主研发的新一代材料实现典型应用。

（2）2035年。形成产学研用相结合的成熟产业创新体系，建立全面、完善的自主航空铝合金材料体系；材料质量水平全面提升，满足国内产业需求的同时，在国际市场上具备较强的竞争力；自主创新能力与国际先进水平并驾齐驱，国内航空铝材产业达到国际一流水平。

5.5 问题与建议

5.5.1 主要问题

我国现已初步建立了航空铝合金相应的牌号和状态体系，形成了系列化的国产航空铝合金产品；基本上解决了国际上前四代航空铝合金的有无问题，产品性能可以达到技术标准要求，规格大型化方面也与国外基本相当，但仍存在以下主要问题：

（1）存在质量一致性和批次稳定性不足、价格高的问题。我国航空铝材的开发起步晚，一直以型号牵引、跟踪研仿为主，研究工作的广度、深度和创新性不足，在材料工程化技术与工业过程控制能力方面，与国外的先进水平相比仍有一定差距，暴露出批产品质量不稳定、产品质量一致性和均匀性较差、工艺管控能力不足、设备匹配性不理想等问题，导致产品合格率低、价格高。此外，国内具有自主知识产权的创新性研究工作较为缺乏，未形成"技术引领、材料先行"的良性发展局面；国内主要生产线设备多属于近年来新建，固定资产折旧压力较大，加之实际产量未达到设计目标产能规模，客观上造成了国产材料价格高的不利局面。

（2）部分高品质、大规格材料的制备技术有待进一步突破和稳定提升。我国航空铝合金主干材料已基本实现国内自主保障，但中强高损伤容限 2024HDT 厚板、2324-T39 厚板、2024/5083/6061 高精度薄壁管、铆钉用 7050 线材等铝合金半成品仍依赖进口。另外，薄板表面质量、大规格厚板/锻件内应力及组织均匀性稳定控制、管材/型材尺寸精度等问题给航空铝合金产品（零件）加工企业增加了制造难度，依旧存在"有材不好用"的问题。

（3）部分核心关键设备配套不齐全。我国铝锂合金熔炼炉吨位严重不足，薄板预拉伸机的有效工作长度及精度控制能力与应用需求相差甚远，薄板气垫式淬火炉有效工作区间不足，缺少提升薄板表面质量的自动抛光设备，以及高精度挤压材和线材精加工生产线等，给推广应用带来很大的局限性，不利于批生产技术提升和产业规模形成。

（4）航空铝合金产业布局不合理，产能严重过剩，市场竞争优势明显不足。以航空铝合金厚板为例，包括中铝集团在内的 12 家企业或升级改造或投资新建了航空铝合金厚板生产线，而实际上，仅中铝集团已完全能够满足目前国内对航空铝合金中厚板的需求，国内产能严重过剩。这样的投资布局也一定程度上造成了产业分散，导致国内新材料研制与生产数据积累不足，难以形成产品质量和成本优势，不利于发挥产业集群优势，导致产品市场竞争优势明显不足。

（5）缺乏统一的材料指标和应用指标评价体系。我国航空铝合金材料的标准选用、专用标准制定以及各级标准的贯彻采标活动等大多数由各型号系统管控，易各自为政，"同一材料、不同型号、不同标准、不同管理"的现象大量存在，不仅造成标准重复建设和资源浪费，还给航空铝合金材料的选用、生产、制造、验收、使用和全寿命周期管理带来混乱和风险，不利于我国航空铝合金产业的发展。

5.5.2　政策措施建议

面对国内外日益激烈的市场竞争态势，针对航空工业和国家重大工程建设未来需求，建议在未来 5~10 年内重点开展以下工作：

（1）实施航空铝合金材料竞争力提升工程。进一步扩大上下游合作机制运用范围，高度重视现有产品的工业化制造技术提升，着力解决国产材料质量一致性和批次稳定性问题，推动企业建立完善的航空铝材产业技术管理体系，通过精细化生产制造，并结合增效降本，实现产品"从有到好"的跨越。通过开发更高性能的新一代产品，率先满足客户需求，甚至引领客户需求，取得航空铝材产品定价权，从而全面提升国产材料的品质及市场竞争力。

（2）强化"材料先行"概念，加大对新材料研发支持力度。新材料在航空航天等多个领域中均起到基础和先导作用。"一代材料，一代技术，一代装备"正在成为人们的共识。新材料产业研发投入大、周期长、风险高，必须依靠国家意志集中力量办大事，建议加大对重点优势单位的支持，减少分散支持，集中力量进行突破，加快新材料专项等落地实施，大力扶持优势企业的自主创新能力，形成国内自主的材料保障体系。

（3）加强对国产航空铝材应用的支持力度。国内企业在材料研制前期投入了巨大的人力、物力和财力，建议国内航空装备型号选材及采购中，给国产材料更多发展机会，选择一定比例的国产材料，促进形成"研发—生产—应用"持续迭代的良性循环。目前我国针对进口材料免税优惠的政策不利于我国航空铝合金材料产业发展，为让国产材料站在同一起跑线上，建议在一定时期内对通过民机适航认证的国产材料实行增值税减免政策，并结合新材料首批次保险补偿机制等，进一步加快成熟材料应用。

（4）支持航空铝材产品深加工能力建设。建议在铝材精深加工方面给予企业资金和相关政策支持或事后补贴，延伸航空铝材产业链，实现航空铝材生产加工一体化，不仅为企业创造更大的利益，更重要的是能大幅缩短型号装备用户的生产制造周期，保障国家重点装备型号的研制生产需求。

（5）统一建立材料指标和应用指标评价体系。通过上层引导，上下游协同规范国内航空制造企业材料标准要求，推进建立统一材料指标和应用指标评价体系，为体系化推进国产航空铝材应用保驾护航。

附件1：产业集聚区发展情况

（暂无）

附件2：重点企业介绍

1. 东北轻合金有限责任公司

地址：黑龙江省哈尔滨市平房区新疆三道街11号。

东北轻合金有限责任公司（即101厂，以下简称"东轻公司"）是建国初期陈云同志向党中央撰写报告，由毛泽东、朱德、周恩来、刘少奇亲自阅定、签批筹建的中国第一个铝镁合金加工企业，是国家"一五"期间156项重点工程中的2项。1952年建厂，1956年开工生产。1998年6月改制为国有独资公司，2000年7月划归哈尔滨市管理。2007年9月进入中国铝业公司，成为中国铝业公司铝加工五大基地之一。经过60余年的生产经营，已发展成为国家特大型一级企业，设计年产能力达8.3万吨，并且形成了独特的市场开发系统和庞大的市场营销网络，以及完善的工艺技术规程和科学的管理体系。

公司主要生产"天鹅"牌铝、镁及其合金板、带、箔、管、棒、型、线、粉材、锻件等产品，共有18大类、258种合金、4496个品种、19505个规格，在业内以规格最多、品种最全著称。产品广泛应用于航空航天、兵器舰船、石油化工、交通运输、电子轻工等国民经济各领域，并出口到欧美、日本、韩国、东南亚等16个国家和地区。

六十多年来，东轻公司创造了中国铝加工历史上无数个第一，国产第一架飞机、第一座原子能反应堆、第一枚导弹、第一颗人造卫星、原子弹、氢弹、第一艘远洋巨轮、核潜艇以及运载火箭上使用的全部轻金属材料，"神舟"号载人航天飞船上的重要轻金属部件等皆由东轻公司提供，为"神舟"系列飞船和"嫦娥一号"等重点工程提供了大量轻合金材料，为我国航空航天、国防军工事业的起步与发展做出了重要贡献，被盛誉为"祖国的银色支柱""中国铝镁加工业的摇篮"。

在研发平台和技术队伍上，东轻公司作为国家级高新技术企业，拥有国家级技术中心、博士后科研工作站、有色金属材料制备加工国家重点实验室联合技术中心等国家级研发平台，以及省级研发中心、轻合金技术研究工程中心和重点实验室，并于 2017 年 1 月成立了院士工作站。依托于高水平的研发平台，东轻公司建立了一支专业水平高、经验丰富的技术团队，该团队承担了 20 多项军工配套、国家重点研发计划等铝合金新材料研究课题。

伴随我国航空工业发展，东轻公司开展了大量的航空材料研制与生产保供工作，形成了多项 2000 系、7000 系铝合金关键技术与产品，建设了一条国际先进的航空铝合金中厚板生产线，提升了我国航空铝合金加工产业水平，满足了不同时期的重点型号需求。

中国第一架战斗机—歼 5 战斗机即采用了东轻公司生产的铝合金。20 世纪 90 年代以来，伴随我国航空工业的迅猛发展以及对国产化材料的迫切需求，东轻公司与航空工业601、602、603、611、621、成飞、沈飞、西飞等设计院所、主机厂以及中国商飞等单位合作开展了 7475、7050、7150（7B50）、7055、2024、2124、2024HDT 等合金的国产化研制与应用工作。目前东轻公司已实现了 2024HDT-T351、2124-T851、7475-T7351、7050-T7451、7055-T7751、7055-T7751 预拉伸厚板、7150（7B50）厚板及型材及 2024 预拉伸板、薄板等材料的批量应用，广泛应用于 J8、J10、Y20 等型号。

东轻公司在中国铝加工的历史长河中不仅对生产工艺不断优化，也不断加强装备保障能力，主要设备有 500kg~36t 熔铸炉组，400mm 热轧+冷轧机组、2100mm "1+1" 热轧机组、3950mm 热粗轧机，600~5000t 挤压机，3000~10000t 锻压机，4500t、8000t 预拉伸机，18m、24m 高精时效炉以及 8m、22m、24m 辊底式淬火炉等设备 5300 余台（套）。

体系保障方面，东轻公司先后通过了 ISO 9002 国际质量体系认证、GJB 9001 体系认证、AS9100 体系认证、NADCAP 认证等，同时拥有二级保密资格证、武器装备科研生产许可证等资质。

航空铝合金生产线能力建设情况见附表 5-1。

附表 5-1　航空铝合金生产线能力建设情况

生产线	关键设备配置及其标志性能力指标	产能 /吨·年$^{-1}$	可生产的合金系列及产品规格范围
预拉伸板	（1）热轧轧机，3950mm，1 台； （2）预拉伸机，2 台，最大拉伸力8500t； （3）辊底式淬火炉，2 台； （4）水浸超声波探伤机，1 台，产品探伤等级 AA 级	22000	2×××系、5×××系、6×××系、7×××系，8.0~200mm（S）×1000~3700（LT）×2000~24000mm（L）中厚板材
薄板	（1）热轧机，2100mm，2 台； （2）冷轧机，2100mm，1 台； （3）气垫式淬火炉，1 台	50000	（1）1×××~7×××系铝合金薄板：0.5~8.0×900~1750×1000~10000； （2）铝合金带材：0.1~2.0×12~1750

生产线	关键设备配置及其标志性能力指标	产能/吨·年⁻¹	可生产的合金系列及产品规格范围
锻件	(1) 锻造机，4 台，最大锻造力 10000t； (2) 锻件淬火炉，3 台	1200	(1) 模锻件：投影面积：$0.06\sim0.33m^2$，长度：$0.15\sim2.5m$，宽度：$0.05\sim1m$，厚度：$0.01\sim0.4m$，最小壁厚：5mm，最大单件重量：300kg； (2) 自由锻件：最大外形尺寸 2000mm，最大单件重 1500kg； (3) 锻环：$\phi2900\sim\phi400/\phi2800\sim\phi300\times(30\sim435)mm$
挤压材	(1) 挤压机，4 台，最大挤压力 5500t； (2) 立式淬火炉，2 台，最大长度 24m	15000	(1) 管材：厚壁管材：最大外径 270mm，最大内径 200mm，最小外径 20mm，最小内径 10mm，通常壁厚≥5mm； (2) 薄壁管材：外径 $6\sim120mm$；壁厚 $1.0\sim5.0mm$； (3) 棒材：$\phi5\sim\phi320mm$ 的圆棒，方棒，六角棒，矩形棒宽度最大 340mm； (4) 型材：最大外截圆直径 340mm，最大外径尺寸≤320mm，厚度小于 40mm

2. 西南铝业（集团）有限责任公司

地址：重庆市九龙坡区西彭镇。

西南铝业（集团）有限责任公司于 2000 年 12 月 18 日改制成立，其前身是西南铝加工厂，现隶属于中国铝业公司，是我国为满足国防军工、航空航天所需大规格、新品种、高质量铝及铝合金材料建设的大型"三线"军工配套企业。经过 50 年的建设发展，西南铝已成为我国综合实力最强的特大型铝加工企业之一，是我国航空航天及国防军工材料研发保障、高精尖铝材研发生产和出口的"核心基地"，是中铝公司铝加工板块的核心企业。

西南铝荟萃了中国现代铝加工技术设备的精华。建厂初期，便装备了被誉为"四大国宝"的 2800mm 热轧机、2800mm 冷轧机、12500t 卧式挤压机、30000t 模锻水压机；20 世纪 80 年代中期至 90 年代中期，从国外引进技术装备，相继成功改造"1+1"2800mm 热轧生产线，新建成 35t 扁锭熔铸生产线、1850mm 冷轧生产线、1700mm 铝箔生产线和 1600mm 涂层生产线，具备高精铝材的生产能力，在众多的国内铝加工企业中抢得了发展的先机；进入 21 世纪，先后建成了"1+4"2100mm 热连轧生产线、"1+2"2000mm 冷连轧生产线、4300mm 厚板生产线和 22 万吨新熔铸生产线，引领了中国铝加工技术装备的潮流。到 2014 年年底，西南铝累计形成铝加工材产能 80 余万吨。

西南铝主要产品有铝及铝合金板、带、箔、管、棒、型材、模锻件、自由锻件、压铸件、铝焊管、铝锂合金、高温合金、彩色涂层铝板等产品。

西南铝建有中国有色、重庆企业里唯一的院士工作站，拥有国家级企业技术中心，设有博士后科研工作站，拥有中国工程院院士 1 人、两江学者 1 人、国家级技能大师 1 人、享受国务院政府特殊津贴专家 30 人，高级管理专家、教授级高工等多名铝加工资深技术、管理专家，工程技术人员 2000 多人，专业技术人员占职工总人数的 25% 以上，技术研发实力国内领先。多年来，西南铝致力于加强自主创新能力建设，不断突破关键技术，打破国外垄断，为我国数十项航空航天、国防军工和国家重点建设项目，如我国第一座高能加速器、"东风""长征"系列火箭、"天宫"飞行器、"神舟"系列飞船、"嫦娥"探月卫星、新型战机、舰船、国产大飞机、"天眼"等数十项国家重点建设项目提供了上千个品种的关键铝材，填补了多项国内空白。率先开发出地铁车辆用铝型材、易拉罐用铝板材、印刷用铝版基等为代表的大量高品质新型铝合金材料，产品出口欧美等 40 多个国家和地区。"西南铝"驰名商标已成为具有国际影响力的中国铝加工第一品牌。西南铝是我国航空航天工业材料的主要供应商，为我国几乎所有运载火箭、航空飞行器、军民用飞机等提供了数千个品种规格的高品质铝合金材料。可批量生产 7050、7085、2124、5A90、2A97、2297 等航空用铝及铝锂合金铸锭，圆铸锭最大 1350mm，扁锭最大 600mm×1600mm，500mm×2000mm。可生产预拉伸板最宽 4000mm，最长 20000mm，最厚 250mm。蒙皮板、结构板最薄 0.3mm，最宽 2400mm，最长 11000mm。普通模锻产品最大投影面积 $2m^2$，自由锻件最大重量 5t，环件最大直径 10m。

在国家支持下，西南铝在航空铝材的条件保障能力建设及先进航空铝材的研发上取得了显著成效，具备了第三代航空铝合金的保障能力，目前可批量生产 2024、2124、2524、2A12、2B06、2B25、2D70、7050、7055、7475、7A12、7A85（7085）、7B04、7D04 等合金的型材、锻件、厚板、薄板等航空材料，以 2124、7050、7055、7085 等合金为代表的高性能铝合金在航空航天上得到广泛应用。铝锂合金方面可生产 5A90（1420）、2090、2195、2197、2A97、2297、2099、2196、2050、2060 等合金的板材、型材、锻件。西南铝生产的产品包括蒙皮板、预拉伸板、冷作硬化板、超宽超厚板等板材，飞机机身框、起落架、5m 环件、轮毂、窗框等锻件，直××旋翼大梁、××发射架、鱼雷、导弹、火箭弹壳体管材、尾翼型材、挡焰板用空心壁板等航空材料，有效保障了国家型号材料需求。

同时，西南铝不断加强国际合作，2016 年 5 月与空客公司签订采购合同，成为空客公司材料供应商。为赛峰（Safran）批量供应 2219、6061 预拉伸板，加工成零件并应用于空中客车公司 A380 机型。批量为波音公司提供飞机锻件、为乌克兰安东诺夫提供飞机材料等国际合作。

西南铝始终把为我国的国防事业多做贡献当作义不容辞的责任，坚持把国家重点工程和军工配套产品作为政治任务来完成。公司始终将军工产品的质量和保供放在首位，成立了以总经理为组长的军工配套工作领导小组，全面负责公司军工配套工作重大事项的决策和协调工作；建立了以项目为载体的科研体制，实行责、权、利对等的考核机制，使军工产品质量得到有效控制并不断提高，多年来一直保持军工产品质量事故为零的良好态势。公司还注重科学、系统的有效管理，建立起了符合 ISO 9001、AS9100C、GJB9100B 及顾客特殊要求的质量管理体系。取得了"武器装备科研生产许可证"和武器装备科研生产单位二级保密资格，通过了热处理、无损检测和实验室等特殊工序的 Nadcap 认证，部分产品获得波音、空客、赛峰等国际先进航空公司的生产许可，为军工产品的科研生产奠定了良好基础。

航空铝合金生产线能力建设情况见附表 5-2。

附表5-2 航空铝合金生产线能力建设情况

生产线	关键设备配置及其标志性能力指标	产能/吨·年$^{-1}$	可生产的合金系列及产品规格范围
预拉伸板	轧机：4300mm，1台； 拉伸机：12000t/6000t/2000t，各1台； 辊底式喷淋淬火炉：2台； 大型水浸探伤2台； 精密锯床2台； 时效炉：3台，50~80t	50000	2×××系、5×××系、6×××系、7×××系合金，6~203mm（S）×1000~4000（LT）×2000~24000mm（L）
薄板	2800mm（1+1）热粗轧/热精轧机各1台； 2800mm冷精轧机1台； 退火炉3台、气垫式热处理炉2台、薄宽规格剪切线、精整线等	15000	1×××系、2×××系、5×××系、6×××系、7×××系合金，薄板：0.25~6.0（S）×1000~2400（LT）×2000~11000mm（L）
锻件	6千吨及1万吨自由锻、1万吨及3万吨模锻各1台，5m轧环机1台，5台热处理炉等	5000	1×××系~7×××系合金，普通模锻产品最大投影面积2m²，自由锻件最大重量5t，环件最大直径5.5m
挤压材	630~12500t挤压机共14台以及配套热处理（24m立式淬火炉、24m时效炉）、精整设备	20000	1×××系~7×××系合金，管、棒材最大直径550mm，型材、排材最大宽度640mm
铝锂合金	6t铝锂合金熔铸机组	1000	5A90、2A97、2297、2195、2099等铝锂合金；铸锭尺寸：圆铸锭最大直径650mm，扁锭300（S）×1200（LT）、400（S）×1350（LT）

3. 山东南山铝业股份有限公司

地址：山东省龙口市。

山东南山铝业股份有限公司位于山东省龙口市，成立于1993年3月，于1999年12月23日成功在上海证券交易所上市（代码：600219，南山铝业）。公司2017年主营业务实现收入170.67亿元，实现利润17.2亿元。公司自上市以来始终坚持"立足高起点、利用高科技、创造高品质"的可持续发展思路，始终坚持"创新驱动、高端制造、精深加工"的发展战略，以科技研发为引领、以创新发展为驱动，建立起电力、氧化铝、电解铝、熔铸、铝型材/热轧-冷轧-箔轧/锻造等全球同一地区完备铝产业链，现已实现为航空航天、高铁动车、船舶、海工等高附加值、高技术领域配套，以周到的服务、稳定可靠的产品质量和高效的性价比，为客户提供适宜、准确、完善的铝材料产品"一站式"解决方案。公司规模和产量持续稳居铝产业大型企业前列。

南山铝材公司是山东南山铝业股份有限公司下属的支柱企业，是国家建设部铝合金建筑型材定点生产厂家。经过二十多年的艰辛创业，规模不断提升，产品家族与日俱增，产品涉及航空、船舶、高速列车、集装箱、工业型材、精品民用型材等几十个领域。"南山铝材"卓越的品质和极高的信誉度、满意度，使其畅销全国，并远销北美洲、欧洲、非洲、澳洲及东南亚等国家。南山铝材拥有当今世界先进的挤压生产线及德国、美国、意大利、日本、瑞士等先进的配套设备。南山铝材公司先后通过了ISO 9001质量管理体系、ISO 14001环境管理体系、OHSAS 18001 职业健康安全管理体系认证，通过了国际轨道交通 IRIS 质量管理体系认证，通过了 AS9100C 版国际航空，以及 TS16949 国际汽车行业质量管理体系认证。通过了 DNV（挪威船级社）合金产品认证、中国节能产品认证。获得了南车青岛四方机车车辆股份有限公司高速动车组和地铁项目《产品、服务供应许可证》，取得了唐山机车厂 CRH3 动车组项目合格供应商资质。获得有色金属实物质量金杯奖。

航空铝合金生产线能力建设情况见附表 5-3。

附表 5-3　航空铝合金生产线能力建设情况

生产线	关键设备配置及其标志性能力指标	产能 /吨·年$^{-1}$	可生产的合金系列及产品规格范围
预拉伸板	"1+5" 热轧机组，粗轧宽 4300mm，精轧宽 3000mm，1 台； 辊底式热处理炉，3800mm，1 台； 拉伸机，8000T，1 台； 时效热处理炉，4000mm，1 台； 水浸式相控阵无损探伤设备，1 台	80000	2×××系、5×××系、6×××系、7×××系预拉伸厚板 4～250mm×1100～2400mm
薄板	冷轧机组，2800mm，1 条； 气垫式连续热处理炉，2400mm，1 台	150000	2×××系、5×××系、6×××系、7×××系，0.5～4.0mm×1100～2400mm
锻件	自由锻压机，2500T/6000T，各 1 台； 模锻液压机，12500T，1 台； 模锻液压机，50000T，1 台； 配套完善的辅助设备：加热炉、化学蚀洗、固溶炉、水浸探伤等	50000	2×××系、5×××系、6×××系、7×××系铝合金
挤压材	550～15000t 各类挤压机 50 台； 立式、卧式淬火炉，30m，各 1 台； 离线拉伸机，2000T，1 台； 时效热处理炉，36m，1 台	300000	2×××系、6×××系、7×××系型材、棒材，正相挤压：最大外接圆直径 720mm，最大宽度 1000mm，反向挤压：最大外接圆直径 300mm

4. 天津忠旺铝业有限公司

地址：天津市武清区汽车产业园武宁路北侧。

天津忠旺铝业有限公司于 2011 年成立于天津市武清区，占地 6 平方千米，年设计产能为 180 万吨，主要从事铝压延产品的研发、生产及销售。公司具备规模大、产能高、品种全、现代化程度高等优点，具有集约化和规模化的优势，是忠旺集团工业铝挤压、铝压延及深加工三大核心业务的重要组成部分。

天津忠旺铝业有限公司以先进设备彰显竞争力，主要设备如熔保炉均采购自瑞士 GAUTSCHI 公司，并全套引进电磁搅拌、精炼装置及铸造机等设备；1+1+4 热连轧机组、1+5 热连轧机组均采购自德国 SMS 公司，设备采用了其专利 CVC 板形控制技术；三机架及单机架冷轧机均采购自德国 SMS 公司，全部采用了 6 重 CVC 等先进技术，并斥巨资配备行业顶尖附属设备。

天津忠旺铝业有限公司以卓越管理形成支撑，建立完善的质量管理体系，借助丰富的实践经验先后通过 ISO 9001：2015 质量管理体系、ISO 14001：2015 环境管理体系、ISO 45001：2018 职业健康安全管理体系、IATF 16949：2016 汽车行业质量管理体系、AS

9100D 航空行业质量管理体系、ISO/TS 22163：2017 国际铁路经营管理体系，并获得 ABS、CCS、DNVGL、LR、NK、KR 等多个国家船级社认证，同时通过 Nadcap 国家航空航天和国防合同方授信项目的热处理、无损探伤认证，CNAS 实验室认可及 CE 等一系列国际权威认证，为公司在铝压延行业的高速发展提供坚实保障。

天津忠旺铝业有限公司以多元产品构建组合优势，主要产品为大规格、高强度、高损伤容限、综合性能优良的铝合金带材和板材。公司可为航空航天、国防军工、船舶、汽车、轨道交通、包装、化工、工程机械、模具、城市建设等领域的制造及生产提供高强度、高精度、超厚、超宽的铝压延产品，也可提供特殊应用及特殊性能产品的定制及相关的技术支持。

航空铝合金生产线能力建设情况见附表 5-4。

附表 5-4　航空铝合金生产线能力建设情况

生产线	关键设备配置及其标志性能力指标	产能 /吨·年⁻¹	可生产的合金系列及产品规格范围
预拉伸板	瑞士高崎：熔炼、保温炉产线 4 条； 铸造机：美国瓦格斯塔夫，共 4 条； 均热炉：法国 EFR，12 台； 铸锭探伤仪：全球唯一一台铝合金扁锭在线探伤设备，德国 NK 公司产； 粗轧机：4500mm 轧机 1 台，德国西马克产； 辊底式淬火炉：25m/38m 各 1 台，德国艾伯纳产； 拉伸机：10000/4000t 各 1 台，德国西马克·梅尔产； 时效炉：14/26/39m 各 1 台； 电导率检测仪：亚洲唯一的在线电导率检测，法国生产，通过 Nadcap 热处理及延伸项的认证； 水浸探伤仪：以色列产，可实现 AAA 级探伤，通过 Nadcap 无损检测认证	60000	2×××系、6×××系、7×××系，4～256mm（ST）×20～4300mm（LT）×20～38000mm（L）
薄板	瑞士高崎：熔炼、保温炉产线 4 条； 铸造机：美国瓦格斯塔夫产，共 4 条； 均热炉：法国 EFR，12 台； 铸锭探伤仪：全球唯一一台扁锭探伤设备； 1+4 热轧机组，德国 SMS，辊宽 3500mm； 冷轧机组 6 台，3 机架 2 台，2 机架 4 台，最宽 2800mm，可产最宽板材 2650mm 连退线：意大利 TENOVA 和德国艾伯纳制备，淬火炉区 78m，目前建成国内最长	90000	2×××系、6×××系、7×××系，0.8～4mm（ST）×1000～2650mm（LT）×1000～12000mm（L）

5. 广西南南铝加工有限公司

地址：广西壮族自治区南宁市亭洪路 55 号。

广西南南铝加工有限公司（以下简称"南南铝加工"）成立于 2010 年，属大型国有企业，隶属南宁市国资委，由南宁市产业投资有限责任公司和南南铝业股份有限公司共同出资建设，总投资额达 62 亿元，位于广西南宁市江南区亭洪路 55 号，占地面积 6.6 万平方米。

南南铝针对国家重大工程铝合金材料需求，以世界最先进的美铝、德铝、法铝为标杆，创造性地建设了一条具有世界领先装备和技术水平的航空航天铝合金材料生产线，在消化吸收国外先进航材技术的基础上，通过与国内知名专家、企业及院所开展产、学、研、用合作，形成了南南铝加工具有自主知识产权的航材技术，并建立了一支专业的科研生产管理团队，具备生产符合国家重大需求的航空航天等军工产品的能力、水平和相关资质。南南铝加工具体产品主要包括航空航天铝合金中厚板和薄板、航空航天铝合金锻坯、兵器装备和军工铝材、轨道交通铝材、汽车铝材、船舶铝材、电子产品铝材等。

南南铝加工已通过 ISO 9001 认证、GJB 9001B 质量管理体系认证、保密认证、ISO 14001 认证、OHSAS 18001 认证、武器装备科研生产许可证、CNAS 认证、航空 AS 9100 认证、轨道交通 IRIS 认证、船级社 DNV 和 ABS 认证、汽车 TS 16949 认证、Nadcap NDT 认证，建立了一个有效运行的质量管理体系。

南南铝加工建成了国内一流的铝合金科研创新及应用平台，拥有国家级"高性能铝合金材料国际科技合作基地"国家级"博士后工作站""广西南南铝航空交通铝合金新材料与应用研究院""广西航空航天铝合金材料分析测试中心""广西铝加工工程院""广西交通铝合金工程技术研究中心""院士专家工作站""广西重点实验室培育基地"等。

南南铝加工聘请 3 位国家工程院院士、1 位国家"973"项目首席科学家为军用铝合金材料的研制提供技术创新支持。南南铝加工目前拥有一支 278 人的研发团队，其中博士后 2 名，博士 15 名、硕士 109 名。拥有正高级职称 5 人，副高级职称 24 人，中级职称 107 人。研发团队人才所学专业涵盖材料学、有色金属、金属压力加工、机械工程、化学工程与工艺等学科，组成了一支学科门类齐全、专业结构合理的优秀创新人才队伍，为军用铝合金材料的研制提供可持续的创新动力。

航空铝合金生产线能力建设情况见附表 5-5。

附表 5-5　航空铝合金生产线能力建设情况

生产线	关键设备配置及其标志性能力指标	产能 /吨·年$^{-1}$	可生产的合金系列
预拉伸板	熔炼、保温炉产线：新长光 50t，共 4 条，新长光 20t，1 条； 铸造线：美国瓦格斯塔夫，共 2 条，美国阿美克斯，共 3 条； 均热炉：新长光，共 6 台； 热轧线：德国西马克"1+1"（4100mm+3400mm）热轧线，共 1 条； 辊底式淬火炉：奥地利艾伯纳 54m 淬火炉，1 台； 拉伸机：德国西马克梅尔，共 2 台，1 台 10000t，1 台 3000t； 时效炉：奥地利艾伯纳 38m 时效炉，1 台，新长光 26m 时效炉，2 台； 水浸探伤仪：法国 M2M，1 台	60000	2×××系、6×××系、7×××系
薄板	冷轧线：德国西马克 2800mm 热轧线，1 条； 气垫炉：奥地利艾伯纳，1 台； 退火炉：新长光，6 台	60000	2×××系、6×××系、7×××系

6. 西北铝加工有限公司

地址：甘肃省定西市陇西县巩昌镇西郊。

西北铝业有限责任公司（以下简称"西北铝"）地处甘肃省陇西县境内，原为三线军工搬迁企业，1965 年 7 月由冶金工业部批准建厂，主导产品与航空部军工企业配套，大部分设备、人员由 101 厂（现东北轻合金有限责任公司）迁入。1968 年建成并陆续投产，企业原代号 113 厂。西北铝是国内三大综合性大型铝加工企业之一，为西北地区最大的铝加工基地。

西北铝加工分公司占地面积 166 万平方米，职工人数近 4000 人。企业拥有熔炼、铸造、挤压、铸轧、压延、制粉等铝加工专业生产及辅助设备 2800 多台（套）。其中，由日本引进的 25MN 双动反向挤压机、由意大利引进 1450mm 板材冷轧机和 1625mm 箔材轧机，为 20 世纪 80 年代和 90 年代世界先进水平的装备。由奥钢联克莱西姆公司引进的 1700mm 箔材精中轧机、精轧机和由德国康普公司引进的箔材分切机，为当今世界先进水平的装备。正在实施的超高强、高精度铝合金管、棒材技改工程由德国 SMS 公司引进的 45MN 双动反向挤压机为当今世界最高水平的装备。

西北铝生产的××飞机用变断面型材、大梁型材、航空高压油路导管以及火箭发射器管材、各种飞弹平衡尾翼型材、××飞机座舱密封用型材等已替代进口批量供货且为国内唯一供应商；已完成了 34 种航空用高表面质量型材的研制，批量向西飞、成飞、哈飞供应；大飞机机翼上、下壁板长桁型材已突破关键技术，准备批量供货；导弹挂架等产品占国内市场份额 1/3 以上，部分产品为国内唯一分承包方。

五十多年来，西北铝为我国的军工和国防重点工程研制和生产了大量的高性能铝合金材料。为航空领域的歼击机系列飞机、××运输机等型号，兵器、船舶等领域研制和生产了大量急需的优质、高性能铝合金材料，为我国的国防现代化做出了重要贡献，显示了较强的技术实力。2006 年 10 月，被国防科工委授予"国防科技工业协作配套先进单位"称号。

航空铝合金生产线能力建设情况见附表 5-6。

附表 5-6　航空铝合金生产线能力建设情况

生产线	关键设备配置及其标志性能力指标	产能 /吨·年$^{-1}$	可生产的合金系列及产品规格范围
管材	LG30～LG80 轧管机 6 台，LB1～LB80t 拉拔机 5 台，10～800t 张力拉伸机 6 台	600	2×××系、3×××系、5×××系、6×××系、7×××系；$\phi4×0.5mm～\phi410×20mm$
型棒材	挤压生产线，800T～5500T 挤压机 10 台，淬火炉 3 台：18m、22m、24m	1800	1×××系、2×××系、3×××系、5×××系、6×××系、7×××系；棒材：$\phi5～400mm$；排材硬合金：100mm×8mm～400mm×60mm；软合金：60mm×6mm～600mm×20mm；型材横截面积：2.3～196cm^2；外接圆：$\phi450mm$
线材	拉线机：8 台 BMA-1/500　5 台 IDI-1/750　3 台	100	1×××系、2×××系、3×××系、5×××系、7×××系；线材：$\phi2～10mm$

6 稀土新材料

6.1 产业政策分析

稀土是化学周期表中镧系元素和钪、钇共十七种金属元素的总称，是我国少有的具有国际话语权的战略资源；稀土新材料通常指含有稀土元素的材料，按功能可分为稀土永磁材料、稀土软磁材料、稀土光功能材料、稀土催化材料、稀土储氢材料等。在我国稀土应用中，新稀土新材料领域占 61.85%；而在新稀土新材料领域应用中，稀土永磁材料占 63.4%，稀土永磁产业已成为稀土领域发展最快、所占比例最大的一个产业。以稀土永磁材料为代表的稀土新材料已广泛地应用于航空航天、精确制导导弹、自动火炮、车载雷达、无人战机、航母战舰和核潜艇等国防建设领域，以及高速计算机、探月工程、空间站、移动通信、载人深潜、新能源汽车、风力发电、高速铁路、工业和医用机器人等国民经济领域。近年来，国内外稀土新材料尤其是永磁材料科技和产业发展迅猛，显示出极强的技术变革推动力。

中国稀土磁性材料对稀土冶炼分离产品的需求产值约占 85%，因此，稀土磁性材料产业及市场目前是驱动稀土行业发展的主要领域，已成为稀土材料中应用领域广、产业发展最快、规模最大的一个分支，也是最大的稀土消耗领域，该材料主要包括烧结稀土永材料、黏结稀土永磁材料、热压热变形永磁材料；按化学成分分类主要包括：钕铁硼磁体、钐钴磁体、铈磁体、钐铁氮和钕铁氮等永磁材料，其中烧结钕铁硼永磁材料占 90% 以上，钐铁氮和钕铁氮永磁材料主要用作黏结磁体。2017 年全球烧结钕铁硼毛坯产量近 16.7 万吨，其中，我国 14.8 万吨、日本产量约 1.8 万吨，欧洲产量约 1200t，我国约占全球 88.5%。2018 年磁性材料毛坯产量约 15.5 万吨，综合分析，使用镨钕氧化物 4.7 万吨（其中二次资源回收 1 万吨），氧化镝 0.12 万吨。推算出 2018 年应该分离稀土氧化物约 18 万吨（其中轻稀土氧化物 14.5 万吨，离子吸附性稀土氧化物 3.5 万吨，稀土行业协会数据）。

6.1.1 国外政策

从 2010 年开始，2013 年、2016 年、2018 年和 2019 年美国政府问责局（简称 GAO）多次给美国参议院和众议院军事委员会提交有关"在国防供应链中的稀土新材料"的报告中，不断地重复、提醒着中国稀土及稀土新材料产业对美国高科技产业和国防工业的可能影响，尤其是列举出稀土永磁材料，其具有广泛用途并难以被其他材料所取代，且被国防系统继续依赖，这是美国政府问责局史上少有的现象。

近年来，世界各国在稀土新材料技术领域均投入了较大精力，以美国"关键材料战略"和"材料基因组计划"、日本"元素战略计划"、欧盟"危急原材料"、英国的"工业 2050 战略"和俄罗斯的"2030 年材料战略"为代表，均将稀土新材料及其相关的基础科学和新技术作为战略方向。力争在多个方面取得了突破性进展，有可能在未来将导致与我国稀土新材料相关的多个战略性新兴产业和国防安全面临严重知识产权、技术、产品和市场潜在风险。

美国、欧盟和日本等国之所以对我国稀土产业高度重视，正是因为稀土永磁材料是新一代武器装备中的关键材料，并在未来的国家材料战略中凸显战略重要性，近年来，日、美等国对我国设置了更加严格的技术和政策壁垒。如日本经济产业在 2016 年开始，就对我国实行了新的出口贸易管理政令，限制高性能磁石（主要指稀土永磁材料钕铁硼）及其相关制造设备、零部件出口，实行出口许可制管理；而美国一直严禁向中国出口各种规格的钐钴永磁材料产品并封锁制备技术，2017 年美国将所有类型和任何形式的磁性金属（包括稀土永磁材料）列入对我国出口管制清单，而日本一直封锁热压永磁环技术及装备，致使国内热压稀土永磁制造企业的利润长期处于"微笑曲线"底部。

尤其是 2019 年 7 月 22 日，美国总统特朗普依据《国防生产法案》，向美国国防部下令，要求"大力促进用于消费电子、军事装备和医学器械的稀土永磁材料研究及生产"。美国不怕我国卡脖子，因为日本每年有 2 万吨的产量，美国的最终目标是抢先稀土永磁科技布局、占领制高点、夺回主动权，在新型稀土永磁材料方面对中国形成新的技术和知识产权壁垒，将我国与美国、日本在稀土永磁科技方面刚刚缩小的差距进一步扩大。

6.1.2 国内政策

中国也制定了《中国制造 2025》《国家"十三五"科学和技术发展规划》《"十三五"国家战略性新兴产业发展规划》《中华人民共和国国民经济和社会发展第十三个五年规划纲要》《制造业创新中心建设工程实施指南（2016—2020 年）》、工信部《关于完善制造业创新体系，推进制造业创新中心建设的指导意见》、科技部《关于印发国家技术创新中心建设工作指引的通知》、《新材料产业发展指南》等国家新材料战略规划和若干行业的材料发展规划及产业政策。围绕建设世界科技强国"三步走"战略目标，准确判断科技突破方向，针对我国稀土及稀土新材料"低出高进"的现状，择优、择重、择急，选择保障国家重大工程建设和新型重点武器装备研制、强化国家稀土战略资源国际主导地位的关键稀土永磁材料、稀土磁致伸缩材料、稀土吸波材料、稀土光功能材料、稀土储氢材料、稀土催化材料以及高纯稀土新材料等特种功能材料，系统开展研发及工程化研究，缩小在稀土新材料科技和应用上与发达国家的差距，力争在有优势的新技术、新装备研究及其重大战略产品方面，突破稀土新材料科技前沿、共性关键技术和科学理论，掌握核心技术及其自主知识产权，促进科技成果转化，完成从稀土新材料科学研究、工程化开发、推广应用的三级跳，实现创新驱动稀土科技的持续发展，达到或超过世界先进水平。加强人才队伍建设，实施稀土专利与标准战略，建立和完善保障体系，确保国家稀土产业的国际主导地位。

6.2 技术发展现状及趋势

6.2.1 国外技术发展现状及趋势

近年来中国在稀土新材料领域取得了巨大的进步，已成为世界上最大的稀土永磁材料生产国，2018 年烧结稀土永磁产量达 15.5 万吨，接近占全球总量的 90%，即便如此，高端稀土永磁材料依然进口了 2000t 左右，其原因在于我国高端稀土永磁产品的一致性和稳定性与国外有较大差距。另一方面，还是应冷静地看到，在我们进步的同时，日、美、欧没有闲着，也在进步，而且由于他们的基础条件占优，中国同日、美、欧在某些方面差距不是缩小了，而是拉大了。截至 2018 年年末，日、美、欧依然占据着稀土永磁新材料科学、产业技术和装备的制高点。尽管日本的钕铁硼发明人 Sagawa M 最近预测，未来 20～30 年内稀土永磁材料仍具有不可替代性，但 Sagawa M 在 2017～2018 年仍把稀土永磁新材料突破的重点放在了 1∶12 型稀土铁基化合物方面，希望通过元素的添加或颠覆性技术的出现，调控铁原子或稀土原子与铁原子间的距离，获得大的磁矩和高的各向异性场。到目前为止，稀土永磁领域中一些有实际应用价值的重要原创概念和技术都是日本人提出的，如纳米双相永磁理论的提出和重稀土扩散等技术的首先应用，最高性能永磁材料的记录均为日本人创造并保持；日本最先提出钕铁硼永磁材料的渗 Dy、Tb 技术，并开发出生产装备，他们先是对我国进行技术封锁，随后又利用设备优势，诱导大型中国企业与他们合资建厂，以摆脱和解决稀土资源匮乏的问题。在 Dy、Tb 稀土的高效利用方面，日本首先通过改进气流磨设备，利用氩气进行气流磨以减少颗粒的尺寸，并采用低温烧结技术，实现了无重稀土的情况下，磁能积 $\geq$ 50MGOe、矫顽力 $\geq$ 20kOe，在此基础上，再添加 1 个重稀土的情况下，能做到磁能积 $\geq$ 40MGOe、矫顽力 $\geq$ 30kOe。日本还开发出多功能三体速凝熔炼炉用于钕铁硼材料的生产，减少的一线操作工人为原先的一半以上，提升生产效率 50% 以上。

高温钐钴永磁材料由于具有较高的温度系数，在国防军工方面有着重要的用途。美国 Arnold、EEC 和欧洲的 VAC 公司通过开发研究，也相继报道了磁能积 30～32MGOe 钐钴磁体的批量化生产，2018 年钢铁研究总院突破了国外的技术封锁，工程化生产钐钴磁体达到了 Arnold 公司 2016 年的水平，即磁能积 32～33.3MGOe。2017 年 Hiroaki Machida 等人报道了利用长时间固溶热处理工艺优化磁体微观组织结构，获得磁能积 34MGOe、20℃ 下 H_{jc} 达到 11.3kOe 的高方形度 2∶17 型钐钴磁体。2018 年钢铁研究总院朱明刚等人又报导了高温磁体，500℃ 时，剩磁 B_r = 7.2kG，矫顽力 H_{cj} = 8.2kOe，磁能积 $(BH)_{max}$ = 11.9MGOe。

稀土磁致伸缩材料（GMM）领域：在产业化方面与国外尚有较大差距，存在制造装备落后、测试分析手段不完善、生产规模小、应用领域窄，成功转化速度慢等问题，需要加速推动。目前，该材料的研究和产业主要集中在美国、日本、德国、澳大利亚等国，已进入一个稳定的需求增长期，拥有几十亿至数百亿美元的潜在市场。如美国 Etrema 公司研制的 GMM 水声换能器和电声换能器已成功用于海军声呐、油井探测、海洋勘探等领域，美国航空航天局（NASA）成功将 GMM 制造的高精度伺服阀、高速开关阀应用到卫星变轨系统，日本将 GMM 应用到了燃料喷射及喷码打标系统中，德国材料研究所、韩国汉城科技研究所、美国 Cincinnati 大学等单位利用 GMM 薄膜研制出了性能优越的微型泵和直线电机。

稀土光功能材料领域：全光谱、高功率照明用新型荧光粉国内研究较少，性能与国外差距显著；高端显示用塞隆绿粉、量子点等发光材料关键技术和装备尚未突破，依赖高价进口。此外，新型照明与显示科技快速发展，新型稀土发光材料也不断涌现，发展方向进一步延伸至 OLED、量子点、激光照明与显示、纳米稀土上转换、红外及生物农业照明用等新型系列发光材料，未来呈现出多样化发展态势。

在光功能晶体领域，闪烁晶体，PET-CT 用 LYSO 晶体大尺寸、低成本生长技术尚未完全突破，市场主要被美、欧企业垄断；3 英寸以上大尺寸溴化镧闪烁晶体，国内尚未完全突破，国外对我国禁售。激光晶体，美国 Northrop Grumman 公司、Ⅱ-Ⅵ 等公司的激光晶体技术领先，下游激光器技术水平同样领先全球。

稀土催化材料领域：我国脱硝催化剂起步较晚，缺乏核心技术。开发高效、环保、自主知识产权的脱硝催化剂是我国烟气脱硝的急迫需求。

但应注意到，中国汽车催化剂产能不到全球 10%，满足国六标准的载体技术储备严重不足。其中，沸石吸附转轮技术被瑞典 Munters、DST、ProFlute、日本西部技研、霓佳斯（NICHIAS）、大金（Daikin）、美国 atea-WKUSA 垄断。庄信万丰、托普索、日挥-环球、克莱恩、三菱、德国 SüD-Chemie 等在催化燃烧技术处于领先地位。

铈锆储氧材料是汽车尾气催化剂活性涂层的关键材料。铈锆全球消费量 1.6 万吨，其中中国需求量 4000t，比利时索尔维垄断了全球 80% 左右的市场，江苏国盛稀土和赣州博晶分别具备了千吨级汽车用稀土催化材料生产能力。

稀土储氢材料领域：在生产的工艺技术、自动化程度、产品的性能和一致性等方面都较日本有很大的差距。我国开发的 HEV 动力电池用 A_2B_7 型稀土储氢合金容量低，循环稳定性差。而该体系已经成为日本 HEV 主打产品。燃料电池车用高性能的稀土储氢材料及储氢罐的开发与欧、美、日差距较大。目前，已开发了以稀土镍基合金和铁基合金为存储介质的储氢器，但由于材料低的储氢容量，尚不能满足电动汽车的里程使用要求。

我国稀土储氢材料面临的问题与挑战：原创性材料体系少，核心知识产权缺乏。在高容量稀土储氢合金的开发和应用方面也非常少。我国虽在储氢材料上的研究水平已进入国际先进行列，但原创性不足，导致材料资源优势难以转化为产业化优势；在质量和体积储氢密度、工作温度、循环性能以及安全性等方面，无法满足车载燃料电池对移动式储氢系统要求；HEV 动力电池电极材料的产业化技术水平落后，装备及工艺水平有待提高，成为稀土储氢材料行业发展的主要瓶颈；燃料电池高压氢源系统技术门槛高，亟待开发体积储氢密度高、安全性好、成本低的新型高压-稀土储氢材料复合储氢技术。

高纯稀土材料与清洁生产领域：仍与国外存在一定差距，6N 以上稀土氧化物国外对我国禁售。更高纯度稀土金属及化合物以及批量稳定制备技术是未来主流方向。

国外溅射靶材公司：日矿金属、霍尼韦尔、普莱克斯、东曹、住友化学等，他们可实现稀土金属靶材纯度 4N、尺寸 φ450mm，这些稀土金属溅射靶材被用于 14nm 以下集成电路制造。

6.2.2 国内技术发展现状

6.2.2.1 稀土磁性材料

稀土磁性材料是高新技术、新兴产业与社会发展的重要物质基础，在能源产业、信息通讯产业、汽车工业、电机工程、生物医疗工程等领域都有广泛的应用。目前，能够实用化的稀土磁性材料主要有稀土永磁材料、磁致伸缩材料和磁制冷材料等，而应用量最大、形成产业的只有钕铁硼永磁、钐钴永磁、铈永磁、钐铁氮永磁等稀土永磁材料。钕铁硼材料是目前为止磁性能最高的稀土永磁功能材料，是实现高科技装备控制系统智能化、小型化和轻量化的不可缺少的核心材料，我国已成为全球最大的钕铁硼永磁生产基地和研发中心，主要产品性能已达到国际先进水平，但我国在稀土永磁设备先进程度方面相对发达国家还有一定的差距，如国产连续烧结炉在稳定性和自动化方面和日本制备的产品存在一定差距，依然是步日本等先进国家的后尘，主要靠引进、消化和吸收。

（1）稀土永磁材料。2018 年我国钕铁硼永磁材料产量为 15.5 万吨左右。目前，我国已基本突破了高性能稀土永磁材料产业化关键技术，其中，安泰科技、中科三环、宁波韵升、烟台正海等不到 10 家企业能从事综合性能 $(BH)_{max}$（MGOe）$+H_{cj}$（kOe）$\geqslant 75$ 的高性能钕铁硼生产，实验室小批量制备综合性能 $(BH)_{max}$（MGOe）$+H_{cj}$（kOe）接近 80 的烧结钕铁硼磁体样品。

1）重稀土在永磁材料中的高效利用。2018 年，我国稀土永磁材料产业取得了飞速发展，其中，在高性能烧结钕铁硼稀土永磁材料方面，高端牌号磁体的产业化方面达到了国际同等水平，包括 52H、50SH 等牌号烧结磁体产品均已进入批量生产阶段。

我国在重稀土减量技术研究方面，主要有双主相技术、双合金技术和晶界扩散等技术。前者是具有自主知识产权的创新技术，在同样重稀土含量的情况下，双主相工艺制备磁体的矫顽力明显高于单合金工艺制备磁体，采用双主相技术调控磁体结构，可以减少重稀土的使用量达 20%～30% 以上。Dy、Tb 晶界扩散技术一直受到国内外研究人员的关注，自 2016 年以来，国内众多研究院所和生产厂家通过不同途径，探索并开发出适合于自己产品特色的多种技术，包括重稀土合金片夹层、重稀土合金球混合、表面涂覆等一系列磁体晶界扩散技术。在此基础上，系统研究了磁体稀土含量、涂层厚度、扩散温度时长等工艺参数对磁体微观结构的影响机理，实现无重稀土磁体中扩散 1.3%（质量分数）Dy 时矫顽力提高 8.0kOe，扩散 0.81%（质量分数）Tb 时矫顽力提升 10.07kOe。2018 年，国内研究团队在可控晶界扩散技术方面取得新的进展，重点发展了重稀土的电泳沉积、气相沉积法和溅射沉积等扩散技术，实现了对扩散涂层厚度的精确控制，有效解决了涂层均匀性的难题。研究掌握了溅射（物理气相沉积）或喷涂技术实现重稀土晶界扩散以提高矫顽力的关键技术，显著减少了重稀土的使用量，与此同时，我国在开发专业生产 PVD 真空镀膜设备和喷涂方面也有突破性进展，进入 2018 年，多家稀土永磁的优势单位购进或改建了生产设备，使我国的重稀土高效利用率已从和日本相差 4～6 倍减小到基本一致。目前，产业化生产已能做到磁能积（MGOe）+矫顽力（kOe）$\geqslant 75$，部分产品性能更高。

2）高丰度稀土永磁材料研究。开发的镧（La）、铈（Ce）、钇（Y）等高丰度稀土元素替代镨、钕的永磁材料技术，不仅是充分利用我国资源特色和优势的发展方向之一，也是平衡利用稀土资源的战略布局，其中的铈（Ce）磁体已脱胎于原有的钕铁硼永磁材料，成为新永磁材料的代表。近年来，钢铁研究总院李卫院士团队在双主相高性能烧结态铈磁体的基础上，进一步研究了烧结态（Nd，Ce）-Fe-B 磁体的磁性能及温度特性。结果显示，利用双主相法制备的烧结态磁体的 B_r 和 $(BH)_{max}$ 比单主相制备的烧结态磁体不仅相差不大，还略有提高，而矫顽力 H_{cj} 竟提高 16%。两种磁体的剩磁温度系数 α 基本相同，约为 $-0.11\%/K$，但双主相磁体的矫顽力温度系数 $\beta=-0.652\%/K$，明显低于单主相磁体的 $\beta=-0.694\%/K$。2018 年以来，又开发出高铈含量占稀土总量 80% 的高铈磁体，磁能积 $(BH)_{max}$ 达到 15.6MGOe，填补了铈磁体产品系列。除此之外，钢铁研究总院采用涂覆法对 Ce 磁体进行了扩散研究，扩散 Tb 后矫顽力提升幅度较大，扩散 10h 后矫顽力达到 20.08kOe，增长约 61%。并计算了不同扩散类型的扩散系数，计算结果表明在（Nd，Ce）-Fe-B 磁体 Tb 扩散过程中，磁体主相中的 Tb 均来自于晶界相。同时，在烧结磁体的绿色防腐技术和富铈双主相磁体的耐蚀机理研究又取得新的突破。

目前，高丰度 La、Ce 等稀土资源平衡利用、双/多主相磁体和新型铈磁体产业已在浙江宁波、山西和山东地区初具规模，据统计，2018 年稀土永磁材料中铈（及含铈）磁体产量比 2014 年增长了近 3 倍，全国稀土永磁材料中含铈磁体产量已达到 4 万吨左右，其产品的应用领域也进一步拓展，已开始在盘式风电电机、新能源汽车等领域尝试应用。

3）热变形磁体。热变形磁体是不同于烧结磁体和黏接磁体的另一类永磁材料，具有工艺简单、近终成型的技术优势，一直被认为是发展高矫顽力和高剩磁永磁新材料最具潜力的技术方向，目前的研究重点集中在新制备技术的引入和新材料体系的拓展，其目的是提升磁体的剩磁和矫顽力。仿照烧结磁体的晶界扩散技术，日本的 K. Hono 课题组尝试了多种含 Nd 低熔点合金（Nd-M，M = Al、Cu、Ga、Zn、Mn）作为扩散源，发现 Nd 含量高达 90% 的非铁磁性 NdAl 合金在提高热变形 NdFeB 磁体矫顽力方面最有效，扩散后 Nd-Al 晶间相包裹住 $Nd_2Fe_{14}B$ 晶相，矫顽力最高可达 2.5T。韩国的 H. W. Kwon 课题组采用混粉方法扩散了 RF_3（R = Dy，Pr，Nd，Ce，La），发现 DyF_3、PrF_3、NdF_3 均能在剩磁无大幅降低的前提下有效提高热变形磁体的矫顽力，而且发生扩散的 R 元素能够在快淬带表面形成壳层结构。韩国的 H. R. Cha 等人采用 NdH_x 和 Cu 粉的混合粉末作为晶界扩散原料，对比分析了与 Nd-Cu 直接扩散的异同，发现低温度扩散时矫顽力增幅明显大于高温扩散。钢铁研究总院李卫院士课题组也在 Pr-Cu 液相合金开展了工作，研究发现，矫顽力的提升来源于晶界的优化。

4）钐钴永磁材料。近年来，在钐钴永磁材料制备新技术研究方面，北京航空航天大学将单晶生长技术用于合成耐高温钐钴，通过区域定向凝固法制备出高性能准单晶高温钐钴。从 2016 年开始钢铁研究总院从理论和实验上开展了钐钴磁体结构对矫顽力 H_{cj} 温度依赖特性的影响机制以及微结构对矫顽力机制随温度的演变影响的研究，认为降低 0K 时主相和胞壁相的畴壁能差 $\Delta\gamma$ 和提高胞壁相的居里温度 T_c 有助于优化 SmCo 磁体的温度系数 β 和高温 H_{cj}。2017 年首次从实验和理论角度证明了室温 H_{cj} 高并不意味着高温下的 H_{cj} 高，并优化了 Sm_2Co_{17} 型磁体的 β 以有效提高磁体的高温 H_{cj}。提出合适的 Fe 含量和高 T_c 胞壁相是高温高矫顽力钐钴磁体 H_{cj} 比室温高矫顽力钐钴磁体 H_c 高的主要原因，首次从理论和实验两方面证明了室温高矫顽力不一定等于高温高矫顽力，解决了一个长期困扰用户的技术概念。2018 年报道了高温磁体，500℃ 时，剩磁 B_r = 7.2kG，矫顽力 H_{cj} = 8.2kOe，磁能积 $(BH)_{max}$ = 11.9MGOe。2018 年钢铁研究总院突破了国外的技术封锁，工程化生产钐钴磁体达到了 Arnold 公司 2016 年的水平，即磁能积突破 33MGOe，使我国在产业化研究方面，已达到磁能积 28~33MGOe 范围的批量化生产技术水平，进入国际先进行列。

5）稀土永磁表面防腐技术。使用稀土永磁材料的各类武器装备、控制电机、传感器件和磁动力系统等，常应用于湿热、酸碱等复杂环境，永磁材料的耐蚀性和防腐问题，不仅关系到永磁材料的使用寿命，更关系到高技术装备的运行安全。香港城市大学研究人员通过等离子注入技术在钕铁硼磁体表面沉积一层具有良好的耐蚀性类金刚石的薄膜。哈尔滨工程大学在铝酸盐溶液中通过微弧氧化（MAO）在烧结钕铁硼磁体上制备氧化铝陶瓷涂层，使得 NdFeB 样品的耐腐蚀性得到改善，同时在硅酸盐溶液中通过微弧氧化（MAO）的方法，在烧结钕铁硼磁体表面制备出具有优异的抗热震性无定型的 SiO_2 涂层，这种涂层的耐腐蚀性能随着电压的增加而增加，比裸露的钕铁硼基体提高一个数量级。

6）黏接永磁材料。2018 年，各向同性钕铁硼黏结永磁材料继续主导着黏结永磁材料的市场，并得到了平稳的发展。但是，由于技术发展的失衡和产业化装备限制，目前国内只有部分企业可批量稳定生产高性能牌号的相关产品。在新型的黏结稀土永磁材料的产业化研发方面，各向同性快淬钐铁氮磁粉的工程化研究取得突破，目前国内已形成了小批量供货能力，各向异性黏结磁粉产业化制备关键技术也获得突破。目前，深圳安泰海美格、上海爱普生、成都银河等为我国黏接磁体的主要生产厂家，2018 年黏接磁体产量仍为4000t 左右。有研稀土、江西稀有金属钨业、包头科锐微磁等公司突破了黏结钕铁硼永磁材料的连续快淬工艺和后处理技术，实现了 1610、1509 等高端牌号产品的稳定生产，打破了美国 MQI 公司的长期垄断地位，逐步抢占其市场。此外，在新型热压磁体方面，成都银河成为继日本大同电子之后全球第 2 家可量产热压钕铁硼的公司。

7）废旧磁体的再生技术。随着稀土永磁的广泛应用，大量失效器件（如永磁电机、计算机硬盘等）上的废弃永磁体没有得到有效利用，在烧结稀土磁体的生产过程中，也有 1/4 以上的残次品。对这些废弃和残次的永磁体进行合理的循环利用，将会创造巨大的经济价值。欧洲国家由于稀土资源匮乏更重视废旧磁体的再生技术，英国伯明翰大学的研究人员利用氢破碎技术直接对废旧器件中的磁体进行处理，制得了可直接用于黏接或烧结的稀土永磁粉末，同时避免了繁重的人工拆卸及清除磁体表面防护层的工作，该技术使废旧磁体的处理变得更加简便和经济。

（2）磁制冷材料。因磁制冷技术具有绿色环保、高效节能以及稳定可靠等优点，广泛受到关注。目前，在新型稀土磁致冷材料研究方面，没有出现有影响力的颠覆性突破，从新材料的探索到性能检测方法，仍处于实验室研究阶段。其中，$La(Fe，Si)_{13}$ 系磁热效应材料具有价格低廉、易制备、巨磁热效应等优势，已被广泛认可为一种实用性室温磁制冷材料，并且已经被多个国家成功应用于室温磁制冷样机，并取得良好效果。

（3）磁致伸缩材料。稀土磁致伸缩材料是一类具有电磁能/机械能相互转换功能的重要磁性材料。近期发展的室温下具有致伸缩性能的稀土-铁合金 $R（R = Tb，Dy）Fe_2$ 金属间化合物巨磁致伸缩材料，由于能量密度高、耦合系数大，具有传感和驱动功能，因而作为智能材料或相应器件在智能材料领域得到了越来越广泛的应用和发展。近年来已相继开发出使用温度 −80℃ 到 −100℃ 的 TbDyFeCo、高耐腐蚀性的 TbDyFeSi 等四元磁致伸缩合金，以及具有良好低场磁致伸缩性能的五元磁致伸缩 $Tb_x D_y Pr_{1-x-y}（Fe_{1-w} T_w）_2$（T = Co，Al，Be，B 等）合金等。目前，稀土磁致伸缩材料在声呐的水声换能器技术、电声换能器技术、海洋探测与开发技术、微位移驱动、减振与防振、减噪与防噪系统、智能机翼、机器人、自动化技术、燃油喷射技术、阀门、泵、波动采油等高技术领域有广泛的应用前景。

（4）稀土磁性材料短板分析及产业链安全性评估。中美贸易争端以来，美国一直宣称中国将打稀土牌，并不断渲染中国在中美贸易战中要使用稀土来反制美国。尤其是美国总统特朗普在 2019 年 7 月 22 日的一份备忘录中告诉五角大楼（国防部），认为钐钴稀土永磁体等在国防军工和高技术领域一直居于无法被替代地位，提高美国国内生产能力和研发力度对国防至关重要，他根据 1950 年"国防生产法"（DPA）第 303 条（修订），要求美国"国防生产法"寻找更好的方法来获得可用于军事用途的稀土磁铁（Rare Earth Magnet）。由此可见，在中美贸易争端进程中，美国已经开始调动全世界的资源，并依托其强大的科技研发能力和知识产权储备，以摆脱中国对稀土的控制为借口布局稀土永磁新战略，其最终目的是遏制中国的发展。2018年中国的烧结钕铁硼毛坯产量约15.5万吨，同比增长5%，占全球钕铁硼产量的85%，但是中国稀土永磁行业的中高端产品占比不到30%。而日本生产的稀土永磁体几乎完全为高端应用。仅仅是为了保障国防应用，美国不怕我们卡脖子，因为有日本对美国的保障，我们也卡不了美国的脖子。虽然我国的稀土永磁、发光等功能材料产量已居世界第一，产品性能也能满足国际需求，只是与美、日和欧洲的稀土功能材料及器件制备技术相比，产品质量在可靠性、稳定性方面仍有差距，相关装备落后，更为严峻的是，仍未掌握稀土高技术材料和器件领域的核心知识产权。美国恰恰是看到了中国稀土磁性材料领域的研究还缺乏系统性、独创性和前瞻性，以及产业大而不强的现状，过度开采、冶炼分离产品生产过剩、资源浪费和对环境生态系统影响较大的困扰，提前布局。特别是我国稀土产业整体上还处于世界稀土产业链的中低端，其产品附加值较低，高性能功能材料和应用器件规模较小，部分关键核心技术及装备仍然依赖进口，持续创新力不强。随着美国在全球布局稀土原材料产业基地并加快开发发展速度加快，来自境外的竞争和打压日益严峻，来自国内的产业整合、环境治理要求日益提高，若不能在稀土磁性新材料领域占领制高点，我的资源优势和业已建立的产业优势也将逐渐被他国的知识和技术优势所取代。

6.2.2.2 稀土光功能材料

（1）稀土发光材料产业技术发展情况。稀土发光材料的种类繁多，目前主要分为照明、显示以及信息探测三大应用领域。照明领域，铕激活氧化钇红粉、铈/铽激活铝酸镁绿粉及铕激活铝酸镁钡蓝粉等三基色荧光粉作为节能灯关键材料，受半导体照明影响，市场萎缩较快，2018年中国产量约1500t。白光LED问世以来发展迅速，但与其配套核心材料LED荧光粉专利和产品基本掌握在日本企业手中。近年来，我国政府、研究机构及相关企业加大了荧光粉产品开发力度，包括铝酸盐系列、氮化物系列在内的多种荧光粉及其核心制备技术获得突破，产量占全球总产量的80%以上，部分产品甚至开始销售到日本、韩国和中国台湾等地。显示领域、广色域液晶显示已成为市场主流显示技术。我国已掌握LED背光源用氟化物红粉核心技术和市场，β-Sialon绿粉因其生产工艺苛刻，其技术和市场仍被日本企业垄断。近年来，涌现的有机发光二极管显示（OLED）、量子点显示（QLED）等新型显示方式，因其所用发光材料存在量子效率低、稳定性差以及环境污染等问题，仍未被广泛应用。长余辉荧光粉多用于延时照明和指示灯方面，2018年我国产量约600t。近年来，长余辉荧光粉在"免激发"条件下实现生物传感和成像，可有效避免原位激发产生的背景干扰，有望应用于生物成像方面。据Ofweek半导体照明网统计，2018年全球LED植物照明市场规模为1.9亿美元。LEDinside预估2018年全球近红外市场36亿元，年增长17%，至2021年将会成长至50亿元。上述两个领域在国内外均处于研发和示范应用阶段，需解决与其配套发光材料，发光效率低以及稳定性差的问题，尚未有成熟的产品出现。

（2）稀土晶体材料产业技术发展情况。稀土功能晶体种类繁多，具有较大市场价值的主要是稀土激光晶体和闪烁晶体。

我国稀土激光晶体产业整体水平较高，市场规模和技术水平都仅次于美国。稀土激光晶体中最重要的是 Nd：YAG 晶体，其在军事、科研、工业、医疗等领域都有广泛应用。美国 Synoptics 公司商业化生产的 Nd：YAG 晶坯直径达 120mm、等径长 200mm 左右，代表了当前激光晶体的国际先进水平。我国北京雷生强式科技有限公司于 2017 年成功生长出了世界上最大的直径超过 150mm、等径长度超过 200mm 的超大尺寸 Nd：YAG 晶体，使我国在该领域跨入了国际领先水平。

闪烁晶体作为重要的辐射探测材料，在核医学、高能物理、安全检查、环境监测等领域具有广泛应用。稀土闪烁晶体是目前闪烁晶体稀土新材料领域的研究热点和主要发展方向。近年来，我国稀土闪烁晶体产业取得了突出进展，大尺寸 LYSO 晶体生长技术取得了全面突破，多家企业实现了其产业化，晶体尺寸和性能达到商用水平。商品化的 $LaBr_3$：Ce 晶体尺寸已经达到 3 英寸，$CeBr_3$、CLYC 等晶体尺寸达到 2 英寸，国产高纯无水卤化物原料也于 2017 年实现产业化，产业链得到了进一步的完善。但我国稀土闪烁晶体的市场规模和整体技术水平与欧美发达国家仍有较大差距，产业发展总体上处于起步阶段，国际竞争力较弱，LYSO、$LaBr_3$：Ce 等重点产品市场仍主要被欧美公司所垄断。

（3）稀土光功能材料短板分析及产业链安全性评估。随着液晶显示技术的发展，苹果、三星和华为等国内外通信巨头公司逐渐将 3D 玻璃取代平面盖板玻璃，光学玻璃用稀土抛光液和集成电路用稀土纳米粉体抛光液急剧增加。目前，我国的集成电路生产所采用的抛光液全部为进口，售价非常昂贵。与目前大量使用的纳米 SiO_2 抛光液磨料相比，纳米 CeO_2 磨料具有更加优异的平坦化能力和抛光速率选择比，更适合做化学机械抛光的抛光液磨料。国内包头稀土研究开发 D50 在 0.1μm、0.2μm、0.5μm、0.8μm 和 1.0μm 等不同型号的精细抛光粉体，同时开发出 D50 为 0.08μm 的高端精密抛光液，满足集成电路的抛光需求。

LED 荧光粉向高端发展，量增价跌，市场竞争激烈。截至 2016 年底，全国 LED 荧光粉企业约 50 家，重点企业包括有研稀土、江苏博睿、烟台希尔德等，有研稀土的氟化物红色荧光粉国内市场占有率超过 50%。国外企业主要有日本三菱化学、日本电气化学、美国英特美光电有限公司。2017 年，全国白光 LED 用稀土发光材料产量约 400t。2018 全年，LED 荧光粉产量超过 450t。

目前除显示领域极少数高端粉中市场仍由日本企业占据以外，国内企业已经占据了绝大多数产品的主流市场，产量占全球总产量的 80% 以上，部分产品甚至开始出口到日本、韩国、中国台湾等国家和地区。我国已经成为全球半导体照明和液晶显示产业发展最快的国家和地区之一。

在照明领域，尤其是 2018 年，国内荧光粉生产企业相继开发出具有更大光谱可调性的系列氮化物红色荧光粉，其综合性能达到国际先进水平，有效提升了器件的发光效率和显色性能；在显示领域，有研稀土率先制备出了高纯 β-sialon：Eu 绿粉，并在业界推出具有自主知识产权的锗系氟化物红粉产品；此外，还率先攻克了适合高能密度激发的 $La_3Si_6N_{11}$：Ce 氮化物黄粉关键制备技术。闪烁晶体方面，有研稀土在稀土卤化物闪烁晶体用高纯无水原料制备技术方面取得突破，产品质量达到美国 APL 水平，批量供应北京玻璃研究院应用于 $LaBr_3$：Ce 晶体制备，尺寸达到 2 英寸。有研稀土突破了高光效近球形氮化物红色荧光粉批次稳定性制备技术，光色性能优于国外同类产品，封装光效高 2%，部分产品已通过国外用户认证；开发出高光效、窄粒度分布纯镥铝酸盐绿粉强化还原-柔性解聚产业化制备技术，纯镥铝酸盐绿色荧光粉成功打入海外市场，年出口量达到 1.5t。

显示领域，截至 2017 年年底，除 β-Sialon 绿色荧光粉外，适用于 LED 背光源的 $(Ba，Sr)_2SiO_4$：Eu、$Sr_2Si_5N_8$：Eu、$CaAlSiN_3$：Eu 和 K_2SiF_6 等荧光粉均已实现国产化。中科院上海硅酸盐所开发了表面有效高掺杂的 Sialon 荧光粉，发光强度增长 80%；有研稀土攻克了白光 LED 用高稳定性高光效氟化物红粉及其新型共沉淀合成技术，产品性能达到或超过同期进口产品。

白光 LED 荧光粉是伴随着第四代 LED 绿色光源、LED 液晶显示发展起来的一类新型稀土发光材料。白光 LED 荧光粉的应用主要集中在半导体节能照明和高端显示两大方向。

照明领域，白光 LED 荧光粉是影响灯具照明品质的关键材料之一。2018 年全球 LED 照明的渗透率超过 40%，预计到 2019 年将超过 50%；到 2020 年全球 LED 灯具产量将超过 70 亿盏，保持持续增长的态势。与此同时，白光 LED 作为主要的照明方式，已经开始从单一追求高光效转变为追求高光效、高显色并行的全光谱模式，白光 LED 用发光材料也逐渐向更宽光谱范围发展。

显示领域，LED 背光源液晶显示是目前消费电子领域的主流技术，LED 稀土荧光粉是决定液晶器件显示效果的关键因素。预计未来 2～3 年，广色域 LED 液晶显示占比将增至 20%～30%，2020 年后将增至 30%～50%，与其配套的绿色荧光粉和红色荧光粉用量将达到 20t。

飞利浦（Philips）控股的美国 Lumileds 公司的功率型白光 LED 国际领先，美、日、德等国企业拥有 70% LED 外延生长和芯片制备核心专利。

稀土激光晶体是固体激光器的关键工作介质，在国防安全、信息存储、精密加工、医疗、通信等领域都有广泛应用。常用的稀土激光晶体有 Nd：YAG、Yb：YAG、Nd：YVO_4、Nd：YLF 等。我国稀土激光晶体技术和产业水平一直处于国际前列。重点企业有成都东骏激光、北京雷生强式、福建福晶科技等。2017 年，雷生强式研制出尺寸达 $\phi150mm×200mm$ 的 Nd：YAG 晶锭，是目前国内最大的 Nd：YAG 单晶晶锭。目前，我国稀土光功能晶体的年产量在 7t 左右。其中，稀土激光晶体 2018 年国内市场规模在 11 亿元左右，供需基本平衡。稀土闪烁晶体尚处于起步阶段，主要产品 LYSO 和 $LaBr_3$：Ce 晶体目前的市场规模都比较小，2018 年总产值超过 1 亿元。

6.2.2.3 稀土催化材料

（1）产业技术发展情况。稀土催化材料主要消费高丰度轻稀土 La、Ce、Pr、Nd 等，是促进高丰度轻稀土元素镧、铈等大量应用，有效缓解并解决我国稀土消费失衡，并提升能源与环境技术，促进民生，改善人类生存环境的高科技材料，已形成石油裂化催化剂、移动源（机动车、船舶、农用机械等）尾气净化催化剂、固定源（工业废气脱销、天然气燃烧、有机废气处理等）尾气净化催化剂等。石油裂化催化剂和机动车尾气净化催化剂是稀土用量最大的两个应用领域。稀土催化材料广泛应用于环境和能源，在国民经济中占据重要地位。

稀土催化材料产品发展与世界水平相比，从总体上看，国产裂化催化剂在使用性能上已达到国外同类催化剂水平。由于国产催化剂大多是根据各炼油厂原料和装置的实际情况"量体裁衣"设计制造的，因此在实际使用过程中某些性能指标优于国外催化剂。但在机动车尾气净化催化剂、火电厂用高温工业废气脱硝催化剂方面，与国外先进水平仍有一定差距，如铈锆稀土储氧材料、改性氧化铝涂层等关键材料；大尺寸、超薄壁载体（>600目）规模化生产；以及系统集成关键技术与装备等。我国汽车尾气催化剂及相关关键材料等生产企业规模、产业化装备水平等方面需进一步提升。

目前，我国催化裂化技术整体达到了国际先进水平。与国外技术相比，国产 FCC 催化剂在劣质重油转化、抗金属污染能力、降低汽油烯烃、多产低碳烯烃等方面具有一定优势。国内石油石化行业在该技术领域进行了重点研究开发，经过几代科技工作者的努力，开发了具有中国特色的 FCC 催化剂体系和工艺技术，催化剂国内自给率多年维持在 90%以上，部分产品已打入欧美炼油市场。中国石化和中国石油约占全球 FCC 催化剂市场份额的 16%。中国自主汽车催化剂产业经过 10 余年的努力，取得了长足进步，大大缩短了与国际的差距，具备了一定的竞争实力，基本建成了配套齐全的全产业链，为中国汽车产业的健康可持续发展及排放法规的实施提供了技术保障。但由于自主汽车催化剂起步晚、技术积累薄弱、发展时间短，市场主要以价格十分敏感的低端车型为主，行业规模小，抗风险能力差，在技术积淀、品牌知名度及前瞻性技术开发等方面与国际水平还有较大差距。工业废气脱硝催化剂在火力发电厂目前成熟的国内外商用产品是钒钨钛 SCR 催化剂，国内不少电厂采用了 SCR 脱硝技术，但是目前所有的工程均采用国外 SCR 技术或 SCR 催化剂，国内的工程公司大多仅限于工程总承包，关键设备和材料大都反包到国外公司。另外该商用钒钨钛催化剂技术国外垄断，且钒对环境有毒、有害、有固废产生。针对钒钛基 SCR 催化剂的缺点，国内开展了非钒基 SCR 催化剂的研究及应用，稀土基材料成为其中的研究热点，但非钒基催化剂容易发生硫中毒，其耐硫性问题受到了业内人士的高度关注。

（2）稀土催化产业短板分析及产业链安全性评估。稀土催化材料是能源、环境领域的不可或缺的关键基础材料。

稀土催化材料是石化、环境、能源、化工等催化应用领域的重要组成部分，主要包括石油裂化催化剂、机动车尾气净化催化剂、工业废气脱硝催化剂等产品，以消耗镧、铈等轻稀土原料为主，是轻稀土元素最主要的应用领域。2016 年催化裂化催化剂国内需求量约 20 万吨，同比持平，镧铈稀土（45%REO）用量 1.2 万吨，消耗稀土氧化物约 0.54 万吨。汽车尾气净化催化剂产量 3800 万升，同比增长 31%。2017 年上半年催化裂化催化剂国内需求量 10 万吨，汽车尾气净化催化剂产量约 2000 万升。国内自主品牌汽车催化剂企业无锡威孚、贵研铂业、浙江达峰、宁波科森和四川中自等 2016 年销售收入合计 59.4 亿元。国Ⅵ标准已于 2016 年 12 月颁布，北京将于 2017 年 7 月 1 日开始实施，全国将于 2020 年 7 月 1 日实施。国Ⅵ标准融合了欧盟和美国标准，是全球最严的汽车尾气排放标准，给国内汽车催化技术与产业的发展带来巨大挑战，同时也提供了难得的发展机遇。在机动车尾气净化催化剂产业方面，国内汽车尾气净化催化剂生产企业主要有无锡威孚、昆明贵研、四川中自、宁波科森、安徽艾可蓝、浙江达峰、重庆海特、凯龙高科技、浙江邦得利、浙江韩锋、玉柴国际、合肥神舟等，约占中国汽车催化剂市场份额的 25%；其余市场主要被美国巴斯夫、比利时优美科、英国庄信万丰、日本科特拉等公司占据。在蜂窝陶瓷载体方面，山东奥福和宜兴化机是国内比较知名的载体生产企业，其产品可以基本满足国Ⅴ标准 TWC 及 SCR 催化剂需求。在稀土铈锆储氧材料方面，比利时索尔维、美国钼公司占据全球市场份额的 80%，天津海赛、山东国瓷、江苏国盛具备了千吨级汽车用稀土储氧材料生产能力，但市场占有率较低。

在石油炼制稀土催化剂方面，国内开发出了重油转化能力强、干气和焦炭产率低的系列重油裂化催化剂。如 Orbit-3000 催化剂具有水热稳定性好、焦炭选择性好、轻质油收率高，可适用于原料油质量较差、剂油比较低的工况；以高稀土含量超稳改性分子筛为活性组元的 HSC-1 重油裂化催化剂，不仅具有重油裂化能力及抗金属污染能力强、产物分布好、焦炭选择性及汽油选择性好，而且具有优异的降低汽油烯烃含量等特性。目前，全球石油裂化催化剂的年产量约 108 万吨，我国 18 万吨左右，占全球的 16%。在区域分布上，基本围绕原油产地形成了华北、东北、华南和华东等产业聚集地，以山东、辽宁、广东地区最为集中。

6.2.2.4 稀土储氢材料

（1）产业技术发展情况。我国储氢材料产业化始于 1994 年，目前产能约 2 万吨，年产销量约 9000t。稀土储氢材料在作为镍氢电池负极方面主要研究热点是用于具有宽温区特性和高倍率性能的 $LaNi_5$ 型合金，长寿命、低自放电型的稀土镁基储氢合金和用于车载、气态储氢罐的高容量型稀土储氢合金。研究主要集中在优化合金成分、改进熔炼和热处理工艺、进行表面处理和提高应用技术等方面。

对于 AB_5 型合金在尽可能不降低合金储氢容量及寿命的前提下，发展低 Co 或无 Co 合金，再通过配方调整，去除 PrNd 元素，实现稀土资源的平衡利用。合金已开发出多种配方，逐渐成为生产、销售的主力，在总销量中所占比重逐年增加，成本方面可降低 10%~15%，性能方面与含镨钕的产品一致。在 -40~60℃ 温区内放电性能优异的宽温镍氢电池有特定的市场需求，可应用于电动汽车、军事、通信、离网电源等领域。近年研制出了新型非化学计量比的可在 -35~60℃ 温区有效充放电的超熵化储氢合金，以及高平台压的储氢合金，以提高合金在低温下的循环性能。

对 La-Mg-Ni 系储氢合金通过控制其结构组成改善电化学性能，在 B 侧少添加或者不添加易溶出的钴锰元素保证自放电性能，A 侧通过 La/Ce/Sm/Y 等元素对 Nd 进行取代来降低合金成本。制备工艺方面，退火工序通过优化升降温机制、调整保温温度和时间进一步细化晶粒、稳定镁元素分布提升产品性能。

新体系的研发方面，RE-Mg 系储氢合金、AB_2 型 $LaMgNi_4$ 系和 AB_4 型 RE-Mg-Ni 系储氢合金，具有较高的理论储氢容量，对其氢化/脱氢过程、改性以及应用特性的研究是热点。Y 元素替代 La-Mg-Ni 基储氢合金中的 Mg 元素，获得了高容量的 La-Y-Ni 储氢合金，具有良好的循环寿命，具备了产业化技术开发的基础。此外，对镍基和非镍基稀土系储氢合金如 Y-Fe 系列、Y-Ni 系列、钙钛矿型（ABO_3）储氢氧化物等的研究，为开发出具有我国自主知识产权的、以高丰度稀土为主要原料的稀土系储氢合金探索一条新路径。

（2）稀土储氢材料短板分析及产业链安全性评估。高容量稀土储氢材料是新能源汽车动力电池、燃料电池的材料基础。

稀土储氢材料主要用于制造混合动力汽车（HEV）用镍氢动力电池和便携式电器用镍氢电池，年产量曾一度高达 12000t，但随着近年锂离子电池的兴起，其用量有所下降，近两年产量保持在 9000t 左右。国内从事储氢合金生产的企业有 11 家，总产能为 25000t，主要有厦门钨业（3000t）、内蒙古稀奥科（2800t）、四会达博文（2000t）、江钨浩运

（2000t）、甘肃稀土（1000t）、中国钢研（1000t）、四川和盛源（1000t）、包头三德（850t）等，产品以 AB_5 型储氢合金为主，仅有厦门钨业等个别厂家能够批量生产新型稀土镁基储氢合金。2017 年 7 月，北方稀土控股了甘肃稀土和四会达博文，包头长荣电池制造有限公司年产 1.6 亿支镍氢二次电池生产线正式启动建设。

6.2.2.5　稀土基础材料

（1）稀土化合物材料产业发展现状。

1）基于绿色高效清洁生产的稀土化合物材料产业发展现状。自 20 世纪 50 年代起，我国开始对稀土资源的开发利用展开研究，经过几十年的努力，针对我国包头混合型稀土矿、四川氟碳铈矿、南方离子型稀土矿等主要稀土资源特点，形成了一套完整的稀土采、选、冶工艺体系，并广泛应用于工业生产，我国稀土冶炼分离产量占据世界供应量的 90% 以上，成为全球稀土新材料产业的重要需求保障。伴随着稀土产业规模的快速发展，也带来了十分严重的环境问题，放射性废渣、氨氮和高盐废水等 "三废" 排放问题一直困扰着行业可持续发展，特别是随着稀土功能材料在新能源、新能源汽车、机器人、航空航天、高端装备等各新兴产业领域的应用越来越广泛，对稀土行业自身提高绿色清洁化生产水平的要求也越来越迫切。

2018 年，有研总院、有研稀土开发的自主研发成功 "离子型稀土原矿绿色高效浸萃一体化（浸萃封闭循环）新技术" 和 "碳酸氢镁法萃取分离稀土（低碳低盐无氨氮）原创技术"，继在稀土 6 大集团之一的中国铝业 3 家企业实现规模生产应用后，又于 2018 年在厦门钨业下属的龙岩市稀土开发有限公司和福建省长汀金龙稀土有限公司分别实施。在厦钨龙岩稀土矿山建成 $1200m^3/d$ 浸出液浸萃一体化示范线，并实现连续化生产；正在开展厦钨中坊新采矿权证的浸萃一体化工程设计；在厦门钨业福建长汀金龙完成 5000 吨/年生产线工艺调试，实现连续化运行，镁盐、CO_2 及废水实现循环利用。此外，与广东稀土集团签订合作协议，正在编制可行性研究报告，拟开展瓷土矿伴生稀土提取及综合利用的工业试验。在中铝广西国盛完成萃取二期 2500 吨/年绿色低碳冶炼分离生产线工艺设计及平面布局等，正开展土建施工和设备安装。有研稀土开发的 "碳酸氢镁法冶炼分离包头稀土矿新工艺" 在甘肃稀土公司改建了年处理 30000t 包头稀土矿冶炼分离生产线，稀土分离提纯过程中镁和 CO_2 回收利用率均大于 90%，硫酸镁废水回用率由 10% 提高到 90% 以上，稀土萃取回收率大于 99%，氯化镨钕溶液中的杂质 Al 含量降低 70% 以上，化工材料成本降低 30% 以上，解决了长期困扰包头稀土矿冶炼企业的硫酸镁废水处理和硫酸钙结垢难题，实现绿色环保、高效清洁生产。2018 年 9 月 5 日，中国稀土学会组织由 9 位有色金属冶金、稀土冶金、稀土新材料等专业领域的院士和同行专家组成评价专家组，在北京召开科技成果评价会，专家组一致认为："项目整体技术达到国际领先水平"。获得 2018 年度中国稀土科学技术一等奖。与此同时，开发针对含氟碳铈矿的稀土精矿绿色高效冶炼分离联合法新工艺，在甘肃稀土公司设计新建年处理 1 万吨稀土精矿联合法冶炼分离新工艺生产线，已开展基建及设备选型安装工作，新工艺提高了稀土浸出率，大幅降低废渣量和硫酸焙烧废气排放，显著降低成本。目前，相关工艺正在 6 大稀土集团进行推广应用，可为各类稀土功能材料提供充足的绿色基础材料，促进行业绿色发展。

此外，包头稀土研究院以北方稀土精矿焙烧过程为对象，通过自动化改造，稳定控制各个工艺参数，减少工人数量、降低天然气单耗。现已完成全部实验工作，取得了减少人工成本50%，降低天然气单耗30%的成果；目前北方稀土正在筹划以该项目研究成果为基础，实施全部生产线改造。南昌大学继续推广碳酸稀土连续结晶沉淀方法和物性调控技术，减少水用量，提高沉淀废水中的氯化铵含量，促进铵的回收利用与减排。根据不同企业的具体情况，分别采用多效蒸发回收氯化铵，石灰蒸氨回收氨水和氯化钙，转化制高纯盐酸和硫酸铵复合浸矿剂等技术来解决高盐废水的处理和物质回收利用问题。

2）超高纯及特殊物性稀土化合物产业发展现状。超高纯稀土化合物是晶体、光纤、光学玻璃、荧光粉等材料的关键基础材料，通常要求纯度在5N甚至以上，但目前普遍使用的溶剂萃取法仅能规模生产钇、铕、镧等少数超高纯产品，多数产品的纯度在5N以下，难以满足高端应用产品的需求，一些特殊要求的稀土化合物材料还得从国外进口。

由五矿（北京）稀土研究院有限公司设计的非还原氧化铕萃取分离生产线在赣县红金稀土有限公司投产运行。该生产线仅在P507萃取体系下分离得到99.999%纯度的荧光级氧化铕产品，实现了荧光级氧化铕萃取分离生产技术的重大革新。本项技术不经铕的还原-氧化过程，利用轻稀土分离过程中富余的稀土负载有机相即可完成铕的富集与提纯，无任何新增酸碱消耗和废水排放，且可实现铕的高收率提取。

（2）稀土高纯金属及靶材产业发展现状。稀土火法冶炼的产品主要包括熔盐电解生产的轻稀土金属、稀土合金以及金属热还原、还原蒸馏生产的中重稀土金属、大宗稀土金属及合金。我国每年的产量约4万吨，规模和技术位于世界前列，日本出于资源回收利用的需要，引进我国稀土电解槽型及技术，发展出自动加料、机械更换阳极、旋转炉体、机械出炉等自动化智能化技术，我国在自动化智能化方面，个别企业开展一些工作，总体上处于落后局面。金属热还原、还原蒸馏等生产的稀土金属及合金占总量的一小部分，我国在该领域代表了先进技术，日本及欧美国家主要以进口为主。稀土金属提纯技术近年来在国家的大力支持下得到迅速发展，接近与国际并跑阶段，纯度达到4N级别，但在装备及批量稳定性方面落后于国外，高纯稀土金属进一步加工成靶材方面，日本、欧美等国家拥有霍尼韦尔、日矿金属、东曹等众多专业生产靶材的知名企业，产业基础良好，已经规模化生产用于存储和计算芯片、高功率器件、传感器件、新型显示等用的大尺寸高纯稀土靶材，我国在该领域处于起步阶段，技术及装备远落后于国外，目前以提供小尺寸研发用靶材为主，12英寸以上微纳电子用高端稀土靶材基本没有涉足。

国内溅射靶材公司：有研亿金、江丰电子等单位是专业生产半导体用溅射靶材（Cu、Al、Co、Ti、Ta、Hf）的厂家，目前，湖南稀土院、有研稀土生产小尺寸高纯稀土靶材，纯度3N5、尺寸 ϕ300mm（La、Y、Gd等）。

（3）超高纯稀土及化合物短板分析及产业链安全性评估。超高纯稀土金属及化合物是新材料开发及高新技术发展的关键基础材料。国内高纯稀土金属的研发和生产起步相对较晚，但随着近年电子信息产业、集成电路等产业的快速兴起，对各类高纯金属靶材的需求迅速增加，高纯稀土金属、稀土金属靶材或合金靶材也迎来了发展机遇，截至2016年，全球高纯稀土金属及靶材用量已达到百吨级水平，产值超过8亿元。目前，高纯稀土金属生产及应用主要集中在日本和美国，相关生产企业不少于10家，2016年年底，日矿金属、东曹、霍尼韦尔等企业已实现大尺寸4N级高纯稀土金属溅射靶材的生产，控制了面向电子信息配套的高端大尺寸稀土靶材的供应。我国从事高纯稀土金属研发和生产的企业仅有研稀土、湖南稀土院、包头稀土院等少数单位，目前3N～3N5级稀土金属能够自主供应，3N5 级稀土金属及靶材能够小批量生产，4N 级金属及靶材仅有研稀土、湖南稀土院具备公斤级生产能力，并能够提供部分小尺寸靶材（直径小于 200mm）产品。

超高纯稀土化合物是晶体、光纤、光学玻璃、荧光粉等材料的关键基础材料，通常要求纯度在 5N 甚至以上，但目前普遍使用的溶剂萃取法仅能规模生产钇、铕、镧等少数超高纯产品，多数产品的纯度在 5N 以下，难以满足高端应用产品的需求，一些特殊要求的稀土化合物材料还得从国外进口。我国超高纯稀土产量约占稀土总消费量的 5%~10%，产值比例高达 20% 以上，并以每年 10% 以上的速度增长，市场基本被法国索尔维，日本信越化学等垄断；国内仅有少数企业具备部分超高纯稀土产品的生产能力，如五矿大华、江苏卓群纳米、长春应化所等，但无论在合成手段，还是在产品质量方面均存在较大差距。2018 年，甘肃稀土采用有研稀土技术建设的"高端材料用超细稀土氧化物粉体产业化技术及装备"实现了年产 100t 高端材料用超细稀土氧化物，生产装备稳定工业运行，通过对超细稀土氧化物粉体合成过程精细控制和适宜的后处理工艺，实现稀土氧化物粉体的粒径可根据实际需求在纳米级至微米级范围内调整（纳米产品粒径为 30~200nm 可调，亚微米产品粒径 D50<1μm），粒度分布（D90-D10）/（2D50）为 0.5~1。产品满足 MLCC 陶瓷、光功能晶体材料、紫外屏蔽材料等应用要求，完成项目各项指标，顺利通过工信部验收（以上数据来自中华人民共和国工业和信息化部）。

（4）国内外技术水平对比分析。稀土和稀土功能材料是一个范围很广的概念，并非所有稀土都能在制造业（尤其是军工制造业）领域起到不可替代的作用，也并非限制某些稀土出口就能让美国等国感到"不自在"。中、美两国作为全球最大的两大经济体，在稀土原材料供应、功能材料和应用产业发展方面既相互依存，也彼此竞争。中国是世界上唯一能够提供全部 17 种稀土金属的国家，并形成了以 6 家大型国有稀土集团为主导的市场格局。2018 年，全球稀土矿产品产量约 19.5 万吨，中国产量为 12 万吨，占 62%。2018 年，全球稀土冶炼分离产量约为 14.6 万吨，其中中国产量 12.5 万吨，约占 86%。中国在稀土产业链的上游领域，即稀土开采和冶炼分离技术，是世界遥遥领先的。

（5）中美两国在稀土功能材料技术创新及产业方面的优劣势。一是在技术创新方面，双方各有优势。我国在稀土磁性材料、白光 LED 发光材料等方面拥有较强优势，钕铁硼永磁体综合性能已超过 75，新型高丰度稀土磁性材料领域独树一帜，拥有自主知识产权和应用发展主导权。白光 LED 发光材料技术水平和产品性能基本与国际水平接轨；而在稀土催化材料、高纯无水稀土卤化物及闪烁晶体、LYSO 闪烁晶体、钕铁硼黏结磁粉等领域，美国拥有大量核心知识产权，技术水平仍整体领先于我国，但近年来这一差距正在快速缩小，如贵研铂业、威孚高科的稀土催化材料产品已进入国外品牌汽车，有研集团已成为继美国 APL、西格玛公司之后全球第三家可批量供应高纯无水稀土卤化物的企业，LYSO 闪烁晶体顺利实现国产化，产业规模正在迅速扩大；在稀土下游应用环节，美国在许多领域占据明显优势，如美国 GE、西门子仍然是全球最大的 PET/CT 供应商，全球市场占有率超过 70%。

二是在产业发展方面，双方各有特色。1）产业结构：我国稀土产业已经形成集稀土采选、分离、冶炼、新材料及应用为一体的完整产业链，囊括了几乎所有的稀土产品门类；而美国稀土产业主要集中在新材料和下游应用领域，产业结构也与我国有很大差别，主要集中在催化（60%）、玻璃陶瓷（15%）、抛光（10%）等领域。2）产业规模：我国烧结永磁材料、储氢材料、抛光材料、发光材料等产业规模均居全球第一，产量占全球70%，特别是烧结钕铁硼永磁材料整体竞争力处于国际先进地位，但稀土催化材料市场占有率仅有25%左右，相对弱势；而美国在 LYSO 闪烁晶体、钕铁硼黏结磁粉等细分领域占据绝对主导地位，市场占有率超过80%。

总体而言，中、美稀土产业各有优势，我国在上游原材料和多数稀土功能材料领域优势比较明显，美国在一些特定材料领域特别是终端应用领域优势突出，我国稀土产业整体还处于国际稀土应用价值链的中端。

6.2.2.6 贸易战对我国稀土产业的影响

2018 年以来，美国悍然对我国发起贸易战，已累计对出口美国价值 2600 亿美元的商品征收 5%~25% 的关税，对国内许多产业将造成直接或间接冲击。经初步分析中美涉税清单，其中没有稀土原材料产品、仅有催化转化器、LED 照明产品等部分应用产品，因此，我们认为对稀土行业可能会有影响，但基本为间接影响，程度和规模不会不大。主要有如下几方面影响：

一是原材料领域影响有限。我国已形成比较完整的稀土产业链，既是稀土开采和生产大国，也是世界最大的稀土消费国，多数产品已能够自给，无须从国外大规模进口；我国对美开出的清单中，包括稀土金属矿、稀土化合物、金属、稀土永磁体等品目，其中我国每年从美国进口稀土矿约 2 万吨，且属于轻稀土矿，其他原材料很少从美国进口，加征关税不会对国内造成实质影响。

二是部分应用领域或受影响。美国公布的关税清单中，包含大部分照明行业的相关产品，而美国是我国 LED 照明产品的最大进口国之一，进口量约占到我国全部出口量的1/4，提高关税后，会对国内部分以出口为主的照明制造企业产生一定影响，但考虑到全球 85% 的 LED 照明产品在中国制造和组装，境外产量不足以满足美国市场需求，因此关税增加的成本可能会有一部分以美国消费者支付更高费用体现，对国内企业的影响程度应该可控。

6.3 稀土新材料市场需求及下游应用情况

6.3.1 国际市场需求及下游应用情况

6.3.1.1 我国稀土进口情况

2018 年 1~12 月进口稀土总量 98411t，进口稀土总金额 25603 万美元。进口稀土化合物及稀土金属总量 68493t，同比增长 99.1%；进口稀土化合物及稀土金属总金额 20392 万美元，同比增长 12.7%。

从进口国家和地区来看，2018 年稀土产品主要进口来源国为美国、马来西亚和缅甸，三者合计进口重量占比 98%，金额占比 91%。2018 年度主要进口国家进口情况如图 6-1所示。

2018 年稀土金属矿进口国主要是美国，重量占比 97%，其他进口国有布隆迪、肯尼亚等国。2018 年稀土金属矿进口国情况如图 6-2 所示。

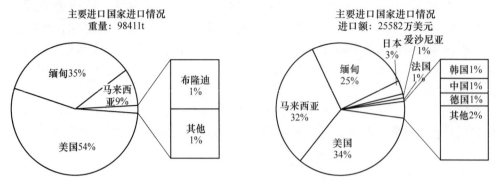

图 6-1　2018 年稀土产品进口国情况

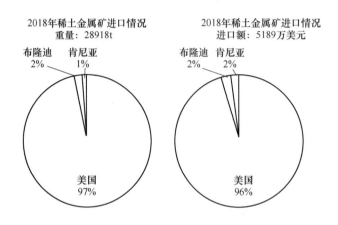

图 6-2　2018 年稀土金属矿进口国情况

2018 年稀土金属及化合物进口国主要是缅甸，重量占比 49%，进口额占比 31%。2018 年稀土金属及化合物进口国情况如图 6-3 所示。

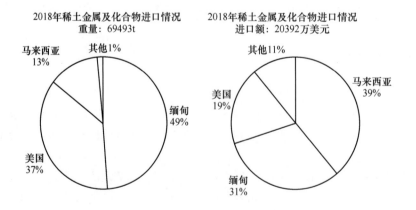

图 6-3　2018 年稀土金属及化合物进口国情况

2018 年全年从美国进口稀土金属矿及其他氟化稀土为主，2018 年从美国进口稀土产品类型情况如图 6-4 所示。

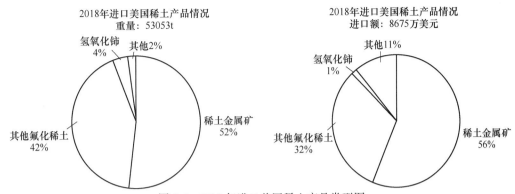

图 6-4 2018 年进口美国稀土产品类型图

2018 年全年从缅甸进口以混合碳酸稀土、未列明氧化稀土为主，2018 年从缅甸进口稀土产品类型情况如图 6-5 所示。

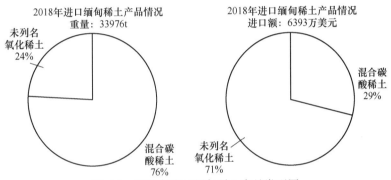

图 6-5 2018 年进口缅甸稀土产品类型图

6.3.1.2 我国稀土出口情况

据中国稀土协会技术统计，2018 年 1～12 月出口稀土总量（不含稀土永磁体）53031t，同比增长 3.6%；出口稀土总金额 51213 万美元，同比增长 23.1%。2018 年 1～12 月出口稀土永磁体 32696t，同比增长 9.34%，出口额 169140 万美元，同比增长 15.21%。其中，2015～2018 年稀土产品出口统计情况，见表 6-1。

表 6-1 2015～2018 年稀土产品出口量统计表

2015 年稀土产品出口量统计			
类 别	重量/kg	金额/美元	均价/美元·kg^{-1}
2846 稀土化合物	29234316	290269478	9.93
280530 稀土金属	5597751	82674736	14.77
合 计	34832067	372944214	10.71
2016 年稀土产品出口量统计			
类 别	重量/kg	金额/美元	均价/美元·kg^{-1}
2846 稀土化合物	41663462	283471771	6.80
280530 稀土金属	5085852	58099797	11.42
合 计	46749314	341571568	7.31

续表 6-1

2017 年稀土产品出口量统计			
类　别	重量/kg	金额/美元	均价/美元·kg^{-1}
2846 稀土化合物	45684125	336160424	7.36
280530 稀土金属	5514892	79843379	14.48
稀土永磁体	29901826	1468160247	49.10
合　计	81100843	1884164050	23.23
2018 年稀土产品出口量统计			
类　别	重量/kg	金额/美元	均价/美元·kg^{-1}
2846 稀土化合物	45646188	363262960	7.96
280530 稀土金属	7385222	148869635	20.16
稀土永磁体	32696048	1691409124	51.73
合　计	85727458	2203541719	25.70

主要出口国家的重量及出口金额（含稀土永磁体）：从主要出口国家来看，日本、美国、荷兰为我国主要出口国家，其三者合计出口重量占比 76%，出口金额占比 74%。

2018 年稀土化合物主要是出口德国、美国、日本、荷兰、韩国等地。2018 年稀土化合物出口情况如图 6-6 所示。

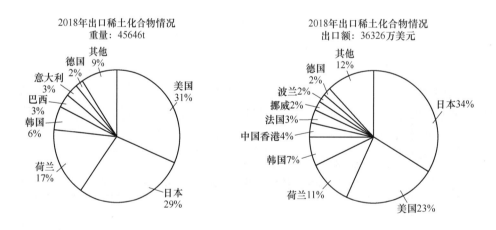

图 6-6　2018 年出口稀土化合物情况

2018 年稀土金属主要出口日本、荷兰、意大利、西班牙、美国等地。2018 年稀土金属出口情况如图 6-7 所示。

2018 年稀土永磁体主要出口德国、美国、韩国、泰国等地，2018 年稀土永磁体出口情况如图 6-8 所示。

主要出口国家稀土产品类型：2018 年中国出口日本稀土产品主要以碳酸铈、稀土永磁、氧化镧等为主；2018 年全年出口美国稀土产品主要以化合物、稀土永磁体、氧化镧、碳酸镧为主；2018 年度中国出口荷兰主要以稀土永磁体、碳酸镧为主。

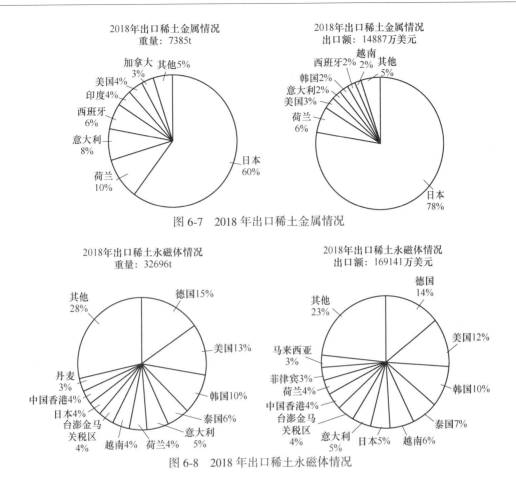

图 6-7 2018 年出口稀土金属情况

图 6-8 2018 年出口稀土永磁体情况

6.3.2 国内市场需求及下游应用情况

表 6-2 为中国稀土行业协会统计的稀土各领域功能材料 2015~2018 年产量统计。

表 6-2 稀土各领域功能材料 2015~2018 年产量统计　　　　　（单位：t）

稀土新材料	2015 年	2016 年	2017 年	2018 年	增长率
磁性材料（毛坯）	140000	141000	147000	15500	5.4%
石油催化裂化	200000	200000	200000	20000	持平
尾气净化（万升）	2900	3800	4000	4000	持平
储氢材料	8100	8300	9000	9000	持平
抛光材料	20000	22000	28000	28000	持平
LED 荧光粉	130	200	380	400	5.3%
三基色荧光粉	2200	2000	1600	1500	-6.3%
长余辉荧光粉	210	210	220	300	36%
稀土硅铁合金	38600	36000	40000	42000	5%

6.3.2.1 稀土磁性材料

A 国内市场需求

2018 年以来，在相关政府部门的引导和支持下，稀土行业总体发展运行情况良好，稳中有进。稀土原料市场价格比较平稳，为稀土功能材料等产业的发展提供了良好的保障，稀土磁性材料等稀土功能材料产业发展势头较好，现将 2018 年稀土磁性材料行业相关情况总结如下：

（1）产能、产量情况。2017 年中国稀土协会对全国 159 家烧结钕铁硼生产企业的产量统计，烧结钕铁硼毛坯产量为 14.8 万吨，折算磁材产量 11.84 万吨（成材率 80%计），产值约为 320 亿元。黏结钕铁硼产量为 6600t，产值约为 16.5 亿元。钐钴磁体产量为 2500t，产值约为 11 亿元。

2018 年，全国烧结钕铁硼毛坯产量 15.5 万吨，折算磁材产量 12.4 万吨（成材率 80%计），同比 2017 年产量增长 5%左右，黏结钕铁硼产量为 7000t，钐钴磁体产量为 2500t。

（2）产量（地区）分布情况。我国烧结钕铁硼产量（地区）分布情况如图 6-9 所示。

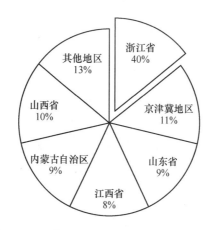

图 6-9　我国烧结钕铁硼产量（地区）分布情况

我国烧结钕铁硼企业产量区间见表 6-3。

表 6-3　我国烧结钕铁硼企业产量区间

产量区间	3000t 以上	2000~3000t	1500~2000t	1500t 以上	1500t 以下
占比/%	40	10.8	7	57.8	42.2
企业数量/家	12	7	6	25	135

（3）应用领域情况。稀土磁性材料应用到各领域情况见表 6-4。

表 6-4　稀土磁性材料应用到各领域情况

序号	应用领域	占总比例	产品档次
1	汽车、新能源汽车电机	20%	高档
2	电动自行车	17%	低档
3	磁选机	11%	低档
4	电声设备	10%	中档
5	硬磁盘驱动器（VCM）	5%	高档
6	节能家电	5%	中高档

序号	应用领域	占总比例	产品档次
7	风力发电	5%	中档
8	箱包扣磁体	4%	低档
9	核磁共振	3%	中档
10	曳引电梯	3%	中高档
11	儿童玩具	3%	低档
12	民用微特电机（微小型家电）	2%	高档
13	工业电机	2%	高档
14	其他	10%	高中低档均有

　　磁性材料的应用主要涵盖了以上13个主要领域，应用到各领域产品的档次分析如下，高档产品占整个磁性材料应用的32%左右，同比增长4.4%；中档产品占23%左右，同比增长3%；低档产品占35%左右，同比增长4.5%，其他产品高中低档均有，占比10%左右（以上数据来自中国稀土协会）。

　　随着全球对钕铁硼磁性材料应用领域的不断扩展创新，烧结钕铁硼磁性材料的需求量由2000年的2万吨增至2018年的近20万吨，需求量翻了十倍，我国作为钕铁硼磁性材料的生产大国，每年供应着全球85%以上的钕铁硼磁性材料。在全球高速发展的背景下，智能制造、电子通信、轨道交通、医疗器械、节能环保及新兴产业等领域对钕铁硼磁性材料的需求保持稳定增长态势，图6-10给出了2008~2018年中国和世界烧结钕铁硼磁体产量的增长趋势。近年来，尽管全球经济形势不景气，但稀土永磁产业仍以年5%~10%的需求量增加。2010~2018年我国稀土各类磁性材料产量统计表见表6-5。

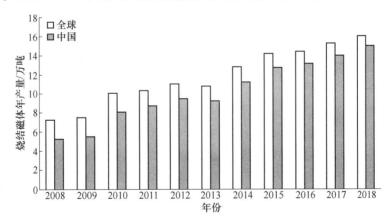

图6-10　2008~2018年中国和世界烧结钕铁硼磁体的产量情况

表6-5　2010~2018年我国稀土各类磁性材料产量统计表　（单位：万吨）

年份 稀土磁性材料	2010	2011	2012	2013	2014	2015	2016	2017	2018
烧结钕铁硼毛坯	7.9	8.1	7.8	10.93	13.50	14.00	14.10	14.70	15.50
烧结钕铁硼磁材	6.32	6.48	6.24	8.74	10.80	11.20	11.28	11.76	12.40

年份 稀土磁性材料	2010	2011	2012	2013	2014	2015	2016	2017	2018
黏接钕铁硼磁材	0.40	0.44	0.40	0.45	0.45	0.45	0.45	0.66	0.70
钐钴磁体	0.06	0.07	0.10	0.12	0.13	0.14	0.24	0.25	0.25

注：以上数据来自中国稀土行业协会。

近年来，全球黏结稀土永磁行业得到了迅速发展，我国黏结永磁产业发展也极为迅速，产量超过世界的 70%。目前，我国已成为黏结磁体的生产大国，产业的发展带动了全球黏结永磁产业的发展。2018 年的黏结磁性材料的发展规模较为平稳，基本上与 2017 年持平，具体如图 6-11 所示。

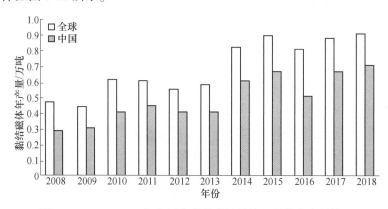

图 6-11　2008～2018 年中国和世界黏结钕铁硼磁体的产量情况

磁致伸缩方面，其国内民品材料市场规模并不大，但其在国防军工方面的价值则不可估量。美国等西方国家已将其应用于高速开关阀及换能器，并将其作为国防尖端材料而限制出口。我国未来国防工业的发展离不开磁致伸缩精密控制阀等关键零部件，而水声换能器则完全依赖于磁致伸缩材料性能的提高。

B　下游应用情况

稀土永磁材料由于其具有极优异的磁性能，在新一代信息技术、航空航天、先进轨道交通，节能与新能源汽车、高档数控机床和机器人、风力发电、高性能医疗器械等领域都有着十分广泛的应用。2018 年钕铁硼永磁材料的市场分布情况如图 6-12 所示。

目前，电机类应用的比例已超过 60%。从电动自行车到新能源汽车，从油田电机到矿山机械，从纺织机器到精密机床，从电动工具到电梯曳引机、从工业和医用机器人到无人飞机，从空调压缩机到水泵风机，从大型天文望远镜到核聚变反应装置、从风力发电到水力发电、从计算机到手机等都有稀土永磁材料。

汽车工业是钕铁硼永磁材料应用增长最快的领域之一。出于成本和功效考虑，目前绝大多数乘用电动车基本都采用永磁同步电机，需要高磁能积和高工作温度电动汽车永磁体。在每辆汽车中，一般可以有几十个部位如引擎、制动器、传感器、仪表、音箱等会用到 40～100 个稀土永磁体。每辆混合动力车（HEV）要比传统汽车多消耗约 5kg 钕铁硼，纯电动车（EV）采用稀土永磁电机替代传统发电机，多使用 5～10kg 钕铁硼。以平均每辆新能源汽车消耗钕铁硼永磁体 8.5kg 计算，预计到 2020 年，需求量将高达 1 万吨。

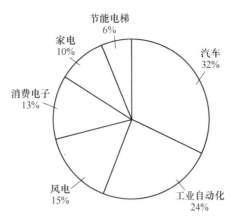

图 6-12 2018 年中国钕铁硼永磁材料的市场分布情况

工业自动化、智能机器人的快速发展以及磁动力系统的广泛应用为各种类型的永磁材料提供了广泛的应用空间，有望迎来爆发式增长。根据《中国制造 2025 重点领域技术路线图》，预计到 2020 年我国工业机器人销量将达到 15 万台。有机构测算，目前一台重量为 165kg 的工业机器人需要消耗 25kg 高性能钕铁硼。按此估算，2020 年我国工业机器人钕铁硼磁体需求量将达到约 3750t。

在磁电-机械换能领域，磁致伸缩材料与永磁材料常常相伴应用于大功率水声换能器、高精度线性马达、各类检测设备、降噪减震系统和各种阀门、燃油喷射系统和微型泵。

6.3.2.2 稀土发光材料

A 国内市场需求

2018 年我国发光材料总量约 2500t，其中，三基色荧光粉年产销量从 2011 年 8000t 降为 2018 年约 1500t，预计未来几年仍将呈现下降趋势。据 CSA Research 调查显示，2018 年半导体照明行业总产值达到 7374 亿元，其中通用照明占我国整个半导体照明的 44.2%，如图 6-13 所示。白光 LED 荧光粉 2018 年产量约 400t，预计到 2020 年，我国半导体照明产值将超过万亿元，因此白光 LED 荧光粉仍将保持较高增长态势。

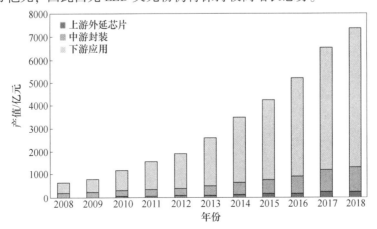

图 6-13 我国半导体照明整体产业规模

（数据来源：CSA2018 年度半导体照明产业发展白皮书）

长余辉发光材料 2018 年我国产量约 600t，预计未来仍将保持稳健的产销量。除此之外，2018 年全球 LED 植物照明市场规模为 1.9 亿美元，2018 年全球近红外市场 36 亿元，以上领域将引导植物照明和近红外发光材料在未来形成一定的市场规模。

B　下游应用情况

稀土发光材料目前主要应用在照明、显示及信息探测三大领域，照明和显示仍是稀土发光材料最大的应用领域。近年来，人们对照明和显示效果的不断追求，刺激着照明和显示领域在常规照明和显示的基础上不断拓展，其应用的复杂性和特殊性不断要求稀土发光材料产品提升发光效率、稳定性、冷热冲击等性能，并不断开发新一代稀土发光材料，以满足汽车照明、全光谱照明、激光照明和显示、柔性显示、超宽色域显示、植物照明及长余辉照明及显示等新兴应用领域的需求。

在信息探测领域，我国已对安防监控、生物识别、食品医疗检测等领域用稀土近红外发光材料进行了广泛的专利布局，但其仍存在发光效率低，部分体系稳定性差等问题，未来 5~10 年，其需求量将随着技术发展和物联网等的应用而出现显著增长。

6.3.2.3　稀土催化材料

A　国内市场需求

（1）汽车催化剂。截至 2017 年，全国汽车保有量达到 2.17 亿辆。预计到 2020 年，全国的汽车保有量将达到 2.8 亿辆，未来的保有量峰值将达到 6 亿辆。另外，2017 年我国的内燃机产量达到 8000 万台，其中近 5000 万台用于非道路机械。据测算，未来 5 年我国还将新增机动车 1 亿多辆，工程机械 160 多万台，农业机械柴油总动力 1.5 亿多千瓦。2017 年全球汽车产量为 9730 万辆，汽车尾气催化剂年需求量约 1.55 亿升。另外，全球铈锆储氧材料市场用量约 16000t。2018 年全球汽车产量下降，加拿大皇家银行资本市场近期报告显示 2018 年全球汽车产量可能在 9460 万辆左右，则全球汽车催化剂需求量约 1.5 亿升。2018 年我国汽车产量下降 4.2% 至 2780 万辆，则汽车尾气催化剂需求量约 4500 万升。

（2）脱硝催化剂。《中华人民共和国环境保护税法》于 2018 年 1 月 1 日起实施，按照"税负平移"原则，实现排污费制度向环保税制度的平稳转移。2017 年 2 月，环保部发布《京津冀及周边地区 2017 年大气污染防治工作方案》，明确从 2017 年 10 月 1 日起，"2+26"城市行政区域内所有钢铁、燃煤锅炉排放的二氧化硫、氮氧化物和颗粒物大气污染物执行特别排放限值，具体包括火电、钢铁、炼焦、化工、有色、水泥、锅炉等 25 个行业或子行业。在火电行业污染治理已取得显著成果的情况下，非电行业环保设施新建及提标改造已经拉开序幕。

（3）催化裂化催化剂。随着经济社会的快速发展，我国原油消费量呈长期快速增长趋势，年消费量从 1965 年的 0.11 亿吨增至 2017 年的 6.06 亿吨，年均复合增长率达到 7.95%，国内炼油催化剂主要由中石油和中石化附属企业生产。2018 年 1~5 月成品油表观消费量 13236 万吨。催化剂技术是实现原油高效转化和清洁利用的关键核心技术。

目前全球石油裂化催化剂年产量约 100 万吨，我国石油炼制 FCC 装置处理能力达到 1.6 亿吨，FCC 催化剂市场需求量每年约为 17 万吨，年产量约 30 万吨，国产催化剂占国内市场份额的 90% 以上。

B　下游应用情况

稀土催化材料重点应用于环境和能源领域。石油裂化催化剂稀土应用量最大，主要应用轻稀土镧和少量的铈。目前全球石油裂化催化剂年产量约 100 万吨，裂化催化剂稀土含量约 3%（质量分数），则全球石油裂化方面稀土需求量高达 3 万吨。我国石油炼制 FCC 装置处理能力达到 1.6 亿吨，FCC 催化剂市场需求量每年约为 17 万吨，年产量约 30 万吨，国产催化剂占国内市场份额的 90% 以上，按 FCC 催化剂稀土含量为 3%（质量分数）计算，我国在石油炼制方面每年稀土用量约 9000tREO。另外汽车尾气净化催化剂是稀土用量第二大领域，主要应用轻稀土铈、镧、镨、钇等，具体应用到的稀土新材料包括铈锆储氧材料、稀土改性氧化铝材料等。2017 年全球汽车产量为 9730 万辆，汽车尾气催化剂年需求量约 1.55 亿升，则稀土用量接近 10000t。2017 年我国汽车产量为 2901 万辆，则用于汽车尾气催化剂方面的国内稀土用量约 2800t。另外，全球铈锆储氧材料市场用量约 16000t。2018 年全球汽车产量下降，加拿大皇家银行资本市场近期报告显示 2018 年全球汽车产量可能在 9460 万辆左右，则全球稀土用量约 9100t。2018 年我国汽车产量下降 4.2% 至 2780 万辆，则汽车尾气催化剂方面稀土用量约 2670t。

稀土催化材料在工业脱硝方面应用主要是中低温非火电脱硝，其稀土用量目前较小，但呈逐渐增加趋势。另外，在工业有机废气处理方面也有一定工业应用。

6.3.2.4　稀土储氢材料

A　国内市场需求

稀土储氢材料产业在我国迅猛发展，2003 年到 2011 年，我国稀土储氢材料产销量逐年增长，近年来我国的稀土储氢材料生产能力变化不大，产量在锂电池的冲击下有所下降，年产销量已降至 9000t 以下，趋于稳定。我国储氢合金产业处于供大于销的局面，价格激烈竞争状况仍长期持续。近年我国混合动力汽车市场正迎来规模式增长，预计到 2020 年储氢合金需求将达到 1.5 万吨，2025 年达到 2 万吨。

世界稀土储氢合金主要由中国和日本供应。日本储氢合金企业目前只剩 3 家，产能均在 3000t 以上，总约 1.5 万吨，产能利用率较高。近五年，日本储氢材料的年产销量在 1.2 万吨左右，比较稳定，稀土金属需求数量在 3500t。

B　下游应用情况

稀土储氢合金最大应用领域在镍氢电池，镍氢电池分为小型镍氢电池和动力镍氢电池。

小型镍氢电池应用领域主要包括：无绳电话、电动工具、个人护理、玩具、灯具、医疗设备、吸尘器、扫地机、医疗设备等。镍氢电池替代镍镉电池使用逐年增加，应用方面，要求镍氢电池自放电小，降低镍氢电池的自放电有利于市场开拓。除了民用零售市场及无绳电话市场趋于饱和，其他终端应用领域均呈现增长趋势。我国镍氢电池销售和出口数量逐年降低，但降幅趋缓。

镍氢动力电池主要应用在混合动力汽车和燃料电池汽车上，在国内还将电容型镍氢动力电池应用在纯电动公交大巴上。目前混合动力汽车最大的市场依旧在日本，丰田占有全球 69% 的市场份额，技术路线主要为镍氢电池。未来 15 年混合动力汽车占比将达到 25%，需求空间较大。2017 年车载镍氢电池市场占整个镍氢市场的 49%，后续仍有增长趋势。电容型镍氢动力电池具有宽温性、快速充放电、长寿命、安全环保等优点，每辆 12m 的纯电动公交车用电池重量为 2~3t，负极重量占比 35%，每辆车消化镧铈稀土合金粉 600~1000kg，全国公交车数量超过 50 万辆，每 8 年有一个寿命周期，市场前景十分广阔。

6.3.2.5　稀土晶体材料

A　国内市场需求

我国稀土激光晶体材料 2018 年的市场规模在 12 亿元左右。由于激光加工、激光医疗、激光武器等激光应用领域的大幅拓展，我国激光晶体材料总体处于供不应求状态。尽管光纤激光器和半导体激光器的快速崛起给以激光晶体为增益介质的固体激光器形成了较为明显的冲击，但固体激光应用市场对于激光晶体的需求仍保持稳定增长态势。

我国稀土闪烁晶体材料 2018 年的市场规模在 1.5 亿元左右，以 LYSO 晶体为主。根据国家卫健委于 2018 年 10 月发布的大型医用设备配置规划，到 2020 年底，全国规划新增正电子发射设备（PET-CT、PET-MR）共计 405 台。据此推算，对闪烁晶体的需求近10 亿元，其中绝大部分为 LYSO 晶体，但目前国内产能只能满足不到一半的需求。因此，未来两年国内 LYSO 晶体供应存在巨大缺口，对国内 LYSO 晶体生产企业而言是一个很好的发展机会。

B　下游应用情况

稀土激光晶体材料的重点应用领域包括：激光加工、激光显示、激光医疗和军事应用等。激光加工领域是激光晶体最大的应用领域。近年来，超快激光加工和紫外激光加工蓬勃发展，对激光晶体产生了重大需求，且对晶体的性能要求越来越高，特别是对晶体的抗激光损伤能力、质量一致性等具有严格要求。随着近年来国内生活水平的提高，面向娱乐消费的激光显示市场增长迅速，而激光美容市场的大幅扩张，则带动了激光医疗领域的强劲需求。这两个领域对激光晶体的技术指标要求不高，但对成本的要求较为苛刻，因此需要激光晶体厂商不断改进和创新技术以降低成本。军事应用领域一直是激光晶体技术水平发展的关键驱动力，其应用的复杂性和特殊性不断要求激光晶体材料增大晶体尺寸、提高晶体品质、改善抗激光损伤能力，并要求激光晶体材料不断推陈出新，以满足多样化的军事应用需要。

稀土闪烁晶体的重点应用领域主要包括：核医学设备、高能物理、核辐射探测、石油测井等。以正电子发射断层扫描（PET）为代表的核医学影像诊断设备，是当前高端医疗设备市场的典型代表，对稀土闪烁晶体具有重大需求。LYSO 晶体是目前最能满足 PET 应用需求的闪烁晶体，全球需求量超过 50t，总的市场价值在 10 亿元左右。预计未来 5~10年时间，LYSO 晶体仍将是 PET 用闪烁晶体的主流产品，且其需求量将随着中国 PET 市场的快速发展而出现显著增长。高能物理领域对闪烁晶体的要求因情况而异，其市场特点是需求量大但不稳定，对价格敏感。核辐射探测领域要求晶体具有高光输出、高能量分辨率。石油测井应用则不仅要求晶体具有优异的闪烁性能，还要求晶体具有良好的高温性能和机械抗震性能。LaBr$_3$：Ce 晶体在上述领域都具有很好的应用前景，但由于价格原因，目前市场份额较小。

6.3.2.6　稀土基础材料

A　国内市场需求

我国稀土基础材料产业可以生产 400 多个品种、1000 多个规格的稀土产品，成为世界上唯一能够大量提供各种品级稀土产品的国家。中国目前冶炼分离企业由原来的 99 家压缩至 59 家，6 家稀土集团（中铝公司、北方稀土、厦门钨业、中国五矿、广东稀土、南方稀土）主导市场的格局初步形成，整合了全国 23 家稀土矿山中的 22 家、59 家冶炼分离企业中的 54 家，扭转了"多、小、散"的局面，冶炼分离能力从 40 万吨压缩到 30 万吨。近十年来中国稀土冶炼产品量如图 6-14 所示。

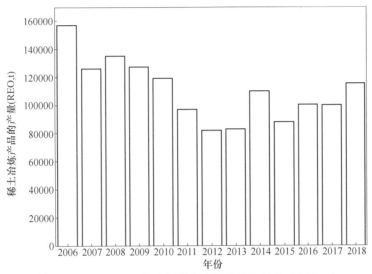

图 6-14　2006～2018 年中国稀土冶炼产品的产量（REO，t）

我国高纯稀土金属市场供应能力约 60 吨/年，随着高技术的发展，高纯稀土金属在磁性材料用溅射靶材、磁制冷、储氢材料、荧光粉、电子信息等领域均形成了应用，且市场需求逐年增长，形成了供不应求的局面。具体来说，磁性材料用 Tb/Dy 溅射靶材基本在 2016 年开始起步，市场规模不到 10t，随渗透技术进步和推广，2017 年市场规模达到 25t 左右，2018 年进一步放量，全球市场规模在 40t 左右，市场供不应求；高纯稀土金属 Gd、Tb、Ho、Er、La 等在磁制冷领域主要用于基础研究或者小规模生产；高纯稀土金属 La 在储氢材料主要用于基础研究和部分高端领域应用，Eu、La 在荧光粉领域实现商用；高纯稀土金属 Yb 在 OLED 中的应用在韩国已规模化应用，我国只有 1 家企业实现规模应用，其他厂家处于研发和小试阶段；高纯稀土金属在电子信息领域的应用在美国及日本已经实现应用，我国处于研发和小试阶段。

B　下游应用情况

高纯稀土金属的主要应用领域是磁性材料、超导材料、储氢材料、新型荧光粉、OLED 用蒸发料、电子信息用溅射靶材、闪烁晶体、大功率激光晶体和光纤材料等，以及新型稀土功能材料的研发。

高性能 NdFeB 永磁材料主要用于新能源汽车、风力发电、智能手机等领域，其往往需添加 Tb/Dy 以提高其性能，主流趋势趋向于渗透技术，其通过溅射后进行热处理，Tb/Dy 渗透到晶界以提高矫顽力，同时可保证剩磁基本不变和提高产品稳定性，另外，还能大大降低生产成本，Tb/Dy 溅射靶材 2018 年市场规模达到 40t 以上，2019 年预计 80t 以上；OLED 具有轻薄、柔性、显示效果好、响应速度快等特点，被认为是下一代显示技术最有力的竞争者，如用于手机显示屏、穿戴设备、曲面屏，Yb 因其功函数较低，能提高电子注入能力、降低驱动电压、提高发光效率的优势，在 OLED 技术领域获得应用，随技术进步，用量将进一步放大；高纯金属 La 是优异的储氢材料，随技术突破，其在航空航天、核能、新能源汽车等领域将得到大力推广，用量也会由 1t 左右增加到 10t 以上；压电材料 AlN 中通过溅射加入高纯稀土金属 Sc（钪），助于提高机电耦合参数、减少插入损耗、提高相对带宽等优势，广泛应用于高性能无线电领域中的射频滤波器，随着 5G 通信的发展，高纯 Sc-Al 靶用量将激增，由目前需求量 300~500kg 增加到 1t 以上；高纯金属 La 和 Eu 已经在荧光粉领域实现商用，市场需求量在 2t 以上，针对具体用途对某些特殊杂质种类及含量有严苛要求；随着电子技术向高性能、多功能、大容量、微型化方向发展，半导体芯片集成度越来越高，晶体管尺寸越来越小。集成电路线宽小于 28nm，传统的 SiO_2 栅介质薄膜就会存在漏电甚至绝缘失效的问题，目前采用铪、锆及稀土改性的稀有金属氧化物薄膜解决核心漏电问题。进一步降低线宽，需采用更高介电常数、导带偏移大和良好的高温热稳定性的稀土栅介质材。2015 年全球集成电路晶圆产量为 18900 万片，市值 3280 亿美元，靶材市场规模 160 亿美元，高 k 栅介质材料用靶材市场规模超过 32 亿美元；预计到 2020 年，集成电路晶圆产量达到 23000 万片，高 k 栅介质材料用靶材市场规模将达到 40 亿美元，若 20% 采用稀土靶材替代，稀土金属靶材市场规模达到 8 亿美元。随着高纯稀土金属往下游应用的不断延伸和新技术的发展，其用量将持续增长，带动更大社会和经济效益。

高纯稀土氧化物广泛应用于各类电子、光学晶体、磁性材料。例如，纯度大于 99.999% 高纯氧化钕制备的激光钕玻璃应用于"神光"系列装置和上海超强超短激光实验装置，纯度大于 99.999% 的氧化铒用于制作长距传输光纤放大器，纯度大于 99.99% 的氧化铈应用于医学成像、高能物理等领域的高性能稀土闪烁晶体，高纯度的 Tb、Dy 等稀土化合物应用于超声换能器等领域的高性能超磁致伸缩材料（GMM）等。超细稀土化合物主要应用于功能陶瓷、半导体、晶体、医疗等众多领域。如，超细氧化钇、氧化镥、氧化钆、氧化铈等稀土氧化物大量应用于闪烁光功能材料；MLCC 主要材料为粒度 100nm 的钛酸钡粉体，要求所采用的纳米氧化钇改性材料不仅纯度高，而且必须粒度小于 100nm，同时具有均匀的分散特性和较高的比表面积。纳米 La_2O_3 掺杂进入氧化铝中，所制陶瓷的高温力学性能大大改善，加入 0.1% 时就可使陶瓷蠕变速度降低 100 余倍，且最高使用温度提高 200~300℃，其效果远远好于普通的微米级 La_2O_3 掺杂作用。纳米级 CeO_2 具有宽带强吸收能力，而对可见光却几乎不吸收，可用于防晒纤维、塑料和汽车玻璃等紫外屏蔽领域。

6.4　前景展望与发展目标

6.4.1　发展前景展望

稀土永磁材料为代表的稀土新材料是我国近十几年来发展迅速、与国际先进水平差距较小、有更多机会通过原始创新实现领跑的一类新材料，包括高性能钕铁硼永磁材料、耐高温钐钴永磁材料、新型铈永磁材料、软磁/硬磁性相复合材料、双主相磁体、重大装备与工程用特种功能永磁材料等。稀土新材料在新一代信息技术、航空航天、先进轨道交通，节能与新能源汽车、高档数控机床、工业和医用机器人、风力发电、智能家电、通信、高性能医疗器械等领域的广泛应用，预计到 2025 年有望形成以稀土永磁产业为突出代表的产值超过 3000 亿元的稀土新材料产业集群。

稀土新材料未来发展应以提升稀土新材料产业科技创新能力、整体竞争力和抢占战略制高点为出发点，立足"补短板，解燃眉之急；抢先机，谋引领发展"，重点构建与基础性、多样性、长期性、复杂性特点相适应，贯穿研发、工程化、产业化、应用全流程的稀土新材料创新链，突破重点新材料设计、制备、产业化、应用等环节的关键技术，形成核心专利技术体系，把握材料组成、工艺、结构、性能（本征与服役性能）之间的内在关系，尤其是重点研发美国高度关注，且能充分发挥我国特色资源优势的、具有国际市场竞争力的新型稀土永磁材料等系列重点产品，带动我国以稀土永磁材料为代表的稀土新材料产业，形成能源、环境、信息、医疗、智能制造、国防等领域万亿级产业群。在具体内容上有如下几个方面。

6.4.1.1 稀土永磁材料

（1）重点探索高性能钕铁硼永磁材料、耐高温钐钴永磁材料、新型铈永磁材料、软磁/硬磁性相复合材料、双主相磁体与特种功能永磁材料结构与性能的内在规律，探索新型超高性能稀土永磁材料。

（2）研发满足智能制造、机器人、节能与新能源汽车和航天军工等新兴产业需求的新型高性能低成本稀土烧结/热压/黏结永磁材料，满足新能源、航空航天、国防军工和智能制造等特殊器件的性能要求，提升稀土新材料对产业结构调整和升级换代的带动和支撑作用。

（3）以稀土资源平衡利用为导向的稀土永磁材料及其产业化技术研发是目前国内外关注的焦点，晶界（相）调控、超细晶粒和温度补偿技术在轻稀土资源的综合利用和重稀土资源的高质化利用是技术发展趋势。因此，发展镧、铈、钇等高丰度稀土在永磁领域的新应用技术；开发近终形热变形磁体制备技术、新型高性能磁体及其表面防护技术等研究依然是今后我国稀土永磁材料的重点发展方向。

（4）稀土永磁材料的性能决定电机类型和磁路结构，随着不同应用领域永磁电机设计的专一化和结构的特殊化，过去那种采用通用永磁材料的方法已不能实现新型永磁电机功能设计，必须"专材专用"。研究面向机器人和智能汽车永磁伺服电机用磁体；研究重载汽车大力矩永磁电机用超高矫顽力永磁材料；研究轮毂电机用高强韧性、高抗拉强度永磁材料；研究轮边电机用抗冲击稀土永磁材料；研究高速电机用耐高温稀土永磁材料；研究"功能结构一体化"永磁材料。

（5）建设稀土新材料科技创新中心，构建数字化、信息化的稀土永磁功能材料与磁传动技术支撑平台。

6.4.1.2 稀土催化材料

随着环保要求的持续提高，稀土催化材料在石油催化裂化、机动车尾气净化、工业废气治理等领域的应用将越来越广，未来的发展方向将主要集中在进一步提升产品性能，实现绿色、高效、清洁生产和供应。具体是石油裂化催化剂领域，重点发展：（1）具有更高性能的渣油裂化催化剂，以提高 FCC 装置的重油加工能力；（2）石油催化裂化过程中低硫、低氮清洁油品生产技术和相关石油裂化催化材料。机动车尾气净化催化剂包括汽油车尾气催化剂和柴油车尾气催化剂两类产品，其中，汽油车尾气催化剂将重点针对国Ⅵ汽车尾气排放标准，重点发展：（1）汽油车颗粒物过滤器技术（GPF）；（2）高性能铈锆储氧材料、改性氧化铝涂层材料、分子筛 SCR 等关键材料；（3）先进催化系统优化集成技术（TWC+SCR、TWC+GPF 等）；（4）贵金属减量技术，提高贵金属利用率。柴油车尾气催化剂方面，重点发展：（1）新型结构、非钒分子筛催化剂技术；（2）DOC 及氨泄漏催化技术；（3）大尺寸、薄壁蜂窝载体制备技术；（4）多种后处理优化集成技术，如 DOC+SCR、DOC+EGR+DPF、DOC+DPF+LNT、DOC+DPF+SCR 等，以进一步节省催化系统生产成本，节约底盘使用空间。工业废气脱硝催化剂方面，重点发展：（1）稀土改性 SCR催化材料，开拓在水泥、钢铁、玻璃、焚烧等非火电行业的应用；（2）耐硫耐水、非钒无毒、高效脱硝催化剂，满足火电行业工业脱硝要求，替代目前有毒钒基工业脱硝催化剂。最后，应开发稀土催化材料在生物质高效转化、能源转化、化学储能等领域中的应用技术和新兴稀土催化材料，突破稀土催化材料应用的瓶颈，布局新的催化材料产业。

6.4.1.3　稀土储氢材料

储氢合金作为 Ni-MH 电池的关键材料，其性能直接制约着 Ni-MH 电池的性能，未来发展重点是开发低成本高比容量、高倍率性能、优良宽温性能的低自放电金属氢化物电极材料。主要方向：（1）通过组成优化、组织结构控制、制备工艺技术等研究改善和提高材料性能。（2）开发新型稀土储氢材料体系，如稀土镁基储氢合金材料、非 AB_5 型稀土储氢合金材料（La-Fe-B 系、La-Y-Ni 系储氢合金）、稀土钙钛矿型（ABO_3）储氢氧化物等。此外，燃料电池氢源、大规模储能用新型稀土储氢材料是零排放清洁汽车和新型能源走向市场化的关键能源材料，能量存储用储氢合金也是重点研发方向之一。

6.4.1.4　稀土光功能材料

（1）围绕半导体照明和显示高端应用，未来发展方向主要集中在发展高综合性能的稀土发光材料和稀土晶体材料等，以满足多样化应用需求：发展适合紫外、近紫外或蓝光芯片用高效率的青、绿、黄色荧光粉制备和应用技术；发展广色域氮氧化物稀土荧光粉高温高压合成技术及高性能、窄带发射新型稀土发光材料；开发大功率 LED、激光照明、激光显示等高密度能量激发器件用稀土光功能材料及其产业化制备技术；开发稀土发光材料连续化合成装备，实现材料性能的整体升级、稳定化生产。

（2）围绕信息探测等应用，未来发展方向主要是布局近红外发光、植物生长照明、生物医学等前沿领域的应用。开发新型近红外发光材料及其应用；开发适合植物生长照明用高性能稀土发光材料及装置；利用稀土上转换发光纳米材料生物成像荧光干扰小、灵敏度高、检测速度快、检测极限低等优势，发展稀土上转换纳米发光材料在生物医学成像领域的应用。

（3）稀土光功能晶体未来发展方向主要集中在提升晶体产品性能和产业化水平、开发自动化和智能化装备、开拓新应用等方面，包括：拍瓦（1015W）级超高峰值功率激光晶体；超高平均功率（>100kW）级激光晶体及其高质量、大尺寸生长技术；激光加工用 LD 泵浦高功率飞秒激光晶体研究及产业化；高功率中红外低维激光晶体。

（4）闪烁晶体领域的主要方向包括：高密度、高光输出、快衰减和高辐照硬度的新型高性能闪烁晶体；大尺寸、高质量 LYSO、$LaBr_3$：Ce 晶体低成本产业化生长技术开发；健全和完善闪烁晶体产业链，重点突破上游高纯稀土原料制备技术和下游晶体封装、应用技术。

6.4.1.5 稀土基础材料绿色高效清洁提取技术

重点方向有：（1）稀土提取、分离提纯过程基础理论。重点开展典型稀土矿及尾矿的组成、结构和表面状态及其对选矿和分解过程的影响规律研究，进一步发展复杂体系的串级萃取理论，优化稀土分离流程；加强稀土冶金过程物理化学特性与传质动力学规律、稀土冶金过程数字模拟与智能控制方法等研究，为稀土冶炼分离提纯新技术、新方法、新工艺研究开发提供理论指导。（2）稀土资源高效清洁提取分离与稀土化合物材料绿色制备一体化技术。重点开发经济型的稀土矿物与二次资源高效清洁提取与分离提纯技术，进一步提高资源综合利用率，物料实现循环利用；在稀土提取分离同时直接制备高纯稀土及特殊物性稀土化合物材料，实现稀土提取分离与材料制备一体化，缩短流程，提高稀土利用率，降低成本，为新材料研发及高端应用产业提供物质基础。

6.4.2 发展目标

6.4.2.1 总体目标

准确把握稀土新材料科技发展前沿，凝练面向 2035 国民经济和社会发展重大战略需求的稀土新材料领域核心关键技术和重点发展任务，为切实加强我国稀土新材料科技自主创新能力，切实提升产业的核心竞争力，支撑和引领高新技术发展和国防安全建设，提出发展方向、目标、思路、重点任务和实施步骤。在保障能力方面实现自主可控，在原始创新方面实现方向引领和提前布局，在创新支撑体系方面实现保障可持续发展。

抢占稀土新材料技术和产业发展先机，解决核心关键稀土材料知识产权受制于人的局面，构筑稀土新材料的先发优势，服务和保障世界科技强国战略。通过重大项目的实施及相关政策支持，围绕保障国家重点发展领域、关键产业需求和高技术对稀土新材料性能的更高要求，着力破解核心技术、关键生产装备受制于人的明显制约，对事关国计民生和国家安全重点领域的器件与材料需求，着力构建系统性、全方位的保障能力，基本建成可持续发展的关键稀土新材料的核心技术、知识、人才、能力体系，实现稀土新材料科技强国的战略目标。

6.4.2.2 阶段目标

（1）2022 年。解决我国稀土新材料产业面临的产品同质化、低值化，环境负荷重、创新能力制约等共性问题，推进稀土永磁、稀土软磁、稀土磁致冷、稀土储氢、稀土光功能、稀土催化和稀土激光晶体等材料产业结构调整与产业升级，通过稀土新材料的设计开发、制造流程及工艺优化等关键技术和国产化装备的重点突破，实现重点稀土新材料产品的高性能和高附加值、绿色高效低碳生产。实现稀土新材料大规模绿色制造和循环利用，重点建成先进稀土新材料产业创新体系，实现绝大部分稀土新材料的自给和部分先进稀土新材料的输出。满足国民经济和国防建设的需要，稀土永磁、稀土储氢和稀土光功能等部分材料达到世界领先水平。

（2）2030 年。重点先进稀土新材料完全实现国产化，满足重大和高端装备用基础材料的自主供应需求，突破一批国家建设急需、引领未来发展的关键稀土新材料和技术，显著提升我国稀土新材料领域总体科技水平。开展稀土新材料产业技术标准的升级研究，建立完备的知识产权和标准体系，完善稀土材料产业链，提升我国稀土材料产业进入世界先进行列，为我国参与全球新技术革命、产业变革与竞争提供支撑。

（3）2035 年。把我国稀土新材料及器件产业发展成为具有国际引领能力，有创新能力和市场竞争力强的现代化材料与制品工业，主要行业稀土新材料产品及器件达到世界领先水平，以科技创新支撑 10 个左右的行业优势企业成为世界领先企业，拥有一批世界影响力的知名企业和品牌，各主要稀土新材料应用产业和企业实现高度的绿色制造，能源利用效率和污染物排放达到国际领先水平，实现我国由稀土新材料大国向稀土新材料强国的转变，支撑科技强国战略。

6.5　问题与建议

6.5.1　主要问题

改革开放 40 年来，特别是实施第一个国家中长期科技发展规划以来，通过系统部署我国稀土新材料领域取得了显著成绩：形成了全球门类最全、规模第一的稀土新材料产业体系；稀土新材料的快速发展不断推动产业结构优化，区域布局日趋合理；科技创新能力得到迅速提升；稀土新材料科技贡献度日益增强。但还存在以下问题：

（1）引领发展能力不足，难以抢占战略制高点。我国已建成了从稀土矿产勘探、开采、选矿、萃取、分离、冶炼等稀土原材料生产技术，再到下游稀土结构与功能材料的研发和生产体系；形成了庞大的稀土新材料生产规模，我国稀土原材料、稀土金属、稀土永磁、稀土发光、稀土储氢、稀土催化等材料产量位居世界第一位，我国形成了全球门类最全、规模第一的稀土新材料产业体系，但具有实用价值的原创稀土新材料全部源自国外发达国家，几乎所有引领稀土功能产业进步的原创技术，均是由国外科学家开发，他们依然占据着稀土永磁新材料科学及产业技术发展的制高点。如，钕铁硼永磁材料及制备技术的发明、纳米双相永磁理论的提出和重稀土扩散等技术的首先应用都是日本人提出，到目前为止，最高性能永磁材料的记录均为日本人创造并保持。美、日、欧均将稀土新材料列为重点开发领域，积极布局前沿新材料和技术开发，更为严峻的是，美国新设立的 8 个新材料创新中心，其研究重点全部涉及影响未来材料产业和相关战略性新兴产业竞争力的战略性关键材料，目的是进一步巩固和扩大对我国的技术优势，抢占稀土科技发展制高点，遏制我国高端稀土材料及技术趋近领先的态势。

（2）支撑保障能力较弱，现实短板问题极其突出，潜在短板风险日益显现。我国已成为名副其实的"稀土新材料大国"。但是，我们还要清醒地看到，与国际先进水平相比，目前我国在先进高端稀土新材料研发和生产方面差距甚大，关键高端材料远未实现自主供给，"大而不强，大而不优"的问题十分突出，日、美、欧不但掌握高端稀土永磁新材料的核心专利、关键制备技术和装备，且对我国设置了严格的技术和政策壁垒。如，2012 年日本通产省就将稀土永磁材料及生产装备列为对我国限制出口产品，并一直对我国封锁热压永磁环技术及装备。2017 年美国将所有类型和任何形式的磁性金属（包括稀土永磁材料）和制备技术列入对我国出口管制清单，只是将他们缺少的稀土产品移除加税清单。说明在我国的"长板"产业中，仍存在"短板"中重灾区，对产业安全和重点领域构成重大风险。发达国家在关键战略性新材料和前沿材料方向大力布局，很有可能拉大我国新材料与世界先进水平的差距，不仅会将我们的"长板"变成"短板"，甚至在我们尚未完全解决当前短板的同时又形成新的短板。2019年7月美国总统特朗普依据《国防生产法案》，向美国国防部下令，要求大力促进用于消费电子、军事硬件和医学研究的稀土永磁材料及生产，拉开了中美两国抢占稀土永磁科技制高点、控制主动权的竞争序幕，美国完全有能力依赖其强大的基础研究实力和完善的研究设施，在新型稀土永磁材料等方面对中国形成新的知识产权和技术壁垒。

（3）资源利用能力不强，严重制约可持续发展。矿产资源是材料制备的基础，我国的矿产资源利用普遍存在利用效率较低，环境污染较重的问题。以我国引以为豪的稀土资源为例，我国的稀土储量居世界第一，稀土产量占世界总量的90%以上，稀土功能材料产业规模居世界首位，是稀土生产的大国。然而，由于我国在稀土的高效利用方面缺乏核心技术和自主知识产权，不仅导致我国的稀土产品"低出高进"，还存在资源利用不平衡问题，成为我国稀土产业大而不强的重要原因。在"低出高进"方面，我国2/3的稀土是以中低端产品方式出口，再花费高昂的代价进口高纯稀土金属及其氧化物、超高性能稀土永磁、高端发光和催化等稀土功能材料。例如，激光晶体、闪烁晶体用高纯稀土化合物几乎全部依赖进口，汽车、电子、IT、新能源等战略性新兴产业所需的高端稀土功能材料被国外垄断，已成为相关产业的瓶颈。在平衡利用方面，随着稀土永磁、发光等稀土功能材料的快速增长，对镨、钕、铽、镝、铕等资源紧缺元素的需求量剧增，而与之共生的高丰度铈、镧、钇、钐等元素大量积压，稀土元素应用不平衡问题十分突出。

上述三大能力的欠缺，已成为我国从稀土新材料大国迈向稀土新材料强国的重大瓶颈，亟须突破。

6.5.2　政策措施建议

（1）坚持问题导向，聚焦急需、重点突破。发挥市场需求对稀土新材料开发应用的导向作用，围绕重大战略急需、重大工程和重大装备自主保障，强化用产研学紧密结合，促进上下游协作配套，加快应用示范和自主规模供给。

（2）发挥创新引领，超前布局、接轨国际。坚持改革开放，坚持国际文化和技术交流，在努力吸收国际创新成果的同时，坚持自主创新，准确把握新一轮科技革命和产业变革趋势，加强战略谋划和前瞻部署，扎扎实实打牢基础，在未来核心科技领域竞争中占据制高点，优化和引领新的产业格局。

（3）强化顶层设计，深化改革、协同发展。建设国家稀土科技创新中心，充分发挥国家引导和支持的作用，以科研企业作为创新决策、研发投入、科研组织、成果转化的创新主体作用，创新平台管理和运行模式，构建协同攻关、开放共享的关键共性技术平台。整合国内优质创新资源，建立多元化融资渠道，注重培养和稳定领军人才和创新团队，完善有利于创新发展的新模式新机制，促进创新链、产业链、资金链、政策链高效融合和协同发展。

（4）应对市场失灵，市场导向、政府引导。在发挥市场在资源配置中起决定性作用的同时，充分发挥政府在资源配置中的政策主导作用，以国家战略落地为导向，加强战略共识和规划引导，国家、地方与企业合作分工、各取所长，优化产业布局和产业集聚，打造产业链生态系统整体竞争优势，科技创新和制度创新双轮驱动，完善相关产业精准扶植和规范强制政策，创造更加良好的产业发展环境。

（5）注重持续健康，绿色发展、质量为先。提高稀土资源和稀土新材料全寿命周期的综合利用效率，促进稀土新材料绿色化生产、可再生循环，加快构建绿色产业体系，培育数个具有核心竞争力且研发能力最强的稀土新材料企业，形成全球最大企业集群，加强自主品牌建设，完善法规标准体系、质量监管体系，走提质增效和生态文明的健康发展道路。

7 石 墨 烯

石墨烯是一种碳原子紧密堆积构成的二维晶体，具有优异的光、电、热、力等性能，在能源化工、交通运输、航空航天、节能环保、电子信息等领域上已呈现良好的应用前景。根据国家新材料产业发展专家咨询委员会年度工作计划安排，由专家咨询委员会李义春委员牵头组织石墨烯领域专家及相关人员组成调研组前往重点地区，到60多家企业或机构开展调研，并结合会议、论坛、展览等相关活动，深入了解石墨烯相关企业发展现状，梳理问题瓶颈以及政策需求，并提出针对性对策建议，为推动石墨烯产业做大做强提供支撑。

依据调研中获得的第一手资料分析，近年来，特别是自2015年《关于加快石墨烯产业创新发展的若干意见》发布以来，我国石墨烯产业在推进规模化制备、提升传统产业、支撑新兴产业以及促进民生福祉改善、推动军民融合等方面取得了一定进展，当前石墨烯产业正在从技术研发到市场应用阶段过渡，发展态势稳中向好，中国正逐步成为全球石墨烯产业化的领跑者。

7.1 全球石墨烯产业政策分析

石墨烯凭借其特殊的结构和性能，为汽车、建材、化工、新能源、电子信息、生物医药等传统和新兴产业都将带来革命性的技术进步，有望成为下一个万亿级产业。行业的发展离不开政策的支持，特别是在新兴产业发展的初期，政府的扶持尤为重要。作为当今备受关注的前沿新材料之一，国际上很多国家纷纷从战略层面对石墨烯进行部署，力争在新一轮技术革命中抢占发展制高点。

7.1.1 国际

当前，由于石墨烯的重要特性和巨大应用价值，各国政府高度重视石墨烯产业发展，美国、欧盟、英国、中国、日本、韩国、巴西、马来西亚等国家和地区将石墨烯材料的发展提高到战略高度，相继投入数十亿美元用于石墨烯材料的研究和开发，积极进行石墨烯产业的布局。

7.1.1.1 美国

自2008年，美国开始在国家层面开展石墨烯相关研究，投资力度相对较大。美国石墨烯领域的基础研究及相关产业化布局主要由国家科学基金（NSF）、美国能源部（DOE）及美国国防部（DOD）等政府机构负责实施。据CGIA Research统计，截至2018年3月，美国国家科学基金NSF正在提供的石墨烯相关项目资助约1.4亿美元，其中小于5万美元项目3个，5万至10万以内13个，10万至50万以内252个，50万至100万以内30个，100万以上36个。此外，NSF对二维原子层材料与设备提供了数百万的资金。

美国石墨烯产业布局呈现多元化，从石墨烯制备及应用研究到石墨烯产品生产到最后石墨烯产品下游应用，已经形成了相对完整的产业链。同时，美国石墨烯领域相关研究资助力度较大，分布领域多，时间分布密集，尤其在石墨烯产业化与实际应用上的推广与发展，相对欧洲扶持力度更大。独具特色的是，美国是当前全球石墨烯领域唯一有军队、国防部高程度支持研发与推广的国家。

7.1.1.2　欧洲

欧洲是石墨烯的发源地，十分注重在这一领域的前瞻布局。欧盟委员会认为，从长期看石墨烯材料可能同钢铁、塑料一样重要，有可能代替硅成为信息技术的基础材料，还可能在能源、交通和医疗领域发挥重要作用。

（1）欧盟。目前欧盟范畴内的石墨烯相关政策和资金布局包括：第七框架计划、地平线 2020 计划、石墨烯旗舰计划、PolyGraph 计划等，这些政策和资金主要由欧洲委员会、欧洲科学基金会、欧洲研究理事会等机构实施。欧盟的石墨烯研究起步早且系统性强，并将石墨烯研究提升至战略高度，资金支持力度大，基础研究扎实。

欧盟石墨烯扶持政策见表 7-1。

表 7-1　欧盟石墨烯扶持政策

国家/地区	政策或者资助	年份
欧盟	欧洲研究理事会（ERC）资助石墨烯物理性能和应用研究项目	2007
	第七框架先后发布 4 大石墨烯资助方向	2008
	欧洲科学基金会（ESF）启动欧洲石墨烯项目（EuroGRAPHENE）	2009
	欧洲委员会资助 POLARCLEAN 计划	2011～2013
	欧洲委员会资助 GRAFOL 计划	2011～2015
	欧洲委员会资助 NanoMaster 计划	2011～2015
	石墨烯旗舰计划第一阶段	2012～2016
	欧洲委员会资助 NANOQUESTFIT 纳米量子应用计划	2013～2015
	欧洲委员会资助成立曼彻斯特石墨烯研究中心	2014～2015
	石墨烯旗舰计划第二阶段	2016～2020
	欧洲研究理事会（ERC）2018 资助计划"StG"	2018
	欧盟委员会通过欧洲地平线（2021—2027）资助计划（Horizon Europe（2021—2027））	2018

数据来源：CGIA Research 整理。

欧盟石墨烯旗舰计划初始由 23 个国家的 150 多个学术和工业研究团体组成。此外，该计划还把 60 个相关成员纳入第二阶段（2016 年 4 月 1 日至 2020 年 3 月 31 日）的科技工作中。旗下成员单位主要集中在英国、意大利、西班牙、德国、法国等国家。石墨烯旗舰计划的预算总计为 10 亿欧元，它代表了联合研究的一种全新形式，是欧洲最大的研究计划。石墨烯旗舰计划第一阶段（2012～2016 年），前期在第七框架项目下，前 30 个月由欧洲委员会（EC）投资 5400 万欧元；石墨烯旗舰项目第二阶段（2016～2020 年），在2020 年视野计划下，欧洲委员会（EC）每年保持 5000 万欧元的平稳投资。

欧洲委员会对包括石墨烯旗舰计划在内的六大石墨烯主要研究计划提供资金支持（如图 7-2 所示），包括欧盟旗舰 5400 万欧元；2013～2015 年，NANOQUESTFIT 纳米量子应用（200 万欧元），用于研究石墨烯结构原理；2011~2013 年，POLARCLEAN 计划（20 万欧元），用于研究石墨烯等先进材料治理极性有机污染；2011~2015 年，GRAFOL 计划（690 万欧元），用于研究大规模、产业化生产石墨烯；2011~2015 年，NanoMaster 计划（420 万欧元），用于石墨烯塑料领域研究；2014~2015 年，曼彻斯特石墨烯研究中心（约 3000 万欧元）。

（2）英国。作为石墨烯的"诞生地"，英国在石墨烯的基础研发方面居于全球领先地位，为进一步加快英国石墨烯产业的研发及应用，英国政府也投入巨资加快石墨烯产业发展，研发及产业布局主要围绕曼彻斯特大学进行，先后在曼彻斯特大学成立了国家石墨烯研究院及石墨烯工程创新中心，以加速石墨烯的基础研究及应用开发。在 2011 年以来发布多项石墨烯产业发展扶持政策信息。2011 年，英国政府在《促进增长的创新与发展战略》中把石墨烯定为该国未来 4 个重点发展方向之一。同年，英国工程和自然科学研究委员会、英国技术战略委员会投入约 1000 万英镑，建立一个以开发、应用、探索新的石墨烯技术为核心的创新中心。2012 年英国财政部将 5000 万英镑的剩余部分以及工程与自然科学研究理事会的 1000 万英镑（即共计 2200 万英镑）投入用于石墨烯商业化研究。此外，空中客车、BAE 系统、劳斯莱斯、Dyson 和飞利浦等企业还将为该投资额外匹配 1200 万英镑。

2014 年英国宣布将在未来 5 年投资设立 3 个研究所/中心，其中之一即为 1900 万英镑的"石墨烯创新中心"，并将此作为英国孵化器网络（Catapult Network）的一部分。2014 年 9 月 10 日，Osborne 等宣布联合建设"石墨烯工程创新中心"，加速石墨烯产品从实验室走向市场的进程。同年，英国技术战略委员会拨出 250 万英镑投资石墨烯应用；英国工艺创新中心 CPI 追加 1400 万欧元在英格兰东北部打造石墨烯应用市场。

（3）德国。德国作为欧洲传统工业大国，一直力图在高端产业特别是在新兴材料上赶超英美。在石墨烯领域，尤其是石墨烯材料基础与理论研究上投入较大，以研究推动产业发展，2018 年德国产业化进程进入加速期。德国石墨烯基金资助领域为：适合石墨烯基电子设备的制备；石墨烯电子、结构、机械、振动等性能表征与操控；石墨烯纳米结构制备和表征及性能操控；石墨烯与衬底材料、栅极材料相互作用的理解和控制；输运研究（如声子和电子传输、量子传输、弹道输运、自旋运输）、新型装置示范（如场效应器件、等离子器件、单电子晶体管）以及石墨烯的理论研究（如石墨烯电子和原子结构、电子声子运输、自旋、石墨烯机械和振动性能、纳米结构、器件模拟）等。整体而言，德国在石墨烯领域产业化及下游领域扶持力度相对较小。

7.1.1.3 亚洲

（1）日本。2007 年，文部科学省下属的日本科学技术振兴机构（JST）针对硅基石墨烯材料/器件技术开发开展进行项目资助，日本东北大学承担相关研究工作。2011~2016 年，经济产业省实施低碳社会实现之超轻、高轻度创新融合材料项目，重点支持碳纳米管和石墨烯的批量合成技术。2016 年，日本在《第五期科学技术基本计划（2016—2020）》提出要加强纳米技术、机器人技术、传感器技术等核心优势基础技术研发服务平台建设。2018 年，日本综合科学技术创新会议（CSTI）发布第 2 期战略性创新推进计划（SIP），主要资助网络空间、材料开发、光量子技术等 12 个领域。

（2）韩国。韩国石墨烯产业发展产学研结合紧密，在基础研究及产业化方面发展较为均衡，整体发展速度较快。从政府层面，韩国政府通过提供资金支持、整合研究力量等多方面加大支持力度；从研究层面，韩国成均馆、韩国科学技术院等均在石墨烯研究方面拥有较强实力；从企业层面，主要以韩国三星集团和 LG 公司为主，其中韩国三星集团投入巨大研发力量，保证了其在石墨烯柔性显示、触摸屏以及芯片等领域的国际领先地位，为韩国石墨烯产业发展提供支撑。同时，韩国十分注重保护和申请石墨烯专利，目前专利量居全球第三，仅次于美国和中国，远高于欧洲其他国家。2007～2009 年，教育科学技术部等资助石墨烯项目达 90 项，投入达到 1870 万美元。2012～2018 年间，原知识经济部预计将向石墨烯领域提供 2.5 亿美元的资助，其中 1.24 亿美元用于石墨烯技术研发，1.26 亿美元用于石墨烯商业化应用研究。近 50 家研究机构和企业组成石墨烯联盟，开展重点领域项目研究，如触摸面板（三星）、OLED 面板（韩国电子通信研究院）、复合薄膜（SANGBO）、电磁屏蔽涂层（CHANGSUNG）和防腐涂层（浦项制铁）等。2014 年，韩国发布的《第二期国家纳米技术路线图（2014—2015）》中将石墨烯作为中长期突破项目之一。

（3）新加坡。2010 年，新加坡国立大学投资 40 万美元设立石墨烯研究中心。2011 年，新加坡国家科研基金会（NRF）针对石墨烯在内的二维晶体的研究和商业化项目投入 1000 万美元，针对基于二维晶体新的光伏发电系统投入 5000 万美元。2012 年，新加坡国立大学投资 243 万美元设立石墨烯研究中心微纳米加工实验室（Graphene Research Center Micro and Nano-Fabrication Facility），该实验室是全亚洲第一个拥有先进设施，旨在开发石墨烯研究的实验室。2014 年，新加坡国立大学宣布将设立一个新的研究中心，主要集中在二维材料，未来 10 年将获得由国家研究基金会提供的 4000 万美元的资助。与欧美、日本及韩国相比，新加坡石墨烯等二维材料的技术研发与应用主要集中在新加坡国立大学、南洋理工大学等科研单位，企业及产业化单位较少。不过也有少数石墨烯新生企业，如 Graphite Zero Pte Ltd，是从国立大学石墨烯研究中心衍生发展而来的高新技术企业。

（4）马来西亚。2013 年，Graphene Nanochem 与马来西亚国家创新机构（National Innovation Agency of Malaysia）合作创办马来西亚国家石墨烯中心。2014 年，马来西亚政府启动"2020 年国家石墨烯行动计划（NGAP）石墨烯战略和风险评估计划"。该计划由 2011 年政府成立的 Nano Malaysia 纳米技术政府机构负责，主要包括意识创建、促进项目、获得石墨烯供应商、研究与开发、保护知识产权、获得专家帮助、加大支持、协调和监控七大任务。目前，马来西亚主要从事石墨烯下游应用的研发及产业化推进。如 Graphene Nanochem 公司主要从事石墨烯在高性能工业领域的应用研究与产品开发，主要产品包括：纳米流体、石墨烯纳米复合材料、石墨烯基导电油墨等。政府希望通过 2020NGAP 计划使马来西亚能够在 2020 年占据 2000 万美元的纳米流体市场，9000 万美元的塑料市场和 44 亿美元的橡胶市场。

总体而言，海外石墨烯政策及资金布局仍然以欧美遥遥领先，其支持力度，尤其是在科研研发的资金资助力度上来说首屈一指。但海外石墨烯政策目前主要集中分布在欧盟-英国、东亚、美国三大主要区块，澳大利亚、印度、东欧等区域强国的相关政策及资金力度则相对较弱。同时，海外石墨烯政策及资金资助仍然主要集中在基础科研研发与应用研发等方面，石墨烯应用下游领域的投入与布局相对较少。

当前，全球各国政府都在大力推动石墨烯的科研研究发展与市场应用的产业化，石墨烯技术开发应用热潮方兴未艾，尤其是当前以中国国家政策全面支持、欧盟旗舰计划第二阶段的展开，美国国家科学基金会（NSF）资金投入力度的增强，将会为全球石墨烯行业带来一股全新的活力与生机。

7.1.2 中国

我国政府高度重视石墨烯产业发展，发布了一系列相关政策进行系统布局，并将石墨烯列入我国"十三五"规划的165项重大工程之一。政策的联合推进对引导石墨烯产业创新发展，助推传统产业转型升级、培育壮大新兴产业、带动材料产业升级换代提供了有力支撑。相关政策的实施对推动技术创新、支撑战略性新兴产业发展、加快走中国特色新型工业化道路具有重要战略意义。

根据《中国制造2025》《新材料产业发展指南》以及《新材料十三五发展规划》等文件内容，新材料产业总体分为先进基础材料、关键战略材料和前沿新材料三个重点方向。其中，基础材料产业总体产能过剩、高端不能完全自给，重点是要发展高性能、差别化、功能化的先进基础材料；关键战略性材料是支撑各高端应用和实施重大战略需要的关键保障材料，重点是有效解决战略性新兴产业发展急需，突破高端制造业战略材料受制于人的局面；前沿新材料领域，将重点发展石墨烯、3D打印、超导、智能仿生4大类14个分类材料。其目的是为满足未来十年战略新兴产业发展，以及为制造业全面迈进中高端进行产业准备；并形成一批潜在市场规模在百亿至千亿级别的细分产业，为拉动制造业转型升级和实体经济持续发展，提供长久推动力。

7.1.2.1 国家层面

近年来，在智能制造和产业高质量发展的大背景下，我国高度重视石墨烯产业的发展，不断加强顶层设计，完善石墨烯产业政策体系。2012年国家发布《新材料产业"十二五"发展规划》中首次强调突出纳米材料研发，积极开发石墨烯新材料。2014年9月，科技部"863"计划纳米材料专项，提出将石墨烯研发作为重点支持内容，意味着石墨烯正式进入国家支持层面。2015年5月，《中国制造2025》将石墨烯列入重点布局行列，提出要高度关注颠覆性新材料对传统材料的影响，做好石墨烯等战略前沿材料提前布局和研制。2015年11月，工信部、发改委、科技部联合发布《关于加快石墨烯产业创新发展的若干意见》，该政策是我国第一部针对石墨烯产业发展的国家层面专项政策，是地方政府布局石墨烯产业的重要依据。《意见》明确提出打造石墨烯产业为先导产业，并且指出未来石墨烯的产业发展，应呈现"1344"的总体格局。2016年3月，石墨烯产业列入《国民经济和社会发展第十三个五年规划纲要》165项重大工程。为突破瓶颈，激活和释放下游行业对新材料产品的有效需求，2017年9月，工信部、财政部、保监会建立了重点新材料首批次应用保险补偿机制，目前已经实施两批，石墨烯薄膜、石墨烯改性防腐涂料等9类材料和产品列入其中。

据CGIA Research统计，2012~2018年国家共发布石墨烯发展密切相关的政策信息33条（见表7-2）。其中，2016年共发布10条政策法规，2017年与2018年基本持平，国家对石墨烯产业发展的支持力度有增无减，围绕产业发展的关键核心共性技术创新、首批次产业化应用示范、产业绿色低碳循环发展、投融资引导、行业标准规范体系以及创新平台等方面制定了一系列系统化的产业政策，不断完善行业政策体系，规范产业发展，推动石墨烯产业做大做强（如图7-1所示）。

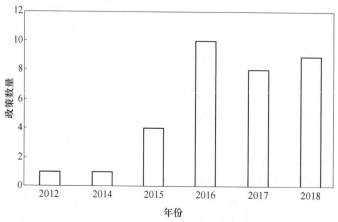

图 7-1 国家层面政策数量年份分布图

（数据来源：CGIA Research 整理）

表 7-2 国家层面石墨烯相关政策列表

发布单位	文件名称	石墨烯相关内容	发布时间
工信部	《新材料产业"十二五"发展规划》	积极开发纳米粉体、纳米碳管、富勒烯、石墨烯等材料，推进纳米材料在新能源、节能减排、环境治理、电子信息和生物医用等领域的研究应用	2012 年 2 月
发改委、财政部、工信部	《关于印发关键材料升级换代工程实施方案的通知》	支持高性能低成本石墨烯粉体及高性能薄膜实现规模稳定生产，在新型显示、先进电池等领域实现应用示范	2014 年 10 月
国务院	《中国制造 2025》	高度关注颠覆性新材料对传统材料的影响，做好超导材料、纳米材料、石墨烯等战略前沿材料提前布局和研制	2015 年 5 月
发改委、科技部、人社部、中科院	《关于促进东北老工业基地创新创业发展打造竞争新优势的实施意见》	发展高纯石墨、石墨烯等高端产品，在鸡西、鹤岗等地建设石墨及深加工产业集群	2015 年 6 月
国家制造强国建设战略咨询委员会	《〈中国制造 2025〉重点领域技术路线图（2015 版）》	新材料领域之前沿材料发展重点包括海洋工程用石墨烯基防腐涂料、柔性电子用石墨烯薄膜、电动汽车锂电池用石墨烯基电极材料	2015 年 9 月
工信部、发改委、科技部	《工业和信息化部、发展改革委、科技部关于加快石墨烯产业创新发展的若干意见》	提出抓住机遇培育壮大石墨烯产业，把石墨烯产业打造成先导产业，创新石墨烯材料产业化应用关键技术，壮大石墨烯材料制造业规模	2015 年 11 月
工信部、发改委、科技部、财政部	《关于加快新材料产业创新发展的指导意见》	积极开发前沿材料，包括石墨烯、增材制造材料、智能材料、超材料等基础研究与技术积累	2016 年 2 月
国务院	《国民经济和社会发展第十三个五年规划纲要》	大力发展形状记忆合金、自修复材料等智能材料，石墨烯，超材料等纳米功能材料	2016 年 3 月
工信部	《建材工业鼓励推广应用的技术和产品目录（2016—2017 年本）》	鼓励石墨烯粉体、石墨烯重防腐涂料等产品的推广应用	2016 年 3 月

发布单位	文件名称	石墨烯相关内容	发布时间
发改委、工信部	《国家发展改革委、工业和信息化部关于实施制造业升级改造重大工程包的通知》	围绕新材料技术与信息技术、纳米技术等融合趋势，重点发展石墨烯、超材料等前沿材料，加快创新成果转化与典型应用	2016 年 5 月
国务院	《国家创新驱动发展战略纲要》	前瞻布局新兴产业前沿技术研发，发挥纳米、石墨烯等技术对新材料产业发展的引领作用	2016 年 5 月
国务院	《北京加强全国科技创新中心建设总体方案》	重点突破高性能计算、石墨烯材料、智能机器人等一批关键共性技术，培育先导产业和支柱产业	2016 年 9 月
工信部	《石化和化学工业发展规划（2016—2020 年）》	加快开发高性能碳纤维及复合材料、特种橡胶、石墨烯等高端产品，加强应用研究	2016 年 10 月
发改委	《能源发展"十三五"规划》	示范试验石墨烯储能器件、光伏电池材料等一批有一定技术积累的技术	2016 年 12 月
国务院	《"十三五"国家战略性新兴产业发展规划》	突破石墨烯产业化应用技术，做好增材制造材料、稀土功能材料、石墨烯材料标准布局	2016 年 12 月
发改委、国家海洋局	《全国海水利用"十三五"规划》	开展正渗透、电容去离子、膜蒸馏、石墨烯膜制备等海水淡化技术研发	2016 年 12 月
工信部、发改委、科技部、财政部	《新材料产业发展指南》	以石墨烯、金属及高分子增材制造材料，智能仿生与超材料等为重点，加强基础研究与技术积累，注重原始创新，加快在前沿领域实现突破	2017 年 1 月
工信部	《产业用纺织品行业"十三五"发展指导意见》	拓展高性能纤维、生物基纤维、产业用专用纤维，以及石墨烯等功能新材料的应用	2017 年 1 月
科技部	《"十三五"材料领域科技创新专项规划》	提出重点发展单层薄层石墨烯粉体、高品质大面积石墨烯薄膜工业制备技术，柔性电子器件大面积制备技术，石墨烯粉体高效分散、复合与应用技术	2017 年 4 月
工信部	《重点新材料首批次应用示范指导目录（2017 年版）》	将石墨烯薄膜、石墨烯改性防腐涂料、石墨烯导电发热纤维及石墨烯发热织物、石墨烯静电轮胎、石墨烯增强银基电接触功能复合材料纳入指导目录	2017 年 9 月
中共中央、国务院	《中共中央、国务院关于开展质量提升行动的指导意见》	加强石墨烯、智能仿生材料等前沿新材料布局，逐步进入全球高端制造业采购体系	2017 年 9 月
国家标准委、工信部	《国家工业基础标准体系建设指南》	开展非金属矿物材料、工业陶瓷、石墨烯及制品等产品性能与检验方法标准研制	2017 年 11 月
发改委	《增强制造业核心竞争力三年行动计划（2018—2020 年）》	重点发展汽车用超高强钢板、新型稀有稀贵金属材料、石墨烯等产品	2017 年 11 月
工信部、科技部	《国家鼓励发展的重大环保技术装备目录（2017 年版）》	将石墨烯/高分子复合材料透水膜浓缩装备、氧化石墨烯复合炭膜等重大环保技术装备列入目录	2017 年 12 月

发布单位	文件名称	石墨烯相关内容	发布时间
国家检总局、工信部、发改委、科技部、国防科工局、中科院、中国工程院、国家认监委、国家标准委	《新材料标准领航行动计划（2018—2020 年）》	制定石墨烯材料术语和代号、含有石墨烯材料的产品命名方法等国家标准；开展石墨烯材料相关新产品设计、研发、制备、包装储运、应用、消费等全产业链标准化研究；研究制定石墨烯物化特征和性能表征与评价方法标准，共同提出石墨烯国际标准提案	2018 年 3 月
工信部	《建材工业鼓励推广应用的技术和产品目录（2018—2019 年本）》	石墨烯改性导静电轮胎，该产品基于开发适用于橡胶改性的石墨烯和石墨烯/胶料复合技术，生产石墨烯改性导静电轮胎，所产轮胎导静电性好，抗湿滑性能提升，滚动阻力下降	2018 年 5 月
工信部	《建材工业鼓励推广应用的技术和产品目录（2018—2019 年本）》	石墨烯改性导静电轮胎是工信部鼓励推广应用的产品之一	2018 年 6 月
工信部	《2017 年重点新材料首批次应用保险补偿试点工作拟补助项目公示》	本次重点新材料应用保险补偿项目中有 2 家石墨烯企业：宁波中科建材新材料有限公司和深圳市烯世传奇科技有限公司生产的石墨烯改性防腐涂料入围，分别被衢州建华东旭助剂有限公司、恒河材料科技股份有限公司、宁波市镇海城博高空防腐保洁有限公司和北京博瑞豪电力科技有限公司共 4 家企业使用	2018 年 7 月
工信部	《重点新材料首批次应用示范指导目录（2018 版）》	重点新材料首批次应用保险补偿机制（以下简称"首批次"）试点工作中重点强调石墨烯改性防腐涂料、石墨烯薄膜、石墨烯润滑油在内的 9 种新材料	2018 年 9 月
工信部、科技部、商务部、市场监管总局	《原材料工业质量提升三年行动方案（2018—2020 年）》	将石墨烯材料归到建材行业，并提出工作目标：石墨烯材料生产达国际先进水平，先进无机非金属材料保障能力明显提升。建材部品化加速推进，水泥、平板玻璃质量保障能力大幅提升，矿物功能材料品种日益丰富，绿色建材在新建建筑中应用比重达到 40%	2018 年 10 月
工信部	《产业转移指导目录（2018 年本）》	全国各省份优先承接发展的产业中，吉林、北京、江苏、浙江等多省份涉及石墨烯优先发展内容	2018 年 11 月
工信部、发改委、财政部、国资委	《促进大中小企业融通发展三年行动计划》	鼓励中小企业参与"一带一路"投资贸易合作，围绕新材料等重点领域开展国际经济技术交流和跨境撮合，推动龙头企业延伸产业链，带动专精特新"小巨人"企业融入全球价值链	2018 年 11 月
国家统计局	《战略性新兴产业分类（2018）》	新一代信息技术产业、高端装备制造产业、新材料产业、生物产业、新能源汽车产业、新能源产业、节能环保产业、数字创意产业、相关服务业等 9 大领域，石墨烯粉体、石墨烯薄膜入选	2018 年 11 月

数据来源：CGIA Research 整理。

7.1.2.2 地方层面

为贯彻落实三部委《关于加快石墨烯产业创新发展的若干意见》文件的精神、培育壮大石墨烯产业、加快石墨烯材料规模化生产和产业化应用，继国家发布利好政策之后，各地政府积极响应出台政策和措施，通过制定石墨烯产业发展规划、建立石墨烯产业示范基地及石墨烯研究院、设立石墨烯产业发展基金等方式，抢占石墨烯产业发展先机。黑龙江省、福建省、四川省、北京市等多个省市发布了石墨烯专项政策；20多个省市在"十三五"规划等文件中对石墨烯产业进行布局。截至2018年年底，地方政府出台的石墨烯相关政策共计200余条，主要涉及安徽省、北京市、福建省、广东省、甘肃省、广西壮族自治区、贵州省、河北省、河南省、黑龙江省、湖北省、湖南省、吉林省、江苏省、江西省、内蒙古自治区、山东省、四川省、浙江省等30余个省份（如图7-2所示）。随着地方政府的积极介入，石墨烯产业已经初步形成政府、科研机构、研发、金融机构和应用企业协同创新的"政产学研用金"合作对接机制，良性发展态势有助于石墨烯企业充分享受地方政策、税收优惠以及资金支持，未来产业化发展有望加速。

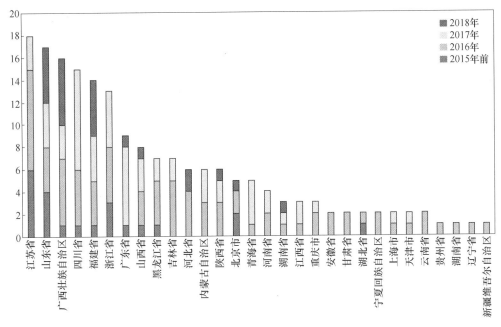

图 7-2　各地历年发布石墨烯相关政策数量对比图

（数据来源：CGIA Research 整理）

从区域来看，东部地区仍占多数，许多市一级的"十三五"规划纲要都涉及支持石墨烯产业发展，以支持石墨烯的多领域应用发展为主，推动石墨烯上下游打造全产业链。其中江苏省、山东省、浙江省是全国较早布局石墨烯的省份，石墨烯在这些地区也有形成产业集聚区。2013年发布的《无锡市石墨烯产业发展规划纲要（2013—2020年）》，是全国首个石墨烯产业规划，促成"无锡市石墨烯技术及应用研发中心"和"江苏省石墨烯质量监督检验中心"的建设，以搭建公共技术创新、质量监督、检验等产业平台。2014年5月，常州发布《加快先进碳材料产业发展的若干政策》，提出设立3年不低于2亿元的"碳材料产业科技创新专项资金"以及总规模不少于20亿元的创业投资基金，并提出优先支持注册在西太湖科技产业园、实施石墨烯产业链内项目的企业的优惠政策。

近两年，广西、四川等中西部地方政府也逐渐加大对石墨烯新材料产业的支持力度。例如，广西壮族自治区在2018年出台了6项政策涉及石墨烯新材料产业，并于2018年10月出台《广西石墨烯产业发展工作方案》，提出到2021年，初步形成具有广西特色，集产品研发、推广应用、技术服务于一体的石墨烯产业体系，石墨烯技术应用能力及产业化发展能力不断增强，产业集聚发展区域格局初步显现，力争广西石墨烯产业创新发展达到全国先进水平。

地方层面石墨烯重点政策列表见表7-3。

表7-3　地方层面石墨烯重点政策列表

地区	政策名称	重点内容	发布时间
无锡市	《无锡市石墨烯产业发展规划纲要（2013—2020年）》	突破石墨烯关键技术和设备研发，引进和培育石墨烯产业链相关企业，建设石墨烯公共技术服务、质量监督检验等平台	2013年12月
无锡市	《关于促进无锡石墨烯产业发展的政策意见》	加大财政资金扶持力度，重点用于突破石墨烯关键技术和设备研发，引进和培育石墨烯产业链相关企业，建设石墨烯公共技术服务、质量监督检验等平台	2014年1月
常州市	《加快先进碳材料产业发展的若干政策》	设立3年不低于2亿元的"碳材料产业科技创新专项资金"以及总规模不少于20亿元的创业投资基金，其中优先支持注册在西太湖科技产业园、实施石墨烯产业链内项目的企业	2014年5月
宁波市	《宁波市石墨烯技术创新和产业发展中长期规划》	加快石墨烯基础制备技术突破，开展石墨烯上下游应用技术研发与应用产品示范推广	2014年5月
青岛市	《青岛市十大新兴产业发展总体规划》	突破以石墨烯为代表的碳材料、硅晶片等关键技术，重点发展先进储能材料、半导体材料、新型显示材料等清洁能源新材料	2014年7月
德阳市	《德阳市人民政府关于加快推进德阳市石墨烯产业发展的实施意见》	统筹安排各类发展资金支持石墨烯产业发展，通过专项补助、以奖代补、贷款贴息等多种方式，重点支持突破石墨烯关键技术和设备研发的项目	2016年6月
黑龙江	《黑龙江省石墨烯产业三年专项行动计划（2016—2018年）》	将石墨烯绿色制备项目、石墨烯散热项目、石墨烯吸波项目作为重点产业化项目	2016年6月
北京市	《北京市石墨烯科技创新专项（2016—2025年）》	将石墨烯薄膜、粉体规模化、绿色化制备及石墨烯材料应用技术、装备与检测等方面布局重点工作任务	2016年8月
宁波市	《宁波市石墨烯产业三年攻坚行动计划（2017—2019年）》	提出突破共性关键技术、布局重大应用项目、加快重点企业培育、加快石墨烯创新中心建设、推进石墨烯产业园区建设等主要任务	2017年3月
四川省	《四川省石墨烯等先进碳材料产业发展指南（2017—2025年）》	重点发展石墨烯新材料、石墨烯复合材料、石墨烯新能源储能材料、石墨烯防护材料、石墨烯导热导电材料、石墨烯电子元器件材料等	2017年4月

地区	政策名称	重 点 内 容	发布时间
常州市	《关于加快石墨烯产业创新发展的实施意见》	发展一批具有核心竞争力的石墨烯产品和项目，催生石墨烯新型应用，大力促进创新驱动发展，推动石墨烯技术原创及产业化、石墨烯领域的高端创业和石墨烯材料示范应用	2017 年 4 月
福建省	《福建省人民政府办公厅关于加快石墨烯产业发展六条措施的通知》	组织实施省级石墨烯重大科技、技术研发和产业发展专项，重点支持我省石墨烯产业关键技术攻关和产业项目落地	2017 年 7 月
福建省	《福建省石墨烯产业发展规划（2017—2025年)》	将石墨烯关键技术和重点产品研发工程、石墨烯首批示范推广工程、产业布局优化工程、石墨烯服务支撑体系建设工程作为重点任务	2017 年 7 月
泉州市	《关于加快石墨烯产业发展六条措施》	设立石墨烯产业专项资金，支持企业用地及购租闲置厂房用于实施石墨烯项目，支持企业开展石墨烯研究及应用开发，制定石墨烯材料首批次应用保险补偿机制等	2018 年 1 月
山东省	《山东省新材料产业"1351"工程实施方案（2018—2020年)》	石墨烯特色产业基地。以青岛国际石墨烯创新中心和石墨烯产业技术创新战略联盟为依托，以济宁、济南等一批石墨烯产业先行区和示范区为载体，建立"区域合作、地区联动、协同发展"机制，进一步完善石墨烯技术创新体系和产业集群，鼓励支持生产企业、研发机构和应用企业联合承担研发项目和科技成果转化项目，突破制备、应用和产业化技术瓶颈，加快科技成果转化，推动全省石墨烯产业快速健康发展，打造具有鲜明特色的国家石墨烯技术研发及产业应用创新示范基地	2018 年 1 月
山东省	《山东省新旧动能转换重大工程实施规划》	推进石墨烯特色资源高质化利用，加强专用工艺和技术研发，打造济南、青岛、潍坊、济宁、威海、菏泽等石墨烯研发生产基地	2018 年 2 月
广西壮族自治区	《关于印发贯彻落实创新驱动发展战略打造广西九张创新名片工作方案（2018—2020年）的通知》	推广石墨烯新材料应用，推动终端产品创新；围绕石墨烯新材料的技术发展趋势，紧密跟踪前沿研究团队的突破性成果，结合我区特色产业开发石墨烯新材料终端应用产品	2018 年 2 月
河北省	《河北省 2018 年冬季清洁取暖工作方案》	积极开展新型取暖试点，在石家庄市、张家口市等试点推进聚能电暖器和石墨烯电暖器 1.28 万户	2018 年 7 月
广西壮族自治区	《广西工业高质量发展行动计划（2018—2020年)》	新材料产业；突破一批重大关键共性技术，重点发展绿色环保、性能优良、市场需求量大的有色金属功能材料、石墨烯材料、稀土功能材料、新型轻合金材料、锰盐新材料、新型建筑材料、纳米粉体材料、先进储能材料等新型材料；到 2020 年，实现总产值 1000 亿元	2018 年 7 月
广西壮族自治区	《关于印发推进柳州市工业高质量发展建设现代制造城实施方案（2018—2022年）的通知》	加强科技创新，支持企业与科研院所共建产学研战略联盟，力争在汽车整车可靠性及控制系统、高性能金属材料、高可靠性智能控制、新能源汽车、智能电网、机器人、铝深加工、石墨烯等领域取得重大突破	2018 年 8 月

地区	政策名称	重 点 内 容	发布时间
厦门市	《厦门火炬高新区关于促进石墨烯等先进碳材料产业发展的若干政策》	将高新区打造成国内领先的石墨烯等先进碳材料创新中心和产业集聚高地，结合高新区实际，制定本政策；高新区管委会每年安排专项资金，用于支持高新区的石墨烯等先进碳材料产业的发展	2018年9月
永安市	《永安市高端石墨和石墨烯产业发展规划（2018—2025年）》	力争到2020年，引进和培育年产值超10亿元的企业1~2家，年产值超亿元的企业5家以上，高端石墨和石墨烯及相关产品产值突破60亿元，为省动力电池和稀土石墨新材料千亿产业集群、三明市"一十百千万"工程贡献力量；力争到2025年，高端石墨和石墨烯及其相关产品产值突破200亿元	2018年10月
泉州市	《泉州市石墨烯产业发展线路图（2018—2025年）》	综合考虑石墨烯产业在新材料、热管理、新能源、环保健康和半导体等领域的最新进展和大规模应用前景，泉州市应坚持"三个三"阶段性发展重点任务：一是将石墨烯防腐蚀涂料、石墨烯EVA发泡材料、石墨烯复合导热/发热膜作为2018~2020年短期重点突破领域；二是将石墨烯功能纺织纤维、石墨烯复合材料半透膜、石墨烯复合材料二次电池作为2021~2023年中期重点培育领域；三是将石墨烯超级电容/电池、石墨烯光电器件、石墨烯量子点作为2024~2025年长期重点攻关领域	2018年10月
北京市	《关于开展质量提升行动的实施意见》	加快低维材料、高性能纳米材料、光电子材料、新型超导材料等的原始创新和颠覆性技术突破，形成一批具有全球影响力的创新成果和核心专利；突破石墨烯材料规模化制备共性关键技术，实现标准化、系列化和低成本化；支持利用石墨烯、气凝胶等新材料提升传统材料性能；稳步推进重点新材料首批次应用保险试点工作	2018年10月
山东省	《山东省新材料产业发展专项规划（2018—2022年）》	重点发展石墨烯粉体、石墨烯薄膜等规模化制备技术，实现对石墨烯层数、尺寸等关键参数的有效控制，提高石墨烯基础材料的产业规模和产品稳定性；加强石墨烯储能材料、防护涂料、复合材料等开发，促进其在超级电容器、锂离子电池、防腐涂料、导电油墨、导热散热器件、轮胎、纺织品、高端环境处理材料、石墨烯润滑油等产品中的应用，拉长石墨烯产业链，壮大产业集聚区	2018年10月
广西壮族自治区	《广西石墨烯产业发展工作方案》	到2021年，初步形成具有广西特色，集产品研发、推广应用、技术服务于一体的石墨烯产业体系，石墨烯技术应用能力及产业化发展能力不断增强，产业集聚集约发展区域格局初步显现，力争广西石墨烯产业创新发展达到全国先进水平	2018年10月
广西壮族自治区	《广西科技创新支撑产业高质量发展三年行动方案（2018—2020年）》	新能源领域中通过在金属基新材料、石墨烯材料、润滑剂、稀土功能材料、动力电池材料、碳酸钙材料、重钙固体废弃物资源化利用、高性能橡胶沥青等方面开展16项技术攻关，破解产业转型瓶颈制约问题	2018年11月

地区	政策名称	重 点 内 容	发布时间
西安市	《关于印发西安市特色小镇总体规划（2018—2021 年）的通知》	先进制造类发展规划中，在新材料行业类型中明确提出要加快发展高性能玻璃纤维、碳纤维、石墨烯、纳米材料等新型无机非金属材料	2018 年 12 月

数据来源：CGIA Research 整理。

7.2 全球石墨烯技术发展态势

石墨烯材料性能优异，应用广泛，具有传统材料所无法企及的应用价值。近年来，石墨烯技术日渐成熟，科研成果百花齐放，下游应用产品种类增加，石墨烯企业销售业绩表现不俗。目前，已有包括美国、中国、欧盟、韩国、日本等多个国家地区投入石墨烯研发和生产。IBM、英特尔、陶氏化学、三星等国际知名跨国企业纷纷将石墨烯及其应用技术作为长期战略发展方向，而且还涌现出了大批专门从事石墨烯研发、生产和应用的机构和企业。

7.2.1 全球石墨烯创新成果分析

2018 年，石墨烯制备技术不断突破，石墨烯创新成果数量稳步增长，中国成果数量全球领先，质量不断提升、结构有待优化。

7.2.1.1 全球石墨烯论文产出分布集中

中、美、韩论文数量占据前三名。全球石墨烯论文产出排名前三位的国家分别为中国（78378 篇）、美国（29703 篇）、韩国（13285 篇），这三个国家的石墨烯论文产出量占全球论文总数的 69.7%。从全球石墨烯论文产出排名分布（如图 7-3 所示）中可以看出，全

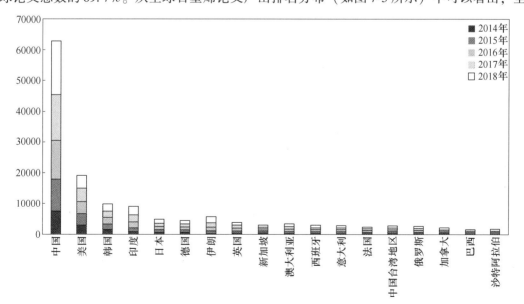

图 7-3　全球石墨烯研究论文产出排名前 18 的国家/地区

（数据来源：Web of Science 数据库，CGIA Research 整理）

球开展石墨烯研究布局的国家和地区主要集中于欧洲、中国、美国、韩国、日本等，其中中国的石墨烯研究论文数量在全球位居首位，占全球论文总数的 45.0%，是美国石墨烯论文数量的 2.6 倍，体量巨大。

论文产出 TOP20 大多来自科研院所。包括来自中国（11 家）、美国（3 家）、新加坡（2 家）、印度（2 家）、俄罗斯（1 家）、法国（1 家）共 6 个国家的 20 家研究机构。其中，中国科学院产出的石墨烯研究论文多达 14496 篇，在全球排行榜上居于首位，中科院的重庆绿色智能技术研究院、化学研究所、宁波材料技术与工程研究所、上海微系统与信息技术研究所等 4 家院所在石墨烯技术研究领域展开重点布局，并取得了一系列重要成果。近年来，科研院所与石墨烯产业化企业合作更为密切，一方面加快了石墨烯技术转移速度，另一方面也激发了科研工作者对石墨烯技术的深度挖掘，围绕石墨烯技术研究的相关论文数量也水涨船高，呈现稳步增长趋势。石墨烯技术研究论文 TOP20 机构如图 7-4 所示。

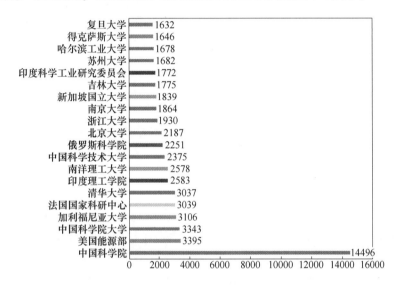

图 7-4　石墨烯技术研究论文 TOP20 机构

（数据来源：Web of Science 数据库，CGIA Research 整理）

论文研究集中在化学、材料、物理领域。在对全球石墨烯研究论文的进一步分析中，CGIA Research 发现近五年来，各国研究者围绕石墨烯技术在化学、材料科学、物理学等三大领域发表了大量文章（如图 7-5 所示），石墨烯独特的二维结构将为材料界注入新生力量，所以研究石墨烯的相关物理化学性质也是非常必要的。从全球石墨烯技术研究论文领域分布图中也可以看到，在石墨烯下游应用领域如电化学、能源燃料等方向的研究论文数量占据一定比例，同时在石墨烯生物物理、生物化学以及生物技术等方向也有布局。

"高被引"石墨烯论文主要来自欧美。目前，全球"高被引"石墨烯论文 TOP10 名单中（见表 7-4），有 5 篇出自美国机构，4 篇出自英国机构，1 篇出自德国机构，尚无中国机构。被引用次数最多的文章依旧是英国曼彻斯特大学 Andre Geim 的《Electric Field Effect in Atomically Thin Carbon Films》，被引用次数为 33580 次。其中出自英国的 4 篇论文中，有 3 篇文章的通讯作者为石墨烯的发现者 Andre Geim，并且被引的次数均位于排行榜前四位，这也证明了英国在石墨烯技术基础研究方面不可撼动的引领地位。

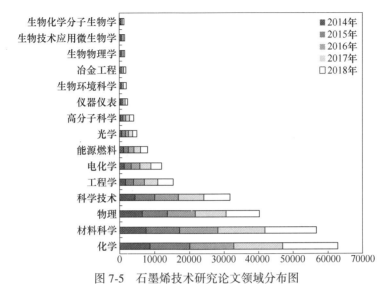

图 7-5 石墨烯技术研究论文领域分布图

（数据来源：Web of Science 数据库，CGIA Research 整理）

表 7-4 高被引 TOP10 名单

序号	文 章 标 题	发表期刊	通讯作者	研究机构	被引次数
1	Electric field effect in atomically thin carbon films	SCIENCES	Andre Geim	英国曼彻斯特大学	33580
2	The rise of graphene	NATURE MATERIALS	Andre Geim	英国曼彻斯特大学	24068
3	The electronic properties of graphene	REVIEWS OF MODERN PHYSICS	Castro Neto	美国波士顿大学	13495
4	Two-dimensional gas of massless Dirac fermions in graphene	NATURE	Andre Geim	英国曼彻斯特大学	13150
5	A consistent and accurate ab initio parametrization of density functional dispersion correction（DFT-D）for the 94 elements H-Pu	JOURNAL OF CHEMICAL PHYSICS	Stefan Grimme	德国明斯特大学	10149
6	Measurement of the elastic properties and intrinsic strength of monolayer graphene	SCIENCES	James Hone	美国哥伦比亚大学	10073
7	Experimental observation of the quantum Hall effect and Berry's phase in graphene	NATURE	Philip Kim	美国哥伦比亚大学	9058
8	Synthesis of graphene-based nanosheets via chemical reduction of exfoliated graphite oxide	CARBON	SonBinh T. Nguyen	美国西北大学	8791
9	Raman spectrum of graphene and graphene layers	PHYSICAL REVIEW LETTERS	Ferrari AC	英国剑桥大学	8610

序号	文 章 标 题	发表期刊	通讯作者	研究机构	被引次数
10	Graphene-based composite materials	NATURE	SonBinh T. Nguyen	美 国 西 北 大学	8364

数据来源：Web of Science 数据库，CGIA Research 整理。

7.2.1.2　全球石墨烯专利数量稳步增长

CGIA Research 采用汤森路透集团的德温特创新索引（DII）专利数据库作为全球专利检索来源，共检索到石墨烯相关专利 77372 件。本次检索日期为 2019 年 7 月 3 日。全球石墨烯专利申请数量从 2010 年开始呈现爆炸式增长，到 2016 年进入稳定阶段。2017 年全球石墨烯相关专利数量为 13430 件，同比增长 30.20%，2018 年全球石墨烯相关专利数量为 17029 件，同比增长 26.80%。数据表明，近 2 年石墨烯相关专利申请数量增长速率减缓，是石墨烯进入冷静期的表现，也是石墨烯产业化突破的必经之路。

全球石墨烯专利申请数量年度分布，如图 7-6 所示。

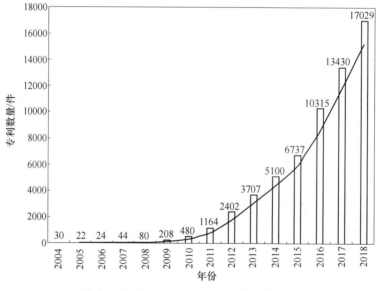

图 7-6　全球石墨烯专利申请数量年度分布

（数据来源：DII 数据库，CGIA Research 整理）

中国石墨烯专利申请量大幅领先其他国家/地区。从全球石墨烯专利申请来源国分布图（如图 7-7 所示）中可以看出，中国、美国和韩国的石墨烯专利申请量位居全球前三，其中中国为 51759 件，占比为 66.90%；美国为 8810 件，占比为 11.39%；韩国为 7733 件，占比为 9.99%。随着 2018 年全球石墨烯产业化提速，各国对石墨烯产业研究力度加大，石墨烯下游应用产品增多，各主要国家在石墨烯专利方面的申请数量也保持增长态势。中国的石墨烯专利申请量位居全球第一，专利数量大幅领先于其他国家/地区，依旧处于全球领跑地位。美国、韩国、日本分别位列二、三、四位，是石墨烯专利申请的主要国家。印度、加拿大、德国、澳大利亚及巴西等国家/地区则紧随其后，均进入全球石墨烯专利申请国家/地区 TOP10 行列。

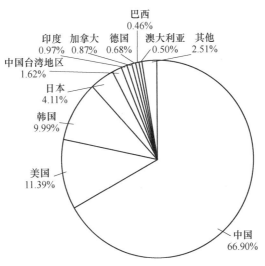

图 7-7 全球石墨烯专利申请数量国家/地区占比

（数据来源：DII 数据库，CGIA Research 整理）

重点专利集中于"中、美、韩"三国，美韩以企业为主，中国集中于高校，结构有待优化。CGIA Research 同时对全球石墨烯专利重点专利权人进行了分析。在全球石墨烯专利权人 TOP25 排行榜中（如图 7-8 所示），有 19 个专利权人来自中国，4 个来自韩国，2 个来自美国。其中来自中国的 19 个专利权人中，有 16 家高校，3 家企业；韩国的 4 个专利权人中，有 2 家企业，1 个院所；美国的 2 个专利权人均是企业。从以上数据可以看出，当前中国石墨烯技术研发主要依靠科研院所，由于中国的石墨烯产业化企业多为中小型企业，他们在科研能力上缺乏高端人才和资金支持，无法大规模地、深入地开展科学研究，而美国、韩国等国家的专利权人主要为企业。如美国 IBM 公司和韩国三星集团是国际知名的大企业，二者在石墨烯技术研发实力不容小觑。IBM 作为全球芯片制造巨头，在2014 年推出了世界首个多级石墨烯射频接收器，并在薄膜转移、掺杂改性、晶体管、LED & OLED、传感器、集成电路等多方面拥有专利。三星集团业务涉及电子、金融、机械、化学等众多领域，其与成均馆大学、汉阳大学、延世大学、首尔大学等机构有密切的合作，在石墨烯 CVD 法制备、储能、触摸屏、液晶显示、传感器、智能穿戴等方面均有布局。

中国科研院所众多，其中不乏实力超雄的高校和研究机构，目前中国石墨烯技术专利数量巨大，随着中国石墨烯产业化进程加快，这些专利若能被有效利用，中国将会成为全球石墨烯产业化风向标，引领全球石墨烯产业化发展。

CGIA Research 对全球石墨烯重点专利进行了分析，如图 7-9 所示。从图 7-9 可以看到，排名前十的石墨烯专利中，被引用次数最多的是来自美国纳米技术仪器公司。该公司成立于 1997 年，主要开展储能领域业务，石墨烯基超级电容器是其核心技术之一，其在重点专利 TOP10 排行榜中拥有 3 席，可见其实力不凡。来自中国的北京大学、哈尔滨工业大学、四川大学 3 所高校进入重点专利 TOP10 排行榜，其在石墨烯技术领域的科研成果值得关注。但整体来看，中国大部分核心专利集中在高校，而美韩主要以企业为主。

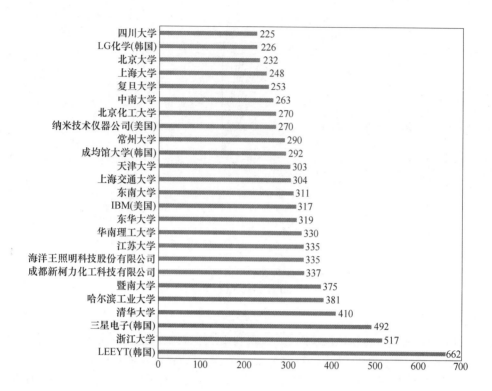

图 7-8　全球石墨烯技术 TOP 25 专利权人

（数据来源：DII 数据库，CGIA Research 整理）

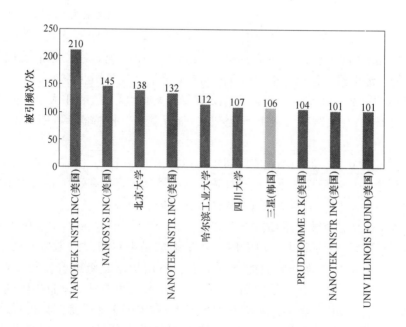

图 7-9　全球石墨烯专利引用频次 TOP10

（数据来源：DII 数据库，CGIA Research 整理）

7.2.2　全球技术研究进展

自 2010 年 Andre Geim 和 Konstantin Novoselov 因发现石墨烯而获得诺贝尔物理学奖以来，石墨烯材料就成为研发重点。2018 年，石墨烯材料制备和应用技术取得了一系列进展，主要集中在石墨烯材料的低成本、绿色、规模化制备，高质量精细结构调控，多级次多功能组装集成及下游应用在不同领域的拓展等方面。

7.2.2.1　基础/理论研究

2018 年 3 月 5 日，《自然》发表了两篇以中科大少年班的毕业生、美国麻省理工学院的博士生曹原为第一作者的石墨烯重磅论文。曹原发现当两层平行石墨烯堆成约 1.1° 的微妙角度，即所谓的"魔角"，材料就会在 1.7K 时变成超导体，就会产生神奇的超导效应，打开了非常规超导体研究的大门，而他也成为以第一作者身份在该杂志上发表论文的最年轻的中国学者，并因此入选英国《自然》2018 年度十大科学人物榜单第一位。此次的发现对于理解高温超导电性至关重要，开创了物理学一个全新的研究领域，有望大大提高能源利用效率与传输效率，对石墨烯的理论研究开辟了新的方向。而在今年 6 月份的 Graphene 2019 石墨烯春季大会上，来自全球各国石墨烯专家对"魔角"石墨烯做了大量的理论研究工作。曼彻斯特大学的研究人员通过对二维石墨烯的研究，意外在石墨烯中发现了量子霍尔效应。他们还发现石墨烯的表现主要取决于它有奇数层还是偶数层，而与层数的多少不相关。

7.2.2.2　材料制备研究

在制备技术方面，欧、美、日、韩等国尚不具备大规模工业化生产石墨烯的能力。即使有具备工业化能力的公司，其石墨烯年产能也大都在吨级，难以满足工业化生产需求。而目前我国在石墨烯材料的工业生产方面已取得了突破，具备了规模化制备石墨烯材料的能力，但在高品质大规模石墨烯制备技术方面仍存在巨大的提升空间。

石墨烯薄膜制备技术方面，欧美日韩等研究较为深入。日本研究团队发明了一种"分子容器法"，利用胶束型胶囊使难溶性纳米石墨烯分子溶于水，并在基板上制作了高度定向的组织化薄膜；美国佛蒙特大学的物理学家发现了一种在石墨烯基底上生长液膜的方法，他们破除了五十多年来争论不休的润湿临界状态之谜，并且制出迄今为止最薄的液体薄膜；美国石墨烯和二维材料生产商 Grolltex 宣布完成产能扩张，其在加利福尼亚州圣地亚哥的 CVD 石墨烯制造厂每年可生产 30000 个 8 英寸石墨烯晶圆（在不同基底上）产品；韩国研究团队通过化学气相沉积首次合成了晶片级单晶 hBN（SC-hBN）单层膜。这种 SC-hBN 膜能够合成晶片级石墨烯/hBN 质结构和单晶二硫化钨；欧盟石墨烯旗舰计划参与公司 Graphenea 致力于为电子产品生产可扩展的高质量单层石墨烯薄膜，可生产 CVD 石墨烯薄膜、石墨烯场效应晶体管芯片（GFET）、石墨烯组装服务（GFAB）以及石墨烯氧化物。

我国石墨烯薄膜制备技术也取得一定进展。北京大学研究团队发明了"单一晶种快速生长法"和"阵列晶种同向拼接法"等多种大面积单晶石墨烯薄膜的快速制备技术。这是大面积单晶石墨烯薄膜快速制备技术的又一突破。上海交通大学研究团队与瑞士、德国、美国科学家合作，首次合成具有拓扑性质的石墨烯纳米带。相关成果发表于《自然》杂志。

石墨烯粉体制备技术方面，我国产业化推进较快。武汉低维材料研究院制备出高导电的电子级石墨烯粉体，其电导率高达 1515.2S/cm，是目前世界上已知商业化石墨烯粉体的最高导电率，也是高质量电子级石墨烯大量制备领域的重大突破。北京化工大学戴黎明团队研制出用球磨法宏量制备石墨烯的技术，该方法制备的石墨烯具有均一的电学和热学性能，可用于加热膜、导电材料等产品中；中国科学院上海微系统与信息技术研究所石墨烯粉体材料研究团队丁古巧、何朋等科研人员，在水溶性石墨烯材料制备方面取得进展，实现了高产率（87.3%）、高固含量（8.2g/L）以及高稳定性（8 个月以上）的少层微米尺寸水溶性石墨烯的制备，相对于已有研究报道具有明显优势。

7.2.2.3　应用研究

欧美日韩等大都从国家层面对石墨烯产业进行了专项资金扶持，因此在石墨烯高端应用领域布局较多。如在今年西班牙巴塞罗那举行的 2019 世界移动通信大会上，欧洲石墨烯旗舰项目组织了超过 20 种不同的基于石墨烯的产品原型和设备在此展览，并按照"未来的电话""未来的可穿戴设备"和"未来的家园"三个方面进行展示。

未来的电话：（1）超越人眼的宽带图像传感器。目前手机中的摄像头只能"看到"可见光谱。然而，石墨烯相机能够从周围物体获取更多信息，比如通过检测红外光来判定一个水果是否新鲜。（2）石墨烯增强电池。剑桥大学石墨烯中心用石墨烯增强负极可延长手机电池的使用寿命，提高电池的充电速度。（3）灵活的 WiFi 接收器。利用这种完全灵活的石墨烯微波通信设备，通过 WiFi 将柔性设备连接到互联网。石墨烯的灵活性和出色的电子特性使柔性电子设备成为可能。

石墨烯家居用品：（1）基于石墨烯的 NFC 设备用于电子钥匙。石墨烯 NFC 天线可以集成在几种柔性材料中，为金属天线提供可靠、环保的替代品。（2）石墨烯基太阳能电池：采用石墨烯制造具有高功效和长寿命的大面积钙钛矿太阳能电池，石墨烯的特性提高了太阳能电池的稳定性和效率。（3）用于检测空气污染的电子鼻。采用物联网监测空气质量，需要做到准确、实时。石墨烯空气嗅探器基于石墨烯微型传感器，可以实时检测空气中极低水平的有害气体，如二氧化氮。

未来的可穿戴：（1）脑机接口。石墨烯可用于脑植入物，记录和刺激大脑表面的脑信号。由于石墨烯的灵活性，这些植入物更舒适，更敏感，同时侵入性更小。高性能脑植入将改善对神经疾病的理解和治疗以及推动脑机接口技术的发展。（2）石墨烯压力感应鞋垫。鞋垫中的石墨烯泡沫可以跟踪足部的压力分布，用于运动分析和足部矫形。轻质石墨烯嵌入式泡沫可响应压力变化，便于在所有类型的鞋子中进行应用。（3）柔性透明触摸人机界面。该透明、压力敏感的石墨烯和塑料薄膜可实现精确的压力检测。层压薄膜非常薄，可以在 3D 表面上制备并集成到柔性装置中。该技术可用作电子皮肤，使任何表面对其环境具有高响应性，适用于医疗保健、机器人、游戏、数字音乐制作和工业 4.0。

中国产业化应用研究居于前列。中国科学院研究团队联合浙江省石墨烯制造业创新中心研发团队，大力推进铝燃料电池的工艺开发和工程样机研制，成功研制出能量密度高达 545W·h/kg、容量达 130kW·h 的石墨烯基铝燃料电池发电系统。这是中国石墨烯包覆改性锂离子电池正、负极材料技术获得的重大突破。清华大学研究团队研发出多层石墨烯表皮电子皮肤，该器件具有极高的灵敏度，可以直接贴覆在皮肤上用于探测呼吸、心率、发声等。中国科学院研究团队将 STM 实验与理论计算相结合，在构筑单层石墨烯"保护"的硅烯及其异质结构的研究中取得新进展。北京航空航天大学罗斯达教授团队以多孔聚酰亚胺纤维聚合薄膜（PI 纸）为碳源，CO_2 为激光源，首次利用先进激光诱导石墨烯技术（LIG）制备出无基质的大尺寸石墨烯纸，其在石墨烯纳米柔性器件制造领域将有巨大应用前景。

7.2.2.4　标准认证体系

我国石墨烯标准认证体系建设取得一定进展。行业标准是引领产业创新发展的重要前提，目前在石墨烯领域正在制定的国家标准有 7 项，地方标准 5 项，行业/企业标准近 40 项。国标委与工信部等成立了石墨烯标准化工作推进组，加强石墨烯标准化顶层设计；中国石墨烯产业技术创新战略联盟（CGIA）目前也已经启动 30 余项联盟标准的制定工作。此外，全球首家石墨烯独立第三方认证机构——国际石墨烯产品认证中心（International Graphene Products Certification Centre，IGCC）成立，目前 IGCC 已为宝泰隆、利特纳米、爱家科技、高烯科技、华清海康石墨烯医疗应用研究院等颁发了 IGCC 石墨烯产品认证证书。

7.2.3　全球技术发展趋势

7.2.3.1　国际

2015 年欧盟旗舰计划发布石墨烯科学与技术欧洲路线图，该路线图是在石墨烯旗舰项目的框架内制定的，最终目标是将基于 2D 材料的组件和结构集成到能够提供新功能和应用领域的系统中。路线图确定了 11 个科学和技术主题，具体包括：基础科学、健康与环境、生产、电子设备、自旋电子学、光子学和光电子学、传感器、柔性电子、能量转换与存储、复合材料和生物医学设备。路线图依次指出每个领域的方向和时间表（如图 7-10 所示）。

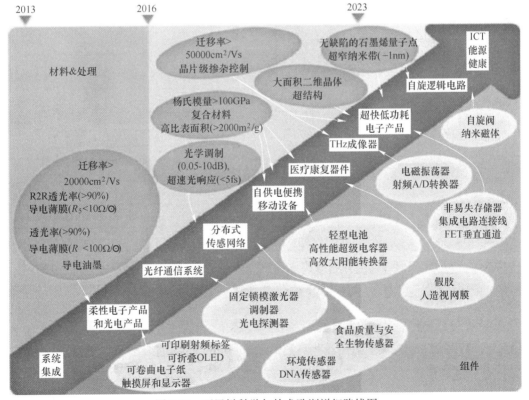

图 7-10　石墨烯科学与技术欧洲详细路线图

2019年4月7日，欧盟旗舰计划发布《石墨烯旗舰年报2018》，年报公布2019~2030年石墨烯应用路线图，路线图将石墨烯产品分为六大领域，包括复合材料、能源、数据通信、电子产品、传感器和成像及生物技术（如图7-11所示）。

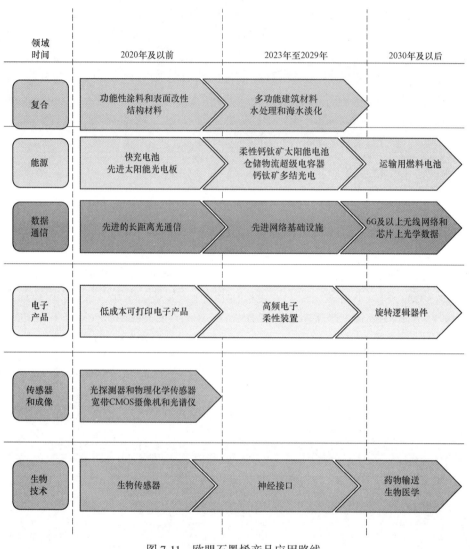

图7-11 欧盟石墨烯产品应用路线

（数据来源：CGIA Research整理）

韩国石墨烯相关研究与产业发展迅猛，一是因为在石墨烯应用的一些重要领域，韩国占据了全球多半的产业资源，二是因为韩国近年在石墨烯各项技术研发和产业化方面做出巨大投入。可以说，政府的高度重视、大学院所的全力攻关和骨干企业的领衔参与是韩国石墨烯产业发展的最大优势。目前，韩国在各项技术实现和研究重点方面做过很多规划。2015年，韩国未来创造科学部和产业通商部联合推出《韩国石墨烯商业化推进技术路线图（2015—2020）》，在全球石墨烯商业化分析的基础上，提出韩国石墨烯商业化的战略目标以及商业化推进蓝图。技术路线图预测2025年Flake石墨烯将达到171亿美元，CVD石墨烯到2025年将形成65.2亿美元的市场规模（见表7-5）。

表 7-5　韩国石墨烯商业化技术路线图

韩国石墨烯商业化技术路线图（2015—2020）	
时间	主要内容
2017 年	开发石墨烯产品样品，在电子屏蔽涂层制领域实现首次销售
2020 年	掌握 85 项石墨烯核心技术，开发 6 种世界一流产品，销售额达到 6000 亿韩元
2025 年	培养 20 家全球性企业，石墨烯产品销售额到 19 兆韩元，创造 5.2 万个就业岗位

7.2.3.2　中国

2018 年 1 月 26 日，我国国家制造强国建设战略咨询委员会发布《中国制造 2025》重点领域技术创新路线图（2017 年版）（以下简称技术路线图）。技术路线确定未来十项重点发展领域，分别为新一代信息通信技术产业、高档数控机床和机器人、航空航天装备、海洋工程装备及高技术船舶、先进轨道交通装备、节能与新能源汽车、电力装备、农业装备、新材料、生物医药及高性能医疗器械。

技术路线图指出石墨烯材料是前沿新材料领域的发展重点，并指出石墨烯是主导未来高科技竞争的超级材料，广泛应用于电子信息、新能源、航空航天及柔性电子领域，可以极大地推广产业快速发展和升级换代，市场前景巨大，有望催生千亿元规模产业。其中，中国石墨烯技术路线具体包括需求、目标、重点产品和关键技术及装备（如图 7-12 所示）。

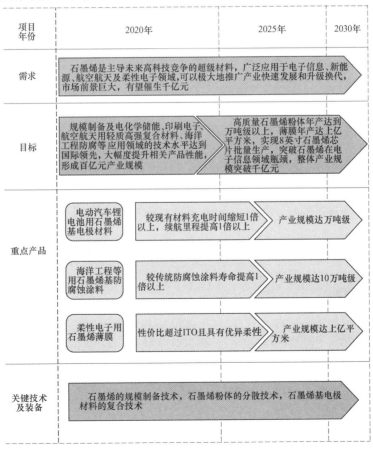

图 7-12　中国石墨烯技术路线

7.2.4　国内外技术水平对比分析

目前，石墨烯技术研发呈现出良好的应用前景，但仍需在制备方法和工艺以及下游应用中进行新的突破，以实现石墨烯应用的产业化，引领多领域新材料新时代的变革。我国石墨烯技术水平基本与国际同步，但在高技术布局处于战略被动，石墨烯领域的论文、专利等创新成果的数量虽然居于前列，但是原创性基础研究不足。

如在石墨烯研发上，我国和欧美国家发展的路线不同。我国在石墨烯主要研究领域均有涉猎，石墨烯技术水平基本与国际先进水平同步，部分领域处于领先水平并掌握了自主知识产权。如我国在石墨烯光驱动、大尺寸单晶材料宏量制备、玻璃上 CVD 生长石墨烯、石墨烯量子点在癌症及早期检测的应用以及射频识别标签（RFID）和石墨烯无纺布等方面的技术研发具有优势。

7.3　全球石墨烯产业发展态势

目前，全球石墨烯产业化主要集中在中国，高端领域科研研发则分布在欧洲、美国与日韩等地区。

7.3.1　国际石墨烯产业发展态势

7.3.1.1　美国：多元布局，体系完善，国防特色鲜明

美国早在 2008 年就开始在国家层面开展石墨烯相关研究，投资力度较大，石墨烯产业化和应用进程相对较快。美国石墨烯领域的基础研究及相关产业化布局主要由国家科学基金（NSF）、美国能源部（DOE）、美国国防部（DOD）等政府机构主导，重点支持石墨烯晶体管、能量存储、超级电容器、生物技术等领域。美国石墨烯产业布局呈现多元化，并且产业链相对完整，基本覆盖了从制备及应用研究→产品→下游应用的整个环节，科研院所与企业关系较为密切，科技成果转化速率也更快。独具特色的是，美国是当前全球石墨烯领域唯一有军队、国防部高程度支持研发与推广的国家，其美国能源部（DOE）、美国国防部（DOD）、美国空军科研办公室、美国太空总署（NASA）等多次出台政策与资金支持石墨烯研究。

美国涉足石墨烯的企业不仅有诸如 IBM、英特尔、波音、福特等的研发实力强劲的大型企业，还有像美国纳米技术仪器公司、沃尔贝克公司等以石墨烯为其核心业务的中小型企业，他们对美国的石墨烯技术产生深远的影响。如 IBM 公司主要从事石墨烯场效应晶体管和介电层相关研究，2010 年研制出首款由晶圆尺寸石墨烯制成的集成电路，2014 年制备出全球首个多级石墨烯射频接收器。福特公司将石墨烯应用到汽车发动机降噪环节中，在燃油分供管、引擎及各种泵上使用石墨烯，有助于减少引擎盖下噪声，未来将集成石墨烯组件，覆盖于 F-150 和野马车型，并且还会拓展至其他系列；美国石墨烯和二维材料生产商 Grolltex 宣布完成其最近的产能扩张，其在加利福尼亚州圣地亚哥的 CVD 单层石墨烯制造厂每年可生产 30000 个 8 英寸石墨烯晶圆（在不同基底上）产品。

7.3.1.2 欧洲：前瞻布局，基础研究扎实，产业化进程缓慢

欧盟的石墨烯研究起步早且系统性强，并将石墨烯研究提升至战略高度，资金支持力度大，基础研究扎实。但是，由于涉足下游应用的企业较少，产业化进程推进较慢。作为欧洲有史以来规模最大的研究计划，石墨烯旗舰计划将展示石墨烯如何在人们的生活中发挥越来越大的作用。该计划在 2018 年 9 月再次对技术路线图进行了更新。最新的欧盟旗舰计划技术和创新路线图展示了石墨烯从实验室过渡到工业应用的各种途径，并确定了何时可以将石墨烯应用于不同应用领域的时间表。其工业化团队致力于确定石墨烯可以填补利基市场或特别适合解决行业问题的特定市场，并专门探讨了超级电容器、防腐蚀、锂离子电池和神经接口四个可商业化的领域。

2019 世界移动通信大会上，由 Graphene 旗舰组织的石墨烯展馆重点展示了"未来的电话""未来的可穿戴设备"和"未来的家园"，并将重点关注石墨烯和相关材料的连接重要性，从单个连接设备到完整的机器和传感器网络。增强型音频耳机、石墨烯调制器、石墨烯扬声器、石墨烯压力感应鞋垫、新一代生物医学设备等石墨烯产品纷纷亮相，充分展示了石墨烯的神奇性能。

目前欧盟有 70 余家公司开展石墨烯的研发、产业化以及应用的推进，不仅包括诺基亚、巴斯夫、拜耳等工业巨头，还有众多小型专业化石墨烯企业。产业分布主要集中在英国、德国、法国、西班牙等地。

同时，作为石墨烯的"诞生地"，英国在石墨烯的基础研发方面居于全球领先地位，但从事商业开发的石墨烯企业较少，为加快英国石墨烯产业的研发及应用，英国政府也投入巨资加快石墨烯产业发展，产业布局主要围绕曼彻斯特大学进行，先后在曼彻斯特大学成立了国家石墨烯研究院及石墨烯工程创新中心，以加速石墨烯的基础研究及应用开发。目前，该创新中心已经建成并投入使用，与 First Graphene Ltd、Haydale 石墨烯工业公司、Versarien plc 公司建立合作，以开发石墨烯产品和应用。

7.3.1.3 日韩：产学研合作紧密，龙头企业推动效应显著

韩国石墨烯产业发展产学研结合紧密，在基础研究及产业化方面发展较为均衡，整体发展速度较快。从政府层面，韩国政府通过提供资金支持、整合研究力量等多方面加大支持力度；从研究层面，韩国成均馆、韩国科学技术院等均在石墨烯研究方面拥有较强实力；从企业层面，主要以韩国三星集团和 LG 公司为主，其中韩国三星集团投入巨大研发力量，保证了其在石墨烯柔性显示、触摸屏以及芯片等领域的国际领先地位，为韩国石墨烯产业发展提供支撑。同时，韩国十分注重保护和申请石墨烯专利，目前专利量居全球第三，仅次于美国和中国，远高于欧洲其他国家。

日本依托其良好的碳材料产业基础，是全球最先进行石墨烯研究的国家之一，产学研结合较为紧密，整体发展较为全面。包括日本东北大学、东京大学、名古屋大学等在内的多所大学以及日立、索尼、东芝等众多企业都投入大量资金和人力从事石墨烯的基础研究和应用开发，研究重点主要集中在石墨烯薄膜、新能源电池、半导体、复合材料、导电材料等应用领域。

7.3.2 中国石墨烯产业发展态势

近年来，特别是自 2015 年《关于加快石墨烯产业创新发展的若干意见》发布以来，

我国石墨烯产业在推进规模化制备、提升传统产业、支撑新兴产业以及促进民生福祉改善、推动军民融合等方面取得了一定进展，正逐步成为全球石墨烯产业化的领跑者。当前石墨烯产业正在从技术研发阶段到市场应用阶段过渡，产业格局初具雏形，产业链条逐步贯通，发展态势稳中向好。

7.3.2.1　产业规模逐步扩大

石墨烯有效产能逐渐增加。石墨烯工业化生产是石墨烯商业化的基础，而工业化生产对制备技术的可重复性（产品批次的稳定性、产品良率）、安全性和成本等都提出了更高的要求。目前我国在石墨烯材料的工业生产方面已取得了突破，具备了规模化制备石墨烯材料的能力，但是在高品质大规模石墨烯制备技术方面仍存在巨大的提升空间。

石墨烯材料制备能力不断提升。据 CGIA Research 统计，石墨烯粉体产能从 600t（2015 年）增长到 5100t（2018 年），薄膜产能从 150 万平方米（2015 年）增长到 650 万平方米（2018 年），其中粉体产能利用率从 3.3% 增长到 15.6%。

2018 年，我国石墨烯材料粉体产能达到 5100t，已经有数家企业具备了年产百吨以上的生产能力。其中包括常州第六元素 100t 氧化石墨烯生产线、宁波墨西科技 500t 生产线、鸿纳（东莞）新材料科技 1 万吨含石墨烯 4%~6%（质量分数）的浆料生产线（折合粉体 300t）、青岛昊鑫 500t 石墨烯粉体生产线、青岛德通纳米技术有限公司年产 5000t 高纯石墨烯浆料生产线（折合粉体 300t）、唐山建华 100t 氧化石墨烯生产线、宝泰隆 100t 石墨烯粉体生产线等（如图 7-13 所示）。石墨烯薄膜产能约 650 万平方米，其中重庆墨希科技有限公司 300 万平方米、常州二维碳素科技股份有限公司 20 万平方米、无锡格菲电子薄膜科技有限公司 8 万平方米，常州瑞丰特科技有限公司 100 万平方米、长沙暖宇新材料科技有限公司 100 万平方米、宁波柔碳电子科技有限公司 100 万平方米（如图 7-14 所示）。石墨烯粉体和薄膜材料在汽车、纺织、军工等工业和民生消费品上已经实现产业化应用。

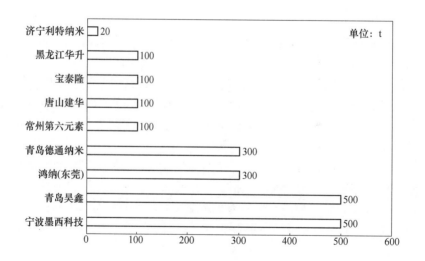

图 7-13　部分企业石墨烯粉体产能

（数据来源：企业官网、CGIA Research 整理）

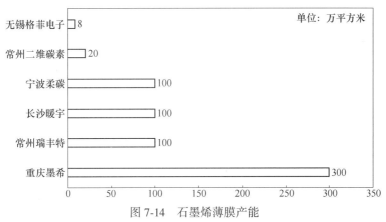

图 7-14　石墨烯薄膜产能

（数据来源：企业官网、CGIA Research 整理）

2015~2018 年粉体产能利用率稳步增长，而薄膜的产能利用率则维持在 13% 左右，说明目前市场上石墨烯产品大多数仍以粉体材料为主，而石墨烯薄膜由于成本、技术和工艺等问题，仍有很大的市场增长空间。预计到 2020 年，我国石墨烯粉体产能有望突破 1 万吨，石墨烯薄膜产能到 2020 年将增至 1000 万平方米。2015~2018 年中国石墨烯材料产能及产量见表 7-6。

表 7-6　2015~2018 年中国石墨烯材料产能及产量

类别	2015 年	2016 年	2017 年	2018 年
粉体产能	600t	2000t	3000t	5100t
粉体实际产量	10~20t	60~100t	300~400t	600~800t
粉体产能利用率	−3.3%	−5%	−13.3%	−15.6%
薄膜产能	150 万平方米	250 万平方米	350 万平方米	650 万平方米
薄膜实际产量	10 万~20 万平方米	25 万~50 万平方米	40 万~60 万平方米	60 万~80 万平方米
薄膜产能利用率	−13%	−20%	−17%	−12.3%

数据来源：企业官网、CGIA Research 整理。

此外，CGIA Research 通过数据库查询、实地调研等方式对石墨烯相关企业进行统计分析发现，近年来石墨烯相关企业数量急剧增加。截至 2019 年 4 月底，在我国工商、民政等部门注册的与石墨烯相关的单位数量达 10000 余家，实际开展石墨烯业务的单位约 3000 多家，如图 7-15 所示。

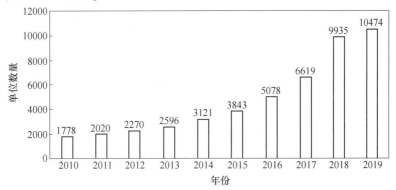

图 7-15　石墨烯相关单位数量年度分布图

（数据来源：启信宝，CGIA Research 整理）

7.3.2.2　产业链布局日趋完善

随着石墨烯产业的快速发展，全产业链布局已经初见雏形，基本覆盖了从制备及应用研究到石墨烯产品生产，直至下游应用的全环节。但总体看来，石墨烯企业多数仍是处于成长期的中小企业，龙头企业数量不多、规模相对较小，整个产业链的发展壮大有待进一步完善。

我国石墨烯产业链及相关企业，如图 7-16 所示。

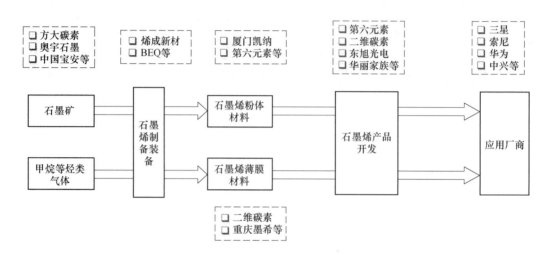

图 7-16　我国石墨烯产业链及相关企业

（数据来源：CGIA Research 整理）

据 CGIA Research 筛选分析，在实际开展石墨烯业务的 3000 多家单位中，其中从事技术服务、销售、投资及检测的单位占比 45.26%，从事石墨烯相关研发的单位占比 25.73%，设备和制备的单位占 12.66%，下游应用方向的单位数量占 16.35%，石墨烯的市场化在逐步展开。

石墨烯相关单位产业链环节数量分布，如图 7-17 所示。

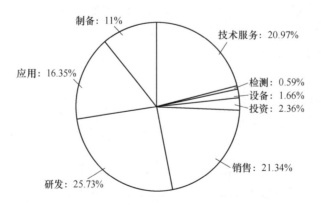

图 7-17　石墨烯相关单位产业链环节数量分布

（数据来源：启信宝，CGIA Research 整理）

7.3.2.3 区域集聚初步成型

得益于积极的政策支持和广阔的应用前景，中国石墨烯产业呈现出多点开花，集聚初现的特点。目前，我国石墨烯产业主要集中分布在东部沿海地区，汇集了70%以上的石墨烯企业，形成长三角、珠三角和山东三个石墨烯产业集聚区。

7.3.3 短板分析及产业链安全性评估

被称为"万能材料""工业味精"的石墨烯新材料是未来高端制造业重要的基础材料，其产业关联度高、带动性强、涉及面广，产业链相对较为复杂，下游应用广泛。经过多年的发展，石墨烯产业已经走过从概念到产品的初级阶段，产业化的推进正在有效开展，中国石墨烯产业化走在全球的前列。我国石墨烯的规模化生产技术、工艺装备和产品质量均取得重大突破，产业链日趋完善，但仍有一些短板技术有待解决，如高品质材料的规模化生产亟待突破，杀手锏级应用尚待开发等。

7.3.3.1 产业技术短板分析

石墨烯材料制备方面：目前商业化的石墨烯粉体材料普遍存在尺寸和层数不均匀、单层石墨烯产量低、比表面积远低于理论值、没有分级、成本高等问题，无法真正体现石墨烯的各种优异性能；结构完整的石墨烯表面不含有任何基团，与其他介质的相互作用较弱，很难分散于溶剂中，更难与其他有机或无机材料均匀的复合。石墨烯薄膜材料存在无法避免的因生长过程导致的结构缺陷和因转移过程导致的表面污染，普遍电阻较高，无法应用在本应适合匹配其优异电学性能的领域；且目前的石墨烯薄膜产品多为多晶薄膜，单晶薄膜的制备方法仍有待突破。

此外，目前石墨烯薄膜制备主要是基于传统的片状石墨烯薄膜生长与转移方式的简单放大，面临制备效率低下、一致性差、产能小、成本高等问题。国外以三星、索尼、日本产综研为代表的企业主要发展可卷对卷生长与转移的石墨烯薄膜卷材制备技术，可获得210mm宽幅，百米级别以上的石墨烯薄膜卷材；需要突破石墨烯薄膜卷材的连续制造工艺与设备难题，宽幅可达0.5m，生长速度不低于3m/min，转移速度不低于1m/min。

石墨烯应用技术方面：石墨烯材料的应用主要有两类，一类是石墨烯以"工业味精"的形式掺杂以提升产品性能，促进传统产业升级；二是发挥石墨烯独特的光电热及力学性能，用于"杀手锏"级应用产品领域。目前，国外主要在电子信息、生物医药、节能环保、新能源等战略性新兴应用领域布局，我国企业主要布局石墨烯在传统产业方向，如涂料、润滑油、塑料、橡胶复合材料等，对生物医疗，电子信息领域布局的企业数量较少。此外，我国石墨烯企业基本以小微企业和初创企业为主，资金投入匮乏、研发实力薄弱、市场开拓能力也不强，在破解石墨烯技术瓶颈、推进材料产业化应用等方面捉襟见肘。

7.3.3.2 产业链安全性评估

我国石墨烯产业链基本完善，在原料资源、材料规模化制备及下游应用产品产业化方面具有一定优势，产业链安全性较好。

从产业链环节来看，石墨烯产业的上游主要为生产石墨烯所用的各种原料及制备设备，如石墨、烃类物质等，由于我国石墨、天然气等资源丰富，且产业体系完善，所以在石墨烯上游资源方面我国具有天然优势。中游主要为各类石墨烯产品，包括石墨烯薄膜、石墨烯粉体等。目前，欧美、日、韩等国尚不具备大规模工业化生产石墨烯的能力，我国在石墨烯材料的工业生产方面已取得了突破，具备了规模化制备石墨烯材料的能力。下游应用环节，我国石墨烯产业化应用取得了一定进展，上下游产业链已初步打通，下游应用领域不断拓展，在新能源、大健康、石油化工、节能环保等领域实现产业化应用。在电供暖、大健康、涂料、润滑油、锂离子电池等石墨烯应用产品的市场化取得了一定突破。

此外，我国石墨烯产业链逐渐完善，目前国内石墨烯全产业链布局已经初见雏形，基本覆盖了从上游原材料到石墨烯材料制备以及下游应用的全环节。据统计，目前全国在工商、民政等部门登记注册的石墨烯相关单位已经超过万家，涉及石墨烯材料制备、应用开发、终端应用、产业服务等各个关键环节，覆盖了防腐涂料、热管理、电子信息、大健康、新能源、节能环保等多个应用领域。此外，随着各类产业服务平台的不断完善，尤其各地石墨烯制造业创新中心、研究院、产业园等的不断建设和完善，以及产业联盟等行业组织的成立，为上下游企业搭建了合作交流平台，探索石墨烯政产学研协同创新机制，着力打通石墨烯基础研究与产业需求间缺失的关键创新环节，使得产业上下游联动发展的格局更加深化，石墨烯与其他产业的融合发展也将逐步推进。

在产业运行控制方面，大企业逐步进入，产业并购及协作活动持续推进。据 CGIA Research 统计，从 2012~2019 年上市企业发生石墨烯相关投资并购事件共 53 项，涉及金额近 101.25 亿元，其中 2018 年投资并购金额达到 15.32 亿元，产业链进一步整合。同时，产业应用示范效应不断推动石墨烯商业化进程。石墨烯产业是一个典型的"技术+资本密集型行业"，需要大量的资本投入，以供技术研发和市场拓展。但目前中国的石墨烯从业企业以中小企业和初创企业为主，企业骨干大部分是科研院校出来的研究人员，大多数企业的市场开发和维护能力不强，企业盈利能力低，所承担的风险系数较高，因而终端应用企业对于与石墨烯企业的合作十分谨慎。在这样的背景下，开展产业示范是短期内突破石墨烯产业应用初期市场瓶颈、激活和释放下游行业需求的最为有效手段。

此外，我国石墨烯创新投入大幅增长，行业将迎来深度洗牌。据 CGIA Research 统计，2018 骨干石墨烯企业科技创新投入达到 4.3 亿元，并涌现出一批引领行业的新技术、新产品。同时，行业优势资源向大型企业集中的趋势将越发明显，一批没有创新能力、资本薄弱、市场开拓能力不足的小企业将逐步被淘汰，行业迎来深层次的洗牌。

7.3.4　国内外产业发展路径差异分析

通过对比可发现国内外石墨烯产业发展路线有较大不同，主要体现在制备方法、重点应用方向、专利质量及布局、国家资金投入和产业发展模式上。国外石墨烯产业发展是自上而下，以国家投入为主，瞄准高端领域布局，投入的周期长且稳定；而中国是自下而上，以民间投入为主，聚焦传统产业提升。

其中，欧美国家对石墨烯产业的资助力度较大，分布领域广，时间分布密集，重点布局电子信息、生物医药等高技术研发领域；韩国集中力量支持三星、LG 集团等龙头企业，资金投入时间长且稳定；英国则注重产学研紧密结合，支持创新中心建设，在研发方面的投入较大，重点布局高技术领域。如石墨烯技术发源地的欧洲高度重视石墨烯产业，欧盟启动了欧盟石墨烯旗舰计划，10 年投资 10 亿欧元，分为 6 大部门 20 个工作组，目前有 23 个国家参与，158 个研究小组。欧盟希望通过实施石墨烯旗舰计划带动高端制造业的回归，为欧洲带来新的经济增长动力，抢占未来科技发展先机。

国内外石墨烯产业发展对比见表7-7。

表 7-7　国内外石墨烯产业发展对比

对比项	国　内	国　外
制备方法	粉体：采用氧化还原法、物理法、等离子体等多种技术制备，已实现低成本大规模生产； 薄膜：采用 CVD 法、CVD 卷对卷法制备，已经实现低成本大规模生产，其中单晶薄膜保持全球最大记录	普通采用 CVD 法，具备量产能力，制备成本较高
重点应用方向	储能、大健康、防腐涂料、导热复合材料、化工等传统产业转型升级应用	光电器件、生物医药、传感器、环保、集成电路等领域
专利质量和布局	专利数量全球首位，原创性专利较少；在我国专利数量 TOP20 申请人中，80% 为高校和科研院所	数量上不具有绝对优势，但整体水平较高；申请者主要以 IBM、Intel、三星等大型跨国公司，重点布局集成电路、晶体管、传感器等
国家层面资金支持	无专项，资金少而分散，缺乏长期稳定投入	有专项，资金支持力度大，较集中，长期，持续性投入
产业发展模式	自发模式，市场驱动，以传统产业转型升级为主线，企业投入为主，国家支持较少，中小企业较多	以高端应用为主线，制定技术发展路线图，研发机构、企业等各主体分工明确且协调有序，国家投入为主，企业配套支持，大企业较多

数据来源：CGIA Research 整理。

而中国石墨烯产业着重促进传统产业转型升级，石墨烯产业得到的地方政府支持力度较大，产业的投入资金主要来自民间；政府资金重点支持石墨烯基础理论研究，以示范应用的形式来培育市场。我国是全球制造业大国，传统产业转型升级需求迫切，在石墨烯应用方面具有巨大的市场空间，目前我国主要集中在传统产业提升方面，这条路径是基本适合我国国情的。

7.4　石墨烯应用市场需求分析

7.4.1　应用市场概述

石墨烯作为近年来备受关注的新型材料，其用途非常广泛，在半导体产业、光伏产业、锂离子电池、航天、军工、新一代显示器等传统领域和新兴领域都将带来革命性的技术进步。近年来，石墨烯应用市场不断拓展，发展态势良好，石墨烯在下游市场的应用主要有新能源、大健康、电子信息、节能环保、生物医药、化工、航空航天、农业等领域（如图 7-18 所示）。

石墨烯特性及对应应用领域见表 7-8。

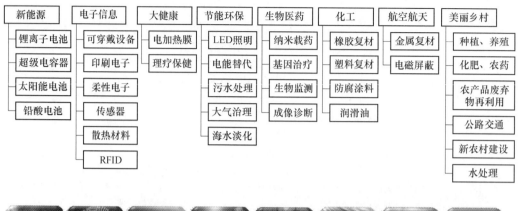

图 7-18　石墨烯材料应用领域

（数据来源：CGIA Research 整理）

表 7-8　石墨烯特性及对应应用领域

石墨烯特性	石墨烯应用领域
高比表面积，高载流子浓度	新能源（锂离子电池，超级电容器，铅酸电池，太阳能电池），化工（涂料，橡胶）
远红外发热，理疗，高电导率	大健康（理疗穿戴），节能环保（电能替代）
高强高韧，高导热	化工（塑料，橡胶），航空航天（树脂基复合材料，金属基复合材料）
柔性，高载流子浓度，透明度高，高导热	电子信息（柔性显示，散热行业，传感器）

数据来源：CGIA Research 整理。

近年来，石墨烯产业发展进入了以产业化应用推进为核心的新阶段，应用市场不断拓展，在新能源、大健康、化工新材料、节能环保、电子信息等领域实现产业化应用。在电供暖、大健康、涂料、润滑油、锂离子电池等石墨烯应用产品的市场化取得了一定突破，如工业应用领域的石墨烯导电添加剂、石墨烯防腐涂料、石墨烯导静电轮胎、石墨烯润滑油、石墨烯触点材料等产品；民生消费领域的石墨烯智能可穿戴产品、石墨烯理疗发热器件、石墨烯手机散热、石墨烯散热 LED 产品照明产品、石墨烯复合纤维纺织产品、石墨烯电采暖产品、石墨烯环保内墙涂料等。

据 CGIA Research 统计，石墨烯产业的应用市场规模从 2015 年的 6 亿元、2016 年的40 亿元、2017 年 70 亿元，增长到 2018 年 100 亿元，形成了以新能源、涂料、复合材料、大健康、节能环保和电子信息为主的六大产业化应用领域。其中石墨烯在新能源领域的市场规模达到 65 亿元，石墨烯涂料市场规模 8 亿元，在大健康和节能环保领域均达到 6 亿元，化工新材料（不含涂料）5 亿元，电子信息领域达到 4 亿元，石墨烯产业呈现快速发展趋势。石墨烯产业应用领域市场规模分布如图 7-19 所示，石墨烯应用企业已经初具规模，并形成了良性循环的状态。

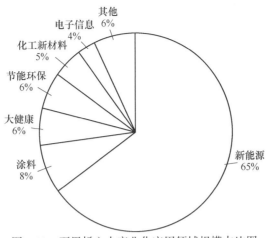

图 7-19　石墨烯六大产业化应用领域规模占比图

(数据来源：CGIA Research 整理)

7.4.2　细分应用市场分析

7.4.2.1　新能源领域

现阶段石墨烯在新能源行业的潜在应用主要集中在锂离子电池和超级电容器领域，但是随着行业的发展，其下游领域不断拓宽，在推动传统产业升级方面的作用逐渐显现，而石墨烯在铅酸电池领域的应用，也成为近年来石墨烯在新能源领域的亮点。随着新能源汽车行业的发展，石墨烯在储能领域也将迎来新纪元，在锂电池、超级电容器、铅酸电池、太阳能电池及其他电池中具有广阔的应用前景。

以石墨烯-锂电池为例，随着制备技术日趋成熟以及下游需求逐渐打开，石墨烯材料对传统材料的替代将加快，在锂电池材料领域具有广泛的应用空间。锂离子电池作为二次电池，性能优异、应用领域广，而如何提高锂离子电池的功率密度并进一步增大其能量密度是当前研究的热点和难点。将石墨烯应用到锂离子电池中可以显著提升电池相关性能。在负极复合材料中，石墨烯不仅可以缓冲材料在充放电过程中的体积效应，还可以形成导电网络提升复合材料的导电性能，提高材料的倍率性能和循环寿命。通过优化复合材料的微观结构，例如夹层结构或石墨烯片层包覆结构，可进一步提高材料的电化学性能。在正极复合材料中，石墨烯形成的连续三维导电网络可有效提高复合材料的电子及离子传输能力。此外，相比于传统导电添加剂，石墨烯导电剂的优势在于能用较少的添加量，达到更加优异的电化学性能。

由于相对技术门槛较低，从事石墨烯导电浆料的研发生产的企业较多，这一块也是目前石墨烯在锂电池领域相对成熟的方向，但能够真正进入锂电池企业供应商的企业数量却不多，当前能够进入主流电池企业供应商名录的石墨烯导电剂企业主要包括青岛昊鑫、东莞鸿纳、江苏天奈和万鑫石墨谷，四强割据局面逐渐形成。

在负极材料方面，相较于传统石墨，新型负极材料尤其是硅碳负极是未来发展的必然趋势，目前国内已有深圳贝特瑞新能源科技有限公司、杉杉股份、上海碳源汇谷新材料科技有限公司、深圳市本征方程石墨烯技术股份有限公司、福建翔丰华新能源材料有限公司、宁波富理电池材料科技有限公司等多家电池企业从事石墨烯负极材料的研发生产，但据规模商业化尚需一段时间。

正极材料方面,目前国内企业不多,主要有有宁夏汉尧石墨烯储能材料科技有限公司、江苏红东科技有限公司、深圳市本征方程石墨烯技术股份有限公司。

7.4.2.2 电子信息领域

石墨烯是世界上已知硬度最高的材料,几乎完全透明,具有高达 $5300W/(m \cdot K)$ 的热导系数和高达 $2 \times 10^5 cm^2/(V \cdot s)$ 的电子迁移度和出色的机械强度;导电、导热好于任何金属,具有化学惰性和稳定性。这使之成为新一代透明导体的理想材料。石墨烯在电子信息行业的潜在应用主要集中在柔性显示和触摸屏、传感器、RFID、散热材料等领域。

目前石墨烯在电子信息领域的产业化正逐渐成熟,出现了一批具有代表性的企业。广州奥翼电子科技股份有限公司 2016 年首次研发成功"石墨烯电子纸显示屏",2018 年 6 月正式向外界发布了近零功耗、高性能、可量产的彩色电子显示屏;常州二维碳素和无锡格菲电子科技石墨烯传感器产品在国内已经实现市场化,可以充分发挥出石墨烯的高柔韧性、超高灵敏度和易于进行图案功能化的特性;南京百杰腾物联科技有限公司的多款石墨烯 RFID 产品已推向市场,包括应用于各种场景的 RFID 标签和 RFID 读取器天线。

此外,国内应用在电子器件的石墨烯基散热材料方面取得了一定突破。国内如哈尔滨工业大学杜善义院士团队制备出三维石墨烯基散热材料,由哈尔滨赫兹新材料科技有限公司投资 1500 万元,年可生产石墨烯散热片 60 万片,实现产值 3000 万元。厦门奈福电子有限公司、深圳六碳科技有限公司、贵州新碳高科有限责任公司、常州富烯等在石墨烯导热膜产业化方面也取得了积极进展。而 2018 年 10 月华为公司 Mate20X 手机产品采用石墨烯液冷散热技术,也正式标志着石墨烯散热材料商业化的开端。

7.4.2.3 节能环保领域

石墨烯是最坚硬的材料之一,且具有巨大的比表面积和极佳的导电性等众多优异性能,使其在环保领域具有非常广阔的应用前景及巨大的潜在市场价值。通过精确控制多孔石墨烯片层孔径的大小,石墨烯可以像筛子一样过滤掉海水中的盐而只留下水分子,从而实现海水的快速低成本淡化,为人类提供清洁生活用水。石墨烯具有巨大的比表面积在吸附领域具有广阔的应用前景。将石墨烯做成三维泡沫结构,不仅可以吸收污水中的燃料、重金属等污染物还可以吸附空气中的 SO_2、NO 等有毒气体,有些石墨烯材料在吸附的同时还能将有害物质转变为毒性较低的物质。石墨烯泡沫吸附后脱吸附较容易,可重复利用,这也大大降低了使用成本。石墨烯巨大的比表面积和优异的导电性使石墨烯可作为载体材料使用,制备高效催化剂,从而催化水中污染物的降解。石墨烯的热导率可达 $5300W/(m \cdot K)$ 且石墨烯的热电转化高,这些特性使石墨烯在热工装备及余热利用中具有广阔的应用前景。

近年来石墨烯在节能环保领域也涌现出一批代表性企业,如东旭光电科技股份有限公司、深圳烯创先进材料研究院有限公司、厦门泰启力飞石墨烯科技有限公司、福建国烯新能源科技有限公司、江苏承煦电气集团有限公司等企业在 LED 照明和散热领域已实现了不同技术评级的市场应用;以常州二维暖烯科技有限公司、浙江中骏石墨烯科技有限公司、宁波柔碳电子科技有限公司为代表的石墨烯企业,拥有了石墨烯瓷砖、发热地板、石墨烯远红外电暖画等产品,并占有了部分市场规模,石墨烯加热膜产业规模已形成;江阴双良石墨烯光催化技术有限公司光催化石墨烯污水处理产品已经在安徽省、陕西省、湖南省、广东省等多个省市成功实施了污染河道治理工程，使污水情况得到很好控制和改善。江苏省常州碳星科技有限公司先后推出石墨烯基节能环保产品，石墨烯基油水分离器、石墨烯基 VOC 吸附海绵、石墨烯基疏水活性炭、石墨烯吸油海绵以及石墨烯基防霾口罩也已实现了商业化。

7.4.2.4 医疗健康领域

石墨烯在医疗健康领域的应用前景广阔，尤其在健康和药物传递领域，更是潜力巨大。大量文章及科学研究表明，石墨烯材料发射的远红外光波和人体光波非常接近，具有较强的理疗功能——由石墨烯发射的远红外光波在改善人体自身系统循环、调节自律神经、改善关节疼痛、镇痛作用、激活生物分子活性、护肤美容、消炎作用、提高人体免疫功能、增强新陈代谢、改善血液循环等方面功效明显；石墨烯电加热具有加热速度快、电热辐射转换效率高和温度均匀分布的特点，同时会产生远红外辐射，具有十分理想的医疗和理疗功效；石墨烯发热技术还具有健康环保、安全智能、无尘静音等优势。目前，石墨烯在大健康领域的应用主要集中在智能穿戴、智能家居及理疗护具等方面。同时，鉴于石墨烯更大表面积、生物适应性、化学稳定性等特征，在药物传送、癌症治疗和生物传感等方面，石墨烯有望发挥更大的医疗健康应用价值。近年来，石墨烯在医疗健康领域的应用快速发展，石墨烯护具、石墨烯智能穿戴服饰、石墨烯美容类相关产品等如雨后春笋层出不穷；一些研究机构和企业对石墨烯在医疗领域的应用进行了大量探索和开发，石墨烯作为传感器进行体外检测等应用产品正在走向市场。

石墨烯在医疗健康领域的发展是石墨烯走近民生领域的重点方向之一，也是 2018 年石墨烯市场化表现活跃的领域之一，产业化应用主要在医疗器械、理疗（智能穿戴、智能家居、理疗护具）等方面。以烯旺科技、济南圣泉、爱家科技为代表的石墨烯企业，在石墨烯医疗健康领域占据重要位置，他们生产的各类理疗产品得到市场的认可。总体来看，石墨烯医疗时代已经开启，尽管目前在医疗市场的应用仍处于早期发展阶段，但其在医疗领域的潜力不可忽视。石墨烯医疗将最先应用于体外检测，将其用于体内治疗还存在诸多安全性问题，相信随着更多科研人员的研究，石墨烯医疗应用会更广泛。

目前石墨烯在医疗器械领域的大部分成果仍处于研究阶段，有待于临床验证，仅有极少数企业已推出石墨烯医疗器械相关产品，并在小范围内进行推广。

2014 年厦门凌拓通信科技公司推出石墨烯云体温计——邦邦熊云体温计，据了解，邦邦熊选用石墨烯感温探头，快速升温，60~180s 即可达到温平衡，±0.1℃ 国际精度。

2016 年 8 月，常州二维碳素科技股份有限公司首批 1000 只中医诊脉手环开始下线。该产品完成基于中医理念的大健康管理，很好的运行中医诊脉的原理，完美地呈现了人体脉搏的波形，成为中医辅助诊疗的革命性产品。中医诊脉手环的核心是使用石墨烯电路制作的柔性诊脉传感器，是该公司运用石墨烯技术最新研发的产品，也是国内首款中医诊脉手环。

2018 年 8 月，深圳市万聚源科技股份有限公司举办新产品石墨烯离子氧吧发布会。离子氧吧的作用机理和产品功效是 360 度平衡原理产生压降强度，利用石墨烯作为超导材料适应低压高频发射原理，传导出生态级、小粒径负离子，负离子被称为空气中的维生素，对人体的健康有非常重要的作用。

2018 年 9 月，在中国国际石墨烯创新大会上，烯旺科技发布了进军中医领域的一项重大成果——人体阳气（能量）测试仪。利用石墨烯的特殊性能，可以在极低电压条件下高效地辐射出远红外能量，这种远红外能量一旦与人体接触，即与人体细胞产生共振，大量的能量就会被人体吸收。通过实验测试发现，这种性能是单层石墨烯特有的，并且不同体质的人体对石墨烯能量表现出比较明显的吸收差异，这一现象可能为人体阳气（能量）的定量化测试提供新的思路，有望为中医现代化提供一个可量化的指标。

石墨烯众多应用中，大健康领域的石墨烯发热应用最先实现大规模的民用，主要集中在智能穿戴、智能家居及理疗护具等方面，当前市场化应用已趋于成熟。国内外知名企业，如烯旺科技、济南圣泉、爱家科技等发布的各类理疗产品已得到市场认可，其中烯旺新材料科技股份有限公司 2015 年率先发明石墨烯发热膜技术，并带来巨大消费市场，证明了石墨烯技术的市场价值。

烯旺科技产品涵盖石墨烯理疗保健各类产品，包括智能穿戴、智能家居和理疗护具等产品。在智能穿戴方面，2018 年 2 月，72 名演员身穿烯旺科技开发的石墨烯智能发热服饰在平昌冬奥会上精彩亮相，这种石墨烯智能发热服饰能在-20℃的低温条件下加热到50℃，并持续 4h；2019 年 1 月，烯旺科技向长春分会场组委会捐赠价值人民币 60 余万元的石墨烯智能发热服等保暖装备，助力春晚期间演员们在-20℃的冰雪环境中顺利彩排演出。在智能家居方面，2017 年烯旺科技开发了一种石墨烯智能坐垫、石墨烯电热毯与石墨烯智能腰垫；同年，烯旺科技自主研发推出一款石墨烯远红外能量房。在理疗护具方面，2016 年 6 月，烯旺科技推出石墨烯理疗护颈、石墨烯理疗 U 形枕、石墨烯理疗护肩等系列新品。

济南圣泉集团股份有限公司的生物质石墨烯国际首创，是全球生物质石墨烯产品引领者，其产品主要涉及智能穿戴和美容护理方面。公司将不同比例的生物质石墨烯添加入黏胶纤维或其他纤维材料中，制成适用于纺织品领域的生物质石墨烯复合纤维。集团已与国内知名面膜生产厂商（麦吉丽、诺斯贝尔、高姿、赫拉等）合作，生产销售石墨烯面膜等产品。

北京创新爱尚家科技股份有限公司产品主要集中在智能穿戴、智能家居、理疗护具三个领域。在智能穿戴方面，公司推出各类智能服饰产品，如石墨烯智能发热马甲、石墨烯智能子宫 SPA 带等。在智能家居方面，公司研发生产了石墨烯智能发热地毯、发热壁画及发热地垫等智能家纺产品。在理疗护具方面，公司拥有石墨烯智能发热三件套（护颈、护腰、护膝）等产品。2018 年石墨烯产品销售收入达 1725.2 万元，占主营业务收入比例为 85.92%。

重庆墨希科技有限公司目前在大健康行业的产品是智能穿戴类产品，其于 2018 年 4月 26 日发布石墨烯轻颜嫩肤仪和石墨烯轻颜眼周仪。这两款产品基于石墨烯远红外发热原理，在石墨烯发热时，能散发出 5~15μm 的远红外生命光波，与人体的远红外波段十分契合，而"生命光波"渗入体内之后，便会引起人体细胞的原子和分子的共振，透过共鸣吸收形成热反应，实现美白嫩肤、排毒养颜等功效。

7.4.2.5　化工领域

石墨烯在化工领域的潜在应用主要集中在橡胶、塑料、防腐涂料以及润滑油、润滑脂等领域，其中防腐涂料和润滑油等已实现产业化应用，具有巨大市场容量。

涂料：石墨烯具有二维层状结构和大的比表面积以及对水、氧和氯离子等的阻隔特性，在防腐涂料领域具有广阔的应用前景。石墨烯防腐涂料具有以下优点：石墨烯重防腐涂料能够在化工重污染气体、复杂海洋环境等苛刻条件下，实现更长的防腐寿命；石墨烯的加入大大降低了锌粉的用量，在锌粉含量减小 70% 的前提下，耐盐雾性能仍是环氧富锌涂料的 4 倍以上，满足了涂装材料轻量化的发展需求。此外，石墨烯优异的导电性、导热性等实现涂料性能的大幅提升和涂料的功能化。

润滑油：由于石墨烯超薄、坚韧、致密的特性，使得石墨烯润滑油不仅节能减排，没有任何大气污染，而且有利于汽车省油和续航，石墨烯润滑油/脂的出现，将成为润滑油行业一项重大的转折点。近年来，随着我国工程机械、电力、汽车、钢铁、船舶、机床行业的快速增长，装备技术的不断提升，我国润滑油需求量持续增长，已经成为全球第二大润滑油市场。需求量的增加也将推动润滑油市场竞争的升级。众多国际品牌因为中国巨大的市场以及广阔的发展前景，纷纷进入中国市场，壳牌、美孚、BP、嘉实多等国外一线品牌，凭借其技术和品牌优势，形成了独霸中国润滑油市场的格局。目前石墨烯在润滑油行业的应用技术不断改进提升，一些企业正在逐渐实现产业化，中国在石墨烯润滑油市场领域处于领先地位。国内石墨烯代表性企业有黑龙江省华升石墨股份有限公司、广东东莞市天润电子材料有限公司和珠海聚碳复合材料有限公司等。

橡胶：石墨烯超高的强度、超高的电导率和热导率、大的比表面积等特性，可作为橡胶纳米填料，石墨烯具有非常高的增强效率和效果，同时还可以赋予橡胶材料其他特性如导电性、导热性，改善其动态性能和气体阻隔性等，对橡胶制品的高性能化和功能化有作用。石墨烯（氧化石墨烯）/橡胶复合材料是一种新型环保的聚合物复合材料，借助石墨烯超强的力学性能、超高的导热性和导电性等使得石墨烯/天然橡胶（NR）复合材料的综合性能，如导电性能、导热性能、力学性能和气阻性能等提高，被广泛应用于航空航天、电子电气、汽车和绿色能源等行业，尤其是在轮胎工业，可用于制造低生热轮胎、抗静电轮胎等。

塑料：石墨烯的机械强度是钢的 100 倍，可极大提高塑料的力学性能。普通的泡沫塑料 EPS 机械强度较低，限制了其部分应用领域。石墨烯作为添加剂添加到 EPS 中，其机械强度提高 2 倍以上，目前已经有石墨烯在发泡塑料领域的应用，并且应用于包装、军工等领域。也有利用石墨烯的高强度特性，开发新型的石墨烯汽车，使用石墨烯复合塑料作为汽车的骨架及结构件，大幅降低汽车的重量，节省能源。

7.4.2.6　航空航天

随着航天航空产业的发展，对复合材料的性能提出了更高的要求，因此需要研发更高性能的新型复合材料，由于石墨烯具有高强度、高导热、抗电磁干扰等性能，可用于航空航天材料中，提升航天航空材料性能，有潜力弥补我国航空航天材料主要依赖于进口的局面。目前，石墨烯在航空航天领域的应用主要包括大型微波暗室用吸波材料、飞行器与武器平台隐身、轻质复合材料、抗雷达干扰线缆、航空航天热管理系统、飞机轮胎、雷达电磁屏蔽等领域。我国以北京航空材料研究院、哈尔滨工业大学、中科院上海微系统研究所、上海交通大学等为代表的科研院所是石墨烯在航空航天应用领域的核心力量。深圳烯创、信和新材料、山东欧铂、上海利物盛、西安安聚德等企业在石墨烯金属复材、电磁屏蔽等方向有深入研究和应用。

7.5 前景展望与发展目标

7.5.1 发展前景展望

当前，新一轮科技革命和产业变革如火如荼，国际产业分工格局正在重塑，以美国为首的西方发达国家正逐渐引导和促进制造业回归本土，而以东盟国家为代表的发展中国家正在以更低生产成本承接国际制造业的转移。面对来自发达国家对技术、市场的封锁和发展中国家以更低生产成本承接国际转移的"双向挤压"，如何在加快转变经济发展方式的历史性时刻，实现从"制造大国"到"制造强国"的转变是摆在我国政府和社会各界面前的一份重要考卷。

"一代材料、一代装备、一代产业"，目前我国在很多高新技术领域仍然存在受制于人或卡脖子的短板，究其根本是一些核心材料还无法实现自给，而作为"新材料之王"的石墨烯则有望成为开启我国新一轮产业升级和科技革命的关键之钥。

石墨烯产业是我国少数几个可与世界发达国家步调一致的产业，在某些领域甚至走在了世界前列。石墨烯产业的发展将为我国制造业全面迈进高端夯实基础，并构建一批潜在市场规模在百亿至千亿级别的细分产业，为拉动制造业转型升级和为实体经济持续发展提供长久推动力，将成为国民经济增长的重要组成部分，我国石墨烯产业发展面临重大机遇。

良好的产业政策环境。2015 年 11 月 30 日，工信部、发改委和科技部等三部门联合发布《关于加快石墨烯产业创新发展的若干意见》，提出中国石墨烯产业发展的总体目标：坚持创新驱动和军民融合发展，以问题为导向，以需求为牵引，以创新为动力，着力石墨烯材料高质量稳定生产，着力石墨烯材料标准化、系列化和低成本化，着力构建石墨烯材料示范应用产业链，着力引导提高石墨烯材料生产集中度，加快规模化应用进程，推动石墨烯产业做大做强。

2016 年以来，石墨烯被多项政策提及，《国家质量基础的共性技术研究与应用》重点专项、2016 国家重点研发计划项目"纳米科技"重点专项、国家发改委发布的"制造业升级重大工程包"《新材料产业发展指南》《国家创新驱动发展战略纲要》、2017 年《"十三五"材料领域科技创新专项规划》、2018 年《新材料标准领航行动计划（2018—2020年)》等均将石墨烯列入未来发展的重点领域。多项政策的支持为中国石墨烯产业发展提供了良好的发展环境。

传统产业转型需求迫切。我国作为传统制造业大国，在传统产业转型升级方面具有非常大的潜力，一是我国超大规模国家市场的优势，产业的发展主要取决于消费以及消费结构的变化，现在的消费结构呈现出向中高端升级的明显态势，从而支撑产业结构升级。二是我国制造业的增加值率偏低，跟发达国家相比还面临着产品附加价值偏低的问题。

石墨烯等新材料技术与传统制造业的结合表现出巨大的潜力，尤其是在汽车、石油、航空航天等领域已表现出很大的价值。三部委发布《关于加快石墨烯产业创新发展的若干意见》指出，发展石墨烯产业，对带动相关下游产业技术进步，提升创新能力，加快转型升级，激活潜在消费等，都有着重要的现实意义。

新兴应用市场空间巨大。当前，新一代信息技术与制造业深度融合，正在引发影响深远的产业变革，形成新的生产方式、产业形态、商业模式和经济增长点。各国都在加大科技创新力度，推动三维（3D）打印、移动互联网、云计算、大数据、生物工程、新能源、新材料等领域取得新突破。全球产业竞争格局正在发生重大调整，我国在新一轮发展中面临巨大挑战。因此，必须放眼全球，加紧战略部署，着眼建设制造强国，固本培元，化挑战为机遇，抢占制造业新一轮竞争制高点。

新材料产业作为战略性新兴产业的重点之一，也是未来高新技术产业发展的基石和先导。先进碳材料具有新型结构和优异的物理化学性能，是对未来发展具有重大和决定意义的新材料。石墨烯作为先进碳材料，是当今发现的世界上最优质的材料之一，是新材料领域一颗璀璨的明珠，被称为改变世界的神奇材料。

石墨烯是前沿性基础材料，具备许多优异的性能，应用前景广阔，虽然现在还是潜在阶段，普遍应用与产业化还没有打开局面，但是从科学预测的角度来看，已经成为不可忽视的重点领域。因此，大力发展石墨烯产业对我国传统材料产业的升级换代、高端制造业的提升都有巨大的发展促进作用。

弯道超车机会显现。虽然，欧美在石墨烯基础研究方面具有良好的创新能力和科研水平，但中国具备完整的石墨烯产业链，涵盖上游的石墨开采、石墨烯制备，中游的石墨烯材料，下游的石墨烯零部件、石墨烯终端产品。尽管中国的石墨烯产业链还不成熟，下游环节还未完全打通，市场需求有待培育，但这只是时间问题。

鉴于石墨烯广阔的发展前景，国内一些拥有应用技术的企业已经进行了技术储备，正积极开拓并布局石墨烯下游应用市场，有的甚至已经处于大规模产业化的前夜。目前，石墨烯的应用正在逐步向前推进，从现实的应用、到向潜在领域的不断渗透。未来，谁率先抢占了市场的先机，谁就有可能分得石墨烯产业的第一杯羹。

7.5.2 发展目标

7.5.2.1 总体目标

着力石墨烯材料高质量稳定生产，着力石墨烯材料标准化、系列化和低成本化，着力构建石墨烯材料示范应用产业链，着力引导提高石墨烯材料生产集中度，加快规模化应用进程，形成完善的石墨烯产业体系，实现石墨烯材料标准化、系列化和低成本化，建立若干具有石墨烯特色的创新平台，掌握一批核心应用技术，在多领域实现规模化应用。形成若干家具有核心竞争力的石墨烯企业，建成以石墨烯为特色的新型工业化产业示范基地，推动石墨烯产业做大做强。同时，通过石墨烯产业来带动传统制造业转型升级，培育新兴产业，推动大众创新、万众创业，助力我国从制造大国走向制造强国。

7.5.2.2 阶段目标

到 2022 年，石墨烯在新能源、印刷电子、航空航天用轻质高强复合材料、防腐、大健康、散热等应用领域的技术水平达到国际领先，大幅提升相关产品性能，部分产品实现规模化应用，在关键领域实现应用示范，实现石墨烯材料标准化、系列化和低成本化，形成完善的石墨烯产业体系，整体产业规模突破 300 亿元。

重点产品方面：电动汽车锂电池用石墨烯基电极材料较现有材料充电时间缩短 1 倍以上，续航里程提高 1 倍以上；海洋工程等用石墨烯基防腐蚀涂料较传统防腐蚀涂料寿命提高 1 倍以上；柔性电子用石墨烯薄膜性价比超过 ITO，且具有优异柔性，可广泛应用于柔性电子领域；石墨烯基散热材料较现有产品性能提高 2 倍以上。

到 2025 年，高质量石墨烯粉体年产能达到万吨级以上，薄膜年产能达到上亿平方米，突破石墨烯在电子信息领域应用的技术瓶颈，电动汽车锂电池用石墨烯基电极材料产业规模达到万吨级，海洋工程等用石墨烯防腐蚀涂料产业规模达到 10 万吨，柔性电子用石墨烯薄膜产业规模上亿平方米，在新能源、大健康、电子信息、节能环保、航空航天、化工新材料等领域均实现大规模产业化，整体产业规模突破 1000 亿元。

7.6　问题与建议

7.6.1　主要问题

尽管我国石墨烯产业已经取得一定成绩，但在日趋激烈的国际竞争中依然面临挑战，制约着石墨烯产业向更深层次更高水平迈进，主要表现在以下几方面。

7.6.1.1　长远战略布局缺失

中外对石墨烯产业国家层面的资金支持有很大差距。CGIA Research 分析了近年来中外国家对石墨烯技术研发及产业的投资情况，见表 7-9 和表 7-10。

表 7-9　国外石墨烯项目投入情况

国家	资助单位	资助金额	重点方向	总额
美国	美国太空总署（NASA）	831.4 万美元	空间动力与储能、纳米技术	7.33314 亿美元
	国家自然科学基金会（NSF）	7.15 亿美元	石墨烯基础研究和应用研究	
	美国国防部（DOD）	1000 万美元	纳米材料、二维聚合物、合成电子、薄膜电子等	
欧盟	欧洲研究理事会（ERC）	2.52 亿欧元	石墨烯基础研究和应用研究	12.52 亿欧元
	欧盟委员会（EC）和成员国及相关国家	10 亿欧元	石墨烯旗舰项目	
英国	工程与物理科学研究委员会（EPSRC）	约 1.9 亿英镑	石墨烯基础研究和应用研究	约 2.32 亿英镑
	生物技术与生物科学研究委员会（BBSRC）	15.104 万英镑	生物医药	
	英国创新署（Innovate UK）	4123 万英镑	石墨烯基础研究和应用研究、电子信息、复合材料	
	自然环境研究委员会（NERC）	97.0587 万英镑	光电材料	
日本	日本科学技术振兴机构（JST）	18 亿~46 亿日元	电子信息领域	18 亿~46 亿日元
韩国	教育科学技术部等部门	1870 万美元	90 个石墨烯相关项目	3.11 亿美元
	原知识经济部	2.5 亿美元	石墨烯技术研发和商业化应用研究	
	韩国产业通商资源部	230 万美元	石墨烯的应用产品和相关技术商业化	

续表 7-9

国家	资助单位	资助金额	重点方向	总额
新加坡	国立大学	283 万美元	基础研究	6283 万美元
	国家科研基金会	6000 万美元	商业化应用研究	

表 7-10　国内国家层面对石墨烯投入情况

序号	项目类别	资助单位	金额	项目个数	重点支持方向
1	国家自然科学基金项目	国家自然学科基金委	14.2 亿元（2007~2017 年）	2906	理论基础研究，承担单位主要为高校及科研院所，涉及产业化较少
2	科技部重大专项（纳米专项）	科技部	3 亿元左右（2016~2018 年）	17	高质量石墨烯产业化及光电领域应用
3	863、973 项目	科技部	872 万元	1	石墨烯薄膜产业化应用，光电器件
4	工业强基专项	工信部	2000 万元	2	单层石墨烯薄膜制备及产业化

数据来源：CGIA Research 整理。

据不完全统计，美国、欧盟、英国、韩国等国家或地区对石墨烯领域国家层面投入金额分别为 7.3 亿美元、12.5 亿欧元、2.3 亿英镑及 3.1 亿美元，主要支持方向为信息、生物、光电等战略高技术领域，且多为长期而持续的投入。而我国国家层面对石墨烯的投入金额约 17.5 亿元，支持部门包括国家自然科学基金委、科技部、工信部等。据统计，国家自然科学基金项目在 2007~2017 年 11 年间支持金额为 14.25 亿元，相关项目 2906 个，涉及 463 家单位，支持重点方向以基础研究为主，承担单位主要为高校及科研院所，很少涉及产业化方面。此外，项目投入较为分散，平均每个项目支持金额不到 60 万元，持续时间一般仅为 3 年。而科技部、工信部投资力度不大，仅为不到 4 亿元，与国外在高端领域的投入相差甚远，长远战略布局缺失，形成我国高技术研发战略被动的局面。

7.6.1.2　资金投入以民间为主

我国石墨烯产业是以中小型制造业企业转型和海外留学人员回国创业发展起步的，资金以制造业企业投入和创投为主要来源，地方政府给予政策或资金支持，在石墨烯产业发展中具有很好的平台作用。CGIA Research 统计了从 2014~2019 年 7 月期间，对各地石墨烯产业发展基金规模分布情况（如图 7-20 所示）和产业发展基金明细进行了整理（见表

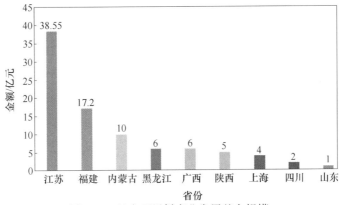

图 7-20　地方石墨烯产业发展基金规模

（数据来源：CGIA Research 整理）

7-11)，从中可以看出，地方石墨烯产业发展基金总额约为 90 亿元，大都是由地方政府和创投机构共同发起成立，其中江苏省的基金数量最多，投资额度最大。

表 7-11　地方石墨烯产业发展基金

地　区	基　金　名　称	规　模
山东省	青岛高创卓阳天使股权投资基金	1 亿元
上海市	"邀问二期" 基金	4 亿元
江苏省	新材料产业投资发展基金	5 亿元
	碳材料天使引导基金	2000 万元
	格瑞石墨烯创投基金	8500 万元
	石墨烯暨先进碳产业基金	20 亿元
	东旭-泰州石墨烯产业发展基金	1 亿元
	石墨烯小镇开发基金	10 亿元
	产业引导基金	1.5 亿元
福建省	石墨烯产业基金	10 亿元
	厦门火炬石墨烯新材料基金	2 亿元
	永安市石墨和石墨烯产业发展引导基金	5 亿元
	高端石墨和石墨烯产业发展专项资金	2000 万元
黑龙江省	七台河市新材料产业发展投资基金	4 亿元
	"黄金十条" 产业发展引导资金	2 亿元
内蒙古自治区	石墨烯产业基金	10 亿元
四川省	东旭-德阳石墨烯产业发展基金	2 亿元
陕西省	西安丝路石墨烯新材料产业基金	5 亿元
广西壮族自治区	石墨烯新材料产业引导基金	1 亿~2 亿元
	石墨烯产业发展引导基金	5 亿元

数据来源：CGIA Research 整理。

石墨烯相关上市企业投资并购事件频发，从 2012~2019 年石墨烯企业投资并购涉及总金额约 101.25 亿元，表 7-12 给出了 2018 年重点投资并购事件列表，表中列出了石墨烯领域投入较多的投资机构。其中，深圳紫荆汇富投资管理有限公司专注于石墨烯新材料产业的研究，投资国内第六元素，二维碳素等多个优秀石墨烯产业领域的企业。由于国家在资金上投入很少，创投企业，地方政府及石墨烯生产企业将目标放在了投入见效快的领域，主要产品为石墨烯在纺织、动力锂电池、铅酸电池、防腐涂料、散热材料以及大健康等传统产业转型升级产品。

表 7-12　2018 年重点投资并购事件列表

年份	企业名称	事　件	金额/万元
2018 年	玉龙股份	玉龙股份拟以股权转让和现金增资的方式投资天津玉汉尧石墨烯储能材料科技有限公司，投资后公司持有玉汉尧 33.34% 股权	78966.32
2018 年	方大炭素	全资子公司成都炭素合资成立四川铭源石墨烯科技有限公司，认股 30% 的份额	1500
2018 年	第六元素	增资江苏道蓬科技，增资后占股 12.20%	442.28
2018 年	第六元素	增资常州富烯科技，直接持股 25%	750
2018 年	第六元素	追加投资宁波杉元，持股比例 26%	200
2018 年	道氏技术	向王连臣和董安钢发行股份、向魏晨支付现金购买其合计持有的青岛昊鑫 45% 的股，全资控股青岛昊鑫	18000
2018 年	玉龙股份	控股子公司天津玉汉尧增资其全资子公司宁夏汉尧，仍是天津玉汉尧全资控股	30000
2018 年	第六元素	公司全资子公司南通烯晟新材料科技目前正在建设一期年产 150t 石墨烯微片、500t 氧化石墨（烯）生产项目	18500
2018 年	爱家科技	石墨烯材料及产品研发	481

数据来源：CGIA Research 整理。

7.6.1.3　核心原创技术亟待突破

目前我国石墨烯领域从 0~1 的原创性成果缺失，大多为从 1~N 的跟踪模仿改进式成果。如虽然我国在石墨烯论文数量上全球领先，但质量上有不小差距。如全球“高被引”石墨烯研究论文 TOP10 名单中，尚无中国的论文，有 5 篇出自美国，4 篇出自英国，1 篇出自德国；而且代表着国际最高水平的 Nature 和 Science 主刊上，迄今为止发表的关于石墨烯的论文约 400 篇文章中，其中国内学者为第一作者或者通讯作者发表的仅有 20 篇左右（不包括国内学者在国外留学或者工作期间发表的文章），占比仅 5%，表明国内外在原创性上有很大差距。此外，我国石墨烯专利虽数量居全球第一，但核心专利不多，发明专利授权率不足 30%，且极少能被引用，特别是被国外专利引用，专利质量有待提高。这与我国科研评价机制不健全，论文专利产出数量为主要评价依据，很多科研人员主要精力去做那些短、平、快的热门研究，跟随式创新占比过高；同时，由于国家在资金上投入较少，民间资本、地方政府及企业将目标放在了投入见效快的领域。这些均导致我国石墨烯研发原创性不足。

7.6.1.4　缺乏龙头企业带动

目前，国内从事石墨烯生产的企业 80% 以上为中小型企业和初创企业，虽然有少部分大型民营企业、国企和央企开始关注石墨烯，但有实质性投入的企业仍很少，特别是大型应用企业介入不多，创新动力不足，存在等待摘桃子心理。导致石墨烯龙头企业缺位，行业示范效应缺失，没有发挥行业引领和带头作用。大多数产品属于利用石墨烯与原有材料结合来提升产品性能，技术门槛相对较低，同质化现象严重，高品质的产品不多；市场产品以实验室样品为主，未真正形成商品，石墨烯大规模应用市场尚未打开。

7.6.2　政策措施建议

针对我国石墨烯产业发展现状、存在的现实问题以及调研组在实地走访过程中获取的资料信息，建议围绕以下六个方面推进产业发展。

7.6.2.1　设立石墨烯重大专项，聚焦未来战略布局

建议对石墨烯的支持要体现国家意志，从国家层面设立石墨烯研发重大专项，聚焦未来战略进行系统布局。一方面，提升研发技术能力，攻坚关键技术瓶颈，结合我国石墨烯产业发展实际，就石墨烯材料的规模化稳定化制备技术、绿色低碳技术等加强攻关，加快实现石墨烯材料供应的稳定性和一致性。另一方面，完善科技创新机制体制，坚持以企业为主体（研发平台设立在企业），联合高校和科研机构，形成产学研一体的发展体系，构建跨区域的"国家石墨烯创新中心"；突出企业在技术创新、决策、研发投入、科研组织和成果转化中的主体作用。此外，政府与企业共担研发风险，以提高企业的研发积极性。

7.6.2.2　聚焦产业化应用推进，加强石墨烯产业应用示范

聚焦石墨烯产业化应用推进，发布"促进石墨烯生产应用的行动计划"等专项政策，实施"石墨烯一条龙应用推进计划"，并继续推进首批次产业化应用示范，更新首批次产品目录。围绕传统产业转型升级、新兴产业发展、民生福祉改善和武器装备发展的需要，实施若干重点示范项目。一方面聚焦石墨烯在传统产业升级方面的推动作用，选择基本实现量产、技术较为成熟、下游用户认可度高的石墨烯应用产品开展应用示范，培植一批先导用户，加快下游市场的培养；另一方面围绕战略性新兴产业需求，加快石墨烯在新兴产业领域的技术研发、突破以及相关专利的前瞻性布局，引导创新要素和创新资源向这些领域聚集。同时，加大石墨烯材料在国防科技领域的应用，发挥军民结合公共服务平台作用，开展两用技术交流对接，提升石墨烯产业军民融合水平。

7.6.2.3　推进标准认证工作，完善服务支撑体系

针对石墨烯在不同行业的应用，制定和完善相应的产品标准，规范石墨烯市场环境。进一步完善检测认证体系，对石墨烯材料相关产品设计、研发、制备、包装、运输、应用等进行标准化研究，同时积极开展国际交流合作，逐步构建全产业链标准检测认证体系；开展第三方石墨烯原材料和应用产品认证，为石墨烯工业品、消费品提供广泛的技术支持和服务，进一步规范石墨烯应用市场。同时，加强知识产权保护力度，建议国家积极推动建立石墨烯知识产权运营平台，完善知识产权交易和保护机制，构建成员间已有知识产权共享、新知识产权分配，同时形成国家石墨烯专利池，推动知识产权运营平台建立，构筑技术扩散壁垒。此外，继续加大对石墨烯产业科技创新人才、工程化开发人才的培养力度；完善培养和引进人才的配套建设，吸引高端人才的加入。

7.6.2.4　规范产业园区建设，形成集群效应

发挥园区示范效应，引导建立一批石墨烯新材料产业应用示范基地，集聚石墨烯材料应用产业，形成集群效应，促进区域新旧动能转换，推动区域创新发展；结合地方特色，因地制宜研究制定相关政策措施，激发市场主体创新活力，促进石墨烯产业持续健康发展。同时，为避免园区和基地建设过程中可能出现的盲目跟风现象，有关部门要对石墨烯产业园区、研究院及创新中心建设进行正确引导及规范；针对目前产业园区泡沫化现象，

按照传统产业规模、协同创新能力及地方政府重视程度等标准评选出特色示范园区，树立行业标杆。此外，着力培育石墨烯领域领跑企业。选择一批优势明显、成长性好的重点企业进行培育支持；鼓励国有大型企业参与石墨烯等相关技术研发及应用领域拓展；支持优势企业通过兼并重组、技术转让、协作配套等方式与上下游企业建立紧密合作关系，提高石墨烯产业发展的集中度；鼓励大中小企业协同发展，提高材料制备企业集中度，加速形成科学效益、绿色环保的发展模式。

附件1：石墨烯产业集聚区发展情况

由于石墨烯产业的发展，将带动资本、技术、人才要素的全面集聚，因而各地政府在石墨烯产业发展领域力度不断增加，特别是中西部地区投入力度明显加大。当前，我国石墨烯类企业已形成3+N个具有区域特色的石墨烯产业集聚区。"3+N"是指已经形成产业集聚的环渤海经济圈、长三角经济圈、珠三角经济圈以及N个正在发展的产业区域（如川渝、广西、陕西、东北等）。随着聚集区域的形成，人才培养体系和技术创新格局初步成形，中国石墨烯产业发展态势稳中向好。

为带动传统产业转型升级，中国石墨烯产业技术创新战略联盟（CGIA）利用自身的行业资源优势，围绕地方战略需求，以构建石墨烯产业服务平台为目标，以促进传统产业提升、培育高新技术、推动大众创业、万众创新为重点工作，创建以石墨烯为特色的新型工业化产业示范基地，其中，青岛、常州、无锡、七台河等已发展成为国家级基地。

1. 长三角地区

长三角地区是我国石墨烯发展较早也是国内石墨烯产业链较为完善的地区。据CGIA Research统计，2018年底长三角地区石墨烯相关企业数达到2314家，其中形成石墨烯业务的企业已超894家，包含有两家主营石墨烯的上市公司：常州第六元素材料科技股份有限公司、常州二维碳素科技有限公司。

整体来看，长三角地区占据我国石墨烯产业的半壁江山，该地区依托当地良好的产业发展平台以及完善的产业发展体系，形成涵盖石墨烯制备、新能源、复合材料、热管理等领域的综合产业发展模式。该产业发展模式为全国各地石墨烯产业的发展起到良好的示范、带动、辐射作用。其中，江苏是国内最早进行石墨烯商用化的省份，近年来一直保持强劲的发展势头，常州和无锡集聚国内主要从事石墨烯技术开发及商业化推广的企业，并形成相对完整的石墨烯产业链，产业化进程居于前列。

在长三角集聚区内已经建设了包括常州、无锡、宁波等重点石墨产业示范基地。区域内的重点企业有常州第六元素、二维碳素、超威集团、中超电缆、先丰纳米、宁波墨西、中车集团、上海利物盛、常州富烯等。其中常州第六元素材料科技股份有限公司是专业从事粉体石墨烯研发生产的国家级高新技术企业，于2013年11月建成国内首条全自动控制的年产10t氧化石墨（烯）粉体的规模化生产线；常州二维碳素科技股份有限公司是一家专业从事大面积石墨烯薄膜及石墨烯触控模组的研发、制造高科技上市企业，用化学气相沉积法合成石墨烯，成功生长世界上第一张大尺寸的高质量石墨烯薄膜；无锡市石墨烯检测技术公共服务平台依托江苏省特种设备安全监督检验研究院建设，是国内首个行政许可建设可提供第三方检测服务的国家级石墨烯检测服务平台。超威集团研发的石墨烯铅酸电池产品黑金电池已经开始大规模商业化；宁波墨西通过引进中国科学院宁波材料技术与工程研究所的石墨烯产业化技术，于 2013 年底建成首期年产 300t 石墨烯生产线，2015 年通过技改产能达 500t；中国中车宁波中车新能源科技有限公司研发的石墨烯超级电容器已作为动力来源应用于城市公共交通。

1.1　常州

在石墨烯发展应用，特别是产业化和产业集聚方面，常州走在全国前列。近年来，常州石墨烯产业从无到有，快速生长，诞生多项首创之举，如全球首条单层石墨烯吨级生产线、全球首款石墨烯手机电容触摸屏、全球首款石墨烯重防腐涂料、全球首款智能发热服等。

2011 年 10 月 18 日，江南石墨烯研究院成立，是全球首家以石墨烯为主题的研究院，同期建设 20 万平方米的常州市石墨烯科技产业园，是国内首个按照"一核三区（研究院+孵化区+产业园）"的发展理念，发展石墨烯产业的专题园区。

2013 年 7 月 28 日，江苏省石墨烯产业技术创新战略联盟成立。2014 年 12 月 22 日，根据《科技部关于认定 2014 年国家高新技术产业化基地和现代服务业产业化基地的通知》，常州国家石墨烯新材料高新技术产业化基地正式获批并落户西太湖，成为全国首个国字头的石墨烯产业化基地。2015 年 5 月 18 日，中国首个石墨烯科技产业展示馆开馆，集中展示了石墨烯发展历史和发展成效，并提供科普和体验功能，2016 年，研究院引进 15 个国际一流团队，孵化培育企业 24 家。研究院是全国钢标准化技术委员会炭素材料分技术委员会薄层石墨材料工作组的承担单位（秘书组）；2017 年 5 月，常州石墨烯小镇入选江苏省首批 25 家省级特色小镇创建名单。依托良好的石墨烯产业基础和优越的创新创业环境，小镇已建成集"研究院—众创空间—孵化器—加速器—科技园"于一体的创新创业生态体系，是全国唯一的国家石墨烯新材料高新技术产业化基地。

据悉，小镇已累计招引石墨烯领域领军型创新创业团队 30 多个，聚集超过 140 家石墨烯相关企业，初步形成涵盖设备制造、原材料生产、下游应用、科技服务的完整产业链，应用领域涉及气凝胶、超级电容、电极正负极材料、传感器、雷达、抗冲击涂料、智能发热服、智能饭盒、电热瓷砖、铝合金等新兴市场，有望成为未来引爆行业发展的"种子"。常州已成为石墨烯原材料制备高地及关键技术突破基地。2015 年，常州西太湖科技产业园实现石墨烯产业总产值 12 亿元，2016 年达到 20 亿元，2017 年突破 30 亿元。计划到 2020 年，小镇将累计投资超过 50 亿元，实现石墨烯相关产业产值 300 亿元。

1.2　无锡

2010 年 8 月，全国首家石墨烯企业——"第六元素"在无锡惠山区注册落户，揭开无锡石墨烯产业发展的序幕。几年来，无锡发展石墨烯产业发展一直走在全国前列，拥有一定的先发优势。无锡目前打造有"一区两中心"的石墨烯产业发展平台，无锡石墨烯产业发展示范区、国家石墨烯产品质量监督检验中心、无锡石墨烯技术及应用研发中心。打造国家和省级石墨烯标准化平台，在全国率先建立起覆盖石墨烯检测、石墨烯应用等多领域的标准建设体系，开创性地培育了一批体现先进水平的国家标准和地方标准。

近年来，无锡市石墨烯产业发展迅速，在技术、企业、产业化等方面取得了一定成效，部分技术和产品已处于国际国内领先地位，成为战略性新兴产业的新亮点之一。

（1）形成完整创新创业发展链条。无锡石墨烯产业发展示范区拥有 2000 平方米的众创空间、10.68 万平方米的孵化载体、7.0 万平方米的产业化载体，产业园二期项目正在建设中，将为石墨烯产业化应用提供更充裕的承接载体。

（2）生产应用型企业特色鲜明。在惠山石墨烯产业发展示范区，目前引进培育了格菲、变格、烯晶碳能、云亭、同创等各类团队、企业50余家，其中产业化企业15家，已成为国内产业应用集聚度最高的石墨烯园区之一。格菲电子作为国内率先量产石墨烯手机触摸屏的企业，已建成年产3000万片石墨烯触控片的生产线；变格新材料是中国首家专注生产超大尺寸触摸屏的厂家，产品已应用于车载曲面显示屏、投影显示触控等领域；烯晶碳能拥有石墨烯化超级电容器、干法电极等全球领先技术，具备年产200万支大容量超级电容器单体以及全自动电源模组制造产线；同创石墨烯是全球首款石墨烯远红外电热膜制造商，已建成年产1000万平方米的石墨烯电热膜生产线。在江阴市祝塘镇石墨烯产业园，中国碳谷科技集团有限公司作为专门从事石墨烯制备技术研发与生产企业，已建成年产200t高品质无污染石墨烯粉体生产线，并将石墨烯技术成功应用于光电网、污水处理等领域。

（3）国内国际合作增强品牌效应。示范区致力于从海外大力引进高层次石墨烯人才，一批国内石墨烯行业的领军研发团队汇聚无锡惠山，包括来自美国德州大学奥斯汀分校的瞿研博士，厦门大学物理系主任蔡伟伟博士，四川大学常务副校长、高分子材料工程国家重点实验室学术委员会委员李光宪教授，复旦大学胡林峰教授，普度大学博士、华中科技大学电气学院吴燕庆教授等团队。同时，示范区加强国际合作，与国外多个院校合作。2017年3月，英国格拉斯哥大学与无锡石墨烯产业发展示范区缔结全面合作伙伴关系。2017年5月，英国国家石墨烯中心主任、英国曼彻斯特大学教授、诺奖得主康斯坦丁·诺沃肖洛夫（Konstantin Novoselov）教授正式将个人工作室落户无锡，后续将带领更多的产业化项目团队前来落户并与示范区企业进行技术合作。2018年4月，中英石墨烯格拉斯哥离岸孵化器在英国正式揭牌设立，为双方项目、技术交流提供平台。以项目为基础引进人才，以人才为核心发展产业，在无锡石墨烯产业集聚的同时，人才集聚也正在逐渐形成。

1.3　宁波

为促进石墨烯产业发展，2013年宁波市设立专项资金，每年安排3000万元，3年共9000万元，用于支持"石墨烯产业化应用开发"实施单位的技术创新、产品研发和试剂推广。2014年5月28日，由宁波市科技局、市发改委和市经信委三家联合编制的《宁波市石墨烯技术创新与产业中长期发展规划（2014—2023）》正式发布，力争用10年时间，将石墨烯产业打造成具有千亿产值规模的宁波特色与优势产业群，将宁波打造成全国乃至全球领先的石墨烯技术创新引领区、产业发展先导区、应用示范先行区。2017年，浙江省石墨烯制造业创新中心成立，该中心秉承"宁波小核心、长三角大平台、全国大网络"的发展思路，充分依托中国科学院宁波材料技术与工程研究所、长三角区域高校/科研院所以及石墨烯行业骨干企业等的石墨烯技术研究开发、测试分析公共平台以及人才资源优势，着力建设服务于石墨烯产业技术创新的研发设计中心、测试评价中心、中试开发基地、行业服务基地，打造完善的石墨烯技术创新链、产业链系统和跨界协同创新生态系统。

近年来，依托中科院宁波材料技术与工程研究所为技术支撑，宁波石墨烯产业发展亦走在全国的前列。在石墨烯制备方面，宁波墨西科技有限公司于2013年年底建成首期年产 300t 石墨烯生产线，2015 年通过技改产能达 500t，其中，100t 电子级石墨烯产品，适用于锂离子电池、超级电容器等新能源领域，400t 普通级石墨烯产品，适用于涂料、塑胶、建材等材料化工领域。同时墨西科技目前已经能生产 20cm 宽、千米以上长度的薄膜卷材，生产速度超过每分钟 1m。

在石墨烯材料的应用方面，吉利汽车与刘兆平团队共同创立了宁波富理电池材料科技有限公司，利用石墨烯的导电性与活性，为吉利的新能源汽车生产电池正极材料；世界最大的负极材料供应商，杉杉新能源也正在为石墨烯负极材料的量产做准备；宁波中车新能源公司研发的石墨烯超级电容器已作为动力来源应用于城市公共交通；宁波维科电池股份有限公司所研发的石墨烯手机电池已经实现量产，并装配 30000 部手机，等待市场的最终检验；宁波柔碳电子科技团队生产了用于取暖的石墨烯薄膜。一张 IPAD 大小的薄膜能通电后能在 30s 内加热到 100℃；墨西科技研发的石墨烯重防腐涂料的使用寿命比传统涂料延长 3 倍，达到 3 年以上；此外，浙江伟星集团主要进行石墨烯/PP 复合材料、石墨烯/尼龙复合材料、石墨烯电磁屏蔽材料三个方面的研发。

截至目前，在宁波落地的石墨烯产业应用专项超过 37 个，涉及企业百余家，一个千亿级石墨烯产业蓝图正在徐徐展开。

1.4　上海

上海市政府对石墨烯产业的推进工作主要是依托于宝山城市工业园区来操作的。宝山区政府 2015 年工作报告中指出打造石墨烯研发平台，推动新材料产业链聚集和延伸，借助市场的力量助推经济转型。

以 "2015 年中国国际先进碳材料应用博览会暨第二届中国国际石墨烯创新大会" 为契机，宝山城市工业园区推出上海石墨烯产业园，一炮打响 "上海烯谷" 功能性平台的建设。目前，上海超碳石墨烯产业技术有限公司已与中国石墨烯产业技术创新战略联盟签署《上海石墨烯产业技术功能型平台共建协议》，共同运作石墨烯产业功能平台。而上海市石墨烯产业技术功能型平台是上海建设具有全球影响力科创中心的 "四梁八柱" 之一。平台以石墨烯应用需求为牵引，着力构建石墨烯应用技术创新、中试及产业化的核心服务能力；通过 "基地+基金+人才" 模式，集聚并有效配置技术、人才、资本市场等创新资源，促进实验室较成熟成果的产业化，解决产业面临的共性技术问题，培育打造石墨烯产业集群；建设成为与产业紧密结合的、国际知名的协同创新平台，实现 "平台促科技，平台带产业"。

2.　珠三角地区

珠三角地区是我国石墨烯产业发展十分活跃的地区，2018 年年底该地区石墨烯相关企业数量高达 2792 家，其中形成石墨烯业务的企业数量达到 544 家。重点企业有鸿纳（东莞）新材料科技有限公司、深圳烯旺新材料科技有限公司、深圳市贝特瑞新能源材料股份有限公司、广东东莞市天润电子材料有限公司。其中深圳市贝特瑞新能源材料股份有限公司，由中国宝安集团控股的一家锂离子二次电池用新能源材料专业化生产厂家，集基础研究、产品开发、生产销售于一体，拥有 70 余项国家发明专利，并申报了国际专利；烯旺科技在石墨烯导电、导热、防腐、增强等多领域应用研发处于国际领先水平，为国内众多知名企业提供导电薄膜、导热薄膜、防腐涂料、复合材料等石墨烯应用产品。

珠三角集聚区的主要城市是深圳和广州，而作为该区域创新核心之一的深圳，市委市政府高度重视以石墨烯为代表的新材料基础科学研究和产业化发展，尤其在石墨烯基础研究、产业化和创新载体建设方面科学规划、精心布局。2012~2018 年，深圳市在石墨烯基础研究和应用基础研究方面累计资助近亿元。

2017 年以来深圳先后出台《深圳市十大重大科技产业专项实施方案》和《深圳市关于进一步加快发展战略性新兴产业的实施方案》，提出前瞻布局石墨烯等新兴领域，重点发展石墨烯在电子信息、新能源领域的应用技术，将石墨烯列为十大重大科技产业专项进行重点布局，为建设深圳国际科技产业创新中心提供支撑。2015 年 7 月，由中国石墨烯产业技术创新战略联盟、中国宝安联合南方科技大学、清华大学及北京大学深圳研究院等发起成立深圳市先进石墨烯应用技术研究院，是深圳市目前获批的唯一一个针对石墨烯应用的专业化研究院。2019 年 4 月，广东省石墨烯创新中心揭牌成立。

经初步统计，截至 2018 年，深圳市已培育和引进 20 余个具有国际影响力的石墨烯研发团队，建设 10 余家石墨烯相关科研创新载体，培育 30 余家石墨烯相关的企业，相关企业、高校和科研院所已发表石墨烯相关 SCI 论文 1000 余篇，申请相关专利 1500 余件，在石墨烯粉体制备、石墨烯复合储能材料、石墨烯发热膜、石墨烯电子信息材料等方面取得了较大进展，积累了较强的产业基础，相关产品应用在电子信息、新能源和复合材料领域优势明显。

3. 山东省

山东省的石墨烯产业是国内石墨烯产业先行区和示范区之一，已形成"区域合作、地区联动、协同发展"的良好态势，集聚区重点发展方向为海洋防腐、海水淡化、动力储能、透明导电膜、复合材料及环保，石墨烯原料和浆料。2018 年山东省发布《山东省新旧动能转换重大工程实施规划》，明确提出推进石墨烯特色资源高质化利用，加强专用工艺和技术研发，打造济南、青岛、潍坊、济宁、威海、菏泽等石墨烯研发生产基地。

经过多年的发展，截至 2019 年 4 月，该地区石墨烯相关企业数量 823 家，其中形成石墨烯业务的企业数量超过 320 家。青岛华高墨烯科技股份有限公司是该地区唯一一家以主营石墨烯产品的上市公司。重点企业有青岛昊鑫、青岛华高墨烯、济南圣泉、青岛瑞利特、山东利特纳米、山东欧铂、玉皇新能源等。其中华高墨烯面向"海洋"与"军工"两大领域，公司自主研发石墨烯导静电轮胎、石墨烯超级动力电池、石墨烯防腐涂料、石墨烯防弹材料等 12 个牌号的高品质石墨烯材料及应用产品；济南圣泉集团股份有限公司专注于各类植物秸秆的研究开发与综合利用，涉足高性能树脂及复合新材料、大健康、生物质、生物医药、新能源五大产业的创新型企业集团；山东利特纳米技术有限公司年产 100t 石墨烯粉体、200t 能源材料、30000t 高分子复合材料和 48000t 功能涂料。

在石墨烯原材料方面，山东利特纳米和青岛华高有多种石墨烯原料和浆料。石墨烯装备方面，入驻青岛石墨烯国际创新中心的赛瑞达、海纳尔、迈可威在 CVD 设备及微波设备方面水平已经和国际接轨；防腐涂料和导电油墨方面，瑞利特的产品线已经完工，目前已有产品在售，山东欧铂的石墨烯防腐涂料已应用于柳工等大型企业；新能源方面，青岛昊鑫、华高墨烯、玉皇新能源的石墨烯导电浆料已成功规模供货给国内知名电池厂商，山东恒力天能的《年产 200 万石墨烯有机太阳能光电子器件及其组装件项目》已进入山东省新旧动能转换项目库；青岛蓝湾烯碳的石墨烯改性橡胶密封件、玲珑、双星和森麒麟的石墨烯改性轮胎、华高的水处理材料及海水淡化方面，均处于实验室和市场接轨的阶段。

青岛市作为山东省石墨烯产业发展最具代表性的城市，以青岛高新区作为青岛市发展石墨烯产业重点区，得到青岛市委、市政府的高度重视和大力支持，高新区按照"创新支撑、应用带动"的发展思路，重点发展以石墨烯为引领的先进碳材料产业，以国家火炬青岛石墨烯及先进碳材料特色产业基地为依托，以青岛市石墨烯科技创新中心为平台，完善上下游产业链，建设研发、检测及孵化载体，提供公共配套服务，链接国际创新资源，集聚国内外优秀的以石墨烯为代表的碳材料创新创业团队和优质项目，打造石墨烯协同创新平台和石墨烯的"政、产、学、研、金、用"一体化组织合作链条。

截至 2018 年初，已累计引进石墨烯相关企业共计 56 家，其中资本市场挂牌企业 3 家，外商投资企业 3 家，青岛市"千帆计划"企业 10 余家。引进博士或正高职称人才 23 名，硕士、副高职称或高技能人才 47 名，海外归国人才 7 名，外国专家 11 名，"千人计划"团队 4 个，长江学者、泰山学者各 1 人。预计到 2020 年，青岛石墨烯产业产值将突破 200 亿元，新增专利 200 项以上，产学研成果转化 50 个以上，创建 1~2 个国家级品牌或驰名商标，成为中国北方最大、具有国际影响力、以海洋为特色的石墨烯及先进碳材料产业集群。

附录 2：国内重点企业简介

1. 宝泰隆新材料股份有限公司

宝泰隆新材料股份有限公司成立于 2003 年 6 月，股票代码 601011。现产业覆盖"煤、电、化、油、材"等多个领域，形成完整的煤化工循环经济产业链。公司将继续大力实施"转型升级战略"，采取合资、合作、供原料等方式，推动实施七台河负极材料、石墨烯应用、高端石墨深加工共三大产业集群，21 个产业项目。

目前，公司已经开展了石墨烯及相关产品的研究和开发，正积极打造以石墨烯为核心的新材料产业，显示出良好的发展前景。公司作为技术储备，与中国科学院苏州纳米技术与纳米仿生研究所南昌研究院签订了合作协议，确定的研究方向为锂电用石墨烯导电浆料、石墨负极方面的研发和石墨烯导电油墨；2018 年 10 月 25 日公司与北京石墨烯研究院有限公司及七台河市政府合作成立了"宝泰隆新材料股份有限公司北京技术研发中心"，每年投资 3000 万元，重点开展石墨矿资源深加工与新型石墨建材、高端石墨烯装备等九个方向研究，打造石墨烯智能交通、超级石墨烯光纤、"烯碳金刚"未来士兵系统、石墨烯基半导体照明、石墨烯智能窗玻璃 5 大专项研发代工平台，打造石墨烯众创空间，构建石墨烯领域良好的创新创业生态。

公司现有已投产项目是年产 100t 石墨烯工业化生产项目，根据 2018 年年报可知，全资子公司七台河宝泰隆石墨烯新材料有限公司投资建设的 1 条 50t 物理法石墨烯生产线流程已全部打通，进入试生产阶段。

2. 北京创新爱尚家科技股份有限公司

北京创新爱尚家科技股份有限公司（简称：Aika 爱家科技）2013 年成立于北京，自有品牌 Aika，2016 年 7 月登陆新三板，证券代码 838385。公司以石墨烯材料的研发为基础，定位于石墨烯科技健康服饰解决方案，助力服装品牌转型升级。公司拥有自主知识产权的 AIHF（艾弗）和 Hinave（哈尼微）核心技术，数十核心专利，近百合作品牌，在石墨烯轻应用领域异军突起、发展非常迅猛。

爱家科技可以为服饰行业提供整套石墨烯发热解决方案，也可应用石墨烯电热膜为基础原料提供建筑行业解决方案，且其石墨烯滤膜可为过滤膜行业提供解决方案。公司主要有石墨烯智能服饰系列产品、石墨烯发热护具系列产品、石墨烯家纺系列产品等。

3. 常州第六元素材料科技股份有限公司

常州第六元素材料科技股份有限公司成立于 2011 年 11 月，由瞿研博士团队创立，是专业从事石墨烯研发、生产和销售的国家级高新技术企业。公司于 2014 年成功挂牌全国中小企业股份转让系统（新三板证券代码：831190），目前具备年产 100t 石墨烯/300t 氧化石墨生产能力。

公司已成功研发并生产出六大系列石墨烯粉体产品，广泛应用于涂料、塑料、树脂、橡胶、锂电等复合材料领域，其中联合研发的国内首款石墨烯重防腐涂料，打破了国外的垄断，率先实现产业化应用；公司与四川大学、江南石墨烯研究院、中国科学技术大学等多家科研院所建立了长期稳定的应用技术研发合作关系，专利数量在石墨烯粉体行业位居前列。

公司已在国际、国内市场建立了完善的营销网络，在欧洲设有办事处，在京东、淘宝上运营网店，与东丽化学等国内外知名企业建立了长期良好的合作关系。其中，下游客户利用第六元素的石墨烯产品，利用其自支撑成膜的特点，生产 10 ~ 200μm 石墨烯的薄膜材料，用做电子产品的散热膜。由于该石墨烯膜可以做到单片百微米级，具有较高的热导率，具有较好的实际散热表现，显著优于市面上的烧结型石墨膜，因此被终端客户所接受。目前，下游客户开发的石墨烯散热膜产品，已成功配套国内一线品牌手机厂商。

4. 常州二维碳素科技股份有限公司

常州二维碳素科技股份有限公司（证券代码：833608，以下简称"二维碳素"）成立于 2011 年 12 月，是一家专业从事大面积石墨烯薄膜及石墨烯触控模组的研发、制造高科技上市企业，2015 年 9 月成功登陆新三板。

二维碳素技术团队用化学气相沉积的方法合成石墨烯，成功生长出大尺寸的高质量石墨烯薄膜；2012 年发布石墨烯电容式触摸屏；2013 年建成年产 3 万平方米石墨烯薄膜生产线；2014 年石墨烯薄膜的生产能力达到 20 万平方米并成立石墨烯下游应用企业常州二维光电科技有限公司，专注于石墨烯触控产品的研发生产；2015 年石墨烯触控产品在智能穿戴、车载触控、工业控制、家电等领域，已实现千万元规模的主营业务收入；2015 年 11 月，基于石墨烯的优异性能，常州二维碳素发布了石墨烯压力触控传感器，该产品的上市拓展了石墨烯全新的应用方向，将广泛应用于 3D 触控、机器人仿生皮肤、人体医学监测及其他军工领域。与此同时，二维碳素团队开发了石墨烯发热膜系列产品，该系列产品具有超强导热性、加热速率快、良好电稳定性及平整度、厚度仅为 0.2mm 左右、加热均匀等突出特点，使得该产品在家用取暖、中医理疗、医疗加热、工业精确分区温度管理等方面应用广泛。

5. 超威电源有限公司

超威集团创立于 1998 年，主要致力于新能源汽车生产运营、动力与储能电池的研发生产，是全球领先的专业绿色能源解决方案提供商。集团于 2010 年在香港主板上市，现有职工 2 万多人，在全球拥有 108 家子分公司。2014 年与德国 MOLL 公司实现跨国并购重组，进军汽车启停电池产业。

江西新威动力能源科技有限公司成立于 2011 年 2 月，是超威电源有限公司全资子公司，具备年产 2000 万套助力电动车电池的生产能力。2017 年 3 月成立新威动力研究院，重点研究方向是石墨烯铅基合金的研究和应用。当前的应用成果有铅基石墨烯合金、黑金电池（2016 年 2 月全球首发上市，综合电性能提高 150%）、石墨烯超导合金等。

江西新威承担超威集团的"五新"研发和实战基地，承担超威集团的新产品、新技术、新装备、新材料、新工艺的研发和推广。积极推进科技创新和产业升级，以技术优势引领行业发展。先后在行业率先开发完成原子经济法铅循环技术、新型智能电池、石墨烯高能配方等一大批成果，为行业发展做出了重要贡献。

6. 德尔未来科技控股集团股份有限公司

德尔未来科技控股集团股份有限公司（简称：德尔未来，股票代码：002631）于 2004 年成立，致力于为消费者提供绿色环保、科技创新的家居产品和前沿的家居体验。在新材料行业，公司石墨烯研发和产业化应用以公司石墨烯研究院和公司控股子公司厦门烯成石墨烯科技有限公司等为平台，整合石墨烯产业高端科技人才和科研资源，打通产学研平台，通过股权设置、产品研发、成果转化、产业推广等模式合理设置，从而实现科学到技术再到成果的有效转化。

厦门烯成石墨烯科技有限公司是国内较早从事石墨烯制备设备及石墨烯产品应用开发研究的高科技企业。其核心技术团队是厦门大学特聘教授蔡伟伟等 5 位毕业于中科院物理所的博士。公司自设立以来专注于研发、生产和销售石墨烯制备设备，以及石墨烯相关产品的应用推广，包括空气净化系列产品、导热塑料、导热薄膜等产品。

7. 东旭光电科技股份有限公司

东旭光电科技股份有限公司（证券代码：东旭光电 000413）成立于 1992 年，1996 年在深圳证券交易所挂牌上市，是中国本土的液晶玻璃基板生产商，也是全球领先的光电显示材料供应商。东旭光电的石墨烯材料产业化应用走在行业前列，公司在已经开发的石墨烯基锂离子电池、石墨烯节能照明、石墨烯电采暖及石墨烯防腐涂料四大产业化产品系列基础上，在高质量石墨烯及其衍生物原材料制备技术上取得了突破，并在不断积极探索石墨烯和其他二维材料的新型制备技术。目前，公司石墨烯产业化应用产品主要涵盖各类石墨烯制备品、石墨烯包覆正极材料及石墨烯基锂离子电池、石墨烯大功率 LED 系列照明灯、石墨烯智能电采暖、石墨烯防腐涂料、石墨烯基固态柔性锂离子电池等产品，部分产品已实现批量供货，并远销海外。

东旭光电与英国曼彻斯特大学、UG2M 签署《备忘录》，合作共同促进石墨烯产业化与技术提升，孵化石墨烯产业应用产品，为打开中国以及全球市场销售的大门奠定基础。

2016 年，东旭光电研制出石墨烯基锂离子电池产品——"烯王"。随后"烯王二代"、石墨烯 LED 模组、石墨烯电热等产业化应用产品陆续推出，拓展了东旭在该行业的布局。在石墨烯节能照明方面，公司控股子公司湖州明朔和牡丹江明朔石墨烯"超极灯"产品相继在杭州、濮阳、张家口、牡丹江等省市的道路照明项目上中标，石墨烯大功率 LED 路灯产品以其自身卓越的优势正在逐步得到市场的认可。东旭光电在石墨烯基锂离子电池的基础上，将产业链进一步延伸至新能源汽车领域，以 30 亿元收购上海申龙客车 100% 的股权，正式进军新能源汽车领域，从而在现有产业基础上进一步深化产业链的延伸。

8. 国烯（福建）新能源科技有限公司

国烯（福建）新能源科技有限公司，原东城港（厦门）光电科技有限公司，是一家产学研合作创新示范企业，作为承接厦门大学石墨烯技术转化的应用平台，公司于2017年联合厦门大学石墨烯工程与产业研究院共同成立石墨烯技术（照明）联合研发中心。依托厦门大学研究院平台内汇集的国内外顶尖专家技术团队以及多年的技术积累，公司技术领先优势明显。

公司主营业务涵盖户外照明、景观亮化、智能控制系统、智慧城市建设等，公司定位EMC合同能源管理作为公司主推业务模式，同时立足创新科技为根本，高端品质为保障，市场驱动为导向，致力于为照明领域提供整套最专业最全面的石墨烯节能照明解决方案，推动引领石墨烯技术应用的产业化发展。

目前公司旗下经营的石墨烯散热器产品、石墨烯LED照明产品、石墨烯LED太阳能照明产品以及石墨烯技术锂电池产品均已达到成熟技术标准，并已完成第三方认证和初期的产业化应用。

9. 杭州高烯科技有限公司

杭州高烯科技有限公司创建于2016年，致力于单层石墨烯及其宏观组装材料的研发、生产及技术服务。目前该公司已申请专利七十余项，发明型专利五十余项。成立至今，已开发出六大核心技术：单层氧化石墨烯、石墨烯多功能复合纤维、石墨烯电热布、石墨烯电池材料、石墨烯超级电容器、石墨烯液晶艺术。公司创始团队的研发成果影响广泛。如，"石墨烯纤维打结图"与"美国奋进号航天飞机绝唱之旅"等11幅图入选Nature 2011年度图片，显示了石墨烯纤维的原创性、重要性和发展前景，并被BBC列为重点关注石墨烯材料。石墨烯超轻气凝胶获得"世界最轻材料"吉尼斯世界纪录认证，被英国《自然》杂志配图评论，被评选为2013年中国十大科技进展新闻。

公司研发的石墨烯复合纤维织物已通过国家纺织服装产品质量监督检验中心（浙江）检测，其抗紫外及远红外发射性能成功跃居功能性织物前列，可带动传统纺织业转型升级大发展，市场价值巨大。

2019年6月6日，正值首届国际石墨烯节（International Graphene Day），杭州高烯科技有限公司建成全球首条纺丝级单层氧化石墨烯十吨生产线并试车成功，所产单层氧化石墨烯及其应用产品——多功能石墨烯复合纤维获得国际石墨烯产品认证中心（IGCC）产品认证。

10. 黑龙江省华升石墨烯股份有限公司

黑龙江省华升石墨股份有限公司是从事高端石墨产品、石墨烯新材料、石墨烯应用产品的研发、生产、销售为一体的科技型高新技术企业。华升公司自成立以来，先后与英国曼彻斯特大学，南澳大利亚大学，俄罗斯科学院西伯利亚分院，上海交通大学，哈尔滨工程大学等国内外多个石墨烯新材料研发团队密切合作，开发出高纯石墨、洁净煤、大尺寸化学法石墨烯、纳米尺寸物理法石墨烯、石墨烯润滑油、石墨烯重防腐涂料、石墨烯导电浆料的制备技术，现高纯石墨与洁净煤已实现生产加工，石墨烯产品及润滑油已实现批量销售。

公司目前拥有大尺寸还原氧化还原石墨烯、纳米尺寸电弧法石墨烯、锂离子电池用石墨烯导电浆料、石墨烯润滑油（朗丰牌）、水性环氧锌烯重防腐涂料共 5 种批量生产和供货的石墨烯产品。公司与南澳大利亚大学共同开发的太阳能石墨烯海水淡化系统已完成，可实现海水淡化。公司与俄罗斯科学院合作石墨和煤提纯项目已完成。

其中，朗丰石墨烯润滑油是公司与俄罗斯科学院碳纳米技术专家团队共同研发的一款新型"石墨烯润滑油"。经过两年多的研发实验，突破了石墨烯在润滑油中分散难、易沉降的技术瓶颈，已开始与下游客户开展合作。石墨烯润滑油专营店计划入驻全国各大城市，已在珠海、青岛、济南、哈尔滨、牡丹江、绥化、佳木斯、鹤岗、伊春、大庆等地开设多家品牌体验店。

11. 鸿纳（东莞）新材料有限公司

鸿纳（东莞）新材料科技有限公司创建于 2012 年 5 月，是一家专业从事创新纳米材料研究及生产的高新技术企业。公司以少层石墨烯（Few Layer Graphene，简称 FLG）为核心，为锂离子电池、防火涂料、防腐涂料、导电导热材料、石墨烯复合材料等领域提供应用解决方案和专业技术支持，并与清华大学、北京航空航天大学、西北工业大学、青岛海洋化工研究所、航天材料研究院等著名高校和科研机构以及 Ashland、Clariant、Cabot、BYK 等国内外知名企业建立了深入的合作关系。

早在 2011 年，鸿纳科技开发出拥有完全自主知识产权的 FLG 生产工艺。2012 年，公司建成 FLG 万吨级浆料生产线。2015 年推出石墨烯导电添加剂，主要应用于锂电池正极材料，对产品成本下降、性价比提升作用比较明显，新产品推出后，逐渐被国内锂电池行业龙头企业接受并大批量采购。

12. 济南圣泉集团股份有限公司

济南圣泉集团股份有限公司前身刁镇糠醛厂始建于 1979 年。现专注于各类植物秸秆的研究开发与综合利用，涉足高性能树脂及复合新材料、大健康、生物质、生物医药、新能源等五大产业的创新型企业集团。

公司以玉米芯为原料制备生物质石墨烯，宏量制备生物质石墨烯已达到百吨级的制备能力，并主要将其用于功能纤维、复合发泡材料和电热材料，以功能纤维为代表的系列产品，主要包括"内暖"纺织纤维、中空内暖绒、内衣、家纺、智能服饰等，通过石墨烯的应用，使原本普通的纤维具有了远红外、抗菌、抗静电等功能，给企业带来了突破亿元的经济效益。

公司还将生物质石墨烯内暖材料引入面膜的创新研发中。生物质石墨烯原材料来自天然玉米芯，经过自主专利技术制备而成，以生物质石墨烯纤维制成的膜布具备了独特的远红外、持久抑菌、抗静电、防紫外线等独特性能，满足当下爱美消费者对黑面膜日益增长的多效需求。该产品目前已广泛应用于国内外知名护肤品牌。

13. 江苏中超控股股份有限公司

江苏中超控股股份有限公司（简称：中超控股，股票代码：002471）于 1996 年成立，是电线电缆高端装备制造业与"新文化"产业并行的双主业上市企业。其中，常州中超石墨烯电力科技有限公司（简称"中超石墨烯"）是中超控股的控股子公司。中超石墨烯以石墨烯应用于电力科技方面的研发与应用为重点，着重开发生产高性能石墨烯特种电缆、高性能石墨烯复合高分子导电材料等产品。根据 2018 年年报显示，中超控股研发中的项目包括武进区石墨烯复合高半导体高分子材料屏蔽交联聚乙烯绝缘中高压电力电缆、省低电阻超光滑高压电缆用石墨烯 EVA 基半导电屏屏蔽料、石墨烯基涂覆高强度导电布（带）研发、石墨烯电缆的研发和生产、带石墨烯防腐涂层的架空导线开发与研究、石墨烯复合高导热聚氯乙烯护套材料开发及应用于电缆的研究。目前中超控股的石墨烯电缆尚处于研发阶段，已有部分材料用于电缆产品，尚未进行批量生产。

14. 绵阳麦思威尔科技有限公司

绵阳麦思威尔科技有限公司是一家专业从事水性纳米及石墨烯高端特种涂料研发、生产、销售及技术服务的军民融合型国家级高新技术企业。

公司在材料学和表面化学领域拥有一系列核心技术，同时公司还与中国工程物理研究院、中科院宁波材料研究所、珠江水利科学研究院、江苏科技大学、西南科技大学等国内多家科研机构、学校建立了长期的合作关系，为不断研发高品质纳米水性涂料奠定了坚实的基础。近年来，公司研发团队成功研发出环保、防腐、耐磨、附着力好的水性纳米及石墨烯涂料，为全面提升我国水性涂料行业水平及国际竞争力做出了重要贡献。

公司研发团队成功研发出完全自主知识产权的季胺盐抗闪锈剂以及水性纳米改性树脂，以纳米杂化技术制备新型水性纳米及石墨烯高端特种涂料，解决了传统石墨烯涂料团聚效应的问题，并根据产品应用领域，研发出多款环保、防腐、耐磨、附着力好的水性纳米及石墨烯功能涂料，除广泛应用在钢结构、汽车、机械制造等民用领域，还可运用在航空航天、军用飞机、导弹、野战应急通信等军工领域。

15. 宁波墨西科技有限公司

宁波墨西科技有限公司是北京墨烯控股集团有限公司旗下子公司，成立于 2012 年 4 月。公司专注于石墨烯材料的生产、销售和应用技术研发，通过引进中国科学院宁波材料技术与工程研究所的石墨烯产业化技术，于 2013 年底建成了首期年产 300t 石墨烯生产线，2015 年通过技改产能达 500t。

公司依托中科院宁波材料技术与工程研究所的技术团队组建石墨烯应用技术研发中心，由刘兆平教授为首的研发团队，深入地研究石墨烯量产制备技术，并在石墨烯的应用上开展了广泛的研究，如石墨烯在锂电池、超级电容器、功能复合材料、导电、导热涂层等领域的应用。

16. 青岛昊鑫新能源科技有限公司

青岛昊鑫新能源科技有限公司（以下简称"昊鑫科技"）成立于 2012 年，是广东道氏技术股份有限公司（股票简称：道氏技术，股票代码：300409）的全资子公司。昊鑫科技是国内目前能够实现石墨烯导电剂规模化生产销售的少数企业之一，具有完整的导电剂产品线，技术和质量优势突出，多家国内锂电池行业龙头为昊鑫科技的战略客户。

昊鑫科技专注于二次电池用碳材料（包括锂离子电池用天然石墨、人造石墨、硅碳和锡碳负极；二次电池用碳纳米管和石墨烯导电剂）的研发、生产和销售。昊鑫科技拥有从石墨原矿开采到最终产品的全套现代化工艺和设备，年产天然石墨负极 8000t，人造石墨负极 5000t，碳纳米管 500t，石墨烯 500t。

目前公司主营业务为针对动力锂离子电池用的石墨烯导电剂、碳纳米管导电剂和石墨负极产品。石墨烯导电剂、碳纳米管导电剂和石墨负极产品均已在多家全球知名电池公司取得实际应用，用量在不断提升中。后续将继续扩展产品的应用领域，例如在橡胶共混、导电涂层、增强填料、防静电涂料等行业的应用。

17. 青岛华高墨烯科技股份有限公司

青岛华高墨烯科技股份有限公司于 2012 年 12 月成立，2016 年 1 月在新三板挂牌（股票代码：835672），是专注从事高品质石墨烯研发、生产、销售，以及下游产品开发应用的高新技术企业，面向"海洋"与"军工"两大领域，致力于复合材料、安全防护、环境工程等方向上石墨烯的技术与产品开发。公司自主研发了石墨烯粉体、氧化石墨烯粉体及分散液、石墨烯复合导电浆料、石墨烯导静电轮胎等 12 个牌号的高品质石墨烯材料及应用产品。

2017 年 10 月，公司与青岛森麒麟轮胎股份有限公司合作开发的石墨烯导静电轮胎顺利通过了中国橡胶工业协会主持的产品鉴定；2018 年年产 1200t 石墨烯复合导电浆料生产线完成首批供货；2018 年公司重要发展项目石墨烯电热保暖救生衣完成首次新闻发布会；2018 年公司的石墨烯电加热产品形成批量供货。公司拥有石墨烯改性核心技术，可根据应用需求优化材料性能，实现最佳应用效果。

18. 青岛瑞利特新材料科技有限公司

青岛瑞利特新材料科技有限公司是由海外特聘专家侯士峰博士于 2014 年发起成立，属于青岛市高新技术产业开发区重点引进项目，是一家集研发、生产、品牌营销于一体的制造企业，致力于石墨烯应用领域的产品开发，主要涉及纳米材料与技术、石墨烯材料、环境材料等产业。公司先后与美国普林斯顿大学、山东大学、北京大学、中国海洋大学、青岛大学等多所高校建立了密切合作关系，与母公司山东利特纳米技术有限公司共同承担了多项国家、省市级研发项目。

目前，已成熟的产品主要有智能石墨烯除醛功能涂料系列及其辅助产品。智能石墨烯除醛功能涂料系列产品不仅具有超低的 VOC 含量，根据外部环境的变化以可控的方式进行相应的反馈，产生分解甲醛和广谱杀菌等特殊性能，在智能家装市场具有广阔的应用价值。公司已有的石墨烯水性建筑内墙涂料的基本性能达到了国家合格标准。检测结果表明，该类产品不含有游离甲醛、苯类化合物、镉以及汞离子，VOC 含量低于国标 20 倍，铅离子低于国标 2300 倍，铬离子低于国标 120 倍。此外，与德国建筑涂料标准相比，该类产品的相关指标低于德标的 20 倍。

19. 山东利特纳米科技有限公司

山东利特纳米技术有限公司（以下简称"利特纳米"）成立于 2011 年，是国内率先从事石墨烯材料及其应用产品的研发、生产和推广的国家级高新技术企业。旗下有山东金利特新材料有限责任公司、青岛瑞利特新材料科技有限公司和济宁利特纳米防腐材料有限公司三个子公司，年产 20t 石墨烯粉体、20000t 石墨烯健康家居产品、50000t 石墨烯防腐涂料和 30000t 高分子复合材料。主营业务是石墨烯及相关碳纳米材料的产业化开发、生产和应用。

2018 年 6 月 28 日，在德国德累斯顿举行的"Graphene 2018"全球石墨烯春季大会上，中国科学院院士刘忠范代表中国石墨烯企业山东利特纳米技术有限公司领取了国际石墨烯产品认证中心（IGCC）颁发的 IGCC "石墨烯材料"产品认证证书。2018 年 9 月，利特纳米参加 2018 年西安石墨烯创新大会，期间展示了石墨烯材料、石墨烯防腐涂料、石墨烯家居健康涂料以及石墨烯高分子复合材料产品。

20. 山东欧铂新材料有限公司

山东欧铂新材料有限公司是山东海科化工集团控股的高新技术企业，注册成立于 2014 年 9 月，总投资 58582 万，规划产能为 5 吨/年高品质石墨烯及 5000 吨/年石墨烯改性超级活性炭。公司专注于石墨烯、活性炭材料的生产、研发、应用和销售，旨在成为全球领先的石墨烯材料供应商和应用方案提供者。公司组建了一支高素质的研发队伍，成功突破了石墨烯规模化生产技术，实现了石墨烯的自动化工业生产，产品在超级电容器、重防腐涂料、高分子复合材料等领域均体现出优异的性能。

2018 年 10 月，公司组织召开石化用石墨烯改性防腐涂料等三项标准研讨会。在 2018 广西（鹿寨）石墨烯产业项目推介会上，欧铂公司的石墨烯防腐涂料项目摘得推介会产业应用奖。公司主打的石墨烯分散液制备成的涂料耐盐雾时间达到 3600h，体系时间 8000h。截至目前，该涂料已在海上钻进平台、沥青/成品油/原油/烧碱储罐、通信铁塔、加油站地坪漆等进行试点应用。

21. 深圳天元羲王材料科技有限公司

天元羲王材料和科技有限公司（天元羲王），2015 年创立于中国香港，拥有国际领先的石墨烯量产技术以及相关应用产品的研发能力。旗下设有天元羲王石墨烯新材料研究院、深圳天元羲王材料科技有限公司、广东明路天元新材料科技有限公司等多家机构。

公司主营 N 型（高纯）石墨烯、功能性（嵌入离子）石墨烯、液态金属等材料及相关应用产品的研发、制造、加工、销售以及技术咨询、技术转让等业务。

天元羲王旗下拥有庞大的大鳞片石墨矿资源，可以长期、稳定地为天元羲王石墨烯业务提供优质的原材料，从而实现巨大的协同效应。

深圳天元羲王材料科技有限公司主要致力于液态金属、石墨烯、功能性石墨烯等材料及相关应用产品的研发、制作、加工、销售、技术咨询、技术转让等业务。

天元羲王已成立了石墨烯研发中心，并正筹备在中国珠三角地区打造集研发、生产、销售及技术服务为一体的全产业链基地。

22. 深圳烯创先进材料研究院有限公司

深圳烯创先进材料研究院有限公司（以下简称"研究院"）成立于 2016 年 8 月，注册资金 1 亿元，研究院主要致力于先进材料的研发、生产与销售，以及高新技术成果转化。研究院以石墨烯应用为突破口，将研究院打造为石墨烯应用的国际制高点，搭建一流的国际化、开放式的公共技术服务平台，建立引才聚智的新机制，吸引国际一流的先进材料研发团队，创新投融资机制，探索政产学研用结合的新模式，形成四位一体、国际化的创新性研发机构。

23. 四川新金路集团股份有限公司

四川新金路集团股份有限公司（简称：新金路，股票代码：000510）前身为四川省树脂总厂，主要从事氯碱化工、塑料制品的生产与经营，化工设计、仓储等业务。金路集团持有德阳烯碳科技有限公司 12.50%股份。

德阳烯碳科技有限公司是国内掌握石墨烯规模化制备技术的高科技企业之一。公司依托中国科学院金属研究所为技术支撑，主要从事石墨烯及其衍生产品的研发、生产和销售，在石墨烯制备生产及应用研究领域开展了许多开创性的工作。其"石墨烯材料的规模化制备技术"于 2012 年 11 月顺利通过省科技厅科学技术成果鉴定，鉴定委员会一致认为该成果技术水平达到国际领先，生产的石墨烯产品在锂离子电池、导电复合材料、导电墨水、抗静电材料、导热材料、表面特种涂料等领域中具有广泛的应用前景。现有年产 3t 石墨烯粉体装置生产线一条，现有年产 30t 石墨烯粉体装置生产线一条，公司规划未来 3~5 年内达到年产 300t 石墨烯粉体的生产规模。目前，公司主要生产石墨烯粉末、石墨烯浆料两类产品，产品层数低、杂质低、电导率高、综合性能优异，经国内外多家企业的使用获得广泛认可和赞誉。

24. 烯旺新材料科技股份有限公司

烯旺新材料科技股份有限公司（以下简称"烯旺科技"）是由石墨烯奠基人、深圳市石墨烯协会会长、深圳清华大学研究院创始院长冯冠平教授于 2015 年创办。自成立以来，烯旺科技一直致力于石墨烯发热技术的研发和产品应用，独创了领先世界的石墨烯发热膜专利技术，并创建了全球石墨烯发热应用领先品牌烯时代，旗下产品线涵盖智能穿戴、家庭智能取暖和工业应用领域，研发生产了石墨烯护具、石墨烯发热服、家庭取暖画、石墨烯智能家纺和光波房等多款全球首款石墨烯智能产品。

烯旺科技在 2016 年 6 月 27 日推出石墨烯理疗护颈、石墨烯理疗 U 形枕、石墨烯理疗护肩等系列新品；2017 年 1 月，开发了一种石墨烯智能坐垫；2018 年平昌冬奥会闭幕式为《北京 8 分钟》表演提供石墨烯抗寒单衣，利用石墨烯电热膜技术，在零下 20℃的条件下发热 4h；2018 年 9 月，烯旺科技又发布了进军中医领域的一项重大成果——人体阳气（能量）测试仪；2019 年 4 月，烯旺科技发布石墨烯甲状腺治疗仪，其发现石墨烯物理疗法对甲状腺结节具有很好的疗效，推翻了以往采用药物和手术方式不能根治和具有副作用的弊端。

25. 厦门凯纳石墨烯技术股份有限公司

厦门凯纳石墨烯技术股份有限公司（以下简称"厦门凯纳"）自 2006 年启动石墨烯产业化进程，正式成立于 2010 年 5 月，集石墨烯的研发、生产、销售和应用开发于一体，在技术水平、品牌知名度等方面位居行业前列。

厦门凯纳石墨烯产品包括石墨烯及石墨烯基锂电池导电剂、石墨烯基高导热碳塑合金材料以及石墨烯浆料等。石墨烯粉体采用自主创新的第六代机械剥离法工艺，产品品质在国内同类产品中处于领先水平，现已具备 200 吨/年的石墨烯粉体产能。

厦门凯纳的石墨烯锂电池导电剂可作为正极导电剂、负极导电剂、涂碳铝箔浆料，在提升电池充放电倍率、循环性能以及低温性能方面效果显著，已成功导入国内多家大型锂电池企业。其生产的石墨烯基高导热"碳塑合金"，具有优异的导散热性能，现已推出多种类型石墨烯散热器件，在照明领域率先取得突破，市场需求快速增长。

26. 新疆中泰化学股份有限公司

新疆中泰化学股份有限公司（简称：中泰化学，股票代码：002092）位于新疆乌鲁木齐市，2001 年 12 月以发起方式设立，依托新疆地区丰富的煤炭、原盐、石灰石等自然资源，通过不断优化管理理念和完善产业生态圈，发展成为拥有氯碱化工、纺织工业与供应链贸易三大业务板块。

中泰化学 2013 年 8 月与厦门凯纳石墨烯技术股份有限公司达成战略合作协议，中泰化学增资厦门凯纳石墨烯股份技术有限公司，双方共同开发石墨烯的生产及应用技术，开拓石墨烯应用及其衍生产品领域。合作领域将围绕中泰化学主营的 PVC 材料展开，具体开展石墨烯与 PVC 聚合试验及特种树脂研发等工作。通过石墨烯改性后的 PVC 材料将具有更多优异的性能，升级为功能聚氯乙烯或者工程塑料；添加不同比例的石墨烯可获得不同的 PVC 改性产品，其功能和应用领域都有所不同。如果研发顺利，中泰化学的产品附加值将有所提升，产品线也将增加，公司将由此获得竞争优势。

27. 浙江正泰电器股份有限公司

浙江正泰电器股份有限公司（简称：正泰电器，股票代码：601877）成立于 1997 年 8 月，是正泰集团核心控股公司。正泰电器 2014 年 12 月 12 日公告其全资子公司浙江正泰投资有限公司收购上海新池能源科技有限公司 80% 的股份，2017 年占股比例增加至 86.04%。

上海新池能源科技有限公司是一家从事石墨烯粉体及其下游产品的研发、生产、销售和服务的高科技现代化制造企业。目前，公司以自主开发的第三代高质量石墨烯技术为基础，石墨烯-铜复合技术为依托生产的石墨烯导热膜，已得到多个智能终端客户厂商的实测认可。

上海新池能源联合中科院上海微系统所，成立石墨烯团队联合实验室，建立了超过 1000 m^2 的石墨烯材料应用开发实验室，以期实现应用产品小试研发、批量生产的应用开发一体化的产业模式，形成一条石墨烯材料从研发到应用的快速通道。

28. 中国宝安集团股份有限公司

中国宝安集团股份有限公司（以下简称"中国宝安集团"）成立于 1983 年 7 月（股票简称：中国宝安，股票代码：000009）。主要业务包括高新技术产业、生物医药产业和房地产及其他产业，其中新技术产业主要涉及新材料、新能源汽车、精密零件制造及军工等领域。旗下新三板挂牌企业深圳市贝特瑞新能源材料股份有限公司（以下简称"贝特瑞"）是一家专业从事锂离子电池正、负极材料的研发、生产和销售的国家高新技术企业，拥有锂离子电池负极材料完整产业链，是全球锂离子电池负极材料龙头企业，其所生产的产品主要应用于电子数码、新能源汽车动力电池和储能领域。

贝特瑞持有哈尔滨万鑫石墨谷科技有限公司 6% 的股份，同时全资控股鸡西市贝特瑞石墨产业园有限公司、深圳市先进石墨烯科技有限公司、天津市贝特瑞新能源科技有限公司、惠州市贝特瑞新材料科技有限公司、贝特瑞（江苏）新材料科技有限公司，全面布局石墨烯上下游产业链，并与中科院半导体所等 7 家科研院共同起草了国内第一批四项石墨烯国家标准的第四项——"拉曼光谱法表征石墨烯层数"。

29. 中国节能环保集团有限公司

中国节能环保集团有限公司是中央企业中一家以节能环保为主业的产业集团。目前拥有 563 家子公司，其中二级子公司 28 家，上市公司 5 家，业务分布在国内 30 多个省市及境外 60 多个国家和地区，员工近 5 万人。

　　中节能（唐山）环保装备有限公司是中国节能环保集团公司下属的专业从事节能与环保装备的子公司，成立于 2016 年 12 月，以节能与环保装备的研发、生产、销售及服务为主业。公司目前在建设过程中的石墨烯应用及节能环保高端设备产业化项目，租用 10000 平方米厂房进行改建，搭建石墨烯节能速热电采暖炉生产线。本项目为先进装备生产线项目，建成后可年产石墨烯节能速热电采暖炉 60000 台，可实现销售收入年超亿元，具有较好的经济效益。2019 年，其申报的石墨烯节能速热电采暖炉被认定为河北省内首台（套）重大技术装备。

　　30. 中国中车股份有限公司

　　中国中车股份有限公司（中文简称"中国中车"，英文简称缩写"CRRC"）是经国务院同意，国务院国资委批准，由中国北车股份有限公司、中国南车股份有限公司按照对等原则合并组建的 A+H 股上市公司。经中国证监会核准，2015 年 6 月 8 日，中国中车在上海证券交易所和香港联交所成功上市。

　　中国中车是全球规模领先、品种齐全、技术一流的轨道交通装备供应商，建设了世界领先的轨道交通装备产品技术平台和制造基地，以高速动车组、大功率机车、铁路货车、城市轨道车辆为代表的系列产品，已经全面达到世界先进水平，能够适应各种复杂的地理环境，满足多样化的市场需求。

　　2018 年中国中车研制成功大功率石墨烯超级电容，是我国自主研制的新一代大功率石墨烯超级电容，在中国中车株洲电力机车有限公司问世，其功率提升三倍，电能运用效率更高，可运用时间更长，性能指标居于世界领先水平。

第2篇

国内外新材料产业政策

GUONEIWAI XINCAILIAO CHANYE ZHENGCE

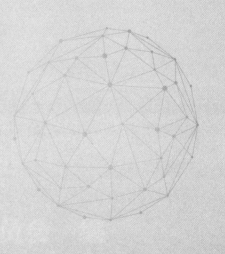

8 国外新材料产业政策及
我国相关产业政策建议

为准确把握国外新材料产业发展趋势和最新进展，提升国内新材料产业政策供给质量和水平，国家新材料产业发展专家咨询委员会秘书处组织重点新材料领域专家，分别就世界各国特别是发达国家针对新材料产业发布施行的相关规划及政策开展了梳理工作，旨在通过国外政策研究，了解国外新材料聚焦重心，研判国内新材料产业发展形势，为促进我国新材料产业发展提供借鉴及政策建议。

本章分别对高温合金、碳纤维及复合材料、新型显示材料、新型能源材料、石墨烯、稀土新材料、第三代半导体材料、无机非金属新材料、先进纺织材料、材料基因工程等领域国外产业政策进行了梳理研究，并提出了政策建议，供有关方面参考。

8.1 总述

材料是人类社会进步的重要物质基础。纵观人类文明发展历程，人类社会先后经历了石器时代、铜器时代、铁器时代、高分子材料时代、硅材料时代，可以说人类文明发展史是一部不断发现材料、改造材料、利用材料的历史。近代以来，新一轮技术革命和产业变革席卷全球，科技创新驱动经济社会迅猛发展，各类新材料和新物质结构不断涌现，并广泛应用到国防军工、航空航天、海洋船舶、交通运输、信息技术、生产生活等各个领域，为人类文明进步注入强大发展动力，推动人类社会迈入"新材料时代"。

新材料是指新出现的具有优异性能和特殊功能的材料，或是由于成分或工艺改进而性能明显提高或具有新功能的传统材料。新材料产业是材料工业的先导，已成为世界各国必争的战略性新兴产业和当前最重要、发展最快的科学技术领域之一。发展新材料技术既可促进战略性新兴产业的形成与发展，又将带动传统产业和支柱产业的技术提升和产品的更新换代。实践表明，技术创新和装备制造业水平的提升，越来越离不开新材料的开发和突破。"一代装备，一代材料"向"一代材料，一代装备"转变，已成为全球共识。与传统原材料产业相比，新材料产业具有知识密集、技术密集、资金密集、高附加值，以及生产与市场的国际性强、应用范围广、发展前景好等特点，其研发水平及产业化规模已经成为衡量一个国家经济社会发展、科技进步和国防实力的重要标志。

进入21世纪，世界各国特别是发达国家都高度重视新材料产业的发展，均制定了相应的新材料发展战略和研究计划（见表8-1）。特别是2008年金融危机以来，发达国家纷纷启动"再工业化"战略，将制造业作为回归实体经济、抢占新一轮国际科技经济竞争制高点的重要手段。材料作为制造业的基石，其战略地位日益提升。

表 8-1　国外新材料产业政策

国家	发 展 计 划	涉及新材料相关领域
美国	先进制造业国家战略计划、重整美国制造业政策框架、先进制造伙伴计划（AMP）、纳米技术签名倡议、国家纳米技术计划、国家生物经济蓝图、电动汽车国家创新计划（EV Everywhere）、"智慧地球"计划、大数据研究与开发计划、下一代照明计划（NGLI）、低成本宽禁带半导体晶体发展战略计划、固态照明研究与发展计划、光电子计划、关键材料战略、材料基因组计划战略规划、国家制造业创新网络战略规划	新能源材料、生物与医药材料、环保材料、纳米材料，先进制造、新一代信息与网络技术和电动汽车相关材料，材料基因组，宽禁带半导体材料，光电材料，有机电子材料，先进合金，碳纤维复合材料
欧盟	欧盟能源技术战略计划、能源 2020 战略、物联网战略研究路线图、欧洲 2020 战略、可持续增长创新：欧洲生物经济、"地平线 2020"计划、彩虹计划、OLED100. EU 计划、石墨烯旗舰计划、关键使能技术、第七研发框架计划、2012~2022 年欧洲冶金复兴计划、"加速冶金学（ACCMET）"项目	高性能合金、低碳产业相关材料、信息技术（重点是物联网）相关材料、生物材料、纳米材料、石墨烯等
英国	低碳转型计划、英国可再生能源发展路线图、技术与创新中心计划、海洋产业增长战略、合成生物学路线图、英国工业 2050	低碳产业相关材料、高附加值制造业相关材料、生物材料、海洋用相关材料等
德国	能源战略 2050：清洁、可靠和经济的能源系统、高科技战略行动计划、2020 高科技战略、生物经济 2030 国家研究战略、国家电动汽车发展规划、工业 4.0、原材料经济战略、数字战略 2025、"纳米材料安全性"项目、国家工业战略 2030	可再生能源材料、生物材料、电动汽车相关材料、纳米材料、工业 3D 打印等
法国	环保改革路线图、未来十年投资计划、互联网：展望 2030 年	可再生能源材料、环保材料、信息材料、环保汽车相关材料等
日本	新增长策略、新国家能源战略、能源基本计划、创建最尖端 IT 国家宣言、下一代汽车计划、海洋基本计划、日本产业结构 2010、第五期科学技术基本计划、2015 年版制造白皮书、"材料整合"项目、"信息统合型物质材料开发"项目、"超高端材料/超高速开发基础技术"项目、元素战略研究	新能源材料、节能环保材料、信息材料、新型汽车相关材料、3D 打印等
韩国	新增长动力规划及发展战略、核能振兴综合计划、IT 韩国未来战略、国家融合技术发展基本计划、第三次科学技术基本计划、21 世纪光计划、纳米融合 2020、韩国 3D 打印产业振兴计划（2017~2019 年）	新一代半导体、生态材料、生物材料、可再生能源材料、信息材料、纳米材料、3D 打印等
俄罗斯	2030 年前能源战略、2020 年前科技发展、国家能源发展规划、到 2020 年生物技术发展综合计划、2018 年前信息技术产业发展规划、2025 年前国家电子及无线电电子工业发展专项计划、2030 年前科学技术发展优先方向、国家纳米计划 2020 年、2030 年前材料与技术发展战略、至 2030 年科技发展预测	智能材料、新能源材料、节能环保材料、纳米材料、生物材料、医疗和健康材料、信息材料等
巴西	低碳战略计划、2012~2015 年国家科技与创新战略、科技创新行动计划	新能源材料，环保汽车、民用航空、现代生物农业等相关材料
印度	气候变化国家行动计划、国家太阳能计划、"十二五"规划（2012~2017 年）、"2013 科学、技术与创新政策"	新能源材料、生物材料等
南非	国家战略规划绿皮书、新工业政策行动计划、2030 发展规划、综合资源规划	新能源材料、生物制药材料、航空航天相关材料等

此外，主要发达国家针对新材料重点领域还出台了专项政策。下面分别就高温合金、碳纤维及复合材料、新型显示材料、新型能源材料、石墨烯、稀土新材料、第三代半导体材料、无机非金属新材料、先进纺织材料、材料基因工程等领域产业政策做具体研究。

8.2 国外重点领域新材料产业政策

8.2.1 高温合金领域

美国、日本、俄罗斯等国家非常重视高温合金材料的发展，出台了多项相关发展规划与产业政策，主要内容如下。

8.2.1.1 美国

美国从 20 世纪 50 年代起，先后实施了航空航天推进计划、发动机部件改进（ECI）计划、发动机热端部件技术（HOST）计划、综合高性能涡轮发动机技术（IHPTET）计划、先进高温发动机材料技术计划（HITEMP）、极高效的发动机技术（UEET）计划、先进航空发动机材料（ADAM）计划、通用经济可承受先进涡轮发动机（VAATE）计划，在航空发动机用高温材料领域长期保持领先地位（见表 8-2）。1991 年，美国提出了通过

表 8-2 美国部分航空发动机材料和制造技术发展计划

序号	计划名称	实施年代	材料领域重点支持方向
1	航空航天推进计划	1959 年至今	推重比 6~8 发动机预研，材料为重要专项之一
2	发动机部件改进（ECI）计划	1977~1981 年	推重比 8 发动机改进改型，对高温合金的使用可靠性进行了深入研究
3	发动机热端部件技术（HOST）计划	1980~1987 年	重点研究了涡轮叶片的定向和单晶材料特性以及防护涂层，支撑了 F100、F110 发动机改进改型
4	综合高性能涡轮发动机技术（IHPTET）计划	1988~2005 年	新一代推重比 15 一级涡扇/功重比 12 一级涡轴发动机预研计划；分阶段验证了新的铸造单晶高温合金叶片、热障涂层、双辐板高温合金涡轮盘、低惯性转子、金属间化合物叶片和支板、复合材料机匣等
5	先进高温发动机材料技术计划（HITEMP）	1989~2005 年	是 IHPTET 计划支撑计划，对先进材料的可行性验证，包括高温合金、复合材料、金属间化合物、陶瓷、高分子材料等；研究和验证结构分析模型及试验方法
6	先期概念技术演示验证计划（ACTD）	1995~2005 年	其中的材料与制造技术研究侧重于工程化研究，以支撑 F119 涡扇发动机/PW207 涡轴发动机研制
7	极高效的发动机技术（UEET）计划	2000~2005 年	面向民机 GENX 涡扇发动机、AE1107 涡轴发动机研制，其中先进材料为七个专题之一，重点验证先进单晶合金叶片、钛铝叶片、防护涂层等
8	先进航空发动机材料（ADAM）计划	2003 年至今	研究下一代发动机用单晶合金、轻重量高温软磁材料、先进金属基复合材料、革新的粉末材料、先进的黏接技术等
9	下一代制造技术计划（NGMTI）	2004~2008 年	金属加工制造和复合材料加工制造是其中两个重要研究领域
10	通用经济可承受先进涡轮发动机（VAATE）	2006~2017 年	继 IHPTET 计划，面向通用核心机、经济可承受性、军民共用技术，预先研究新一代推重比 15~20 级涡扇/功重比 12~15 级涡轴发动机技术；其中先进材料作为四个研究主题的重点技术支撑团队之一；重点研究验证新的高温合金叶片、防护涂层、复合材料增强整体叶环、双辐板涡轮盘、低惯量转子、复合材料机匣等

改进材料制造方法、提高材料性能来达到提高国民生活质量、加强国家安全、提高工业生产率、促进经济增长的目的。该计划的主要内容包括开发材料的创新基础设施（计算工具、实验工具和数字数据库）、实现先进材料的国家目标以及装备下一代材料的力量。该计划中涉及了高温合金材料。此外，美国的材料基因组计划也将高温合金材料作为一项重要内容。

8.2.1.2　日本

1999 年，日本制定了 21 世纪耐热材料的 10 年研究计划，该计划分 2 期实施：原计划第 1 期从 1999 年至 2003 年，第 2 期从 2004 年至 2008 年。后根据实际情况将第 1 期延长至 2005 年年底，第 2 期延长至 2010 年年底；项目的总体目标是在材料设计与组织结构解析的基础上，使镍基高温合金的使用温度达到 1100℃，研究内容包含了镍基合金在高温下的热力学平衡、析出和结晶化等以及组织和性能的演变。在此背景下，日本国立材料研究所启动了"21 世纪高温材料（High temperature materials 21）"，开发出多种单晶高温合金材料。

日本政府发布的《日本产业结构展望 2010》将高温超导、纳米技术、功能化学等 10 大尖端新材料技术及其产业作为新材料产业未来发展的主要领域，另外在 2016 年日本内阁通过第 5 期科学技术基本计划提倡建设"超智能社会"，也涉及了高温合金材料。

8.2.1.3　欧盟

欧盟委员会于 2009 年 9 月公布了一份名为《为我们的未来做准备：发展欧洲关键使能技术总策略》，该文件中提出了将先进材料等确定为关键使能技术（KETS），该技术外溢效益和其产生的加成成果，可以同时提升钢铁、航天、医疗器材等领域，涉及了高温合金材料。2011 年 11 月，欧盟颁布了名为"地平线 2020"新规划实施方案，以其依靠科技创新实现"促进实现智能、包容和可持续发展"的增长模式。在该方案中，针对"成为全球商业领袖"提出专项支持新材料、先进制造工艺等及其交叉技术的研究，涉及了高温合金材料。

8.2.1.4　俄罗斯

2012 年 4 月，俄罗斯发布了《2030 年前材料与技术发展战略》，包括了 18 个重点材料战略发展方向，其中包括单晶高温合金、金属间化合物等，同时还制定了新材料产业主要应用企业的发展战略。

8.2.1.5　韩国

2013 年 7 月，韩国政府发布了《第三次科学技术基本计划》，提出将在五大领域推进 120 项国家战略技术（含 30 项重点技术）的开发，这 30 项重点技术中包括先进材料技术等，涉及高温合金。

8.2.2　新型显示材料领域

国外对新型显示材料及技术的研究方向主要集中在 OLED 材料与技术、量子点材料与技术、Micro-LED 技术。

在 OLED 材料与技术方面，从 2015 年起，欧洲 Horizon project 对 OLED 材料、柔性电子、OLED 照明、OLED 工艺投入资金超过 5500 万欧元；美国能源部（DOE）计划于

2017~2019 年累计投入 983.9 万美元对高性能 OLED 材料、光取出技术、柔性基板制造、OLED 制造工艺给予支持；2018 年 10 月，韩国国家科技和信息通信技术部计划建立研发中心，在 2018~2025 年持续投入 5280 亿韩元（约合 4.678 亿美元）用于支持柔性 OLED 面板封装、OLED 生产成本控制、新一代显示技术。

在新型量子点显示材料的开发方面，国外目前主要集中在美国、英国、德国、韩国等，其研发开展主要由在量子点显示技术领域内的主要公司作为公司策略来进行。

在 Micro-LED 技术方面，韩国三星 Display 和 LG Display 等厂商正积极布局 Micro-LED 电视，试图引领 Micro-LED 电视发展，因为如果 Micro-LED 能够顺利产业化，在大尺寸市场，特别是 100 英寸及以上尺寸市场，更具有竞争力。这样可以弥补三星 Display 和 LG Display 在超高世代线布局的缺失。100 英寸及以上尺寸液晶面板不具价格竞争力，市场还处于空白，韩国厂商希望未来能够利用 Micro-LED 开拓这一块市场。中国台湾地区群创、友达将新兴显示技术重点放在 Micro-LED 上；而聚积、隆达、晶元光电、均豪等 Micro-LED 产业链企业无意涉足 Micro-LED 面板领域，他们更多的是积极配合群创、友达等这些下游面板厂商推进 Micro-LED 技术走向成熟。

8.2.3 新型能源材料领域

以美国、欧洲和日本等为代表的世界发达国家/地区，围绕包括能源材料基础研究在内的前沿领域，部署了一系列的大型研究规划与政策，并由相关主管部门具体负责实施落地。以下列举了美、欧、日出台的部分相关政策，并开展了初步解读。

8.2.3.1 美国

（1）氢燃料研究计划。美国从 20 世纪 90 年代制定推动氢能产业发展的政策起，保持着由政策评估、应用前景预测，到技术研发、示范推广的产业发展思路。2003 年正式启动"氢燃料研究计划"（Hydrogen Fuel Initiative，HFI），在未来 5 年投入 12 亿美元，重点研究氢能生产、储运技术，降低车载质子交换膜燃料电池的成本，促进氢燃料电池汽车技术及相关基础设施实现商业化等。2004 年，能源部发布"氢能技术研究、开发与示范行动计划"，提出了向氢经济过渡的四个阶段，以及氢能技术与产品的近/中期研发目标等。具体到材料领域，涉及：储氢材料的理论模型研究及其分析表征设备，用于分离、提纯、离子传输的纳米级膜材料及燃料电池膜材料研究，纳米催化剂设计及合成，生物活性材料，有机半导体及其他高性能材料等。

能源部是美国政府在氢能领域的主导机构，在其组织下，建立起了以所属国家实验室为主导，大学、研究所和企业为辅的科研体系，并涌现出一批分散在氢能产业链各环节的突出企业。在组织管理体系方面，能源部能源效率与可再生能源办公室是关键部门，各种政策文本、协调及互动机制，均受到该办公室的指导，其他诸如核能办公室、化石能源办公室和科学办公室等是辅助管理机构。除了能源部，其他联邦部门（如商务部、国防部、交通部）也参与其中，合作机制包括氢和燃料电池跨部门合作小组、跨部门技术小组等。此外，还建立了技术咨询体系，以保证决策合理。

（2）Sunshot 计划（"射日计划"）。能源部 Sunshot 计划自 2011 年开始实施，涉及建模、界面研究、创新材料与设备架构、电池与组件表征测试、教育培训等方面，并针对系统并网、技术市场转化及减少安装、规划、许可、融资等方面的软成本部署了主题研发项目。2016 年 11 月,能源部宣布在 Sunshot 框架下资助 6500 万美元开展太阳能光伏研发创新项目,实现到 2030 年将公用事业规模、商业和住宅规模太阳能光伏平准化发电成本分别降至 3 美分/(kW·h)、4 美分(kW·h)和 5 美分/(kW·h),该目标比 Sunshot 原定的 2020 年目标降低了 50%,体现了美国加速推进太阳能光伏更广泛应用部署的决心。具体到材料领域,涉及新型光伏器件模块和系统设计与开发,包括全新的、具有潜在颠覆性影响的新兴光伏技术;太阳能光伏模块的设计、制造与表征等。

(3)美国固态照明计划。自 2000 年起,美国开始推动固态照明技术的相关研发,由政府和产业界共同主导,旨在通过半导体技术进步,生产节能、低成本、高质量的照明产品。2003 年正式启动"固态照明(Solid State Lighting, SSL)计划",由能源部负责推进,并根据技术及应用的发展不断进行更新调整,现已取得多项进展。该计划包括基础能源科学研究、核心技术研发、产品制造研发、商业化、多方合作和标准专利等方面。2018 年的新一轮资助出资 1500 万美元,用于早期固态照明的核心技术研发,LED 和 OLED 概念验证、先进制造和创新照明。

(4)能源材料网络。2016 年 2 月,能源部宣布启动"能源材料网络"(Energy Materials Network, EMN)建设,将围绕清洁能源行业从早期研发到制造各个阶段所面临的最迫切的材料挑战问题,通过以国家实验室为基础组建的联盟来加速创新。借助于该网络,能源部旨在整合材料开发从功能设计、制造规模放大到最终应用的所有阶段环节,进而推动材料基因组计划、先进制造业计划以及技术转移等一系列联邦计划项目目标的实现。2016~2017 财年,能源部投资 1.6 亿美元资助建设了 7 家联盟,由企业、高校和联盟共同参与的合作研发项目。方向涉及:水分解材料、存储材料的热力学及动力学、电催化、轻量化材料、光伏组件耐用材料、热质交换冷却材料和生物能化学催化等。

(5)国家纳米技术计划。作为纳米创新战略的先行者,美国自 2001 年启动了"国家纳米技术计划"(NNI),由 20 家在纳米技术研发及商业化方面享有共同利益的联邦机构和部门组成,每 3 年更新一次。2018 财年经费约 12 亿美元,主要流向商务部(国家标准与技术研究院)、国防部、国家科学基金会、国立卫生研究院和能源部等。具体到能源材料领域,美国在纳米储能材料方向较为重视锂电池固体聚合物电解质、自加热电池等的研究,在纳米发电材料方向较为重视多孔固体氧化物燃料电池电解质及光伏发电增强材料的研发等。NNI 的跨部门规划与协调是由国家科技委员会的纳米科学、工程与技术分委员会组织完成,2016 年 10 月发布的 NNI 新一轮发展战略指出,当前纳米技术已演进为使能技术,需要有一个更为强大的由联邦政府、产业界和学术界组成的协作群体。

(6)国家制造业创新网络。为促进制造业科技创新和成果转化,美国联邦政府在 2012 年宣布组建国家制造业创新网络(2016 年 9 月更名为"制造业美国")。经过多年发展,该网络现已建起 14 家创新研究所。具体到能源材料领域,相关的研究所包括:1)由北卡罗来纳州立大学领衔的下一代电力电子创新研究所(联邦及非联邦资助均为 5 年 7000 万美元),通过宽带隙半导体技术开发高能效、大功率的电子芯片;2)由田纳西大学领衔的先进复合材料创新研究所(联邦及非联邦资助分别为 5 年 7000 万美元和 5 年逾 1.78 亿美元),满足清洁能源产品需求,包括燃料高效及电动汽车、风力涡轮机、氢气和天然气储气罐等;3)由爱迪生焊接研究所、密歇根大学等领衔的轻量化材料创新研究所(联邦及非联邦资助分别为 5 年 7000 万美元和 5 年 7800 万美元),实现增强系统性能、提高能源效率，并降低生命周期成本。

该网络向每个研究所提供的联邦资助时间不超过 5 年。在建所当年，联邦政府投入的资金不超过该所总资金的 50%。从第二年开始，联邦资金投入逐渐减少，研究所的资金将逐渐由私营部门和其他资金来源提供。5 年后，研究所完全脱离联邦资助。联邦拨款是否延续取决于各所的年度报告以及考核评估（分为内部和外部第三方两种）报告。各研究所通过项目定制和招标，推动成员之间的联系、信息共享和合作研究，达成共同的利益关注和资源投入，形成从基础研究、应用研究、到商品化和规模化生产的完整的技术创新链，使得该网络的战略规划目标切实得以实施。

（7）其他研究计划。2016 年，美国 DOE 支持了为期五年、投资额 5000 万美元的 Battery500 项目，项目目标是将电动车电池的储存电量提升三倍，电池比能量达到 500W·h/kg，目标将显著减小电池尺寸、降低电池重量，并获得更加廉价的电池（成本低于 100 美元/kW·h）和更加经济适用的电动车。项目成员自美国国家能源部的 4 所实验室和 5 所美国国内大学，其他的合作实验室和大学包括：布鲁克海文国家实验室、爱达荷国家实验室、斯坦福 SLAC 国家加速器实验室、宾汉顿大学、加利福尼亚大学圣地亚哥分校、德克萨斯大学奥斯丁分校、华盛顿大学等，研究方向主要包括基于金属锂负极的锂离子电池关键材料和电池技术以及锂硫电池关键材料和技术等。

2019 年，美国能源部（DOE）推出了第一个锂离子电池回收中心，称为 ReCell 中心。锂离子电池的再生材料可以在新电池中重复使用，从而将生产成本降低 10%~30%，有助于降低电动汽车电池的总成本，DOE 的目标是将电池成本降低至每千瓦时 80 美元（约 480 元人民币）。ReCell 中心的目标是推动闭环回收，废旧电池的材料可直接回收利用，通过消除采矿和加工步骤，最大限度地减少能源消耗和浪费。ReCell 中心是 DOE 首个先进的电池回收研究与开发（R&D）计划，是 Argonne 的合作项目，包括国家可再生能源实验室（NREL）、橡树岭国家实验室（ORNL）和其他几所大学（伍斯特理工学院，加州大学圣地亚哥分校和密歇根理工大学）。

8.2.3.2 欧盟

（1）战略能源技术计划。2008 年，欧盟委员会启动了"欧洲战略能源技术计划"（SET-Plan），以加速低碳技术的发展和部署。下设的战略能源技术督导小组协调制定相关计划并对实施情况进行监督，促进国家之间的联合行动；欧洲产业计划负责召集关键技术领域的欧盟成员国、产业及研究人员，通过集中资金、技术和研究设施等，促进能源技术市场发展；欧洲能源研究联盟负责联合科研院所和高校制定新能源技术发展计划，并协调研究工作、共享信息；信息系统负责评估能源技术政策的影响，审查各种技术方案的成本和效益并评估实施成本等。作为 SET-Plan 技术路线图的补充和扩展，低碳能源技术材料路线图详细描述了欧盟未来 10 年推进 11 项能源技术（风电、光伏、太阳能热发电、地热、蓄电、电网、生物能、化石能源（包括碳捕集与封存）、氢能和燃料电池、核裂变能以及建筑节能）发展的关键材料研究和创新活动。

2015 年 9 月，欧盟委员会公布了 SET-Plan 升级版，将推动欧盟国家进行低碳技术研发和试点工作，更好协调成员国之间的研发创新重点。根据新版 SET-Plan，欧盟将围绕可再生能源、智能能源系统、能效和可持续交通四个核心优先领域以及碳捕集与封存和核能两个特定领域，开展一系列研究与创新优先行动，包括：开发高性能可再生能源技术及系统集成，降低可再生能源关键技术成本，开发智能房屋技术与服务，提高能源系统灵活性、安全性和智能性，开发应用低能耗建筑新材料及技术等。

（2）地平线 2020。2013 年年末出台的"地平线 2020（Horizon 2020）"是当前欧洲最大的研究创新计划，经费近 800 亿欧元，时间跨度从 2014 年到 2020 年，主要涉及生物技术、能源、环境与气候变化等领域，"地平线 2020"在能源材料领域项目计划体现了欧盟对能源技术创新发展的最新认识和理念。在 2018～2020 年度的工作计划中，有 22 亿欧元拨款将投入清洁能源四个相关领域的项目：可再生能源、能效建筑、电动运输和储存方案，其中 2 亿欧元用于支持研发生产下一代电池。2018 年，欧盟更新了"地平线 2020"能源和交通运输部分的项目资助计划，新增了主题为"建立一个低碳、弹性的未来气候：下一代电池"的跨领域研究活动，旨在整合下一代电池有关的研究创新工作，推动欧盟国家电池技术创新突破，开发更具价格竞争力、更高性能和更长寿命的电池技术。新增资助计划将在 2019 年提供 1.14 亿欧元用于支持电池研究课题，主要包括高性能高安全性的车用固态电池电解质材料、非车用的电池技术、氧化还原液流电池仿真建模研究、先进氧化还原液流电池、先进锂离子电池等。

2019 年，"地平线 2020"资助了安全道路电气化用锂硫电池（The Lithium Sulfur for Safe Road Electrification，LISA）项目，该项目将历时 43 个月，涉及资金逾 790 万欧元，由 13 个欧洲伙伴方共同参与，其中包括：英国 OXIS Energy 公司、英国克兰菲尔德大学、Varta Micro 公司、CIC Energigune、法国阿科玛及雷诺等研究机构和企业。项目目标是设计及制造一款锂硫电池，提升电动车电气化应用的安全性，包括固态不易燃的复合材料电解质、锂金属防护等锂硫电池的技术瓶颈，并致力于降低其成本，从而降低整个电动车的成本。

（3）燃料电池与氢能联合项目。欧盟作为最早涉及燃料电池的地区之一，一直致力于发展燃料电池和氢能产业。欧盟 2008 年出台了燃料电池与氢能联合项目（FCH JU），推动燃料电池和氢能技术的研究、开发、部署和市场推广，在 2008～2013 年，斥资约 10 亿欧元用于燃料电池和氢能的研究和发展。目前，该计划正在进行 2014～2020 年的第二阶段，计划总计支持经费 6.65 亿欧元，平均每年 0.95 亿欧元。2017 年 1 月，FCH JU 支持的欧洲氢动力汽车联合开发计划项目启动，这是欧洲最大的燃料电池巴士部署计划，拟解决的挑战包括降低燃料电池车的保有成本，增加燃料电池巴士车型，以及研制出成本更低、可靠性更高的可再生氢燃料等。

（4）欧盟石墨烯旗舰计划。2013 年 10 月，欧盟启动了为期 10 年总投资 10 亿欧元的"石墨烯旗舰计划"，是"未来和新兴技术"两大旗舰项目之一，代表了一种新的机遇与方法来塑造、构建和实现一个真正的欧洲研究区域，除了汇集顶级科研人员、确立运行机制、制定法律框架外，更重要的是得到利益相关方的政治和资金支持。石墨烯旗舰计划共有 13 个重点研发领域，包括面向能源应用的催化剂、面向复合材料和能源应用的功能材料等。2015 年 2 月，发布的科技路线图对石墨烯在能源领域的研发和应用做了展望，包括开发和制造太阳电池、锂电池和超级电容器、燃料电池、储氢系统的电极或催化剂；将石墨烯相关材料与其他材料混合，以增强性能，实现轻量化、柔性、透明等特殊性质。

（5）英国工业战略。2017 年，英国政府发布《工业战略——建设适应于未来的英国》白皮书，将清洁增长列为四个重大挑战行动之一。在工业战略框架下，英国政府发布了《清洁增长战略》，希望在全球向清洁能源经济转型中占据显著经济竞争优势，在电力、电动汽车、低碳金融和专业服务等重要的新兴低碳领域发挥领导作用。政府预计到2021年，分别投资8.41亿英镑和9亿英镑用于低碳运输技术和燃料以及清洁、智能、灵活的电力创新。

电动汽车和电池技术方面，通过工业战略挑战基金，将在4年内投资2.46亿英镑用于汽车电气化电池的设计、开发和制造。资助主要分为研究、创新和规模化三个部分：1）研究方面，开展电池材料、技术及制造工艺的研究与培训，工程与自然科学研究理事会将给予4500万英镑的资助，并建立一家虚拟的电池研究所；2）创新方面，商业、能源与产业战略部与国家创新机构将向新电池技术合作研究开发项目以及可行性研究项目投入4000万英镑，在单个电池和电池组成本降低、能量密度与功率密度提升、安全性增强、有效工作温度范围、更好预测范围与电池健康、实现95%回收利用率、生产创新等方面实现突破；3）规模化方面，为进一步开发电池技术的实际应用，由先进推进中心负责为"国家电池制造开发"设施装备遴选最佳技术。

电力和智能系统方面，政府将与英国研究理事会、英国创新机构合作，预计投资约2.65亿英镑用于该领域的研究、开发和部署，将有助于减少电力储存的成本，推进创新的需求响应技术，发展平衡网格的新方法，例如使用电动汽车。可再生能源方面，政府将与英国研究理事会、英国创新机构合作，预计投资约1.77亿英镑，以进一步降低可再生能源成本，包括离岸风能涡轮叶片技术与地基的创新。新的创新机遇可能出现在一些领域，包括浮动的离岸风电平台和先进的太阳能光伏技术。

（6）德国第七能源研究计划。2018年9月，德国政府发布《第七能源研究计划》，总预算64亿欧元，重点支持能效、可再生能源电力、系统集成、核能和交叉技术五大主题研究工作，资助重点从单项技术转向解决能源转型面临的跨部门和跨系统问题，同时引入"动态实验室"机制推动全链条系统创新，加快技术和创新成果转移转化，推进德国能源转型。项目资助共涉及五个方向：1）在消费能源转型方向，通过新材料在蓄热、获取可再生能源和环境热量、可持续自适应隔热等领域推动创新。2）在发电方向、光伏方面，提升光伏材料发电效率及寿命，利用新光伏材料制造加工技术提升使用、制造及加工方面的成本效益；power-to-X（将绿色电力转化为化学能源载体）方面，重点研究因燃料成分变化而导致的腐蚀试验，包括复合材料、陶瓷材料以及耐高温涡轮机材料等。3）在储能方向，开发新材料提升电池能量密度，使电动汽车拥有更长续航；开发高性能、稳定的双极板材料改善氧化还原液流电池性能；飞轮储能需要性能更好的磁性材料；开发纳米材料使电极表面和电容最大化；开发新的工作物质改善压缩空气、天然气储存、抽水蓄能绩效；研究细胞化学推动电化学存储器件的发展；开发锂、铅、钒和钴的替代材料；开发新型金属空气电池和固体电池替代锂电池等。4）在跨系统能源转型方向，材料研究关注降低能源材料成本；材料及原材料获取；替代用量少、环境有害、耗能的材料；制定新的材料生产策略；了解化学过程机理（特别是催化）等。材料应用关注可再生能源、储能及能量转移、工业生产工艺、建筑、化石燃料电厂等。5）在核安全方向，关注结构材料与组件，以及表征及无损检测方法等。

（7）欧盟电池联盟。欧盟于2017年成立了"欧盟电池联盟（European Battery Alliance，EBA）"，旨在促进欧洲电池产业发展，摆脱欧洲汽车工业对亚洲电池的依赖。

2018 年 11 月，欧盟委员会发布修改版"电池应用原材料报告"，深入探讨了钴、锂、石墨、镍等战略性原材料的供应安全问题，目的是为"欧盟电池联盟"未来行动提供支撑。报告的提出，表现出欧盟参与全球新能源汽车竞争、确保原材料供应安全的决心。

8.2.3.3　日本

（1）宏观政策层面。日本是一个资源匮乏的国家，通过材料科学技术解决能源问题是日本政府一直以来努力追求的目标。例如，《第三期科学技术基本计划》将"为普及的能源利用实现的材料技术"以及"实现能源高效率的创新材料技术"列为 28 项重点课题之二；《第四期科学技术基本计划》将"解决清洁能源成本大幅降低的创新材料技术"列为十大战略重点科学技术之一；《第五期科学技术基本计划》则将"确保能源稳定和提高能源利用效率"设为 13 个重要的政策课题之一。为了推动新能源材料科研成果商业化，日本政府推出了一系列产业规划，如通过《日本新一代汽车战略 2010》以及《日本汽车战略 2014》等汽车行业规划推动氢能及锂电池材料走向商用，通过《第五次能源基本计划》推动太阳能材料等新能源材料大规模应用。

（2）政府部门层面。在科学技术基本计划的指引下，日本政府各部门分工明确各司其职地推动新能源材料科技及产业发展。日本内阁府的综合科学技术创新会议是日本科技决策顶层机构，该机构近年来设计了"创新性研究开发推进计划"（Impulsing Paradigm Change through disruptive Technologies Program，ImPACT），重点支持能够给产业和社会带来巨大变化、产生更多高风险、高影响力、挑战性、非连续性的创新项目，由日本科技振兴机构负责具体项目实施。ImPACT 目前有 16 个项目，其中多个项目涉及能源材料，如超薄、柔韧、坚韧聚合物项目可实现超薄燃料电池电解液/锂电池隔膜，超级高功能结构蛋白质材料项目从蜘蛛丝等材料上获得灵感，开发的新材料可用来制造新一代氢燃料储存箱。

文部科学省注重材料、纳米科技领域的基础技术研究工作，日本科技振兴机构负责具体项目实施。2009 年文部科学省发布的《建设低碳社会研究开发战略》提出，研发一批有望在 2020 年左右实现实用化，经过 10 年的推广，到 2030 年对温室气体减排有巨大作用的相关技术，其效率和经济性有飞跃性的提高，包括研发新技术和目前尚处基础阶段的技术实用化。如效率在 50% 以上的色素增感型太阳能电池；为实现送电零损耗所必须的超导物质的合成和开发，超导机制的研究以及线材化技术等；单位储电量提高 7 倍以上的高性能蓄电池；可使发电用汽轮机效率提升 20% 以上的新合金的开发等。

经济产业省制定宏观产业战略目标，新能源产业技术综合开发机构（NEDO）负责具体推动新能源材料的应用及推广工作。NEDO 自 20 世纪 80 年代开始对锂离子电池的研发给予长期稳定的支持，制定了动力蓄电池研发路线图和行动计划（《NEDO 二次电池技术研发路线图 2013》），着重对锂离子动力蓄电池单体、模块、标准、评价及关键原材料进行研发攻关。其中涉及动力电池的项目主要是下一代电池科技创新研发倡议及下一代汽车用高性能电池系统开发，并安排 210 亿日元资金用于项目"新一代电池科学创新研发倡议"（2009~2015）的研发，主要目标是电池反应机理分析，指导开发新型锂离子电池用材料以及后锂离子电池用新材料等，此项目包括 24 个子课题，其中 9 个为电解质项目，6 个高能量密度正极项目，3 个高容量负极项目，6 个锂离子电池项目（包括安全性、高能量、高功率等）。

2018 年 7 月，日本国立研究机构新能源产业技术综合开发机构（NEDO）启动了第二阶段固态锂离子电池项目，旨在提升电动车车载电池的能量密度及安全性。该项目斥资 100 亿日元（约合人民币 5.9 亿元），涉及 23 家整车车企、电池及材料制造商，另有 15 家大学及公共研究机构参与，旨在应对固态电解质、涂敷有活性材料的电解质涂层、电解质-电极层片状形成等固态锂离子电池量产的技术瓶颈。此外，该项目还通过模拟技术预计所有固态锂离子电池电芯及蓄电池组的衰减时间，并利用多种评估方法测试其耐用性及安全性是否符合国际标准。该项目计划到 2022 年全面掌握全固态电池相关技术；在 2030 年左右将蓄电池组的成本降至约 1 万日元/(kW·h) [约合 90 美元/(kW·h)]，约为当前锂离子电池成本的 1/3。

为推动跨领域创新、融合创新，进一步促进协同效应的释放，日本打破以往文部科学省负责基础研究、经济产业省主导应用研究的界限，2014 年设立了跨部门的"战略性创新推进计划"，重点支持跨越省厅、学科及产业边界的横向联合型项目。该计划将下一代功率电子器件及能源载体列入 11 项重点领域。其中，燃料电池/高性能燃料电池用材料是计划支持的重点领域之一，应用在陶瓷器制造中培育起来的陶瓷、金属技术，开发用于固体氧化物燃料电池、固体高分子型燃料电池的材料及零部件；从电气特性、材料组成到纳米程度的大小控制等各个角度推进研发。

8.2.4　石墨烯领域

行业的发展离不开政策的支持，特别是在新兴产业发展的初期，政府的顶层设计和战略部署尤为重要。作为当今备受关注的前沿新材料之一，石墨烯受到国际上众多国家的关注与重视，纷纷从国家战略层面进行布局引导，力争在新一轮技术革命中抢占发展制高点。国外石墨烯相关政策见表 8-3。

表 8-3　国外石墨烯相关政策

国家	政策及资金	时间
美国	国家自然科学基金会资助的重点项目包括复合材料的研究（2000 万美元）、石墨烯电子器件开发（850 万美元）、场效应晶体管、存储器件开发（170 万美元）、石墨烯连续制备工艺（150 万美元）、生物传感器（140 万美元）	2008~2014 年
	国防高级研究计划署资助碳电子射频应用项目（CERA，投入 2200 万美元）	2008~2012 年
	国防部资助的多学科大学研究计划（MURI，投入 750 万美元）	2009~2013 年
	2013 年上半年，美国非营利性组织——石墨烯利益相关方联合会（Graphene Stakeholders Association）在纽约州布法罗成立，该协会旨在促进研究人员、大学、政府机构和企业等成员之间的教育培训、技术合作、科学交流以及商业化等，推动石墨烯及其相关技术的发展	2013 年
	NSF 投入 1800 万美元、美国空军科研办公室投入 1000 万美元对石墨烯及相关的二维材料开展基础研究	2014 年
	EFRI 2-DARE（新兴前沿研究与创新中心-二维原子材料研究）与 BRI（基础研究计划）在包含石墨烯在内的纳米微电子、光学电子、机械、生物工程等领域提供了超过 5000 万美元的资金资助	2014~2019 年
	目前，美国国家科学基金 NSF 正在提供石墨烯相关资助约 1.4 亿美元，其中小于 5 万美元项目 3 个，5 万~10 万美元以内 13 个，10 万~50 万美元以内 252 个，50 万~100 万美元以内 30 个，100 万美元以上 36 个；此外，NSF 对二维原子层材料与设备提供了数百万美元的资金	2017~2018 年
	美国国防部（DOD）发布 2019 财年多学科大学研究计划（MURI）	2018 年

国家	政策及资金	时间
美国	美国能源部（DOE）能源效率和可再生能源办公室（EERE）发布 2018 财年太阳能技术办公室资助计划（SETO）	2018 年
	美国太空总署（NASA）发布 2018 财年 SBIR/STTR 计划	2018 年
巴西	在巴西国家科学和技术发展委员会、圣保罗研究基金会（FAPESP）、麦肯齐长老会研究所联合支持下，巴西先进石墨烯、纳米材料及技术研究中心（MackGraphe）得到超过 1 亿雷亚尔（2800 万美元）的投资，并在巴西圣保罗的麦肯齐长老会大学（UPM）上宣布正式成立开放，这是拉丁美洲的首个石墨烯研究中心	2016 年
欧盟	FP7 先后发布了石墨烯基纳米电子器件项目（239 万欧元）、悬浮石墨烯纳米结构项目（389 万欧元）、石墨烯的纳米级应用项目（505 万欧元）和用于超级电容的石墨烯电极项目（494 万欧元）	2008 年至今
	欧洲研究理事会（ERC）资助石墨烯物理性能和应用研究项目（177.5 万欧元）	2007 年
	欧洲科学基金会（ESF）启动欧洲石墨烯项目（EuroGRAPHENE），旨在扩大石墨烯研究在科学和创新方面的影响力	2009 年
	石墨烯旗舰项目第一阶段，计划 10 年内投入 10 亿欧元预算，前期在第七框架项目下，前 30 个月由欧洲委员会（EC）投资 5400 万欧元	2012～2016 年
	石墨烯旗舰项目第二阶段，在 2020 视野计划下，欧洲委员会（EC）每年保持 5000 万欧元的平稳投资	2016～2020 年
	（1）欧盟旗舰 5400 万欧元； （2）NANOQUESTFIT 纳米量子应用，研究石墨烯的结构原理，200 万欧元，2013～2015； （3）POLARCLEAN 计划，20 万欧元，石墨烯等先进材料治理极性有机污染，2011～2013； （4）GRAFOL 计划，研究大规模、产业化生产石墨烯，690 万欧元，2011～2015； （5）NanoMaster 计划，石墨烯塑料领域研究，420 万欧元，2011～2015； （6）曼彻斯特石墨烯研究中心，约 3000 万欧元，2014～2015	2013～2015 年 2011～2013 年 2011～2015 年 2011～2015 年 2014～2015 年
	欧洲研究理事会（ERC）2018 资助计划"StG"	2018 年
	欧盟委员会通过欧洲地平线（2021～2027）资助计划［Horizon Europe（2021～2027）］	2018 年
德国	德国科学基金会（DFG）开展了石墨烯新兴前沿研究项目，历时六年，该项目旨在更好地理解和操控石墨烯性能，制造出新型石墨烯基电子产品	2009～2015 年
	2010 年 DFG 又启动了优先研究项目——石墨烯（SPP 1459），包括 38 个研究项目，前 3 年预算经费为 1060 万欧元	2010～2014 年
	2012 年 9 月，德国巴斯夫集团与马普学会高分子研究所共同投资 1000 万欧元成立了碳材料创新中心，开展包括石墨烯在内的碳材料的合成与表征研究，以及能源和电子应用潜力评估等	2012 年
	德国研究基金会（DFG）"无线通信系统高频柔性可弯曲电子设备"项目（FFlexCom SPP 1796）（2018～2021）	2018 年 3 月
英国	2011 年，英国政府在《促进增长的创新与发展战略》中把石墨烯作为该国未来 4 个重点发展方向之一	2011 年
	英国工程和自然科学研究委员会、英国技术战略委员会投入约 1000 万英镑，建立一个以开发、应用、探索新的石墨烯技术为核心的创新中心	2011 年
	2012 年末，英国财政部将 5000 万英镑的剩余部分以及工程与自然科学研究理事会的 1000 万英镑（即共计 2200 万英镑）投入用于石墨烯商业化研究；此外，空中客车、BAE 系统、劳斯莱斯、Dyson 和飞利浦等企业还将为该投资额外匹配 1200 万英镑	2012 年

国家	政策及资金	时间
英国	2013 年初, 曼彻斯特大学化学院 Peter Budd 教授率领的研究小组获得该研究理事会 350 万英镑的经费, 用于石墨烯膜研究; 这些膜可用于生物燃料发酵时移除水分、燃料电池组件、食品包装、人类疾病和农业害虫检测传感器等	2013 年
	英国财政大臣乔治奥斯本 (George Osborne) 在 2014 年 3 月公布的政府预算中宣布, 将在未来 5 年投资设立 3 个研究所/中心, 其中之一即为 1900 万英镑的 "石墨烯创新中心", 并作为英国孵化器网络 (Catapult Network) 的一部分; 英国技术战略委员会拨出 250 万英镑投资石墨烯应用; 英国工艺创新中心 CPI 追加 1400 万欧元在英格兰东北部打造石墨烯应用市场; 2014 年 9 月 10 日, Osborne 宣布将在曼彻斯特大学投资 6000 万英镑 (其中, 英格兰高等教育基金会下属的英国研究伙伴投资基金 1500 万英镑、技术战略委员会 500 万英镑、阿拉伯联合酋长国清洁及可再生能源企业 Masdar 3000 万英镑, 其他由该校从欧洲地区发展基金会等获得) 建设 "石墨烯工程创新中心", 加速石墨烯产品从实验室走向市场的进程	2014 年
	由阿布扎比未来能源公司、英格兰高等教育基金管理委员会、欧洲区域发展基金和大曼彻斯特联合管理局以及英国创新机构联合赞助 6000 万英镑正式开工建设石墨烯工程创新中心	2017 年
日本	2007 年, 文部科学省下属的日本科学技术振兴机构 (JST) 针对硅基石墨烯材料/器件技术开发开展项目资助, 日本东北大学承担相关研究工作; 该项目拟在硅基石墨烯材料工艺技术的基础上, 开发先进的辅助开关器件和等离子共振赫兹器件等, 实现超高速的电荷传输以及大规模集成器件技术等; JST 和产业综合技术研究所还对绝缘体基板表面石墨烯吸附机理项目进行了资助	2007 年
	经济产业省实施低碳社会实现超轻、高轻度创新融合材料项目, 重点支持碳纳米管和石墨烯的批量合成技术, 计划投入 9 亿日元	2011~2016 年
	日本内阁会议于 2016 年 1 月 22 日审议通过了《第五期科学技术基本计划 (2016—2020)》, 指出必须加强服务平台基础技术研发, 特别是纳米技术、机器人技术、传感器技术等核心优势基础技术	2016 年
	日本综合科学技术创新会议 (CSTI) 发布第 2 期战略性创新推进计划 (SIP)	2018 年
	日本科学技术振兴机构 (JST) "PRESTO" 计划对高速和硅片上石墨烯黑体发射器用于光通信的集成光发射器被研发项目资助	2018 年
韩国	教育科学技术部等资助石墨烯项目达 90 项, 投入达到 1870 万美元	2007~2009 年
	原知识经济部预计将向石墨烯领域提供 2.5 亿美元的资助, 其中 1.24 亿美元用于石墨烯技术研发, 1.26 亿美元用于石墨烯商业化应用研究	2012~2018 年
	2013 年 5 月, 韩国产业通商资源部计划未来 6 年投入约 4200 万美元, 通过联合该国研究机构与企业, 推动石墨烯相关技术的商业化; 近 50 家研究机构和企业组成石墨烯联盟, 开展重点领域项目研究, 如触摸面板 (三星)、OLED 面板 (韩国电子通信研究院)、复合薄膜 (SANGBO)、电磁屏蔽涂层 (CHANGSUNG) 和防腐涂层 (浦项制铁) 等	2013 年
	2014 年初, 韩国发布了《第二期国家纳米技术路线图 (2014—2015)》, 其中将石墨烯作为中长期突破之一	2014
	韩国政府公布了名为 "韩国 ICT 2020" (K-ICT 2020) 的五年战略规划, 旨在将韩国打造成为全球信息安全行业领导者; 战略指出, 政府计划推动 ICT 初创企业发展, 并加强国际合作, 将信息安全相关程序和设备的出口额从目前的 1.6 万亿韩元 (约合 13 亿美元) 扩大至 2020 年的 4.5 万亿韩元 (约合 36 亿美元); ICT 参与资助了部分三星石墨烯项目	2016 年
	韩国科学技术信息通信部 (MSIT) 等部门发布《第三期国家纳米技术路线图 (2018—2027)》	2018 年

国家	政策及资金	时间
新加坡	新加坡国立大学设立石墨烯研究中心、微纳米加工实验室等	2010~2014 年
	国家科研基金会（NRF）资助石墨烯研究	2011 年
	应用材料公司与新加坡国立大学合作成立先进材料企业实验室	2018 年
马来西亚	Graphene Nanochem 与马来西亚国家创新机构（National Innovation Agency of Malaysia）创办马来西亚国家石墨烯中心	2013 年
	启动 "2020 年国家石墨烯行动计划（NGAP）——石墨烯战略和风险评估计划"	2014 年
	"2020 年国家石墨烯行动计划（NGAP）" 2018 年启动 5 家公司项目，预计收入 13.5 亿令吉，使石墨烯技术部门 2018 年的未来总收入达到 27 亿令吉	2018 年

8.2.5　稀土新材料领域

稀土是化学元素周期表中镧系元素的统称，包含 17 种稀有化学元素，是军工、新能源等产业中许多尖端科技以及新兴产业不可或缺的关键原料，被誉为 "现代工业维生素"，广泛应用于航空航天、电子信息、智能装备、新能源、现代交通、节能环保等战略性新兴产业，对发展现代高新技术和国防尖端产业、改造提升传统产业等都发挥着不可替代的关键作用。鉴于稀土元素在某些关键领域仍具备的不可替代性以及 2010 年左右我国出台的限制稀土出口政策，欧盟、美国、日本等发达国家和地区均将稀土资源列为发展高新技术不可或缺的战略性原材料，针对稀土以及稀土新材料产业制订了多种相关的产业战略规划。日本与俄罗斯、蒙古、越南、澳大利亚等国签署了一系列稀土开发合作协议，大力拓展中国外的稀土多元化供应，欧盟委员会发布了题为 "欧盟关键原材料" 的报告，12 月，美国能源部发布《关键材料战略》。紧接着的 2011 年 11 月，美国能源部发布了《关键材料战略》升级版，并启动了美、日、欧三边年度研讨会。于 2011 年 10 月由美国能源部、欧盟委员会和日本经济产业省（METI）共同主办了第一届研讨会，之后每年举办一次，至今已举办 8 届，会议由三国政要们及科学家们研讨清洁能源领域由于关键材料短缺面临的风险及其解决方案。具体各国制定的稀土新材料产业战略规划如下。

8.2.5.1　美国

2006 年开始，我国实施的稀土总量控制计划，其后我国因环境问题逐步削减出口配额并提高关税扩大出口产品控制范围等 "稀土新政" 引发了全球稀土消费大国对各国稀土政策的重新思考和修订。特别是 2009 年以后，中国出口配额的减少进一步加剧了美国政府对中国稀土垄断造成美国稀土供应风险的担忧。美国国防部办公室认为要满足国防军工产品的需求，军工生产的工业基地必须保障可靠、成本高效和充足的原材料供应。

2008 年，美国国家研究委员会发布《21 世纪军用材料管理》和《矿物、危急矿物与美国经济》两份报告，列出的 36 种战略关键材料中，其中包括铈、铕、镧、钕等 8 种稀土元素，并指出美国处于最大风险的矿物有铟、锰、铌、铂族金属和稀土元素。

2009 年 4 月，国防部向国会提交了《国家战略安全储备重新配置报告》，分析了美国战略安全领域的关键材料及其国内外供应情况，按照这一报告，美国 53 种战略材料中有 22 种存在供应不足、接近不足或存在问题，其中就包括稀土钇元素；引起生产延误的原材料有 19 种，其中包括铈、铕、镧等 4 种稀土元素。2010 年 3 月，能源部表示制定部署稀土供应的战略计划，分三个层面：一是多样化稀土的供应链；二是致力于替代产品的开发，鼓励美国的稀土消费企业研发使用较低战略性的资源；三是提高稀土资源的利用效率以及回收再利用水平以减少对进口的过度依赖。这是能源部多年以来首次将稀土作为重大战略计划进行部署。

2010 年 12 月，美国能源部为了推动清洁能源的发展发布了《关键材料战略》，提出的举措包括增加研发力度、做好情报搜集工作、允许国内生产、解决国内生产加工所需资金问题、战略储备、回收利用以及灵活的外交政策。该战略的主要结论包括：（1）清洁能源技术的一些组成部件如永磁体、电池、光伏薄膜和荧光粉等，对短期内（0~5 年）具有供应风险的材料依赖性较大，在中期（5~15 年）和长期内这些风险可能会降低。（2）清洁能源技术所消耗的关键材料目前约占全球总消费量的 20%。由于在未来几十年，清洁能源技术的应用将更广泛，其占全球关键材料消费量的份额也将会增加。（3）在所分析的材料中，5 种稀土元素（镝、钕、铽、铕、钇）和铟被评定为最关键的材料。

在此基础上，在 2010 年，美国能源部投资 1500 万美元用于研发稀土材料及永磁体可能的替代品。投资 3500 万美元用于研究不需要稀土材料的新一代电池技术。（2010 关键材料战略）2010 年，500 万美元用于基础研究，大部分工作都是由阿姆斯实验室材料制备中心完成（基础研究计划）。660 万美元用于开发稀土永磁体的替代品（稀土永磁体替代品研发计划），另一个耗资 440 万美元的项目的目标是开发新一代磁能密度比市售 Nd-Fe-B 磁能密度最高的磁铁高出两倍的永磁体（高能永磁体计划）。DOE 投资 220 万美元用于通用电气开发低稀土含量的新一代永磁体（新一代永磁体计划）等。

2011 年 12 月，美国能源部又发布了该战略的修订升级版——《2011 关键材料战略》，重点强调和支持风轮机、电动汽车、太阳能电池、能效照明等清洁能源技术中用到的稀土及其他关键材料。除了风力涡轮机、光伏、电动汽车、照明装置外，美国能源部还在积极收集影响太阳能、水电、电网、燃料电池、天然气发电机组和核能的材料信息。

2014 年 10 月，美国国会要求其能源部（DOE）开展"从煤和煤的副产品流（如粉煤灰、煤矸石和废水）中经济回收稀土元素"的可行性评估和分析，同时报告其调查结果。候选技术必须高性能、经济上可行且对环境无害，适用于目前大规模的测试或当前的研发阶段，预计能够在 2020 年开展大规模测试、到 2025 年开展部署。

2018 年 5 月 18 日，美国内政部发布关于"关键矿产"最终名单的通知。确定包括钨、稀土、锂等 35 种矿产品为最终但非永久性清单。其中稀土元素族整体被确定为关键矿产。该清单是根据总统特朗普的第 13817 号令，依据了 2017 年 12 月 20 日颁布的第 13817 号行政令，同样再次确定了这 35 种矿产为关键矿产。

此外，随着全球市场、政策、法律法规的变化，材料的重要性也不断发生变化。2016 年以来，美国能源政策和系统的分析能源部办公室（EPSA）将升级之前分析，以反映市场变化，并研究更多的材料和能源技术。这些行业是美国近年、特别是奥巴马政府大力推广发展的经济增长点。特朗普执政后将重点发展美国经济，促进就业，因此美国稀土功能材料领域的战略不会改变。

美国稀土新材料产业规划及措施见表 8-4。

表 8-4　美国稀土新材料产业规划及措施

国家	主要纲领性文件	提出的举措
美国	美国能源部（DOE）在 2010 年 12 月 15 日首次发布《关键材料战略》	（1）增加研发力度； （2）做好情报搜集工作； （3）允许国内生产； （4）解决国内生产加工所需资金问题； （5）战略储备； （6）回收利用； （7）灵活的外交政策

8.2.5.2　欧盟

2010 年年初，欧盟宣布建立稀土战略储备。2010 年 6 月，由欧盟委员会领衔的专家组发布了一份名为《欧盟关键原材料》的报告，提出了相对关键程度的概念。当原材料面临供应短缺，并更加严重地影响到欧盟经济发展时，则原材料就会被打上"关键的"标签。在被分析的 41 种矿物和金属中，有 14 种被认为是"关键的"。这 14 种关键矿物原材料是：锑、铍、钴、萤石、镓、锗、石墨、铟、镁、铌、铂系金属、稀土、钽、钨。这些原材料很大一部分产量是来自欧盟以外的国家：中国（锑、萤石、镓、锗、石墨、铟、镁、稀土、钨）、俄罗斯（铂系金属）、刚果（金）（钴、钽）、巴西（铌、钽）等。

2011 年 11 月，欧盟委员会公布了为期 7 年、耗资 800 亿欧元的"地平线 2020"规划提案，提出专项支持信息通信技术、纳米技术、微电子技术、光电子技术、先进材料、先进制造工艺、生物技术、空间技术以及这些技术的交叉研究。其中欧盟通过"地平线2020"计划出资 700 万欧元，资助开发从工业废弃物中提取钪（Sc）等稀土元素的技术，并已利用离子液体从铝土矿渣中成功回收稀土元素。此名为 SCALE 的项目以产业化为导向，研究团队来自希腊、德国、瑞典、匈牙利等 10 个国家的 18 家机构，包括 10 家公司和 8 家学术研究机构，涵盖了钪的整个价值链过程。

2013 年 12 月，欧盟委员会联合研究中心发布了一份题为《欧盟能源行业低碳经济中的关键金属》的研究报告，对低碳能源技术制造中的原材料供应问题开展了调查。研究发现，有八种稀有金属处于短缺高风险状态。这些风险来自于欧盟对进口的依赖、全球范围不断增长的需求、地缘政治等原因。在这八种被认定为"关键"的原材料中，有六种是稀土金属（镝、铕、铽、钇、镨、钕），其他两种为稀有金属镓和碲。三种稀有金属（铼、铟、铂）和石墨具有中高风险，这表明，这些金属的行情需加以监控，以防情况变坏引起供应链瓶颈风险。

2014 年 5 月发表《关键性原材料报告》，指出原材料是欧盟 2020 战略的重要组成部分，对全球化时代的行业政策以及提高欧洲资源使用效率方面有着重要的影响。欧盟2020 战略旨在提高原材料的可持续性发展，这也是未来有色金属行业的发展趋势。该战略倡导有色金属行业提高透明度，加深对金属及其风险的认识，增强创新度和参与度，提高金属的循环利用。

2017 年 9 月 13 日，欧盟委员会发布 2017 关键原材料（CRM）清单，新清单将 27 种原材料纳入稀缺名单，还更新了 2014 年的清单。清单的主要目的是确定具高供应风险和经济重要性的原材料，这些原材料是否能以可靠并无障碍的方式获得是欧洲工业和价值链所关注的问题。按照客观方法，这份清单为贸易、创新和产业政策措施提供了以事实为基础的工具，根据欧洲全新的工业策略来加强欧洲工业的竞争力，例如：

（1）确定投资需求，有助于缓解欧洲对原材料进口的依赖性；

（2）为欧盟"地平线 2020 研究与创新计划"下的原材料供应创新提供指引支持；

（3）提请注意关键原材料对向低碳、资源节约和循环经济过渡的重要性。

（4）人们希望这一清单通过加强回收活动，刺激欧洲关键原材料的生产，并在必要时促进开展新的采矿活动。

新清单中纳入稀缺名单的原材料如下：锑、铍、硼酸盐、钴、焦煤、萤石、镓、锗、铟、镁、天然石墨、铌、磷矿石、金属硅、钨、铂族金属、轻稀土和重稀土、重晶石、铋、铪、氦、天然橡胶、磷、钪、钽、钒。

欧盟稀土新材料产业规划及措施见表 8-5。

表 8-5 欧盟稀土新材料产业规划及措施

国家	主要纲领性文件	提出的举措
欧盟	2010 年 6 月，由欧盟委员会领衔的专家组发布《欧盟关键原材料》报告	（1）每 5 年更新一次欧盟关键原材料列表，并扩大危险程度评估范围； （2）制定政策，获取更多的主要资源； （3）制定政策，提高原材料及含原材料产品的循环使用效率； （4）鼓励替代特定原材料，特别是推动关键原材料的替代研究； （5）提高关键原材料的整体材料效率

8.2.5.3 日本

作为矿产资源匮乏的国家，日本始终把稀有矿产资源的储备放在重要位置。1983 年，《国家稀有金属储备制度总规划》正式出台，标志着日本开始实行国家储备制度，随着系列法律法规出台，进一步加强了对战略性矿产资源的储备。为了降低国内稀土资源长期供给风险，日本政府在 2006 年发布《国家能源资源战略新规划》，将稀土、铂、铟三种资源纳入储备物资之列，即将稀有金属储备种类扩展至 10 种，至此日本已经建立正式的国家稀土资源储备制度。

2007 年，为了保证稀土产业稳定供应，日本启动了稀有金属替代材料开发计划。

2008 年 9 月，日本开始制定"新经济增长战略补充修定案——稀有金属供应保障（包括资源及回收）综合战略"。2008 年 10 月，日本经济产业省组建了资源与能源咨询委员会矿产资源分委员会开展稀有金属供给保障策略研究。2009 年 7 月，日本经济产业省发布了"稀有金属供给保障策略"，主要包括四个方面：（1）保障海外资源供应；（2）资源回收利用；（3）开发替代材料；（4）战略储备。但随着我国在 2015 年先后取消了稀土出口配额和关税，日本从海外获得稀土资源已不存在政策壁垒，稀土替代材料技术开发不再紧迫，日本的企业重新转向稀土相关材料的开发，围绕稀土资源回收和稀土功能材料关键稀土元素减量技术已经取得积极进展。

2009 年 7 月，经济产业省发布了"确保稀有金属稳定供应战略"（Strategy for Ensuring Stable Supplies of Rare Metals），开始实施"脱稀土"政策，"脱稀土"政策一方面鼓励资源回收利用，另一方面鼓励稀土替代品的研发，以摆脱本国稀土资源的对外依存度，通过各种方式保障日本的稀土供应，保护日本核心利益。

2010 年，日本发布科学技术白皮书，提到要开发稀土高效回收系统、稀土替代材料，还通过设立环境废物管理研究基金优先资助稀土回收提炼研究，这项研究的核心就是从"城市矿山"中收集和循环利用稀土资源。

2011 年，日本经济产业省出台总额约 331 亿日元的政府补助政策，补助 110 个公司的 160 个项目，鼓励日本企业提高稀土回收利用，减少稀土用量，拓宽进口渠道，并根据需要追加投入。

2012 年，日本经济产业省继续提供 50 亿日元的补贴，以支持减少使用镝钕磁材料、提高回收利用和开发新技术的项目。

在稀土技术研发与保护方面，日本的稀土利用技术一直非常先进高端，许多技术都是原创型的专利技术，特别是在永磁材料应用方面的研究成果最为丰富。日本的专利意识很强，专利操作手段成熟，因为专利权的限制，在产业链下游，我国许多稀土产品都无法出口到美国和日本。

在稀土环境保护方面，目前日本的稀土产业主要集中在稀土分离产业，即主要以高纯度的稀土氧化物为原料生产高附加值的稀土产品。日本稀土产业布局在国内实行集中化的同时，也将一些资源耗费量大的环节或者低端环节转移到国外，以减轻本国稀土资源的进口和减少稀土产业造成的国内环境的污染。

日本稀土新材料产业规划及措施见表 8-6。

表 8-6　日本稀土新材料产业规划及措施

国家	主要纲领性文件	提出的举措
日本	2009 年 7 月日本经济产业省（METI）发布了"确保稀有金属稳定供应战略"	（1）通过日本石油天然气金属矿产资源机构（JOGMEC）对重要战略资源稀土进行收储； （2）合作投资海外矿产，确保日本的稀土资源供应； （3）稀土回收、高效利用以及替代材料方面的研究

8.2.6　第三代半导体材料领域

近十年来，美国、欧盟、英国、日本等国家和组织启动了至少 50 个以上第三代半导体相关的研发计划和项目，且项目数量逐年增多；更加关注以应用需求带动研发，引导资源进入产品级的开发和市场终端应用；官产学研，多方联合研发是重要组织方式之一，将企业、高校、研究机构及相关政府部门等有机地联合在一起，通过协同组织，共同投入，实现第三代半导体技术的加速进步。

8.2.6.1　美国

美国已经将部署第三代半导体战略提高到国家层面，以确立在这一领域对世界的绝对优势地位。自 2002 年以来，美国能源部（DOE）、国防先进研究计划局（DARPA）、国家科学技术委员会（NSTC）及其部分产学研机构纷纷制订有关 GaN、SiC 等半导体材料的研发计划，主要以研发项目的形式，聚焦于电力电子、微波射频和半导体照明领域材料，以及器件研究等方面（见表 8-7）。

表 8-7　美国第三代半导体领域支持政策

时间	主管部门及机构	计划/项目名称	宽禁带半导体领域重点支持方向及产品品种	具体支持措施
2002 年	美国国防先进研究计划局（DARPA）	"宽禁带半导体技术计划（WBGSTI）"	方向：电力电子、微波射频 产品品种：SiC 衬底、SiC 电力电子器件、GaN 射频器件、GaN MMIC	该计划第 1 阶段在 2002~2004 年，其间将市售 SiC 衬底直径由 2 英寸增加到 3 英寸，同时开展 4 英寸 SiC 衬底的研究，并于 2006 年实现了商品化；计划第 2 阶段为 2005~2007 年，主要实现 GaN 基高可靠性、高性能微波与毫米波器件的工程化生产；第 3 阶段于 2008~2009 年实施，主要研制 GaN 基高可靠性、高性能单芯片毫米波集成电路（MMIC）
2011 年	美国国防先进研究计划局微系统计划办公室 DARPA/MTO	"氮化物电子下一代技术计划"	方向：微波射频 产品品种：GaN 射频晶体管（HEMT）	主要推动 GaN 材料在高频领域的应用；期间演示了 300GHz D 模式和 200GHz E 模式高迁移率场效应管，同时保持击穿电压和晶体管截止频率乘积大于 5THz·Volt
2011 年	美国能源部（DOE）	"下一代照明光源计划（NGLI）"	方向：半导体照明 产品品种：GaN LED	NGLI 项目为期 10 年，耗资 5 亿美元，旨在用固态光源替代传统灯泡
2011 年	美国能源部（DOE）	"固态照明研发计划（SSL）"	方向：半导体照明 产品品种：GaN LED	SSL 计划中的多年研发项目计划（MYPP）提出了 LED 封装价格和性能的发展规划
2012 年	美国国家科学技术委员会（NSTC）	"国家先进制造战略规划"	方向：电力电子、微波射频、半导体照明 产品品种：宽禁带半导体材料、器件	联邦政府对先进制造研发和私人工业不愿投资的工厂、设施等进行投资；投资可分为四类：先进材料、生产技术平台、先进制造流程、数据和设计基础设施
2012 年	奥巴马政府	"国家制造业创新网络（NNMI）"战略	方向：电力电子、微波射频、半导体照明 产品品种：宽禁带半导体材料、器件	计划建立最多 45 个研究中心，加强高校和企业之间的产学研有机结合；2013 年，美国发布了《国家制造业创新网络：一个初步设计》，投资 10 亿美元组建美国制造业创新网络，集中力量推动数字化制造、新能源以及新材料应用等先进制造业的创新发展
2013 年	美国能源先期研究计划局（ARPA-E）	"控制高效系统的宽禁带半导体低成本晶体管战略（SWITCHES）"	方向：电力电子 产品品种：SiC 电力电子器件	ARPA-E 将向 14 个项目投资共计 2700 万美元，以开发下一代功率转换器件，使电网中控制和转换电能的方式发生巨大变革
2014 年	美国能源部（DOE）	"下一代电力电子技术国家制造业创新中心"	方向：电力电子 产品品种：SiC、GaN 电力电子器件	以北卡罗来纳州立大学为核心建立"下一代电力电子技术国家制造业创新研究所"，成为规划中的国家先进制造业创新中心之一；计划前期投入 1.4 亿美元，由 18 家公司、7 所学校和实验室发起组成，并将增加投入和扩大规模；主要任务是制造大功率的电力电子芯片和器件

续表 8-7

时间	主管部门及机构	计划/项目名称	宽禁带半导体领域重点支持方向及产品品种	具体支持措施
2014 年	美国纽约州政府	SiC 产业联盟	方向：电力电子 产品品种：SiC 衬底、SiC 电力电子器件	将联合 100 多家私营企业组建一个 SiC 产业联盟，由通用电气公司（GE）牵头主导，在未来 5 年内，由纽约州政府拨款 1.35 亿美元，吸引私人投资和知识产权作价用于支持人才和公共研发平台建设，协同开发新一代 SiC 材料和工艺
2015 年	美国国家科学基金会和美国能源部	阿肯色大学国家可靠电力传输中心的 SiC 技术项目	方向：电力电子 产品品种：SiC 基集成电路	阿肯色大学成功研发出工作温度超过 350℃的 SiC 基集成电路，并致力于将其推向商业化
2016 年	美国能源部（DOE）	建立固态照明研发工作室，同年美国更新了"固态照明计划"	方向：半导体照明 产品品种：GaN LED、OLED	确定了为美国未来 3 年 LED 及 OLED 照明解决方案增加价值的意见，即以宽禁带半导体技术为基础，提高光效、消除使用的障碍、降低成本，并且驱动、优先考虑特定技术研发的应用
2016 年	总统科学和技术顾问委员会（PCAST）	"确保美国在半导体领域的长期领导地位"报告	方向：电力电子、微波射频、半导体照明 产品品种：宽禁带半导体材料、器件	通过在尖端领域的持续创新，美国才能够减少由中国产业政策所带来的威胁，以增强美国经济
2016 年	美国国家航空航天局（NASA）、美国国防先进研究计划局（DARPA）等机构	联合研发项目	方向：电力电子、微波射频 产品品种：SiC、GaN 材料及其电力电子和射频器件等	美国国家宇航局（NASA）、国防部先进研究计划署（DARPA）等机构通过研发资助、购买订单等方式开展 SiC、GaN 研发、生产与器件研制
2017 年	美国商务部	先进制造技术 AMTech 项目-"美国电力电子技术与制造路线图"	方向：电力电子 产品品种：SiC 和 GaN 材料、电力电子器件	美国电力电子工业协作组织（PEIC）编制并发布报告，分析了美国本土先进功率电子领域正在发展的重要技术和市场趋势，明确了所面临的制造挑战，并提出可充分利用这些技术优势和趋势的重要策略性建议和步骤
2017 年	美国陆军研究实验室传感器与电子器件部（SEDD）	"功率半导体先进封装（APPS）Ⅱ项目"	方向：电力电子 产品品种：电力电子器件多芯片封装技术	目标是寻求高功率应用的先进半导体器件的多芯片封装技术，并发展先进模块设计；该项目未来三年将形成 4 个合同，每个合同约 2500 万美元，总共投资 1 亿美元
2017 年	美国能源部先期研究计划局（ARPA-E）	"使用创造性拓扑结构和半导体制造创新型可靠电路（CIR-CUITS）计划"	方向：电力电子 产品品种：SiC、GaN 电力电子器件	投资 3000 万美元，该计划聚焦新型电路拓扑结构和系统设计，最大化 WBG 器件的性能

时间	主管部门及机构	计划/项目名称	宽禁带半导体领域重点支持方向及产品品种	具体支持措施
2017 年	美国导弹防御局	"萨德之眼"项目	方向：微波射频产品品种：GaN 射频器件	投资 1000 万美元，继续推进"萨德之眼"AN/TPY-2 弹道导弹防御雷达从砷化镓到氮化镓的升级
2017 年	美国陆军坦克车研究、发展和工程中心（TARDEC）	"SiC 在下一代地面车辆功率系统中的应用"	方向：电力电子产品品种：SiC MOSFET	投资 410 万美元，TARDEC 第三次授予 GE 航空该项目，目标是在一个 200kW 起动器发电机控制器（ISGC）中展示 GE 的 SiC MOSFET 的技术优势
2018 年	美国能源部（DOE）	"固态照明（SSL）技术早期研究"	方向：半导体照明产品品种：GaN LED、OLED	投资 1500 万美元，该项目旨在加速高质量 LED 和 OLED 产品的开发，以降低美国家庭和企业的照明能源成本，并提高美国的全球竞争力
2018 年	美国能源部（DOE）	"极速 EV 充电器（XFC）的固态变压器（SST）"	方向：电力电子产品品种：SiC MOSFET	该项目为期 3 年，总经费 700 万美元，其中 DOE 提供 50% 的资金，项目将结合新的 SiC MOSFET 器件
2018 年	美国国防先进研究计划局（DARPA）	"联合大学微电子计划（JUMP）"	方向：电力电子、微波射频产品品种：基于 SiC、GaN 的材料和器件	投资 2 亿美元，DARPA 与美国 30 余所高校合作创建 6 个研究中心，为 2025 年及更远时间的微系统发展开展探索性研究；合作为期 5 年；6 个中心的研究方向分别为深入认知计算、智能存储和内存处理、分布式计算和网络、射频到太赫兹传感器和通信系统、先进的算法架构以及先进器件、封装和材料
2018 年	电力美国（Power America）	资助 6 个宽禁带半导体项目	方向：电力电子产品品种：SiC、GaN 电力电子器件	项目参与主体包括美国通用电气（GE）航空系统公司和美国能源部国家可再生能源实验室、科罗拉多大学、北卡罗莱纳大学和英飞凌等
2018 年	美国陆军研究实验室（ARL）	"超高压碳化硅器件制造"（MUSiC）项目	方向：电力电子产品品种：SiC 电力电子器件	投资 207.8 万美元，项目由美国纽约州立大学理工学院主持，该研究旨在建立一种领先的工艺，用于创建具有诸如从太阳能、电动汽车到电网等一系列军事和商业用途的功率电子芯片

2002~2018 年美国第三代半导体相关措施投资金额与规划数量，如图 8-1 所示。

早在 1997 年制定的"国防与科学计划"中，美国就明确了宽禁带半导体的发展目标。据不完全统计，2002 年以来，美国共计出台了 23 项第三代半导体相关的规划，总投入金额超过 22 亿美元。尤其从 2011 年开始加大投入力度：从出台的规划数量上来看，2011 年后每年都有相关支持的计划或项目，且 2017~2018 年由于第三代半导体的应用市场逐步被打开，政府相关部门制定规划的项目数量相比往年明显增加；从投资金额上看，由于发展第三代半导体产业前期投资数额巨大，仅 2011 年和 2012 年两年，投资金额高达

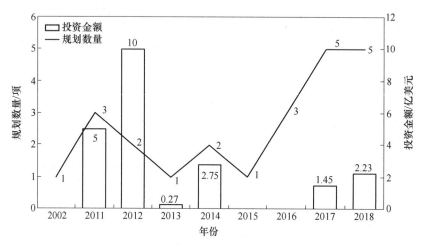

图 8-1　2002~2018 年美国第三代半导体相关措施投资金额与规划数量

15 亿美元，占总投资金额的 68%，后期由于市场逐步形成完整的产业链，政府部门投资金额力度逐步放缓，更多的是项目性质的引导产业发展。

2002~2018 年美国第三代半导体相关措施发布机构及投资金额，如图 8-2 所示。

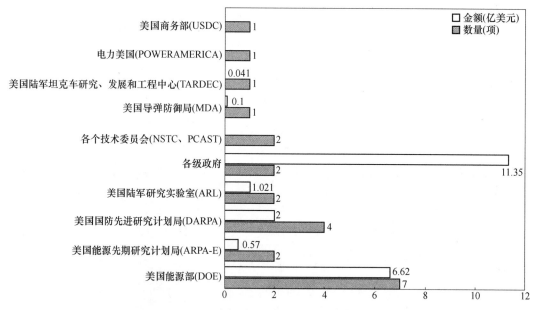

图 8-2　2002~2018 年美国第三代半导体相关措施发布机构及投资金额

在出台 23 项第三代半导体相关规划的各级部门中，各级（联邦、州级）政府机构共发布了 2 项第三代半导体相关规划，但投入金额高达 11.35 亿美元，占整个投资金额的 52%，涉及领域覆盖了第三代半导体的三大应用领域——电力电子、微波射频以及半导体照明。与能源相关的 2 家机构（美国能源部（DOE）与美国能源先期研究计划局（ARPA-E））发布的计划、项目数量最多（9 项），其支持的项目全部与第三代半导体的节能特点相关，涉及领域为半导体照明和电力电子方面，投入金额 7.19 亿美元，占整个投资金额的 33%。与军事、国防相关的 4 家机构（美国国防先进研究计划局（DARPA）、美国陆军研究实验室（ARL）、美国导弹防御局（MDA）以及美国陆军坦克车研究、发展和工程中心（TARDEC））共计发布了 8 项规划，投入金额共计 3.2 亿美元，支持的项目包括涉及军事、国防的电力电子和微波射频两个方面。

2002~2018 年美国第三代半导体相关措施方向和金额占比，如图 8-3 所示。

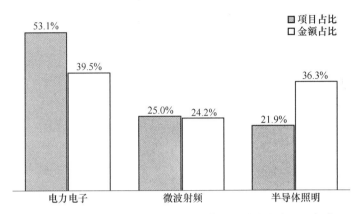

图 8-3 2002~2018 年美国第三代半导体相关措施方向和金额占比

从美国重点支持的领域方向上来看，电力电子产业所占比重最高，不仅电力电子产业的相关规划数量占到了 53.1%，其投入金额也占到了整体的 39.5%。电力电子产业的产品包括基于 SiC、GaN 的材料和功率器件；微波射频产业的产品主要包括基于 GaN 材料的微波射频器件；半导体照明领域的产品则主要是 GaN LED。

2002~2018 年美国第三代半导体相关措施，见表 8-8。

表 8-8 2002~2018 年美国第三代半导体相关措施

时间	方式	规 划 名 称
2002 年	计划	"宽禁带半导体技术计划（WBGSTI）"
2011 年	计划	"氮化物电子下一代技术计划"
		"下一代照明光源计划（NGLI）"
		"固态照明研发计划（SSL）"
2012 年		"国家先进制造战略规划"
		"国家制造业创新网络（NNMI）"战略
2013 年		"控制高效系统的宽禁带半导体低成本晶体管战略（SWITCHES）"
2014 年		"下一代电力电子技术国家制造业创新中心"
	成立产业联盟	成立 SiC 产业联盟
2015 年	研发项目	阿肯色大学国家可靠电力传输中心的 SiC 技术项目
2016 年	计划	建立固态照明研发工作室，同年美国更新了"固态照明计划"
	报告	"确保美国在半导体领域的长期领导地位"报告
	研发项目	联合研发项目

时间	方式	规 划 名 称
2017 年	技术路线图	先进制造技术 AMTech 项目-"美国电力电子技术与制造路线图"
	研发项目	"功率半导体先进封装（APPS）Ⅱ项目"
		"使用创造性拓扑结构和半导体制造创新型可靠电路（CIRCUITS）计划"
		"萨德之眼"项目
		"SiC 在下一代地面车辆功率系统中的应用"
		"固态照明（SSL）技术早期研究"
		"极速 EV 充电器（XFC）的固态变压器（SST）"
2018 年		"联合大学微电子计划（JUMP）"
		资助 6 个宽禁带半导体项目
		"超高压碳化硅器件制造"（MUSiC）项目

美国在第三代半导体领域的布局，从规划的具体实施上可以分为两个大的阶段：

（1）2002～2014 年——全方位部署阶段，该阶段的措施以长期计划全面布局的形式为主，研发项目重点主要集中在第三代半导体相关材料和工艺方面的研究，不断提升 SiC 以及 GaN 材料的衬底尺寸以及可靠性，旨在加速先进材料的商品化进程，加快建设生产技术平台、先进制造流程、数据和设计等基础设施。2014 年年初，美国总统奥巴马宣布成立"下一代电力电子技术国家制造业创新中心"，在未来 5 年内，该中心通过美国 DOE（能源部）投资，带动企业、研究机构和州政府共同投入，通过加强第三代半导体技术的研发和产业化，使美国占领下一代功率电子产业这个新兴市场。2014 年 7 月，美国纽约州宣布将联合 100 多家私营企业组建一个 SiC 产业联盟，由通用电气公司（GE）牵头主导，在未来 5 年内，由纽约州政府拨款 1.35 亿美元，吸引私人投资和知识产权作价用于支持人才和公共研发平台建设，协同开发新一代 SiC 材料和工艺。在此阶段，美国实现从 4 寸到 6 寸的 SiC 衬底量产，陆续推出了商用 SiC SBD、SiC JFET、SiC MOSFET，以及全 SiC 功率模块；SiC 衬底上 GaN 功率型 LED 的实验室光效达到 275 lm/W。

（2）2015 年至今——针对性的发展阶段，该阶段的发展措施主要以针对性的器件研发项目推动商业发展为主，研发项目重点主要集中在第三代半导体器件、系统应用方面，通过政府部门资助各类研发机构、购买企业订单等方式开展 SiC、GaN 器件、系统的研发与生产，尤其是加速其在军事、商业等领域的应用。在此阶段不仅研制出了 8 寸 SiC 衬底，并且 SiC 功率器件开始量产，推出了 1200V SiC MOSFET 以及 27kV SiC IGBT，CREE 公司推出全球首款全碳化硅功率模块产品，非常适用于高功率电机驱动开关和并网逆变器等应用。

8.2.6.2　欧盟

欧盟作为欧洲的经济和政治共同体，在制定第三代半导体发展规划上以联合研发项目为主，以对各个成员国的资金、人才、技术优势进行优化配置，使欧洲在半导体领域保持国际领先水平。

欧盟第三代半导体领域支持政策见表8-9。

表 8-9 欧盟第三代半导体领域支持政策

出台时间	主管部门及机构	计划名称	重点支持方向及产品品种	具体支持措施
2000 年	欧盟执行研究总署（ECCR）	彩虹计划		
2005 年	欧盟	GaN 集成电路研发核心机构（Key Organization for Research on Integrated Circuits in GaN, KORRIGAN）计划	电力电子、微波射频/GaN 晶圆、GaN HEMT、GaN MMIC	法国、意大利、荷兰、德国、西班牙、瑞典、英国，具体形式为 KORRIGAN 论坛，由 Thales Airborne Systems 公司负责，29 个成员，其中 19 个为业内公司和科研机构，其余 10 个为大学；为期 4 年，总经费 4 000 万欧元，资助单位为欧洲防卫机构，主要面向国防应用和商业营业；以解决工艺、材料、可靠性、先进分装解决方案及发热管理中的若干问题为核心目标；以创建独立的 GaN-HEMT 供应链、为欧洲防务工业提供最先进的、最可靠的 GaN 晶圆制备服务为主要任务
2005 年		EuP 指令（用能源产品生态设计框架指令）		对用能源产品提出更高的环高要求，全方位监控产品对环节的影响
2008 年	欧洲航天局	GaN 可靠性增长和技术转移项目（GaN Reliability Enhancement and Technology Transfer Initiative, GREAT2)	电力电子、微波射频/GaN 晶圆、GaN HEMT、GaN MMIC	GREAT2 由欧洲航天局的基础技术研究计划（Basic Technology Research Programme）以及德国和比利时的共性技术支持计划（General Support Technology Programme）提供资金支持；第一阶段的总经费预算约为 860 万欧元；重点着眼于 GaN 微波功率器件在航天领域的应用；主要目标是将 GaN 器件的基础研究、建模、晶圆制造、器件制造、封装等各环节统一组织成完整的 GaN 微波产品产业链，提供适用于航空航天领域的 GaN 功率晶体管和 GaN-MMIC（单片微波集成电路）
2010 年	意法半导体公司	LAST POWER 项目		协同德国、法国、意大利、瑞典、波兰、希腊 6 国对 SiC 和 GaN 关键技术进行联合公关
2011 年	欧盟	《照亮未来——加快新型照明技术利用》绿皮书		提出了固态照明推广和固态照明产业发展战略并发布《照亮未来——加快新型照明技术利用》绿皮书

续表 8-9

出台时间	主管部门及机构	计划名称	重点支持方向及产品品种	具体支持措施
2013 年	由德国英飞凌科技股份公司主导	NEULAND 项目 "基于宽带隙复合半导体的高能效和高成本效益型创新功率器件"	电力电子/SiC 和 GaN-on-Si 功率器件	该研究项目为期 3 年，由 BMBF 资助，是德国联邦政府项目 "IKT 2020——创新研究" 中 "能效提升型功率电子"（LES）倡议的组成部分；IKT 2020 项目的目标是进一步提升德国在电子技术领域的领导地位；德国联邦教育和研究部（Federal Ministry of Education and Research, BMBF）提供基金自持，提供的资金总计约 470 万欧元；主要目的在于利用基于 SiC 和 GaN-on-Si 的创新半导体器件将可再生能源电力并网损耗降低 50%
2014 年	欧盟	面向电力电子应用的大尺寸碳化硅衬底及异质外延氮化镓材料	电力电子/SiC 和 GaN 功率器件	由意法半导体公司牵头，协同来自意大利、德国、法国、瑞典、希腊和波兰等六个欧洲国家联合攻关 SiC 和 GaN 的关键技术；通过对 SiC 和 GaN 功率电子技术的研发，公关突破高可靠性且高成本效益的技术，使欧洲成为世界高能效功率芯片研究并商业化应用的最前沿
2014 年	欧盟	基于碳化硅衬底的氮化镓器件和氮化镓外延曾晶圆供应链（MANGA）项目	电力电子/GaN 功率器件	为欧洲国家 GaN 基功率电子器件建立供应链
2014 年	欧盟	应用于高效电力系统的 SiC 电力技术研究计划（SPEED）	电力电子/SiC 功率器件	欧盟启动为期 3 年（2014~2017 年）的，应用于高效电力系统的 SiC 电力技术研究计划（SPEED），总投入达 1858 万欧元，7 个国家的 12 家研究机构和企业参与了该计划；该计划目标是通过汇集世界领先的制造商和研究人员来联合攻克 SiC 电力电子器件技术，突破 SiC 电力电子器件全产业链的技术瓶颈，实现在可再生能源领域的广泛应用
2015 年	德国联邦研究部	开展基于 SiC 开关器件提升高频电源能效的研究	电力电子/SiC 功率器件	德国联邦研究部资助卡尔斯鲁厄理工学院和工业界合作伙伴（资助金额 80 万欧元），开展基于 SiC 开关器件提升高频电源能效的研究，以提升工业生产中电源的能效，降低能源消耗和减少 CO_2 排放

出台时间	主管部门及机构	计划名称	重点支持方向及产品品种	具体支持措施
2017 年	欧盟	GaNon CMOS 项目	电力电子/GaN 功率器件	项目为期 4 年, 投入 743 万欧元, 目标是通过提供至今集成度最高的材料, 使 GaN 功率电子材料、器件和系统到达更高的成熟度
2017 年	欧盟机构	CHALLENGE 项目	电力电子/SiC 功率器件	投入 800 万欧元, 7 个国家的 14 个机构参与, 项目为期 4 年, 聚焦提升商用领域 600～1200V 碳化硅（SiC）器件的功率效率
2017 年	德国联邦教育和科研部（BMBF）	德国微电子研究代工厂		投入 3.5 亿欧元, 聚焦于四个与未来相关的技术领域: 硅基技术, 化合物半导体和特殊衬底, 异质集成, 设计、测试和可靠性
2018 年	欧盟	"硅基高效毫米波欧洲系统集成平台" 项目（SERENA）	微波射频/Si 基 GaN 射频器件	SERENA 项目于 2018 年 1 月份启动, 为期 36 个月; SERENA 项目旨在为毫米波多天线阵列开发波束形成系统平台, 并实现超越主流 CMOS 集成的混合模拟/数字信号处理架构的功能性能
2018 年	欧盟	"5G GaN2" 项目	微波射频/GaN 射频器件	来自 8 个国家的 17 个研究和工业界的合作伙伴参与该项目; 项目于 2018 年 6 月份启动, 为期 36 个月; 该项目的目标是实现 28GHz、38GHz 和 80GHz 的演示样品, 作为开发基于 GaN 的功能强大且节能的 5G 蜂窝网络的关键技术

2000～2018 年欧盟第三代半导体相关措施数量及投资金额, 如图 8-4 所示。

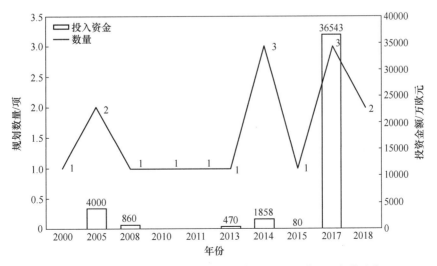

图 8-4 2000～2018 年欧盟第三代半导体相关措施数量及投资金额

据不完全统计，2000 年以来，欧盟联合各国政府科研机构、企业出台了不少于 16 项第三代半导体相关的措施，总投入金额超过 4.4 亿欧元，大多以项目合作的方式开展。2000~2018 年欧盟第三代半导体相关措施明细见表 8-10。

表 8-10　2000~2018 年欧盟第三代半导体相关措施明细

出台时间	计 划 名 称	宽禁带半导体领域 重点支持方向及产品品种	投入资金 /万欧元
2000 年	彩虹计划	半导体照明/GaN LED	—
2005 年	GaN 集成电路研发核心机构计划	电力电子、微波射频/GaN 晶圆、GaN HEMT、GaN MMIC	4000
	EuP 指令（用能源产品生态设计框架指令）	半导体照明/ GaN LED	—
2008 年	GaN 可靠性增长和技术转移项目	电力电子、微波射频/GaN 晶圆、GaN HEMT、GaN MMIC	860
2010 年	LAST POWER 项目	电力电子、微波射频/SiC 和 GaN 关键技术	—
2011 年	《照亮未来——加快新型照明技术利用》	半导体照明/ GaN LED	—
2013 年	"基于宽带隙复合半导体的高能效和高成本效益型创新功率器件"	电力电子/SiC 和 GaN-on-Si 功率器件	470
2014 年	面向电力电子应用的大尺寸碳化硅衬底及异质外延氮化镓材料	电力电子/SiC 、GaN 功率器件	—
	基于碳化硅衬底的氮化镓器件和氮化镓外延层晶圆供应链项目	电力电子/GaN 功率器件	—
	应用于高效电力系统的 SiC 电力技术研究计划	电力电子/SiC 功率器件	1858
2015 年	开展基于 SiC 开关器件提升高频电源能效的研究	电力电子/SiC 功率器件	80
2017 年	GaN on CMOS 项目	电力电子/GaN 功率器件	743
	CHALLENGE 项目	电力电子/SiC 功率器件	800
	德国微电子研究代工厂	化合物半导体/材料	35000
2018 年	"硅基高效毫米波欧洲系统集成平台"项目	微波射频/Si 基 GaN 射频器件	—
	"5G GaN2"项目	微波射频/GaN 射频器件	—

从欧盟出台的各项政策方向可以看出，欧盟十分重视电力电子产业即 SiC 和 GaN 功率器件等的研制，有一半的措施都与之相关，这与欧洲的半导体产业基础有很重要的关系——世界第一大硅基功率器件 IDM 企业英飞凌总部位于德国，同时位于意大利和法国的意法半导体也是世界四大半导体巨头之一。英飞凌不是最先开始研制 SiC 产品的企业，但其良好的功率器件技术基础也使得其后来居上，从而带动整个欧洲的第三代半导体电力电子器件的发展。SiC 电力电子器件就是首先由英飞凌于 2001 年前后在 JBS 二极管上取得突破，打破了市场化的僵局。

2000~2018 年欧盟第三代半导体相关措施重点支持方向占比，如图 8-5 所示。

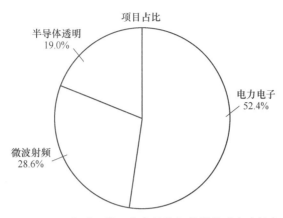

图 8-5　2000~2018 年欧盟第三代半导体相关措施重点支持方向占比

同时欧盟也十分重视 GaN 材料在微波射频领域的开发和研制，尤其在近两年加大了 GaN 微波射频器件的投入和研发力度，实现军事应用所需的氮化镓基电子器件的独立生产，在欧洲境内建立完整的供应链，包括有 SiC 基 GaN 外延技术和器件以及 Si 基 GaN 外延技术和器件的工业化生产。而欧盟在半导体照明产业的支持力度主要集中在 2011 年前后，重点关注的是 GaN LED 产品的研发。

欧盟开展第三代半导体产业发展的方式主要是由欧盟委员会、欧洲防务局（EDA）、欧洲航天局或德国联邦教育研究部（BMBF）提供资助，德国、法国、意大利等多个国家的龙头企业如英飞凌、意法半导体等牵头，联合多个研究机构及企业参与研制。英国在 2016 年后的发展方式是由英国联邦政府提供资金支持，联合英国工程与物理科学研究委员会（EPSRC），成立化合物半导体创新中心，与企业和研究机构、大学合作，聚焦电力电子、射频/微波、光电、传感器 4 大化合物半导体技术。

2005 年，由欧洲防卫机构资助的面向国防和商业应用的"GaN 集成电路研发核心机构（KORRIGAN）计划"，KORRIGAN 计划以解决工艺、材料、可靠性、先进分装解决方案及发热管理中的若干问题为核心目标。以创建独立的 GaN-HEMT 供应链、为欧洲防务工业提供最先进的、最可靠的 GaN 晶圆制备服务为主要任务。2008 年，欧洲航天局认识到 GaN 器件在对地观测、导航、远程通信、移动通信等领域都存在巨大的应用前景，但欧洲本土当时尚无满足航天工业需求的 GaN 器件供应商。因此，欧洲航天局启动了 GaN 可靠性增长和技术转移项目（GREAT2），主要目标是将 GaN 器件的基础研究、建模、晶圆制造、器件制造、封装等各环节统一组织成完整的 GaN 微波产品产业链，提供适用于航空航天领域的 GaN 功率晶体管和 GaN-MMIC。

2013 年，欧洲启动 NEULAND 项目，由德国联邦教育和研究部（BMBF）提供基金自持，主要目的在于利用基于 SiC 和 Si 基 GaN 的创新半导体器件将可再生能源电力并网损耗降低 50%。

2014 年，欧盟启动"面向电力电子应用的大尺寸碳化硅衬底及异质外延氮化镓材料"项目。通过对 SiC 和 GaN 功率电子技术的研发，公关突破高可靠性且高成本效益的技术，使欧洲成为世界高能效功率芯片研究并商业化应用的最前沿。同年"基于碳化硅衬底的氮化镓器件和氮化镓外延曾晶圆供应链（MANGA）"项目启动，为欧洲国家 GaN 基功率电子器件建立供应链。

2017 年欧盟推出了挑战（CHALLENGE）项目，聚焦于提升商用 600~1200V SiC 器件的功率效率。

如今，欧洲在电力电子产业方面拥有完整的 SiC 衬底、外延、器件、应用产业链，拥有英飞凌、意法半导体、Sicrystal、Ascatronl、IBS、ABB 等优秀半导体制造商，在全球电力电子市场拥有强大话语权；在微波射频领域拥有 IQE、Ampleon、UMS、NXP 等知名企业，在 GaN 应用于 5G 通信方面的研发成果较多，技术创新能力强。

8.2.6.3　英国

此前英国从属于欧盟，并没有太多独立研发项目。从 2016 年开始，英国投入巨资聚焦半导体照明、电力电子和微波射频等热门领域，出台相关措施 5 项，金额高达 2 亿英镑，推动第三代半导体技术和产业的飞速发展。

英国第三代半导体领域支持政策见表 8-11。

表 8-11　英国第三代半导体领域支持政策

出台时间	主管部门及机构	计划名称	重点支持方向及产品品种	具体支持措施
2007 年	英国	"用于有效照明解决方案的新型发光二极管"计划（NoveL-EDs）	光电/GaN LED	目标是开发新型氮化镓芯片技术，将发光二极管光源商业化；该计划获得英国商业、企业和改革部 330 万英镑的资助，而英国政府及技术战略委员会为其提供超过 170 万英镑的资助
2014 年	2014 年 1 月 31 日在英国正式启动	地平线 2020	化合物半导体	计划为期 7 年，欧盟计划总共投入 800 亿欧元，其中即包括第 3 代半导体的相关研发项目；"地平线 2020"科研规划几乎囊括了欧盟所有科研项目，分基础研究、应用技术和应对人类面临的共同挑战三大部分，其主要目的是整合欧盟各国的科研资源，提高科研效率，促进科技创新，推动经济增长和增加就业
2016 年	英国	成立化合物半导体应用创新中心	化合物半导体	"创新英国"投入 400 万英镑加速化合物半导体器件商业应用
2016 年	英国	成立化合物半导体研究所和半导体研究中心	化合物半导体	卡迪夫大学、政府、英国工程与物理科学研究委员会（EPSRC）投资超过 6000 万英镑，合作企业和机构 26 家，聚焦电力电子、射频/微波、光电、传感器 4 大技术
2017 年	英国工程和物理科学研究委员会（EPSRC）	金刚石基氮化镓（GaN）微波技术的项目	微波射频/GaN 微波射频器件	投入 430 万英镑，支持布里斯托尔大学研发能满足未来高功率射频和微波通信的下一代 GaN 技术
2017 年	英国卡迪夫大学创新学院的化合物半导体研究所		化合物半导体	总投资 4230 万英镑，英国研究合作投资资金和威尔士政府将投入 1300 万英镑建造和运营超净间、购买设备，分别投入 1730 万英镑和 1200 万英镑来帮助建立更多 ICS 基础设施，以推动南威尔士成为全球化合物半导体专业领域的中心

出台时间	主管部门及机构	计划名称	重点支持方向及产品品种	具体支持措施
2018 年	英国	化合物半导体应用创新中心	化合物半导体	总投入 5100 万英镑，创新中心将加速化合物半导体的应用，并将化合物半导体应用带入生活；该笔经费将用于支持创新中心建设化合物半导体实验室，测试设施和设计工作室，以及提升其建模和仿真工具等能力

2016~2018 年英国第三代半导体相关措施明细见表 8-12。

表 8-12　2016~2018 年英国第三代半导体相关措施明细

出台时间	数量	投入资金/万英镑	宽禁带半导体领域重点支持方向及产品品种
2016 年	2	6400	化合物半导体产业
2017 年	3	13630	微波射频/GaN 微波射频器件
			化合物半导体产业

8.2.6.4　日本

日本在 GaN 和 SiC 衬底的外延、器件制备与应用方面已经达到世界领先水平，这与日本政府的经济产业省、新能源和工业技术发展组织（NEDO）等机构通过制定战略规划、联合研发项目、激励措施等多种形式连续多年对半导体研发项目加以巨额投资密不可分。

日本第三代半导体领域支持政策见表 8-13。

表 8-13　日本第三代半导体领域支持政策

时间	主管部门及机构	计划/项目名称	宽禁带半导体领域重点支持方向及产品品种	具体支持措施
1998 年	日本经济产业省	"21 世纪光计划"	方向：半导体照明 产品品种：GaN LED	具体由新能源和工业技术发展组织（NE-DO）与日本金属研究开发中心（JRCM）共同实施；研发工作由日本电灯制造协会和 4 所大学、13 家企业合作进行；"21 世纪光计划"的一期计划强调 LED 技术的基础性研究；在 1998~2002 年间，日本政府投入 50 亿日元开发白光半导体照明 LED 以及新型半导体材料、衬底、荧光粉和照明灯具等；第二阶段的实施重心转向构建和培养需求市场；在计划的第二阶段实施过程中，日本政府积极采取了推动 LED 标准设立、税收激励 LED 产品推广应用等措施来扩大 LED 照明市场

时间	主管部门及机构	计划/项目名称	宽禁带半导体领域重点支持方向及产品品种	具体支持措施
1999 年	日本新能源和工业技术发展组织（NEDO）	"移动通信和传感器领域 GaN 半导体器件应用开发区域性联合项目"	方向：微波射频 产品品种：AlGaN/GaN 异质结场效应晶体管（HFET）	该项目的开发成果是输出功率达到 113W 的 AlGaN/GaN 异质结场效应晶体管（HFET）
2002 年	日本经济产业省	"氮化镓半导体低功耗高频器件开发"计划	方向：微波射频 产品品种：GaN 材料及其 HFET 器件	全面支持 GaN 晶圆评价和分析技术研究
2008 年	日本经济产业省	"日本新一代节能器件技术战略与发展规划"	方向：电力电子 产品品种：SiC、GaN 等宽禁带半导体电力电子器件	在耐压 100V 以上的功率器件领域和在原有 Si 器件的应用装置节能的基础上，要求进一步降低电力损耗，将采用 SiC（碳化硅）、GaN（氮化镓）等宽禁带间隙半导体的器件
2014 年	日本新能源和工业技术发展组织（NEDO）	"国家硬电子计划"	方向：电力电子 产品品种：SiC 材料及电力电子器件	主要发展高能、高速、高功率开关器件，用于空间、原子能、存储及信息通信
2015 年	日本新能源和工业技术发展组织（NEDO）	SiC 电力电子器件相关的研究计划	方向：电力电子 产品品种：SiC 电力电子器件	重点针对 SiC 功率模块在铁路机车电路系统、多样性电力交换系统、发电电动一体涡轮增压机废热回收系统、尖端医疗设备和加速器小型化等领域的应用进行研究，以实现节能、增效的目标
2016 年	日本文部科学省	"有助于实现节能社会的新一代半导体研究开发"计划	方向：电力电子 产品品种：GaN 材料及电力电子器件	该项目为期 5 年，2016 年项目经费预算为 10 亿日元；该项目设置了三大研究领域，第一是开发适合功率元件的高品质 GaN 晶体，这是该项目的核心；将以名古屋大学为中心，还有大阪大学及丰田中央研究所（丰田中研）等参加，项目负责人是天野教授；第二是制作功率元件的"功率器件与系统领域"，这部分由曾在丰田中央研究所进行 GaN 类半导体元件研究、目前就职于名古屋大学的加地彻担任负责人；有日本北海道大学、日本法政大学及丰田中研等参加；第三是评价前两个领域制成的晶体和功率元件的"评价基础领域"；由日本物质材料研究机构的小出康夫担任负责人，有东北大学、丰田合成及富士电机等参加
2017 年	日本防务省	"安全创新科技计划"	方向：微波射频 产品品种：金刚石和碳化硅材料	在该计划支持下富士通公司在金刚石和碳化硅衬底散热技术方面取得进展

1998~2018 年日本第三代半导体相关措施明细见表 8-14。

表 8-14　1998～2018 年日本第三代半导体相关措施明细

时间	主管部门及机构	宽禁带半导体领域重点支持方向/产品品种	投入金额/亿日元
1998 年	日本经济产业省	半导体照明/ LED	50
1999 年	日本新能源和工业技术发展组织（NEDO）	微波射频/AlGaN、GaN HFET	—
2002 年	日本经济产业省	微波射频/GaN 材料和 HFET 器件	—
2008 年	日本经济产业省	电力电子/SiC、GaN 等电力电子器件	—
2014 年	日本新能源和工业技术发展组织（NEDO）	电力电子/SiC 材料及电力电子器件	—
2015 年	日本新能源和工业技术发展组织（NEDO）	电力电子/SiC 电力电子器件	—
2016 年	日本文部科学省	电力电子/GaN 材料及电力电子器件	10
2017 年	日本防务省	微波射频/金刚石和碳化硅材料	—

　　日本从 1998 年开始一直持续资助宽禁带半导体技术研究，大力支持第三代半导体产业发展，相继出台了 8 条第三代半导体相关的项目计划措施。相关措施的发布部门主要是日本经济产业省以及日本新能源和工业技术发展组织（NEDO），这两大机构的措施都与电力电子以及微波射频的材料和应用器件有关。

　　日本与美国、欧洲情况类似，早期都是以支持半导体照明产业为技术启动，且日本的住友电工、日立电缆等企业在 GaN 衬底材料方面世界领先；而电力电子产业都是发展力度最大的部分，50% 的措施都与 SiC、GaN 功率器件相关，使得日本成为设备和模块开发方面具有较深的技术储备的国家；在微波射频产业的研发多数以民用通信为主，军事通信探测为辅。

　　日本在 2013 年将 SiC 材料体系纳入"首相战略"，认为未来 50% 的节能要通过 SiC 器件来实现，以便创造清洁能源的新时代。近几年，日本新能源产业技术综合开发机构（NEDO）制定了一系列关于 SiC 材料与器件的国家计划，如"国家硬电子计划"，主要发展高能、高速、高功率开关器件，用于空间、原子能、存储及信息通讯。2015 年 NEDO 启动了 SiC 电力电子器件相关的研究计划，重点针对 SiC 功率模块在铁路机车电路系统、多样性电力交换系统、发电电动一体涡轮增压机废热回收系统、尖端医疗设备和加速器小型化等领域的应用进行研究，以实现节能、增效的目标。

8.2.6.5　韩国

　　与日本相似，韩国在电子产品方面的成功，是与其拥有的先进半导体技术息息相关的。从研发 GaN 开始，到研制 MOCVD 设备，再到制备高质量的 GaN 和 SiC 粉体、单晶、外延，韩国始终致力于掌握先进半导体材料的核心技术，并把韩国的产品推向世界，走在全球前列。

　　韩国第三代半导体领域支持政策见表 8-15。

表 8-15　韩国第三代半导体领域支持政策

出台时间	主管部门及机构	计划名称	重点支持方向及产品品种	具体支持措施
2000 年	韩国	GaN 开发计划	光电子/ GaN LED	政府在 2004～2008 年的 4 年间投入 4.72 亿美元，企业也投入 7.36 亿美元以支持韩国进行光电子产业发展，使韩国成为亚洲最大的光电子器件生产国

续表 8-15

出台时间	主管部门及机构	计划名称	重点支持方向及产品品种	具体支持措施
2009 年	韩国	发布《绿色成长国家战略》	化合物半导体	全力发展环保节能产业，并致力于使得该产业成为韩国经济增长的主要动力之一
2009 年	韩国	金属有机化学气相沉积（MOCVD）机台自制计划	化合物半导体/装备	于 2010~2012 年间投入了 4500 万美元以推动 MOCVD 实现国内自制、引进制程自动化系统并开发高速封装、监测设备
2016 年	韩国	启动功率电子国家项目	电力电子/SiC 和 Si 基 GaN 功率器件，SiC 原材料	围绕 Si 基 GaN 和 SiC 器件启动功率电子国家项目，同时重点围绕高纯 SiC 粉末制备、高纯 SiC 多晶陶瓷、高质量 SiC 单晶生长、高质量 SiC 外延材料生长 4 个方向，开展了国家研发项目

2000~2018 年韩国第三代半导体相关措施明细见表 8-16。

表 8-16　2000~2018 年韩国第三代半导体相关措施明细

时间	措施名称	重点支持方向及产品	投资金额/亿美元
2000 年	GaN 开发计划	光电子/GaN LED	政府 4.72 亿美元 企业 7.36 亿美元
2009 年	绿色成长国家战略	化合物半导体	—
	金属有机化学气相沉积机台自制计划	化合物半导体/装备	0.45
2016 年	功率电子国家项目	电力电子/SiC 和 Si 基 GaN 功率器件，SiC 原材料	—

　　韩国第三代半导体产业相关的支持措施条目不及美国、欧洲以及日本，但也覆盖了 SiC 以及 GaN 材料的半导体照明以及电力电子全产业链，尤其依据其自身半导体产业的发展情况，投入超过 12 亿美元大力进行光电子产业发展，使韩国成为亚洲最大的光电子器件生产国；同时投入 4500 万美元发展研制 MOCVD 设备。韩国政府在 2004~2008 年的 4 年间投入 4.72 亿美元，企业也投入 7.36 亿美元以支持韩国进行光电子产业发展，使韩国成为亚洲最大的光电子器件生产国；全力发展环保节能产业，并致力于使得该产业成为韩国经济增长的主要动力之一；于 2010~2012 年间投入了 4500 万美元以推动 MOCVD 实现国内自制、引进制程自动化系统并开发高速封装、监测设备；2016 年围绕 Si 基 GaN 和 SiC 器件启动功率电子国家项目，同时重点围绕高纯 SiC 粉末制备、高纯 SiC 多晶陶瓷、高质量 SiC 单晶生长、高质量 SiC 外延材料生长 4 个方向，开展了国家研发项目。

8.2.7　无机非金属新材料（先进建材）领域

　　近几年，世界各国纷纷在新材料领域制定了相应的规划（见表 8-17），全面加强研究开发，并在市场、产业环境等不同层面出台政策。美国于 2009 年、2011 年和 2015 年三度发布《国家创新战略》，其中清洁能源、生物技术、纳米技术、空间技术、健康医疗等优先发展领域均涉及新材料；2012 年制定的《先进制造业国家战略计划》，进一步加大对材料科技创新的扶持力度。欧盟为实现经济复苏、应对全球挑战，于 2010 年制定了《欧洲 2020 战略》，提出三大战略重点。德国政府发布了《创意、创新、繁荣：德国高技术 2020 战略》，其中"工业 4.0"是十大未来项目中最为引人注目的课题之一。2013 年英国推出《英国工业 2050》，重点支持建设新能源、智能系统和材料化学等创新中心。日本于 2010 年发布了《新增长战略》和《信息技术发展计划》。韩国于 2009 年公布了《绿色增长国家战略及五年行动计划》和《新增长动力规划及发展战略》。巴西、印度、俄罗斯等新兴经济体采取重点赶超战略，在新能源材料、节能环保材料、纳米材料、生物材料、医疗和健康材料、信息材料等领域制定专门规划，力图在未来国际竞争中抢占一席之地。

世界各国有关新材料领域的发展计划，见表 8-17。

表 8-17　世界各国有关新材料领域的发展计划

国家或组织	发 展 计 划	涉及新材料相关领域
美国	先进制造业国家战略计划、重整美国制造业政策框架、先进制造伙伴计划（AMP）、纳米技术签名倡议、国家生物经济蓝图、先进电动汽车国家创新计划（EV Everywhere）、"智慧地球"计划、大数据研究与开发计划、下一代照明计划（NGLI）、低成本宽禁带半导体晶体发展战略计划	新能源材料、生物与医药材料、环保材料、纳米材料，先进制造、新一代信息与网络技术和电动汽车相关材料，材料基因组，宽禁带半导体材料
欧盟	欧盟能源技术战略计划、能源 2020 战略、物联网战略研究路线图、欧洲 2020 战略、可持续增长创新、欧洲生物经济、"地平线 2020"计划、彩虹计划、OLED100.EU 计划、旗舰计划	低碳产业相关材料、信息技术（重点是物联网）相关材料、生物材料、石墨烯等
英国	低碳转型计划、英国可再生能源发展路线图、技术与创新中心计划、海洋产业增长战略、合成生物学路线图、英国工业 2050	低碳产业相关材料、高附加值制造业相关材料、生物材料、海洋材料等
德国	能源战略 2050：清洁可靠和经济的能源系统、高科技战略行动计划、2020 高科技战略、生物经济 2030 国家研究战略、国家电动汽车发展规划、工业 4.0	可再生能源材料、生物材料、电动汽车相关材料等
法国	环保改革路线图、未来十年投资计划、互联网：展望 2030 年	可再生能源材料、环保材料、信息材料、环保汽车相关材料等
日本	新增长战略、信息技术发展计划新国家能源战略、能源基本计划、创建最尖端 IT 国家宣言、下一代汽车计划、海洋基本计划	新能源材料、节能环保材料、信息材料、新型汽车相关材料等
韩国	新增长动力规划及发展战略、核能振兴综合计划、IT 韩国未来战略、国家融合技术发展基本计划、第三次科学技术基本计划	可再生能源材料、信息材料、纳米材料等
俄罗斯	2030 年前能源战略、2020 年前科技发展、国家能源发展规划、到 2020 年生物技术发展综合计划、2018 年前信息技术产业发展规划、2025 年前国家电子及无线电电子工业发展专项计划、2030 年前科学技术发展优先方向	新能源材料、节能环保材料、纳米材料、生物材料、医疗和健康材料、信息材料等
巴西	低碳战略计划、2012~2015 年国家科技与创新战略、科技创新行动计划	新能源材料，环保汽车、民用航空、现代生物农业等相关材料

国家或组织	发　展　计　划	涉及新材料相关领域
印度	气候变化国家行动计划、国家太阳能计划、"十二五"规划（2012~2017 年）、2013 科学、技术与创新政策	新能源材料、生物材料等
南非	国家战略规划绿皮书、新工业政策行动计划、2030 发展规划、综合资源规划	新能源材料、生物制药材料、航空航天相关材料等

8.2.8　先进纺织材料领域

8.2.8.1　美国

美国政府在纺织产业技术创新中发挥了重要作用。20 世纪 90 年代初，美国纺织工业也被轻视为"夕阳产业"，纺织企业有 2.6 万家，产值 530 亿美元，是第二大产业。为了应对当时的就业压力、重新塑造未来 10 年美国的竞争力，1992 年，美国以 8 所主要的纺织高校为主体成立了国家纺织研究中心，通过专项资金，引导、支持 8 所高校整合科技资源开展合作研究、教育培训、技术转移等，为美国的纺织产业竞争力提升提供知识基础。1993 年，开始实施 AMTEX（American Textile Partnership）项目。美国能源部的 8 个著名的国家实验室和 5 个产业研究、教育和技术转移组织（国家纺织中心、美国棉花公司、纺织技术研究所、纺织服装技术公司、纺织研究所）组成联合体，重点在原料和工艺改进、产业信息化、环境质量与减排、能源和自动化五个方面，支撑从原料到零售商整个纺织产业链的科研和教育。能源部与产业界按照 1 : 1 共同投入，1993 年首批项目资金为3000 万美元。这些项目的实施，对提升美国纺织企业的技术创新能力和竞争力，提升产业的信息化水平和产业链协作，维持纺织产业技术创新领先优势产生了重大的推动作用。

2012 年 3 月，美国奥巴马政府宣布启动"国家制造业创新网络"（2016 年 10 月美国商务部宣布"国家制造业创新网络"更名为"制造 USA"）计划，在重点技术领域建设制造业创新研究所，重塑美国制造业在全球的领导地位。革命性纤维和纺织品制造创新研究所由美国国防部牵头组建，是国家制造创新网络的第 8 家制造创新机构，获得了美国联邦及州政府、学术界和企业超过 3 亿美元的投资，重点支持开发具有可看、可听、可感知、通信、存储能源、调节温度、监测健康、改变颜色等功能的革命性纤维与织物，革命性纤维与织物涵盖一系列"技术纺织品"，包括特种面料、工业面料、电子纺织品、智能面料等，比如制成使消防队员不受炽热火焰影响的消防服，或将智能手表具备的传感能力复制进轻质纤维中，可以制成具有调节温度、可感知化学或辐射元素等威胁以警告战士的防护服等。

8.2.8.2　法国

法国将纺织业和服饰业定位为"未来产业"。法国纺织企业主要是中小企业和微型企业，为进一步强化产业群聚，法国于 2005 年在集聚区成立两个纺织服饰业竞争力中心，分别为北方的"UP-TEX 中心"和位于东南省份的"TECHTERA 中心"，为企业提供技术支撑和研究服务，为新企业提供陪伴式服务，帮助企业成长壮大。

欧洲国家和法国当地政府于 2012 年 10 月共同投资 5000 万欧元建立了欧洲纺织技术创新中心（CETI），中心拥有大量用于前沿技术研发的设备和经验丰富的专家团队，帮助企业快速实现从研究到打样、到小批量产品试制，提升集群区域企业技术和产品的领先优势。

　　法国政府规定凡是研究开发经费增长率为 50% 以上的企业均可享受科研税收信贷。企业自主选择研究开发项目，由国家税务局按科研税收信贷条例执行。企业聘用的年轻博士等专家的费用，可 100% 税前抵扣。

8.2.8.3　德国

　　2013 年，由萨克森州纺织研究中心（STFI）领衔的"FutureTEX"（未来纺织）项目，获批成为德国"2020 创新伙伴"计划资助的十大项目之一，得到德国联邦教育与研究部自 2014 年起为期 6 年、共计 4500 万欧元的经费支持。倡议联盟成员共有 142 家单位，包括 97 家企业、35 家研究机构、8 家行业协会，以及 2 家由 28 个不同行业和专业组成的其他机构，从成员单位的地域分布、行业属性来看，"FutureTEX"项目是一个牵动德国绝大部分地区、多专业贯通、多产业融汇的跨界合作典范项目。它的三大目标为：（1）提高资源利用率，推行循环经济；（2）打造以顾客为中心的柔性价值链；（3）研发未来的新型纺织品材料。"FutureTEX"项目聚焦于技术纺织品 6 大研发应用方向：智能纺织品和柔性印刷电子产品、电子医疗的纺织系统解决方案、纺织面层作为膜结构的功能元件、高性能复合材料和混合材料、用于燃料电池和蓄电池的无纺布、环保纺织品。

8.2.8.4　中国台湾地区

　　中国台湾纺织综合研究所是台湾纺织产业的"中央研究院"，是最重要的技术供给和服务主体，拥有研究人员 300 多人，涵盖从纤维到纺织品（不含纺织装备，因为台湾地区没有纺织装备产业）的技术创新链。

　　政府在产业技术创新中发挥了非常重要的作用：一是直接投入资金支持，纺织综合研究所经费的 65% 以上是政府资金，折合人民币 2 亿元/年。二是推动产学研合作，近期实施的大产学研计划，主要是多个机构多个学科的科研团队与企业共同进行重大关键技术创新，生根工业基础计划，重点是建设产业技术创新平台，为企业提供研发、检测和咨询服务。三是监督研究机构对企业的服务质量，从项目立项、成果转让、服务质量等多方面进行监督：纺综所通过研讨会（以行业企业代表为主）确定规划，按照规划申报政府项目，行业企业对执行情况进行监督；纺综所实行董事会制度，董事长是政府经济部次长，董事会中政府官员占 1/3，企业超过 1/3，还有独立董事（来自学校等），董事会负责审定纺综所科研规划，并对服务情况、财务状况等进行全面监督。

8.2.8.5　韩国

　　为了强化韩国商品的出口竞争力，韩国产业通商资源部从 2001 年开始实施"世界一流品发掘与培育制度"。世界市场规模为每年 5000 万美元以上，世界市场占有率进入前五，达成一定规模以上销售的商品会被授予世界一流商品的认证。在今后五年内有可能发展成为世界一流商品的产品则可被授予新一代一流商品认证。韩国政府对入选企业提供技术与设计开发、海外营销传播方面的支援和资助补贴。

8.2.9　材料基因工程领域

8.2.9.1　美国

　　美国的材料基因组计划源自制造业的需求，也是美国振兴制造业计划中的组成部分。

近年来，美国相继出台了《美国复苏和再投资法案》《重振美国制造业框架》《美国制造业促进法案》《先进制造伙伴计划》《先进制造业国家战略计划》《制造创新国家网络》等促进制造业发展的计划，其中新材料和材料基因工程是其中的重要内容。

（1）2009 年 1 月，美国发布了《复苏与再投资法案》。该法案计划在 2009 年到 2019 年投入 7872 亿美元，以投资刺激经济复苏和发展，其中相当一部分投资用于制造业，如电动汽车、太阳能和风能发电等。

（2）2009 年 12 月，美国发布了《重振美国制造业框架》。提出了从劳动力、资本和技术研发三个方面为制造业发展提供良好条件，为大型制造业特别是汽车制造业的发展奠定基础等。

（3）2010 年 8 月，美国颁布了《制造业振兴法案》。该法案旨在帮助美国制造业降低生产成本，增强国际竞争力，提振实体制造业，创造更多就业岗位。

（4）2011 年 6 月，美国宣布了《先进制造业伙伴关系》计划，总投资超过 5 亿美元。旨在加强政府、高校及企业的合作，强化美国制造业。该计划包括 4 个部分：1）提高美国国家安全相关行业的制造业水平；2）缩短先进材料的开发和应用周期（即材料基因组计划，MGI）；3）投资下一代机器人技术及开发创新；4）开发能源高效利用的创新制造工艺。"材料基因组计划"，提出了先进材料创新的基本路线，包括发展先进的计算、实验和数据信息学工具，以及材料科学与工程的协作、集成研究新模式，寻求计算、实验和数据的集成，以推动新材料的高效率发展和快速工业化。"材料基因组计划"政府先期在研究、培训和基础设施方面投入超过 1 亿美元，拟带动数十亿美元投入，推动新兴先进制造、清洁能源和国家安全等领域的相关技术发展。

（5）2012 年 2 月，美国国家科技委员会发布了美国《先进制造业国家战略计划》研究报告。该报告从投资、劳动力和创新等方面提出了促进美国先进制造业发展的目标，提出重视联邦政府在研发投资中的重要作用，通过美国国家科学基金会、能源部、美国国家标准与技术协会和其他机构为先进制造业的研发提供 22 亿美元资助，比 2011 年增长 50%以上。

（6）2012 年 3 月美国联邦政府提出建立国家制造创新网络，旨在联合美国制造业、产业界和学术界，建立有效的制造业研发基础，解决美国制造业创新和产业化领域的关键问题。这一提议被列入随后颁布的《先进制造业伙伴计划》，并迅速得到实施。该网络实质上是一个全美制造业产学研联合体，其目标是促进先进技术和先进材料从基础研究到产业化的应用，其主要模式是组建各领域的制造创新研究所。最初计划建立 15 个制造创新研究所，2015 年这一目标被扩大为 45 个。国家制造创新网格的资金来自于联邦和非联邦资源的共同支持，在项目启动的 5~7 年间，各研究机构获得联邦政府 0.7 亿~1.2 亿美元支持，但在 5~7 年后各研究机构必须完全独立，依靠自筹资金运行。目前该网络已建成先进复合材料制造创新研究所（能源部）、未来轻质创新所（国防部）、宽禁带半导体材料研究所（能源部）、增材制造研究所（国防部）等多个与新材料相关的机构。

（7）2012 年 7 月，美国发布更新版的《先进制造伙伴计划》。该计划建议增加传感、测量和过程控制，先进材料设计、合成和加工，可视化、信息和数字化制造技术、可持续制造、纳米制造、柔性电子产品制造、增材制造、生物制造和生物信息学、先进的生产和检测设备、工业机器人以及先进的成型和焊接技术等尖端技术的研发资金。

（8）2014年10月，美国发布了《加速美国先进制造业》报告。该报告提出，政府增加3亿多美元投资，用于支持先进材料、先进传感器和数字制造3项对美国竞争力非常关键的新兴技术；指出先进传感、控制和平台系统，可视化、信息化和数字化制造，先进材料制造构成了美国下一代制造技术力图突破的核心；并提出推进国家制造创新研究院网格建设，促进产业界和大学合作，促进先进制造业技术商业化，建立国家先进制造业资源数据库等6项措施。

（9）基于《加速美国先进制造业》规划，美国科学技术委员会先进制造分委员会在2016年4月发布了《先进制造：联邦政府优先技术领域报告》。该报告列举了5类新兴优先领域和9类传统优先领域。先进材料制造被列为新兴优先领域的第一位，先进复合物、轻质金属、宽禁带电子材料、纤维与纺织品等4类材料列入了传统优先领域；该报告进一步强调了"材料基因组计划"对新材料和先进制造业发展的重要性。

（10）新材料是制造业最重要的基础之一。在美国总统的国情咨文中连续多年强调了制造业在美国经济和社会中的地位：2012年国情咨文中提出，要为高科技制造商加倍减税，要夺回制造业；2013年国情咨文中提出，要确保由美国孕育下一场制造业革命，并宣布新建3个制造业创新中心；2014年国情咨文中提出，要借发展先进制造业，增强美国竞争优势，并再增设6个高科技制造业中心；2015年国情咨文中提到了制造业复兴带来的就业增长，列举了未来研究与发展的案例，强调了新型劳动力的培养，并积极鼓励制造业回流美国；2016年国情咨文中提到，制造业在过去六年创造了近90万个新的就业岗位，并宣布将大力支持发展清洁能源；在2017年国情咨文中，特朗普提出重整美国工业经济，重点发展军事工业。

（11）美国政府多年不断加大对振兴制造业和新材料发展的投入。《2014财年预算案》中投入29亿美元用于先进制造研发，支持创新制造工艺、先进工业材料和机器人技术；《2015财年预算案》提出未来10年将建立45个先进制造业中心，发展制造业和清洁能源；《2016财年预算案》将1460亿美元应用于研发，先进制造被列为重点，包括1.5亿美元用于协调跨越多个联邦部门和机构的国家网络以及支持两个研究所，19.3亿美元用在2017~2024年完成由45个研究所组成的制造技术创新网格。除此以外还将通过国家科学基金、国防部、商务部和其他机构将24亿美元联邦研发经费直接投入先进制造业；《2017财年预算案》中研发费用增长了4%，其中投入20亿美元用于先进制造业研发，支持45家制造业创新研究所组成国家网络，确保美国在先进制造技术领域的全球领导地位。

美国发布施行与"材料基因工程"密切相关的规划及政策：

（1）2016年6月，美国前总统奥巴马宣布了材料基因组计划，白宫科技政策办公室发布了《应对全球竞争的材料基因组计划》（Materials Genome Initiative for Global Competitiveness）白皮书，标志着MGI计划的正式启动。白皮书对材料基因组计划的需求背景、关键技术和目标做了完整的表述。

（2）2012年5月，美国总统行政办公室发布了材料基因组计划的第一个进展报告。报告总结了一年来取得的进展：能源部、国防部、国家标准与技术局、国家科学基金会等发布了9个联邦项目支持材料基因组计划，包括能源部的1200万美元用于研发和促进高技术和高性能材料的计算工具、实验工具和数字化数据及其集成；国防部的1700万美元用于预测和优化材料性质；国家科学基金会设立了"面向未来的材料设计"专题；国家标准与技术局致力于发展更广泛研究领域的新技术、标准和工具等，以及 33 所大学开设材料计算等材料基因组计划新课程，实施新的培养未来的材料科学家和工程师计划。

（3）2013 年 6 月，美国发布了第二份材料基因组进展报告。指出美国四个联邦机构在材料基因组计划中共投入 6300 万美元带动包括大学、公司、专业机构、独立科学家/工程师，加上其他联邦机构的数亿美元资金，共同推动了支持先进材料的政策、资源和基础设施建设；国家标准与技术研究所（NIST）投入 2500 万美元成立了"先进材料卓越中心"；美国国家科学基金会建立了材料研究设施网络，分布在 26 个研究机构，支持材料基因工程的研究等。

（4）2014 年 6 月，美国发布了第三份材料基因组进展报告。指出材料基因组计划是美国政府承诺的"采取具体行动，激励创新和创业精神，以振兴美国制造业"的重要组成部分，自 2011 年 MGI 启动以来，联邦政府已经投资了 2.5 亿美元用于研发和创新基础设施，这些基础设施将为美国依赖于先进材料的新兴产业提供支撑；报告还明确"材料基因组计划"未来发展重点包括面向增材制造的计算机辅助材料研发、模块化开放式材料仿真体系构建、开放式材料性能数据库访问、多尺度材料数据管理与共享、高效的材料性能表征方法等，宣布五家联邦机构将追加超过 1.5 亿美元，支持材料基因工程开创性研究。

（5）2014 年 12 月，美国公布了《材料基因组战略规划》，这是美国国家层面的最高技术投资、发展规划。该规划将此前的材料基因组计划升级为"战略规划"，在总结过去 3 年工作的基础上，进一步明确了《规划》的目标是通过新材料研制周期内各个阶段的团队相互协作，强化政府、科研单位、企业、市场间结合，注重实验技术、计算技术和数据库之间的协作和共享，把新材料研发周期减半，成本降低到现有的几分之一，加速美国在清洁能源、国家安全、人类健康与福祉以及新一代材料人才培养等方面的进步，加强美国的国际竞争力。《规划》首次明确提出了生物材料、催化剂、聚合物复合材料、关联材料、电子和光子材料、储能材料系统、轻质结构材料、有机电子材料和聚合物 9 个重点材料领域的 61 个发展方向。

（6）2016 年 8 月，美国白宫举行了材料基因组计划实施五周年纪念活动，政府高级官员、国防部（DOD）、能源部（DOE）、国家标准与技术研究院（NIST）、国家科学基金会（NSF）、学术界、企业界和行业技术专家聚集白宫，讨论材料基因组计划对国家的重要性，总结了过去五年取得的成就，探讨了随着项目的发展材料基因组计划在未来面临的挑战。由于材料基因组计划对整个材料创新生态系统的大力提升，与会者相信它将继续得到下一届政府的支持，为美国制造业复兴提供支撑。

与此同时，美国发布了《材料基因组计划实施五周年成就报告》。指出在过去的 5 年中，联邦机构，包括能源部、国防部、NSF、NIST 以及国家航空航天局（NASA）等联邦机构与高校、企业、科研院所等投入了超过 5 亿美元应用于支持材料基因组计划，报告还总结了 5 年来材料基因组计划所取得的部分主要成就。

8.2.9.2　欧盟

早在 2009 年，欧盟委员会发布了《为我们的未来做准备：发展欧洲关键使能技术总策略》，以应对欧盟面临的主要社会挑战、抢占未来的新兴市场和促进欧盟经济发展。

2011 年美国实施材料基因组计划后，欧盟 FP7 几乎在同时启动了"加速冶金"计划，致力于高性能合金的研发。共有 3 个欧洲机构参与该计划，由欧洲航天局（ESA）统一管理，总预算为 2195 万欧元；该计划重点关注合金的设计和模拟等领域，采用高通量组合材料实验技术，加快发现和优化更高性能的合金配方，降低材料研发成本和周期，加速材料研发和应用的速度，降低失败风险。

2011 年 11 月，欧盟颁布了名为"地平线 2020"的新规划。该规划重点关注三个主要目标：打造卓越科学（预算 246 亿欧元）、成为全球工业领袖（预算 179 亿欧元）、成功应对社会挑战（预算 317 亿欧元）。其中，针对"成为全球工业领袖"提出专项，支持信息通信技术、纳米技术、微电子技术、光电子技术、先进材料、先进制造工艺、生物技术、空间技术，以及这些技术的交叉研究。

2012 年，欧洲科学基金会发布"冶金欧洲"研究计划，重点关注合金在工业领域的应用，主要包括：（1）新材料发现；（2）材料创新设计、金属加工和优化；（3）冶金基础理论。研究内容覆盖从理论研发、实验、建模、材料表征、性能测试、原型设计和工业规模化等全流程。

2013 年，欧盟委员会批准实施一项科研创新计划——"地平线 2020"，此计划实施期 7 年，总预算约 800 亿欧元。该计划以整合欧盟各成员国的科研资源，提高科研效率，促进科技创新，推动经济增长和增加就业为目标。

8.2.9.3　德国

2010 年德国政府颁布"2020 高科技战略"，强调以研究和创新为中心，聚焦五大技术领域，推进知识创新和创新成果的商业化应用，促进经济增长和增加就业。其中的气候/能源技术领域和交通技术领域对新型能源材料、金属材料、催化材料等提出了发展需求。该战略的实施推动了一批集挑战性、创新性、开创性为一体的、满足国家需求的重点项目课题的开展，已经初步发挥出引领全球科技创新、保持德国制造高端品牌优势的效果。

8.2.9.4　俄罗斯

俄罗斯始终把发展新材料相关技术产业作为国家战略和国家经济的主导产业。2012 年俄罗斯发布《2030 年前材料与技术发展战略》，确定了 18 个重点材料战略发展方向，包括智能材料、金属间化合物、纳米材料及涂层、单晶耐热超级合金、含铌复合材料等，同时还制定了新材料产业主要应用企业的发展战略。

8.2.9.5　日本

日本在国际竞争中能够长期处于领先地位，也得益于其强大的材料科技，特别是在半导体材料、电子材料、碳纤维复合材料及特种钢等领域取得了巨大成功。日本政府发布的《日本产业结构展望 2010》将包括高温超导、纳米技术、功能化学、碳纤维、IT 等在内的 10 大尖端新材料技术及产业作为新材料产业未来发展的主要领域。日本先后启动"元素战略研究（2007 年）""元素战略研究基地（2012 年）""创新实验室构筑支援事业之信息统合型物质材料开发（2015 年）""超先端材料超高速开发基础技术项目（2016 年）"等项目，布局新材料研究方法的创新。

8.3　我国相关产业政策建议

本书第 1 篇的重点领域报告中，已经对碳纤维及其复合材料、高强高模聚酰亚胺、第三代半导体材料、高温合金、稀土新材料、石墨烯等七个领域的国内政策建议做了详细阐述，此处不再赘述。下文针对新型显示材料、新型能源材料、无机非金属材料（先进建材）、先进纺织材料、材料基因工程等领域研究提出产业政策建议。

8.3.1　新型显示材料领域

（1）加大对蒸镀型 OLED 材料的产业化开发的支持力度。国家对印刷 OLED 材料做了大量的支持，但蒸镀型材料相对太少。蒸镀型材料是市场急需，而且是印刷 OLED 材料的基础，急需加强重视。OLED 已经进入产业化阶段，资助重点不是学术界而应该是市场的主体——企业，同时要注重产业链上下游的协同，可参考 Samsung 对产业链上下游的扶持。可以按照 OLED 材料的种类及功能，分 5~6 大类（大致可分为红绿光主体，红绿光客体，空穴注入/传输材料（阴极覆盖层材料），电子注入/传输材料，蓝光材料，n-和p-dopant），选取有技术力量的公司重点资助；建立行业规范，统一规划，避免重复建设，避免恶性竞争。OLED 材料开发技术门槛高，周期很长，一种自主 IP 的新材料大概需要 2~4 年的时间，需要制定长远开发计划。

（2）在未来更长时期内持续关注和投入新型量子点显示材料和技术。国内显示产业虽然规模巨大，但仍存在产业规模迅速扩张与质量效益提升之间的不协调问题。目前，传统及新型显示行业的核心技术大多还掌握在外国企业之手，特别是以有机发光二极管（OLED）为代表的下一代显示技术被韩国、日本、欧美等大型设备制造商和材料供应商所垄断。中国必须找到一个着力点，形成自我研发，拥有自主知识产权的新型显示技术，从而占领下一代新型显示产业的制高点。量子点显示技术正是这样一项新型显示技术，很有可能成为我国未来 5 年"瞄准全球技术和产业制高点，抓住我国'换道超车'的历史性发展机遇"的重要一环。但显示技术的开发是一项系统工程，涉及非常多的核心和关键技术的开发与攻坚，因此新型量子点显示技术的开发和产业化也势必会是一个长期的过程，在这过程中，就离不开国家相关部门的持续政策和资金支持。

（3）从政府层面拉动量子点显示技术的整个产业链环节。显示技术的开发其技术、系统等集成性极高，需要从上游到下游各个环节的充分保障和配合。目前量子点显示技术阵营在国外和国内最主要的代表三星和 TCL 均是认识到这个问题的重要性，在各自公司内部已经尽最大能力范围建立了从材料到器件、到面板、到终端的全产业链保障。但这也只能保证产业链中的主线环节，产业链中更多具体的细节和环节，作为单一公司无法面面俱到。例如，量子点显示技术中虽然核心量子点发光材料的开发已经逐渐成熟，但量子点器件中的功能层材料比如电荷传输层材料的开发由于量子点公司没有相关开发能力，因此一直处于停滞状态，这很大程度上影响了量子点器件性能尤其是最为关键的器件寿命的进展。需要政府从更高政策层面，帮助整合相关资源，更有效地拉动产业链各个环节的积极参与，才能最终推动这项技术的成功。

（4）推动 Micro-LED 产业上下游协同发展。Micro-LED 涉及的产业横跨 LED、半导体、面板上下游供应链，包括芯片、机台、材料、检测设备等多领域，需要包括 LED 芯片的供应商、半导体业者，以及显示器整体的供应链也都要加入以及配合开发能让 Micro-LED 显示器进入真正量产所需的各种生产设备、量产材料、检测标准以及制造技术。但是由于各业者之间仍旧有着相当大的差异性与能力不同，因此更需要统一协调、抛除各自的门户障碍，在各自擅长的领域提升技术层次，且企业之间全心通力合作，来跨越技术性的阻碍，当然这也是需要投入相当程度的资金、人力与时间。

8.3.2 新型能源材料领域

（1）进一步强化顶层设计，制定发展路线图，对口出台重大科技计划。建议国家相关部委，进一步强化顶层设计，系统谋划，组织动员全国能源相关行业及领域（其中也包括新型能源材料）的用户单位、生产企业、科研院所、大学的专家学者，结合我国能源领域的特点，制定适合我国国情的能源领域中长期发展路线图，明确总体目标和阶段任务；在此基础上，梳理出若干重点发展方向，并制定相应的行动计划；国家对口部门按部就班，适时启动这些科技计划，并分步组织实施。

（2）全方位支持科技成果转移转化落地开花。建议国家相关部委针对科技成果落地实施，编制科技成果转移转化重点新材料目录，通过设立科技成果转移转化专项或经常性年度计划予以资助，支持科研机构结合行业需求，瞄准企业急需关键核心技术攻关，改进产品生产工艺，提升技术水平。同时，通过将其纳入重点新材料首批次应用保险补偿产品目录，减少技术转移的风险。在太阳能材料方面，建议重点支持硅基、砷化镓基太阳能电池的原材料、太阳能电池及装备提升技术水平和减低生产成本。在动力电池材料方面，建议针对中国汽车工程学会发布的关于 2020~2030 年行业发展的《节能与新能源汽车技术路线图》中涉及的先进电池材料，如富锂锰基正极材料、硅碳复合负极材料，金属锂负极材料等予以重点支持。加强研发投入与成果转换的衔接，全面提升创新成果转化效率和受益水平。依托上下游资源，在行业内形成广泛的"材料设计—制备—评价—考核应用"全链条能力，突破应用瓶颈，拉动市场需求。

（3）针对制约全产业链条质量提升的关键环节精准扶持。建议国家调整太阳能发电补贴政策，将补贴后端发电企业调整为重点支持前端太阳能电池和原材料生产厂商创新发展，以提升全产业链整体的产品品质，降低生产成本。目前光伏电池市场的维持主要靠各国政府实施财政补贴，但光伏电池的成本和光电转换效率距离真正市场化的要求还有很大差距，今后若要实现光伏电池的大规模应用，必须不断提升光伏电池效率，降低生产成本。而现行政策主要是补贴发电企业，定价权落在应用端，事实上，应当将重点调整到提升太阳能电池和原材料的制造商的技术能力上，目前由于这些企业不掌握定价权，其利润很低，只能靠扩大产量来摊薄成本，而投入研发的经费很少，创新能力较差。通过加大政府对太阳能电池和原材料生产厂商科研投入，才有可能提高其创新能力。为此，建议将国家现行的太阳能发电补贴政策调整为支持太阳能电池和原材料生产厂商开展研发活动，以提高其创新能力。同时，通过持续性资助科研单位发挥其创新优势，支撑太阳能电池和原材料生产厂商提高技术水平，降低生产成本。

（4）在国家层面加强对重要领域产业联盟的领导和支持。以半导体照明为例，在国内扮演与美国能源部类似角色的机构是科技部下属的国家半导体照明产学研联盟，从目前情况来看，该联盟虽然在促进行业发展方面发挥了重要作用，也取得了可喜的成果，但因政府等渠道投入的资金十分有限，联盟内各企业各自为战，在形成"合力"来推动我国下一代固态照明技术的研发和产业化方面仍存在很大困难。我国政府当前更多是从政策、产业园示范的角度来鼓励产业发展，这对于目前严重缺乏核心技术和专利的 LED 产业而言支持力度有限。与国际上的"巨无霸"企业相比，国内厂商在企业规模、研发力量、销售网络等方面差距巨大，在当前核心专利几乎被国外垄断的大环境下，仅靠个别企业的微弱力量企图夺取该领域核心技术的制高点几乎难以实现。因此，必须依靠国家层面强有力的领导和强力支持才能使中国新一代照明企业有机会崛起。

（5）大力推动新型能源材料领域国家实验室等重要平台建设。新型能源材料领域的重大突破，有赖于在国家层面建立新型能源材料领域国家实验室这样的重要平台，有效整合资源，统筹新能源材料基础科学问题的提炼、基础性能测试、基础数据整合工作，实现基础领域的突破。加大对大科学装置群的配制，在新型能源材料国家实验室内设立专门的材料性能测试单元和数据收集整合单元，承担国家规模的严苛条件下、耗资耗时巨大的材料性能测试以及长期性的材料数据收集整合工作。设立重大交叉前沿项目，在新能源材料设计中引入大数据、人工智能等前沿技术，形成通用、易用的材料开发平台。

（6）进一步加强对氢能等新兴产业的政策扶持。对于氢能等面向未来的新兴产业，建议国家和地方政府在税收、土地、金融政策等方面给予必要的扶持，以保障新兴产业在发展初期得到有效培育，成为未来支撑国民经济和社会发展的新的增长点。

8.3.3　无机非金属新材料（先进建材）领域

（1）注重顶层设计，突破重点应用领域急需的材料。紧紧围绕高端装备制造、节能环保、航空航天、新能源等重点领域需求，开展重点材料生产企业和龙头应用单位联合攻关，建立面向重大需求的新材料开发应用模式，鼓励上下游企业联合实施重点项目，按照产学研用协同促进方式，加快新科技成果转化。

在技术方面：激励生产企业及研究单位坚持科技创新，加大特种水泥的研发力度，满足我国重点工程建设需要，保证工程的安全性和耐久性。把握先进陶瓷技术与信息技术、纳米技术、智能技术等融合发展趋势，加强前瞻性基础研究与应用创新，集中力量开展系统攻关，形成一批标志性前沿新材料的创新成果与典型应用，抢占未来产业竞争制高点。

在产业方面：加强行业规范管理，避免重复建设和恶性竞争，引导合理投资，减少投资风险和资金浪费。在上游原材料的开发部署、加工和应用领域的市场引导等方面做好规划，优化产业政策设计，突破产业制约瓶颈，构建良好的市场发展秩序环境，推动石墨烯、气凝胶、锂电池隔膜等一大批新材料应用开发和产业化的真正破局。

（2）创新研发模式，强化产业协同创新体系建设。无机非金属材料涵盖种类广，产品涉及链条长，产业研发及应用涉及技术领域繁多，且不同技术方向和产品类型差异较大，不能采用统一发展模式、管理模式进行规划式引导，而应根据材料及应用特点，按照类别进行针对性产业指导，形成子领域的集聚优势。

同时，我国新材料研发平台及资源已经实现了成熟化发展，在新材料领域已呈现出百花齐放、百家争鸣的局面，同时也造成了资源浪费、重复投入、恶性竞争等一系列问题，应以国家大型科研机构、国家级研发平台、大型企业技术中心为基础依托，进行针对性产业扩展，联合尤其单位机构，形成国家级产业创新及产业集聚平台。提升材料发展的国家战略，以大平台、大企业为引领，提高资源利用效率，用新技术改造提升传统产业，瞄准高端、多功能化开创先进材料蓬勃发展。

应加强材料体系设计、应用技术研究和产业化的统筹衔接，完善产业链条的薄弱环节，形成上中下游协同创新的发展环境。整合完善创新资源，充分依托现有科研机构，组建专业化研究中心，形成创新基础和开发共享的公共平台，降低材料研发成本，缩短成果转化及应用周期。

（3）培育集群，做大做强。树立产业集群发展观念，以龙头企业为支撑，以项目为载体，逐步形成以大型企业为核心、大中小企业分工协作、具有特色和竞争力的新材料产业集群。推动上下游企业、大中小企业建立以资本为纽带、产学研用紧密结合的产业联盟，集中优势资源加快研发、产业化与应用。加强创新人才培养与创新团队建设，面向国内外，以产业招揽人才、以人才引进项目、以项目对接人才，进一步促进产业发展。

同时，鼓励先进无机非金属材料企业开展强强联合、上下游整合等多种形式的企业并购重组。加快产业集群发展，优化产业布局，突出产业特色，支持特色基地建设。依托产业集聚区的资源优势，分区布局，突出重点。建设一批先进无机非金属材料的创新能力强、创业环境好的产业基地。

（4）加大国际合作研究，促进产业发展。借助"一带一路"的契机，推动国际领先技术在中国汇聚；建立全球石墨烯、气凝胶、锂电池隔膜等先进无机非金属材料产业发展共同体，强强联合，优势互补。

8.3.4　先进纺织材料领域

（1）加强引导、加快建立高水平的产业技术创新中心。面向产业发展的技术创新中心与国家重点实验室等不同之处，在于其工程化技术研发能力和成果转化能力。

围绕关键核心技术和对产业发展有重大作用的纤维品种，设立市场化机制运行的创新中心，弥补我国纺织纤维产业缺乏中试验证条件、工程化技术研发能力弱的短板，加快科技资源的整合，形成完整的技术创新链，加快科技成果的转化应用。

建议在先进纺织材料及其智能制造、高技术功能纤维材料等领域设立创新中心。

（2）设立纺织纤维材料重大专项。重点针对高端纤维和产业用纺织品的发展，设立重大专项，解决材料研发与生产的衔接，上下游用户的衔接，材料与装备及其智能制造技术的融合发展，材料基础研究支撑产业发展等突出问题，形成一批专精特优的企业，提升标志性产品的国际竞争优势，引领产业发展。

（3）组建国家纺织产业技术创新战略委员会。在国家新材料产业发展专家咨询委员会的领导下，成立由政府相关部门、骨干企业、科研院所代表共同组成的国家纺织产业技术创新战略委员会，持续、深入研究产业技术创新战略、技术路线、发展规划，提出政策建议。

（4）鼓励龙头企业与科研机构建立机制灵活的国家级创新机构。我国纺织材料龙头企业规模大，生产经营能力和水平已经具备国际竞争能力，但创新能力薄弱。加大对龙头企业设立国家级的创新机构的支持，有助于形成以企业为主体的高水平创新团队，提升企业科技创新能力。

8.3.5　材料基因工程领域

（1）加大材料基因工程领域的国家投入，进一步加大材料基因工程关键技术和平台建设的力度，夯实材料基因工程前沿发展和工程应用的基础，为材料基因工程技术的全面推广应用，以及材料研发新思想和新模式的形成奠定基础。

（2）加强顶层设计、统筹兼顾，推进材料基因工程发展规划布局向新材料产业链中下游延伸，引导并鼓励国家战略急需材料的研发、生产、应用企业，共同参与材料基因工程建设。

（3）进一步明确材料基因工程从材料发现、开发、生产、应用等阶段的全过程加速作用，以国家政策规划为引导，吸引更多社会资本投入，推动材料基因工程基础建设的可持续发展；大力推动产业界和学术界的沟通与衔接，建立新材料从发现、开发、生产到应用闭环式创新协作模式，进一步激发企业提升材料产业创新能力和产品市场化速度的积极性，面向实际工程应用需求，提升我国新材料原始创新能力。

（4）加强材料基因工程专业化人才队伍建设，引进和培养相结合，通过在高等院校设立材料基因工程学科方向，利用学术团体的力量开展职业培训等手段，培养一支掌握材料基因工程新技术、新思想和新理念的综合型高素质的人才队伍。

（5）加强国际合作与交流，构建材料基因工程国际创新合作机制，推进与世界一流大学、研究院所、科研机构和著名跨国企业建立战略合作关系，建立材料基因工程国际协同创新网络，提升国际影响力，引领材料基因工程的前沿发展。

9 国内新材料产业文件汇编

9.1 工业和信息化部关于印发《新材料产业"十二五"发展规划》的通知

(工信部规〔2012〕2号)

前　言

材料工业是国民经济的基础产业，新材料是材料工业发展的先导，是重要的战略性新兴产业。"十二五"时期，是我国材料工业由大变强的关键时期。加快培育和发展新材料产业，对于引领材料工业升级换代，支撑战略性新兴产业发展，保障国家重大工程建设，促进传统产业转型升级，构建国际竞争新优势具有重要的战略意义。

根据《中华人民共和国国民经济和社会发展第十二个五年规划纲要》和《国务院关于加快培育和发展战略性新兴产业的决定》的总体部署，工业和信息化部会同发展改革委、科技部、财政部等有关部门和单位编制了《新材料产业"十二五"发展规划》。本规划是指导未来五年新材料产业发展的纲领性文件，是配置政府公共资源和引导企业决策的重要依据。

专栏1　新材料的定义与范围

新材料涉及领域广泛，一般指新出现的具有优异性能和特殊功能的材料，或是传统材料改进后性能明显提高和产生新功能的材料，主要包括新型功能材料、高性能结构材料和先进复合材料，其范围随着经济发展、科技进步、产业升级不断发生变化。为突出重点，本规划主要包括以下六大领域：①特种金属功能材料。具有独特的声、光、电、热、磁等性能的金属材料。②高端金属结构材料。较传统金属结构材料具有更高的强度、韧性和耐高温、抗腐蚀等性能的金属材料。③先进高分子材料。具有相对独特物理化学性能、适宜在特殊领域或特定环境下应用的人工合成高分子新材料。④新型无机非金属材料。在传统无机非金属材料基础上新出现的具有耐磨、耐腐蚀、光电等特殊性能的材料。⑤高性能复合材料。由两种或两种以上异质、异型、异性材料（一种作为基体，其他作为增强体）复合而成的具有特殊功能和结构的新型材料。⑥前沿新材料。当前以基础研究为主，未来市场前景广阔，代表新材料科技发展方向，具有重要引领作用的材料。

一、发展现状和趋势

(一) 产业现状

经过几十年奋斗，我国新材料产业从无到有，不断发展壮大，在体系建设、产业规模、技术进步等方面取得明显成就，为国民经济和国防建设做出了重大贡献，具备了良好发展基础。

新材料产业体系初步形成。我国新材料研发和应用发端于国防科技工业领域，经过多年发展，新材料在国民经济各领域的应用不断扩大，初步形成了包括研发、设计、生产和应用，品种门类较为齐全的产业体系。

新材料产业规模不断壮大。进入 21 世纪以来，我国新材料产业发展迅速，2010 年我国新材料产业规模超过 6500 亿元，与 2005 年相比年均增长约 20%。其中，稀土功能材料、先进储能材料、光伏材料、有机硅、超硬材料、特种不锈钢、玻璃纤维及其复合材料等产能居世界前列。

部分关键技术取得重大突破。我国自主开发的钽铌铍合金、非晶合金、高磁感取向硅钢、二苯基甲烷二异氰酸酯（MDI）、超硬材料、间位芳纶和超导材料等生产技术已达到或接近国际水平。新材料品种不断增加，高端金属结构材料、新型无机非金属材料和高性能复合材料保障能力明显增强，先进高分子材料和特种金属功能材料自给水平逐步提高。

但是，我国新材料产业总体发展水平仍与发达国家有较大差距，产业发展面临一些亟待解决的问题，主要表现在：新材料自主开发能力薄弱，大型材料企业创新动力不强，关键新材料保障能力不足；产学研用相互脱节，产业链条短，新材料推广应用困难，产业发展模式不完善；新材料产业缺乏统筹规划和政策引导，研发投入少且分散，基础管理工作比较薄弱。

（二）发展趋势

当今世界，科技革命迅猛发展，新材料产品日新月异，产业升级、材料换代步伐加快。新材料技术与纳米技术、生物技术、信息技术相互融合，结构功能一体化、功能材料智能化趋势明显，材料的低碳、绿色、可再生循环等环境友好特性备受关注。发达国家高度重视新材料产业的培育和发展，具有完善的技术开发和风险投资机制，大型跨国公司以其技术研发、资金、人才和专利等优势，在高技术含量、高附加值新材料产品中占据主导地位，对我国新材料产业发展构成较大压力。

从国内看，"十二五"是全面建设小康社会的关键时期，是加快转变经济发展方式的攻坚时期，经济结构战略性调整为新材料产业提供了重要发展机遇。一方面，加快培育和发展节能环保、新一代信息技术、高端装备制造、新能源和新能源汽车等战略性新兴产业，实施国民经济和国防建设重大工程，需要新材料产业提供支撑和保障，为新材料产业发展提供了广阔市场空间。另一方面，我国原材料工业规模巨大，部分行业产能过剩，资源、能源、环境等约束日益强化，迫切需要大力发展新材料产业，加快推进材料工业转型升级，培育新的增长点。

专栏 2　战略性新兴产业对部分新材料的需求预测

01　新能源

"十二五"期间，我国风电新增装机 6000 万千瓦以上，建成太阳能电站 1000 万千瓦以上，核电运行装机达到 4000 万千瓦，预计共需要稀土永磁材料 4 万吨、高性能玻璃纤维 50 万吨、高性能树脂材料 90 万吨、多晶硅 8 万吨、低铁绒面压延玻璃 6000 万平方米，需要核电用钢 7 万吨/年，核级锆材 1200 吨/年、锆及锆合金铸锭 2000 吨/年。

02	节能和新能源汽车

2015 年，新能源汽车累计产销量将超过 50 万辆，需要能量型动力电池模块 150 亿瓦时/年、功率型 30 亿瓦时/年、电池隔膜 1 亿平方米/年、六氟磷酸锂电解质盐 1000 吨/年、正极材料 1 万吨/年、碳基负极材料 4000 吨/年；乘用车需求超过 1200 万辆，需要铝合金板材约 17 万吨/年、镁合金 10 万吨/年。

03	高端装备制造

"十二五"期间，航空航天、轨道交通、海洋工程等高端装备制造业，预计需要各类轴承钢 180 万吨/年、油船耐腐蚀合金钢 100 万吨/年、轨道交通大规格铝合金型材 4 万吨/年、高精度可转位硬质合金切削工具材料 5000 吨。到 2020 年，大型客机等航空航天产业发展需要高性能铝材 10 万吨/年，碳纤维及其复合材料应用比重将大幅增加。

04	新一代信息技术

预计到 2015 年，需要 8 英寸硅单晶抛光片约 800 万片/年、12 英寸硅单晶抛光片 480 万片/年，平板显示玻璃基板约 1 亿平方米/年，TFT 混合液晶材料 400 吨/年。

05	节能环保

"十二五"期间，稀土三基色荧光灯年产量将超过 30 亿只，需要稀土荧光粉约 1 万吨/年；新型墙体材料需求将超过 230 亿平方米/年，保温材料产值将达 1200 亿元/年；火电烟气脱硝催化剂及载体需求将达到 40 亿元/年，耐高温、耐腐蚀袋式除尘滤材和水处理膜材料等市场需求将大幅增长。

06	生物产业

2015 年，预计需要人工关节 50 万套/年、血管支架 120 万个/年，眼内人工晶体 100 万个/年，医用高分子材料、生物陶瓷、医用金属等材料需求将大幅增加。可降解塑料需要聚乳酸（PLA）等 5 万吨/年、淀粉塑料 10 万吨/年。

二、总体思路

（一）指导思想

深入贯彻落实科学发展观，按照加快培育发展战略性新兴产业的总体要求，紧紧围绕国民经济和社会发展重大需求，以加快材料工业升级换代为主攻方向，以提高新材料自主创新能力为核心，以新型功能材料、高性能结构材料和先进复合材料为发展重点，通过产学研用相结合，大力推进科技含量高、市场前景广、带动作用强的新材料产业化规模化发展，加快完善新材料产业创新发展政策体系，为战略性新兴产业发展、国家重大工程建设和国防科技工业提供支撑和保障。

（二）基本原则

坚持市场导向。遵循市场经济规律，突出企业的市场主体地位，充分发挥市场配置资源的基础作用，重视新材料推广应用和市场培育。准确把握新材料产业发展趋势，加强新材料产业规划实施和政策制定，积极发挥政府部门在组织协调、政策引导、改善市场环境中的重要作用。

坚持突出重点。新材料品种繁多、需求广泛，要统筹规划、整体部署，在鼓励各类新材料的研发生产和推广应用的基础上，重点围绕经济社会发展重大需求，组织实施重大工程，突破新材料规模化制备的成套技术与装备，加快发展产业基础好、市场潜力大、保障程度低的关键新材料。

坚持创新驱动。创新是新材料产业发展的核心环节，要强化企业技术创新主体地位，激发和保护企业创新积极性，完善技术创新体系，通过原始创新、集成创新和引进消化吸收再创新，突破一批关键核心技术，加快新材料产品开发，提升新材料产业创新水平。

坚持协调推进。加强新材料与下游产业的相互衔接，充分调动研发机构、生产企业和终端用户积极性。加强新材料产业与原材料工业融合发展，在原材料工业改造提升中，不断催生新材料，在新材料产业创新发展中，不断带动材料工业升级换代。加快军民共用材料技术双向转移，促进新材料产业军民融合发展。

坚持绿色发展。牢固树立绿色、低碳发展理念，重视新材料研发、制备和使役全过程的环境友好性，提高资源能源利用效率，促进新材料可再生循环，改变高消耗、高排放、难循环的传统材料工业发展模式，走低碳环保、节能高效、循环安全的可持续发展道路。

（三）发展目标

到 2015 年，建立起具备一定自主创新能力、规模较大、产业配套齐全的新材料产业体系，突破一批国家建设急需、引领未来发展的关键材料和技术，培育一批创新能力强、具有核心竞争力的骨干企业，形成一批布局合理、特色鲜明、产业集聚的新材料产业基地，新材料对材料工业结构调整和升级换代的带动作用进一步增强。

到 2020 年，建立起具备较强自主创新能力和可持续发展能力、产学研用紧密结合的新材料产业体系，新材料产业成为国民经济的先导产业，主要品种能够满足国民经济和国防建设的需要，部分新材料达到世界领先水平，材料工业升级换代取得显著成效，初步实现材料大国向材料强国的战略转变。

专栏 3　　"十二五" 新材料产业预期发展目标

01　产业规模	
总产值达到 2 万亿元，年均增长率超过 25%。	
02　创新能力	
研发投入明显增加，重点新材料企业研发投入占销售收入比重达到 5%。建成一批新材料工程技术研发和公共服务平台。	
03　产业结构	
打造 10 个创新能力强、具有核心竞争力、新材料销售收入超 150 亿元的综合性龙头企业，培育 20 个新材料销售收入超过 50 亿元的专业性骨干企业，建成若干主业突出、产业配套齐全、年产值超过 300 亿元的新材料产业基地和产业集群。	
04　保障能力	
新材料产品综合保障能力提高到 70%，关键新材料保障能力达到 50%，实现碳纤维、钛合金、耐蚀钢、先进储能材料、半导体材料、膜材料、丁基橡胶、聚碳酸酯等关键品种产业化、规模化。	

---

05 材料换代

推广 30 个重点新材料品种，实施若干示范推广应用工程。

三、发展重点

（一）特种金属功能材料

稀土功能材料。以提高稀土新材料性能、扩大高端领域应用、增加产品附加值为重点，充分发挥我国稀土资源优势，壮大稀土新材料产业规模。大力发展超高性能稀土永磁材料、稀土发光材料，积极开发高比容量、低自放电、长寿命的新型储氢材料，提高研磨抛光材料产品档次，提升现有催化材料性能和制备技术水平。

稀有金属材料。充分发挥我国稀有金属资源优势，提高产业竞争力。积极发展高纯稀有金属及靶材，大规格钼电极、高品质钼丝、高精度钨窄带、钨钼大型板材和制件、高纯铼及合金制品等高技术含量深加工材料。加快促进超细纳米晶、特粗晶粒等高性能硬质合金产业化，提高原子能级锆材和银铟镉控制棒、高比容钽粉、高效贵金属催化材料发展水平。

半导体材料。以高纯度、大尺寸、低缺陷、高性能和低成本为主攻方向，逐步提高关键材料自给率。开发电子级多晶硅、大尺寸单晶硅、抛光片、外延片等材料，积极开发氮化镓、砷化镓、碳化硅、磷化铟、锗、绝缘体上硅（SOI）等新型半导体材料，以及铜铟镓硒、铜铟硫、碲化镉等新型薄膜光伏材料，推进高效、低成本光伏材料产业化。

其他功能合金。加快高磁感取向硅钢和铁基非晶合金带材推广应用。积极开发高导热铜合金引线框架、键合丝、稀贵金属钎焊材料、铟锡氧化物（ITO）靶材、电磁屏蔽材料，满足信息产业需要。促进高强高导、绿色无铅新型铜合金接触导线规模化发展，满足高速铁路需要。进一步推动高磁导率软磁材料、高导电率金属材料及相关型材的标准化和系列化，提高电磁兼容材料产业化水平。开发推广耐高温、耐腐蚀铁铬铝金属纤维多孔材料，满足高温烟气处理等需求。

专栏 4 特种金属功能材料关键技术和装备

---

01 稀土功能材料技术

开发高纯稀土金属集成化提纯、磁能积加矫顽力大于 65 的永磁材料、高容量大功率储能材料、稀土合金快冷厚带等生产技术。

---

02 稀有金属材料技术

开发多元合金熔炼、大型合金铸锭成分均匀化控制、中间合金制备、超高纯（≥6N）金属加工及清洗、大尺寸超高纯金属靶材微观组织控制、硬质合金全致密化烧结及涂层沉积定向控制等技术。

---

03 半导体材料技术

实现 8 英寸、12 英寸硅单晶生长及硅片加工产业化，突破 12 英寸硅片外延生长等技术，开发多晶硅绿色生产工艺。

04	其他功能合金技术
	开发新一代非晶带材高速连铸工艺、薄规格（0.18~0.20mm）高磁感取向硅钢生产技术、超细超纯铜合金制备加工工艺。
05	特种金属功能材料关键装备
	12~18 英寸硅单晶生长的直拉磁场单晶炉，线切割机，高频电磁感应快速加热装置，等静压成套设备，大尺寸、超高真空、超高温烧结炉，熔盐电解精炼设备，高功率电子束熔炼炉，大型化学气相沉积炉等。

（二）高端金属结构材料

高品质特殊钢。以满足装备制造和重大工程需求为目标，发展高性能和专用特种优质钢材。重点发展核电大型锻件、特厚钢板、换热管、堆内构件用钢及其配套焊接材料，加快发展超超临界锅炉用钢及高温高压转子材料、特种耐腐蚀油井管及造船板、建筑桥梁用高强钢筋和钢板，实现自主化。积极发展节镍型高性能不锈钢、高强汽车板、高标准轴承钢、齿轮钢、工模具钢、高温合金及耐蚀合金材料。

专栏 5　重大装备关键配套金属结构材料

01	电力
	核电用汽轮机转子锻件、发电机转轴锻件、承压壳体材料、换热管材、堆内构件材料、锆合金包壳管等；超超临界火电机组锅炉管、叶片、转子；燃机用高温合金叶片、高温合金轮盘锻件；水电机组用大轴锻件、抗撕裂钢板、薄镜板锻件等。
02	交通运输
	轨道列车用大型多孔异型空心铝合金型材、高速铁路车轮车轴及轴承用钢；车辆用第三代汽车钢及超高强钢、高品质铝合金车身板、变截面轧制板、大型镁合金压铸件、型材及宽幅板材等。
03	船舶及海洋工程
	船用高强度易焊接宽厚板、特种耐腐蚀船板、货油舱和压载舱等相关耐蚀管系材料、殷瓦钢等；海洋工程用高强度特厚齿条钢、大口径高强度无缝管、不锈钢管及配件、深水系泊链、超高强度钢等。
04	航空航天
	高强、高韧、高耐损伤容限铝合金厚、中、薄板，大规格锻件、型材、大型复杂结构铝材焊接件、铝锂合金、大型钛合金材、高温合金、高强高韧钢等。

新型轻合金材料。以轻质、高强、大规格、耐高温、耐腐蚀、耐疲劳为发展方向，发展高性能铝合金、镁合金和钛合金，重点满足大飞机、高速铁路等交通运输装备需求。积极开发高性能铝合金品种及大型铝合金材加工工艺及装备，加快镁合金制备及深加工技术开发，开展镁合金在汽车零部件、轨道列车等领域的应用示范。积极发展高性能钛合金、大型钛板、带材和焊管等。

专栏 6　高端金属结构材料关键技术和装备

01　高品质特殊钢技术

开发超高纯铁（S+P<35ppm）冶炼、大规格铸锭熔铸、大锻件最佳化学成分配比、成型和热处理工艺技术，低成本、低能耗高品质特钢流程技术。

02　新型轻合金材料技术

发展高洁净、高均匀性合金冶炼和凝固技术，大规格铸锭均质化半连铸技术，大型材等温挤压、拉伸与校正技术，复杂锻件等温模锻、铝合金板材新型轧制、中厚板（80～200mm）固溶淬火、预拉伸与多级时效技术，高性能铸造镁合金及高强韧变形镁合金制备、低成本镁合金大型型材和宽幅板材加工、腐蚀控制及防护技术，钛合金冷床炉熔炼、15吨以上铸锭加工、2吨以上模锻件锻压、型材挤压、异型管棒丝材成型和残料回收技术。

03　高端金属结构材料关键装备

开发高功率（单枪功率≥500kW）电子束炉和等离子炉，大型特钢精炼真空电渣炉，高纯净大规格铝锭半连铸装备，等温模锻、等温挤压、固溶淬火、三级时效等装备，大型厚板预拉伸、时效成型热压及超声摩擦搅拌焊接装备，8吨以上钛合金熔炼真空自耗电弧炉，30MN以上镁合金压铸机和挤压机，大面积等温焊接等成套装备。

（三）先进高分子材料

特种橡胶。自主研发和技术引进并举，走精细化、系列化路线，大力开发新产品、新牌号，改善产品质量，努力扩大规模，力争到2015年国内市场满足率超过70%。扩大丁基橡胶（IIR）、丁腈橡胶（NBR）、乙丙橡胶（EPR）、异戊橡胶（IR）、聚氨酯橡胶、氟橡胶及相关弹性体等生产规模，加快开发丙烯酸酯橡胶及弹性体、卤化丁基橡胶、氢化丁腈橡胶、耐寒氯丁橡胶和高端苯乙烯系弹性体、耐高低温硅橡胶、耐低温氟橡胶等品种，积极发展专用助剂，强化为汽车、高速铁路和高端装备制造配套的高性能密封、阻尼等专用材料开发。

工程塑料。围绕提高宽耐温、高抗冲、抗老化、高耐磨和易加工等性能，加强改性及加工应用技术研发，扩大国内生产，尽快增强高端品种供应能力。加快发展聚碳酸酯（PC）、聚甲醛（POM）、聚酰胺（PA）、聚对苯二甲酸丁二醇酯（PBT）、聚苯醚（PPO）和聚苯硫醚（PPS）等产品，扩大应用范围，提高自给率。积极开发聚对苯二甲酸丙二醇酯（PTT）和聚萘二甲酸乙二醇酯（PEN）等新型聚酯、特种环氧树脂和长碳链聚酰胺、耐高温易加工聚酰亚胺等新产品或高端牌号。力争到2015年国内市场满足率超过50%。

其他功能性高分子材料。巩固有机硅单体生产优势，大力发展硅橡胶、硅树脂等有机硅聚合物产品。着力调整含氟聚合物产品结构，重点发展聚全氟乙丙烯（FEP）、聚偏氟乙烯（PVDF）及高性能聚四氟乙烯等高端含氟聚合物，积极开发含氟中间体及精细化学品。加快电解用离子交换膜、电池隔膜和光学聚酯膜的技术开发及产业化进程，鼓励液体、气体分离膜材料开发、生产及应用。大力发展环保型高性能涂料、长效防污涂料、防水材料、高性能润滑油脂和防火隔音泡沫材料等品种。

专栏 7　先进高分子材料关键技术和装备

01　核心技术
加强基础聚合物制备、集成创新和成套工艺技术研究，开发分子结构设计、分子量控制及工艺参数控制等先进聚合技术。加快 PA6 高压前聚工艺技术、PBT 直接酯化法生产技术、PC 酯交换和 PI 技术产业化。突破 ϕ4000mm 甲基流化床、ϕ1200mm 苯基沸腾床等有机硅单体合成技术。开发反应体系配方设计和后处理工艺，材料改性和加工成型技术以及配套助剂，可降解及回收材料技术等。
02　关键装备
开发大型在线检测控制聚合反应器、流化干燥床、脱气釜、汽提釜、直接脱挥装置、螺杆聚合反应器、先进混炼机、专用模具、高速挤出和大型注射成型设备、大型无水无氧聚合反应器等。

（四）新型无机非金属材料

先进陶瓷。重点突破粉体及先驱体制备、配方开发、烧制成型和精密加工等关键环节，扩大耐高温、耐磨和高稳定性结构功能一体化陶瓷生产规模。重点发展精细熔融石英陶瓷坩埚、陶瓷过滤膜和新型无毒蜂窝陶瓷脱硝催化剂等产品。积极发展超大尺寸氮化硅陶瓷、烧结碳化硅陶瓷、高频多功能压电陶瓷及超声换能用压电陶瓷。大力发展无铅绿色陶瓷材料，建立高纯陶瓷原料保障体系。

特种玻璃。以满足建筑节能、平板显示和太阳能利用等领域需求为目标，加快特种玻璃产业化，增强产品自给能力。重点发展平板显示玻璃（TFT/PDP/OLED），鼓励发展应用低辐射（Low-E）镀膜玻璃、涂膜玻璃、真空节能玻璃及光伏电池透明导电氧化物镀膜（TCO）超白玻璃。加快发展高纯石英粉、石英玻璃及制品，促进高纯石英管、光纤预制棒产业化。积极发展长波红外玻璃、无铅低温封接玻璃、激光玻璃等新型玻璃品种。

其他特种无机非金属材料。巩固人造金刚石和立方氮化硼超硬材料、激光晶体和非线性晶体等人工晶体技术优势，大力发展功能性超硬材料和大尺寸高功率光电晶体材料及制品。积极发展高纯石墨，提高锂电池用石墨负极材料质量，加快研发核级石墨材料。大力发展非金属矿及其深加工材料。开发高性能玻璃纤维、连续玄武岩纤维、高性能摩擦材料和绿色新型耐火材料等产品。加快推广新型墙体材料、无机防火保温材料，壮大新型建筑材料产业规模。

专栏 8　新型无机非金属材料关键技术和装备

01　先进陶瓷技术
开发高纯超细陶瓷粉体及先驱体制备、陶瓷蜂窝结构设计技术。
02　特种玻璃技术
开发超薄玻璃基板成型、低辐射镀膜玻璃膜系设计与制备、高纯石英粉（≥5N）合成和光纤管（金属杂质<1ppm）制备技术、电子专用石英玻璃及制品制备技术、6 代以上 TFT-LCD 玻璃基板及 OLED 玻璃基板制备技术。

03	**其他特种无机非金属材料技术**
	开发高纯石墨（≥4N）电加热连续式化学提纯、高温连续式绝氧气氛窑生产、柔性石墨碾压法和挤压法加工技术，半导体用石墨保温材料加工技术，人工晶体生长及加工等技术。
04	**新型无机非金属材料关键装备**
	开发 6 代以上 TFT-LCD 用玻璃基板窑炉，气氛加压陶瓷烧结炉，超硬材料用大型压机、大功率（30~100kW）微波等离子体和超大面积（150~300mm^2）热灯丝 CVD 金刚石膜成套装备，高纯石墨用高温（3000~3500℃）各项同性等静压机，（炉内氧含量≤1000ppm）连续式绝氧气氛窑，石墨负极材料包覆和炭化装备等。

（五）高性能复合材料

树脂基复合材料。以低成本、高比强、高比模和高稳定性为目标，攻克树脂基复合材料的原料制备、工业化生产及配套装备等共性关键问题。加快发展碳纤维等高性能增强纤维，提高树脂性能，开发新型超大规格、特殊结构材料的一体化制备工艺，发展风电叶片、建筑工程、高压容器、复合导线及杆塔等专用材料，加快在航空航天、新能源、高速列车、海洋工程、节能与新能源汽车和防灾减灾等领域的应用。

专栏 9　高性能增强纤维发展重点

01	**碳纤维**
	加强高强、高强中模、高模和高强高模系列品种攻关，实现千吨级装置稳定运转，提高产业化水平，扩大产品应用范围。
02	**芳纶**
	扩大间位芳纶（1313）生产规模，突破对位芳纶（1414）产业化瓶颈，拓展在蜂巢结构、绝缘纸等领域的应用。
03	**超高分子量聚乙烯纤维**
	积极发展高性能聚乙烯纤维（UHMWPE）干法纺丝技术及产品，突破纺丝级专用树脂生产技术，降低生产成本。
04	**新型无机非金属纤维**
	积极发展高强、低介电、高硅氧、耐碱等高性能玻璃纤维及制品，大力发展连续玄武岩、氮化硼和岩棉等新型无机非金属纤维品种。
05	**其他高性能纤维材料**
	积极发展聚苯硫醚、聚［2,5-二羟基-1,4-苯撑吡啶并二咪唑］、芳砜纶、聚酰亚胺、对苯基并双噁唑纤维等新品种。

碳/碳复合材料。以耐高温、耐烧蚀、耐磨损及结构功能一体化为重点，加强材料预成型、浸渍渗碳及快速制备工艺研究。积极开发各类高温处理炉、气氛炉所需要的保温筒、发热体和坩埚等材料，推广碳/碳复合材料刹车片、高温紧固件等在运输装备、高温

装备中的应用。

　　陶瓷基复合材料。进一步提高特种陶瓷基体和碳化硅、氮化硅、氧化铝等增强纤维，以及新型颗粒、晶须增强材料及陶瓷先驱体制备技术水平，加快在削切工具、耐磨器件和航空航天等领域的应用。

　　金属基复合材料。发展纤维增强铝基、钛基、镁基复合材料和金属层状复合材料，进一步实现材料轻量化、智能化、高性能化和多功能化，加快应用研究。

专栏 10　高性能复合材料关键技术和装备

01　核心技术

　　重点突破聚合、纺丝、预氧化、碳化等高性能聚丙烯腈基碳纤维产业化关键技术，芳纶纤维聚合、纺丝及溶剂回收技术等。开发陶瓷基复合材料烧结、渗透等制备加工技术，碳/碳复合材料液相浸渍、渗碳及快速制备工艺，开发纤维增强型树脂基复合材料缠绕、铺放、热融预浸、真空辅助树脂转移成型（VARTM）技术。

02　关键装备

　　重点突破碳纤维用大容量聚合釜、饱和蒸汽牵伸、宽口径高温碳化、恒张力收丝装置，芳纶用耐强腐蚀高精度双螺杆聚合装置，复合材料用多轴缠绕机、热融预浸机、纤维铺放机、超高温热压成型设备。

（六）前沿新材料

　　纳米材料。加强纳米技术研究，重点突破纳米材料及制品的制备与应用关键技术，积极开发纳米粉体、纳米碳管、富勒烯、石墨烯等材料，积极推进纳米材料在新能源、节能减排、环境治理、绿色印刷、功能涂层、电子信息和生物医用等领域的研究应用。

　　生物材料。积极开展聚乳酸等生物可降解材料研究，加快实现产业化，推进生物基高分子新材料和生物基绿色化学品产业发展。加强生物医用材料研究，提高材料生物相容性和化学稳定性，大力发展高性能、低成本生物医用高端材料和产品，推动医疗器械基础材料升级换代。

　　智能材料。加强基础材料研究，开发智能材料与结构制备加工技术，发展形状记忆合金、应变电阻合金、磁致伸缩材料、智能高分子材料和磁流变液体材料等。

　　超导材料。突破高度均匀合金的熔炼及超导线材制备技术，提高铌钛合金和铌锡合金等低温超导材料工程化制备技术水平，发展高温超导千米长线、高温超导薄膜材料规模化制备技术，满足核磁共振成像、超导电缆、无线通信等需求。

四、区域布局

　　按照国家区域发展总体战略和主体功能区定位，立足现有材料工业基础，结合各地科技人才条件、市场需求、资源优势和环境承载能力，大力发展区域特色新材料，加快新材料产业基地建设，促进新材料产业有序、集聚和快速发展。

　　推进区域新材料产业协调发展。巩固扩大东部地区新材料产业优势，瞄准国际新材料产业发展方向，加大研发投入，引领产业技术创新，着力形成环渤海、长三角和珠三角三大综合性新材料产业集群。充分利用中部地区雄厚的原材料工业基础，加快新材料产业技术创新，大力发展高技术含量、高附加值的精深加工产品，不断壮大新材料产业规模。积极发挥西部地区资源优势，加强与东中部地区经济技术合作，依托重点企业，加快促进资源转化，推进军民融合，培育一批特色鲜明、比较优势突出的新材料产业集群。

有序建设重点新材料产业基地。特种金属功能材料要立足资源地和已有产业基地，促进资源综合利用，着力提高技术水平；高端金属结构材料要充分依托现有大中型企业生产装备，加快技术改造和产品升级换代，严格控制新布点项目；先进高分子材料应坚持集中布局、园区化发展，注重依托烯烃工业基地，围绕下游产业布局；新型无机非金属材料应在现有基础上适当向中西部地区倾斜；高性能复合材料原则上靠近市场布局，碳纤维等增强纤维在产业化和应用示范取得重大突破前原则上限制新建项目。

专栏 11 重点新材料产业基地

01 稀土功能材料基地	
重点建设北京、内蒙古包头、江西赣州、四川凉山及乐山、福建龙岩、浙江宁波等稀土新材料产业基地。	
02 稀有金属材料基地	
重点建设陕西西安、云南昆明稀有金属材料综合产业基地，福建厦门、湖南株洲硬质合金材料基地。加快在中西部资源优势地区建设一批钼、钽、铌、铍、锆等特色稀有金属新材料产业基地。	
03 高品质特殊钢基地	
以上海、江苏江阴等为中心，重点建设华东高品质特殊钢综合生产基地。依托鞍山、大连等老工业基地，打造东北高品质特殊钢基地。在山西太原、湖北武汉、河南舞阳、天津等地建设若干专业化高品质特殊钢生产基地。	
04 新型轻合金材料基地	
重点建设陕西关中钛合金材料基地，重庆、山东龙口和吉林辽源新型铝合金材料基地，山西闻喜、宁夏石嘴山新型镁合金材料基地。	
05 种橡胶基地	
重点建设北京、广东茂名、湖南岳阳、甘肃兰州、吉林、重庆等特种橡胶基地。	
06 工程塑料基地	
重点建设江苏苏东、上海、河南平顶山工程塑料生产基地及广东改性材料加工基地。	
07 高性能氟硅材料基地	
重点建设浙江、江苏、山东淄博、江西九江、四川成都高性能氟硅材料基地。	
08 特种玻璃基地	
重点建设陕西咸阳、江苏、广东、河南洛阳、安徽特种玻璃基地。	
09 先进陶瓷基地	
重点建设山东、江苏、浙江先进陶瓷基地。	

> **10　高性能复合材料基地**
>
> 　　重点建设江苏连云港、山东威海、吉林碳纤维及其复合材料基地，重庆、山东泰安、浙江嘉兴等高性能玻璃纤维及其复合材料基地，北京、广东、山东等树脂基复合材料基地，湖南碳/碳复合材料基地，四川成都综合性复合材料基地。

五、重大工程

　　"十二五"期间，集中力量组织实施一批重大工程和重点项目，突出解决一批应用领域广泛的共性关键材料品种，提高新材料产业创新能力，加快创新成果产业化和示范应用，扩大产业规模，带动新材料产业快速发展。

　　（一）稀土及稀有金属功能材料专项工程

　　工程目标：力争到 2015 年，高性能稀土及稀有金属功能材料生产技术迈上新台阶，部分技术达到世界先进水平，在高新技术产业领域推广应用达到 70% 以上。

　　主要内容：组织开发高磁能积新型稀土永磁材料等产品生产工艺，推进高矫顽力、耐高温钕铁硼磁体及钐钴磁体，各向同性钐铁氮粘结磁粉及磁体产业化，新增永磁材料产能 2 万吨/年。加快开发电动车用高容量、高稳定性新型储氢合金，新增储氢合金粉产能 1.5 万吨/年。推进三基色荧光粉，3D 显示短余辉荧光粉，白光 LED 荧光粉产业化，新增发光材料产能 0.5 万吨/年。加快高档稀土抛光粉、石油裂化催化材料、汽车尾气净化催化材料产业化，新增抛光粉产能 0.5 万吨/年、催化剂材料 0.5 万吨/年。组织开发硬质合金涂层材料、功能梯度硬质合金和高性能钨钼材料，新增高性能硬质合金产能 5000 吨/年、钨钼大型制件 4000 吨/年、钨钼板带材产能 3000 吨/年。推进原子能级锆管、银铟镉控制棒材产业化，形成锆管产能 1000 吨/年。

　　（二）碳纤维低成本化与高端创新示范工程

　　工程目标：到 2015 年，碳纤维产能达到 1.2 万吨，基本满足航空航天、风力发电、运输装备等需求。

　　主要内容：组织开发聚丙烯腈基（PAN）碳纤维的原丝产业化生产技术，突破预氧化炉、高低温碳化炉、恒张力收丝机、高温石墨化炉等关键装备制约，开发专用纺丝油剂和碳纤维上浆剂。围绕聚丙烯腈基（PAN）碳纤维及其配套原丝开展技术改造，提高现有纤维的产业化水平，实现 GQ3522❶ 型（拉伸强度 3500～4500MPa，拉伸模量 220～260GPa）千吨级装备的稳定运转，降低生产成本。加强 GQ4522（拉伸强度 ≥4500MPa，拉伸模量 220～260GPa）、QZ5526（拉伸强度 ≥5500MPa，拉伸模量 ≥260GPa）等系列品种技术攻关，实现产业化。开展大功率风机叶片、电力传输、深井采油、建筑工程、交通运输等碳纤维复合材料应用示范。

　　（三）高强轻型合金材料专项工程

　　工程目标：到 2015 年，关键新合金品种开发取得重大突破，形成高端铝合金材 30 万吨、高端钛合金材 2 万吨、高强镁合金压铸及型材和板材 15 万吨的生产能力，基本满足

---

❶　GQ3522、GQ4522、QZ5526 均为聚丙烯腈基碳纤维国家标准牌号（GB/T 26752—2011）。

大飞机、轨道交通、节能与新能源汽车等需求。

主要内容：组织开发汽车用6000系铝合金板材，实现厚度0.7~2.0mm、宽幅1600~2300mm汽车铝合金板的产业化；加快完善高速列车用宽度大于800mm、直径大于250mm、长度大于30m的大型铝型材工艺技术，促进液化天然气储运用铝合金板材等重点产品产业化；积极开发航空航天用2000系、7000系、6000系、铝锂合金等超高强80~200mm铝合金中厚板及型材制品，复杂锻件及模锻件。开发高强高韧、耐蚀新型钛合金和冷床炉熔炼、型材挤压技术，推进高性能φ300mm以上钛合金大规格棒材，厚度4~100mm、宽度2500mm热轧钛合金中厚板，厚度0.4~1.0mm、宽幅1500mm冷轧钛薄板，大卷重（单重3吨以上）钛带等产品产业化。推进低成本AZ、AM系列镁合金压铸，低成本AZ系列镁合金挤压型材和板材产业化，开展镁合金轮毂、大截面型材、宽幅1500mm以上板材、高性能铸锻件等应用示范。

（四）高性能钢铁材料专项工程

工程目标：到2015年，形成年产高品质钢800万吨的生产能力，基本满足核电、高速铁路等国家重点工程以及船舶及海洋工程、汽车、电力等行业对高性能钢材的需要。

主要内容：组织开发具有高强、耐蚀、延寿等综合性能好的高品质钢材。重点推进核电压力容器大锻件508-3系列、蒸汽发生器690传热管、AP1000整体锻造主管道316LN等关键钢种的研发生产，实现核电钢成套供应能力。提升超超临界锅炉大口径厚壁无缝管生产水平，形成年产50万吨生产能力。加快开发船用特种耐蚀钢和耐蚀钢管，分别形成年产100万吨和10万吨生产能力。开发高速铁路车轮、车轴、轴承等关键钢材，形成年产5万套生产能力。开发长寿命齿轮钢、螺栓钢、磨具钢、弹簧钢、轴承钢和高速钢等基础零件用钢，形成年产300万吨生产能力。开展DPT、TRIP、热成形、第三代汽车钢、TWIP等高强汽车板生产和应用示范，形成年产300万吨生产能力。大力实施非晶带材、高磁感取向硅钢等应用示范。

（五）高性能膜材料专项工程

工程目标：到2015年，实现水处理用膜、动力电池隔膜、氯碱离子膜、光学聚酯膜等自主化，提高自给率，满足节能减排、新能源汽车、新能源的发展需求。

主要内容：积极开发反渗透、纳滤、超滤和微滤等各类膜材料和卷式膜、帘式膜、管式膜、平板膜等膜组件和膜组器，满足海水淡化与水处理需求。提高氯碱用全氟离子交换膜生产工艺水平，组织开发动力电池用高性能电池隔膜、关键装备和全氟离子交换膜及其配套含氟磺酸、含氟羧酸树脂，实现产业化。建成氯碱全氟离子交换膜50万平方米/年、动力电池用全氟离子交换膜20万平方米/年，及其配套全氟磺酸树脂和全氟羧酸树脂，加快发展聚氟乙烯（PVF）太阳能电池用膜。

（六）先进电池材料专项工程

工程目标：先进储能材料、光伏材料产业化取得突破，基本满足新能源汽车、太阳能高效利用等需求。

主要内容：组织开发高效率、大容量（≥150mA·h/g）、长寿命（大于2000次）、安全性能高的磷酸盐系、镍钴锰三元系、锰酸盐系等锂离子电池正极材料，新增正极材料产能4.5万吨/年，推进石墨和钛酸盐类负极材料产业化，新增负极材料产能2万吨/年，加快耐高温、低电阻隔膜和电解液的开发，积极开发新一代锂离子动力电池及材料，着力实现自主化。开发高转化效率、低成本光伏电池多晶硅材料产业化技术，研发新型薄膜电池材料。加快推进超白 TCO 导电玻璃等关键产品产业化，形成产能 5000 万平方米/年。积极发展太阳能真空集热管，推动太阳能光热利用。开展大容量钠硫城网大储能电池研究，完成大功率充放电，电池寿命 10 年以上，实现 10MW 示范电站并网。

（七）新型节能环保建材示范应用专项工程

工程目标：到 2015 年，高强度钢筋使用比例达到 80%，建筑节能玻璃比例达到 50%，新型墙体材料比例达到 80%，加快实现建筑材料换代升级。

主要内容：组织推广 400MPa 以上高强度钢筋、高效阻燃安全保温隔热材料、新型墙体材料、超薄型陶瓷板（砖）、无机改性塑料、木塑等复合材料、Low-E 中空/真空玻璃、涂膜玻璃、智能玻璃等建筑节能玻璃。提高建筑材料抗震防火和隔音隔热性能，加快绿色建材产业发展，扩大应用范围，推动传统建材向新型节能环保建材跨越。

（八）电子信息功能材料专项工程

工程目标：提高相关配套材料的国产率，获取原创性成果，抢占战略制高点，力争掌握一批具有自主知识产权的核心技术。

主要内容：着力突破大尺寸硅单晶抛光片、外延片等关键基础材料产业化瓶颈；大力发展砷化镓等半导体材料及石墨和碳素系列保温材料，推动以碳化硅单晶和氮化镓单晶为代表的第三代半导体材料产业化进程；积极发展 4 英寸以上蓝宝石片、大尺寸玻璃基板、电极浆料、靶材、荧光粉、混合液晶材料等平板显示用材；促进碲镉汞外延薄膜材料、碲锌镉基片材料、红外及紫外光学透波材料、高功率激光晶体材料等传感探测材料的技术水平和产业化能力提升；突破超薄软磁非晶带材工程化制备技术，加快高频覆铜板材料、BT 树脂、电子级环氧树脂、电子铜箔、光纤预制棒、特种光纤、通信级塑料光纤、高性能磁性材料、高频多功能压电陶瓷材料等新型元器件材料研发和产业化步伐。推动材料标准化、器件化、组件化，提高产业配套能力。

（九）生物医用材料专项工程

工程目标：提高人民健康水平、降低医疗成本，提高生物医用材料自主创新能力和产业规模。

主要内容：大力发展医用高分子材料、生物陶瓷、医用金属及合金等医用级材料及其制品，满足人工器官、血管支架和体内植入物等产品应用需求。推动材料技术与生命科学、临床医学等领域融合发展，降低研发风险和生产成本，提高产业规模。

（十）新材料创新能力建设专项工程

工程目标：提升新材料产业主要环节自主创新能力。

主要内容：进一步加大关键实验仪器、研发设备、控制系统的投入力度，建设一批具有较大规模、多学科融合的高层次新材料研发中心，重点开展材料的组分设计、模拟仿真、原料制备等基础研究，研发推广材料延寿、绿色制备、纳米改性、材料低成本和循环利用等共性技术，开发氧氮分析仪、高温测试仪、超声检测仪、扫描电子显微镜等专用设备。在重点新材料领域，建立和完善 30 个新材料研究开发、分析测试、检验检测、信息服务、推广应用等专业服务平台，推动新材料标准体系建设和应用设计规范制订，促进新材料创新成果产业化和推广应用。

六、保障措施

（一）加强政策引导和行业管理

落实《国务院关于加快培育和发展战略性新兴产业的决定》要求，建立和完善新材料产业政策体系，加强新材料产业政策与科技、金融、财税、投资、贸易、土地、资源和环保等政策衔接配合。制定和完善行业准入条件，发布重点新材料产品指导目录，实施新材料产业重大工程。推进组建新材料产业协会。建立健全新材料产业统计监测体系，把握行业运行动态，及时发布相关信息，避免盲目发展与重复建设，引导和规范新材料产业有序发展。

（二）制定财政税收扶持政策

建立稳定的财政投入机制，通过中央财政设立的战略性新兴产业发展专项资金等渠道，加大对新材料产业的扶持力度，开展重大示范工程建设，重点支持填补国内空白、市场潜力巨大、有重大示范意义的新材料产品开发和推广应用。各有关地方政府也要加大对新材料产业的投入。充分落实、利用好现行促进高新技术产业发展的税收政策，开展新材料企业及产品认证，完善新材料产业重点研发项目及示范工程相关进口税收优惠政策。积极研究制定新材料"首批次"应用示范支持政策。

（三）建立健全投融资保障机制

加强政府、企业、科研院所和金融机构合作，逐步形成"政产学研金"支撑推动体系。制定和完善有利于新材料产业发展的风险投资扶持政策，鼓励和支持民间资本投资新材料产业，研究建立新材料产业投资基金，发展创业投资和股权投资基金，支持创新型和成长型新材料企业，加大对符合政策导向和市场前景的项目支持力度。鼓励金融机构创新符合新材料产业发展特点的信贷产品和服务，合理加大信贷支持力度，在国家开发银行等金融机构设立新材料产业开发专项贷款，积极支持符合新材料产业发展规划和政策的企业、项目和产业园区。支持符合条件的新材料企业上市融资、发行企业债券和公司债券。

（四）提高产业创新能力

加强新材料学科建设，加大创新型人才培养力度，改革和完善企业分配和激励机制，完善创新型人才评价制度，建立面向新材料产业的人才服务体系。鼓励企业建立新材料工程技术研究中心、工程实验室、企业技术中心、技术开发中心，不断提高企业技术水平和研发能力。围绕材料换代升级，建立若干技术创新联盟和公共服务平台，组织实施重点新材料关键技术研发、产业创新发展、创新成果产业化、应用示范和创新能力建设等重大工程，发挥引领带动作用，促进新材料产业全面发展。

（五）培育优势核心企业

发挥重点新材料企业的支撑和引领作用，通过强强联合、兼并重组，加快培育一批具有一定规模、比较优势突出、掌握核心技术的新材料企业。鼓励原材料工业企业大力发展精深加工和新材料产业，延伸产业链，提高附加值，推动传统材料工业企业转型升级。高度重视发挥中小企业的创新作用，支持新材料中小企业向"专、精、特、新"方向发展，提高中小企业对大企业、大项目的配套能力，打造一批新材料"小巨人"企业。鼓励建立以优势企业为龙头，联合产业链上下游核心企业的产业联盟，形成以新材料为主体、上下游紧密结合的产业体系。

（六）完善新材料技术标准规范

瞄准国际先进水平，立足自主技术，健全新材料标准体系、技术规范、检测方法和认证机制。加快制定新材料产品标准，鼓励产学研用联合开发重要技术标准，积极参与新材料国际标准制定，加快国外先进标准向国内标准的转化。加强新材料品牌建设和知识产权保护，鼓励建立重要新材料专利联盟。加快建立新材料检测认证平台，加强产品质量监督，建立新材料产品质量安全保障机制。

（七）大力推进军民结合

充分利用我国已有军工新材料产业发展的技术优势，优化配置军民科技力量和产业资源，推进国防科技成果加速向经济建设转化，促进军民新材料技术在基础研究、应用开发、生产采购等环节有机衔接，加快军民共用新材料产业化、规模化发展。鼓励优势新材料企业积极参与军工新材料配套，提高企业综合实力，实现寓军于民。建立军民人才交流与技术成果信息共享机制，积极探索军民融合的市场化途径，推动军民共用材料技术的双向转移和辐射。

（八）加强资源保护和综合利用

高度重视稀土、稀有金属、稀贵金属、萤石、石墨、石英砂、优质高岭土等我国具有优势的战略性资源保护，加强战略性资源储备，支持有条件的企业开展境外资源开发与利用，优化资源全球化配置，为新材料产业持续发展提供保障。合理规划资源开发规模，整顿规范矿产资源开发秩序，依法打击滥采乱挖，提高资源回采率。积极开发材料可再生循环技术，大力发展循环经济，促进资源再生与综合利用。加大短缺资源地质勘查力度，增加资源供给。

（九）深化国际合作交流

鼓励企业充分利用国际创新资源，开展人才交流与国际培训，引进境外人才队伍、先进技术和管理经验，积极参与国际分工合作。鼓励境外企业和科研机构在我国设立新材料研发机构，支持符合条件的外商投资企业与国内新材料企业、科研院校合作申请国家科研项目。支持企业并购境外新材料企业和技术研发机构，参加国际技术联盟，申请国外专利，开拓国际市场，加快国际化经营。

9.2 工业和信息化部关于印发《新材料产业标准化工作三年行动计划》的通知

（工信部原〔2013〕225 号）

按照国务院关于加快培育和发展战略性新兴产业的总体部署，为贯彻落实新材料产业"十二五"发展规划，做好新材料产业标准化工作，建立完善新材料产业标准体系，促进新材料产业发展，特制订本行动计划。

一、充分认识新材料产业标准工作的重要性和紧迫性

当今世界，以新材料为代表的战略性新兴产业正在成为引领经济社会发展的重要力

量。各国高度重视新材料开发应用。标准是新材料开发、产业化及推广应用的重要支撑，是规范新材料市场秩序，促进企业参与国际竞争，维护产业利益和经济安全的重要手段。建立完善新材料产业标准体系，对于加快培育发展新材料产业，促进材料工业转型升级，支撑战略性新兴产业发展，保障国民经济重大工程建设和国防科技工业具有重要意义。

我国钢铁、有色金属、石化、化工、建材、黄金、稀土等原材料工业规模巨大，是国民经济的基础产业。截至2012年，原材料工业现行有效标准11814项，占工业和通信业现行有效标准的20%。各行业日益重视新材料标准化工作，新材料标准制修订步伐加快，2010年以来发布了碳纤维、光学功能薄膜、功能陶瓷等100余项新材料标准，推动了原材料工业结构调整和转型升级。但总体上看，我国材料标准体系仍以传统材料标准为主，新材料产业标准体系尚未建立，关键标准前期研究、技术攻关相对不足，标准制定所需的工艺参数、材料性能等基础数据缺乏。以我国技术和标准为基础的新材料国际标准未取得突破，被动跟踪国际标准和国外先进标准的情况比较突出，难以满足新材料国际经济技术交流合作需求。新材料产业"十二五"发展规划提出的400个重点产品涉及近千项标准，大多数需要新制定。为促进新材料产业发展，充分推动新材料技术创新与产品更新换代，迫切需要加快新材料产业标准体系建设工作。

二、指导思想、基本原则与目标

（一）指导思想

以邓小平理论、"三个代表"重要思想、科学发展观为指导，以新材料产业"十二五"发展规划为导向，以支撑新材料产业发展对标准的需求为核心，以重点项目和重点工程为依托，加快重点新材料标准研制步伐，加强新材料标准化工作基础能力建设，积极参与新材料国际标准化活动，全面提升新材料产业标准质量，推动新材料标准有效实施，形成覆盖面广、创新性强、重点突出、开放协调的新材料产业标准体系，为促进新材料产业健康发展，增强产业竞争力提供保障。

（二）基本原则

1. 统筹规划，突出重点。准确把握新材料产业发展规律，做好新材料标准体系总体设计与标准布局，全面推进新材料标准体系建设。根据产业发展需求，在相关重点新材料领域，系统制定一批核心标准，解决产业发展关键问题。

2. 加强指导，各方参与。行业主管部门要加强对新材料标准制修订工作的组织协调，发挥行业协会及标准化技术组织在新材料标准草拟、技术审查等方面的作用。依托优势新材料企业开展新材料标准制定与实施工作，鼓励社会各界广泛参与新材料标准化，形成全行业共同推进的良好局面。

3. 适度超前，注重实效。紧紧围绕材料工业结构调整和转型升级，突出新材料绿色、低碳、再生等特征，加大标准制修订与宣贯执行力度，不断提高新材料标准适用性与实效性。积极开展前沿新材料领域标准预研究工作，提前布局关键核心标准，为新材料技术成果转化与推广应用奠定基础。

4. 面向国际，注重创新。密切跟踪新材料国际领域标准化动态，积极有效转化国际标准，大力推动国内标准转变为国际标准。促进新材料标准与新材料技术创新相结合，推动新材料创新成果形成先导性技术规范，并在应用和不断创新中完善成为具体标准。

（三）发展目标

到 2015 年，完成 200 项重点标准制修订工作，立项并启动 300 项新材料标准研制，开展 50 项重点标准预研究，争取覆盖"十二五"规划提出的 400 个重点新材料产品，基本形成重点领域发展急需的、具有创新成果和国际水平的重要技术标准体系；新材料国际标准化工作取得实质性进展，提出 20 项新材料国际标准提案，推进若干国际标准的立项和制定，在稀土新材料、稀贵金属材料等领域实现重大突破。新材料产业标准协调性进一步增强，实现产品标准、方法标准、基础标准的相互配套、紧密衔接。力争通过 3 年努力建立起一个与新材料产业发展相适应，并具有一定前瞻性的新材料产业标准体系。

三、重点任务

（一）加大重点新材料领域标准制修订力度

特种金属功能材料。积极推动高纯金属及靶材、稀贵金属、储能材料、新型半导体材料、新一代非晶材料、精细合金等重点标准制修订工作，成套、成体系制定并发布稀土永磁、发光等功能材料标准，抓紧研制材料性能测试、成分分析、标准样品等基础和方法标准。完成催化材料、靶材等 40 项重点新材料标准制修订工作，提出 80 项重点标准研制计划，开展 5 项重点标准预研究。

高端金属结构材料。重点研制高温合金及耐蚀合金、耐蚀钢、特种不锈钢、工模具钢、轴承钢、齿轮钢、轨道交通用铝合金、特种镁合金及钛合金等产品标准，进一步完善金属材料超声探伤、无损检测、力学试验等配套基础和方法标准。完成核电用钢、耐蚀合金、钛合金等 30 项重点新材料标准制修订工作，提出 40 项重点标准研制计划。

先进高分子材料。制定发布丁基橡胶等特种橡胶及专用助剂、聚酰胺等工程塑料及制品、电池隔膜、光学功能薄膜、特种分离膜及组件、环境友好型涂料以及功能性化学品等一批重点产品标准，完成测定方法、通用技术条件、应用规范等配套标准制修订。完成功能薄膜、特种橡胶等领域 65 项重点新材料标准制修订工作，提出 110 项重点标准研制计划。

新型无机非金属材料。重点研制电光陶瓷、压电陶瓷、碳化硅陶瓷等先进陶瓷，微晶玻璃、高纯石英玻璃及专用原料，闪烁晶体、激光晶体等产品标准，加快材料杂质检测、试验方法等配套标准制修订步伐，强化配套标准研制。完成特种玻璃、氮化硅陶瓷材料等领域 50 项重点新材料标准制修订工作，提出 30 项重点标准研制计划，开展 5 项重点标准预研究。

高性能复合材料。制定完善碳纤维、玄武岩纤维等高性能纤维标准，加快制定发布纤维增强复合材料相关标准，积极研制树脂基、陶瓷基复合材料制品标准，研究复合材料分类方法标准、性能测试标准、专用原料标准等配套标准。完成高端玻璃增强纤维等 10 项重点新材料标准制修订工作，提出 30 项重点标准研制计划，开展 10 项标准预研究。

前沿新材料。及时开展前沿领域标准预研究工作，协调、优化关键技术指标，重点围绕纳米粉体材料、石墨烯、超导材料及原料、生物材料及制品、智能材料等产品，完成 5 项重点新材料标准研制工作，提出 10 项重点标准研制计划，开展 30 项标准预研究，紧密跟踪国际新材料技术标准发展趋势，提前做好标准布局。

（二）积极开展重点新材料标准应用示范

以高强钢筋、功能性膜材料、特种玻璃、稀有金属材料、稀土功能材料、复合材料等领域标准为枢纽，面向电子信息、高端装备等领域对新材料的需求，构建上下游联合、优势互补、良性互动的标准制修订与实施机制，提高新材料标准适用性，充分发挥标准对产业发展的支撑和引领作用。选择重点新材料领域，在部分有条件的地区，开展重点新材料标准应用示范专项工程。依托部省合作机制，积极推动地方新材料标准化工作，以新材料标准为依据，探索开展新材料产品认定达标工作。

（三）加快推进新材料产业国际标准化工作

紧密结合"十二五"规划重点，抓紧开展新材料产业国际标准以及国外先进标准对比分析研究，寻找我国新材料产业标准与国际标准、国外先进标准的差距。围绕新材料产业和应用需求，结合我国实际情况，加快转化先进、适用的国际标准和国外先进标准，提升我国新材料产业标准的技术水平。

加强新材料产业国际标准化发展趋势与动态分析，开展新材料产业国际标准化工作技术储备，建设新材料国际标准提案项目库，推动自主新材料技术标准走向国际。鼓励有实力的企业或单位参与新材料产业国际标准化工作，建立国际标准沟通平台，争取新材料产业国际标准化工作主动权，提升我国新材料产业国际竞争力。

四、保障措施

（一）加强组织领导。按照《新材料产业"十二五"发展规划》《技术标准体系提升工程实施方案》要求，加强对新材料产业标准化工作的组织领导，协调有关部门、地方、协会及企业，建立完善新材料产业标准体系。各地工业和信息化主管部门要高度重视新材料产业标准化工作，将新材料标准体系建设与地方新材料产业发展重点有机衔接，积极引导本地企业积极参与新材料标准制定和实施。

（二）发挥行业组织作用。各有关行业协会及专业标准化技术组织要主动做好标准化技术归口，组织重点生产企业、用户单位、研究机构，结合新材料重点产品，做好新材料标准起草及技术审查，加快重点新材料标准研究及制修订。要主动加强行业沟通协调，做好上下游衔接。积极参加国际标准化技术活动，推动重点新材料标准国际化。

（三）加大政策扶持力度。完善新材料标准制修订工作机制，简化标准立项手续，加大跨行业、跨领域标准立项协调工作，优先将重点新材料标准列入计划。加快原材料工业现行标准复审修订步伐，不断提高标准总体水平。建立健全以政府投入为引导、多渠道筹集经费的标准化保障机制。加大资金支持力度，围绕重点新材料标准需求，组织开展专项标准预研究及研制工作。鼓励和引导有实力的企业和标准化组织参与国际标准化工作，提交国际标准提案。

（四）加强标准化人员队伍建设。建立新材料产业标准化专家队伍，开展新材料标准实施推广、新材料标准技术方法等培训，培养一批熟悉专业技术、掌握标准化方法、精通国际标准制定规则与程序、外语水平高的复合型、外向型人才。支持地方行业主管部门、行业协会、标准化专业技术组织开展各种形式的新材料标准培训和标准宣贯，提升标准化从业人员业务能力。

（五）建立新材料标准应用实施长效机制。加强新材料标准宣贯实施，通过标准的宣贯、培训、抽查等多种手段的综合运用，推动标准的有效实施。建立标准实施的反馈机制，为标准修订和完善标准体系提供依据。推动将重点新材料标准作为企业生产、经营的技术依据，作为有关部门、地方政府在新材料产业重大项目立项、建设和评估、验收工作的基本依据和条件。

9.3　工业和信息化部关于印发《加快推进碳纤维行业发展行动计划》的通知

（工信部原〔2013〕426 号）

为贯彻落实《国务院关于加快培育和发展战略性新兴产业的决定》《"十二五"国家战略性新兴产业发展规划》和《新材料产业"十二五"发展规划》，加快碳纤维及其复合材料产业发展，推动传统材料升级换代，满足国民经济重大工程建设和国防科技工业发展的需要，特制定本行动计划。

一、战略意义

碳纤维是国民经济和国防建设不可或缺的战略性新材料，是先进复合材料最重要的增强体之一，技术含量高，辐射面广，带动力强，广泛应用于航空航天、能源装备、交通运输、建筑工程、体育休闲等领域。加快碳纤维行业发展，提升产品性能，对带动相关产业技术进步，促进传统产业转型升级、满足国民经济各领域的需求等具有重要意义。我国碳纤维行业经过长期的自主研发，特别是自"十一五"以来，生产技术和工艺装备均取得重大突破，产业化步伐逐步加快，可基本满足体育休闲等民用领域的应用，初步满足国防军工、航空航天领域的急需。但与国际先进水平相比，我国碳纤维行业仍存在技术创新能力弱、工艺装备不完善、产品性能不稳定、生产成本高、低水平重复建设、高端品种产业化水平低、标准化建设滞后、下游应用开发严重不足等诸多问题。

当前，我国碳纤维行业发展正处于关键时期，要抓住机遇，以市场为导向，加强政策引导，突出发展重点，采取有力措施，实施专项行动，促进碳纤维行业持续健康发展。

二、行动纲领

（一）指导思想

以邓小平理论、"三个代表"重要思想、科学发展观为指导，以科技创新为支撑，紧紧围绕国家重点工程、国防科技工业和经济发展需要，加快转变发展方式，加大政策支持力度，集中力量，突出重点，全面推进。着力突破关键共性技术和装备，发展高性能碳纤维产品；着力加强现有生产工艺装置的技术改造，实现高质量和低成本稳定生产；着力培育碳纤维及其复合材料下游市场，促进上下游协调发展；着力推进联合重组，不断提高碳纤维产业集中度。构建技术先进、结构合理、上下游协调、军民融合发展的碳纤维产业体系。

（二）基本原则

坚持科技创新与提升产业化水平相结合。注重关键、核心和前沿技术的研发，加速、推进科技成果转化，突破产业化技术、工艺和装备的瓶颈制约，不断提高碳纤维行业核心竞争力。

坚持产业发展与下游应用相结合。围绕国家重大工程和重点项目需求，不断提升产品质量性能及批次稳定性，积极开拓下游应用市场，延伸产业链条，实现碳纤维与下游产品同步发展。

坚持突出重点与全面推进相结合。重点推动碳纤维高端品种产业化，培育重点骨干企业，促进军民两用技术和资源的交流融合，大力加强企业技术改造，积极推广清洁生产，全面提升碳纤维行业整体水平。

坚持市场导向与政策引导相结合。充分发挥市场配置资源的基础性作用，激发市场主体活力，积极发挥国家战略性新兴产业等重大专项的引导作用，营造良好发展环境，促进碳纤维行业持续健康发展。

（三）行动目标

经过三年努力，初步建立碳纤维及其复合材料产业体系，碳纤维的工业应用市场初具规模。聚丙烯腈（PAN）原丝、高强型（注1）碳纤维的产品质量接近国际先进水平，高强型碳纤维单线产能产量达到千吨级并配套原丝产业化制备，高强中模型碳纤维实现产业化，高模型和高强高模型碳纤维突破产业化关键技术；扩大碳纤维复合材料应用市场，基本满足国家重点工程建设和市场需求；碳纤维知识产权创建能力显著提升，专利布局明显加强；碳纤维生产集中度进一步提高。到2020年，我国碳纤维技术创新、产业化能力和综合竞争能力达到国际水平。碳纤维品种规格齐全，基本满足国民经济和国防科技工业对各类碳纤维及其复合材料产品的需求；初步形成2~3家具有国际竞争力的碳纤维大型企业集团以及若干创新能力强、特色鲜明、产业链完善的碳纤维及其复合材料产业集聚区。

三、主要行动

为实现上述目标，重点组织实施四大行动：

（一）关键技术创新行动

突破关键共性技术。依托国家科技重大专项等科技计划，大力支持科研院校、企业技术中心及行业组织等机构，系统研究碳纤维及其复合材料全产业链的关键技术，优化工程实验和工程化条件，重点支持高效聚合引发剂、大容量聚合、高速纺丝、快速预氧化等共性工艺技术，以及宽口径碳化、石墨化等装备的研发。研究纤维预浸料、预成型体、复合材料成型及回收再利用技术等。加强沥青基、粘胶基、石墨基等碳纤维原料多元化技术研发，突破产业化关键技术。

加强研发服务平台建设。依托检验检测机构、行业协会等中介组织，建设国家碳纤维检测机构及若干第三方公共检测实验平台，开展产品质量、性能等测试试验与检验检测，建立和完善碳纤维及其复合材料性能指标共享数据库，为下游用户提供服务；积极推动碳纤维及其复合材料产业联盟建设，形成骨干企业与下游用户、科研院所联合开发、专利共享、示范应用、以及技术交流合作的平台。

实施知识产权战略。围绕碳纤维行业发展制定并实施知识产权战略，形成符合市场竞争需要的战略性知识产权组合。鼓励企业与科研院所、专利研究机构联合开展碳纤维知识产权布局以及知识产权综合运用与处置，大幅提升碳纤维生产工艺和复合材料专利的数量和质量。行业中介组织监测碳纤维市场竞争和专利技术动向，定期发布行业知识产权动态风险预警信息，引导企业和研发机构有针对性地申请或引进知识产权。

（二）产业化推进行动

推动高端品种产业化。加快高强型 GQ4522 级（注 2）碳纤维产业化建设步伐，掌握碳纤维预浸料制备、复合材料构件设计与制造、产品性能评价等关键技术；有效集成单体聚合、纤维成型、氧化碳化、表面处理等关键工艺技术，逐步实现高强中模型、高模型、高强高模型等系列品种产业化。

加强企业技术改造。积极推动现有企业完善聚丙烯腈原丝、碳纤维、复合材料及应用全产业链生产工艺，提高自动化控制水平；提高聚合釜及其配套装置、预氧化炉、高低温碳化炉、高温石墨化炉、恒张力收丝装置等大型关键设备自主化制造水平；提高专用纺丝油剂、上浆剂等重要辅料保障能力，提升产品质量；加快预浸料、织物、高性能树脂基体材料、复合材料及应用产品的产业化，实现碳纤维高质量低成本及复合材料产品多样化发展。

积极推进军民融合式发展。加大能满足国防科技工业发展需求的高端碳纤维产品及其复合材料的研发力度。建立高校、民用科研机构、生产企业与国防科研机构的协作机制，推动科技资源共享，促进技术成果、人才、信息等要素的交流融合。结合企业技术改造、国家级军民结合产业示范基地建设和能力提升工程、军民两用技术对接活动、军民结合公共服务平台建设等工作，加快提升碳纤维行业军民融合水平。

（三）产业转型升级行动

抑制低水平重复建设。原则上不鼓励新建高强型 GQ3522 级碳纤维生产线，新建高强型 GQ4522 级碳纤维产业化生产装置单套能力应不低于 1000 吨/年。吨聚丙烯腈原丝产品消耗丙烯腈不高于 1.1 吨，吨碳纤维产品消耗聚丙烯腈原丝不高于 2.1 吨。原丝生产装置应配备单体、溶剂回收系统；预氧化炉、碳化炉等碳化生产装置应配备热能回收综合利用。鼓励现有企业通过技术改造，提高产品质量，稳产达产增产，降低成本，提高市场竞争力。

提高产业集中度。按照政策引导、市场化运作方式，扶优扶强，积极培育具有较强竞争力的碳纤维骨干生产企业，鼓励骨干企业开展跨地区、跨所有制的联合重组，力争到 2020 年前 5 家生产集中度提高至 70% 以上。鼓励以大型碳纤维生产企业为龙头，培育若干创新能力强、特色鲜明、配套齐全的产业集聚区，实现资源优化配置，提高全产业链的竞争优势。

推动行业可持续发展。加强碳纤维生产能耗物耗管理，通过提升工艺技术控制水平，降低电耗、水耗和原辅料消耗，实现能源梯级利用，提高资源能源利用效率。全面推行循环型生产方式，积极应用清洁生产工艺技术，减少有害气体排放强度，实现制备过程中的溶剂、热水回收循环使用以及废弃物回收利用。加大对碳纤维复合材料废弃物的循环再利用技术研发及应用，推动碳纤维行业可持续发展。

（四）下游应用拓展行动

保障国家重大工程需求。围绕航空航天、军事装备、重大基础设施等领域对高端碳纤维产品的性能要求，建立完善上下游一体化协作机制，保障供应性能优越、质量稳定的碳纤维产品。完成碳纤维复合材料在民用航空航天领域关键结构件的应用验证，达到适航要求。加快碳纤维复合材料在跨海大桥、人工岛礁等重大基础设施中的示范应用。

扩大工业领域应用。重点围绕风力发电、电力输送、油气开采、汽车、压力容器等领域需求，支持应用示范，引导生产企业、研究设计机构与应用单位联合开发各种形态碳纤维增强复合材料、零部件及成品，加快培育和扩大工业领域应用市场，带动相关产业转型升级，保障战略性新兴产业发展需要。

提升服务民生能力。加大碳纤维在建筑补强领域的应用范围，提高建筑安全系数；继续做大做强碳纤维体育休闲产品，满足民众对文化体育生活的需求；积极开拓碳纤维产品在安全防护、医疗卫生、节能环保等领域的应用，不断满足经济和社会发展需求。

四、保障措施

（一）加强统筹协调。各有关地区工业和信息化主管部门要加强与发改、教育、科技、财政、环保等部门的协调配合，充分发挥企业市场主体作用，以及行业协会等中介组织的桥梁纽带作用，研究行业发展中的重大问题，引导规范企业行为。积极推动碳纤维行业协会等中介组织建设，加强产业链各环节间的衔接与融合，推进上下游产业协调发展。

（二）加大政策支持力度。依托战略性新兴产业专项、科技重大专项、工业转型升级、技术改造等专项以及国家重大工程，支持骨干企业发展高端品种、提高质量性能，支持上下游企业联合开展碳纤维以及复合材料应用示范项目；鼓励企业加大科技研发投入，支持符合条件的优势企业认定为高新技术企业，享受所得税优惠。

（三）加强投融资政策引导。抑制低水平重复建设，规范市场秩序，引导地方、企业和社会资本投资碳纤维优势企业和高端项目。鼓励有条件的地区设立碳纤维产业发展专项资金。支持金融机构在风险可控的前提下，探索金融产品和融资模式创新，加大信贷支持力度。支持符合条件的碳纤维企业上市融资、发行债券。

（四）制订和完善标准。建立适合我国产业发展特点并与国际接轨的碳纤维标准体系。制定和完善碳纤维及其复合材料的产品标准、测试方法标准和工程应用设计规范。加大已有标准的贯彻力度。完善行业主管部门指导，上下游企业和行业组织共同参与的标准制修订工作机制，及时将自主创新的技术纳入标准；积极推动国际碳纤维及其复合材料产品标准的制订。

（五）加强行业管理。建立健全行业运行监测、预警机制，及时发布行业最新态势。加强国际合作和交流，积极应对国际贸易中可能出现的倾销、补贴等不正当竞争，维护产业安全。加强质量和品牌建设，开展节能环保核查，维护市场竞争秩序，促进碳纤维行业持续健康发展。

注1：高强型、高强中模型、高模型和高强高模型的定义均参照国家标准 GB/T 26752—2011。

注2：GQ3522、GQ4522 等牌号的定义均参照国家标准 GB/T 26752—2011。

9.4　关于印发关键材料升级换代工程实施方案的通知

（发改高技〔2014〕2360 号）

一、总体思路和工程目标

（一）总体思路

按照"需求牵引、创新驱动、企业主体、政府引导"的发展思路，紧紧围绕支撑我国新一代信息技术、节能环保、海洋工程、先进轨道交通等战略性新兴产业发展和国民经济重大工程建设需求，明确工程目标，突出支持重点，选择一批产业发展急需、市场潜力巨大且前期基础较好的关键新材料，支持产业链上下游优势互补与协同合作，加快新材料技术创新成果产业化和规模应用，提升我国新材料产业化和规模应用能力与效率，促进一批新材料企业形成持续创新发展能力，推动我国新材料产业做大做强。

（二）工程目标

到 2016 年，推动新一代信息技术、节能环保、海洋工程和先进轨道交通装备等产业发展急需的大尺寸单晶硅、宽禁带半导体及器件、新型平板显示玻璃、石墨烯、PM2.5过滤材料、高性能 Low-E 玻璃、高速铁路轮对、液化天然气船用殷瓦合金薄带、钛合金管、海水拌养混凝土、新型防腐涂料等 20 种左右重点新材料实现批量稳定生产和规模应用。促进材料生产企业与重大示范应用企业建立优势互补、紧密合作、利益共享机制清晰的新型关系。培育 30 家左右具有较强持续创新能力和市场影响力的新材料企业。

到 2020 年，继续围绕新一代信息技术、航空航天、先进轨道交通、海洋工程、新能源、新能源汽车等战略性新兴产业和国民经济重大工程建设需要，突出重点，促进 50 种以上重点新材料实现规模稳定生产与应用。新材料产业创新能力和关键材料自给率显著提升，形成多个具有较强持续创新能力和市场影响力的新材料企业，部分企业创新能力和市场影响力达到国际先进水平。

二、主要任务

（一）新一代信息技术产业发展急需的高性能功能材料

1. 新一代半导体材料

支持低缺陷 12 英寸及以上电子级单晶硅、超薄 8 英寸及以上绝缘体上硅（SOI）、宽禁带半导体与器件，以及 AMOLED 有机发光材料及器件产业化和示范应用。到 2016 年，形成年产 120 万片 12 英寸及以上电子级单晶硅片和年产 12 万片 SOI 能力，单晶硅片符合 SEMI C12 标准要求并在大规模集成电路等领域规模应用；6 英寸及以上氮化镓半导体年产超过 2 万片，并在大功率器件领域实现规模应用；高纯长寿命 AMOLED 有机发光材料年产达到 5 吨以上并在新型显示领域实现示范应用，产品性能较目前提升 20%，成本降低 30%；高能射线探测用碲锌镉半导体材料与器件实现产业化，碲锌镉晶体年产达到 4000 万 mm^3，并在工业 CT 及专用探测器等领域实现规模应用。

2. 新型玻璃材料

支持新型 TFT 显示超薄玻璃基板产业化，玻璃厚度小于 0.4mm，单线年产达到 80 万片以上，并在高端平板电脑、智能手机等领域规模应用。支持高性能光纤预制棒产业化，光纤预制棒年产大于 1000 吨，预制棒母棒长度≥1.5m，直径≥150mm，单根棒拉丝长度达到 300 公里，开发系列低损耗、光敏性可控高性能特种光纤，光纤预制棒成本较目前降低 50%，完成基于有源光纤的高能激光器系统应用验证。同时，支持高性能低成本石墨烯粉体及高性能薄膜实现规模稳定生产，在新型显示、先进电池等领域实现应用示范。

（二）海洋工程装备产业及岛礁建设急需的高端材料

1. 海洋工程装备产业用高端金属材料

支持自升式平台桩腿用高强结构钢产业化，钢板厚度大于 180mm，无缝支撑管最大规格达到 φ355×60mm，最大强度均达到 690MPa 级，质量等级达到 E 级，厚板和钢管调质热处理年产均超过 1 万吨，产品通过船级社认证并在 400 英尺以上自升式平台上实现示范应用；支持大型油船货油舱耐蚀钢产业化，产品通过船级社认证，并在 10 万吨以上油船中实现示范应用；支持深海油气输送用厚壁管线钢产业化，管线钢最大壁厚达到 38mm，年产能达到 20 万吨，在 1500 米深海油气田实现万吨级示范应用；支持海洋石油天然气运输用金属复合管产业化和示范应用，金属复合管耐压层强度大于 500MPa，年产量达到 1.5 万吨，在海洋石油天然气运输领域实现规模应用；支持薄膜液舱型 LNG 船用冷轧殷瓦合金薄带产业化，合金薄带厚度达到 0.7mm，年产能达到 1000 吨，产品通过船级社认证并在 10 万吨以上 LNG 船上实现示范应用；支持深井、超深井及低温开采急需的高性能铝合金钻杆及油套管的产业化。同时，支持 TA2、TC4 等级钛合金管产业化，形成年产 5000 吨以上钛合金管生产能力，并在船舶及海洋工程装备中示范应用。

2. 岛礁建设用新型建筑材料

支持南海岛礁建设用海水拌养型混凝土产业化，珊瑚礁、砂集料海水拌养混凝土就地取材利用率大于 75%，28 天抗压强度不低于 50MPa，劈裂抗拉强度大于 5.0MPa，海水拌养型混凝土年产能达到 20 万 m^3 并在南海岛礁建设中实现示范应用；支持适用于南海岛礁建设的新型墙体材料产业化，耐火等级达到 A 级，抗压强度大于 10MPa，抗折强度大于 2.5MPa，墙体材料吸水率不大于 15%，热惰性大于 2.5cal/cm^2·℃·s，新型墙体材料单线年产能达到 10 万 m^3，墙体制品在南海岛礁建设中实现示范应用。

3. 新型防腐涂料

重点支持船舶、海洋平台及岛礁建设工程用新型重防腐涂料的产业化。新型重防腐涂料 VOC 含量≤80g/L，耐老化性≥4000h，耐盐雾≥10000h，附着力≥23MPa，柔韧性/弯曲性≤轴棒 1，耐强酸强碱、抗氯离子渗透≤0.65×10^{-3}/（cm^2·d），年产量大于 5 万吨，并且在大型海洋工程装备和岛礁建设工程上实现示范应用。

（三）节能环保产业发展急需的新材料

1. 大气污染治理新材料

支持工业用高性能 PM2.5 过滤材料产业化和规模应用，PM2.5 过滤材料过滤效率大于 85%，长期工作温度不低于 240℃，年产能达到 500 万平方米以上，烟气粉尘排放浓度降低 50%，在 5 家以上大型燃煤发电、钢铁或水泥企业实现规模应用；支持高性能脱硝材料及器件产业化，脱硝材料年产能超过 20000m³，烟气 NO$_x$ 脱除效率达 80% 以上，SO$_3$ 转化率不高于 0.4%，氨逃逸小于 3ppm，并在 5 家以上大型燃煤发电等企业实现规模应用。

2. 新型建筑节能材料

支持低成本、高性能在线镀膜低辐射（Low-E）玻璃产业化，玻璃传热系数不高于 1.8W/(m²·K)，可见光透射率大于 50%，年产能达到 500 万平方米，并在 100 万平方米以上大型玻璃幕墙上实现示范应用；支持高性能相变蓄能石膏板产业化，石膏板相变潜热大于 40kJ/kg，阻燃性能达到 B 级以上，相变蓄能石膏板年产能达到 200 万平方米，并实现 100 万平方米以上示范应用。

（四）先进轨道交通装备等产业发展急需的新材料

支持高速铁路用轮对、车轴、轴承、转向架、弹簧等配套材料产业化，突破钢种成分优化、强韧性匹配、抗剥离性能、接触疲劳性能批量生产及检测技术，材料主要性能指标均满足 EN13261 等先进标准和国产试制技术条件的要求；支持高性能铸造铜包铝、铬锆铜导电合金产业化与示范应用，铜包铝导电合金年产能达到 1 万吨，铬锆铜合金接触线产能达到 2 万吨，在高速轨道交通领域实现示范应用；支持蜂窝芯材用芳纶纸产业化与示范应用，芳纶纸抗张强度大于 3.2kN/m，耐温超过 210℃，阻燃等级为 VTM-0 或 V-0 级，芳纶纸年产能达到 1500 吨；同时，支持高品质铝合金汽车板产业化，攻克大尺寸铸锭、板形、组织及表面状态控制、热处理等关键技术，形成年产 5 万吨汽车车身板材能力并实现规模应用。

三、组织实施

（一）实施原则

1. 面向重大需求，聚焦有限目标。聚焦新一代信息技术、节能环保、海洋工程、先进轨道交通等战略性新兴产业和国民经济重大需求，重点支持需求潜力巨大、国内尚属空白的关键新材料规模稳定产业化与示范应用。同时，促进部分技术落后或不能稳定生产的重点新材料尽快实现技术升级和批量稳定产业化与规模应用。

2. 产业链系统布局，促进产业链协同发展。对重点新材料产业化、示范应用、关键装备、检验检测等产业链关键环节进行系统支持，突破制约新材料工程化、产业化发展的关键瓶颈问题，促进产业链协同创新，共同发展。

3. 鼓励机制创新，促进产用结合。发挥市场需求对新材料产业技术创新的引导作用，着力解决产用脱节问题，鼓励新材料生产企业与重大示范应用企业密切合作，形成紧密合作、优势互补、利益共享的合作机制，缩短新材料从产业化到规模应用的周期。

（二）实施周期

2014~2016 年，通过发布公告或通知方式组织实施。

四、保障措施

（一）发挥企业创新主体作用，鼓励企业加强创新能力建设，加大创新成果产业化和应用投入，形成持续创新能力，促进优势企业发展成为具有国际竞争力的行业龙头或骨干企业。对企业为开发新技术、新产品、新工艺发生的研发费用，按照有关税收法律法规和政策规定，在计算应纳税所得额时实行加计扣除。

（二）发挥政府引导作用，以及产业联盟、行业协会等中介组织桥梁纽带作用，以重大项目为牵引，鼓励产用单位建立紧密合作、优势互补、利益共享机制清晰的新型合作机制，合力推动新材料产业化、示范应用、关键装备等协调发展，缩短新材料产业化和规模应用的周期。

（三）加强新材料产业化和示范应用等环节的知识产权创造、运用、保护和管理，构建若干具备比较优势的专利组合，在国外主要贸易国部署一批专利，建立重大项目知识产权评议机制，在新材料产业集聚区开展知识产权集群管理，组建专利联盟，搭建知识产权公共服务平台。同时，瞄准国际先进水平建立健全我国新材料检测评价标准体系，积极参与新材料国际标准制定。

（四）不断完善新材料产业标准体系，研究提升大气污染物排放、建筑节能等重点行业标准及设计规范，通过相关标准提升，带动和促进一批重点新材料及器件实现规模应用。

（五）鼓励创业投资、股权投资投向新材料产业化和重大应用企业，有效拓宽新材料企业融资渠道。鼓励金融机构灵活运用多种金融工具，支持信誉良好、产品有市场、有效益的新材料企业加快发展。

（六）支持有条件的企业充分利用中央和地方的人才引进计划和相关支持政策，加强高层次人才和团队引进。依托国家工程（技术）研究中心、工程（重点）实验室、国家级企业技术中心等创新平台，以及产业化、示范应用项目加强新材料专业技术人才培养。鼓励新材料企业积极开展国际合作与交流，引进国外先进技术和管理经验，参与国际重大项目建设。

9.5 工业和信息化部、发展改革委、科技部关于加快石墨烯产业创新发展的若干意见

（工信部联原〔2015〕435 号）

为加快实施创新驱动发展战略，贯彻执行国务院《"十二五"国家战略性新兴产业发展规划》《中国制造 2025》，落实工业和信息化部《新材料产业"十二五"发展规划》、发展改革委等 3 部门印发的《关键材料升级换代工程实施方案》，引导石墨烯产业创新发展，助推传统产业改造提升、支撑新兴产业培育壮大、带动材料产业升级换代，现提出以下意见：

一、抓住机遇培育壮大石墨烯产业

石墨烯是在光、电、热、力等方面具有优异性能，极具应用潜力、可广泛服务于经济社会发展的新材料。在能源装备、交通运输、航空航天、海工装备等产品上已呈现良好应用前景。发展石墨烯产业，对带动相关下游产业技术进步，提升创新能力，加快转型升级，激活潜在消费等，都有着重要的现实意义。

我国石墨烯材料及应用经过自主系统研发，生产技术、工艺装备和产品质量取得了重大突破，在储能器件、改性材料、智能穿戴等产品上的应用效果逐步显现，产业化势头可

喜,多个具有石墨烯特色的产业创新示范区已露雏形,产业化步伐明显加快。当前,我国石墨烯材料正处于从实验室走向产业化的关键时期。

但受石墨烯材料生产技术成熟度不高、产业化应用路径长等因素制约,我国石墨烯材料批量化生产和应用尚未完全实现,还存在技术转化能力弱、工装控制精度低、质量性能波动大、生产成本比较高、标准化建设滞后、商业应用领域窄等问题。因此,在我国新材料、高端装备快速发展,制造业由大变强的进程中,亟待以石墨烯市场开发遇到的突出问题为导向,以终端产品需求为牵引,采取"一条龙"模式构建完善产业链,围绕产业链配制创新链、集聚创新要素,强化上下游协同创新,着力提升石墨烯材料及其应用产品的综合性能,推进石墨烯首批次产业化应用,加快培育和壮大石墨烯产业。

二、把石墨烯产业打造成先导产业

(一)总体目标

全面贯彻党的十八大和十八届三中、四中、五中全会精神,坚持创新驱动和军民融合发展,以问题为导向,以需求为牵引,以创新为动力,着力石墨烯材料高质量稳定生产,着力石墨烯材料标准化、系列化和低成本化,着力构建石墨烯材料示范应用产业链,着力引导提高石墨烯材料生产集中度,加快规模化应用进程,推动石墨烯产业做大做强。

到 2018 年,石墨烯材料制备、应用开发、终端应用等关键环节良性互动的产业体系基本建立,产品标准和技术规范基本完善,开发出百余项实用技术和样品,推动一批产业示范项目,实现石墨烯材料稳定生产,在部分工业产品和民生消费品上的产业化应用。

到 2020 年,形成完善的石墨烯产业体系,实现石墨烯材料标准化、系列化和低成本化,建立若干具有石墨烯特色的创新平台,掌握一批核心应用技术,在多领域实现规模化应用。形成若干家具有核心竞争力的石墨烯企业,建成以石墨烯为特色的新型工业化产业示范基地。

(二)基本原则

坚持企业主体,政策引导。发挥市场在资源配置中的决定性作用,激发市场主体活力,提升要素配置效率,发挥国家有关专项及产业政策的引导作用,营造良好发展环境,加快石墨烯材料研究成果产业化进程。

坚持创新驱动,典型示范。创新技术、业态和商业模式,本着利益共享、风险共担,打造产业发展利益共同体,以实现产业化应用为龙头,突破制约产业化应用的技术、业态和商业模式上的障碍,加快推进示范应用。

坚持需求牵引,技术推动。围绕国家重大工程和战略性新兴产业发展需求,促进石墨烯产业链纵向延伸,深化"产学研用"合作,立足提质降本增效,协同开展生产和应用技术攻关,完善石墨烯产业持续创新发展的体系。

三、推进产业发展关键技术创新

(一)突破石墨烯材料规模化制备共性关键技术。围绕石墨烯材料批量制备以及基于石墨烯的各类功能材料制备关键技术,引导骨干企业携手有关高校、科研院所,协同开发材料规模化制备技术,促进关键工艺及核心装备同步发展,提升产业化水平,实现对石墨烯层数、尺寸以及表面官能团等关键参数的有效控制,提高石墨烯材料规模化制备的工艺稳定性、性能一致性、产品合格率，有效降低成本。

（二）加强知识产权体系建设。鼓励企业与高校、科研院所、知识产权机构等，协同开展石墨烯产业关键技术知识产权运用保护体系建设，提升专利的数量和质量，定期发布石墨烯产业专利态势，建立石墨烯知识产权运营平台，完善知识产权交易和保护机制，促进知识产权高效利用。

（三）搭建产业发展服务平台。依托现有资源，完善石墨烯产业发展所需公共研发、技术转化、检验检测与信息交流等平台，建立开放的石墨烯材料与器件性能参数数据库。引导石墨烯材料生产企业联合下游用户、相关科研院所，围绕石墨烯产品生产和性能评价，建立合作开发机制。

四、推进首批次产业化应用示范

（一）创新石墨烯材料产业化应用关键技术。积极利用石墨烯材料提升传统产品综合性能和性价比。推进石墨烯材料在新产品中的应用。开发大型石墨烯薄膜制备设备及石墨烯材料专用检测仪器。重点发展利用石墨烯改性的储能器件、功能涂料、改性橡胶、热工产品以及用于环境治理及医疗领域功能材料的生产应用技术，基于石墨烯材料的传感器、触控器件、电子元器件等产品的制备技术。

（二）开展终端应用产品示范推广。围绕新兴产业发展和现代消费需要，瞄准高端装备制造、新能源及新能源汽车、新一代显示器件、智能休闲健身等领域，构建石墨烯制品示范应用推广链，促进石墨烯材料的研制生产、应用开发及性能评测等环节互动，提升性价比，示范推广利用石墨烯生产的储能材料、导电材料、导热材料、功能涂料、复合材料、光电子微电子材料以及环境治理与医疗诊疗用新材料。

（三）促进军民融合发展。加大石墨烯材料在国防科技领域的应用，围绕石墨烯材料应用开发建立军民口科研机构协作机制，推动技术成果、信息资源共享，促进专业人才、基础设施等要素的互动。发挥军民结合公共服务平台作用，开展两用技术交流对接，借助建设以军民结合为特色的新型工业化产业示范基地，带动提升石墨烯产业军民融合水平。

五、推进产业绿色、循环、低碳发展

（一）壮大石墨烯材料制造业规模。加快石墨烯材料生产迈向规模化、柔性化、智能化、绿色化。新建石墨烯材料生产线原则上要进入化工园区，符合化工园区环保准入条件和园区规划环评要求，粉体生产线装置规模不低于 10 吨/年，薄膜生产线能够连续自动转片。鼓励石墨烯粉体制备与天然石墨资源开发有机结合。

（二）促进产业集聚发展。鼓励石墨烯材料生产企业以资本、技术、品牌等为纽带，在材料制备领域提高生产集中度。支持中小企业发挥自身"专精特新"优势，利用石墨烯材料开发适销对路的新技术、新产品、新材料、新装备，支持开展形式多样的应用创新、创业活动，集群发展石墨烯材料应用产业，形成聚集效益，打造产业示范基地。

（三）实现产业绿色发展。优化石墨烯材料生产工艺，完善生产装备，鼓励选用符合能效 1 级或节能产品推广目录中的产品和设备。发展石墨烯材料清洁生产技术，推行循环型生产方式，实现石墨烯材料生产过程废物的综合利用及达标排放。推进智能化生产，加强石墨烯材料生产的污染物排放和能耗、物耗管理，开展石墨烯材料生物安全性研究，促

进产业绿色发展。

六、推进拓展应用领域

（一）积极服务于国家重点工程建设。立足石墨烯材料独特性能，针对航空航天、武器装备、重大基础设施所需产品的性能要求，协同研制并演示验证功能齐备、可靠性好、性价比优的各类新型石墨烯应用产品。加快防腐涂料在海工装备、港口岛礁等设施中的推广应用。

（二）不断开拓工业领域新应用。重点围绕涂料、树脂、橡胶、电池材料等现有大宗产品性能提升，新能源、新能源汽车、节能环保、电子信息等领域所需新产品，引导石墨烯材料生产、应用产品生产企业和终端用户跨行业联合，利用石墨烯材料协同开发性能适用、成本合理的石墨烯应用产品，并根据终端应用需要持续提高石墨烯材料性价比，培育和扩大石墨烯产品在工业领域的应用市场。

（三）努力提升服务民生能力。开发基于石墨烯薄膜、石墨烯功能纤维的穿戴产品，满足人们对智能休闲健身产品的多功能需求。加快开发石墨烯发热器件，推进基于石墨烯的高效供暖系统示范工程建设和应用推广，提高建筑节能水平。创新石墨烯产品在安全防护、医疗卫生、环境治理等领域的应用，更好满足经济社会发展。

七、保障措施

（一）加大政策扶持。结合实施创新驱动发展战略，统筹各类资源，激发市场主体积极性，支持企业围绕石墨烯产业发展，加大石墨烯材料制备关键工艺和装备研发力度，鼓励技术、业态和商业模式协同创新，交流培养专业人才，发展高端品种、提高质量性能，组织实施重大应用示范项目。

（二）加强投融资引导。引导各类资本参与石墨烯企业股权并购和高端项目开发。鼓励有条件的地区设立产业发展专项资金。支持产融携手创新基于构建完整产业链、着眼终端产品推广应用的互惠合作融资模式。研究建立石墨烯产品首批次应用示范风险补偿机制，鼓励石墨烯产业化应用。

（三）完善标准规范体系。建立适合我国产业特点并与国际接轨的石墨烯标准体系，按照分类指导原则，尽快完善石墨烯材料的术语、产品、方法以及生产过程污染物排放等标准规范，统筹前沿领域标准预先研究，鼓励制定先进的企业标准或团体标准。研究石墨烯材料认证技术要求。

（四）加强行业管理和服务。指导建立石墨烯产业发展联盟，完善石墨烯行业运行监测、预警机制。发挥第三方机构作用，发布产业发展动态信息，防止盲目投资和低水平重复建设，组织推广节能减排、安全生产等共性技术，加强国际合作交流，探索开展相关产品认证，防止不当竞争与虚假宣传，强化行业自律，维护市场秩序。

各地工业和信息化、发展改革、科技主管部门要根据当地石墨烯产业发展实际，强化统筹协调和督促落实，因地制宜研究制定相关政策措施，激发市场主体创新活力，积极引导、协助上下游企业打通产业链，指导开展知识产权建设、保护和运用工作，促进石墨烯产业持续健康发展。

9.6 国务院办公厅关于成立国家新材料产业发展领导小组的通知

（国办发〔2016〕97号）

各省、自治区、直辖市人民政府，国务院各部委、各直属机构：

为贯彻实施制造强国战略，加快推进新材料产业发展，国务院决定成立国家新材料产业发展领导小组（以下简称领导小组）。现将有关事项通知如下：

一、主要职责

审议推动新材料产业发展的总体部署、重要规划，统筹研究重大政策、重大工程和重要工作安排，协调解决重点难点问题，指导督促各地区、各部门扎实开展工作。

二、组成人员

组　长：	马　凯	国务院副总理
副组长：	苗　圩	工业和信息化部部长
	肖亚庆	国资委主任
	林念修	发展改革委副主任
	阴和俊	科技部副部长
	刘　昆	财政部副部长
成　员：	杜占元	教育部副部长
	徐乐江	工业和信息化部副部长
	汤　涛	人力资源社会保障部副部长
	张　骥	商务部部长助理
	潘功胜	人民银行副行长
	黄丹华	国资委副主任
	李　国	海关总署副署长
	孙瑞标	税务总局副局长
	田世宏	质检总局党组成员、国家标准委主任
	许宪春	统计局副局长
	贺　化	知识产权局副局长
	张亚平	中科院副院长
	徐德龙	工程院副院长
	王兆星	银监会副主席
	方星海	证监会副主席
	梁　涛	保监会副主席
	高瑞平	自然科学基金会副主任
	张克俭	国防科工局副局长
	陆　明	外专局副局长
	冯丹宇	中央军委装备发展部副部长

三、工作机构

领导小组办公室设在工业和信息化部，承担领导小组的日常工作。工业和信息化部副部长徐乐江兼任办公室主任，领导小组成员单位有关司局负责同志担任办公室成员。

领导小组成员因工作变动需要调整的，由所在单位向领导小组办公室提出，按程序报领导小组组长批准。

领导小组聘请有关方面专家组成国家新材料产业发展专家咨询委员会，为领导小组提供决策咨询。

国务院办公厅

2016 年 12 月 23 日

（此件公开发布）

9.7　科技部关于印发《"十三五"材料领域科技创新专项规划》的通知

（国科发高〔2017〕92 号）

"十三五"时期是我国全面建成小康社会和迈进创新型国家行列的决胜阶段。为贯彻落实《国家中长期科学和技术发展规划纲要（2006—2020 年)》《国家创新驱动发展战略纲要》《"十三五"国家科技创新规划》和《中国制造 2025》，加快推动材料领域科技创新和产业化发展，特制定本规划。

一、形势与需求

材料服务于国民经济、社会发展、国防建设和人民生活的各个领域，成为经济建设、社会进步和国家安全的物质基础和先导，支撑了整个社会经济和国防建设。因此，新材料技术是世界各国必争的战略性新兴产业，成为当前最重要、发展最快的科学技术领域之一。"一代装备，一代材料"向"一代材料，一代装备"转变，彰显了材料的战略作用。发展材料技术既可促进我国战略性新兴产业的形成与发展，又将带动传统产业和支柱产业的技术提升和产品的更新换代。

（一）国际材料科技发展形势

近几年来，全球新一轮产业变革为材料产业结构调整提供了重要的机会窗口。材料技术领域研发面临新突破，新材料和新物质结构不断涌现，全球新材料技术与产业发展迅猛，新材料技术成为各国竞争的热点之一。

目前国际上材料领域全面领先的国家仍然是美国，日本在纳米材料、电子信息材料，韩国在显示材料、存储材料，欧洲在结构材料、光学与光电材料、纳米材料，俄罗斯在耐高温材料、宇航材料方面有明显优势。我国在纳米材料、非线性激光晶体、第三代半导体、半导体照明、稀土材料等方面的研究水平和成果与国际先进水平属同一发展阶段，部分处于领先水平。在碳纤维及其复合材料、高温合金、高密度信息存储材料、显示技术等方面与国外先进水平还存在较大差距。

当今材料技术整体发展态势为：材料制备与应用向低维化、微纳化、人工结构发展，材料结构功能一体化、功能材料智能化、材料与器件集成化、制备及应用过程绿色化成为材料研发的重要方向；材料研发周期缩短、可应用材料品种快速增长；材料与物理、化学、信息、生物等多学科交叉融合加剧，多学科交叉在材料创新中作用越来越重要；材料研发向更加惠及民生发展，并在资源和能源的可持续发展中发挥着越来越重要的作用。

（二）我国材料科技发展形势

近年来，材料领域科技发展十分迅速。2005 年，我国（不包含中国台湾和香港地区）材料领域科技论文数达到世界第一位，2011~2015 年，我国材料领域 SCI 论文 114734 篇，是美国 52865 篇的 2.17 倍，日本 22148 篇的 5.18 倍，同时我国材料高被引论文达到 1517 篇，是美国 1246 篇的 1.22 倍，日本 222 篇的 6.83 倍；2008 年，我国材料领域发明专利申请数达到世界第一位，2011~2015 年，我国仅钢铁、有色、石化、轻工、纺织和建材工业的授权专利为 75 万件，其中发明专利 23 万件；我国材料领域专业技能人才稳步增长，拥有中科院院士和工程院院士 210 人，研发科技人员 115 万，每年材料类大学本科毕业生 4 万余人、硕士和博士毕业生 1 万余人；材料领域初步形成了较完整的研发与产业化体系，拥有国家重点实验室、国家工程（技术）研究中心和产业化基地等近 400 家。

目前，我国材料领域发展布局合理，已取得丰硕成果。我国钢铁、有色金属、稀土金属、水泥、玻璃和化学纤维等百余种材料产量达到世界第一位。我国材料科技水平的稳步提升和创新能力的不断增强，有效推进了半导体照明、新型显示、高性能纤维及复合材料、多晶硅等成果的工程化和产业化，培育和发展了一批新兴产业和新的经济增长点；突破了超级钢（细晶钢）、电解铝、低环境负荷型水泥、全氟离子膜、聚烯烃催化剂等关键技术，对钢铁、有色、建材、石化等传统产业的优化和提升作出了重要贡献；在纳米材料与器件、人工晶体与全固态激光器、光纤、超导材料等技术领域取得重大进展，在世界科技前沿占有一席之地；发展了生物医用材料、肝炎和艾滋病快速诊断技术、海水和苦咸水淡化技术等，为科技进步惠及民生提供了一大批新材料、新技术。

（三）我国材料科技发展需求

材料产业是国民经济的基础，具有举足轻重的地位。随着我国国力和国家地位的提高，东海防空识别区的设立，南海石油的开采，以及国防安全、海洋开发、航空航天、先进轨道交通、核电和平利用等大型工程的建设均急需高温合金、高性能碳纤维等核心关键材料。

20 年来，材料领域围绕国家发展战略目标，紧密结合经济社会发展重大需求，经过不懈努力，在关键技术突破、重大产品与技术系统开发、重大应用与示范工程方面取得了一系列重大成果。在半导体照明工程、新型平板显示技术、全固态激光器及其应用、化工反应过程强化、优势资源材料应用技术开发等方面，加强了新材料应用的工程化技术开发，明显提升了我国新材料产业的国际竞争能力，为加快发展和培育战略性新兴产业奠定了良好基础；在智能材料设计与材料制备技术、光电信息和功能材料、高温超导材料与器件、高效能源材料、纳米材料与器件和高性能结构材料等方面，突破了一批关键材料的制备技术，取得了一批具有自主知识产权的核心技术成果，增强了材料领域持续创新能力；传统材料的高性能化、系列化及在节约资源、降低能耗和保护环境等方面取得显著进展，促进了传统产业的升级；军工配套材料及工程化应用技术、国产聚丙烯腈碳纤维高性能化及应用方面，为国防军工建设提供了必要的材料技术支撑。

但是，材料行业目前也面临诸多问题，主要表现在：基础原材料整体技术水平不高，物耗能耗排放较高,环境污染严重(材料行业能耗在工业总能耗和全国能源消费总量中的比重分别达到了60%和44%),产业竞争力不强,利润率低,部分行业产能严重过剩,核心技术、工艺及装备仍然部分依赖进口。新材料行业研发以跟踪国外较多,原始性创新较少,国家重大工程和国防建设对新材料需求强烈,但新材料配套与工程化能力较弱,高端产品产业化程度偏低;新兴材料产业市场巨大,需求强劲,国际竞争激烈,我国高端材料制造业的竞争力和市场份额急需提高。人才队伍中基础研究队伍不稳,工程应用技术队伍流动性不够,新兴产业人才流动性过大。

二、指导思想与基本原则

(一)指导思想

全面贯彻党的十八大和十八届三中、四中、五中、六中全会精神,深化落实《国家中长期科学和技术发展规划纲要(2006—2020年)》《国家创新驱动发展战略纲要》《"十三五"国家科技创新规划》和《中国制造2025》决策部署,坚持创新、协调、绿色、开放、共享发展理念,坚持自主创新、重点跨越、支撑发展、引领未来的指导方针,坚持创新是引领发展的第一动力,把握材料科技创新发展的新态势,深入实施创新驱动发展战略,以增强材料领域原始创新能力为核心,以传统材料绿色化和提质增效促进产业升级为主线,以满足国家重大战略和国防建设对材料的迫切需求为目标,强化材料的基础创新能力,提高全链条贯通、集成和应用水平,完善多层次多类型人才培养体系,扩大科技开放合作,大力推进材料领域大众创业和万众创新,激发创造活力,增强发展新动能,构建产业新体系与发展新机制。实现材料由大变强的历史性跨越,支撑供给侧结构性改革和经济社会可持续健康发展。

(二)基本原则

按照《"十三五"国家科技创新规划》部署,坚持把满足国家重大需求作为材料领域战略任务,坚持把加速赶超引领作为材料技术发展重点,坚持把材料科技进步惠及民生发展作为根本宗旨,坚持把深化改革作为材料领域发展强大动力,坚持把人才驱动作为材料产业壮大本质要求,坚持把全球视野作为材料科技发展重要导向。

坚持创新驱动与深化改革。坚持把创新摆在材料产业发展全局的核心位置,充分发挥企业创新主体、联盟以及各类新型研发组织和产业创新中心在协同、开放、创新中的作用,推动跨领域跨行业融合创新发展;坚定不移地深化改革,完善有利于创新发展的政策环境。

坚持绿色发展与质量为先。提高资源利用效率,促进材料可再生循环,改变高耗能、高排放、难循环的传统材料工业发展模式,构建绿色产业体系;培育一批具有核心竞争力的产业集群和企业群体,强化企业质量主体责任和意识,加强自主品牌培育。建设法规标准体系、质量监管体系,走提质增效和生态文明的发展道路。

坚持市场主导与政府引导相结合。全面深化改革,充分发挥市场在资源配置中的决定性作用,国家、地方与企业合理分工、各取所长,强化企业主体地位,激发企业活力和创造力;政府着力加强战略研究和规划引导,完善相关支持政策,创造良好发展环境。

坚持问题导向与超前布局相结合。针对制约材料发展的瓶颈和薄弱环节,加快转型升级和提质增效,切实提高产业的核心竞争力和可持续发展能力。准确把握新一轮科技革命和产业变革趋势，加强战略谋划和前瞻部署，扎扎实实打基础，在未来竞争中占据制高点，优化产业格局。

坚持整体推进与重点突破相结合。坚持统筹规划，合理布局，明确创新发展方向，加快推动材料产业整体水平提升。围绕经济社会发展和国家安全重大需求，集中力量，突出重点，点面结合，整合各类资源，实施若干重点专项和国家重大工程，实现率先突破。

坚持自主发展与开放合作相结合。在关系国计民生和产业安全的基础性、战略性、全局性领域，着力掌握关键核心技术，完善产业链条，形成自主发展能力和新的比较优势，充分利用全球资源和市场，深度开展产业全球布局和国际交流合作。

三、发展目标

（一）总体目标

贯彻落实《国家中长期科学和技术发展规划纲要（2006—2020年）》《"十三五"国家科技创新规划》和《中国制造2025》，围绕产业链部署创新链，实施材料重大科技项目，着力保障重点基础产业供给侧结构性改革，满足经济社会发展和国防建设对材料的重大需求，提升我国材料领域的创新能力，引领和支撑战略性新兴产业发展。

通过前瞻部署策略，科学把握新技术的原创点，瞄准国民经济和社会发展各主要领域的重大、核心和关键技术问题，实施材料领域重大工程和重点专项，从基础前沿、重大共性关键技术到应用示范进行全链条设计，一体化组织实施，使材料的基础前沿研发活动具有更明确的需求导向和产业化方向；实施技术创新引导策略，着重培育战略性新兴产业生长点；切实加强我国材料高技术领域自主创新能力，切实提升产业的核心竞争力，为我国经济社会发展与国防安全提供强有力的材料支撑。

加强我国材料体系的建设，大力发展高性能碳纤维与复合材料、高温合金、军工新材料、第三代半导体材料、新型显示技术、特种合金和稀土新材料等，满足我国重大工程与国防建设的材料需求。

重点发展海洋工程材料、高品质特殊钢、先进轻合金、特种工程塑料、特种玻璃与陶瓷等先进结构材料技术；高性能膜材料、智能/仿生/超材料、高温超导材料、新型生物医用材料、生态环境材料等特种功能与智能材料技术；新型微电子/光电子/磁电子材料、印刷电子材料、功能晶体与激光技术等战略性先进电子材料技术；以高通量设计/制备/表征为特征的材料基因组技术；石墨烯等纳米材料技术。带动战略性新兴产业生长点的形成，切实促进市场前景广阔、资源消耗低、带动系数大、就业机会多、综合效益好的材料产业发展。

大力推进钢铁、有色、石化、轻工、纺织、建材等量大面广的基础性原材料技术提升，实现重点基础材料关键共性技术的重点突破，提升产业整体竞争力，实现优势产能合作，落实节能减排，实现我国材料产业由大变强。

加强材料领域人才队伍建设，形成材料领域核心领军人才、研究开发人才、工程技术人才和技能人才组成的材料人才体系及其评价机制，提升创新创业人才队伍的整体素质和水平；着重提高企业技术创新创业人才的水平和比例，满足材料领域发展的需求。

（二）目标与指标体系

围绕"十三五"材料领域发展的总目标，在基础材料技术提升与产业升级方面，着力解决重点基础材料产业面临的产品同质化、低值化，环境负荷重、能源效率低、资源瓶颈制约等重大共性问题，推进钢铁、有色、石化、轻工、纺织、建材等基础性原材料重点产业的结构调整与产业升级，通过基础材料的设计开发、制造流程及工艺优化等关键技术和国产化装备的重点突破，实现重点基础材料产品的高性能和高附加值、绿色高效低碳生产。建立完备的知识产权和标准体系，完善基础材料产业链。提升我国基础材料产业整体竞争力，满足"中国制造2025""一带一路"、战略性新兴产业创新发展、新型工业化、城镇化和区域经济建设的需求，为我国参与全球新一轮产业变革与竞争提供支撑，实现我国材料产业由大变强、材料技术由跟跑型向并行和领跑型转变。

在新材料技术发展方面，将瞄准国家重大需求、全球技术和产业制高点，战略性电子材料技术以第三代半导体材料与半导体照明、新型显示为核心，以大功率激光材料与器件、高端光电子与微电子材料为重点，第三代半导体材料与半导体照明、新型显示两大核心方向整体达到国际先进水平，部分关键技术达到国际领先水平；大功率激光材料与器件、高端光电子与微电子材料两大重点方向关键技术达到国际先进水平。先进结构与复合材料将着力解决先进结构材料设计、制备与工程应用的重要科学技术问题，重点研究高性能纤维及复合材料、高温合金、高端装备用特种合金、海洋工程用关键结构材料、轻质高强材料、高性能高分子结构材料、材料表面工程技术、3D打印材料与粉末冶金技术、金属与陶瓷复合材料等关键材料和技术，实现我国高性能结构材料研究与应用的跨越发展。新型功能与智能材料将突破新型稀土功能材料、智能/仿生与超材料、新一代生物医用材料、先进能源材料、高性能分离膜材料、生态环境材料、重大装备与工程用特种功能材料的基础科学问题以及产业化、应用集成关键技术和高效成套装备技术。

在变革性的材料及其绿色制造新技术方面，纳米材料技术将重点围绕传统纳米材料的提升和新型纳米材料的研发，着力解决纳米材料产业面临的重大共性问题，在核心纳米材料的设计、生产工艺流程的优化、以及关键技术和装备的开发三个方面形成突破，建立起相对完备的知识产权和标准体系，提升我国纳米产业国际核心竞争力，实现我国纳米材料产业由大变强、成为国际领跑者之一。材料基因工程将构建支撑我国材料基因工程研究和协同创新发展的高通量计算、高通量合成与表征和专用数据库等三大示范平台，研发材料高通量计算方法、高通量制备技术、高通量表征与服役评价技术、面向材料基因工程的材料大数据技术等四大关键技术，在能源材料等材料上开展验证性示范应用，验证研发技术的先进性和适用性，并实现突破。

在材料基地与人才队伍建设方面，以国家科研基地平台为依托，建设一批完善的新材料研发平台，积极引导各类人才与团队通过平台、基地、联盟等形式开展合作协作，强化原始创新能力和高技术转移转化能力。建设一支规模、结构、素质与实现本规划目标要求相适应的多层次材料人才队伍。

指标体系：初步建立我国自主的基础材料与新材料体系；建立材料领域的产学研用结合的技术创新体系，开发全面覆盖我国产业应用的高性能结构与复合材料、特种功能与智能材料、战略性先进电子材料、纳米材料系列产品和应用技术，关键材料的自给率超过80%；培育8~10个战略性新兴产业的增长点；开发出具有自主知识产权的高通量材料模拟算法和计算软件，建立材料基因工程的计算平台、实验平台和数据库平台，发展系列高通量制备和表征的新方法和新装备，实现典型新材料的研发周期缩短一半、研发成本降低一半。

将我国重点基础材料高端产品平均占比提高 15%~20%，减少碳排放 5 亿吨/年。典型钢铁品种、高端有色金属材料的国内市场自给率超过 80%，钢铁与有色金属生产综合能效提高 10%，化工新材料和精细化学品的产值率达到 60%；特种工程塑料等高端产品的自给率 5 年内从 30% 提高到 50%；实现轻工重点材料国产化率从 15% 提高 40%；化纤差别化率由 56% 提升至 65%，产业用纺织纤维加工量由 23% 增加到 30% 以上；建材新兴产业的产值比重达到建材总量的 16% 左右。

形成专利 3000 项，制定标准和规范 500 项，建成 500 条产业化示范线，在重点领域培养 15~20 个团结协作的全链条攻关人才团队；聚集 10~15 个从事前瞻性技术创新的有活力的青年人才团队，形成研究和创新的人才梯队。培养领军型创新创业人才 1000 名。

四、发展重点

"十三五"期间，材料领域将围绕创新发展的指导思想和总体目标，紧密结合经济社会发展和国防建设的重大需求，重点发展基础材料技术提升与产业升级、战略性先进电子材料、材料基因工程关键技术与支撑平台、纳米材料与器件、先进结构与复合材料、新型功能与智能材料、材料人才队伍建设。

（一）重点基础材料技术提升与产业升级

> 着力解决基础材料产品同质化、低值化，环境负荷重、能源效率低、资源瓶颈制约等重大共性问题，突破基础材料的设计开发、制造流程、工艺优化及智能化绿色化改造等关键技术和国产化装备，开展先进生产示范。

1. 钢铁材料技术。高品质特殊钢，绿色化与智能化钢铁制造流程，高强度大规格易焊接船舶与海洋工程用钢，高性能交通与建筑用钢，面向苛刻服役环境的高性能能源用钢等。

2. 有色金属材料技术。大规格高性能轻合金材料，高精度高性能铜及铜合金材料，新型稀有/稀贵金属材料，高品质粉末冶金难熔金属材料及硬质合金，有色/稀有/稀贵金属材料先进制备加工技术等。

3. 纺织材料技术。化纤柔性化高效制备技术，高品质功能纤维及纺织品制备技术，高性能工程纺织材料制备与应用，生物基纺织材料关键技术，纺织材料高效生态染整技术与应用等。

4. 石油与化工材料技术。基础化学品及关键原料绿色制造，清洁汽柴油生产关键技术，合成树脂高性能化及加工关键技术，合成橡胶高性能化关键技术，绿色高性能精细化学品关键技术，特种高端化工新材料等。

5. 轻工材料技术。基于造纸过程的纤维原料高效利用技术及纸基复合材料，塑料轻量化与短流程加工及功能化技术，生态皮革关键材料及高效生产技术、绿色高效表面活性剂的制备技术，制笔新型环保材料等。

6. 建筑材料技术。特种功能水泥及绿色智能化制造，长寿命高性能混凝土，特种功能玻璃材料及制造工艺技术，先进陶瓷材料及精密陶瓷部件制造关键技术，环保节能非金属矿物功能材料等。

（二）战略性先进电子材料

以第三代半导体材料与半导体照明、新型显示为核心，以大功率激光材料与器件、高端光电子与微电子材料为重点，推动跨界技术整合，抢占先进电子材料技术的制高点。

1. 第三代半导体材料与半导体照明技术。大尺寸、高质量第三代半导体衬底和薄膜材料外延生长调控规律，高效全光谱光源核心材料、器件和灯具全技术链绿色制造技术，超越照明和可见光通信关键技术、系统集成和应用示范，高性能射频器件、电力电子器件及其模块设计、工艺技术及应用示范，核心装备制造技术等。

2. 新型显示技术。印刷显示器件与基础工艺集成技术，可溶性 OLED/量子点/TFT 等印刷显示关键材料与技术，高性能/低成本/长寿命红绿蓝激光材料与器件技术，激光显示集成技术及关键材料表征与评估技术等。

3. 大功率激光材料及激光器。激光与物质相互作用机理，大尺寸/低损耗大功率激光晶体和光纤耦合技术，大功率光纤激光材料和器件，高性能非线性晶体材料，高功率光纤激光，短脉冲激光技术，大功率中红外和紫外激光技术等。

4. 高端光电子与微电子材料。低维半导体异质结材料、半导体传感材料与器件、新型高密度存储与自旋耦合材料、高性能合金导电材料、微纳电子制造用新一代支撑材料、高性能电磁介质材料和无源电子元件关键材料、声表面波材料与器件技术等。

5. 前沿交叉电子材料。大面积二维电子功能材料、柔性电子材料、钙钛矿电子材料及上述材料异质结构的可控制备；有机/无机集成电子材料和器件。新型高性能微纳光电器件、自旋器件、隧穿晶体管及柔性可穿戴光电、逻辑器件。

（三）材料基因工程关键技术与支撑平台

构建高通量计算、高通量实验和专用数据库三大平台，研发多层次跨尺度设计、高通量制备、高通量表征与服役评价、材料大数据四大关键技术，实现新材料研发由传统的"经验指导实验"模式向"理论预测、实验验证"新模式转变，在五类典型新材料的应用示范上取得突破，实现新材料研发周期缩短一半、研发成本降低一半的目标。

1. 构建三大平台。构建以高通量计算平台、高通量制备与表征平台和专用数据库平台等三位一体的创新基础设施与相关技术。

2. 研发四大关键技术。多尺度集成化、高通量并发式计算方法与计算软件，高通量材料制备技术，高通量表征与服役行为评价技术，面向材料基因工程的大数据技术。

3. 典型材料重点示范应用。在构建三大平台（示范平台）和突破四大关键技术的基础上，采用计算（理论）/实验/数据库相互融合、协同创新的研发理念和模式，开展能源材料、生物医用材料、稀土功能材料、催化材料和特种合金材料等验证性示范应用研究。

（四）纳米材料与器件

> 研发新型纳米功能材料、纳米光电器件及集成系统、纳米生物医用材料、纳米药物、纳米能源材料与器件、纳米环境材料、纳米安全与检测技术等，突破纳米材料宏量制备及器件加工的关键技术与标准，加强示范应用。

1. 石墨烯碳材料技术。单层薄层石墨烯粉体、高品质大面积石墨烯薄膜工业制备技术，柔性电子器件大面积制备技术，石墨烯粉体高效分散、复合与应用技术，高催化活性纳米碳基材料与应用技术。

2. 信息电子纳米材料技术。纳米无线传感材料与器件，新型 MEMS 气敏传感材料与器件，可穿戴柔性及苛刻条件服役传感材料与器件等，新一代电子封装用高折射率高导电高导热高耐湿高耐紫外防老化等透明纳米复合材料。

3. 能量转换与存储纳米材料技术。纳米结构控制与组装技术，有机-无机高效复合技术，高选择性高转化率纳米催化材料，高储能密度介电、热电、光伏、二次电池材料、低成本燃料电池催化剂、轻质高容量储氢储甲烷材料、柔性可编织超级电容器电极材料等纳米材料与器件技术。

4. 纳米生物医用材料技术。纳米生物医药材料的结构、形貌可控制备技术，纳米生物医学检测诊断技术，纳米药物与药物智能控释及靶向技术，组织工程支架、纳米再生医学及植入体纳米表面改性技术，高端组织器官修复与替代制品，纳米生物医用材料安全评价及质量关键技术。

5. 传统产业提升与节能减排用纳米材料技术。纳米功能材料低成本绿色可控制备技术，纳米材料高效单分散与应用技术，新一代智能节能、防腐防污表面处理与性能控制的湿化学技术，纳米改性的结构功能一体化复合材料工程应用技术。

6. 纳米加工、制备、表征、安全评价、标准技术与装备。纳米尺度内的光电磁力热等物性测量的新的原理、方法、技术、装备和平台体系。环境中纳米材料演化行为，纳米材料与组织、器官、靶细胞、靶分子安全评估系统。纳米材料标准、纳米材料规模化稳定制备与加工新装备系统。

（五）先进结构与复合材料

> 以高性能纤维及复合材料、高温合金为核心，以轻质高强材料、金属基和陶瓷基复合材料、材料表面工程、3D 打印材料为重点，解决材料设计与结构调控的重大科学问题，突破结构与复合材料制备及应用的关键共性技术，提升先进结构材料的保障能力和国际竞争力。

1. 高性能纤维与复合材料。高性能碳纤维、芳纶纤维、超高分子量聚乙烯纤维、特种玻璃纤维、耐辐照型聚酰亚胺纤维、耐超高温陶瓷纤维、玄武岩纤维等，新型基体树脂、增强织物、纤维预浸料等，复合材料构件成型与应用。

2. 高温合金。超纯净冶炼、缺陷控制、组织调控、复杂及大型构件制备关键技术，变形和铸造高温合金一材多用技术，单晶高温合金和粉末冶金高温合金，特殊用途高温与耐蚀合金等。

3. 高端装备用特种合金。高端特种合金超高纯冶炼与精细组织调控的关键技术，超超临界电站装备用特种合金，高温长寿命低成本轴承合金，高端模具钢材料等。

4. 海洋工程用关键结构材料。超致密、高耐候、长寿命结构材料，海洋工程与装备用钛合金、高强耐蚀铝合金和铜合金、防腐抗渗高强度混凝土、防腐涂料等。

5. 轻质高强材料。新型轻质高强材料的新原理与新技术，先进铝合金、镁合金、钛合金、金属间化合物、高熵合金等轻质高强材料，新型轻质材料/结构一体化、智能化、柔性化设计与制造技术。

6. 高性能高分子结构材料。高性能聚醚酮、聚酰亚胺、聚芳硫醚酮（砜）、聚碳酸酯和聚苯硫醚材料，耐高温聚乳酸、全生物基聚酯、氨基酸聚合物等新型生物基材料，高性能合成橡胶等。

7. 材料表面工程技术。隔热、耐磨、减磨、抗氧化、抗烧蚀、抗疲劳等涂层材料，零部件耐磨减磨技术、新型等离子喷涂-物理气相沉积技术、新型延寿表面科学与工程技术。

8. 3D 打印材料及先进粉末冶金技术。3D 打印高温合金、特殊钢、钛合金、轻合金、高分子材料、结构陶瓷，粉末冶金精密零部件，特种粉末冶金近终成型技术及粉末梯度材料等新型粉末冶金材料。

9. 金属与陶瓷复合材料。先进铝基、钛基、铁基等金属基复合材料，金属层状复合材料，碳化硅、氧化铝、氮化硅和氮化硼纤维及复合材料，耐高温陶瓷基复合材料，低成本碳/陶复合材料等。

（六）新型功能与智能材料

> 以稀土功能材料、先进能源材料、高性能膜材料、功能陶瓷等战略新材料为重点，大力提升功能材料在重大工程中的保障能力；以超导材料、智能/仿生/超材料、极端环境材料等前沿新材料为突破口，抢占材料前沿制高点。

1. 新型稀土功能材料。稀土磁功能、光功能、吸波、催化、陶瓷等功能材料及器件，高性能稀土储氢材料、高纯靶材及薄膜、功能助剂等材料及技术，高丰度稀土应用新技术。

2. 先进能源材料。高性能薄膜太阳能电池、锂离子电池、燃料电池等关键材料及工程化技术，电池梯级利用与绿色回收技术，乏燃料后处理技术，先进超导线材、薄膜及器件批量制备，高性能热电和节电等材料及技术。

3. 高性能分离膜。高性能海水淡化反渗透膜、水处理膜、特种分离膜、中高温气体分离净化膜、离子交换膜等材料及其规模化生产、工程化应用技术与成套装备，制膜原材料的国产化和膜组器技术。

4. 智能、仿生与超材料。高性能传感与驱动、气敏、铁性机敏、形状记忆、压电、巨磁致伸缩、热释电、液态金属等功能材料及技术，超浸润调控、离子通道能量转换等关键仿生材料及技术，高性能多功能超材料及技术。

5. 新一代生物医用材料。生物医用新材料及技术，高端医疗植介入器械的国产化原材料及制备关键技术，医学诊疗新材料及磁、光靶向生物材料。

6. 生态环境材料。材料生命周期绿色评价与生态设计，环境友好阻燃材料、净化材料，材料高质化、全生物降解碳中性等工程化技术与示范，失效电子与耐火材料等循环再造技术。

7. 重大装备与工程用特种功能材料。高速动车组用摩擦制动材料，重大海空装备用耐腐蚀自润滑复合材料，航空航天用压电材料及耐蚀和极端温度的含氟密封材料，超级计算机用高效热管理材料及电磁屏蔽材料，核电站非能动智能保护用温度感知高矫顽力磁性材料及组件，电磁弹射安全系统用新型电磁阻尼材料等。

（七）材料人才队伍建设

> 通过机制与制度创新，加强材料领域人才队伍建设，形成材料领域核心领军人才、研究开发人才、工程技术人才和技能人才组成的材料人才体系及其评价机制，提升创新创业人才队伍的整体素质和水平，满足材料领域发展的需求。

1. 不断壮大人才队伍。建设一支规模、结构、素质与实现本规划目标要求相适应的多层次材料人才队伍；培育出材料领域高层次人才2万人，其中包括高层次领军人才1000人。

2. 统筹各类人才协调发展。围绕战略性新兴材料产业和前沿科学技术，在重点领域培养15~20个团结协作的全链条攻关人才团队，聚集10~15个从事前瞻性技术创新的有活力的青年人才团队，形成研究和创新的人才梯队。

3. 大幅度提高企业人才素质。突出材料企业人才队伍建设，促进人才向企业聚集，进一步优化人才结构。到2020年，材料企业技术工人占从业人员的比例提升到58%以上，大专以上人才占所有从业人员的比例提升到22%以上。

4. 逐步形成与材料领域发展相适应的人才培养、使用与管理新机制。通过机制与制度创新，推进材料领域教育、人才、劳动、分配等制度改革，营造适宜高层次人才成长与脱颖而出的良好环境，建立不同类型人才的评价体系。

5. 加强平台、基地、联盟的建设。积极引导各类人才与团队通过平台、基地、联盟等形式开展合作协作，强化原始创新能力和高技术转移转化能力。在材料领域新建5~10个产业技术创新战略联盟，组建若干个重点新材料国家技术创新中心，建设20~30个国家引导、地方主建的基础零部件和关键构件工程化基地。

五、政策措施

（一）组织实施机制及模式

1. 立足顶层设计，实施统筹部署。根据《中共中央国务院关于深化体制机制改革加快实施创新驱动发展战略的若干意见》《深化科技体制改革实施方案》等科技改革精神，结合材料基础性、交叉性、系统性、复杂性和长期性等特点，建立跨部门协同、跨区域组织的协调机制，加强材料科技计划与其他国家科技计划之间的协调和衔接，制定多部门联合的政策保障措施。依托专业机构，组织国内外知名专家建立专业化智库，参与项目论证实施的全过程管理，既保证在整体目标的决策上做到顶层设计、统筹部署，又确保在技术研发、成果转化、示范推广、检测标准认证等市场培育的不同环节，形成持续、配套的政策保障，实现全链条技术创新。

2. 实施多元联动，形成发展合力。加强材料科技规划与地方科技和产业发展规划的衔接，针对性地利用地方在资源、科技、产业、经济等方面的优势和特点，共同制定技术和产业发展配套政策，构建立足地方、带动全国、引领世界的跨学科、跨行业、跨区域的材料产业技术创新链，推动形成各具特色的材料产业集群，配合重点专项实施，落实配套资金，共同保障重点专项目标的实现。积极鼓励社会资本投入研发及产业化，鼓励社会资本参与设立材料产业基金，实现国家投入放大增效和资源的最佳配置。

3. 坚持寓军于民，强化军民融合。坚持政府主导，发挥市场要素作用，推进材料领域国防科技和民用科技互动发展，逐步统一军民产品和技术标准。进一步发挥国防科技工业对国民经济的促进作用，加强材料领域国防和民用在科技成果、人才、资金、信息等要素上的交流融合，形成材料产业对国防建设的强大支撑力、国防材料科技对国民经济尤其是新材料产业发展的强大牵引力。建立军民融合的材料研发体系。加大对军民结合材料产业的政策支持力度。打造一批具有比较优势的军民结合知名品牌，推动军民结合产业进一步做强做大。

4. 遵循材料发展规律，完善组织管理模式。符合材料领域自身特点及其科技创新与产业发展的规律，是实施材料领域自主创新战略的基本出发点。材料基础研究周期相对较长且远离市场，对持续稳定的创新环境要求较高，需要稳定的研发队伍和持续性的投入支持；产业化关键核心技术研发综合性、系统性强，技术与市场衔接紧密。针对不同的发展阶段，材料研发应采取不同的组织和管理模式，产业化项目采取"全链条部署、一体化实施"的攻关模式，进行"跨学科合作""大兵团作战"。坚持目标问题导向，产学研用结合，实施材料领域重大工程和重点专项，破解长期以来困扰我国材料产业发展的"有材不好用、有好材用不上"难题。

5. 发挥联盟优势，增强实施效果。进一步发挥产业技术创新战略联盟协同创新优势，推动开放性的国际化公共研发平台和科技服务平台建设、体制机制模式创新的国家技术创新中心的建立和跨界技术的整合。在实施"全链条部署、一体化实施"类项目时，支持联盟组建涵盖基础研究、重大共性关键技术攻关、系统集成以及应用示范全流程创新链条的技术攻关团队，推动落实项目各项配套保障条件，及时、高效地协调、解决项目实施过程中出现的各种问题，保证项目目标的顺利实现。

（二）经费资助方式

按照国家五类科技计划相关要求对不同类别的材料项目进行经费资助。

（三）配套创新政策

1. 完善创新发展环境。深化科技计划（专项、基金等）管理改革，建立和完善材料科技和产业政策体系。支持材料重点领域科技研发和示范应用，促进材料及相关产业技术创新、转型升级和结构布局调整。完善和落实支持创新的政府采购政策，推动材料及相关产业创新产品的研发和规模化应用。加强材料科技政策与产业、金融、财税、投资、贸易、土地、资源和环保等政策衔接配合。建立健全材料产业统计监测体系，把握行业运行动态，及时发布相关信息，避免盲目发展与重复建设，引导和规范材料产业有序发展。制定和完善行业准入条件，发布重点材料产品指导目录，实施材料领域重大工程。

2. 增强可持续创新能力。持续加大技术研发投入，重视材料基础研发，使原始创新成为可持续发展的源动力。发挥企业创新主体作用，加快培育一批具有一定规模、优势特色突出、掌握核心技术的材料企业。鼓励原材料工业企业大力发展精深加工和新材料产业，延伸产业链，提高附加值，推动传统材料产业的转型升级。高度重视发挥中小企业在材料产业中的创新作用，支持中小材料企业向"专、精、特、新"方向发展，提高中小企业对大企业、大项目的配套能力，打造一批材料"小巨人"企业。加强军民科技融合深度发展，丰富融合形式、拓展融合范围、提升融合层次和质量。完善科技管理体制机制，优化创新资源配置，提升创新效率。

3. 加大公共研发服务平台、创新基地以及产业技术创新战略联盟建设。加大国家科研基地平台建设。梳理具有产业化前景的优势学科，以重大应用需求为牵引，支持工程化试验与验证平台建设。通过联盟等探索建设新型研发机构和体制机制创新的开放型国际化公共研发与服务平台，提高单项技术集成、测试验证、可靠性评价等工程试验验证能力，通过平台进行跨行业跨领域的技术集成、放大和产业化中试验证，开展专业化服务。重点开展平台类技术的研发和集成，支撑大众创业、万众创新，打造专业化众创空间，培育新的经济增长点，做深做强材料产业。在有优势资源和条件的地方建设创新基地，实现产业集群式发展。在重点领域加强产业技术创新战略联盟建设，强化联盟的联络、组织、服务作用，推动科研成果快速落地。

4. 大力加强知识产权保护，实施知识产权和标准战略。引导企业将技术创新、知识产权保护、标准制定相结合，提升产业竞争优势。建设和完善材料领域知识产权公共服务平台，定期发布各重点领域知识产权态势，促进企业提高创造、保护、运用和管理知识产权的水平。瞄准国际先进水平，立足自主技术，健全材料标准体系、技术规范、检测方法和认证机制，打造标准服务平台。

5. 加快多层次、多类型创新人才队伍建设。将人才队伍建设与研发任务、基地建设相结合，结合已有的人才计划，造就一批引领材料领域发展的领军人才。以重点专项和重大工程为依托，实行"人才+项目+基地"一体化培养，建立全链条人才团队培育机制。加强前瞻性技术人才团队培养，围绕材料研究前沿方向，组建前瞻性、原创性的技术人才团队。积极引进产业发展所需的高层次人才和紧缺人才，同时加快建设和发展职业培训机构，大力培养专业技术人才，提高产业技术队伍整体素质，完善面向材料产业的人才服务体系。

6. 深化国际合作交流。鼓励开展国际技术交流活动，采取科技合作、技术转移、产能合作、资源共同开发与利用、参与国际标准制定等多种方式，扩大我国材料产业技术创新在全球的影响力和话语权。吸引有实力的跨国公司在国内建立高水平的研发中心、生产中心和运营中心，带动行业和国内企业创新能力提升。鼓励境外企业和科研机构在我国设立材料研发机构，支持符合条件的外商投资企业与国内材料企业、科研院校合作申请国家科研项目。支持企业并购境外材料企业和技术研发机构，参加国际技术联盟，开拓国际市场，加快国际化经营。

7. 加大财税政策支持力度，健全中小企业融资体系。强化创新激励措施，促进材料产业扩大装备投资，加快技术升级。建立由政府主导的信贷风险补偿基金，以及市场化运作的中小微企业融资担保机构。加快建成中小企业社会信用体系。完善监管机制，扩大上市、发行债券等直接融资，多渠道解决中小企业融资保障问题。鼓励社会资本投入研发与产业化，创新符合材料产业特点的各类金融产品，建立健全融资保障机制。落实国家扶持中小企业的各项金融政策，支持金融机构为中小企业提供更多融资服务。

8. 完善公共服务体系，优化和完善成果转化、技术转移机制。综合运用政府购买服务、无偿资助、业务奖励等方式，支持材料产业集群地区建立和完善公益性行业公共服务平台，充分发挥相关行业组织专业优势和行业资源整合能力，进一步完善平台服务功能，提升服务质量与规范性，形成适合中小微型企业特点的服务模式。在建立和整合共性技术研发平台过程中，进一步突出成果转化、技术扩散和转移职能，制定和出台有利于共性技术研发基地技术转移和成果推广的配套政策。建立成果推广奖惩机制，促进共性技术推广应用。

9. 围绕"一带一路"倡议，对支撑"产能输出、资源输入"的材料研发项目予以倾斜支持。鼓励利用技术优势开发国外矿产（稀土等）资源。加强政策研究，鼓励拥有先进技术的大型企业或机构走出去，开发国外稀土等资源，保护国内资源，与国家倡导的"利用两种资源、开发两个市场"相契合，实现以技术控制资源并将技术优势转化为经济效益的目的。

9.8　工业和信息化部、发展改革委、科技部、财政部关于加快新材料产业创新发展的指导意见

（工信部联原〔2016〕54 号）

为进一步落实《国务院关于加快培育和发展战略性新兴产业的决定》，实现《中国制造 2025》战略目标，推动我国由材料工业大国向材料工业强国转变，现就加快推进新材料产业创新发展提出以下意见。

一、高度重视新材料产业的战略地位

新材料是指新出现的具有优异性能和特殊功能的材料，或是传统材料改进后性能明显提高和产生新功能的材料。当前，全球新一轮科技革命与产业变革蓄势待发，新材料与信息、能源、生物等技术加速融合，材料基因组计划、增材制造等开发应用新模式蓬勃兴起，主要发达国家都将新材料等新兴产业作为发展重点，以期在全球产业竞争中抢占先机。

新中国成立以来，特别是近三十年来，我国新材料产业取得长足进步，创新成果不断涌现，产业规模日益壮大，整体实力明显提升，已经具备良好的发展基础。但长期存在的创新链条不完整、科研生产力量分散、管理体系不健全、关键材料保障不力等问题没有得到根本解决，新材料产业一直是制约制造业发展的软肋和瓶颈。

发展新材料产业是推动制造业由大变强的重要举措，是培育国家竞争新优势的必然选择。我国正处于全面建成小康社会的决胜阶段，加快建设制造强国战略任务艰巨，对新材料的需求日益迫切。必须把发展新材料产业提升到战略高度，集中力量，统筹协调，坚定信心，加紧部署，下大力气突破一批关键材料，大幅提升新材料产业保障能力，全面支撑

中国制造实现由大变强的历史跨越。

二、总体要求

（一）指导思想

全面贯彻党的十八大和十八届三中、四中、五中全会精神，认真落实《中国制造2025》战略部署，以满足重大技术装备需求为主攻方向，着力完善创新机制，构建以企业为主体、以科研机构为支撑、军民深度融合、产学研用相互促进的新材料产业新体系，着力促进资源整合，集中力量突破一批关键核心技术，提升新材料产业化和规模化应用水平，着力加强管理创新，完善配套政策和行业管理体系，大幅提升新材料产业国际竞争力，为建设制造强国奠定坚实基础。

（二）基本原则

坚持市场主导，政府引导。遵循市场经济规律，强化企业主体地位，破除体制机制障碍，不断激发新材料企业创新活力。创新行业管理模式和手段，完善初期市场培育政策，有效带动社会资源，营造新材料产业发展良好环境。

坚持创新发展，需求牵引。推动新材料产业大众创业、万众创新，践行材料先行和绿色发展理念，运用"互联网+"思维，支持发展新模式、新业态，形成新材料创新发展新格局。聚焦经济社会发展和制造强国建设重大需求，加强供需对接，鼓励开展应用示范。

坚持统筹协调，分类指导。加强信息共享与协调合作，提高新材料产业发展规划的系统性、部门工作的协同性、政策措施的配套性。遵循新材料产业发展规律，探索不同类型材料的发展模式，突出区域发展特色，实施有针对性的政策引导和扶持。

坚持远近结合，协同促进。把握全球科技革命与新兴产业发展趋势，立足材料工业基础，有序推进重点新材料发展。加强新材料产业生态体系建设，鼓励下游协作配套，推动大中小企业紧密合作，促进新材料产业与新一代信息技术产业、高端装备制造业等融合发展。

（三）主要目标

到2020年，新材料产业总体技术水平明显提高，创新发展体系初步建立，产业规模化集聚化发展态势基本形成。先进基础材料总体实现稳定供给并形成一定出口能力，关键战略材料综合保障能力超过70%，前沿新材料取得一批核心技术专利，部分品种实现量产。新一代信息技术产业、航空航天装备、生物医药及高性能医疗器械等领域所需新材料应用水平大幅提升，电力装备、先进轨道交通装备、海洋工程装备及高技术船舶、节能与新能源汽车、高档数控机床及机器人、农机装备等领域所需新材料保障能力大幅提升，国防科技工业所需新材料市场竞争力明显提高。

到2025年，新材料产业总体进入国际先进行列，形成创新体系完备、军民深度融合、产学研用良性互动、区域布局合理的新材料产业发展格局。先进基础材料实现升级换代，关键战略材料综合保障能力超过85%，部分品种进入国际供应体系，前沿新材料取得重要突破并实现规模化应用，有效支撑《中国制造2025》重点领域发展需求。

三、提升重点领域发展水平

（一）加快发展先进基础材料，夯实制造业发展基础。加快基础材料工业转型升级，

积极发展高品质钢铁材料、新型轻合金材料、高端通用合成材料、工业陶瓷及功能玻璃等品种，突破材料性能及成分控制、生产加工及应用等工艺技术，优化品种结构。加强全流程监控，大力推进材料生产过程的智能化和绿色化改造，着力降低生产成本，提高质量稳定性和服役寿命，不断提高先进基础材料国际竞争力。

（二）突破一批关键战略材料，提升新材料保障能力。围绕新一代信息技术产业、高端装备制造业、国防科技工业等重大需求，突破耐高温及耐蚀合金、高性能纤维及其复合材料、先进半导体材料、高端稀土功能材料、高性能分离膜材料、先进储能材料、新型显示材料、生物医用材料等品种及器件的技术关和市场关，完善原辅料配套体系，提高材料成品率和性能一致性，实现关键战略材料产业化和规模应用。

（三）积极开发前沿新材料，抢占制造业发展先机。瞄准科技革命和产业变革趋势，做好长远谋划，加强石墨烯、增材制造材料、智能材料、超材料等基础研究与技术积累，注重原始创新，加快在前沿领域实现重大原创性突破。积极做好前沿新材料领域知识产权布局，加大技术创新成果向标准、专利转化力度围绕重点领域开展应用示范，逐步扩大前沿新材料应用领域。

四、解决产业发展制约瓶颈

（一）完善新材料产业协同创新体系。加强新材料基础研究产业化和应用技术研究的统筹衔接，夯实创新链条的薄弱环节。发挥高校与科研机构作用，统筹需求导向与超前探索，支持新材料基础研究。整合利用现有创新资源，依托重点企业及产业联盟，组建若干新材料制造业创新中心，重点推进新材料中试、工程化及产业化共性工艺技术。建设国家新材料性能测试评价中心，开展性能测试、分析检测、表征评价等公共服务。实施"互联网+"新材料计划，落实国家大数据战略，建立新材料数据库，制定数据采集和共享制度，形成符合我国国情的新材料牌号和指标体系。加强材料基因工程重大共性技术研究平台能力建设，开展材料基因工程专业化研究，缩短新材料研发应用周期。

（二）加强重点新材料产品初期市场培育。加大政策引导，激励下游行业积极使用"首批次"新材料，促进新材料产品与市场无缝对接。研究建立新材料"首批次"应用保险补偿机制，定期发布重点新材料"首批次"应用示范指导目录，建立重点新材料应用创新平台，组织实施一批新材料应用示范工程。鼓励发展众创、众筹、众包等新模式，形成一批专优特新的新材料中小企业。加强对新材料产业的损害预警监测，遏制不公平贸易行为，维护企业合法权益。

（三）突破关键工艺与专用装备制约。组织新材料装备生产企业与材料生产企业开展联合攻关，实现材料生产关键工艺装备配套保障，加快先进熔炼、增材制造、精密成型、晶体生长、气相沉积、表面处理、等静压、高效合成等先进工业技术与专用核心装备开发。加快新材料产业两化深度融合，突破材料组织成分设计、性能控制、加工成型、应用模拟等数字化技术，开发增材制造、数字加工中心等成套生产装备及专用软件。做好新材料科学仪器设备研究开发，加快工业在线检测和控制技术开发应用

（四）促进新材料产业有序集聚发展。加强规划引导，鼓励新材料企业和研究机构依托区域优势，合理配置产业链、创新链、资源链，推动区域特色新材料产业发展壮大。支持新材料企业以市场为导向开展联合重组，形成 50 家以上具有国际影响力的新材料企业

集团。依托国家新型工业化产业示范基地、国家高技术产业基地和国家高新技术产业化基地，培育一批区位优势突出、产业特色明显、政策配套完善、品牌竞争力不断提升的新材料产业聚集区。

（五）加强新材料人才培养与创新团队建设。建立一批新材料工程创新训练中心和实训基地，鼓励校企、院企联合开展新材料人才培训，培养一批技术娴熟、经验丰富的新材料产业工人和技术骨干。依托重点企业、联盟和公共服务平台，通过开展联合攻关和共同实施重大项目，形成一批新材料研发生产、应用服务和经营管理的高层次人才和创新团队。积极开展新材料人才国际交流，鼓励专业技术人才到国外学习培训，加大海外新材料创新创业人才引进力度。

（六）加快军民新材料资源双向转移转化。积极引导具备条件的企业开展军用新材料的研制与生产，鼓励优势企业参与武器型号研制。发挥国家军民融合公共服务平台、军用技术转民用推广目录、民参军技术与产品推荐目录作用，向具备资质的单位及时发布武器装备对新材料的需求信息，向军工用户单位推荐民口单位的新材料和新技术，推动新材料领域军民资源共享。加大对新材料军转民的支持力度，促进军用材料技术在民用领域的推广应用。

五、加大管理创新和政策支持

（一）加强产业统筹协调。研究建立新材料产业发展部际协调机制，系统研究解决新材料产业发展的重大问题，加强新材料产业政策与科技、财税、金融、商贸等政策的协调配合，强化各部门专项资金和重大项目的沟通衔接。建立国家新材料产业发展专家指导委员会，为行业规划、产业政策、重大工程等提供咨询建议。

（二）完善落实财税政策。通过国家科技计划（专项、基金等），积极支持符合条件的新材料相关科技创新工作。利用企业技术改造专项、战略性新兴产业专项、工业转型升级专项等现有渠道和支持中国制造2025的财政政策，加大对新材料产业性能测试评价中心、应用创新平台、规模化应用示范工程等支持力度，开展首批次新材料保险试点。落实支持新材料产业发展的高新技术企业税收优惠政策。按国务院有关程序和要求尽快启动重点新材料研发和应用重大工程。

（三）加大金融支持力度。鼓励设立新材料产业投资基金，支持新材料创新成果产业化及推广。鼓励金融机构创新知识产权质押贷款等金融产品和服务，加大对新材料产业发展的融资支持。引导并支持天使投资人、创业投资基金、私募股权投资基金等促进新材料产业发展。支持符合条件的新材料企业在境内外上市融资、发行债券和并购重组。探索建立财政专项资金与商业金融协同联动机制。

（四）强化标准体系建设。加快新材料产业关键标准预研及制修订，完善标准体系。将标准化列入新材料产业重点工程、重大项目考核验收指标，及时将科研创新成果转化为标准。推动新材料产业标准化试点示范，建设一批新材料产业标准化示范企业和园区，加速新材料技术产业化进程。加强材料标准与下游行业设计规范以及相关材料应用手册衔接配套。加快新材料产业国际标准跟踪转化和自主新材料标准国际化步伐。

（五）加强知识产权运用和保护。研究利用现有的知识产权运营公共服务平台，发挥市场作用，创新新材料知识产权交易机制。开展新材料产业知识产权风险评估与预警，定期发布预警研究成果，研究建立重点新材料领域知识产权问题应对机制。鼓励企业建立知识产权联盟，开展面向产业链的专利组合与储备。加大对新技术、新工艺、新应用等新材料创新成果的保护力度，严厉打击侵权行为。开展知识产权宣传和培训，增强新材料企业知识产权意识和管理能力。

（六）建立健全统计体系和技术成熟度评价体系。细化新材料产业统计分类、产品代码和指标体系，制定新材料产品、企业认定办法和进出口商品统计目录，组织开展统计监测，引导行业规范、有序发展。建立新材料技术成熟度评价体系，制定新材料技术成熟度通用分级标准，开展重点新材料产品技术成熟度评价，为政府制定政策、社会资本投资、用户选用新材料提供决策依据。

（七）开展国际创新交流合作。支持企业在境外设立、并购境外新材料企业和研发机构，开展国际化经营，加快融入全球新材料市场与创新网络。充分利用现有双边、多边合作机制，结合"一带一路"倡议，拓宽新材料国际合作渠道，促进新材料产业人才团队、技术资本、标准专利、管理经验等交流合作。支持国内企业参与大型国际新材料科技合作计划，鼓励国外企业和科研机构在我国设立新材料研发中心和生产基地。

（八）发挥行业中介组织作用。建立一批以资本为纽带、产学研用紧密结合的产业联盟，集中优势资源推动新材料研发、工程化、产业化与应用。组建中国新材料检测评价联盟，整合资源、统一标准，加强技术设备攻关，建立专家评价队伍，开展检测评价服务。支持行业协会、产业联盟及专业机构综合运用互联网等手段，开展新材料电子商务、信息咨询等服务。举办中国国际新材料产业博览会。

9.9 工业和信息化部、发展改革委、科技部、财政部关于印发《新材料产业发展指南》的通知

（工信部联规〔2016〕454 号）

新材料是指新出现的具有优异性能或特殊功能的材料，或是传统材料改进后性能明显提高或产生新功能的材料。新材料的发现、发明和应用推广与技术革命和产业变革密不可分。加快发展新材料，对推动技术创新，支撑产业升级，建设制造强国具有重要战略意义。为引导"十三五"期间新材料产业健康有序发展，根据"十三五"规划纲要和《中国制造2025》有关部署，经国务院同意，制定本指南。

一、产业背景

（一）现状与问题

"十二五"以来，我国新材料产业发展取得了长足进步，创新成果不断涌现，龙头企业和领军人才不断成长，整体实力大幅提升，有力支撑了国民经济发展和国防科技工业建设。

发展步伐持续加快。新材料产业总产值已由2010年的0.65万亿元增至2015年的近2万亿元。空间布局日趋合理，产业集聚效应不断增强，环渤海、长三角、珠三角等地区新材料综合性产业集群优势突出，中西部地区一批特色鲜明的新材料产业基地初具规模。

创新能力稳步增强。以企业为主体、市场为导向、产学研用相互结合的新材料创新体

系逐渐完善，新材料国家实验室、工程（技术）研究中心、企业技术中心和科研院所实力大幅提升，在重大技术研发及成果转化中的促进作用日益突出。在大飞机专用第三代铝锂合金、百万千瓦级核电用 U 型管、硅衬底 LED（发光二极管）材料、大尺寸石墨烯薄膜等方面积极创新，一批先进产品填补了国内空白。

应用水平明显提升。先进半导体材料、新型电池材料、稀土功能材料等领域加速发展，高性能钢铁材料、轻合金材料、工程塑料等产品结构不断优化，有效支撑了高速铁路、载人航天、海洋工程、能源装备等工程顺利实施。生物材料、纳米材料应用取得积极进展。

但也要看到，我国新材料产业起步晚、底子薄、总体发展慢，仍处于培育发展阶段；材料先行战略没有得到落实，核心技术与专用装备水平相对落后，关键材料保障能力不足，产品性能稳定性亟待提高；创新能力薄弱，产学研用合作不紧密，人才团队缺乏，标准、检测、评价、计量和管理等支撑体系缺失；产业布局乱，低水平重复建设多，低端品种产能过剩，推广应用难等问题没有根本解决，仍然是制约制造强国建设的瓶颈。

（二）面临的形势

当前，新一轮科技革命与产业变革蓄势待发，全球新材料产业竞争格局正在发生重大调整。新材料与信息、能源、生物等高技术加速融合，大数据、数字仿真等技术在新材料研发设计中作用不断突出，"互联网+"、材料基因组计划、增材制造等新技术新模式蓬勃兴起，新材料创新步伐持续加快，国际市场竞争将日趋激烈。未来五年，是国家实施《中国制造 2025》、调整产业结构、推动制造业转型升级的关键时期。新一代信息技术、航空航天装备、海洋工程和高技术船舶、节能环保、新能源等领域的发展，为新材料产业提供了广阔的市场空间，也对新材料质量性能、保障能力等提出了更高要求。必须紧紧把握历史机遇，集中力量、加紧部署，进一步健全新材料产业体系，下大力气突破一批关键材料，提升新材料产业保障能力，支撑中国制造实现由大变强的历史跨越。

二、总体思路

（一）指导思想

全面贯彻党的十八大和十八届三中、四中、五中、六中全会精神和习近平总书记系列重要讲话精神，认真落实党中央、国务院决策部署，按照"五位一体"总体布局和"四个全面"战略布局，牢固树立和贯彻落实创新、协调、绿色、开放、共享的发展理念，深入推进供给侧结构性改革，坚持需求牵引和战略导向，推进材料先行、产用结合，以满足传统产业转型升级、战略性新兴产业发展和重大技术装备急需为主攻方向，着力构建以企业为主体、以高校和科研机构为支撑、军民深度融合、产学研用协同促进的新材料产业体系，着力突破一批新材料品种、关键工艺技术与专用装备，不断提升新材料产业国际竞争力。

（二）基本原则

需求牵引、创新发展。发挥市场需求对新材料开发应用的引导作用，紧紧围绕重大战略急需，强化产用结合，促进上下游协作配套，加快应用示范。推动新材料产业大众创业、万众创新，践行绿色发展理念，鼓励大中小企业分工合作，促进新材料产业与其他产业同步转型升级。

市场主导、政府引导。遵循市场经济规律，强化企业主体地位，破除体制机制障碍，激发企业创新活力。转变政府职能，创新行业管理方式，聚焦重点方向、重点企业和重点地区，完善新材料初期市场培育措施，有效带动社会资源，营造产业发展良好环境。

统筹协调、分类指导。加强部门统筹、信息共享与协调合作，提高新材料产业发展规划的系统性、部门工作的协同性、国家和地方政策措施的配套性。遵循各类新材料产业发展规律，立足当前，着眼长远，因地制宜，分类施策，完善支持政策，提高服务水平。

两化融合、军民融合。促进信息技术与新材料融合发展，推动新材料设计、加工、制造及测试过程数字化、智能化，利用互联网技术加强新材料供需对接，支持发展新模式、新业态。推进新材料军民融合深度发展，加快军民共用新材料技术双向转移转化，积极发展军民共用新材料，实现良性互动发展。

（三）主要目标

保障能力大幅提升。先进基础材料总体实现稳定供给，关键战略材料综合保障能力超过 70%，前沿新材料取得一批核心技术专利，部分品种实现量产。新一代信息技术、航空航天装备、生物医药及高性能医疗器械等领域所需新材料应用水平大幅提升，电力装备、先进轨道交通装备、海洋工程装备及高技术船舶、节能与新能源汽车、高档数控机床及机器人、农机装备、节能环保等领域所需新材料保障能力大幅提高，国防科技工业所需新材料市场竞争力明显增强。

创新能力不断提高。新材料企业技术创新投入占销售收入比例、知识产权创造与运用能力明显提升，企业创新环境进一步优化。突破一批核心关键和共性技术，整合构建一批新材料产业创新载体，基本形成以企业为主体的新材料产业协同创新体系。

产业体系初步完善。到 2020 年，新材料产业规模化、集聚化发展态势基本形成，突破金属材料、复合材料、先进半导体材料等领域技术装备制约，在碳纤维复合材料、高品质特殊钢、先进轻合金材料等领域实现 70 种以上重点新材料产业化及应用，建成与我国新材料产业发展水平相匹配的工艺装备保障体系。建成较为完善的新材料标准体系，形成多部门共同推进、国家与地方协调发展的新材料产业发展格局，具有一批有国际影响力的新材料企业。

三、发展方向

（一）先进基础材料

加快推动先进基础材料工业转型升级，以基础零部件用钢、高性能海工用钢等先进钢铁材料，高强铝合金、高强韧钛合金、镁合金等先进有色金属材料，高端聚烯烃、特种合成橡胶及工程塑料等先进化工材料，先进建筑材料、先进轻纺材料等为重点，大力推进材料生产过程的智能化和绿色化改造，重点突破材料性能及成分控制、生产加工及应用等工艺技术，不断优化品种结构，提高质量稳定性和服役寿命，降低生产成本，提高先进基础材料国际竞争力。

（二）关键战略材料

紧紧围绕新一代信息技术产业、高端装备制造业等重大需求，以耐高温及耐蚀合金、高强轻型合金等高端装备用特种合金，反渗透膜、全氟离子交换膜等高性能分离膜材料，高性能碳纤维、芳纶纤维等高性能纤维及复合材料，高性能永磁、高效发光、高端催化等稀土功能材料，宽禁带半导体材料和新型显示材料，以及新型能源材料、生物医用材料等为重点，突破材料及器件的技术关和市场关，完善原辅料配套体系，提高材料成品率和性能稳定性，实现产业化和规模应用。

（三）前沿新材料

以石墨烯、金属及高分子增材制造材料，形状记忆合金、自修复材料、智能仿生与超材料，液态金属、新型低温超导及低成本高温超导材料为重点，加强基础研究与技术积累，注重原始创新，加快在前沿领域实现突破。积极做好前沿新材料领域知识产权布局，围绕重点领域开展应用示范，逐步扩大前沿新材料应用领域。

四、重点任务

（一）突破重点应用领域急需的新材料

推进原材料工业供给侧结构性改革，紧紧围绕高端装备制造、节能环保等重点领域需求，加快调整先进基础材料产品结构，积极发展精深加工和高附加值品种，提高关键战略材料生产研发比重。组织重点材料生产企业和龙头应用单位联合攻关，建立面向重大需求的新材料开发应用模式，鼓励上下游企业联合实施重点项目，按照产学研用协同促进方式，加快新材料创新成果转化。

专栏1 新材料保障水平提升工程

1. 新一代信息技术产业用材料。加强大尺寸硅材料、大尺寸碳化硅单晶、高纯金属及合金溅射靶材生产技术研发，加快高纯特种电子气体研发及产业化，解决极大规模集成电路材料制约。加快电子化学品、高纯发光材料、高饱和度光刻胶、超薄液晶玻璃基板等批量生产工艺优化，在新型显示等领域实现量产应用。开展稀土掺杂光纤、光纤连接器用高密度陶瓷材料加工技术研发，满足信息通信设备需求。

2. 高档数控机床和机器人材料。加快实现稀土磁性材料及其应用器件产业化，开展传感器、伺服电机等应用验证。开发高压液压元件材料、高柔性电缆材料、耐高温绝缘材料。调整超硬材料品种结构，发展低成本、高精密人造金刚石和立方氮化硼材料，突破滚珠丝杠用钢性能稳定性和耐磨性问题，解决高档数控机床专用刀具材料制约。

3. 航空航天装备材料。加快高强铝合金纯净化冶炼与凝固技术研究，开展高温、高强、大规格钛合金材料熔炼、加工技术研究，突破超高强高韧7000系铝合金预拉伸厚板及大规格型材、2000系铝合金及铝锂合金板材工业化试制瓶颈，系统解决铝合金材料残余应力、关键工艺参数控制范围优化、综合成品率与成本控制问题，提升新型轻合金材料整体工艺技术水平。加快特种稀土合金在航空航天中的应用。突破高强高模碳纤维产业化技术、高性能芳纶工程化技术，开展大型复合材料结构件研究及应用测试。开展高温合金及复杂结构叶片材料设计及制造工艺攻关，完善高温合金技术体系及测试数据，解决高温合金叶片防护涂层技术，满足航空发动机应用需求。加快增材制造钛合金材料在航空结构件领域的应用验证。降低碳/碳、碳/陶复合材料生产成本，提高特种摩擦材料在航空制动领域的占有率。

4. 海洋工程装备及高技术船舶用材料。以高强、特厚为主要方向，开展齿条钢特厚板、大壁厚半弦管、大规格无缝支撑管、钛合金油井管、X80 级深海隔水管材及焊材、大口径深海输送软管、极地用低温钢等开发及批量试制，完成在海洋工程平台上的应用验证。加快高止裂厚钢板、高强度双相不锈钢宽厚板、船用殷瓦钢及专用高强度聚氨酯绝热材料产业化技术开发，实现在超大型集装箱船、液化天然气（LNG）船等高技术船舶上应用。

5. 先进轨道交通装备材料。突破钢铁材料高洁净度、高致密度及新型冷/热加工工艺，解决坯料均质化与一致性问题，建立高精度检测系统，掌握不同工况下材料损伤与失效原理及影响因素，制定符合高速轨道交通需求的材料技术规范，提高车轮、车轴及转向架用钢的强度、耐候性与疲劳寿命并实现批量生产。推动实现稀土磁性材料在高铁永磁电机中规模应用。开发钢轨焊接材料加工技术，发展风挡和舷窗用高品质玻璃板材。加强先进阻燃及隔音降噪高分子材料、制动材料、轨道交通装备用镁、铝合金制备工艺研究，加快碳纤维复合材料在高铁车头等领域的推广应用。

6. 节能与新能源汽车材料。提升镍钴锰酸锂/镍钴铝酸锂、富锂锰基材料和硅碳复合负极材料安全性、性能一致性与循环寿命，开展高容量储氢材料、质子交换膜燃料电池及防护材料研究，实现先进电池材料合理配套。开展新型 6000 系、5000 系铝合金薄板产业化制备技术攻关，满足深冲件制造标准要求，开展高强汽车钢板、铝合金高真空压铸、半固态及粉末冶金成型零件产业化及批量应用研究，加快镁合金、稀土镁（铝）合金在汽车仪表板及座椅骨架、转向盘轮芯、轮毂等领域应用，扩展高性能复合材料应用范围，支撑汽车轻量化发展。

7. 电力装备材料。重点推进核电压力容器大锻件系列钢种组织细化与稳定化热处理工艺开发，突破核电机组用高性能钛焊管产业化瓶颈，加快银合金控制棒、锆合金管堆外及堆内考核验证，实现核电用材成套保障。开展抗热腐蚀单晶高温合金大型空心叶片用材料、制造工艺及长寿命防护涂层技术研究，满足重型燃气轮机急需。开发智能电网用高容量稀土储氢材料。提升导热油及熔盐高温真空集热管自动化生产水平。突破 5MW 级大型风电叶片制备工艺。面向智能输变电装备领域，突破大尺寸碳化硅单晶及衬底、外延制备及模块封装材料技术，开展高压大功率绝缘栅双极型晶体管（IGBT）模块应用设计，发展高性能绝缘陶瓷，保障特高压直流电网建设。

8. 农机装备材料。开展高强高硬耐磨钢系列化产品开发，在农机装备及配件中实现对高碳弹簧钢应用替代。开发农机离合器活塞材料、湿式离合器摩擦材料、采棉指及脱棉盘专用材料等，满足农业作业环境及特种装备需求。

9. 生物医药及高性能医疗器械材料。开展碲锌镉晶体、稀土闪烁晶体及高性能探测器件产业化技术攻关，解决晶体质量性能不稳定、成本过高等核心问题，满足医用影像系统关键材料需求。大力发展医用增材制造技术，突破医用级钛粉与镍钛合金粉等关键原料制约。发展苯乙烯类热塑性弹性体等不含塑化剂、可替代聚氯乙烯的医用高分子材料，提高卫生材料、药用包装的安全性。提升医用级聚乳酸、海藻酸钠、壳聚糖生产技术水平，满足发展高端药用敷料的要求。

10. 节能环保材料。加快新型高效半导体照明、稀土发光材料技术开发。突破非晶合金在稀土永磁节能电机中的应用关键技术，大力发展稀土永磁节能电机及配套稀土永磁材料、高温多孔材料、金属间化合物膜材料、高效热电材料，推进在节能环保重点项目中应用。开展稀土三元催化材料、工业生物催化剂、脱硝催化材料质量控制、总装集成技术等开发，提升汽车尾气、工业废气净化用催化材料寿命及可再生性能，降低生产成本。开发绿色建材部品及新型耐火材料、生物可降解材料。推广应用金属材料表面覆层强化、工业部件服役延寿、稀贵金属材料循环利用等技术。

（二）布局一批前沿新材料

把握新材料技术与信息技术、纳米技术、智能技术等融合发展趋势，更加重视原始创新和颠覆性技术创新，加强前瞻性基础研究与应用创新，制定重点品种发展指南，集中力量开展系统攻关，形成一批标志性前沿新材料创新成果与典型应用，抢占未来新材料产业竞争制高点。

专栏 2　前沿新材料先导工程

1. 石墨烯。突破石墨烯材料规模化制备和微纳结构测量表征等共性关键技术，开发大型石墨烯薄膜制备设备及石墨烯材料专用计量、检测仪器，实现对石墨烯层数、尺寸等关键参数的有效控制。围绕防腐涂料、复合材料、触摸屏等应用领域，重点发展利用石墨烯改性的储能器件、功能涂料、改性橡胶、热工产品以及特种功能产品，基于石墨烯材料的传感器、触控器件、电子元器件等，构建若干石墨烯产业链，形成一批产业集聚区。

2. 增材制造材料。研究金属球形粉末成形与制备技术，突破高转速旋转电极制粉、气雾化制粉等装备，开发空心粉率低、颗粒形状规则、粒度均匀、杂质元素含量低的高品质钛合金、高温合金、铝合金等金属粉末。突破超高分子量聚合物材料体系中热传导、界面链缠及性能调控技术，开发增材制造专用光敏树脂、工程塑料粉末与丝材。研究氧化铝、氧化锆、碳化硅、氮化铝、氮化硅等陶瓷粉末、片材制备方法，提高材料收得率与性能一致性。建立生物增材制造材料体系，开发细胞/材料复合生物"墨水"。完善材料牌号，基本满足国内增材制造产业应用需要。

3. 纳米材料。提升纳米材料规模化制备水平，开发结构明确、形貌/尺寸/组成均一的纳米材料，扩大粉体纳米材料在涂料、建材等领域的应用，积极开展纳米材料在光电子、新能源、生物医用、节能环保等领域的应用。

4. 超导材料。加强超导材料基础研究、工程技术和产业化应用研究，积极开发新型低温超导材料，钇钡铜氧等高温超导材料，强磁场用高性能超导线材、低成本高温超导千米长线等，在电力输送、医疗器械等领域实现应用。

5. 极端环境材料。完善高温高压、化学及水汽腐蚀、特殊空间、多因素耦合等极端环境模拟试验条件，开展超高温结构陶瓷、金属基复合材料等开发，支撑能源化工、航空航天等领域极端环境材料需求。

（三）强化新材料产业协同创新体系建设

加强新材料基础研究、应用技术研究和产业化的统筹衔接，完善创新链条的薄弱环节，形成上中下游协同创新的发展环境。统筹需求导向与超前探索，强化企业创新主体地位和主导作用。整合完善创新资源，依托重点企业、产业联盟或研发机构，组建新材料制造业创新中心、新材料测试评价及检测认证中心，建立新材料产业计量服务体系。统筹布局和建设材料基因工程重大共性技术研究平台，充分依托现有科研机构，组建材料基因工程专业化研究中心，形成重点新材料创新基础和开发共享的公共平台，降低新材料研发成本，缩短新材料研发应用周期。

专栏 3　新材料创新能力建设工程

　　组建新材料制造业创新中心。以市场化运作为核心，以网络化协作为纽带，以共性关键技术和跨行业融合性技术协同开发、转移扩散和商业应用为主要任务，形成石墨烯材料、高性能复合材料、轻量化材料、极端环境材料等新材料制造业创新中心。重点开展技术联合攻关、中试及工程化试验、新材料应用模拟及服役检测、新材料专业人才培训等工作，加快新材料开发及产业化步伐。

　　组建新材料性能测试评价中心。组织重点新材料研发机构、生产企业和计量测试技术机构建立新材料测试评价联盟，建设新材料测试评价及检测认证中心。中心采取市场化机制运作，整合完善现有测试评价、设计应用、大数据等平台资源，建立完善材料综合性能评价指标体系与评价准则，形成一批专家评价队伍，开展材料性能检测、质量评估、模拟验证、数据分析、表征评价和检测认证等公共服务。

　　搭建材料基因技术研究平台。开发材料多尺度集成化高通量计算模型、算法和软件，开展材料高通量制备与快速筛选、材料成分—组织结构—性能的高通量表征与服役行为评价等技术研究，建设高通量材料计算应用服务、多尺度模拟与性能优化设计实验室与专用数据库，开展对国家急需材料的专题研究与支撑服务。

（四）加快重点新材料初期市场培育

研究建立新材料首批次应用保险补偿机制，定期发布重点新材料首批次应用示范指导目录，建设一批新材料生产应用示范平台，组织开展新材料应用示范，加快释放新材料市场需求。研究建立重大工程、重大项目配套材料应用推广机制。加大政策引导力度，建立公共服务平台，开展材料生产企业与设计、应用单位供需对接，支持材料生产企业面向应用需求研发新材料，推动下游行业积极使用新材料。

专栏 4　重点新材料首批次示范推广工程

　　实施重点新材料应用示范保险补偿试点。鼓励保险公司创新险种，对重点新材料首批次应用示范指导目录中产品的应用推广提供质量、责任等风险承保。充分发挥财政资金杠杆作用，通过保险补偿机制支持新材料首批次应用示范，降低下游用户使用风险，突破"不敢用、不好用"瓶颈。支持保险经纪等中介机构创新服务模式，提高保险补偿试点工作效率。

　　建设一批新材料生产应用示范平台。在集成电路、新型显示、大型飞机、新能源汽车、高铁、核电、超超临界机组、海洋工程等领域，依托龙头新材料生产企业和下游用户，建立20家左右新材料生产应用示范平台。重点针对下游用户产品应用开展新材料工艺技术与应用技术开发，完善材料全尺寸考核、服役环境下性能评价及应用示范线等配套条件，实现材料与终端产品同步设计、系统验证、批量应用与供货等多环节协同促进。

　　开展重点新材料应用示范。以碳纤维复合材料、高温合金、航空铝材、宽禁带半导体材料、新型显示材料、电池材料、特种分离及过滤材料、生物材料等市场潜力巨大、产业化条件完备的新材料品种，组织开展应用示范。

（五）突破关键工艺与专用装备制约

组织新材料装备生产企业与材料生产企业开展联合攻关，加快先进熔炼、增材制造、精密成型、晶体生长、气相沉积、表面处理、等静压、高效合成、分离纯化等先进工艺技术与专用核心装备开发，实现材料生产关键工艺装备配套保障。突破新材料组织成分设计、性能控制、加工成型、建模测试、应用模拟等数字化技术，开发增材制造、数字加工中心等成套生产装备及专用软件。做好新材料科学仪器设备研究开发，发挥计量测试对工艺控制的作用，加快工业在线检测和控制技术开发应用。

专栏 5　关键工艺与专用装备配套工程

> 开发金属材料专用加工制备工艺装备。开发大型低真空熔炼炉、多步急冷炉、高温连续氮化炉、高温在线快速固溶退火炉、高温度梯度液态金属冷却定向凝固等金属材料冶炼设备，加快轻合金挤压型材矫直及精整设备、大型扩径拉伸机、挤压机等加工装置开发。
>
> 解决复合材料工艺装备制约。提高增强纤维混纺/混编、高速多轴向经编、自动铺丝/铺带工艺装备水平，开发热固性预浸料成型、真空辅助树脂传递模塑成型（RTM）、热压成型、原位聚合成型等复合材料成型装备，发展复合材料零部件自动化连接装配、表面喷涂等制成品处理装置。
>
> 提升先进半导体材料装备配套能力。开发大尺寸单晶硅直拉生长炉、垂直区熔下降炉、全自动变速拉晶定向凝固炉、大尺寸蓝宝石长晶炉、金属有机化学气相沉积系统、卤化物气相外延系统以及大规格研磨抛光设备。

（六）完善新材料产业标准体系

提高现有标准技术水平，完成 600 项以上新材料标准制修订。加强标准复审及修订，提高现有标准技术水平，及时解决重点标准老旧、缺失等问题。将标准化列入新材料产业重点工程、重大项目考核验收指标，及时将科研创新成果转化为标准。推动新材料产业标准化试点示范，建设一批新材料产业标准化示范企业和园区，加速新材料技术产业化进程。加强材料标准与下游装备制造、新一代信息技术、工程建设等行业设计规范以及相关材料应用手册衔接配套。推动新材料产业国际标准跟踪转化，加快新材料标准国际化步伐。

专栏 6　新材料产业标准体系建设工程

> 成套制定一批新材料标准。加快制定高温不锈轴承钢、高温渗碳轴承钢标准，数控机床、高铁及重载商用车用齿轮钢系列标准，高精度工具钢及系列模具钢标准。成体系修订镍及镍合金带、板、管、线、棒及锻件材料标准。制定碳/碳复合结构材料、热场材料、保温材料、复合坩埚等成套标准。加快电子化学品、光学功能薄膜等成套标准制定步伐。完善功能性膜材料配套标准，制定离子交换树脂系列标准，双极膜、中空纤维膜及组件标准，陶瓷纳滤膜元件及生物发酵、高温烟气处理装置标准，以及膜材料试验方法等专用标准。制定人工晶体材料术语、人工晶体生长设备安全技术规范等基础标准，加快蓝宝石晶体及衬底材料、大尺寸蓝宝石晶体生长、质量检验系列标准制定，发布大尺寸稀土闪烁晶体标准、压电晶体及器件标准。做好增材制造材料标准布局，制定模具用粉末，高温合金、镍、

铝、镁等金属及合金粉末标准，聚氨酯增材制造材料等系列标准。加快发布石墨烯材料的名词术语与定义基础标准，制定石墨烯层数测定、比表面积、导电率等标准，研制一批石墨烯材料、器件标准和计量装置。

完善新材料实验技术标准。整合梳理现有新材料分析方法、技术标准体系，解决标准间交叉重复、冲突问题，适时补充相关缺失项目，建立面向应用的材料指标体系标准。完善材料试验技术的计量标准，提升材料试验技术标准适用性。完善标准物质，支撑测量仪器校准、试验结果评价、产品质量控制等标准化和计量工作。建成全流程监测系统表征、质量控制标准系统和实验结果的实效性评价标准系统。

（七）实施"互联网+"新材料行动

鼓励企业利用物联网、云计算、增材制造、工业机器人等手段，开展新材料智能制造试点示范，探索发展新材料大规模个性化定制、网络化协同制造等新模式。支持基于互联网的新材料创业创新，鼓励建设一批垂直化、专业化网络平台，开展新材料设计解决方案、供需对接、信息咨询、检验测试等服务，营造开放、融合的产业生态。落实国家大数据战略，建立新材料数据库、牌号标准库、工艺参数库、工艺知识库，支持开展材料试验大数据分析，制定数据采集和共享制度，形成符合我国国情的新材料牌号和指标体系。

（八）培育优势企业与人才团队

支持新材料企业以市场为导向开展联合重组，形成一批具有较强创新能力和国际影响力的龙头企业。鼓励发展众创、众包、众扶、众筹等新模式，形成一批专优特新的新材料中小企业。推动上下游企业、大中小企业建立以资本为纽带、产学研用紧密结合的产业联盟，集中优势资源加快新材料研发、产业化与应用。鼓励新材料企业建立灵活、规范的企业制度和决策制度，积极开展自主创新和引进消化吸收再创新，形成紧密的上下游关系，实现"由专至精、由精至强"。加强新材料人才培养与创新团队建设，依托重点企业、联盟、高等学校、职业院校、公共实训基地和公共服务平台，通过开展联合攻关和共同实施重大项目培养一批工学、工程研究生，培育一批产业工人、技术骨干与创新团队。组织开展新材料产业专家院士行、新材料专业技术人才培训、新材料人才国际交流，实施引进新材料领域外国专家项目，优化新材料人才团队成长环境。

（九）促进新材料产业特色集聚发展

落实国家区域发展战略，推动新材料产业协调发展，形成东、中、西及东北地区错位发展、竞争有序的新材料产业整体格局，提升京津冀地区、长江经济带等重点区域的新材料集聚水平。科学做好产业布局，避免重复建设，鼓励各地新材料企业和研究机构依托区域优势，合理配置产业链、创新链、资源链，推动区域特色新材料产业发展壮大。先进基础材料要充分考虑现有产业基础和资源环境承载能力，按照集约化、园区化、绿色化发展路径，加快推动布局调整。关键战略材料要围绕下游重大需求与重大工程配套，加快生产应用示范平台建设，形成一批重点新材料集聚区与创新辐射中心。前沿新材料要充分依托科研院所等创新机构，积极发展新兴业态，建设一批产业示范项目。巩固提升现有新材料产业基地、园区实力，在重点新材料领域推动形成若干产业链完善、配套齐全、竞争力强的特色产业集聚区。

五、保障措施

(一) 创新组织协调机制

建立部门协调工作机制，做好顶层设计和规划统筹，充分发挥规划引领作用，强化各部门专项资金和重大项目的衔接，系统解决新材料产业发展的重大问题；进一步简政放权、创新管理、强化服务，形成协同推进的工作格局；加强对地方新材料产业发展的宏观指导和信息引导。建立国家新材料产业发展专家指导委员会，为行业规划、产业政策、重大工程等提供咨询建议。支持建立新材料行业协会和一批产学研用紧密结合的新材料产业联盟，集中优势资源推动新材料研发、工程化、产业化与应用。

(二) 优化行业管理服务

完善战略性新兴产业分类中有关新材料产业的内容和指标体系，制定新材料产品、企业统计办法和进出口商品统计目录，组织开展统计监测和预警，及时发布统计信息，引导行业规范有序发展。加强对新材料产业发展状况的预警监测，合理调整进出口政策，维护产业发展利益。建立新材料技术成熟度评价体系，制定新材料技术成熟度通用分级标准。建立专利导航产业发展工作机制，支持新材料产业创新决策，加强专利布局。开展新材料产业知识产权风险评估与预警，定期发布预警研究成果。探索重点新材料项目及工程知识产权评议试点，积极化解产业发展风险。加强新材料产业领域知识产权执法保护，开展知识产权等相关法律法规宣传和培训，提高企业知识产权意识和管理能力。

(三) 加大财税金融支持

加强政、银、企信息对接，充分发挥财政资金的激励和引导作用，积极吸引社会资本投入，进一步加大对新材料产业发展的支持力度。通过中央财政科技计划（专项、基金等），统筹支持符合条件的新材料相关科技创新工作。利用现有资金渠道，加大对新材料制造业创新中心、生产应用示范平台、性能测试评价中心、应用示范项目的支持力度。落实支持新材料产业发展的高新技术企业税收优惠政策。利用多层次的资本市场，加大对新材料产业发展的融资支持，支持优势新材料企业开展创新成果产业化及推广。鼓励金融机构按照风险可控和商业可持续原则，创新知识产权质押贷款等金融产品和服务。鼓励引导并支持天使投资人、创业投资基金、私募股权投资基金等促进新材料产业发展。支持符合条件的新材料企业在境内外上市、在全国中小企业股份转让系统挂牌、发行债券和并购重组。研究通过保险补偿等机制支持新材料首批次应用。适时启动重点新材料研发和应用重大工程。

(四) 推进军民融合发展

积极引导具备条件的企业开展军用新材料的研制与生产，鼓励优势企业参与军品科研生产。研究制定新材料在国防科技工业领域的应用推广激励机制，推进军用关键材料技术水平和产业能力提升。发挥国家军民融合公共服务平台、军用技术转民用推广目录、民参军技术与产品推荐目录作用，向具备资质的单位及时发布新材料需求信息，向军工用户单位推荐民口单位的新材料和新技术，推动新材料领域军民资源共享。充分利用军工单位和民口配套单位现有装备和技术能力，加大对新材料军转民的支持力度，促进军用材料技术在民用领域的推广应用。

（五）深化国际交流合作

优化政府公共服务，加强国际新材料创新合作和政策法规等信息引导，鼓励新材料企业统筹利用两个市场、两种资源，提升在全球价值链中的地位。支持企业在境外设立新材料企业和研发机构，通过海外并购实现技术产品升级和国际化经营，加快融入全球新材料市场与创新网络。充分利用现有双边、多边合作机制，拓宽新材料国际合作渠道，结合"一带一路"建设，促进新材料产业人才团队、技术资本、标准专利、管理经验等交流合作。支持国内企业、高等院校和科研院所参与大型国际新材料科技合作计划，鼓励国外企业和科研机构在我国设立新材料研发中心和生产基地。定期举办中国国际新材料产业博览会。

9.10　工业和信息化部、财政部、保监会关于开展重点新材料首批次应用保险补偿机制试点工作的通知

（工信部联原〔2017〕222 号）

为落实国家新材料产业发展领导小组的总体部署和《新材料产业发展指南》提出的重点任务，推动实施中国制造 2025，工业和信息化部、财政部、保监会（以下统称三部门）决定建立新材料首批次应用保险补偿机制（以下简称新材料首批次保险机制）并开展试点工作。现就有关事项通知如下：

一、充分认识建立新材料首批次保险机制的重要意义

新材料是先进制造业的支撑和基础，其性能、技术、工艺等直接影响电子信息、高端装备等下游领域的产品质量和生产安全。新材料进入市场初期，需要经过长期的应用考核与大量的资金投入，下游用户首次使用存在一定风险，客观上导致了"有材不好用，好材不敢用"、生产与应用脱节、创新产品推广应用困难等问题。

建立新材料首批次保险机制，坚持"政府引导、市场运作"的原则，旨在运用市场化手段，对新材料应用示范的风险控制和分担作出制度性安排，突破新材料应用的初期市场瓶颈，激活和释放下游行业对新材料产品的有效需求，对于加快新材料创新成果转化和应用，促进传统材料工业供给侧结构性改革，提升我国新材料产业整体发展水平具有重要意义。

二、新材料首批次保险机制的主要内容

（一）试点对象和范围

工业和信息化部围绕中国制造 2025 和军民共用新材料，组织编制《重点新材料首批次应用示范指导目录》（以下简称《目录》）。首批次新材料是用户在首年度内购买使用《目录》内的同品种、同技术规格参数的新材料产品。用户在《目录》有效期内首次购买新材料产品的时间为计算首年度的起始时间。生产首批次新材料的企业，是保险补偿政策的支持对象。使用首批次新材料的企业，是保险的受益方。《目录》将根据新材料产业发展和试点工作情况作动态调整。用于享受过保险补偿政策的首台套装备的材料不在本政策

支持范围。

（二）保险险种及保障范围

保监会针对新材料推广应用中存在的特殊风险，指导保险公司提供定制化的新材料产品质量安全责任保险产品（以下简称新材料保险），承保新材料质量风险、责任风险。承保的质量风险，主要保障因新材料质量缺陷造成的合同用户企业更换或退货风险。承保的责任风险，主要保障因新材料质量缺陷造成合同用户企业财产损失或发生人身伤亡风险。

新材料首批次保险机制的责任限额将根据采购合同金额以及产品可能造成的责任损失额来综合确定。原则上政府补贴的责任限额不超过合同金额的5倍、且最高不超过5亿元人民币，投保费率最高不超过3%。

鼓励保险公司根据企业实际情况，创新提供货物运输险、其他责任险等保险产品，扩大保险范围。

（三）运行机制

1. 公布承保机构。保监会商工业和信息化部、财政部明确参与试点的保险市场主体单位名单并公布。

2. 企业自愿投保。新材料生产企业根据生产经营实际情况自主决定是否购买新材料保险。

3. 申请保费补贴资金。符合条件的投保企业，可申请中央财政保费补贴资金，补贴额度为投保年度保费的80%。保险期限为1年，企业可根据需要进行续保。补贴时间按照投保期限据实核算，原则上不超过3年。保费补贴通过工业和信息化部部门预算现有工业转型升级（中国制造2025）资金安排。

4. 完善优化运行。参与试点工作的保险公司应认真贯彻执行有关文件要求，建立专业团队和理赔快速通道，加强新材料保险服务，并不断积累保险数据，优化保险方案，提高企业在新材料生产及应用领域的风险识别和化解能力。保险公司应统一使用示范条款开展承保业务（示范条款另行发布）。

开展新材料首批次应用保险试点工作的指导意见由保监会另行发文。

三、试点工作安排

（一）申请保费补贴资金的企业应具备以下条件：

1. 在中华人民共和国境内注册、具有独立法人资格。

2. 从事《目录》所列新材料产品生产。

3. 具备申请保费补贴资金的产品的核心技术和知识产权。

4. 具备较强的开发和产业化能力以及技术团队。

（二）保费补贴资金申请工作自2017年起，按年度组织，财政资金采取后补助形式安排。符合条件的企业可按要求提交申请文件。地方企业通过所在省（自治区、直辖市、计划单列市）工业和信息化主管部门（以下统称省级工业和信息化主管部门）向工业和信息化部申请，中央企业直接向工业和信息化部申请。工业和信息化部会同财政部、保监会委托国家新材料产业发展专家咨询委员会对企业申请材料进行评定，审核专家建议名单，按照预算管理规定安排并下达保费补贴资金。

（三）为做好2017年工作，自通知发布之日起至2017年11月30日前投保的企业，于 12 月 1 日至 15 日提交有关材料（具体要求见附件）。省级工业和信息化主管部门及中央企业于 12 月 25 日前将审核意见及有关材料报送工业和信息化部（原材料工业司），以便后续加强监管。其他年度具体工作安排另行通知。

（四）各级工业和信息化主管部门、财政部门、保险监管部门要高度重视，切实做好组织协调和宣传解读工作，鼓励支持企业积极投保。同时，要加强监督检查，认真核实申报材料的真实性，强化首批次材料使用情况的事后监督和效果抽查，确保财政资金使用效果。对出现骗保骗补等行为的企业和保险公司，要追回财政补助资金，并在三部门网站上予以曝光。

9.11　工业和信息化部关于印发《重点新材料首批次应用示范指导目录（2017 年版）》的通告

（工信部原〔2017〕168 号）

为贯彻落实《新材料产业发展指南》，做好重点新材料首批次应用保险补偿机制试点工作，现发布《重点新材料首批次应用示范指导目录（2017 年版）》。

特此通告。

工业和信息化部

2017 年 7 月 14 日

重点新材料首批次应用示范指导目录（2017 年版）

序号	材料名称	性 能 要 求	应用领域
		先进基础材料	
一		先进钢铁材料	
1	新型高性能掘进机刀具用钢	A、C 类夹杂物 ≤0.5 级，B、D 类夹杂物 ≤1.5 级；抗拉强度 >2000MPa，热处理硬度 >56HRC，冲击韧性 A_{ku} >20J	机械
2	高档轴承钢	O≤7ppm，Ti≤15ppm，夹杂物 A+B+C+D≤2 级，最大颗粒夹杂物 Ds≤0.5 级，4.5GPa 赫兹应力下的接触疲劳寿命 L_{10}≥5×10^7 次	汽车、家电
3	高铁车轴用轨道交通用钢	光滑试样和缺口试样 10^7 周次旋转弯曲疲劳强度极限分别大于 350MPa 和 215MPa，全尺寸疲劳性能要求：轴身外表面受力≥240MPa 下完成 10^7 周次循环后无裂纹产生	铁路
4	油气开采用高性能油井套管	屈服强度 758～862MPa，−10℃ 全尺寸冲击功≥60J；在 180℃、3.5MPa CO_2、流速 1m/s 腐蚀条件下，腐蚀速率≤0.25mm/a	油气开采

续表

序号	材料名称	性 能 要 求	应用领域
		先进基础材料	
一		先进钢铁材料	
5	大口径快速上卸扣套管	直径 508mm，屈服强度 $Rt_{0.5}$ 为 379~552MPa，上扣效率比 API 螺纹高 20%	油气开采
6	优质焊材	镍基 690 焊材：抗拉强度 550~750MPa； 镍基 625、镍基 276 和镍基 620 焊材：抗拉强度≥690MPa，一次探伤合格率>99%	核电、火电、燃气轮机
7	特殊密封用丝带材	符合蜂窝密封、刷丝密封、W 型密封及 C 型密封用材标准，丝材直径 0.07~0.2mm，箔材厚度 0.05~0.15mm	核电、燃气轮机、发动机
8	海洋工程及核电用高氮不锈钢	不锈钢粉末的氮含量≥0.6%；热等静压工艺制备，孔隙度≤0.3%，抗拉强度≥900MPa，屈服强度≥650MPa，伸长率≥40%，PRE≥40	海洋石油、核电
9	汽车用高端热作模具钢	磷含量≤0.010%，硫含量≤0.003%，A、C 类夹杂物≤0.5 级，B、D 类夹杂物细系≤1.5 级、粗系≤1.0 级，钢材横向心部 V 型缺口冲击功≥13.6J，横向和纵向比≥0.85，球化组织 AS1-AS4，带状组织级别 SB 级	汽车
10	特种无缝钢管	超超临界火电机组建设用高压锅炉管（耐热不锈钢 Surper304、S740、HR3C 等），核电建设蒸发器管（耐蚀钢 690U 型管）。耐高压≥25MPa，耐高温≥600℃，铅、锡、砷、锑、铋单个元素含量<30ppm，总含量<120ppm，耐腐蚀、长寿命等性能达到国际领先水平	火电、核电
11	高精度高温合金管材	氧含量≤15ppm，硫含量≤50ppm，磷含量≤50ppm，材料疏松和偏析<0.5 级，屈服强度≥310MPa，抗拉强度≥690MPa，外径公差±0.1mm，壁厚公差（+10%，-5%）	航空
12	液化天然气船及岸线接手站储罐用特殊钢材	镍含量 8.5%~10%，磷含量≤0.005%，硫含量≤0.002%，屈服强度≥585MPa，抗拉强度 680~820MPa，伸长率≥18%，-196℃低温下冲击均值≥100J	海洋工程、能源装备
13	船用耐蚀钢	下底板年腐蚀速率<1mm，上顶板 25 年腐蚀速率<2mm，包括钢板（厚度 8~40mm）、配套焊材及型材	船舶
二		先进有色金属材料	
(一)		铝　材	
1	大规格铝合金预拉伸板	板厚度≥80mm，板宽度≥1600mm，典型热处理状态抗拉强度级别 530MPa 以上，断裂韧度水平≥24MPa·$m^{1/2}$	高端装备
2	高强韧轻量化结构件压铸铝合金	用半固态流变压铸工艺和高真空压铸工艺生产，可进行 T6 热处理，抗拉强度>340MPa，伸长率>8%	汽车、通信

续表

序号	材料名称	性 能 要 求	应用领域
		先进基础材料	
二		先进有色金属材料	
（一）		铝　材	
3	高性能车用铝合金板	牌号包括 6016-S、6016-IH、6A16、5182-RSS、5754 等十余种合金，典型 6×××系铝合金板材伸长率 $A_{50} \geqslant 25\%$，r 值 $\geqslant 0.60$，60 天停放后屈服强度 $\leqslant 140MPa$，烤漆硬化屈服强度增量 $\geqslant 80MPa$	汽车
4	高性能船舶用铝合金锻件	2618 合金压强叶轮模锻件重量 5~96kg，热处理状态 T61，锻件要求高综合性能，屈服强度 $\geqslant 340MPa$，抗拉强度 $\geqslant 390MPa$，伸长率 $\geqslant 4\%$，断面收缩率 $\geqslant 5\%$，屈服强度比 0.82~0.90，布氏硬度 $\geqslant 130$，电导率 21~24mS/m	船舶
（二）		镁　材	
5	大卷重高性能宽幅镁合金卷板	最大宽度 >1500mm，厚度范围 1.0~4.0mm，卷重 $\geqslant 1.5t$，抗拉强度 $\geqslant 270MPa$，屈服强度 $\geqslant 220MPa$，伸长率 $\geqslant 15\%$	汽车、3C 产品、轨道交通
（三）		钛　材	
6	大尺寸钛合金铸件	轮廓尺寸长和宽 >2500mm，最大单重 >1200kg，抗拉强度 >895MPa，屈服强度 >825MPa，伸长率 >6%，布氏硬度 >365	船舶及海洋工程
7	宽幅钛合金板	牌号 TC4，中厚板规格（4.75~150）×（<3000）×（<3000）mm³，薄板规格（0.5~4.75）×（<1800）×（<3000）mm³，抗拉强度 >895MPa，屈服强度 >830MPa，伸长率 >8%	航空、海洋工程
8	油井管用高强高韧钛合金	包括 110ksi 强度级的钛合金管材，使用寿命 >15 年	石油天然气
9	大卷重宽幅纯钛带卷	宽度 $\geqslant 1000mm$，单卷重 >3t，牌号 Gr.1 力学性能：抗拉强度 $\geqslant 240MPa$，屈服强度 138~310MPa，伸长率 $\geqslant 24\%$；牌号 Gr.2 力学性能：抗拉强度 $\geqslant 345MPa$，屈服强度 275~450MPa，伸长率 $\geqslant 20\%$	海洋工程、海水淡化、核电
10	超薄壁钛及钛合金焊管	符合 GB/T 3625 要求，典型壁厚规格 0.5mm 和 0.8mm	海水淡化
11	高温钛合金	室温性能：抗拉强度 $\geqslant 1100MPa$，屈服强度 $\geqslant 950MPa$，伸长率 $\geqslant 8\%$，弹性模量 $\geqslant 110GPa$，冲击韧性 $\geqslant 10J/cm^2$；高温 650℃性能：抗拉强度 $\geqslant 650MPa$，屈服强度 $\geqslant 580MPa$，伸长率 $\geqslant 12\%$，面缩率 $\geqslant 25\%$，弹性模量 $\geqslant 90GPa$	高端装备

续表

序号	材料名称	性　能　要　求	应用领域
先进基础材料			
二		先进有色金属材料	
（四）		其　他	
12	原位自生陶瓷颗粒铝基复合材料	高强度铸造陶铝材料：抗拉强度≥410MPa，弹性模量≥85GPa，伸长率≥2%； 高模量铸造陶铝材料：抗拉强度≥360MPa，弹性模量≥90GPa，伸长率≥0.5%； 高塑性铸造陶铝材料：抗拉强度≥350MPa，弹性模量≥73GPa，伸长率≥14%； 超高强变形陶铝材料：抗拉强度≥805MPa，弹性模量≥76GPa，伸长率≥8%； 高抗疲劳变形陶铝材料：抗拉强度≥610MPa，弹性模量≥83GPa，伸长率≥6%	汽车工业、高端装备
三		先进化工材料	
（一）		特　种　橡　胶	
1	高氟含量氟橡胶材料	门尼黏度30～60，拉伸强度≥12MPa，断裂伸长率≥120%；275℃老化后：拉伸强度≥10MPa，断裂伸长率100%，耐甲醇质量增重≤5%	航空航天、化工
2	氢化丁腈橡胶	ACN%：17%～50%，饱和度80%～99%，门尼黏度20～130	汽车、高铁、轮船、油田、航空航天
（二）		工程塑料	
3	聚醚醚酮（PEEK）	玻璃化温度≥143℃，熔点≥334℃，拉伸强度（25℃）≥94MPa，断裂伸长率（25℃）≥40%，弯曲模量（25℃）≥4.0GPa，冲击强度（缺口）≥4.5kJ/m²，热变形温度（1.8MPa）≥150℃	航空航天、环保
4	聚芳硫醚类（PAS）系列特种新材料产品（低氯级）	聚芳硫醚砜（PASS）、聚芳硫醚酮（PASK）。分子量5万～8万、氯离子含量<600ppm	航空航天、核动力、汽车、电子、石油化工、环保
5	聚酰亚胺及薄膜	热塑性薄膜：玻璃化温度>240℃，拉伸强度>100MPa，冲击强度>120kJ/m²，弯曲强度>120MPa，可挤出成型，3D打印成型	汽车，石油、化工、纺织工业、电力电子、精密机械制造、航空、航天
		高导热石墨聚酰亚胺薄膜：面内取向度≥30%，双折射率≥0.08	3C产品
		高铁耐电晕级聚酰亚胺薄膜：耐电晕性（20kV·mm，50Hz/h）>100000h	轨道交通

序号	材料名称	性　能　要　求	应用领域
		先进基础材料	
二		先进有色金属材料	
(二)		工程塑料	
6	高流动性尼龙	拉伸强度>55MPa，弯曲强度>60MPa，简支梁缺口冲击强度>8kJ/m²，熔融指数（235℃，0.325kg）10～30，熔点220～225℃	汽车、电子电器、纺织工业
7	芳纶纤维材料制品	灰分<0.5%，芳纶纸击穿电压>20kV/mm，抗张强度>3.2kN/m，芳纶层压板击穿电压>40kV/mm，耐热等级达到220℃，阻燃达到 VTM-0 和 V-0 级，水萃取液电导率<5mS/m，180℃长期对硅油无污损，外观、层间结合状态与进口产品一致	轨道交通、新能源、航空航天、电力装备
8	环保型阻燃工程塑料	垂直燃烧等级达 UL94V-0 级，灼热丝 960℃、15s 不起燃、抗熔滴，热变形温度（1.8MPa）≥170℃	电力装备、电子电器
9	导热尼龙	导热系数 0.8～3.0W/(m·K)，阻燃等级垂直燃烧UL94V-0 级。击穿电压≥20kV/mm，耐黄变，满足不同功率的 LED 使用要求	新型显示
10	轴承（传动系统）用工程塑料	在 150℃热油、氧环境下放置 1000h：拉伸强度>90%，非缺口冲击强度>80%，弯曲强度>90%以上	汽车、机床、家电等
11	汽车核心部件用尼龙复合材料	在 85℃、相对湿度 85%环境下放置 1000h：力学性能保持在 80%以上；长期在 120℃高温环境下使用不发生形变，冷热冲击循环 300 次，塑料件不开裂（-40℃和 150℃）	汽车
12	芳纶Ⅲ长纤维	密度≤1.43g/cm³，拉伸强度 4500～5500MPa，弹性模量 156～175GPa，介电常数 2.6，介电损耗 tanδ=0.001，耐辐照 7×10⁸ rad/h，工作温度-196～330℃，热分解温度 550～600℃，断裂伸长率 2.8%～3.5%，极限氧指数 42	航天
(三)		膜材料	
13	双极膜电渗析膜	膜尺寸≥500×1100mm²，跨膜电压≤1.4V（电流密度为600A/m²），电流效率≥75%，酸碱转化率≥90%，寿命超过1 年，膜组件 100～1000 组，单个膜组件 NaCl 处理量 20～200kg/h，产酸、碱浓度<2mol/L	化工
14	高性能锂电池隔膜	厚度 5～20μm，孔径 0.03～0.2μm，孔隙率 30%～50%，透气率（Gurley 值）(100～400) s/100mL	新能源
15	高压反渗透复合膜材料	膜片脱盐率≥99.7%，水通量≥40L/(m²·h)，膜元件（8040 标准型）脱盐率≥99.7%，产水量≥34m³/d，反渗透海水膜及元件测试标准（进水氯化钠 32000ppm，操作压力 5.5MPa，温度 25℃）	海水和苦咸水淡化、高盐废水资源化

续表

序号	材料名称	性　能　要　求	应用领域
先进基础材料			
三		先进化工材料	
（三）		膜材料	
16	高选择性纳滤复合膜材料	氯化钠截留率≤5%，硫酸钠截留率≥98.5%，水通量≥60L/（m²·h）；膜元件（8040 标准型）产水量≥30m³/d	水质脱盐、脱硝，盐水分质、浓缩
（四）		电子化工新材料	
17	环保水系剥离液	金属保护剂含量≤1%，杂质金属离子含量≤100ppb，颗粒物（≥0.5μm）≤50 个/mL，金属层损伤<0.1nm/min	新型显示
18	超高纯化学试剂	盐酸、硝酸：单个金属杂质含量<100ppt，颗粒（≥0.2μm）<100 个·mL⁻¹； 高纯双氧水、硫酸、氢氟酸：其中电子级金属离子≤10ppb、颗粒≤100（≥0.5μm）；半导体级金属杂质含量≤0.1ppb、控制粒径/μm≤0.2 颗粒/个·mL⁻¹； 芯片铜互连超高纯电镀液：单个金属含量<60ppb，颗粒（≥0.2μm）<100 个/mL； 芯片铜互连超高纯电镀添加剂：单个金属含量<0.1ppm，颗粒（≥0.2μm）<100 个/mL； 蚀刻后清洗液：单个金属含量<100ppb，颗粒（≥0.2μm）<100 个/mL	集成电路、新型显示
19	CMP 抛光材料	CMP 抛光液：小于45nm线宽集成电路制造用 CMP 抛光液系列产品，包括铜抛光液、铜阻挡层铜抛光液、氧化物铜抛光液、多晶硅铜抛光液、钨抛光液等；200～300mm 硅片工艺用抛光液； CMP 抛光垫、CMP 修整盘：200～300mm 集成电路制造CMP 工艺用抛光垫、修整盘；200～300mm 硅片工艺用抛光垫、修整盘	集成电路
20	光刻胶及配套试剂	I 线光刻胶：6 英寸、8 英寸、12 英寸集成电路制造用 I 线光刻胶； KrF 光刻胶：8 英寸、12 英寸集成电路制造光刻工艺用 KrF 光刻胶； ArF/ArFi 光刻胶：12 英寸集成电路制造光刻工艺用 ArF 和 ArFi 浸没式光刻胶； 光刻胶抗反射层：与 KrF、ArF 和 ArFi 浸没式光刻胶配套的抗反射层材； 厚膜光刻胶：3D 集成等系统级封装用光刻胶； 光刻胶显影液、光刻胶剥离液：与 KrF、ArF 和 ArFi 浸没式光刻胶配套的光刻胶显影液、光刻胶剥离液	集成电路

续表

序号	材料名称	性　能　要　求	应用领域
		先进基础材料	
三		先进化工材料	
(四)		电子化工新材料	
21	特种气体	高纯氯气：纯度 ≥99.999%，H_2O≤1.0ppm，CO_2≤2.0ppmv，CO≤1.5ppmv，O_2≤1.0ppmv，CH_4≤0.1ppmv； 三氯氢硅：纯度≥99.99%，一氯甲烷含量<10ppm，二氯氢硅含量≤100ppm，四氯化硅含量≤100ppm，铁含量≤30ppb，镍含量≤2ppb； 锗烷：纯度≥99.999%，H_2<50ppmv，O_2+Ar≤2ppmv，N_2≤2ppmv，CO≤1ppmv，CO_2≤1ppmv，CH_4≤1ppmv，H_2O≤3ppm； 氯化氢、氧化亚氮纯度≥99.999%；氧硫化碳、乙硼烷纯度≥99.99%；砷烷、磷烷、硅烷纯度≥99.9999%	集成电路、新型显示
22	大尺寸 LCD 显示用高性能黑色、彩色、PS 光刻胶	色域面积>72%，对比度>10000，残膜率>85%，OD 值>4.1，RR 值>90%	新型显示
23	电子胶有机硅材料	热导率≥4.0W/(m·K)，体积电阻≥$10^{14}\Omega\cdot cm$，击穿电压≥20kV/mm，阻燃性可达 UL94 V-0	航空、航天、建筑、电子电气、汽车、机械、医疗
(五)		其他先进化工材料	
24	生物基增塑剂	100%替代邻苯类增塑剂，抗老化性能>1200h（ASTM G-154），环保指标通过欧盟 REACH 法规认证，绿色安全无毒	医疗
25	自抛光防污涂料	与阴极保护相容性：防污涂层与防锈涂层之间（包括连接涂层）的剥离在人造漏涂孔外缘起 10mm 范围内，在近海的浅海浸泡试验环境里，可以达到 36 个月以上的防污能力，涂装在远洋船舶上，可提供 60 个月以上的防污保护	船舶
四		先进无机非金属材料	
(一)		特　种　玻　璃	
1	高硼硅耐热防火玻璃	800℃ 火焰冲击下保持 90～180min 不炸裂，膨胀系数（32～50）×10^{-7}/℃，玻璃软化点>840℃	电子、化工、航天、建筑、船舶
2	大口径、耐高温高纯石英玻璃管	金属杂质总含量≤18ppm，外径 200～400mm	集成电路
3	光掩膜用高纯合成石英玻璃基板	光学透过率230nm 时≥88%、260nm 时≥90%，金属杂质总含量≤1ppm，正反两面平面度≤50μm，最大规格 1220×1400×14mm^3	微电子光电子制造

续表

序号	材料名称	性 能 要 求	应用领域
		先进基础材料	
四		先进无机非金属材料	
（一）		特 种 玻 璃	
4	滤光片	蓝玻璃红外截止滤光片：透过率 AR（420~670nm，$R_{max}<0.9\%$），UVIR（350~390nm，$T_{avg}\leqslant3\%$）；图案的外围和内径部分四角直线度（毛刺）5μm 以内，偏心 50μm 以内，最外围中心和印刷内径中心的差异在 50μm 以内，偏心 50μm 以内；图形胶层厚度 10μm 以下，透过率 $T_{max}<0.2\%$（400~650nm），反射率 $R_{max}<4\%$（400~650nm）；组立件支架的黏着力>3kg/cm； 五代彩色滤光片：BM 厚度 1.2 ± 0.3μm；BM OD$\geqslant4.0$；RGB 厚度 2.28 ± 0.3μm；导电膜组抗值$\leqslant30/\Omega\cdot m$；导电膜厚度 1500 ± 200Å；角段差<0.5μm；PS 高度 3.15 ± 0.15μm	3C 产品
5	无碱玻璃基板	应变点 655~686℃，软化点 970±10℃，线膨胀系数（20~380℃条件下）：$(30~38)\times10^{-7}$/℃；密度 2.37~2.55g/cm^3	新型显示
6	高铝硅酸盐盖板玻璃	表面压应力>850MPa，压应力层厚度>35μm，四点抗弯强度>600MPa	新型显示、航空
7	偏光片	尺寸收缩率<0.8%，表面硬度>3H	
（二）		绿 色 建 材	
8	防污型绝缘材料	憎水性 HC1-HC2 级，污秽耐受电压跟普通釉绝缘子相比，污秽耐受电压$\geqslant1.5$ 倍，涂层耐磨性$\leqslant0.2$g，耐漏电起痕及电蚀损$\geqslant$TMA4.5 级，支柱绝缘子弯曲破坏应力 100MPa，悬式绝缘子抗拉强度 960kN，使用温度−40~105℃，抗拉负荷$\geqslant300$kN	电力装备
（三）		先进陶瓷粉体及制品	
9	高透过氮氧化铝陶瓷	厚度 3mm，窗口红外透过率>81%，弯曲强度$\geqslant300$MPa，硬度$\geqslant1850$，断裂韧性$\geqslant2.0$MPa·m$^{1/2}$，窗口尺寸$\geqslant160\times160\times3$mm^3	新一代光电设备
10	碳化硅陶瓷膜过滤材料	$\phi60\times(1000~2500)\times10$mm^3，支撑体孔径 60~70μm，气孔率$\geqslant32\%$，膜层孔径 10~20μm，膜层气孔率$\geqslant38\%$，弯曲强度$\geqslant15$MPa；耐酸性$\geqslant98\%$，耐碱性$\geqslant99\%$，热胀系数 5.46×10^{-6}/K	化工、能源、电力装备、冶金、环保
11	特高压套管	产品总高度 10.58m，由 5 节组成，整柱弯曲破坏负荷 26kN，内水压破坏负荷$\geqslant2.6$MPa	电力装备

续表

序号	材料名称	性 能 要 求	应用领域
先进基础材料			
四	先进无机非金属材料		
(三)	先进陶瓷粉体及制品		
12	氮化铝陶瓷粉体及基板	粉体：碳含量≤300ppm，氧含量≤0.75%，粒度分布 $D10 \leq 0.65\mu m$，$D50 \leq 1.30\mu m$，$D90 \leq 3.20\mu m$；比面积≥2.8m²/g； 基板：密度≥3.30g/cm³，热导率（20℃）≥180W/(m·K)，抗折强度≥380MPa，线膨胀系数（$RT-500$℃）4.6～4.8×10^{-6}/℃，表面粗糙度≤0.3μm	高铁、新型显示、新能源汽车、光通信和智能电网
13	高性能氮化硅陶瓷材料	致密度≥99%，弯曲强度≥900MPa，维氏硬度≥1550，断裂韧性9～10MPa·m$^{1/2}$，弹性模量≥320GPa，热膨胀系数≤3.3×10^{-6}，韦布尔模数>12，热导率20～90W/(m·K)	光伏、风电、航空航天、环保、机械、汽车、冶金、电子
14	片式多层陶瓷电容器用介质材料	粉末物理性能：粉体粒径≤0.8mm，烧结温度≤1150℃；瓷体常温电性能：介电常数2000～4000，损耗<2%，绝缘电阻率≥1×10^{12}Ω·cm；瓷体温度特性（-55～$+125$℃）：$-15\% \leq \Delta C/C_0 \leq +15\%$（无偏压）、$-25\% \leq \Delta C/C_0 \leq +15\%$（施加偏压2V/mm）	电子
(四)	人工晶体		
15	LED用蓝宝石衬底片	晶片直径：6寸衬底150±0.2mm，8寸衬底200±0.2mm；晶片厚度：6寸衬底1300±30μm，8寸衬底1500±50μm；定位面方向：A（11-20）TOM0±0.2°；平边长度：6寸衬底50±1.0mm，8寸衬底100±1.0mm；晶向：6寸衬底C（0001）TOM0.2±0.05°，C（0001）TOA（11-20）0±0.1°，8寸衬底 C（0001）TOM0.2±0.1°，C（0001）TOA（11-20）0±0.1°；整体平整度：6寸衬底≤10μm，8寸衬底≤15μm；局部平整度：6寸衬底≤2μm，8寸衬底≤2.5μm；弯曲度：6寸衬底-20μm<BOW<0μm，8寸衬底-25μm<BOW<0μm；翘曲度：6寸衬底≤25μm，8寸衬底≤30μm；抛光面粗糙度：6寸衬底$R_a \leq 0.2$nm，8寸衬底$R_a \leq 0.3$nm；背面粗糙度=0.8～1.2μm；位错密度≤1000pcs/cm²	新型显示、3C产品
16	溴化镧闪烁晶体	块状晶体探测器尺寸≥φ50×50mm³，衰减时间≤20ns，能量分辨 $\Delta E/E \leq 3.5\%$，时间分辨≤300ps，阵列式晶体探测器衰减时间≤35ns，峰谷比≥6.5，能量分辨优于13%@511keV	医疗器械、安全检查
17	单或双掺 La、Yb、Er、Nd、Lu、Ce 等稀土元素系列人工晶体	高光输出、快衰减，衰减时间≤30ns，光产额≥60Ph/keV	医疗器械、安全检查、地质勘探

序号	材料名称	性　能　要　求	应用领域
		先进基础材料	
四		先进无机非金属材料	
(四)		人工晶体	
18	元素级化学气相沉积硫化锌	使用波段 3~5μm，8~12μm，使用波段内透过率>72%（使用环境>300℃），努普硬度>210kg/mm^2，弯曲强度>100MPa，热导率 16.8W/(m·K)，线膨胀系数（×10^{-6}/K）：7.2（473K）	光电技术、红外探测
19	人造金刚石复合材料	粒度集中度±10μm，形状长短轴比<1.3 满足 0.8~0.1mm 厚度，300mm 直径范围内的蓝宝石，电子硅等材料平坦化加工精度要求：表面厚度差≤8μm，表面粗糙度达到纳米级	刀具、信息产业
20	立方氮化硼复合材料	CBN 复合材料元件：磨轮线速度>160m/s，去除率为刚玉复合材料的 50 倍以上，加工零部件的形位公差精度<5μm，表面粗糙度<0.3μm	汽车、机床、航天
21	碲锌镉晶体	晶锭直径≥100mm，单晶尺寸≥2000mm^3，成分偏差≤5%，电阻率≥1×10^{10}Ω·cm，电子迁移率和寿命积≥2×10^{-3} cm^2/V。碲锌镉探测器对 241Am@ 59.5keV 的能量分辨率≤5%，峰谷比≥80；对 137Cs@ 662KeV 的能量分辨率≤1.5%，峰康比≥2，空间分辨率≤0.2mm，计数率≥1M·mm^2/s	环境检测、医疗器械
(五)		矿物功能材料	
22	矿物无机凝胶	表观黏度≥2000mPa·s，触变指数≥8，溶解速度≤10min（2%水分散体系），悬浮率≥98%	化工、医药
23	高性能无机非金属矿物填充材料	可研磨至亚纳米级，细度达 1500 目以上	化工、医药
24	环保型、高稳定摩擦材料	镉≤0.01%，六价铬≤0.1%，铅≤0.1%，汞≤0.1%，常温剪切强度≥4.5MPa，高温剪切强度≥2.5MPa。摩擦系数在其设定的工作摩擦系数值的±10%的范围内，产品寿命为原来的 2~5 倍	汽车
25	汽车尾气处理材料	净化 NO$_x$ 还原剂固体储氨（氨合氯化镁、钙、锶）材料：氨气含量 45%~54%（质量分数）以上；SCR 蜂窝催化剂材料：催化起燃温度<200℃，比表面积 100m^2/g；莫来石颗粒过滤器（DPF）材料：抗热性>1100℃，开孔率>50%；氮氧化物吸附材料：脱附温度>200℃	汽车

序号	材料名称	性 能 要 求	应用领域
		先进基础材料	
四		先进无机非金属材料	
(五)		矿物功能材料	
26	高纯石墨	固定碳含量 C≥99.999%	航空航天、新能源汽车
27	高纯石英粉体	40~150 目，SiO_2 含量>99.95%，杂质含量≤75ppm	石英玻璃加工、石英坩埚
五		其 他 材 料	
(一)		稀 有 金 属	
1	新型电接触贵金属材料	PtIr 系列材料：PtIr10：电阻率≤25μΩ·cm，温升≤50℃，工作寿命≥1000h；PtIr25：电阻率≤34μΩ·cm，温升≤60℃，工作寿命≥1000h； 金基系列材料：$AuAgCu_{20-10}$：电阻率≤15μΩ·cm，温升≤40℃，工作寿命≥20000h；$AuCuAg_{35-5}$：电阻率≤20μΩ·cm，温升≤50℃，工作寿命≥20000h； $AgSnO_2$ 系列材料：$AgSnO_2$（10）Bi_2O_3（0.5）：电阻率≤2.3μΩ·cm，温升≤60℃，工作寿命≥30 万次；$AgSnO_2$（12）Bi_2O_3（0.5）：电阻率≤2.5μΩ·cm，温升≤60℃，工作寿命≥30 万次；$AgSnO_2$（10）：电阻率≤2.2μΩ·cm，温升≤40℃，工作寿命≥25 万次；$AgSnO_2$（12）：电阻率≤2.5μΩ·cm，温升≤40℃，工作寿命≥25 万次； Ag-MeO 系列材料：AgCuONiO：电阻率≤2.0μΩ·cm，温升≤40℃，工作寿命≥20 万次；AgMgONiO（2）：电阻率≤2.1/μΩ·cm，温升≤40℃，工作寿命≥20 万次； AgCuZnNi 系列材料：$AgCuZn6Ni_1$：电阻率≤4μΩ·cm，温升≤50℃，工作寿命≥20 万次	电子信息
2	电子浆料	片式元器件用导电银浆：方阻≤10/Ω·m，烧结膜厚 7~9μm，初始附着力≥35N，抗焊料侵蚀：260℃、30s、侵 3 次，阻值≤20Ω；耐酸性：5%的硫酸中浸泡 30min，用胶带拉不脱落； 钌系电阻浆料：方阻 10Ω~1Ω·m，温度系数±100ppm/℃，短时间过负荷阻值变化率±1%，静电放电阻值变化率±1%； 光伏用正面银浆：方块电阻≤10/Ω·m，附着力≥3N	航空、航天、电子信息、光伏太阳能
3	形状记忆合金及智能材料	单程形状记忆效应≥8%，双程形状记忆效应≥3%，超弹性效应≥4%，相转变温度-80~500℃	高端装备

续表

序号	材料名称	性 能 要 求	应用领域
先进基础材料			
五		其 他 材 料	
(一)		稀 有 金 属	
4	稀有金属涂层材料	高温合金稀有金属防护涂层材料：氧含量≤300ppm，涂层在900℃完全抗氧化，并具备良好的抗热疲劳性能； 复式碳化钨基稀有金属陶瓷涂层材料：硬度HRC45~65，使用温度-140~800℃； 高耐蚀耐磨涂层材料：结合强度≥200MPa，硬度HRC30~65，孔隙率≤0.5%，抗中性盐雾腐蚀≥500h； 多组元MCrAlY涂层材料：O、N、C、S总和≤500ppm，结合强度≥50MPa，1050℃水淬≥50次，1050℃（200h）完全抗氧化级； 高隔热涂层材料YSZ复相陶瓷材料：熔点>2000K，1200℃(100h)无相变，热导率<1.2W/(m·K)； 可磨耗封严涂层材料：使用温度350~1050℃，硬度HR15Y40~85，结合强度≥5MPa，工况温度下350m/s可磨耗试验涂层无剥落掉块； 冷喷涂超细合金粉末涂层材料：粉末粒度D90≤16μm，振实密度≥4.0g/cm³，近球形粉末形貌	国防军工、高端装备零部件表面强化
(二)		溅 射 靶 材	
5	高纯钴靶	晶粒尺寸≤50μm，焊合率>99%，满足200~300mm半导体制造要求	集成电路
6	超高纯NiPt合金靶材	纯度≥4N；晶粒尺寸≤100μm，钎焊焊合率≥95%，最大单伤≤2%，尺寸公差±0.1mm，表面粗糙度R_a≤0.8μm，清洁度符合电子级要求	集成电路
7	铜和铜合金靶	纯度≥6N，晶粒尺寸≤50μm，焊合率≥99%，尺寸公差±0.1mm，表面粗糙度R_a≤0.4μm，清洁度符合电子级要求	集成电路
8	钛和钛合金靶	纯度≥4N5，晶粒尺寸≤20μm，靶材与背板扩散焊接，焊合率≥98%，清洁度符合电子级要求	集成电路
(三)		其 　 他	
9	耐高流速铜合金管材	抗拉强度≥600MPa，屈服强度≥300MPa，伸长率≥20%，耐海水腐蚀性能≤0.01mm/a，全海域海水介质中设计流速≥5m/s	船舶与海洋工程
10	高性能高精度铜合金丝线材	抗拉强度≥475MPa，伸长率≥6%，电导率≥90%IACS，软化温度≥350℃，直径0.080~0.300mm，长度≥15km	电力工程、电子信息

续表

序号	材料名称	性 能 要 求	应用领域
先进基础材料			
五		其 他 材 料	
(三)		其 他	
11	铜铝复合材料	抗拉强度≥110MPa，伸长率≥11%，界面结合强度≥40MPa，直流电阻率≤0.025Ω·mm²/m	电力装备、航空航天、先进轨道交通
12	高频微波、高密度封装覆铜板、极薄铜箔	高频微波覆铜板：介电常数（DK）3.50±0.05（10GHz），高频损耗<0.004（10GHz），玻璃化温度>200℃，剥离强度>0.8N/mm； 高密度覆铜板：玻璃化温度>250℃，平面膨胀系数>28	电子电路
13	复杂岩层、深部钻探用新型结构硬质合金	断裂韧性>30MPa·m$^{1/2}$	油气开采、矿产开发、海洋勘探
14	磁性载体	比饱和磁化强度 40~70emu/g，体积电阻率 1×10^{12}~1×10^{17}Ω·cm，粒度（D50）30~50μm，流动性 15~60s	静电图像显影剂
15	软磁复合材料	饱和磁感应强度>1.95T，损耗<80W/kg（1.5T、1kHz 条件下），横向断裂强度≥100MPa	高功率密度、高转矩密度、高效永磁无刷电机，可用于电动车驱动、机器人伺服驱动
关键战略材料			
一		高性能纤维及复合材料	
1	高性能碳纤维	高强型：拉伸强度≥4900MPa，CV≤5%，拉伸模量 230~250GPa，CV≤2%； 高强中模型：拉伸强度≥5500MPa，CV≤5%，拉伸模量 280~300GPa，CV≤2%	航空、航天、轨道交通、海工、风电装备、压力容器，不包括体育休闲产品制造
2	碳纤维复合芯导线	电导率≥63.0%IACS，抗拉强度≥2100MPa，线膨胀系数≤2.0×10^{-6}/℃，玻璃化转变温度≥150℃，弹性模量≥110GPa，芯棒卷绕半径满足 50D 不开裂、不断裂	超高压线路建设
3	汽车用碳纤维复合材料	密度<2g/cm³，抗拉强度≥2100MPa，抗拉弹性模量 23000~43000MPa	汽车
4	碳化硅纤维预制体	预制体密度≥1.2g/cm³，纤维体积分数 35%~55%，热处理失重率≤1%，重量偏差率≤2%	航空航天、能源、交通、电子、化工、环保、核电
5	耐高温连续碳化硅纤维	拉伸强度≥2.8GPa，杨氏模量≥200GPa，伸长率 1.2%~1.8%，纤度 180±10tex，氧含量≤12%，1100℃，空气 10h，强度保留率≥85%	航空航天

续表

序号	材料名称	性 能 要 求	应用领域
关键战略材料			
一		高性能纤维及复合材料	
6	玄武岩纤维	耐温温度-269~650℃，弹性模量≥80GPa，抗拉强度≥3800MPa	消防、环保、航空航天、汽车、船舶
7	航空制动用碳/碳复合材料	密度≥1.76g/cm³，抗压强度≥140MPa，抗弯强度≥120MPa，层间剪切强度≥12MPa，热导率≥30W/(m·K)，石墨化率≥45%	航空
二		稀土功能材料	
1	高性能稀土发光材料	高端显示用新型发光材料：满足显示色域超过95%NTSC应用需求，满足600mA/mm²高密度能量激发应用需要，在120℃较铝酸盐荧光粉亮度衰减率下降50%。生物农业照明发光材料：满足360~460nm LED芯片激发，发光波长400~800nm，发光强度满足水果生长和植物生长所需光生理作用需要	新型显示、生物农业照明
2	高性能钕铁硼永磁体	晶界扩散Dy/Tb等系列、52SH档产品，综合重稀土含量（1Tb=2Dy）<1%；45UH档产品，综合重稀土含量<4%；44EH档产品，综合重稀土含量<8.5%；$BH+H_{cj}$>75，产品性能达到国际先进水平；高性能辐射和多极磁环磁性能：剩磁B_r≥13.7kGs，内禀矫顽力H_{cj}≥12kOe，最大磁能积$(BH)_{max}$≥45MGOe，高矫顽力辐射和多极磁环磁性能：剩磁B_r≥12kGs，内禀矫顽力H_{cj}≥25kOe，最大磁能积$(BH)_{max}$≥35MGOe；多极各向异性磁环：内径外径比：0.1~0.9，峰值>6000Gs；高低温退磁：-20℃保温1h然后升至180℃保温1h，10次循环，产品磁性能不可逆损失<5%；磁环最大高度>50mm；极点磁密不均匀度≤3%；耐蚀性：HAST实验，在温度130℃、压力0.26MPa、湿度95%、240h失重<1mg/cm²	新能源汽车、高铁、机器人、消费电子
3	新型铈磁体	铈含量占稀土总量≥30%，$(BH)_{max}$(MGOe)+H_{cj}(kOe)≥50，铈替代量≥50%时，$(BH)_{max}$≥24MGOe，矫顽力≥10kOe	家用电器
4	工业烟气稀土基及SCR稀土无钒脱硝催化剂	横向抗压强度≥0.55MPa，纵向抗压强度≥1.5MPa，稀土含量>5%，脱硝率≥92%，烟气温度适应范围310~450℃，使用寿命>3年	化工、冶金、环保
5	AB型稀土储氢合金	AB_5型稀土储氢合金常温下可逆容量>1.5%，Mg基含稀土合金最大储氢量>6%，寿命>2500次；A_2B_7型储氢合金初始容量>390mA·h/g，循环100次容量保持率为90%以上、温区宽度-20~50℃	新能源

续表

序号	材料名称	性 能 要 求	应用领域
关键战略材料			
二		稀土功能材料	
6	超高纯稀土材料及制品	超高纯稀土金属材料：以 60 种以上主要杂质计算，绝对纯度>99.99%，气体杂质总量<100ppm；超高纯稀土金属深加工产品：型材最大方向尺寸可达 300mm；绝对纯度>99.95%，型材晶粒平均尺寸<200μm	电子信息领域
7	高性能铈锆储氧材料	产品比表面>80m²/g，储氧量>500μmol O₂/g，且具有较高的高温热稳定性能，1000℃、10h 高温老化后比表面>40m²/g，储氧量>350μmol O₂/g，产品一致性要求偏差<2%。铈锆产品整体性能满足国 V、国 VI 标准汽车尾气净化催化剂的使用要求	汽车
8	稀土化合物	高纯稀土化合物：绝对纯度 > 99.995%，相对纯度>99.999%； 超高纯稀土氧化物：稀土纯度>99.9995%，CaO<2ppm，Fe₂O₃<1ppm，SiO₂<2ppm； 超高纯稀土卤化物纯度≥99.99%，水、氧含量<50ppm； 高纯稀土氟化物镀膜材料：绝对纯度>99.99%，相对纯度>99.995%，氧含量<100ppm； 高纯氧化钪：绝对纯度 > 99.99%，粒度 $D50 = 0.6\sim1.4μm$； 超细粉体稀土氧化物：相对纯度>99.99%，粒径 $D50 = 30\sim100nm$，分散度 $(D90\sim D10)/(2D50) = 0.5\sim1$	功能晶体、集成电路、红外探测、燃料电池、陶瓷电容器
9	特种稀土合金	稀土镁合金，纯度>99.95%，伸长率≥15%，屈服强度≥250MPa，抗拉强度≥280MPa	航天、电子通信、交通运输
10	高端稀土功能晶体	稀土闪烁晶体：Ce∶LYSO 晶体尺寸 $φ80×200mm^3$，衰减时间≤42ns，光输出≥28photons/keV； 稀土掺杂光纤激光器：平均输出功率>150W，中心波长 1.92～1.99μm，光谱带宽<3nm，光束质量 M2≤1.5，功率稳定性±2%	医疗器械、地质勘探
11	稀土抛光材料	高档稀土抛光液，粉体 CeO₂ 含量≥99.9%，晶粒尺寸≤30nm，形貌接近球形，抛光液粒度 $D50 = 50\sim300nm$，$D_{max}<500nm$，有害杂质离子浓度<40ppm，硅晶片抛光速度≥100nm/min，表面粗糙度 $R_a≤1nm$，高性能玻璃基片抛光速度≥25nm/min，表面粗糙度 $R_a≤0.5nm$	电子信息
三		先进半导体材料和新型显示材料	
1	氮化镓单晶衬底	包括 2 英寸及以上 GaN 单晶衬底，位错密度<5×10⁶cm⁻²，半绝缘 GaN 电阻率>1×10⁶Ω·cm	电子信息

续表

序号	材料名称	性 能 要 求	应用领域
		关键战略材料	
三		先进半导体材料和新型显示材料	
2	碳化硅单晶衬底	4英寸以上SiC单晶衬底，微管密度<5/cm²，位错密度<1000/cm²，N型SiC衬底电阻率0.015~0.030Ω·cm，半绝缘SiC衬底电阻率≥1×10⁵Ω·cm	电子信息
3	碳化硅外延片	包括4英寸碳化硅同质外延片，6英寸导电碳化硅外延片。外延表面缺陷密度<5/cm²	电子信息
4	4英寸GaN外延片	直径φ100±0.5mm，导电类型n-type，载流子浓度3×10¹⁷cm⁻³，E.P.D<1×10⁴	新型显示
5	氮化铝材料	氮化铝单晶材料：双晶半高宽（002）、（102）均<50arcsec； 氮化铝陶瓷材料：热导率>180W/（m·K）； 氮化铝薄膜材料：用于LED的均匀性≤1%，用于声波器件的均匀性≤0.5%	新型显示
6	电子级多晶硅	符合国标GB/T 12963—2014要求。电子1级：施主杂质≤0.15×10⁻⁹、受主杂质≤0.05×10⁻⁹；电子2级：施主杂质≤0.25×10⁻⁹、受主杂质≤0.08×10⁻⁹；电子3级：施主杂质≤0.30×10⁻⁹、受主杂质≤0.10×10⁻⁹	集成电路、分离器件
7	平板显示用ITO靶材	In₂O₃：SnO₂=90%：10%（±0.5%）；（200~500）×（600~1200）×（5~13）mm³；纯度>99.99%，相对密度≥99.7%，电阻率≤1.8×10⁻³Ω·mm，焊合率≥97%，平均晶粒<8μm	新型显示
8	平面显示用高纯钼靶材	纯度>99.95%，密度≥10.15g/cm³，平均晶粒<100μm，均匀分布，且沿长度方向的平均晶粒尺寸偏差<20%，焊合率>97%。产品尺寸：G6-G8.5 TFT-LCD世代线（2300~2700）×（200~290）×（8~23）mm³；G2-G5.5 TFT-LCD世代线（800~1600）×（900~2000）×（8~20）mm³；OLED生产线（2300×1800×14）mm³	新型显示
四		新型能源材料	
1	镍钴锰酸锂三元材料	比容量>180mA·h/g（0.5C），循环寿命>1000圈（80%）	新能源
2	负极材料（硅碳负极材料）	低比容量（<600mA·h/g）：压实密度>1.5，循环寿命>300圈（80%，1C）； 高比容量（>600mA·h/g）：压实密度>1.3，循环寿命>100圈（80%，0.5C）	新能源
3	燃料电池膜电极	膜电极铂用量≤0.5g/kW，功率密度≥1.0W/cm²，耐久性≥5000h	汽车

序号	材料名称	性 能 要 求	应用领域
关键战略材料			
四		新型能源材料	
4	燃料电池用金属双极板	接触电阻（@1.5MPa）<3mΩ·cm^2，电导率>100S/cm，腐蚀电流<0.3μA/cm^2，厚度公差±15μm	汽车
5	高纯晶体六氟磷酸锂材料	纯度≥99.9%，酸含量≤20ppm，水分≤10ppm，DMC 不溶物≤200ppm，硫酸盐（以 SO$_4$计）≤5ppm，氯化物（以 Cl 计）≤2ppm，Fe、K、Na、Ca、Mg、Ni、Pb、Cr、Cu 离子≤1ppm	新能源
前沿新材料			
1	石墨烯薄膜	可见光区平均透过率（含基材）优于85%，纯石墨烯薄膜雾度<1%、面电阻值<100Ω，与其他纳米材料复合的石墨烯薄膜雾度<5%、面电阻值<10Ω，石墨烯薄膜与基材结合力可耐3M胶带百格测试，具有弯曲性能，在 ITO 膜失效的情况下，可以承受超过 10 万次的循环弯曲实验	微电子、新能源
2	石墨烯改性防腐涂料	附着力 1 级，耐盐雾≥2500h，耐盐水≥2000h，耐水≥2000h	电力装备、海工、石化
3	石墨烯导电发热纤维及石墨烯发热织物	纤维性能：电阻率<1000Ω·cm，断裂强度>3cN/tex，干摩擦色牢度>3，熔点>250℃；织物性能：电热辐射转换效率>68%，表面温度不均匀度<±5℃	电子信息、汽车
4	石墨烯导静电轮胎	电导率达 10^{-5}S/m，普通轿车轮胎胎面复合石墨烯后，抗撕裂强度提升50%，模量提升50%以上，湿地刹车距离缩短1.82m；滚阻降低6%，使用里程增加 1.5 倍以上	汽车
5	石墨烯增强银基电接触功能复合材料	镉含量<100ppm，电阻率≤1.8$\mu$$\Omega$·cm；断后伸长率：退火态≥20%；抗拉强度≥180MPa；硬度≥70HV；静态接触电阻≤25mΩ；电寿命>40 万次；材料损失率≤0.005g	电力电器
6	液态金属	熔点≤300℃，表面张力室温下 0.4～1.0N/m，黏度室温下 0.1～0.8cSt，比热容 0.01～5kJ/（kg·℃），热导率 8～100W/（m·℃），导热系数室温下>10W/（m·K），电导率室温下 (1～9)×10^{6}S/m	电子工业

9.12　工业和信息化部办公厅、银保监会办公厅关于开展 2018 年度重点新材料首批次应用保险补偿机制试点工作的通知

（工信厅联原函〔2018〕423 号）

　　按照《关于开展重点新材料首批次应用保险补偿机制试点工作的通知》（工信部联原〔2017〕222 号，以下简称《通知》）要求，为进一步组织做好 2018 年度重点新材料首

批次应用保险补偿机制试点工作，现就有关事项通知如下：

一、生产《重点新材料首批次应用示范指导目录（2017 年版）》内新材料产品，且于 2017 年 12 月 1 日至 2018 年 12 月 25 日期间投保重点新材料首批次应用综合保险，或生产《重点新材料首批次应用示范指导目录（2018 年版）》内新材料产品，且于 2018 年 12 月 26 日至 2019 年 1 月 25 日前投保重点新材料首批次应用综合保险的企业，符合《通知》关于首批次的相关要求，可提出保费补贴申请。

二、2017 年已获得保险补贴资金的项目，原则上不得提出续保保费补贴申请。用于享受过保险补偿政策的首台套装备的材料不在本政策支持范围。

三、符合条件的企业，请于 2019 年 1 月 25 日前向省级工业和信息化主管部门及所属中央企业提交保费补贴申请材料（具体要求见附件 1）。省级工业和信息化主管部门或中央企业对申请材料进行初审后，请于 2019 年 2 月 15 日前将初审意见、本地区申请材料汇总表（纸质版一式三份，另附电子版，见附件 2）报送工业和信息化部（原材料工业司）。

四、保费补贴资金采取后补助形式安排。工业和信息化部会同有关部门委托国家新材料产业发展专家咨询委员会对企业申请材料进行评定，提出拟补助项目名单。保险合同到期后，根据新材料购买使用数量、保险合同执行情况等核算保费补贴金额，按照预算管理规定下达保费补贴资金。

五、省级工业和信息化主管部门要会同同级保险监督管理机构切实做好组织协调和宣传解读工作，及时对试点工作实施效果进行跟踪和监督检查。有关部门将组织第三方机构对试点工作开展抽查，确保财政资金使用效果。对出现骗保骗补等行为的企业和保险公司，要追回财政补助资金，并予以曝光。

工业和信息化部办公厅 银保监会办公厅

2018 年 12 月 26 日

9.13　工业和信息化部关于印发《重点新材料首批次应用示范指导目录（2018 年版）》的通告

（工信部原〔2018〕262 号）

为进一步做好重点新材料首批次应用保险补偿试点工作，现发布《重点新材料首批次应用示范指导目录（2018 年版）》，自本通告发布之日起施行。《重点新材料首批次应用示范指导目录（2017 年版）》（工信部原〔2017〕168 号）同时废止。

特此通知。

工业和信息化部

2018 年 12 月 26 日

重点新材料首批次应用示范指导目录（2018 年版）

序号	材料名称	性 能 要 求	应用领域
		先进基础材料	
一		先进钢铁材料	
1	G115 马氏体耐热钢	在 630℃下 10 万小时的持久强度≥100MPa，抗拉强度 R_m≥660MPa，下屈服强度 $R_{eL}{}^a$≥480 MPa，断后伸长率 A 纵向≥20%，横向≥16%，冲击吸收能量（K_{V2}）纵向≥40J，横向≥27J，硬度 HBW（195～250），HV（195～265）	超超临界电站
2	大吨位工程机械用超高强钢板	屈服强度≥1100MPa，抗拉强度 1250～1550MPa，−40℃纵向冲击≥27J	工程机械
3	海洋工程用低温韧性结构钢板	S355G10 钢板：屈服强度 R_{eH}≥355MPa，抗拉强度 R_m≥490MPa，屈强比 R_{eH}/R_m≤0.90，断后伸长率 A≥22%，厚度：100～120mm，厚度方向 Z35 断面收缩率≥50%，厚度方向抗拉强度≥450MPa，近表面+厚度 1/2 处−40℃冲击性能 K_{CV} 均值≥100J，试样 PWHT 模拟焊后热处理仍能满足上述拉伸、冲击要求，冲击性能的均值应明确试样的数量（不小于 3 个），5%应变时效冲击性能 K_{CV} 均值≥100J，钢板可焊接性能好，−10℃试验 CTOD 特征值≥0.20 mm	海上风电、海洋平台建设、超大型集装箱船
4	海洋工程及高性能船舶用特种钢板	海洋平台桩腿结构用大厚度高强齿条钢：厚度>180mm 的特厚钢板，−40℃低温冲击韧性>69J，Z 向抗撕裂性能达到 Z35 级，以及低碳当量下的焊接性能（C_{eq}≤0.75%）	船舶及海洋工程装备
		高强度止裂船板：屈服强度≥460MPa，抗拉强度 570～720MPa，伸长率≥17%；−40℃冲击功≥64J；止裂韧度 K_{ca}≥6000N/mm$^{3/2}$。	
5	高性能耐磨钢板系列产品	表面布氏硬度：HBW330～500，供货厚度 8～100mm，−40℃低温冲击功≥24J，抗拉强度≥1000MPa，断后伸长率≥9%，焊接性能、耐腐蚀性能优异	高端煤矿机械、工程机械
6	新型高性能掘进机刀具用钢	A、C 类夹杂物≤0.5 级，B、D 类夹杂物≤1.5 级；抗拉强度>2000MPa，热处理硬度>56HRC，冲击韧性 A_{ku}>20J	机械
7	高铁车轴用轨道交通用钢	光滑试样和缺口试样 10^7 周次旋转弯曲疲劳强度极限分别大于 350MPa 和 215MPa，全尺寸疲劳性能要求：轴身外表面受力≥240MPa 下完成 107 周次循环后无裂纹产生	铁路
8	汽车用高端热作模具钢	磷含量≤0.010%，硫含量≤0.003%，A、C 类夹杂物≤0.5 级，B、D 类夹杂物细系≤1.5 级，粗系≤1.0 级，钢材横向心部 V 型缺口冲击功≥13.6J，横向和纵向比≥0.85，球化组织 AS1～AS4，带状组织级别 SB 级	汽车

序号	材料名称	性 能 要 求	应用领域
先进基础材料			
一		先进钢铁材料	
9	高精度高温合金管材	氧含量≤15ppm，硫含量≤50ppm，磷含量≤50ppm，材料疏松和偏析＜0.5级，屈服强度≥310MPa，抗拉强度≥690MPa，外径公差±0.1mm，壁厚公差（+10%，-5%）	航空
10	船用耐蚀钢	下底板年腐蚀速率＜1mm，上顶板25年腐蚀速率＜2mm，包括钢板（厚度8~40mm）、配套焊材及型材	船舶
11	特种无缝钢管	超超临界火电机组建设用高压锅炉管（耐热不锈钢Super304、S740、HR3C等），核电建设蒸发器管（耐蚀钢690U型管）；耐高压≥25MPa，耐高温≥600℃，铅、锡、砷、锑、铋单个元素含量＜30ppm，总含量＜120ppm，耐腐蚀、长寿命等性能达到国际领先水平	火电、核电
12	高档轴承钢	［O］≤7ppm，［Ti］≤15ppm，夹杂物A+B+C+D≤2级，最大颗粒夹杂物Ds≤0.5级，4.5GPa赫兹应力下的接触疲劳寿命L_{10}≥5×107次	汽车、家电
13	特殊密封用丝带材	符合蜂窝密封、刷丝密封、W型密封及C型密封用材标准，丝材直径0.07~0.2mm，箔材厚度0.05~0.15mm，耐工况的环境温度＞650℃以上	核电、燃气轮机、发动机
14	大线能量焊接用钢高效焊接材料	焊接接头R_m≥490MPa，与母材同等温度考核低温韧强，并满足GB 712—2001的要求	船舶、桥梁、建筑、压力容器、机械
15	高温合金粉末盘坯料	高温合金牌号：FGH4097； 产品规格：最大直径＞600mm； 技术参数：低倍组织检验非金属夹杂不超过1个，荧光检验时荧光亮点少于3个，ϕ0.8mm平底孔超声波水浸探伤杂波低于-15db，微观组织无原始颗粒边界缺陷，晶粒度6~8级，力学性能满足相关型号标准	航空航天
16	超高纯铸造高温合金母合金	［O］≤6ppm，［N］≤6ppm，［S］≤6ppm；高温持久（950℃）＞40h	航空发动机、燃气轮机、汽车
17	高韧塑性汽车钢	抗拉强度1000MPa级，伸长率（A50）≥30%	汽车
二		先进有色金属材料	
（一）		铝　材	
18	大规格7050系铝合金预拉伸厚板	板厚度≥80mm，板宽度≥1600mm，尺寸偏差：宽度（+7mm，0mm），厚度（0.127mm，-0.127mm）；平直度偏差＜0.127mm；典型热处理状态抗拉强度级别530MPa以上，断裂韧度水平≥24MPa·m$^{1/2}$，加工后无翘曲	航空航天、高端装备

续表

序号	材料名称	性 能 要 求	应用领域
先进基础材料			
二		先进有色金属材料	
(一)		铝　材	
19	7B50 大规格铝合金预拉伸板	板厚度≥75mm，板宽度≥1200mm，典型热处理状态抗拉强度级别 565MPa 以上，断裂韧度水平≥23MPa·m$^{1/2}$	航空
20	含 Sc 铝合金加工材	典型热处理状态抗拉强度级别 360MPa 以上，焊接接头系数≥85%	航天
21	航空支撑骨架用型材	高强高韧型材，纵向性能：抗拉强度≥615MPa，屈服强度≥580MPa，伸长率≥8%；横向性能：抗拉强度≥570MPa，屈服强度≥540MPa，压缩性能≥580MPa；断裂韧性：L-T≥23.1，T-L≥18.7；剥落腐蚀不低于 EB 级；检测耐应力腐蚀性能；超声波探伤符合 A 级	航空
22	耐损伤铝合金预拉伸板	板厚度≥12.7mm，典型热处理状态抗拉强度级别 430MPa 以上，断裂韧度水平≥40MPa·m$^{1/2}$	航空
23	高性能车用铝合金薄板	牌号包括 6016-S、6016-IH、6A16、5182-RSS、5754 等十余种合金，典型 6×××系铝合金板材伸长率 A_{50}≥25%，r 值≥0.60，60 天停放后屈服强度≤140MPa，烤漆硬化屈服强度增量≥80MPa	汽车
24	Al-Si-Sc 焊丝	化学成分：[Si] 4.5%~5.0%，[Fe]≤0.25%，[Mg]≤0.05%，[Cu]≤0.3%，[Ti] 0.2%，[Mn] 0.05%，[Sc] 0.01%~0.05%，其余为铝；抗拉强度≥260MPa，屈服强度≥180MPa，接头伸长率≥8%，弯曲角：9°~11°，强度系数 55%~75%	航天航空、轨道交通
25	铝锂合金焊丝	抗拉强度≥450MPa，屈服强度≥350MPa，接头伸长率≥5%，弯曲角 9°~10°，强度系数 65%~85%	航空航天、船舶
(二)		镁　材	
26	大卷重高性能宽幅镁合金卷板	最大宽度>1500mm，厚度范围 1.0~4.0mm，卷重≥1.5t，抗拉强度≥270MPa，屈服强度≥220MPa，伸长率≥15%	汽车、轨道交通
27	镁合金轮毂	满足汽车行业标准（GB/T 5334—2005《乘用车车轮性能要求和试验方法》及 GB/T 15704—2012《道路车辆轻合金车轮冲击试验方法》美国 SAEJ2530 德国 TUV 标准）	汽车
(三)		钛　材	
28	大尺寸钛合金铸件	轮廓尺寸长和宽>2500mm，最大单重>1200kg，抗拉强度>895MPa，屈服强度>825MPa，伸长率>6%，布氏硬度>365	船舶及海洋工程
29	纯钛及钛合金带箔材	厚度规格 0.06~0.2mm，厚度允许偏差±5%，不平整度≤0.2mm	航空航天

序号	材料名称	性 能 要 求	应用领域
先进基础材料			
二	先进有色金属材料		
(三)	钛 材		
30	高强损伤容限性钛合金	抗拉强度≥1050MPa，伸长率≥10%，冲击韧性≥40J/cm²，平面应变断裂韧性≥80MPa，室温轴向加载疲劳极限≥500MPa（N=107，K_t=1，R=0.06，f=130～135Hz）	航空航天、高端装备
31	焊管用钛带	规格尺寸（0.4～2.1）×（300～610）×L； 牌号TA1，室温力学性能：抗拉强度≥240MPa，屈服强度125～210MPa，伸长率≥24%； 牌号TA2，室温力学性能：抗拉强度≥345MPa，屈服强度230～350MPa，伸长率≥20%； 牌号TA10，室温力学性能：抗拉强度≥483MPa，屈服强度≥300MPa，伸长率≥18%	核电、海洋工程、化工设备、换热设备
32	大卷重宽幅纯钛带卷	宽度≥1000mm，单卷重>3t，牌号Gr.1力学性能：抗拉强度≥240MPa，屈服强度138～310MPa，伸长率≥24%；牌号Gr.2力学性能：抗拉强度≥345MPa，屈服强度275～450MPa，伸长率≥20%	海洋工程、海水淡化、核电
33	宽幅钛合金板	牌号TC4，中厚板规格（4.75～150）×（<3000）×（<3000）mm³，薄板规格（0.5～4.75）×（<1800）×（<3000）mm³，抗拉强度>895MPa，屈服强度>830MPa，伸长率>8%	航空、海洋工程
34	高温钛合金	室温性能：抗拉强度≥1100MPa，屈服强度≥950MPa，伸长率≥8%，弹性模量≥110GPa，冲击韧性≥10J/cm²； 高温650℃性能：抗拉强度≥650MPa，屈服强度≥580MPa，伸长率≥12%，面缩率≥25%，弹性模量≥90GPa；650℃/240MPa试验条件下，持久断裂时间≥100h；650℃/100MPa/100h试验条件下，蠕变残余变形≤0.2%	高端装备
35	高强高韧钛合金棒材	抗拉强度≥1080MPa，屈服强度≥1010MPa，伸长率≥5%，断面收缩率≥16%，冲击韧性≥25J/cm²，镦饼试样的断裂韧性≥55MPa	航空航天
(四)	铜 材		
36	高频微波、高密度封装覆铜板、极薄铜箔	高频微波覆铜板：介电常数（DK）3.50±0.05（10GHz），高频损耗<0.004（10GHz），玻璃化温度>200℃，剥离强度>0.8N/mm； 高密度覆铜板：玻璃化温度>250℃，平面膨胀系数>28 极薄铜箔：厚度≤6μm，单位面积重量50～55g，抗拉强度≥400kg/m²，伸长率≥3.0%，粗糙度：光面≤0.543μm，毛面≤3.0μm，抗高温氧化性：恒温（140℃/15min）无氧化变色，符合国家行业标准《SJ/T 11483—2014锂离子电池用电解铜箔》	新能源电池、电子电路

序号	材料名称	性 能 要 求	应用领域
先进基础材料			
二	先进有色金属材料		
（四）	铜　材		
37	高性能高精度铜合金丝线材	抗拉强度≥475MPa，伸长率≥6%，电导率≥90%IACS，软化温度≥350℃，直径0.080~0.300mm，长度≥15km	电力工程、电子信息
38	铜铝复合材料	抗拉强度≥110MPa，伸长率≥11%，界面结合强度≥40MPa，直流电阻率≤0.025Ω·mm²/m	电力装备、航空航天、先进轨道交通
（五）	其　他		
39	原位自生陶瓷颗粒铝基复合材料	高强度铸造陶铝材料：抗拉强度≥410MPa，弹性模量≥85GPa，伸长率≥2%； 高模量铸造陶铝材料：抗拉强度≥360MPa，弹性模量≥90GPa，伸长率≥0.5%； 高塑性铸造陶铝材料：抗拉强度≥350MPa，弹性模量≥73GPa，伸长率≥14%； 超高强变形陶铝材料：抗拉强度≥805MPa，弹性模量≥76GPa，伸长率≥8%； 高抗疲劳变形陶铝材料：抗拉强度≥610MPa，弹性模量≥83GPa，伸长率≥6%	汽车工业、高端装备
三	先进化工材料		
（一）	特种橡胶及其他高分子材料		
40	无卤阻燃热塑性弹性体（TPV）	硬度65~75A，强度>10MPa，密度1.1kg/cm³，阻燃V0或者符合ISO 6722标准	电动汽车、航空航天
41	烯烃增韧聚苯乙烯（EPO）树脂	发泡20倍时，10%的压缩强度≥0.341MPa，弯曲强度≥558MPa；发泡30倍时，10%的压缩强度≥0.157MPa，弯曲强度≥202MPa	船舶，航空航天
42	新型无氯氟聚氨酯化学发泡剂	外观为无色至浅黄色透明液体，无机械杂质，密度1.1±0.1，pH 8~11，黏度（25℃下，mPa·s）≤500，凝点≤-15℃，闪点：无，沸点：沸点前分解，水溶性：与水混溶	汽车、船舶、先进轨道交通、航空航天
43	高氟含量氟橡胶材料	门尼黏度30~60，拉伸强度≥12MPa，断裂伸长率≥120%；275℃老化后：拉伸强度≥10MPa，断裂伸长率100%，耐甲醇质量增重≤5%	航空航天、化工
（二）	工程塑料		
44	高流动性尼龙	拉伸强度>55MPa，弯曲强度>60MPa，简支梁缺口冲击强度>8kJ/m²，熔融指数（235℃，0.325kg）10~30，熔点220~225℃	汽车、电子电器、纺织工业
45	汽车核心部件用尼龙复合材料	在85℃、相对湿度85%环境下放置1000h：力学性能保持在80%以上；长期在120℃高温环境下使用不发生形变，冷热冲击循环300次，塑料件不开裂（-40℃和150℃）	汽车

序号	材料名称	性能要求	应用领域
		先进基础材料	
三		先进化工材料	
(二)		工程塑料	
46	轴承（传动系统）用工程塑料	在150℃热油、氧环境条件下放置800h后：拉伸强度>60%，非缺口冲击强度>80%，弯曲强度>90%	汽车、机床等
47	聚苯硫醚类（PPS）系列特种新材料产品	低氯级：氯含量≤1200ppm，拉伸强度≥70MPa，弯曲强度≥130 MPa，弯曲模量≥3.2GPa	电子电器
		注塑级：拉伸强度≥70MPa，弯曲强度≥130 MPa，弯曲模量≥3.2GPa	汽车、电子电器
(三)		膜材料	
48	VOCs 回收膜	膜元件（8040标准型），膜两侧二氧化碳浓度差≥9%，渗透通量≥4.6m^3/h（标态），膜元件静电防爆耐腐蚀，测试标准（测试气体为CO_2/N_2混合气体，进气CO_2含量8%±0.5%，进气量为18m^3/h（标态），进气温度25℃，操作压力为常压，真空度9000Pa）	化工、医药
49	复合膜	复合膜：光线透光率≥88%，雾度：（3~60)%，铅笔硬度负重750g≥1H，表面电阻≤10^{12}Ω，热收缩率（90℃、60min）MD≤0.3%、TD≤0.3%，附着力：100%，表观无横纹、纵纹、点弊病、划伤等缺陷	新型显示
		硬化膜：光线透光率≥90%，雾度≤1.0%，铅笔硬度负重750g≥2H，耐摩擦1000g≥10次，热收缩率（90℃、60min）MD≤0.3%、TD≤0.3%，附着力：100%，表观无干涉纹、晶点、横纹、划伤等缺陷	新型显示
50	高强度 PTFE 中空膜	孔径≤0.1μm，物理拉伸强度>1000N，耐酸碱性能pH：1~14，膜丝直径1.3mm，壁厚0.3mm	工业废水治理、海水淡化
51	高性能水汽阻隔膜	透过率≥89%，（水汽阻隔率）WVTR≤10^{-4}g/（m^2·d）	薄膜光伏封装、OLED 显示、量子点封装
52	扩散膜	上扩散膜：雾度60%~92%，透光率85%~91%，厚度188~250mm，正背面涂层附着力达到5B，背层硬度≥HB，背层表面电阻≤10^{11}Ω；下扩散膜：雾度92%~99.5%，透光率40%~78%，厚度38~250mm，正背面涂层附着力达到5B，背层硬度HB~H，背层表面电阻≤10^{11}Ω	新型显示
53	锂离子电池无纺布陶瓷隔膜	定量：14~35g/m^2，厚度：18~25μm，纵向抗拉强度≥40MPa，吸液率≥150%，热收缩≤0.5%（180℃，1h），孔隙率55%~85%，透气率<100S/100cc	锂离子电池

续表

序号	材料名称	性 能 要 求	应用领域
		先进基础材料	
三		先进化工材料	
（三）		膜 材 料	
54	高压反渗透复合膜材料	膜片脱盐率≥99.7%，水通量≥40L/m² · h，膜元件（8040 标准型）脱盐率≥99.7%，产水量≥34m³/d，反渗透海水膜及元件测试标准（进水氯化钠 32000ppm，操作压力 5.5MPa，温度 25℃）	海水淡化
55	高选择性纳滤复合膜材料	氯化钠截留率≤5%，硫酸钠截留率≥98.5%，水通量≥60L/m² · h；膜元件（8040 标准型）产水量≥30m³/d	水质脱盐、脱硝、盐水分质、浓缩
56	双极膜电渗析膜	膜尺寸≥400×800mm²，跨膜电压≤1.4V（电流密度为 600A/m²），电流效率≥75%，酸碱转化率≥90%，寿命超过 1 年	化工
（四）		电子化工新材料	
57	环保水系剥离液	金属保护剂含量≤1%，杂质金属离子含量≤100ppb，颗粒物（≥0.5μm）≤50 个/mL	新型显示
58	超高纯化学试剂	电子级磷酸：金属离子<500ppb；半导体级磷酸：金属离子<50ppb；颗粒物（≥0.2μm）<100 个/mL	集成电路、新型显示
		高纯双氧水、硫酸、氢氟酸：其中金属杂质含量（电子级）≤10ppb、颗粒物（≥0.5μm）≤100 个/mL；金属杂质含量（半导体级）≤0.1ppb、颗粒物（≥0.2μm）≤100 个/mL；芯片铜互连超高纯电镀液：金属杂质含量<60ppb，颗粒物（≥0.2μm）<100 个/mL；芯片铜互连超高纯电镀添加剂：金属杂质含量<0.1ppm，颗粒物（≥0.2μm）<100 个/mL；蚀刻后清洗液：金属杂质含量<100ppb，颗粒物（≥0.2μm）<100 个/mL	
		四乙氧基硅烷：纯度≥99.9999%，氯≤0.1ppb，钴≤0.1ppb，铁≤0.2ppb，锰≤0.1ppb，镍≤0.2ppb	集成电路、新型显示
59	CMP 抛光材料	CMP 抛光液：小于 45 纳米线宽集成电路制造用 CMP 抛光液系列产品，包括铜抛光液、铜阻挡层铜抛光液、氧化物铜抛光液、多晶硅铜抛光液、钨抛光液等；200～300mm 硅片工艺用抛光液；CMP 抛光垫、CMP 修整盘：200～300mm 集成电路制造 CMP 工艺用抛光垫、修整盘；200～300mm 硅片工艺用抛光垫、修整盘	集成电路

序号	材料名称	性 能 要 求	应用领域
先进基础材料			
三		先进化工材料	
(四)		电子化工新材料	
60	集成电路用光刻胶及其关键原材料和配套试剂	I线光刻胶：6英寸、8英寸、12英寸集成电路制造用I线光刻胶； KrF光刻胶：8英寸、12英寸集成电路制造光刻工艺用KrF光刻胶； ArF/ArFi光刻胶：12英寸集成电路制造光刻工艺用ArF和ArFi浸没式光刻胶； 光刻胶树脂及其单体：KrF/ArF/ArFi光刻胶专用树脂及其高纯度单体、感光性聚酰亚胺树脂； 光刻胶专用光引发剂：KrF/ArF/ArFi光刻胶专用高纯度光致酸剂、I线光刻胶用感光性化合物； 光刻胶抗反射层：与KrF、ArF和ArFi浸没式光刻胶配套的抗反射层材； 厚膜光刻胶：3D集成等系统级封装用光刻胶； 光刻胶显影液、光刻胶剥离液：与KrF、ArF和ArFi浸没式光刻胶配套的光刻胶显影液、光刻胶剥离液	集成电路
61	新型显示用材料及其关键原材料	LCD面板用黑色/彩色/PS光刻胶：性能满足国内主流面板产线使用需求； BM光刻胶：OD值>4.1，表面电阻>$10^{15}/\Omega \cdot m$，最小分辨率<$20\mu m$，感光度<200mj； 光刻胶树脂：黑色/彩色/PS光刻胶专用树脂； OLED显示面板用材料：OLED显示发光器件各层材料	新型显示
62	特种气体	高纯氯气：纯度 ≥ 99.999%，$H_2O \leqslant 1.0ppm$，$CO_2 \leqslant 2.0ppmv$，$CO \leqslant 1.5ppmv$，$O_2 \leqslant 1.0ppmv$，$CH_4 \leqslant 0.1ppmv$； 三氯氢硅：纯度 ≥ 99.99%，一氯甲烷含量<10ppm，二氯氢硅含量 ≤ 100ppm，四氯化硅含量 ≤ 100ppm，铁含量 ≤ 30ppb，镍含量 ≤ 2ppb； 锗烷：纯度 ≥ 99.999%，$H_2 < 50ppmv$，$O_2 + Ar \leqslant 2ppmv$，$N_2 \leqslant 2ppmv$，$CO \leqslant 1ppmv$，$CO_2 \leqslant 1ppmv$，$CH_4 \leqslant 1ppmv$，$H_2O \leqslant 3ppm$； 氯化氢、氧化亚氮纯度 ≥ 99.999%；氧硫化碳、乙硼烷纯度 ≥ 99.99%；砷烷、磷烷、硅烷纯度 ≥ 99.9999% 二氯二氢硅：纯度 ≥ 99.99%，四氯化硅 ≤ 50ppm，三氯氢硅 ≤ 100ppm；$B \leqslant 10ppt$，$P \leqslant 10ppt$ 高纯三氯化硼：纯度 ≥ 99.999%，$N_2 \leqslant 4$，$CO \leqslant 0.5$，$O_2 \leqslant 1$，$CH_4 \leqslant 1$，$H_2O \leqslant 1$，$CO_2 \leqslant 2$ 六氯乙硅烷：纯度 ≥ 99.5%，四氯化硅 ≤ 300ppm，六氯氧硅烷 ≤ 500ppm，三氯氢硅 ≤ 100ppm，$Al \leqslant 10ppt$，$Ti \leqslant 10ppt$ 四氯化硅：纯度 ≥ 99.99%，三氯氢硅 ≤ 50ppm，二氯二氢硅 ≤ 100ppm；$Fe \leqslant 2ppt$，$Ni \leqslant 0.1ppm$，$B \leqslant 20ppt$，$P \leqslant 20ppt$	集成电路、新型显示

序号	材料名称	性 能 要 求	应用领域
		先进基础材料	
三		先进化工材料	
(四)		电子化工新材料	
63	电子胶有机硅材料	热导率≥4.0W/(m·K)，体积电阻≥10^{14}Ω·cm，击穿电压≥20kV/mm，阻燃性可达 UL94 V-0	航空航天、电力电子、汽车、机械、医疗
64	铜蚀刻液	pH 值：1.7~2.5；氟离子含量：1700~3000ppm；硝酸含量：3.6%~5.0%；双氧水含量：4.0%~6.1%；粒子数（>0.5μm）<100，Li/Mg/Al/K/Cr/Mn/Fe/Ni/Co/Cu/Zn/Sr/Cd/Ba/Pb<1，Na/Ca<3	新型显示
65	热塑性液晶高分子材料	拉伸强度>90MPa，拉伸模量>10GPa，弯曲强度>130MPa，弯曲模量>10GPa，热变形温度>250℃，冲击强度>200J/m	新型显示
(五)		其他先进化工材料	
66	半芳香族尼龙（PPA）	玻璃化转变温度≥88℃，熔点≥300℃，拉伸强度（25℃）≥60MPa，弯曲强度（25℃）≥120MPa，吸水率（23℃/50%RH）≤0.7%，特性黏度 0.75~0.95dL/g	汽车、电力电子
67	聚丁烯-1（PB）	拉伸弹性模量≥445MPa，断裂拉伸强度≥20MPa，弯曲模量≥500MPa，简支梁缺口冲击强度≥15kJ/m^2，熔点120~125℃	共混改性剂、纤维、电缆绝缘等
68	聚硼硅氧烷改性聚氨酯材料	密度：0.45~0.5kg/m^3，撕裂强度：0.9~1.5N/mm，拉伸强度>1.4MPa，断裂伸长率：180%~300%，压缩强度：140~300kPa，抗冲击防护性能 Level2	工业减震
69	聚酰胺56	颗粒度：45~65N/g，带黑点颗粒≤0.8%，干燥失重≤0.6%~1.5%，黏数 120~180 mL/g 均可实现，按要求可调，熔点：250~260℃，相对密度：1.11~1.15g/cm^3，拉伸强度（屈服）>75MPa，弯曲强度>105 MPa，冲击强度（缺口）>3.2kJ/m^2	汽车、电子领域
70	硼-10 酸	丰度≥95%，纯度≥99.9%	核工业、医疗
71	热力管道内壁防腐涂料	附着力≥7MPa；耐水煮（95℃，1000h）；耐油浴（150℃，1000h，导热油）；耐高温高压釜（150℃，10MPa，介质：去离子水，168h），涂层不起泡、不脱落、不开裂	节能环保
72	生物基增塑剂	100%替代邻苯类增塑剂，抗老化性能>1200h（ASTM G-154），环保指标通过欧盟 REACH 法规认证，绿色安全无毒	医疗
四		先进无机非金属材料	
(一)		特种玻璃及高纯石英制品	
73	高铝硅酸盐盖板玻璃	表面压应力>860MPa，压应力层厚度>38μm，透光率（550nm）>92.0%，维氏硬度≥700HV	新型显示、航空、高铁、封装

续表

序号	材料名称	性 能 要 求	应用领域
		先进基础材料	
四		先进无机非金属材料	
(一)		特种玻璃及高纯石英制品	
74	无碱玻璃基板	应变点>655℃，退火点720~745℃，软化点970±10℃，线膨胀系数：(3.0~3.8)×10⁻⁶/℃，杨氏模量：72~79GPa，550nm处透过率：90%~92%；支持六代线及以上显示用无碱玻璃基板	新型显示
75	半导体用大尺寸高纯石英扩散管	规格：外径300~400mm，偏壁厚≤0.6mm，金属杂质含量<13ppm，长期使用温度：1150℃	半导体领域、集成电路
76	光掩膜基板用石英玻璃基片	规格尺寸：8寸及以下；尺寸精度：达到国际SEMI标准；材料金属杂质含量≤2ppm（GB/T 3284）；材料气泡：1类，条纹等级：1类，应力双折射：1类，（JC/T 185）；光谱透过率：T190~280nm≥80%	微电子光电子制造
77	滤光片	蓝玻璃红外截止滤光片：透过率AR（420~670nm，$R_{max}<0.9\%$），UVIR（350~390nm，$T_{avg}≤3\%$）；图案的外围和内径部分四角直线度（毛刺）5μm以内，偏心50μm以内，最外围中心和印刷内径中心的差异在50μm以内、偏心50μm以内；图形胶层厚度10μm以下，透过率$T_{max}<0.2\%$（400~650nm），反射率$R_{max}<4\%$（400~650nm）；组立件支架的黏着力>3kg/cm； 五代彩色滤光片：BM厚度1.2±0.3μm；BM OD≥4.0；RGB厚度2.28±0.3μm；导电膜组抗值≤30/Ω·m；导电膜厚度1500±200Å；角段差<0.5μm；PS高度3.15±0.15μm	新型显示
78	半导体级电弧石英坩埚	规格：14~24寸；内层纯度：所有金属杂质含量<12ppm；强度：1500度高温变形率<2%；寿命可达200h	集成电路
(二)		绿 色 建 材	
79	防污型绝缘材料	憎水性HC1-HC2级，污秽耐受电压跟普通釉绝缘子相比，污秽耐受电压≥1.5倍，涂层耐磨性≤0.2g，耐漏电起痕及电蚀损≥TMA4.5级，支柱绝缘子弯曲破坏应力100MPa，悬式绝缘子抗拉强度960kN，使用温-40~105℃，抗拉负荷≥300kN	电力装备
80	聚烯烃纳米改性防水隔热卷材	拉伸强度≥13MPa，断裂伸长率≥600%； 2500h老化后：拉伸强度≥11MPa，断裂伸长率≥100%，近红外反射比≥80，太阳光反射比≥80，隔热温差≥10℃	环保、建筑
81	低风速风电叶片	叶片长度60~70m；匹配主机功率为3~4MW；气动设计C_{pmax}值≥0.48	风力发电装备

序号	材料名称	性 能 要 求	应用领域
		先进基础材料	
四		先进无机非金属材料	
（二）		绿 色 建 材	
82	液化天然气船（LNG）储运用增强阻燃绝热保温材料	密度：$130 \pm 10 kg/m^3$，导热系数≤ 17.5，闭孔率$\geq 95\%$，阻燃等级$\geq B2$级，常温下（$23 \pm 2\,℃$）：压缩强度$\geq 1.3 MPa$；拉伸强度$\geq 3.0 MPa$；低温下（$-170 \pm 2\,℃$）：压缩强度$\geq 2.7 MPa$，拉伸强度$\geq 3.2 MPa$	船舶
（三）		先进陶瓷粉体及制品	
83	片式多层陶瓷电容器用介质材料	配方粉：介电常数$3000 \sim 4000$，介电损耗$\leq 2\%$，绝缘性能$R_C \geq 100S$，温度特性（$-55 \sim 125\,℃$）：$-15\% \leq \Delta C/C_0 \leq +15\%$（无偏压），粒度分布$D50$：$0.40 \pm 0.05 \mu m$，耐电压$BDV \geq 1800V/mil$；基础粉（钛酸钡）：粉体粒径：$120 \pm 10 nm$，比表面积：$7.0 \sim 9.0 m^2/g$，粒度分布$D10$：$0.05 \sim 0.10 \mu m$，$D50$：$0.10 \sim 0.15 \mu m$，$D90$：$0.25 \sim 0.45 \mu m$，$c/a$：$> 1.0095$，$Ba/Ti$：$1.000 \sim 1.005$	电子信息
84	氮化铝陶瓷粉体及基板	粉体：碳含量$\leq 300 ppm$，氧含量$\leq 0.75\%$，粒度分布$D10 \leq 0.65 \mu m$，$D50 \leq 1.30 \mu m$，$D90 \leq 3.20 \mu m$；比面积$\geq 2.8 m^2/g$；基板：密度$\geq 3.30 g/cm^3$，热导率（$20\,℃$）$\geq 180 W/(m \cdot K)$，抗折强度$\geq 380 MPa$，线膨胀系数（RT-$500\,℃$）（$4.6 \sim 4.8$）$\times 10^{-6}/℃$，$R_a \leq 0.3 \mu m$	高铁、新型显示、新能源汽车、光通讯和智能电网
85	高性能蜂窝陶瓷载体	载体：蜂窝筛孔目数：$300 \sim 750$目；壁厚：$TWC \leq 4 mil$，$DOC/SCR \leq 6 mil$；线膨胀系数$\leq 0.6 \times 10^{-6}$；耐热冲击性$\geq 650\,℃$。过滤器材料：孔隙率$\geq 50\%$，颗粒捕捉效率$\geq 90\%$	机动车尾气后处理
86	电子产品用氧化锆陶瓷外壳材料	成品瓷片三点抗弯强度$\geq 1000 MPa$；韧性$\geq 5 MPa \cdot m^{1/2}$；维氏硬度≥ 1100；相对介电常数< 40	电子产品
87	DBC基板（覆铜陶瓷基板）	陶瓷氮化铝热导率$> 170 W/(m \cdot K)$，铜箔电导率$\geq 58 MS/m$，铜箔硬度$90 \sim 110 HV$	电力电子、IGBT模块、新能源汽车、太阳能和风力发电装备
88	半导体装备用氧化铝陶瓷部件	密度$\geq 3.90 g/cm^3$，硬度（HRA）≥ 90，抗折强度$\geq 400 MPa$，$R_a \leq 0.6 \mu m$	半导体、LED
89	除尘脱硝一体化高温陶瓷膜材料	适用温度：$180 \sim 420\,℃$，过滤风速$0.8 \sim 2 m/min$，除尘效率$\geq 99.9\%$，净化后气体杂质浓度$\leq 10 mg/m^3$（标态），脱硝效率$80\% \sim 90\%$，过滤阻力$1000 \sim 3500 Pa$	建材、垃圾焚烧炉、焦化

续表

序号	材料名称	性　能　要　求	应用领域
		先进基础材料	
四		先进无机非金属材料	
（三）		先进陶瓷粉体及制品	
90	特高压瓷芯复合支柱绝缘子	上釉试条强度≥210MPa，弯曲破坏应力>90MPa，扭转强度≥10kN·m，抗地震烈度≥8度，热机和水煮试验后，耐受电压梯度≥30kV/cm的陡波前冲击电压试验	电力装备
91	高性能氮化硅陶瓷材料	致密度≥99%，弯曲强度≥900MPa，维氏硬度≥1450，断裂韧性≥7MPa·m$^{1/2}$，弹性模量≥320GPa，线膨胀系数≤3.4×10^{-6}，韦布尔模数>12，热导率 20～90W/（m·K），抗压强度≥3000MPa	太阳能和风力发电装备、航空航天、汽车、电子
92	碳化硅陶瓷膜过滤材料	ϕ60×（1000～2500）×（8～10）mm^3，支撑体孔径 40～70μm，气孔率≥40%，膜层孔径 10～20μm，膜层气孔率≥38%，弯曲强度≥15MPa；耐酸性≥98%，耐碱性≥99%，热胀系数<5.46×10^{-6}/K	化工、能源、电力装备、冶金、环保
（四）		人　工　晶　体	
93	碲锌镉晶体	核工业、环境探测：晶锭直径≥100mm；单晶尺寸≥2000mm^3；成分偏差≤5%；电阻率≥10^{10}Ω·cm；电子迁移率和寿命积≥2×10^{-3} cm^2/V；碲锌镉探测器对 241Am@59.5keV 的能量分辨率≤5%，峰谷比≥80；对 137Cs@662keV 的能量分辨率≤1.5%，峰康比≥2，空间分辨率≤0.2mm，计数率 1M·mm^2/s； 外延衬底：衬底面积≥14×14mm^2；最大厚度偏差≤0.05mm；晶体定向偏差≤20′；双晶衍射半峰宽≤30rad·s；位错腐蚀坑密度≤5×10^4/cm^2；夹杂相尺寸≤10μm；夹杂相密度≤2000/cm^2；2～25μm 红外透过率≥60%	核工业、环境检测、外延衬底
94	溴化镧闪烁晶体	块状晶体尺寸≥ϕ50×50mm^3，衰减时间≤20ns，能量分辨 $\Delta E/E$≤3.5%，时间分辨≤300ps，阵列式晶体探测器衰减时间≤35ns，峰谷比≥6.5，能量分辨优于 13%@511keV	医疗器械、安全检查
95	单或双掺 La、Yb、Er、Nd、Lu、Ce 等稀土元素系列人工晶体	高光输出、快衰减，衰减时间≤30ns，光产额≥60Ph/keV	医疗器械、安全检查、地质勘探
96	LED 用蓝宝石衬底片	晶片直径：6 寸衬底 150±0.2mm，8 寸衬底 200±0.2mm；晶片厚度：6 寸衬底 1300±30μm，8 寸衬底 1500±50μm；定位面方向：A（11-20）TOM0±0.2°；平边长度：6 寸衬底 50±1.0mm，8 寸衬底 100±1.0mm；晶向：6 寸衬底 C（0001）TOM0.2±0.05°，C（0001）TOA（11-20）0±0.1°，8 寸衬底 C（0001）TOM0.2±0.1°，C（0001）TOA（11-20）0±0.1°；整体平整度：6 寸衬底≤10μm，8 寸衬底≤15μm；局部平整度：6 寸衬底≤2μm，8 寸衬底≤2.5μm；弯曲度：6 寸衬底-20μm<BOW<0μm，8 寸衬底-25μm<BOW<0μm；翘曲度：6 寸衬底≤25μm，8 寸衬底≤30μm；抛光面粗糙度：6 寸衬底 R_a≤0.2nm，8 寸衬底 R_a≤0.3nm；背面粗糙度 0.8～1.2μm；位错密度≤1000pcs/cm^2	新型显示等电子产品

序号	材料名称	性 能 要 求	应用领域
		先进基础材料	
四		先进无机非金属材料	
（五）		矿物功能材料	
97	高纯石墨	固定碳含量 C≥99.995%	新能源
98	环保型、高稳定摩擦材料	镉≤0.01%，六价铬≤0.1%，铅≤0.1%，汞≤0.1%，常温剪切强度≥4.5MPa，高温剪切强度≥2.5MPa；摩擦系数在其设定的工作摩擦系数值的±10%的范围内，产品寿命为原来的2~5倍	汽车
99	汽车尾气处理材料	净化 NO_x 还原剂固体储氨（氨合氯化镁、钙、锶）材料：氨气含量45%（质量分数）以上； SCR 蜂窝催化剂材料：NO_x 转化率≥95%，氨逃逸率≤3ppm，使用寿命>18000h； 颗粒过滤器（DPF）材料：开孔率>50%，过滤效率>80%，抗热震>700℃； 氮氧化物吸附材料：脱附温度>200℃	汽车
100	高纯石英砂	Fe、Mn、Cr、Ni、Cu、Mg、Ca、Al、Na、Li、K、B 共12种元素总含量<6ppm	高品质石英制品原料
五		其 他 材 料	
（一）		稀 有 金 属	
101	稀有金属涂层材料	高温合金稀有金属防护涂层材料：氧含量≤300ppm，涂层在 900℃ 完全抗氧化，并具备良好的抗热疲劳性能； 复式碳化钨基稀有金属陶瓷涂层材料：硬度 HRC45~65，使用温度-140~500℃； 高耐蚀耐磨涂层材料：结合强度≥70MPa，硬度 HRC30~45，孔隙率<0.5%，抗中性盐雾腐蚀≥500h； 多组元 MCrAlY 涂层材料：O、N、C、S 总和≤500ppm，结合强度≥50MPa，1050℃ 水淬≥50 次，1050℃（200h）次涂层与基体结合及涂层、基体完好无损； 高隔热涂层材料 YSZ 复相陶瓷材料：熔点 >2000K，1200℃（100h）无相变，热导率<1.2W/(m·K)； 可磨耗封严涂层材料：使用温度 500~850℃，硬度 HV0.31300，结合强度≥70MPa，工况温度下 5000m/h 可磨耗试验涂层无剥落掉块； 冷喷涂超细合金粉末涂层材料：粉末粒度 $D90$≤16μm，振实密度≥4.0g/cm³，近球形粉末形貌	高端装备零部件表面强化
102	高纯铟	5N 主含量大于 99.999%，6N 主含量大于 99.9999%，杂质要求达到 YS/T 264—2012 标准；7N 主含量大于 99.99999%；杂质要求为：（1）杂质总含量≤0.1ppm；（2）检测杂质：Ag、Cd、Cu、Fe、Mg、Ni、Pb、Zn	太阳能光伏、半导体、航空航天

序号	材料名称	性 能 要 求	应用领域
		先进基础材料	
五		其 他 材 料	
（二）		高性能靶材	
103	金基银钯合金复合材料	$TS \geq 300$ 回合，电阻率 $2.9 \sim 3.3 \mu\Omega/cm^2$，$1.0mil$ 的物理参数 $EL>9cn$，伸长率 $9\% \sim 16\%$	高亮 LED 封装
104	高纯钽靶材	纯度 $\geq 99.995\%$（4N5），晶粒度 $\leq 50\mu m$ 且均匀，圆形、方形各种规格，在厚度上应以（111）<112>为主的织构，表面粗糙度 $\leq R_z 6.3$	集成电路
105	高密度 ITO 靶材	（1）$In_2O_3 ：SnO_2 = 90\%：10\%$，相对密度 $>99.5\%$； （2）$In_2O_3 ：SnO_2 = 93\%：7\%$（$\pm 0.5\%$）/$95\%：5\%$（$\pm 0.5\%$）/$97\%：3\%$（$\pm 0.5\%$），相对密度 $>99\%$； 纯度 $>99.99\%$，电阻率 $\leq 1.6 \times 10^{-3} \Omega \cdot mm$，焊合率 $\geq 95\%$； 靶材尺寸：旋转靶单节圆筒（$\phi 100 \sim \phi 165$）×（$400 \sim 1500$）×（$4 \sim 20$）mm^3； 平面靶单片靶胚（$400 \sim 2000$）×（$400 \sim 800$）×（$4 \sim 20$）mm^3	太阳能光伏、电子信息
106	高纯钴靶	晶粒尺寸 $\leq 50\mu m$，焊合率 $>99\%$，满足 $200 \sim 300mm$ 半导体制造要求	集成电路
107	超高纯 NiPt 合金靶材	纯度 $\geq 4N$，晶粒尺寸 $\leq 100\mu m$，钎焊焊合率 $\geq 95\%$，最大单伤 $\leq 2\%$，尺寸公差 $\pm 0.1mm$，表面粗糙度 $R_a \leq 0.8\mu m$，清洁度符合电子级要求	集成电路
108	铜和铜合金靶	纯度 $\geq 6N$，晶粒尺寸 $\leq 50\mu m$，尺寸公差 $\pm 0.05mm$，焊合率 $\geq 99\%$，表面粗糙度 $R_a \leq 0.4\mu m$，清洁度符合电子级要求	集成电路
109	平面显示用高纯钼管靶	纯度 $>99.95\%$，密度 $\geq 10.15g/cm^3$，平均晶粒 $<100\mu m$，均匀分布，且沿长度方向的平均晶粒尺寸偏差 $<20\%$，焊合率 $>97\%$。产品尺寸：G6-G11 TFT-LCD 世代线 ϕ（$150 \sim 180$）×ϕ（$120 \sim 140$）×（$1400 \sim 3600$）mm^3	新型显示
（三）		其　他	
110	钛合金加工用超细硬质合金高端棒材	碳化钨晶粒度 $\leq 0.6\mu m$，密度 $14.08 \sim 14.15g/cm^3$，硬度（HV30）$1530 \sim 1580$，抗弯强度 $\geq 3000N/mm^2$，断裂韧性典型值 $12MPa \cdot m^{1/2}$	航空航天

续表

序号	材料名称	性 能 要 求	应用领域
		先进基础材料	
五		其 他 材 料	
(三)		其　　他	
111	新型硬质合金材料	深井能源开采用 PDC 硬质合金基体： 孔隙度 A02B00C00E00，抗弯强度≥3500MPa，硬度 HRA 88±0.5，金相夹粗≥25.0μm，整个金相面允许 1 个（注：金相照片要求在 400x 视场下观察） 超粗晶粒硬质合金工程齿： WC 平均晶粒度≥4.0μm，硬度 HRA85.0~89.0，抗弯强度（B 试样）≥1800MPa 复杂岩层、深部钻探用结构硬质合金： 密度 13.9~14.98g/cm³，硬度 85.5~90.8 HRA，抗弯强度≥2500MPa，断裂韧性>30MPa·m^{1/2}	油气开采、矿产开发、海洋勘探
112	反应堆中子吸收体材料	产品牌号为 AgInCd，成分为 Ag：(80±0.50)%，In：(15±0.25)%，Cd：(5±0.25)%，杂质总量不超过 0.25%；晶粒度 4~6 级，试样经 350℃/10h 处理后，大于 3 级的晶粒比例小于 30%	核能
113	热缩型耐温耐磨材料	遇热收缩，比例 2∶1；在 150℃ 环境下放置 1000h，无脆化；低温-40℃ 放置 2h 后高温 140℃ 放置 4h，高低温转换时间≤5min，测试 32 个循环，通过高低温冲击试验测试；频率 60r/min，行程 16mm，磨头 0.45mm，钢琴丝，耐磨次数不低于 20 万次	汽车
114	高性能极细径纳米晶微钻棒材	碳化钨晶粒度≤0.2μm，密度 14.35~14.45g/cm³，硬度（HV30）≥2050，抗弯强度≥4000N/mm²	电子信息
115	核电燃料元件用镍基合金材料	抗拉强度 δ_b≥1580MPa，屈服强度 $\delta_{p0.2}$≥1450MPa，纯洁度≥1.0 级	核能
116	高纯氧化铝生产用固体铝酸钠	湿法结构分离获得铝酸钠固体杂质含量：铁<0.1g/L，钾<2g/L，锂<0.005g/L，硫<0.05g/L，钙<0.01g/L，硅<2g/L，有机物<5g/L，1.2≤a_k≤1.6	化工、环保
117	高性能自动变速箱油（OEM 装填油）	FZG 齿轮承载≥11 级，DKA 或 ISOT 实验 150℃ 以上、96H 高温耐久测试通过，通过 SAE NO.2、LVFA、同步器单体摩擦实验等摩擦测试，-40℃ 布氏黏度≤20000mPa·s，150℃ 高温泡沫倾向性小于 100mL，铜腐蚀试验≤2 级，通过 OEM 特定的整机系列台架及整车行车实验	汽车

续表

序号	材料名称	性　能　要　求	应用领域
		先进基础材料	
五		其　他　材　料	
(三)		其　　他	
118	高性能普碳钢冷轧轧制液	运动黏度（40℃）35~70mm^2/s，皂化值 30~200mgKOH/g，酸值不大于 15mgKOH/g，5%乳化液 pH 值 5.0~8.5	冶金行业普碳板、电工板等冷轧加工
		关键战略材料	
一		高性能纤维及复合材料	
119	高性能碳纤维	高强型：拉伸强度≥4900MPa，CV≤5%，拉伸模量 230~250GPa，CV≤2%； 高强中模型：拉伸强度≥5500MPa，CV≤5%，拉伸模量 280~300GPa，CV≤2%； 高模型：拉伸强度≥4200MPa，CV≤5%，拉伸模量 377GPa，CV≤2%	航空、航天、轨道交通、海工、风电装备、压力容器，不包括体育休闲产品制造
120	碳纤维复合芯导线	电导率≥63.0%IACS，抗拉强度≥2100MPa，线膨胀系数≤2.0×10^{-6}/℃，玻璃化转变温度≥150℃，弹性模量≥110GPa，芯棒卷绕半径满足 50D 不开裂、不断裂	输配电工程
121	二元高硅氧玻璃纤维制品	SiO$_2$ 含量≥95%，宽度>30mm，收缩率≤4%，使用耐温 1000℃，瞬间耐温 1400℃	航空航天
122	芳纶纤维材料制品	灰分<0.5%，芳纶纸击穿电压>20kV/mm，抗张强度>3.2kN/m，芳纶层压板击穿电压>40kV/mm，耐热等级达到 220℃，阻燃达到 VTM-0 或 V-0 级，水萃取液电导率<5MS/m，180℃长期对硅油无污损，外观、层间结合状态与进口产品一致	轨道交通、新能源、航空航天、电力装备
123	高强高模聚酰亚胺纤维	拉伸强度 3.0~4.5GPa，拉伸模量 100~170GPa，断裂伸长率 2%~5%	航空航天、核工业、电子电器、交通
124	玄武岩纤维	耐温温度 -269~650℃，弹性模量≥80GPa，抗拉强度≥3000MPa	消防、环保、航空航天、汽车、船舶
125	高性能碳纤维预浸料	0°拉伸强度≥2700MPa，0°拉伸模量≥170GPa，CAI≥300MPa	航空航天
126	汽车用碳纤维复合材料	密度<2g/cm^3，抗拉强度≥800MPa，抗拉弹性模量 40~70GPa	汽车
127	耐高温连续碳化硅纤维	拉伸强度≥2.8GPa，杨氏模量≥200GPa，伸长率 1.2%~1.8%，纤度 180±10tex，氧含量≤12%，1100℃，空气 10h，强度保留率≥85%	航空航天

序号	材料名称	性　能　要　求	应用领域
关键战略材料			
一		高性能纤维及复合材料	
128	航空制动用碳/碳复合材料	密度 $\geqslant 1.76 \text{g/cm}^3$，抗压强度 $\geqslant 140\text{MPa}$，抗弯强度 $\geqslant 120\text{MPa}$，层间剪切强度 $\geqslant 12\text{MPa}$，热导率 $\geqslant 30\text{W/(m·K)}$，石墨化率 $\geqslant 45\%$	航空
二		稀土功能材料	
129	稀土化合物	高纯稀土化合物：绝对纯度 > 99.995%，相对纯度 > 99.999%； 超高纯稀土氧化物：稀土绝对纯度 > 99.9995%，$CaO <$ 2ppm，$Fe_2O_3 <$ 1ppm，$SiO_2 <$ 2ppm； 超高纯稀土卤化物绝对纯度 $\geqslant 99.99\%$，水、氧含量 < 50ppm； 高纯稀土氟化物镀膜材料：绝对纯度 > 99.99%，相对纯度 > 99.995%，氧含量 < 100ppm； 高纯氧化钪：绝对纯度 > 99.99%，粒度 $D50 = 0.6 \sim 1.4\mu\text{m}$； 超细粉体稀土氧化物：相对纯度 > 99.99%，粒径 $D50 = 30 \sim 100\text{nm}$，分散度 $(D90 \sim D10)/(2D50) = 0.5 \sim 1$	功能晶体、集成电路、红外探测、燃料电池、陶瓷电容器
130	AB 型稀土储氢合金	AB_5 型稀土储氢合金：常温下可逆容量 > 1.5%，循环 1400 周次，容量保持率大于 80%； Mg 基含稀土合金最大储氢量 > 6%，寿命 > 2500 次； A_2B_7 型储氢合金：初始容量 > 390mA·h/g，循环 300 次容量保持率为 92% 以上，温区宽度 -40 ~ 80℃	新能源
131	高性能稀土发光材料	高端显示、照明及激光用新型发光材料：满足显示色域 $\geqslant$ 95%NTSC，照明显色指数 $CRI \geqslant 97$（R_g 和 R_f 均 $\geqslant 95$）的应用需求； 生物农业照明发光材料：满足 360 ~ 460nm LED 芯片激发，发光波长在 400 ~ 800nm，发光强度满足水果生长和植物生长所需光生理作用需要； 健康照明及信息探测发光材料：在 380 ~ 700nm 波段可见光激发下，实现 780 ~ 1600nm 的近红外线高效发射，满足应用需求	新型显示、生物农业照明
132	高性能钕铁硼永磁体	低重稀土钕铁硼系列：52SH 档产品，综合重稀土含量 < 1%；48UH 档产品，综合重稀土含量 < 1.5%；44EH 档产品，综合重稀土含量 < 2.5%；高性能辐射环：综合磁性能 $(BH_m)(\text{MGOe}) + H_{cj}(\text{kOe}) > 60$；高性能各向异性黏结磁体：$(BH_m)(\text{MGOe}) + H_{cj}(\text{kOe}) > 30$	新能源汽车、高铁、机器人、消费电子

续表

序号	材料名称	性　能　要　求	应用领域
		关键战略材料	
二		稀土功能材料	
133	高性能钐钴永磁体	B_r>11.5kGs，H_{cj}>25kOe，$(BH)_{max}$>29MGOe	航空航天，海洋工程及高性能船舶、轨道交通等高端装备
134	新型铈磁体	无 Tb、Dy 重稀土前提下，铈含量占稀土总量 ≥30%，$(BH)_{max}$(MGOe)+H_{cj}(kOe) ≥50；铈含量占稀土总量≥50%时，$(BH)_{max}$(MGOe)+H_{cj}(kOe)≥35	家用电器
135	特种稀土合金	稀土镁合金，纯度>99.95%，伸长率≥15%，屈服强度≥250MPa，抗拉强度≥280MPa	航天、电子通信、交通运输
136	汽车尾气催化剂及相关材料	稀土储氧材料，产品比表面>80m²/g，储氧量>500μmol O_2/g；经 1000℃、10%H_2O，水热老化 10h 后，比表面积不低于 30m²/g； 氧化铝材料，经1100℃、10%H_2O，水热老化 10h 后，比表面积不低于 70m²/g； 堇青石蜂窝陶瓷载体，TWC、DOC、SCR 目数/壁厚分别为 400/4、600/4、300/5，孔隙率48%~53%； 钒基 SCR 催化剂：NO_x 起燃温度 $T50$≤ 200℃，$T80$ 温度窗口宽度≥300℃，催化剂入口温度 550℃台架老化 200h 后，NO_x 转化效率劣化率≤5%，使整车性能满足国Ⅴ排放标准	交通装备、节能环保
137	工业烟气稀土基及 SCR 稀土无钒脱硝催化剂	横向抗压强度≥0.55MPa，纵向抗压强度≥1.5MPa，稀土含量>5%，脱硝率≥92%，烟气温度适应范围 310~450℃，使用寿命>3 年	化工、冶金、环保
138	超高纯稀土金属材料及制品	超高纯稀土金属材料：以 60 种以上主要杂质计算，绝对纯度>99.99%，气体杂质总量<100ppm； 超高纯稀土金属深加工产品：型材最大方向尺寸可达 300mm；绝对纯度>99.95%，型材晶粒平均尺寸<200μm	电子信息领域
139	稀土抛光材料	高档稀土抛光液，粉体 CeO_2 含量≥99.9%，晶粒尺寸≤30nm，形貌接近球形，抛光液粒度 $D50$ = 50~300nm，D_{max}<500nm，有害杂质离子浓度<40ppm，硅晶片抛光速度≥100nm/min，表面粗糙度 R_a≤1nm，高性能玻璃基片抛光速度≥25nm/min，表面粗糙度 R_a≤0.5nm	电子信息
三		先进半导体材料和新型显示材料	
140	氮化镓单晶衬底	包括 2 英寸及以上 GaN 单晶衬底，位错密度<5×10⁶cm⁻²，半绝缘 GaN 电阻率>10⁶Ω·cm	电子信息

序号	材料名称	性 能 要 求	应用领域
关键战略材料			
三	先进半导体材料和新型显示材料		
141	功率器件用氮化镓外延片	4 英寸及以上氮化镓外延片，背景载流子浓度 $<10^{16}cm^{-3}$，翘曲小于 $50\mu m$，迁移率 $>600cm^2/(V \cdot s)$	新型显示
142	电子级多晶硅	符合国标 GB/T 12963—2014 要求。电子 1 级：施主杂质 $\leq 0.15\times10^{-9}$、受主杂质 $\leq 0.05\times10^{-9}$；电子 2 级：施主杂质 $\leq 0.25\times10^{-9}$、受主杂质 $\leq 0.08\times10^{-9}$；电子 3 级：施主杂质 $\leq 0.30\times10^{-9}$、受主杂质 $\leq 0.10\times10^{-9}$	集成电路、分离器件
143	碳化硅外延片	4 英寸及以上碳化硅同质外延片，外延片内浓度不均匀性（$\sigma/mean$）$< 15\%$；外延片内厚度不均匀性（$\sigma/mean$）$<10\%$；外延表面缺陷密度 $< 5/cm^2$；外延表面粗糙度 $< 0.5nm$	电子信息
144	大尺寸硅电极产品	纯度 $\geq 11N$（不计调整电阻率而掺入的杂质）；外径 $>300mm$，公差 $\pm10um$；硅电极电阻率 $60\sim80ohm \cdot cm$，径向电阻率波动 10% 内；表面粗糙度 $\leq10nm$；硅电极导气微孔均匀性 $\geq98\%$；硅电极导气微孔边缘倒角 $R0.2\pm0.1mm$	集成电路制造
145	电子封装用热沉复合材料	WCu：$CTE\leq8.6ppm/K$，$TC\geq165 W/M \cdot K$；MoCu：$CTE\leq10.8 ppm/K$，$TC\geq190 W/M \cdot K$；CMC：$CTE\leq9.4ppm/K$，$TC\geq170 W/M \cdot K$；CPC：$CTE\leq11.5ppm/K$，$TC\geq200W/M \cdot K$	电子通信、功率芯片、微波射频、集成电路
146	高性能有机发光显示与照明材料	蓝光色度坐标达到 CIE（0.135 ± 0.015，0.055 ± 0.005），$1000cd/m^2$ 亮度下，效率 $>8cd/A$，寿命 LT97$>100h$；红光色度坐标达到 CIE（0.675 ± 0.01，0.325 ± 0.01），$5000cd/m^2$ 亮度下，效率 $>40cd/A$，寿命 LT97$>300h$；绿光材料色度坐标达到 CIE（0.21 ± 0.03，0.71 ± 0.03），$10000cd/m^2$ 亮度下，效率 $>120cd/A$，寿命 LT97$>100h$	新型显示
147	碳化硅单晶衬底	4 英寸及以上 SiC 单晶衬底，4H 晶型，微管密度 $<5/cm^2$，N 型 SiC 衬底电阻率 $0.015\sim0.030\Omega \cdot cm$，半绝缘 SiC 衬底电阻率 $\geq10^5\Omega \cdot cm$，表面粗糙度 $<0.3 nm$；X 射线摇摆曲线半高宽 <1 弧分	电子信息
148	4 英寸低位错锗单晶	单晶直径 $\geq104mm$，单晶长度 $\geq120mm$，单晶晶向：$<100>$ 偏 $<111> 9°\pm1°$，导电型号 P 型，电阻率 $0.01\sim0.05\Omega \cdot cm$，径向电阻率不均匀性 $\leq15\%$，位错密度 $\leq1000/cm^2$	空间太阳三结电池

序号	材料名称	性 能 要 求	应用领域
		关键战略材料	
四		新型能源材料	
149	硅碳负极材料	硅碳负极材料： 低比容量（<600mA·h/g）：压实密度>1.5g/cm³，循环寿命>500圈（80%，1C）； 高比容量（>600mA·h/g）：压实密度>1.3g/cm³，循环寿命>200圈（80%，0.5C）。 纳米硅碳负极材料： 低比容量（<450mA·h/g）：压实密度>1.7g/cm³，循环寿命>1500圈（80%，1C）； 高比容量（>450mA·h/g）：压实密度>1.6g/cm³，循环寿命>800圈（80%，0.5C）	新能源汽车
150	新能源复合金属材料	铜镍复合带/汇流片：电阻率 2.0±0.2μΩ·cm，表面硬度HV0.2：$T \leqslant 0.1$mm：Cu45~55，Ni65~85；$T \geqslant 0.8$mm：Cu65~75，Ni90~120，成分比：Cu78%~83%，Ni17%~22%； 钢铜复合带：电阻率 9.0±1.0μΩ·cm，表面硬度 HV0.2：Cu60~75，SUS430：115~140成分比：Cu15%~20%，SUS430：80%~85%； 钢铜镍复合带：电阻率 2.9±0.5μΩ·cm，表面硬度HV0.2：Ni160~180成分比：Ni10%~11%，SUS430：30%~32%，Cu59%~61%； 铝铜复合带：电阻率 2.0±0.2μΩ·cm，表面硬度 HV0.2：Cu45~65，Al15~25成分比：Cu45%~55%，Al45%~55%； 铝镍复合带：电阻率 4.2±0.2μΩ·cm，表面硬度 HV0.2：Ni90~110，Al15~25成分比：Ni45%~55%，Al45%~55%	新能源汽车
151	锂电池隔膜涂布超细氧化铝粉体材料	物相：a-Al_2O_3，比表面积：4~7m²/g，扫描电镜观察颗粒分布均匀，无大颗粒，表面光滑无缺陷，粒度分布 $D10>$0.13μm，$D50$：0.6~0.8μm，$D100<6$μm，杂质元素含量：Fe<100ppm，Cu<10ppm，Cr<10ppm	新能源汽车
152	高电压钴酸锂（≥4.45V）	比容量>178mA·h/g（0.5C），循环寿命>750周（80%）	电子信息、新能源
153	双氟磺酰亚胺锂盐	纯度≥99.9%，外观：白色，水分≤50ppm（K-F），Cl^-≤10ppm，SO_4^{2-}≤10ppm，Na≤20ppm，K≤5ppm	新能源汽车
154	镍钴铝酸锂三元材料	比容量≥190mA·h/g（0.5C），循环寿命≥1000周（80%，0.5C）	新能源汽车
155	氟磷酸钒锂电池正极材料	比容量为145mA·h/g，电压4.2V，比能量609W·H/kg，2000次循环后容量仍保持在84%，-40~80℃温度范围内安全平稳可靠	新能源汽车、风光大型储能电站、航空航天、军事、医学

续表

序号	材料名称	性能要求	应用领域
关键战略材料			
四		新型能源材料	
156	锂电池超薄型高性电解铜箔	超薄化、高温高延展率；抗拉强度强、厚度均匀、表面粗糙度好，抗拉强度≥350MPa，伸长率（23℃）7.0%，抗氧化性（180℃，1h）无氧化，产品幅宽≤1350mm，表面粗糙度 $R_z(\mu m)$≤2.0	新能源汽车、机站储能电源
157	高纯晶体六氟磷酸锂材料	纯度≥99.9%，酸含量≤20ppm，水分≤10ppm，DMC 不溶物≤200ppm，硫酸盐（以 SO_4 计）≤5ppm，氯化物（以 Cl 计）≤2ppm，Fe、K、Na、Ca、Mg、Ni、Pb、Cr、Cu 离子≤1ppm	新能源汽车
前沿新材料			
158	石墨烯改性防腐涂料	附着力 1 级，耐盐雾≥6000h，耐盐水≥3000h，耐水≥6000h	电力装备、海工、石化
159	石墨烯薄膜	可见光区平均透过率（含基材）优于 85%，纯石墨烯薄膜雾度<1%、面电阻值<100Ω，与其他纳米材料复合的石墨烯薄膜雾度<5%、面电阻值<10Ω，石墨烯薄膜与基材结合力可耐 3M 胶带百格测试，具有弯曲性能，在 ITO 膜失效的情况下，可以承受超过 10 万次的循环弯曲实验	微电子、新能源
160	石墨烯润滑油	石墨烯液力传动油和石墨烯液压油 FZG 台架测试通过 9 级，石墨烯液力传动油和液压油摩擦系数<0.11，氧化安定性>3000 h；轴承的使用寿命增加 1.5~3 倍	汽车、工程机械
161	石墨烯导静电轮胎	电导率达到 $1.0\times10^{-8}\sim1.0\times10^{-4}$ S/m，抗撕裂强度提升 50%，模量提升 50% 以上；100km/h—0 干地制动距离缩短 0.1~0.5m；80km/h—0 湿地制动距离缩短 1.0~2.0m；轮胎滚阻降低 5%~16%	汽车
162	石墨烯增强银基电接触功能复合材料	镉含量<100ppm，电阻率≤1.8μΩ·cm；断后伸长率：退火态≥20%，抗拉强度≥180MPa，硬度≥70HV，静态接触电阻≤25mΩ，电寿命>40 万次；材料损失率≤0.005g	电力电器
163	石墨烯导电发热纤维及石墨烯发热织物	纤维性能：电阻率<1000Ω·cm，断裂强度>3cN/tex，干摩擦色牢度>3，熔点>250℃； 织物性能：电热辐射转换效率>68%，表面温度不均匀度<±5℃	电子信息、汽车
164	液态金属及其电子浆料	液态金属：熔点≤300℃，表面张力室温下 0.4~1.0N/m，黏度室温下 0.1~0.8cSt，比热容 0.01~5kJ/(kg·℃)，热导率 8~100W/(m·℃)，导热系数室温下>10W/(m·K)，电导率室温下为 1~9×10^6S/m	电子工业

续表

序号	材料名称	性　能　要　求	应用领域
		前沿新材料	
164	液态金属及其电子浆料	液态金属电子浆料：电导率≥$3.5×10^{6}/\Omega \cdot m$，黏度为（$10^{-6} \sim 10^{-8}$）$m^{2}/s$，熔点为（$0 \sim 100$）℃	电子工业
165	3D打印用合金粉末	3D打印用合金粉末材料：粒度分布：$15 \sim 53 \mu m$，球形度≥0.85，流动性≤20s/50g，氧含量≤300ppm	3D打印
		钛合金粉末：粉末粒度$15 \sim 150 \mu m$，球形度≥94%，增氧量<100ppm，霍尔流速<30s/50g，空心粉≤0.8%，非金属夹杂个数<10个/kg，松装密度≥50%；	
		高温合金粉末：粉末粒度$15 \sim 150 \mu m$，球形度≥98%，增氧量<50ppm，霍尔流速<14s/50g，空心粉≤0.8%，非金属夹杂个数<10个/kg	
166	高速熔覆用合金粉末材料	粒度分布：$15 \sim 75 \mu m$，球形度≥0.84，安息角≤28°，氧含量≤300ppm	增材制造

9.14　工业和信息化部、财政部关于印发国家新材料生产应用示范平台建设方案、国家新材料测试评价平台建设方案的通知

（工信部联原〔2017〕331号）

为贯彻落实《新材料产业发展指南》，加快新材料产业重点平台建设，工业和信息化部、财政部联合制定了《国家新材料生产应用示范平台建设方案》《国家新材料测试评价平台建设方案》，并经国家新材料产业发展领导小组审议通过。现印发你们，请结合实际认真贯彻实施。

工业和信息化部 财政部
2017年12月22日

国家新材料生产应用示范平台建设方案

为全面提升新材料产业生产应用推广水平，按照国家新材料产业发展领导小组（以下简称领导小组）总体部署和国务院同意的《工业和信息化部、财政部关于开展新材料产业重点平台建设工作的报告》，特制订本方案。

一、必要性和紧迫性

新材料产业是战略性、基础性产业，也是高技术竞争的关键领域，事关长远和全局。经过多年努力，我国新材料产业发展取得了长足进步，但仍处于培育发展阶段，与世界先进水平相比仍有较大差距，特别是生产与应用相互脱节、关键领域保障不足的问题十分突

出。新材料从开发、产业化到应用，需要上下游联合攻关、不断迭代，企业应用新材料并不断反馈问题，生产企业不断完善和改进工艺，最终实现协同发展。在关键领域建立国家新材料生产应用示范平台，旨在构建上下游有效协同的新机制、新体制、新体系，填补生产应用衔接空缺，缩短开发应用周期，实现新材料与终端产品同步设计、系统验证，推动企业完成研究开发到实现应用这一关键而惊险的"一跃"，为国民经济社会发展和国防科技工业建设提供有力支撑。

二、总体要求

（一）总体思路

牢固树立和贯彻落实新发展理念，围绕制造强国战略需求，整合优势资源，促进新材料供需对接，强化应用示范，推动料要成材、材要成器、器要好用，研发一批、储备一批、应用一批，实现一代材料、一代产业，为我国新材料产业快速健康发展提供支撑和保障。

（二）基本原则

市场主导、政府推动。构建企业为主体、产学研用紧密结合的运作机制，实现自主建设、市场化运作、上下游协同发展。更好发挥政府的作用，推进体制机制改革，营造有利于国家新材料生产应用示范平台建设运营的政策环境。

统筹布局、有序建设。坚持需求牵引与战略导向相结合，立足当前、着眼长远，遵循新材料产业发展规律，统筹考虑国家新材料生产应用示范平台布局。整合产业链各环节优势资源，科学论证、合理定位，成熟一个、建设一个。

产用结合、示范推广。国家新材料生产应用示范平台要统筹关键领域的研发、产业化和应用示范工程，加速生产应用技术迭代，培育新材料应用初期市场，实现新材料工业与关键领域快速健康发展。

（三）关键领域布局

国家新材料生产应用示范平台以新材料生产企业和应用企业为主联合组建，吸收产业链相关单位，衔接已有国家科技创新基地，打破技术与行业壁垒，实现新材料与终端产品协同联动。围绕《新材料产业发展指南》明确的十大重点，力争到 2020 年在关键领域建立 20 家左右。

三、主要内容

（一）建设任务

1. 新材料应用评价设施。围绕新材料应用技术创新、服役评价，进一步完善应用验证装置、应用环境模拟装置、材料服役性能检测仪器、全尺寸考核装置等相关硬件设施，支撑材料应用模拟、性能评价、风险分析和技术示范。

2. 新材料应用示范线。面向新材料应用需求，完善应用示范线建设及专用设备、工程化应用设施等，重点突破新材料质量控制、批量化稳定生产、低成本工艺应用，提高专用生产装备自主保障能力，发挥应用示范作用。

3. 新材料生产应用信息数据库。加强生产应用技术参数信息共享与数据积累，建设新材料生产应用数据库，为新材料性能分析、应用评价、故障诊断等提供支撑，建立科学的评估体系。定期研究制定关键领域技术路线图，提出新材料需求指南。

4. 新材料生产应用公共服务体系。组织制定产品标准与设计规范，促进新材料标准及下游应用设计规范衔接配套。开展新材料和终端产品委托开发、应用验证、知识产权协同运用、企业孵化等公共服务。

5. 新材料生产应用人才服务体系。紧盯国际科技前沿，用市场化手段，大力引进国（境）外人才。按需施策、精准引才。积极实施人才境外培训计划，加强高层次人才队伍建设。

（二）管理和运行

国家新材料生产应用示范平台组建方式原则上由参与创建的各成员单位协商决定，可采取企业法人、联合体等形式。建立科学的决策机制，设立专家委员会、监督委员会等，实现责权明确、科学管理。可建立成员单位分平台，吸收各单位新技术、新模式、新应用，建立紧密的上下游合作机制。对于采取联合体形式组建的，成员单位需要签订合同并约定上述相关事项。平台组建后按照市场化运行，自主决策、自负盈亏。建设和运行经费主要由成员单位自筹、技术转让、对外服务、产业化运营收益等渠道解决。强化生产应用推广，积极通过多种形式宣传平台成果。

四、保障措施

（一）加强统筹协调和组织领导。在领导小组领导下，加强顶层设计，强化各部门及地方组织协调，整合资源，形成合力，推进国家新材料生产应用示范平台建设。国家新材料产业发展专家咨询委员会为平台建设及运行提供咨询服务。

（二）建立多元化融资渠道。鼓励国家新材料生产应用示范平台通过股权、债权等方式吸引社会资本。平台成员单位可按照约定，通过入股等方式投入。研究支持符合条件的平台通过发行公司债券和资产支持证券融资。

（三）加大财政资金和政策支持。中央财政通过工业转型升级（中国制造2025）资金，对符合条件的项目给予资金支持，重点支持国家新材料生产应用示范平台关键应用技术示范、公共服务能力提升等工作。充分利用新材料首批次保险补偿等现有政策按规定支持平台发展。平台建成后将作为承接国家新材料产业发展相关任务的重要载体，对于平台研究提出的新材料研发、产业化和示范应用项目，符合条件的鼓励其加快推广应用。

（四）加强人才激励、培养和引进。鼓励国家新材料生产应用示范平台建立人才激励机制，落实股权、期权激励和奖励等收益分配政策，制定关键管理岗位人员股权激励政策。加大新材料领域相关人才政策向平台倾斜，积极选派具有发展潜力的中青年技术骨干参加新材料人才境外培训。鼓励平台积极引进新材料领域外国专家人才，开展新材料人才国际交流合作。

（五）加强知识产权的保护运用。对生产应用示范产品的核心关键专利申请，根据有关规定实施优先审查，提高审查的质量和效率。鼓励研究机构及企业建立知识产权评议机制，开展知识产权评议工作。加强产业专利联盟和专利池建设，促进知识产权创造、运用及分享。严厉打击针对生产应用示范产品的知识产权违法行为。

国家新材料测试评价平台建设方案

为全面提升我国新材料测试评价水平，按照国家新材料产业发展领导小组（以下简称领导小组）总体部署和国务院同意的《工业和信息化部、财政部关于开展新材料产业重点平台建设工作的报告》，特制订本方案。

一、必要性和紧迫性

测试评价贯穿材料研发、生产、应用全过程，是材料产业提质升级的基础和关键环节。我国材料测试评价机构众多，基本满足了材料工业的发展需求。但材料测试评价机构普遍规模较小，部分测试评价方法落后，高性能测试仪器设备依赖进口，部分高端仪器设备长期闲置，高水平测试评价人才不足，市场化服务能力弱。测试评价机构对新材料缺少统一的测试方法和标准，新材料测试评价数据积累不足、缺乏共享，应用企业对新材料生产企业的测试评价结果缺乏信任，与国际测试评价机构缺乏协同互认。随着新材料产业的快速发展，迫切需要建立国家新材料测试评价平台，构建新材料测试评价体系，解决新材料测试评价的瓶颈和短板，提升测试评价能力和水平，为新材料产业快速健康发展提供支撑。

二、总体要求

（一）总体思路

牢固树立和贯彻落实新发展理念，以国家战略和新材料产业发展需求为导向，发挥中国新材料测试评价联盟作用，依托测试评价、认证、计量等机构，联合新材料生产企业、应用单位、科研院所，完善新材料测试评价方法及标准，提高测试评价仪器、装备和设施的能力，开展新材料测试、质量评估、模拟验证、数据分析、应用评价和认证计量等公共服务，形成公平公正、共享共用的"主中心+行业中心+区域中心"测试评价体系。

（二）基本原则

战略引领、问题导向。围绕制造强国战略、国防军工建设等国家重大需求，强化顶层设计，突出重点和急需，加强军民融合，系统谋划平台布局，着力解决新材料测试评价领域存在的突出问题。

整合资源、增量提升。梳理我国新材料领域测试评价优势资源，优化配置、盘活存量、提高效率。以存量吸引增量，集中力量突破应用评价等薄弱环节，提升关键、共性测试评价技术水平和装备条件。

开放合作、共享发展。加强在新材料测试评价技术、计量技术、标准、管理、人才等方面的交流合作，积极推动国际互认。依靠互联网推进不同平台之间测试评价资源互补互通，扩大测试结果、数据、标准等共享共用。

创新机制、创建品牌。充分发挥市场机制作用，吸引地方政府、社会资本、行业测试评价机构、上下游企业、互联网企业、其他平台共同参与国家新材料测试评价平台建设。坚持公益性和市场化相结合，着力培育市场认可、权威性强的第三方测试评价品牌。

（三）发展目标

到 2020 年，完成国家新材料测试评价平台总体布局，初步形成测试评价服务网络体系。建设具备统筹协调、资源共享和认证服务等功能的主中心。在先进基础材料、关键战略材料和前沿新材料等领域，建成若干个行业中心。根据产业集聚现状，布局一批区域中心。重点新材料的测试评价问题得到基本解决。

到 2025 年，主中心和行业中心能力进一步提升，区域中心基本满足地方新材料产业发展需求，辐射带动效果明显增强。主中心、行业中心、区域中心协调配套的新材料测试服务体系基本健全，网络化服务能力和共享共用水平大幅提高，基本形成覆盖全国主要新材料产业集聚区和上下游市场的测试评价体系。新材料测试评价技术能力和服务水平达到国际先进水平。

三、建设和运行

（一）功能定位和建设内容

1. 主中心。负责新材料综合性测试评价服务和关键共性测试技术与能力的开发应用，开展国家新材料测试评价平台的资源统筹、业务调配、测试评价、认证计量等服务。主中心重点依托国内优秀测试评价机构，联合互联网企业、新材料生产企业、应用单位及相关社会资本共同组建，通过业务、资本等纽带与行业中心、区域中心协同发展。主中心建设内容主要包括：完善重点新材料测试、应用评价、寿命预测、失效分析、计量等关键共性仪器和装备，建设新材料服役条件模拟测试、考核试验等设施，提升测试评价条件能力。制定数据采集和共享机制，建立新材料组织成分、基础性能、服役性能、测试方法、评价指标等数据库，开展新材料测试评价数据分析、国际互认与应用研究。建立新材料产品测试评价标准体系。充分利用互联网等信息化手段，开展电子商务、业务管理、培训服务等网络系统建设，实现新材料测试仪器及装备、测试需求和服务、测试人才和资质等共享。

2. 行业中心。行业中心是行业内权威的测试评价机构，主要承担所属行业新材料测试评价技术开发和对外服务职能。围绕先进基础材料、关键战略材料和前沿新材料中的重要行业领域，依托行业内的骨干测试评价单位，联合同行业其他相关测试评价服务机构，吸引龙头企业及社会资本共同建设。行业中心建设内容主要包括：针对所属行业特定新材料品种，完善材料组分、理化指标、物质结构、服役性能等专用测试能力。面向下游重点应用领域，搭建工程化应用考核评价装置，开展国际比对互认，满足服役条件下开展材料应用评价、失效分析等需求。在重点新材料领域建设相关数字仿真与模拟系统。建立行业新材料测试评价、认证体系。协同主中心开展行业领域新材料测试评价技术开发、相关标准制修订。

3. 区域中心。区域中心是以服务区域新材料产业发展需求，在省级以上区域，依托区域内已有测试评价机构，整合相关测试评价资源，按照专业化、集约化原则建设的地方性新材料测试评价中心。根据我国新材料产业布局状况，结合地方新材料产业发展优势和前景，区域中心将在环渤海、长三角、珠三角、东北、中西部等区域新材料产业重点省份有序建设。区域中心建设内容主要包括：根据区域地理特征和自然环境，建设特殊地域、特殊气候条件下新材料可靠性测试、加速试验、寿命评价等专用设施。完善重大、稀缺、专用测试评价装置，满足区域内重点新材料的测试评价需求。建立区域性测试服务能力共享机制，提高测试仪器、大型装备利用率。

（二）运行模式

国家新材料测试评价平台应按照产权清晰、责权明确、科学管理的要求运行。主中心、行业中心和区域中心应是独立法人实体，建立并完善相应的企业法人治理结构，根据新材料产业发展需求和自身定位开展测试评价服务，通过提供测试评价、认证、咨询、培训、大数据等服务，获得产业化运营收益，实现可持续发展。主中心要联合各行业中心、区域中心共同开展战略规划研究，制定测试评价技术路线图，明确中长期发展目标。建立统一规范的测试评价体系，在平台内实现标准、方法、数据等互信互认。鼓励设立专家咨询委员会，为平台建设提供决策咨询。平台建成后，将为国家新材料重点工作、重大项目的遴选推荐、组织实施、验收评估等提供第三方服务和决策支撑。

四、保障措施

（一）加强统筹协调和组织领导。在领导小组指导下，强化国家和地方的统筹协调，共同推进国家新材料测试评价平台建设。国家新材料产业发展专家咨询委员会及时对平台进行咨询和考核评估。

（二）加大财政资金和政策支持。中央财政通过工业转型升级（中国制造 2025）资金，对符合条件的项目给予资金支持，重点支持提升国家新材料测试评价平台的公共服务能力。鼓励地方出台支持平台建设的配套政策。

（三）建立多元化融资渠道。推动国家新材料测试评价平台完善现代公司治理机制，通过市场化手段进行多元融资。鼓励平台通过股权、债权等方式吸引社会资本。积极推行混合所有制改革。鼓励银行业金融机构创新金融支持手段和服务方式，在依法合规、风险可控、商业可持续的前提下，研究开发支持平台建设的金融产品。

（四）加强人才激励、培养和引进。鼓励国家新材料测试评价平台建立完善人才流动和激励机制，鼓励符合条件的企业落实股权、期权激励和奖励等收益分配政策。加强与国际知名材料测试评价机构的合作交流，积极选派具有发展潜力的中青年技术骨干参加国（境）外培训计划，引进相关领域高技术人才，加快新材料测试评价人才队伍建设。

9.15　工业和信息化部、财政部关于印发国家新材料产业资源共享平台建设方案的通知

（工信部联原〔2018〕78 号）

为贯彻落实《新材料产业发展指南》，加快新材料产业重点平台建设，工业和信息化部、财政部联合制定了《国家新材料产业资源共享平台建设方案》，并经国家新材料产业发展领导小组审议通过。现印发你们，请结合实际认真贯彻实施。

工业和信息化部　财政部

2018 年 4 月 23 日

国家新材料产业资源共享平台建设方案

为全面提升我国新材料产业资源共享服务水平，按照国家新材料产业发展领导小组总体部署和国务院同意的《工业和信息化部、财政部关于开展新材料产业重点平台建设工作的报告》，特制订本方案。

一、必要性和紧迫性

新一轮科技革命与产业变革正在兴起，以互联网、物联网、大数据、云计算、人工智能等为代表的新一代信息通信技术加速与其他产业、其他领域全方位深层次融合，具有大规模交互特性的资源共享平台在各产业、各领域应用日趋活跃。作为战略性新兴产业和"中国制造2025"重点发展领域之一，新材料具有品种门类众多、生产和用户企业数量大、地区分布广泛、产业上下游供需关系复杂等特点。经过多年快速发展，新材料产业已积累沉淀了海量资源，但各类资源分布于不同主体，信息封闭不对称，资源闲置浪费，交易流通困难，价值难以被有效挖掘利用，资源共享不畅问题亟待解决。建设国家新材料产业资源共享平台（以下简称资源共享平台），有助于加快产业资源交流互通，适应政府部门信息化管理需要，提升行业管理水平和公共服务供给能力，为新材料产业发展提供有力支撑。

二、总体要求

（一）总体思路

全面贯彻党的十九大精神，以习近平新时代中国特色社会主义思想为指导，以国家战略和新材料产业发展需求为导向，建立和完善新材料领域资源开放共享机制，联合龙头企业、用户单位、科研院所、互联网机构等各方面力量，整合政府、行业、企业和社会资源，同时紧密结合政务信息系统平台建设工作，充分利用国家数据共享交换平台体系和现有基础设施资源，加强与各部门现有政务信息服务平台及商业化平台的对接和协同，结合互联网、大数据、人工智能、云计算等技术建立垂直化、专业化资源共享平台，采用线上线下相结合的方式，开展政务信息、产业信息、科技成果、技术装备、研发设计、生产制造、经营管理、采购销售、测试评价、质量认证、学术、标准、知识产权、金融、法律、人才等方面资源的共享服务。

（二）基本原则

需求导向、服务引领。面向制造强国战略重大需求和新材料产业发展需要，强化产业链薄弱环节，补齐资源开放共享短板。不断拓展共享内容、提升服务质量，促进资源高效汇聚、深度挖掘整合利用，实现资源的增值服务。

协同共建、开放共享。形成政产学研用统筹推进机制，政府、企业、行业和社会共同参与、共享共治。以满足产业链各环节资源共享需求为目标，破除体制障碍，消除利益藩篱，打破信息壁垒，实现资源开放最大化、共享最大化。

统筹布局、有序发展。强化顶层设计，针对问题和瓶颈，突出重点和急需，系统谋划平台布局。科学规划，有序建设，按照先做实、再做大、后做强的步骤，制定切实可行的实施进度计划，急用先行，成熟先上，以点带面，分步推进。

支撑有力、安全可控。强化对大数据、云计算、人工智能等先进信息技术及基础软件、硬件设施的集成开发与应用，提升资共享平台的技术支撑能力。完善信息资源安全和隐私保护等管理机制，构建强有力的平台安全保障体系。

（三）发展目标

到 2020 年，围绕先进基础材料、关键战略材料和前沿新材料等重点领域和新材料产业链各关键环节，基本形成多方共建、公益为主、高效集成的新材料产业资源共享服务生态体系。初步建成具有较高的资源开放共享程度、安全可控水平和运营服务能力的垂直化、专业化网络平台，以及与之配套的保障有力、服务协同、运行高效的线下基础设施和能力条件。建立技术融合、业务融合、数据融合的新材料产业资源共享门户网络体系。

到 2025 年，新材料产业资源共享服务生态体系更加完善。平台集聚资源总量和覆盖领域、共享开放程度、业务范围和服务能力进一步提升。平台网络体系和线下基础设施条件更加完备。新材料产业资源共享能力整体达到国际先进水平。

三、建设和运行

（一）系统资源建设

1. 政务信息服务系统模块。围绕新材料领域政策发布和咨询解读、项目申报和管理、行业统计监测和运行形势分析，以及其他行业管理和服务方面的信息资源，结合国家"互联网+政务服务"工作，建立政府主导、全社会参与的各级政务信息网络平台、窗口或终端。对各类信息资源的分级发布、报送、互动等进行网络化管理，提高信息流通和服务效率，促进国家新材料产业发展领导小组对各地区、各部门工作的督促指导，进一步加强新材料产业发展工作的协同配合。

2. 行业知识服务系统模块。对新材料产品、企业、集聚区、资金项目、成果奖励、学术文献、标准、专利、专家等海量数据资源进行汇聚加工，建设新材料专业知识服务系统模块。通过专业数据融合与深度知识挖掘，为科研人员、创客、设计师、投资人等专业用户提供新材料领域知识的深度搜索、可视化交互和持续增量智能获取服务，促进产品设计、研发生产和运营管理的智能决策和深度优化。

3. 仪器设施共享系统模块。加强与国家新材料测试评价平台和生产应用示范平台，以及科研设施与仪器国家网络管理平台等已有系统（平台）的对接，整合集成新材料领域科研院所、企业的测试仪器、检测仪表和生产设备等资源，打破行业和区域资源壁垒，建设覆盖大中小企业的仪器设施资源共享系统模块。通过采用委托检测、委托加工或仪器设施租赁等方式，提高仪器、仪表、设备的使用效率，减少和避免重复购置，促进闲置资源"共益化"再利用，实现关键仪器设施的在线互联与服务共享。

4. 科技成果转化系统模块。结合新材料领域各类资金项目，尤其是重点新材料研发及应用重大项目实施，整合科技成果转移转化全过程各环节的资源，建设科技成果转移转化服务系统模块。通过提供研发服务、创业孵化服务，以及科技成果、知识产权及核心技术转让等多元化创业创新服务，推动成果产业化和推广应用。培育新材料小微企业和"隐形冠军"，促进协同创新，打造新材料产业市场化、网络化的创新生态和以技术交易市场为核心的技术转移和产业化服务体系。

5. 供需对接服务系统模块。探索"撮合""自营""开放平台"等多种经营模式，形成自动匹配、智能推荐的一站式供需对接服务解决方案，建设新材料电子商务系统模块。通过将制造业对新材料的需求汇总，新材料企业产品和研发、生产、服务能力的在线发布，优化新材料资源配置。通过采用中介服务和在线交易相结合的形式，为新材料生产企业与设计、应用单位供需对接服务，降低交易成本，缩短交易周期，提高交易效率，实现新材料产业上下游供应链优化。

6. 其他资源服务系统模块。建设包括新材料领域知识产权服务、标准服务、认证服务、金融服务、法律服务、会展服务、培训服务、人力资源服务等资源共享系统模块。

（二）网络体系建设

基于大数据和人工智能技术，开发多元异构数据管理工具和数据资源分类、叙词表、知识图谱等知识组织工具，构建丰富权威的新材料产业资源元数据海。按照统一的标准规范，通过自建、联盟、采购、网络抓取等方式，汇聚不同来源、不同类型、不同领域资源。开发更具针对性、准确性、时效性的垂直搜索工具，强化专业、精准、深度资源共享服务。结合系统资源建设规划布局，基于先进的云计算架构和高性能的云计算基础设施，搭建细分资源类型和服务领域的系统模块，构建物理分散、逻辑集中的总分一体化资源共享平台网络体系。建设统一的门户网，综合集成由各系统模块汇交的基础资源，以及政务信息系统和各系统模块特色资源的链接。除政务信息系统外，其他系统模块网络平台域名与门户网域名统一规划。协同建设平台门户及系统模块网络平台手机客户端等，提供移动互联资源共享服务。

（三）管理和运行

资源共享平台将建立科学的决策机制，设立专家委员会、监督委员会及总师团队等，加强重大决策的咨询和监管，制定资源建设和管理规划，确定资源的开放共享程度，并对基础资源、特色资源和免费服务、收费服务进行界定。组建新材料产业资源共享发展战略合作联盟，推动各方面资源的整合利用。鼓励优势机构参与平台建设，积极引入具备专业服务能力的社会化机构，建立资源富集、创新活跃、高效协同的服务生态系统。参建单位可为具有独立法人资格的企事业单位或由牵头单位发起组建的联合体等形式。

资源共享平台由优势机构发起并出资组建，建成后可通过信息服务、撮合交易等方式实现自我良性运营。积极探索灵活多样的运营模式及特色资源、增值服务收费的解决方案。

9.16 质检总局、工业和信息化部、发展改革委、科技部、国防科工局、中国科学院、中国工程院、国家认监委、国家标准委关于印发《新材料标准领航行动计划（2018—2020年）》的通知

（国质标联〔2018〕77号）

为贯彻落实《中共中央国务院关于开展质量提升行动的指导意见》（中发201724号）和中央经济工作会议要求，实施新产业标准领航工程，促进新旧动能转换，按照国家新材料产业发展领导小组工作部署，制定本行动计划。

一、总体要求

（一）指导思想

全面贯彻党的十九大精神，以习近平新时代中国特色社会主义思想为指引，落实党中央、国务院决策部署，坚持新发展理念，坚持质量第一、效益优先，以推进供给侧结构性改革为主线，以提高供给体系质量为主攻方向，瞄准国际标准提高水平，实施新材料产业标准领航工程，开展新材料标准领航行动，加大先进基础材料、关键战略材料及前沿新材料标准的有效供给，充分发挥标准化对新材料产业发展和质量变革的引领作用，推动建设制造强国、质量强国。

（二）行动原则

领航取向。从新材料技术、产业发展的战略性、基础性特点出发，科学规划标准化体系，明确新材料标准建设的方向，建立标准领航产业发展工作机制，重点部署研制一批"领航"标准，指导新材料产品品质提升，带动科技创新，引领产业健康有序协同发展推进。充分发挥市场在资源配置中的决定性作用，补强市场主体制定标准的弱项，政产学研用共同发力，形成科技研发、标准研制和产业发展三位一体同步推进的协同创新体系，加快新材料标准的有效供给，提升新材料产品附加值和产业竞争力。

应用为本。以破解短板问题和满足中高端需求为着眼点，加强新材料标准实施宣贯，推行综合标准化和标准化试点示范，提高新材料应用水平，促进新材料产业规模化、品牌化发展，推进新材料产业链、创新链、标准链、价值链全球配置。

（三）行动目标

到 2020 年，完成制修订 600 项新材料标准，构建完善新材料产业标准体系，重点制定 100 项"领航"标准，规范和引领新材料产业健康发展；新材料标准供给结构得到优化，基于自主创新技术制定的团体标准、企业标准显著增多；建立 3~5 个新材料领域国家技术标准创新基地，形成科研、标准、产业同步推进的新机制新模式；建设一批新材料产业标准化试点示范企业和园区，促进新材料标准有效实施和广泛应用；以我为主提出 30 项新材料国际标准提案，助力新材料品种进入全球高端供应链。

二、主要行动

（一）构建新材料产业标准体系

适应新一轮新材料技术和产业快速变革的发展态势，加快构建新材料产业标准体系。新材料产业标准体系由先进基础材料、关键战略材料、前沿新材料等三个标准子体系构成。先进基础材料标准子体系是对传统原材料标准体系的升级，包括先进钢铁材料、先进有色金属材料、先进化工材料、先进建筑材料、先进轻纺材料等标准子体系。关键战略材料标准子体系着眼于提升新材料保障能力，围绕新一代信息技术、高端装备制造等产业重大需求，重点建立高端装备用特种合金、高性能纤维及复合材料、半导体材料和新型显示材料、新能源材料和生物医用材料等标准。前沿新材料标准子体系聚焦石墨烯、增材制造材料、超导材料和极端环境材料等先导产业技术开展标准布局，规划未来发展格局和路径。

（二）研制新材料"领航"标准

1. 碳纤维及其复合材料。完善碳纤维命名、分类等基础标准，指导规范碳纤维产业健康发展。研制 T800 级和 M5J 级及以上工业级系列碳纤维制备相关技术标准，促进国产碳纤维广泛应用。开展高强高模碳纤维检测方法研究，为碳纤维应用选型定型提供标准依据。构建高强高模碳纤维标准体系，支撑国产高强高模碳纤维在卫星和其他空间平台上应用，达到"上星"标准。开展碳纤维复合材料与金属基结合件相关标准研究，制定电化学腐蚀、断裂韧性、拉剪强度及疲劳等评价测试方法标准，为碳纤维材料结构件提供稳定性、可靠性和服役寿命等评价依据，支撑国产大型复合材料结构件性能表征和低成本制备技术应用，满足大型客机适航要求，达到"上机"标准。

2. 高温合金。聚焦航空发动机、重型燃气轮机用高温合金性能、质量稳定性等共性问题，加强标准研制。及时补充耐腐蚀长寿命、抗烧蚀高强等高温合金新品种标准，显著提升合金性能指标。开展特种型材高温合金制备技术标准研制，提高国产特种型材质量稳定性。研制高温合金低成本精细制造工艺标准和返回料回收技术标准，提高国产高温合金合格率，降低制造成本。开展高温合金构件精度测量、微观组织和性能评价、缺陷检验、残余应力分析方法研究，研制高温合金评价表征标准。建立高品质变形高温合金制备全流程质量控制标准，简化牌号，促进主干高温合金"一材多用"，实现国产高温合金对航空发动机和重型燃气轮机的稳定可靠供应。

3. 高端装备用特种合金。开展 700℃ 超超临界电站汽轮机用耐热合金及关键部件标准研究，建立超超临界电站用耐热合金材料设计、组织表征、性能检测和综合评价标准体系，支撑我国电站耐热材料及工程技术跃升国际领先，引领高效燃煤发电技术发展。开展深海油气钻采、集输系统用耐蚀合金、钛合金等特种合金及关键部件标准研究，形成相应材料技术标准和使用规范，指导我国深海油气资源开采装备用特种合金实现自主研制，关键零部件实现完全自给，并形成国际市场竞争力。研制航空航天用超高强高韧 7000 系铝合金预拉伸厚板及大规格型材、2000 系铝合金及铝锂合金板材等标准。完善汽车轻量化用高强高成形性 6000 系、5000 系板材和车身主承力结构件用 7000 系板材的材料体系标准，引领结构设计选材应用。建立数控机床、大型客机、时速 400 公里以上高速列车等高端装备关键基础件用耐高温、抗疲劳、高强韧、超常寿命轴承钢、齿轮钢、模具钢等材料及部件的设计、制造及应用标准体系，实现高端装备基础件用轴承钢、齿轮钢、模具钢等的稳定化生产，提高我国高端装备基础件配套能力。

4. 先进半导体材料。建立和完善硅基半导体材料标准体系，完善 200~300mm 硅单晶片和 SOI 晶片标准，建立光刻胶、超高纯特种电子气体、PVD 靶材等关键材料系列标准，加速集成电路制造材料国产化。建立碳化硅、氮化镓、氮化硼等第三代宽禁带半导体材料标准，指引半导体器件向更高效率、更高功率密度和更高可靠性发展。开展大尺寸高铝/高铟组分氮化物、硅、碳化硅、氮化物等半导体衬底上同/异质外延关键技术研究，建立第三代半导体外延材料共性技术标准。开展耐深紫外光高耐湿高导热高折射率封装材料、耐高温高可靠互联材料、高导热可靠基板材料、高绝缘强度耐高温灌封材料、高导热低热膨胀系数底板材料等第三代半导体封装测试关键配套材料的检测、评价和相关标准研究。完善宇航电子标准体系，开展抗辐照宽禁带半导体器件设计，耐极限温度及大温度高可靠功率器件封装材料及结构等标准研究。

5. 新型显示材料。面向可印刷发光/反射显示产品的应用需求，建立高效率、高稳定性、加工性能好的关键印刷显示材料标准体系。开展印刷有机发光显示、印刷量子点发光显示、印刷薄膜晶体管、印刷墨水及基板等新型印刷显示材料标准预研究，支撑我国新型显示产业从跟随到引领转变。开展铟镓磷红光、铟镓氮绿光、铟镓氮蓝光三基色激光显示材料设计、生长、器件制备工艺及检测标准研究，建立三基色半导体激光器材料及关键辅助材料与器件标准，引导三基色激光显示产业关键技术规模化发展。加快高增益/高对比度抗光屏核心材料和涂层材料标准化，规范产业健康有序发展。开展低功耗、柔性、低成本彩色发反射式印刷显示等前沿新技术的标准预研究，超前布局新型显示前沿技术标准制高点，引领新型显示技术发展。

6. 增材制造材料。构建增材制造新材料标准体系，做好增材制造材料标准布局。开展增材制造用聚苯乙烯、聚丙烯、光敏树脂、蜡材及陶瓷等非金属材料标准研制，制定镍基合金、钛基合金、钴-铬合金、贵重金属、专用液态金属等金属材料标准。研制可植入材料、器官/组织模拟材料和专用生物"墨水"等生物材料标准。开展面向增材制造专用粉材、丝材、片材和液材重要特性的重要检测方法标准研制。推动在增材制造材料领域优势技术、制备工艺、检测方法等方面制定国际标准。

7. 稀土新材料。围绕新能源汽车、风力发电、工业机器人、军工装备等高端应用，构建稀土永磁材料标准体系。开展稀土永磁材料重稀土减量制备方法及含量检测标准化研究，加快制定稀土永磁材料耐蚀性、耐温性、力学特性等服役性能检测标准。制定铈磁体等高丰度稀土永磁材料相关标准，拓展稀土永磁材料的应用领域。加快研制贮氢密度高、安全性好的新型稀土贮氢合金标准及检测标准，满足国产化氢能源车换代自主创新需求，引领产业水平提升。针对能源环境等领域国家战略需求，开展稀土催化材料性能与检测方法的标准研究，构建稀土催化材料标准体系。基于稀土钢工业化研究与应用的新突破，完善稀土品种钢成分、工艺与质量标准，制定优特钢用高纯稀土金属与稀土合金标准，扩大稀土在钢铁行业的应用，打造国际化的稀土钢品牌。加强稀土-镁、稀土-铝等轻量化稀土材料标准化研究，推进高纯稀土金属和稀土化合物材料标准研制，促进我国稀土产业改造升级。

8. 石墨烯。制定石墨烯材料术语和代号、含有石墨烯材料的产品命名方法等国家标准，明确石墨烯概念内涵，规范产业健康有序发展。开展石墨烯材料相关新产品设计、研发、制备、包装储运、应用、消费等全产业链标准化研究，建立材料应用和性能长周期数据库，构建覆盖石墨烯原材料、石墨烯应用材料等产业链标准体系，引领石墨烯产业链协同发展。研究制定石墨烯层数测定、比表面积、电导率等物化特征和性能表征与评价方法标准，开展标准的比对试验验证，加强与石墨烯研究领先国家合作，共同提出石墨烯国际标准提案。

（三）优化新材料标准供给结构

支持新材料领域的社会团体制定严于国家标准、行业标准的团体标准，增加标准有效供给，满足市场和创新需求。选择技术创新能力强、市场化程度高、具有国际视野的社会团体开展团体标准试点，研制一批"领航"团体标准，引领技术创新、产业发展和国际合作。鼓励新材料研发生产企业开展对标达标活动，制定和实施严于国家标准、行业标准的企业标准，开展企业标准主要技术指标"领跑者"制度建设，积极参与行业标准、国家标准及国际标准的制修订工作。

（四）推进新材料标准制定与科技创新、产业发展协同

在国家各类新材料科技研发计划中将技术标准作为同步开展的研究内容，推动将技术标准研究成果纳入科研项目实施的考核指标。在科技创新2030-重大项目"重点新材料研发及应用重大工程"等国家科技计划中，加大对新材料标准研制的支持。将标准化列入新材料产业重点工程、重大项目考核验收指标，鼓励企业及时将创新成果转化为标准。结合新材料制造业创新中心建设，开展先导性、创新性技术标准研制、应用与国际化等工作，促进创新成果的转化应用。依托重点企业、高校、产业集聚区，建设新材料领域国家技术标准创新基地，促进科技、标准和产业发展一体化推进。加强新材料计量、标准、检验检测、认证认可信息共享和业务协同，推行"计量-标准-检验检测-认证认可"站式服务，为新材料产业发展提供坚实的质量技术基础设施。

（五）建立新材料评价标准体系

建立新材料技术成熟度划分标准评价体系，组织实施《新材料技术成熟度等级划分及定义》国家标准，围绕《中国制造2025》《新材料产业发展指南》中的重点品种制定系列技术成熟度评价标准和评价程序，对重点企业开展评价试点工作，为推进产业结构调整与优化升级提供科学的评价依据。以建设和完善中国的材料与试验评价标准体系为目标，从应用维度开展材料指标、试验评价等方面的标准化工作。围绕材料生产全流程质量控制、面向应用需求的基本质量性能指标以及材料服役全寿命周期，建立新材料试验评价标准体系，推动实现新材料的性能符合性、材料试验结果有效性和材料服役性能适用性评价标准化。

（六）探索新材料标准制定机制创新

开展材料标准分类、命名方式以及技术指标、要素、结构框架等研究，推动材料标准界面、内容更加符合使用方的需求。加大指导性技术文件、数据库标准等新型标准供给，提高标准的技术适应性。探索设立标准技术指标分级，合理加大技术领先企业在标准制定中的话语权，提高推荐性标准的引领性。针对新材料产业的新特征，探索建立标准立项和批准发布的"直通车"机制，提高标准的市场灵活性。开展新材料标准测量比对活动，验证新材料测量方法的普适性和可操作性，推动比对结果向国际标准转化，提出高质量的国际标准提案。在材料基因组工程研发中，推动高通量材料计算与设计、高通量材料制备与表征标准化，探索拟定基因图谱中的理论性标准，指导创制新材料。

（七）提高新材料军民标准通用化水平

支持军工主干材料技术与管理标准体系建设，重点在结构材料、结构功能一体化材料、电子信息材料、特种功能材料等领域开展共性、通用标准制修订，逐步统一军民材料及制品规范、测试方法、材料生产过程控制等相关标准，提升军工主干材料的军民通用化程度及工程应用水平。围绕军民一体化应用需求，形成军民统一的高性能纤维低成本产业化制备技术标准体系，实现高性能纤维标准在武器装备、工业装备、工程建筑等领域深度融合。实施军民标准通用化工程，积极推动国防和军队建设中采用先进适用的新材料民用标准，积极将具有军民通用属性的新材料领域国家军用标准转化或整合修订为国家标准，加快在新材料领域制定军民通用标准，实现新材料标准军民通用化水平的提升。

（八）推动新材料标准"走出去"

开展美、日、欧、俄等新材料技术领先国家及地区标准化动态研究，及时将研究成果纳入新材料标准化和科技、产业发展政策。与英、美、德、法等重点国家加强交流，制定标准化合作路线图，开展标准比对和适用性分析工作，推动石墨烯等标准、产品认证与标识互认，共同提出国际标准提案，促进标准体系相互兼容。推动新材料国家标准中、英文版同步制定。鼓励各部门结合经贸往来、项目合作等方面"走出去"需求，加快将所涉新材料产品、检测、管理等标准翻译成外文版。探索在"一带一路"沿线国家建立新材料产业标准化示范园，帮助建立新材料产业标准体系，提供标准化信息服务，推动新材料国际产能合作。

（九）开展新材料产业标准化应用示范

区别先进基础材料、关键战略材料、前沿新材料产业发育的差异性特征，开展新材料产业标准化试点示范，建设一批新材料产业标准化试点示范企业和园区，通过推行综合标准化，探索标准化贯穿于产业研发、实验检验、生产、推广应用全过程的工作机制，提高新材料应用水平，促进新材料产业规模化品牌化发展，推动新材料融入全球高端供应链。在冶金、机械、化工、建材、轻纺、航空航天、节能环保等领域开展新材料标准验证检验检测点试点，以现有检验检测机构、重点实验室、工程（技术）中心为依托，开展标准验证检验检测工作，为强制性国家标准和重要基础通用推荐性国家标准研制提供试验验证等技术支撑。

（十）建设新材料标准化平台

推进组建碳纤维、石墨烯等一批新产业标准化技术委员会，为新材料创新发展提供人力资源保障。结合新材料测试评价平台建设，建立新材料综合性能评价指标体系与评价准则，形成标准，开展新材料标准测试评价工作，为研制新材料标准提供实验验证依据。结合新材料参数库平台建设，整合梳理已有数据资源、制定标准数据采集和共享制度，建立一批材料标准数据库及工艺参数库、工艺知识库。结合新材料产业资源共享平台建设，推动新材料研发机构、生产企业和计量测试服务机构分享资源，提供测试、认证及选材推荐等公共服务。

三、保障措施

（一）加强组织协同

加强标准化主管部门和行业主管部门的沟通协调，建立协同推进机制，推动标准化技术委员会会同相关单位及时制定工作方案，在实施过程中紧密结合国家重点新材料研发及应用等重大项目，提出细化措施，落实具体项目，加强推进实施，形成政府行业、企业协同推进的新材料标准化工作格局。

（二）加大资金保障

各单位在制定新材料有关发展规划、计划时应充分考虑对标准化的支持，在资源分配、项目立项与验收时给予倾斜，根据实际需要统筹安排标准化工作经费。支持市场化多元化经费投入机制，鼓励引导社会团体、企业等社会各界加大投入，支持新材料产业重点领域标准化研究、标准制定、标准化示范应用及相关能力建设。

（三）加强宣传推广

推广标准引领的理念，重点加强对新材料"领航"标准的宣贯和解读，推动政府采购、招投标等率先引用新标准，引导企业和市场积极采用新材料标准，促进新材料的应用和产业发展。及时总结推广新材料标准化产业示范基地经验，鼓励面向新材料企业提供技术咨询、标准化培训服务。加强对新材料标准知识的普及宣传，引导民众对国产新材料产品的市场消费信心。